建筑学场地设计

（第五版）

闫寒 著

中国建筑工业出版社

图书在版编目（CIP）数据

建筑学场地设计／闫寒著. — 5 版. — 北京：中
国建筑工业出版社，2021.6（2024.1 重印）
ISBN 978-7-112-26109-3

Ⅰ．①建… Ⅱ．①闫… Ⅲ．①场地 – 建筑设计 Ⅳ.
①TU201

中国版本图书馆 CIP 数据核字（2021）第 073433 号

　　场地设计始终贯穿在建筑设计项目中，对场地设计的忽视，是一个建筑师专业不成熟的体现。本书对场地设计在建筑学范围内尽量加以系统化和实用化；从建筑学所涉及的场地设计技术入手，对现有技术进行深入探讨，实事求是地把原理落实到技术层面，以大量的原创性分析，建立了建筑学领域场地设计技术的新的分析方法。

　　全书分为七个部分：第 1 部分场地表达，分析了涉及等高线的场地设计和台地护坡设计等，尤其对很多场地设计中一直存在的疑问提供了解决方法。第 2 部分场地调整，分析了场地排水、等高线调整、土石方平衡等，建立了适合建筑设计领域的场地调整分析方法。第 3 部分停车场（库），主要对停车场（库）的各方面问题进行分析，清晰完整地对相关原理加以系统化。第 4 部分建筑间距，从防火、日照、遮挡等方面，科学合理地分析建筑间距，透彻地阐述了关于建筑间距的概念。第 5 部分总平面，对较为常见的民用建筑类型的场地布置进行详细分析。第 6 部分道路，总结分析了与场地设计领域交叉的道路专业知识。第 7 部分管线与绿化，结合规范对管线布置和场地绿化进行归纳分析。

　　本书的读者群为建筑师、景观设计师、城乡规划师、建筑学专业的广大师生，以及全国注册建筑师资格考试的广大考生等。

＊　　　＊　　　＊

责任编辑：张　　建
责任校对：李美娜
本教材配有课件 PPT，可发送邮件至 1343251479@qq.com 获取课件。

建筑学场地设计

（第五版）

闫寒　著

＊

中国建筑工业出版社出版、发行（北京海淀三里河路 9 号）

各地新华书店、建筑书店经销

北京红光制版公司制版

河北鹏润印刷有限公司印刷

＊

开本：880 毫米×1230 毫米　1/16　印张：30¼　字数：889 千字

2021 年 8 月第五版　　2024 年 1 月第四次印刷

定价：**99.00** 元

ISBN 978-7-112-26109-3

（37698）

第 五 版 前 言

在建筑项目的推进过程中，场地设计是从项目承接之始到施工图设计完成的整个过程时刻贯穿着的，有时甚至到工程竣工前，仍因故调整场地设计；足见其重要性决定着整个项目的成败。场地设计这个概念，不能人为生硬地与建筑设计分割开来，而应与整个设计过程做一体化考虑，否则便不具有合理性。

正确理解场地设计概念并熟练掌握设计方法，是每位建筑师和景观设计师都应具备的能力。现在很多建筑师为了执业资格考试而学习场地设计，但其实将学习的目的调整为提高工程实践能力才是正确的。

本版修订内容概括如下：

1. 对于场地的坡度限制、自行车停车场设置、民用建筑的高度分类、规划控制中建筑突出物的相关规定、基地内道路设置等技术内容，都依据现行国家标准作了修订完善。

2. 对特殊教育学校、剧场、博物馆、疗养院、幼儿园、学生宿舍、办公建筑、饮食建筑、老年人照料设施等的选址及总平面设计要求，均依据现行国家标准作了相应的修订调整。考虑到洁净厂房不属于常见的民用建筑类型，且相关规范也已修订，故将此节内容从本版中删除。

3. 第5.1节"建筑基地"增加"5.1.11 基地内部分配套设施"，内容涉及预装式变电站、生活垃圾收集站（点）、公共厕所的选址和设计要点。

本书每一版的修订工作，对我而言都是更新知识、开拓思路的过程。对于曾经概念含混模糊的地方，逐渐形成清晰的认识。虽是被动学习的过程，但也确实达到了充实提高自己的目的。

本次改版距上一次改版已过去四年之久，而我的孩子之和者也已经快三岁半了，两个孩子和他们的妈妈蓁蓁都是我最爱的家人，感谢他们给予我的温暖。人生旅途中有他们一路陪伴，我将不断努力前行。

闫 寒

2021 年 3 月 22 日黄昏于门前台阶处

第 一 版 前 言

场地设计，实质上可以作为一门单独的学科，它在景观设计学、建筑学、城市设计、城市规划中都有所体现，尤其是景观设计学中的场地设计比较系统。建筑学范畴的场地设计在建筑设计中的作用无处不在，小到对细部的控制，大到对总体的把握。它能够左右建筑项目的优化方向，甚至有时会影响建筑的风格。在与业主进行前期接触时，业主对设计者是否有信心，常常取决于设计者对场地分析、控制的能力如何。

1995 年我国开始实行注册建筑师执业资格考试制度，反映出很多建筑师对场地设计的认识较为肤浅和薄弱。从学校建筑教育中缺少针对场地设计课程的设置，到建筑设计人员在工作中对场地设计的漠视（大多是无意识的），绝大多数建筑师得到的场地设计知识是不完整、不系统的。这也是由于在以往的建筑学专业领域，把场地设计仅仅看作是总图设计所致。过去中国采用苏联的建筑设计流程模式，设计院往往单独设立总图室，场地设计自然被归为总图室的工作，建筑师则专注于单体。由此造成建筑师缺乏场地设计的基础知识和系统训练。

翻阅国内关于场地设计的书籍，不多的几本书，或过于偏重理论和历史渊源，或以规范汇编为主，使阅读者的收获不大。而国外关于场地设计的书籍（包括翻译书籍）对设计理念和方法的阐述与中国的实际情况不符，产生了阅读和实际应用上的困难与偏颇。

本书努力把场地设计在建筑学范围内系统化和实用化，也刻意避免同类书籍模棱两可的阐述和空洞的原理。从建筑学所应涉猎的场地设计技术入手，以大量原创性的研究，对现有的场地设计技术进行深入解析，实事求是地把原理落实到技术层面。本书侧重于提高场地设计作图的技术解决能力，以使读者在实际工作中能得心应手地处理场地问题。同时，也比较系统地进行了大量原创性分析，建立了建筑学领域场地设计技术的新的分析方法。

书中很多地方的叙述可以说过于细致，叙述得不厌其烦，许多分析过程可能让读者觉得很复杂（尤其是第一部分），这主要是为了使读者对场地设计建立一种感性认识，达到真正理解、更好地消化。只有掌握好场地设计最基础的东西，设计者才能轻松面对实际工程中的问题；而对于参加注册建筑师考试的广大考生，才能在解题过程中体现自己场地设计的能力。

本书是在广泛收集资料和积累实际工作经验的基础上写成的，旨在提高建筑师现场解决场地设计问题的能力。把本书用作注册建筑师的考试复习资料，是完全胜任的；但是本书更广泛的使用者是建筑师和广大建筑从业人员、大专院校建筑学专业师生和景观设计师等。对于注册建筑师的广大考生，本书并非是场地设计速成手册，事实上也不可能有这样的速成手册；只有认真研习，不以考试通过为目的，而以在实际工作中熟练应用为目的，才能真正有所收获、有所提高。

目　　录

本书提醒

在本书中未注明的情况下：

公式中各个参数单位为统一度量单位；

图例中未注明比例的，以实际设计要求的比例为准；

图例中未注明指北针的，以上北下南、左西右东的读图习惯为准；

等高线改动的分析图例中，考虑到对比分析的需要，原地形等高线采用虚线；

图例中某点标高需要同时标注原地面标高值和设计地面标高值时，原地面标高值加括号表示。

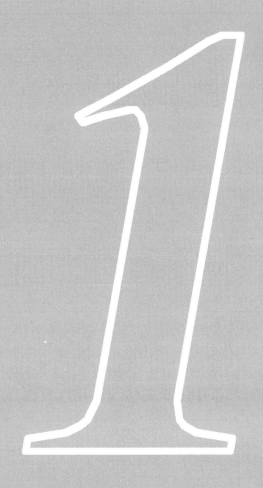

场地表达

1.1 等 高 线

1.1.1 定义

在自然界几乎不存在完全平整的面，或者说，自然界的一切都存在着起伏，哪怕是海面，实际上由于引力、流动、海底地壳运动、暗流，甚至海洋生物的游动，在这诸多因素影响下，也并不是完全平整的。

应该说，人类对自然界的山丘、山脉以及任何一块土地，都可以用等高线在二维平面上进行表达。

一个地面的等高线的形成，就犹如切面包片一样。从认定的一个水平面（水平面即与所处地面平行的面）开始，以相同的间隔切开起伏的地面为一个个片，把每一个片的边缘线或空洞的边缘线取出来，叠落在水平面上，就形成了表达三维的等高线图（图1.1.1）。

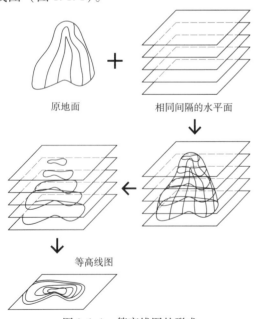

图 1.1.1　等高线图的形成

等高线是在设定某固定点或临时参考点为最底面高程（即零点高程）的基础上，将相同高程的点连接而成的曲线。

等高线上的高程注记数值字头朝向上坡方向，字体颜色同等高线颜色（棕色）（图1.1.2）。

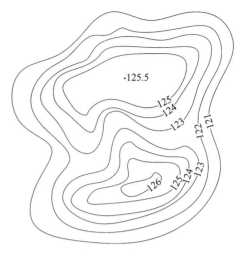

图 1.1.2　高程标记字头朝向上坡方向

每一条等高线都是封闭的，在图纸上看到的往往是等高线的一段，并不代表等高线没有封闭，只是因为取图范围有限的缘故而造成的错觉（图1.1.3）。

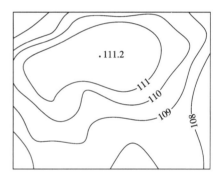

图纸上看到的等高线往往是断开的

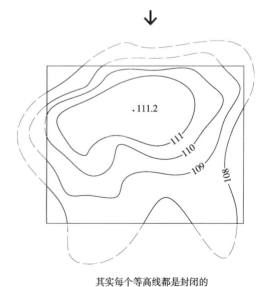

其实每个等高线都是封闭的

图 1.1.3　每条等高线都是封闭的

相邻的两条等高线，两者的水平距离称为等高线间距，两者的垂直距离（即高差）称为等高距（图1.1.4）。

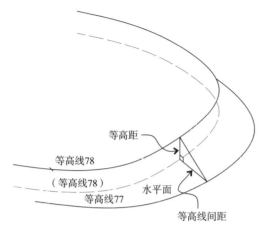

图1.1.4　等高线间距和等高距

对于某张地形图来说，该图纸中的等高距是固定的数值；而等高线间距一般是变化不定的，除非地形是个斜平面或非常有规律的起伏面，才会出现相等的等高线间距（图1.1.5）。

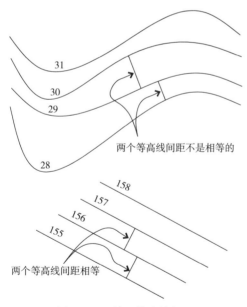

图1.1.5　关于等高线间距

在大、中比例尺地形图上，为便于读图，将等高线分为基本等高线（首曲线）、加粗等高线（计曲线）、半距等高线（间曲线）、1/4距等高线（助曲线）（图1.1.6）。

（1）首曲线：按相应比例尺规定的等高距测绘的等高线，图上用细线表示。

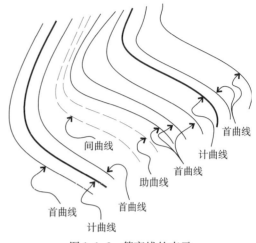

图1.1.6　等高线的表示

（2）计曲线：为方便查看等高线的高程，规定从零米起算，每隔4条基本等高线加粗成粗实线。

（3）间曲线：按等高距的1/2测绘的等高线，用与首曲线等宽的虚线表示，补充显示局部形态。

（4）助曲线：按等高距的1/4测绘的等高线，用与首曲线等宽的虚线表示，补充显示间曲线无法描述清楚的局部形态。

等高线法是其他地形表示法的基础，也是地形表示法中最科学、最有实用价值的一种方法。在1584年彼得·布鲁因斯（P. Bruinss）的手稿地图里显示了海特斯卫纳湾的7英尺深度线，是现今最早发现的等高线地图。1791年法国都明·特里尔（D. Triel）首次用等高线显示了法国陆地地形。在19世纪初等高线地形表示法还只是在野外测量时使用。进入20世纪，人们才逐渐认识到等高线的科学和实用价值，成为地形的主要表示方法。

等高线是实际并不存在的线，是一种人为描述大地起伏特征的工具，于是它的存在就有完整的规则。正确的表达和理解等高线规则，可以减少在场地设计中对原地形和设计地形理解上的困难度。

1.1.2　高程

每个国家都会有一固定点作为国家地形的零点高程，依此形成的地形图中的高程就是绝对高程（或称海拔），一般要求规划部门提供的地形图中所表达的都为绝对高程。

中国以青岛港验潮站的长期观测资料推算出的黄海平均海面作为中国的水准基面，即零高程面。

以海平面为参考时，绝对高程也可称为海拔高程。

在局部地区，常常以附近某个特征性强或可视为固定不变的某点作为高程起算的基准面，由此形成相对高程（或称为相对标高）。

相对高程往往方便于局部地区的规划及场地设计。

1.1.3 剖断面

对地形图的识别，就是把地形从图纸上"还原"成真实的三维状态。为利于对地形的直观研究，很多时候就采用断面绘制方法。

先在地形图上画上一条所需要的剖断线，然后把透明纸覆盖在地形图上，在透明纸上，以与透过的剖断线平行的方式，以某个比例下的固定间距（即等高距）按垂直方向排列线条，这些线条就是等高线在垂直方向上的位置，注明每条线的标高值，然后从等高线与剖断线相交的点垂直于剖断线拉线，交于垂直方向上同高程线条一点。

同样方法，依次得到一系列的点，然后用平滑的曲线贯穿这些点，便得到了直观的地形某处位置的剖断面（图1.1.7）。

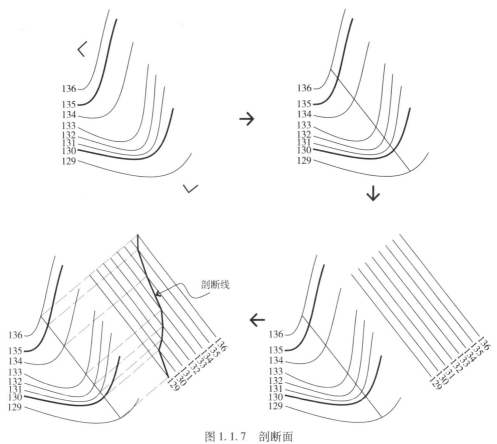

图 1.1.7 剖断面

1.1.4 精度

应该说任何表达工具都无法完全不差分毫地描述地形，准确地反映地形在于选取合适的单位精度。

比如对于某个斜坡，采用等高距1m的等高线来描述，可能在图纸上反映的是比较平滑的坡，但是采用等高距0.1m的等高线来描述，很可能是起伏不定的（图1.1.8）。

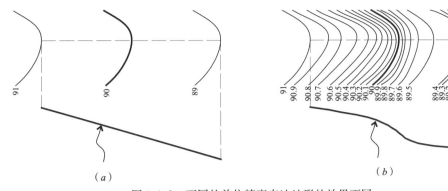

图 1.1.8　不同的单位精度表达地形的效果不同

（a）等高距为 1m 时的地形剖断面；（b）等高距为 0.1m 时的地形剖断面

那么等高距的确定就应根据图纸使用者的需要来确定。

一般 1:500 和 1:1000 的地形图上用 1m 的等高距，对建筑师来说，在设计之初拿到的现状图和设计成果中的总图，往往都是 1:500 或 1:1000。通常情况下，城市中的山地比较少或者已经被平整到平地状态，所以在经验上建筑师对采取何种等高距数值精度很可能不太熟悉。

在 1:100 和 1:200 的地形图上，往往将等高距定为 0.1m，甚至小到 0.05m。

等高距越小，描述的地形越准确。但是当等高距小于 0.01m 时，除增加了图纸上的线条，对场地分析的实际作用已经微乎其微了。

关于地形图的比例尺和比例尺精度，首先要明确地形图比例尺的定义和表示方法。比例尺分母越大，比例尺越小；反之，分母越小，比例尺越大。大比例尺地形图的精度高于中、小比例尺的精度。比如，地面上 0.5m 的距离在 1:1000 地形图上能用 0.5mm 的长度表示出来，而在 1:10000 地形图上是表示不出来的。根据比例尺精度可确定测量地面

点位应达到的精度；比如，测绘 1:500 的地形图，测量地面点位的精度应达到 5cm，达不到此精度就影响了该图的质量和使用。

在计算相邻两个等高线之间的情况时，需要进行推断假定（除非有间曲线或助曲线的表达），假定它们之间是有规则的平面组成；也就是说，假定相邻两个等高线的剖断面是直线。这样做有利于对等高线表达地形的合理深入分析（图 1.1.9）。

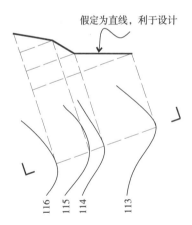

图 1.1.9　假定相邻两个等高线的剖断面是直线

1.2 等高线表达

1.2.1 坡度和放坡

坡度（亦称坡度比值）是和地球重力相关的一个概念，用以表达某处面体或线体相对于大地水平面的倾斜度。常用百分数表达，即经过在 100 个单位的水平方向移动，产生垂直方向的下降或上升的单位数。有时也用分数比值方式和小数方式（一般小数点后保留两位）来表达。

A、B 两点之间的坡度公式：

$$i = \Delta h/\Delta L \qquad (1.2.1)$$

式中 i——A 点和 B 点的坡度值；

Δh——A 点和 B 点的垂直高差数值；

ΔL——A 点和 B 点的水平距离数值（图 1.2.1）。

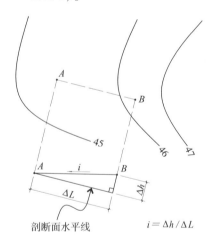

图 1.2.1 坡度公式

放坡是土木工程师和现场施工人员经常使用的词汇，与坡度不同的是放坡的数值是坡的水平值与垂直高度值相比的数值，称为坡度系数，和坡度成倒数关系。常用"："的方式表达。

$$坡度系数 = 1/i = \Delta L/\Delta h \qquad (1.2.2)$$

式中 i——A 点和 B 点的坡度值；

Δh——A 点和 B 点的垂直高差数值；

ΔL——A 点和 B 点的水平距离数值。

【例 1-2-1】

已知斜坡上 A 点的高程为 136.55m，B 点的高程为 138.65m，两点的水平距离为 5.4m，求出 A 点和 B 点之间的坡度值（图 1.2.2）。

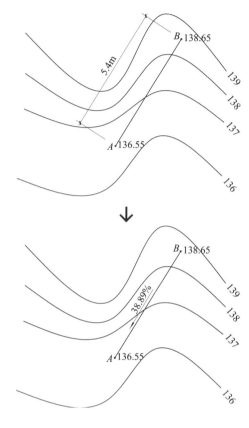

图 1.2.2 【例 1-2-1】图

分析：

由式（1.2.1）可知，必须取得两点之间的高度差，然后与已知的水平距离共同取得坡度值。

A 点到 B 点的高度差为 $\Delta h = 138.65 - 136.55 = 2.10$m。

把两项已知数值代入式（1.2.1）得：

$$i = 2.10/5.4 = 0.3889 = 38.89\%$$

【例 1-2-2】

已知某斜坡断面的坡度为 20%，A、B、C、D 为其上的 4 个点，其中最低点 A 点的高程为 178.60m，B 点高于 A 点 3m，C 点的高程为 185.60m，D 点高于 C 点 3m，求出在此断面上 B 点、C 点、D 点分别与 A 点的水平距离（图 1.2.3）。

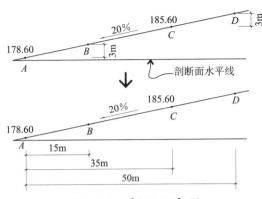

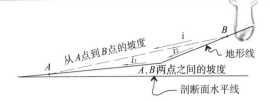

图 1.2.4　A 点到 B 点的坡度和
A、B 两点之间的坡度的区别

图 1.2.3　【例 1-2-2】图

分析：

由式（1.2.1）可知，水平距离 $\Delta L = \Delta h/i$

已知坡度 $i = 20\% = 0.2$，则三点分别取得与 A 点的高差后，代入 $\Delta L = \Delta h/i$，得到与 A 点的水平距离：

B 点：

$\Delta h = 3\text{m}$；

$\Delta L = 3/0.2 = 15\text{m}$。

C 点：

$\Delta h = 185.60 - 178.60 = 7\text{m}$；

$\Delta L = 7/0.2 = 35\text{m}$。

D 点：

已取得 C 点与 A 点的高差为 7m，则：

$\Delta h = 7 + 3 = 10\text{m}$；

$\Delta L = 10/0.2 = 50\text{m}$。

从 A 点到 B 点的坡度和 A、B 两点之间的坡度，这两个表达是有着微妙区别的。只要知道两点的水平距离和垂直高差，利用式（1.2.1）就可以得到从 A 点到 B 点的坡度 i；而在 A 点和 B 点之间的坡度则可能分为几段。比如在某斜坡断面上 A 点和 B 点之间出现了一个转折点 C，C 点不在 A 点和 B 点之间的连线上；这时，在 A 点和 B 点之间就出现两个坡度 i_1 和 i_2。

在实际工作中，坡度 i_1 和 i_2 是斜坡断面的真实写照，从 A 点到 B 点的坡度 i 是假设存在的，或者是未来将改造成的结果（图 1.2.4）。

坡度有正值和负值之分，正值表示从低处向高处的走向，负值表示从高处向低处的走向。但**在设计和读图中，坡度箭头方向是从高处指向低处**，箭头旁表示出坡度绝对值。这样也能和排水方向一致，避免产生读图的混淆（图 1.2.5）。

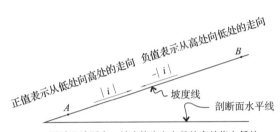

设计和读图中，坡度箭头方向是从高处指向低处

图 1.2.5　坡度的正、负值

在式（1.2.1）中，Δh 为 A 点和 B 点的垂直高差数值（$h_B - h_A$），当 $h_B > h_A$ 时，$\Delta h > 0$，则 $i > 0$，此时表示从低处向高处的走向（即表示从 A 点向 B 点的走向）；当 $h_B < h_A$ 时，$\Delta h < 0$，则 $i < 0$，此时表示从高处向低处的走向（即表示从 B 点向 A 点的走向）。

在本书中的坡度 i，其坡度值本身不代表方向性。

在等高线地形图中，密集的等高线代表着很陡的坡地，在等高距相等的条件下，等高线间距很小，则该处的自然坡度很大；相反，疏松的等高线代表着很缓的坡地，因为它们的等高线间距比较大，则该处的自然坡度很小（图 1.2.6）。

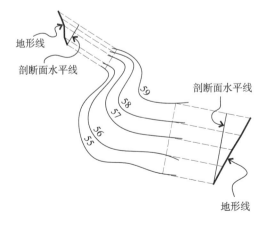

图 1.2.6　等高线的密度代表地形的缓陡程度

1.2.2 内插法

内插法是进行场地竖向研究时经常用到的方法，就是通过已知点得到在它们之间的其他点的情况。比如由测量点情况推算出图纸上应出现的等高线所属点的位置，连接这些点后得到等高线；利用内插法取得某个特殊点等。

已知 A、B 两点，取得在此两点直线之间的 C 点情况的**内插法公式**：

$$y/\Delta h = x/\Delta L \qquad (1.2.3)$$

式中　y——C 点到参考点 A 点（或 B 点）的垂直距离；

　　　x——C 点到参考点 A 点（或 B 点）的水平距离；

　　　Δh——A 点和 B 点的垂直高差数值；

　　　ΔL——A 点和 B 点的水平距离数值。

注：C 点的高程处在 A 点高程和 B 点高程之间，那么 y 值取得后，若参考点的高程低，则 C 点高程 = 参考点高程值 + y；若参考点的高程高，则 C 点高程 = 参考点高程值 - y（图 1.2.7）。

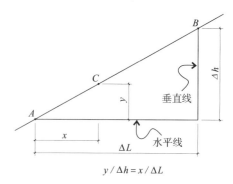

$$y/\Delta h = x/\Delta L$$

图 1.2.7　内插法公式

【例 1-2-3】

已知一台地呈 30m × 30m，由南向北倾斜，东南角（A 点）和西南角（D 点）的高程为 187.80m，东北角（B 点）和西北角（C 点）的高程为 186.60m，要求指出 187.00 等高线和 187.50 等高线的位置（图 1.2.8）。

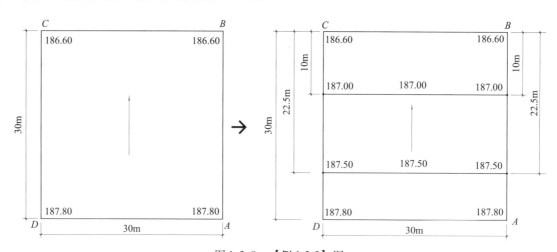

图 1.2.8　【例 1-2-3】图

分析：

由于台地是一个平面，所以台地上面的等高线都是直线，那么只要取得所求等高线上的两个点的位置，就可确定所求等高线的位置。

已知 A 点高程为 187.80m，B 点高程为 186.60m，在 AB 线上存在 187.00 高程点和 187.50 高程点，利用内插法公式，以 B 点为参考点，首先取得 187.00 高程点于 AB 线上距 B 点的距离。

A 点和 B 点之间的高差为：

$\Delta h = 187.80 - 186.60 = 1.2\text{m}$

A 点和 B 点之间的水平距离为：

$\Delta L = 30\text{m}$。

B 点和 187.00 高程点之间的高差为：

$y = 187.00 - 186.60 = 0.4\text{m}$。

把以上三个已知数代入式（1.2.3），得出：

$x = y\Delta L/\Delta h = 0.4 \times 30/1.2 = 10\text{m}$。

即 187.00 高程点于 AB 线上距 B 点的距离为 10m。

同样方法取得 187.50 高程点于 *AB* 线上距 *B* 点的距离，即 *A* 点和 *B* 点之间的高差为：

$$\Delta h = 187.80 - 186.60 = 1.2\text{m}。$$

A 点和 *B* 点之间的水平距离为：

$$\Delta L = 30\text{m}。$$

B 点和 187.50 高程点之间的高差为：

$$y = 187.50 - 186.60 = 0.9\text{m}。$$

把三个已知数代入式（1.2.3），得出：

$$x = y\Delta L/\Delta h = 0.9 \times 30/1.2 = 22.5\text{m}。$$

即 187.50 高程点于 *AB* 线上距 *B* 点的距离为 22.5m。

由于 *AB* 线 *DC* 线是对称的，可知在相应的位置，187.00 高程点和 187.50 高程点分别于 *DC* 线上距 *C* 点的距离为 10m 和 22.5m。

分别用直线连接所求出的相同的两个高程点，即为 187.00 等高线和 187.50 等高线的位置。

【例1-2-4】

已知某坡地的等高线 125.00 和等高线 125.50，等高线间距为 10m，在这两个等高线之间，*A* 点的高程为 125.30m，*B* 点和等高线 125.00 之间的距离为 4m，求出 *A* 点的水平位置和 *B* 点的高程（图 1.2.9）。

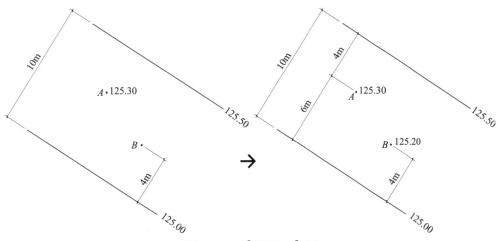

图 1.2.9 **【例1-2-4】**图

分析：

等高线 125.00 和等高线 125.50 的高差（即等高距）为：

$$\Delta h = 125.50 - 125.00 = 0.5\text{m}。$$

等高线 125.00 和等高线 125.50 的水平距离（即等高线间距）为：

$$\Delta L = 10\text{m}。$$

那么，已知 *A* 点的高程为 125.30m，即 *A* 点和等高线 125.00 的高差为：

$$y = 125.30 - 125.00 = 0.3\text{m}。$$

代入式（1.2.3），得出 *A* 点和等高线 125.00 的水平距离为：

$$x = y\Delta L/\Delta h = 0.3 \times 10/0.5 = 6\text{m}。$$

从而 *A* 点和等高线 125.50 的水平距离为：

$$x = 10 - 6 = 4\text{m}。$$

已知 *B* 点和等高线 125.00 之间的距离为：

$$x = 4\text{m}。$$

代入式（1.2.3），得出 *B* 点和等高线 125.00 的高差为：

$$y = x\Delta h/\Delta L = 4 \times 0.5/10 = 0.2\text{m}。$$

即 *B* 点的高程为 125.00 + 0.20 = 125.20m（因为所采用的参考点在低的等高线 125.00 上，所以采用加法）。

1.2.3 不规则坡地的等高线间距

当用等高线表示的坡地呈斜平面或近似斜平面时，其全部的等高线间距是相同的；当用等高线表示的坡地呈有规律的凹凸平曲面时，这时每两个相邻等高线的等高线间距是近似相同的数值，但此时不同等高线之间的等高线间距是不一定相同的。要说明的是，此时等高线间距的长度就是在相邻等高线之间垂直于等高线的线段水平长度值（图 1.2.10）。

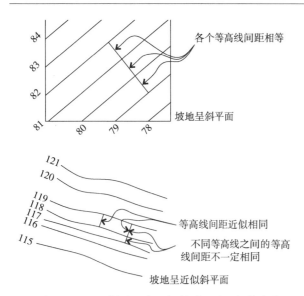

各个等高线间距相等

坡地呈斜平面

等高线间距近似相同

不同等高线之间的等高线间距不一定相同

坡地呈近似斜平面

图 1.2.10　呈斜平面或近似斜平面坡地的等高线

大多时候的坡地并不是规则的，此时的等高线间距是各不相同的，或者说是变化着的，这时其中某一处的等高线间距不能代表整体上的等高线间距。比如在等高线 277.50 上 A 点，可以描述为等高线 277.50 上 A 点到邻近等高线 277.40 的等高线间距 α，而不能称为等高线 277.50 到等高线 277.40 的等高线间距。同样，在等高线 277.50 上 B 点，描述为等高线 277.50 上 B 点到邻近等高线 277.40 的等高线间距 β，而不能称为等高线 277.50 到等高线 277.40 的等高线间距。α 在很多情况下是不等于 β 的（图 1.2.11）。

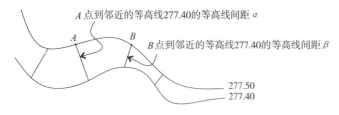

A 点到邻近的等高线277.40的等高线间距 α

B 点到邻近的等高线277.40的等高线间距 β

277.50
277.40

图 1.2.11　不规则坡地上的等高线间距

描述等高线间距的大小范围时，是以整条等高线为基础的。那么在不规则坡地上，等高线间距怎样取得呢？以等高线 277.50 上的 A 点和邻近的等高线 277.40 为例，很多人会漫不经心地通过 A 点作垂直于等高线 277.40 的线，交等高线 277.40 于 C 点，认为 AC 线就是所要求的等高线间距，其实这是不正确的（图 1.2.12）。

等高线间距的大小相当于坡地自然坡度线的水

平长度，或者说是从 A 点流水到等高线 277.40 形成的痕迹之简化直线后的水平长度。能取得这条水痕就相当于得到有关此等高线间距的解答。

A 点到邻近等高线277.40的等高线间距

A

C

277.50
277.40

不是真正的 A 点到邻近等高线277.40的等高线间距

图 1.2.12　等高线间距取得的正误

有两个因素影响水痕的路径，一是地球引力的影响。地球上的几乎一切东西都被地球引力牢牢地吸引，不至于离开地面，从而形成现在的生活模式（相对而言）。此时流水在没有阻挡的情况下，其路径应是垂直于水平地面的，即一条线垂直于一个平面。二是坡地曲面的影响。流水在物体上流动，寻求的路径是与水平面的夹角最大的路径，即与重力方向形成的夹角最小。在扭曲的面上形成的路径是微呈曲线状的，对于场地研究的精度范围来说，可以把它近似地看作直线。

综合以上两个因素，把**在不规则坡地上，A 点到相邻等高线的等高线间距定义为：**

经过 A 点作面 δ，使面 δ 尽可能同时垂直于水平面 α 和坡地面 β，面 δ 和坡地面 β 相交形成了线 k（近似直线），线 k 为经过 A 点的坡度线，线段 k 的水平投影位置就是 A 点到相邻等高线的等高线间距位置（图 1.2.13）。

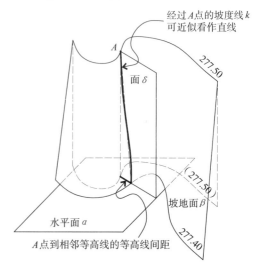

经过 A 点的坡度线 k 可近似看作直线

A

面 δ

277.50

坡地面 β

277.50

277.40

水平面 α

A 点到相邻等高线的等高线间距

图 1.2.13　A 点到相邻等高线的等高线间距定义

虽然面 δ 是平面，但是坡地面 β 大多时候是不规则面，这两个面的相交线 k 很少是直线，在场地分析中可以近似认为相交线 k 是一条直线。

根据上述分析，如果对于每个等高线间距都要以复杂的数学计算才能得出，那样不但过于繁琐，不利于场地分析，而且也超出了建筑师所需精度要求。其实通过对等高线间距形成过程的理解，就能够很好地找到得出坡度线 k 的简单方法。形成坡度线 k 的流水在向地心前进的同时，由于不规则曲面会"被迫"向更陡的地方转向，因而和相邻的两个等高线都不会垂直，而都形成两个小于 90°的夹角。同时通过模拟试验观察，可以得出**在不规则坡地上，勾画等高线间距位置的规律（即等高线坡度线 k 的位置）：等高线间距位置（即坡度线 k）与上下相邻等高线切线形成的夹角近似相等**（图1.2.14）。

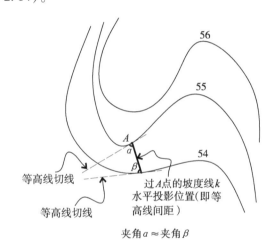

图 1.2.14 勾画不规则坡地等高线坡度线 k 位置的规律（即等高线间距位置规律）

对于人眼的分辨能力来说，在图面上相邻等高线之间，通过 A 点取得这样性质的线 k（交另一等高线于 B 点）是相对容易的。不必追求两个夹角非常准确的相等，那样会超出场地分析的需要。

【例 1-2-5】

某地形图，已完成主要的等高线，要求补全等高线（图 1.2.15）。

分析：

观察地形图，知缺少等高线 139 和部分等高线 138。

先补全等高线 138。

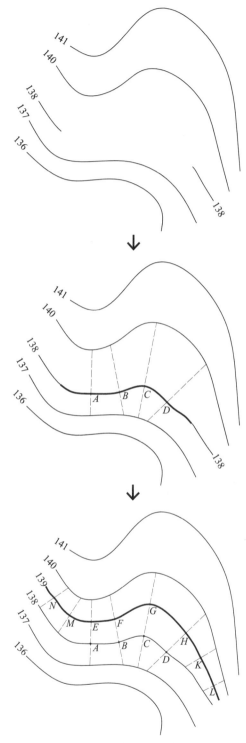

图 1.2.15 【例 1-2-5】图

在将要补全的部分，可以试作出几个在等高线 137 和等高线 140 之间的坡度线。根据上述不规则坡地等高线间距的知识，正确地勾画出这 4 条坡度线。

分别在这 4 条坡度线从南端开始 1/3 处，标出 A 点、B 点、C 点和 D 点，即等高线 138 上的点，用平滑的曲线通过这 4 点，补全等高线 138。

再补全等高线 139。

利用以上作出的 4 个坡度线，在这 4 条坡度线从南端开始 2/3 处，标出 E 点、F 点、G 点和 H 点，即等高线 139 上的点。为了更精确，可以在 F 点和 H 点之间加设坡度线（在等高线 138 和等高线 140 之间），在其 1/2 处标注点。

在等高线 138 和等高线 140 之间的东端和西端，分别加设两条坡度线，在其 1/2 处分别标注 K 点、L 点和 M 点、N 点。

用平滑曲线通过这些点，补上等高线 139。

1.2.4　路径最短距离

任何道路的纵坡坡度都有上限值，避免道路过陡，以利于交通工具或行人的使用。在尽量减少挖填土工作量和限坡的条件下，常常需要道路在坡地上采用之字形前进，这时道路的中线方向和坡地的坡度方向是不一致的，通过道路本身的平整和填挖，形成道路自己的坡度方向（图 1.2.16）。

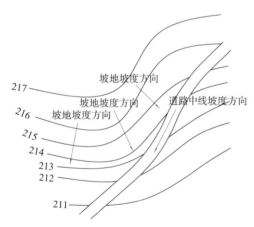

图 1.2.16　道路中线方向和坡地的坡度方向是不一致的

在实际场地设计中，有时要求在保证道路中心线坡度不超过最大限值的条件下，所开辟的道路能够最短，以达到工程量较少和行走时间较短的目的。而要达到这种目的，在设计时，应能够使道路所有段的中心线坡度尽量靠近或等于最大坡度限值。

从坡度公式（1.2.1）分析可知，由于等高距是惟一值时，限制道路坡度值相当于限制了道路等

高线间距值。即要求道路坡度 $i' \leqslant k\%$ （设 $k\%$ 为道路坡度上限值），相当于要求道路等高线间距 $\Delta L' \geqslant \Delta h / k\%$ ，这里取 $\Delta L' = \Delta h / k\%$ 作为分析参考，此时路径最短。

特别应注意的是，此时所说的道路等高线间距 $\Delta L'$ 不是坡地本身的等高线间距 ΔL，特指道路上的，道路相当于建立在坡地上的细长坡地。

从某等高线一点以 $\Delta L'$ 水平长度到达相邻等高线有 3 种情况（图 1.2.17）：

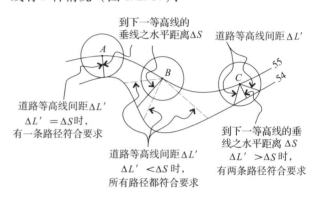

图 1.2.17　从某等高线一点以 $\Delta L'$ 水平长度到达相邻等高线的 3 种情况

① 道路等高线间距 $\Delta L' >$ 该点到下一等高线的垂线之水平距离 ΔS 时，有两条路径符合要求；

② 道路等高线间距 $\Delta L' =$ 该点到下一等高线的垂线之水平距离 ΔS 时，有一条路径符合要求；

③ 道路等高线间距 $\Delta L' <$ 该点到下一等高线的垂线之水平距离 ΔS 时，所有路径都符合要求。

面对在第 1 种情况居多的十几条甚至几十条等高线，有接近 2 的 n 次方个路径（n 为所求道路两端之间的等高线条数）。没有一个数学公式能轻松地解决到底哪一条是最短路径，除非利用计算机程序输入大量数值进行运算，或者有足够多的时间进行繁琐的筛选（图 1.2.18）。

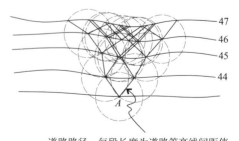

道路路径，每段长度为道路等高线间距值

图 1.2.18　第 1 种情况有接近 2 的 n 次方个路径

从场地设计的实际需要出发，需要避让农田（或梯田）、须保留的树木、不稳定的土壤、溪水等，甚至是考虑景观要求或设计者追求的某种效果，需要路径以某种状态前进。这些都要求设计者在坡地上为道路设置路径方向控制点。这些路径方向控制点的设置，不但使路径设计理性化，使其更能符合设计要求，而且大大减少了工作量和精力的消耗。

一般情况下，每5倍等高距设立一个路径方向控制点（即每两个路径方向控制点之间有4条以内的等高线）。一般对于5条等高线以内的路径设计，比较

容易控制，符合短时间内人工解决问题的能力范围。

设道路中心线的两个末端分别为 A 点和 B 点，A 点和 B 点之间有4条等高线，其中 A 点被相邻高线反弓相对，B 点被相邻等高线环围。现分别按以下3种状态进行分析：

（1）状态1（图1.2.19）

当 A 点和 B 点到下一等高线的路径长度 $\Delta L'$，都分别大于或等于到下一等高线的最短垂直距离时，应从 A 点和 B 点的情况来分析。A 点被相邻等高线反弓相对，B 点被相邻等高线环围。

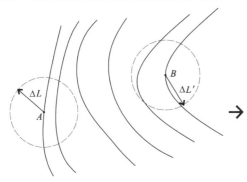

以被等高线反弓相对的 A 点出发设计路径，以被等高线环围的 B 点作为路径的结束点。因为相对而言，A 点到相邻等高线的距离变化幅度大，B 点到相邻等高线的距离变化幅度小。首先要控制好变化过大的因素。

以 B 点为圆心，$\Delta L'$ 为半径作圆，交下一等高线于两点，取此两点之间的等高线部分中央点为 C，连接 AC，AC 线作为路径前进方向的参考线，此时设每段的 $\Delta S <$ 相应的路径长度 $\Delta L'$，那么道路的长短实际主要取决于最后一段连接 B 点的等高线间距的长短（当每段的 ΔS 大于相应的 $\Delta L'$，参考状态3）。

以 A 点为圆心，$\Delta L'$ 为半径长度，在平面上作圆，和相邻等高线相交于 D 点和 E 点，线段 AD 和 AE 都有可能是所求的路径，AE 线的前进方向明显比 AD 线的前进方向更与参考线 AC 的方向趋同，这时可以舍弃路径 AD。

当两个线段 AE 和 AD 与参考线的方向趋同，难以分别时，则要继续向下一个等高线发展成4条路径，用刚才的参考线来衡量选择，同时应考虑路线的顺直，避免过多、过大的转折。

在路径设计到 B 点的下一等高线时，应保证到 B 点的最后路径≥$\Delta L'$。

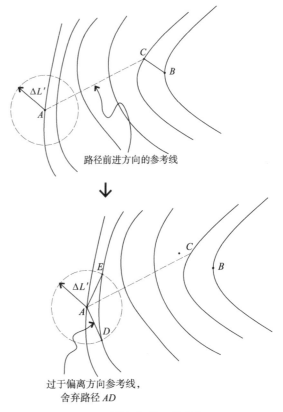

图 1.2.19　状态1

最后依次完成选择。

（2）状态2（图1.2.20）

在 A 点和 B 点中，其中一点到下一等高线的路径长度 $\Delta L' \geq$ 该点到下一等高线的最短垂直距离，另一点的 $\Delta L' <$ 该点到下一等高线的最短垂直距离时，对于 $\Delta L' <$ 其到下一等高线的最短垂直距离的一点，从此点出发的所有路径都会符合要求。那么，只要从 $\Delta L' \geq$ 该处到下一等高线的最短垂直距离情况下的一点开始设计路径即可，按照状态1的方法，先取得参考线，然后进行作圆取点，选择路径。

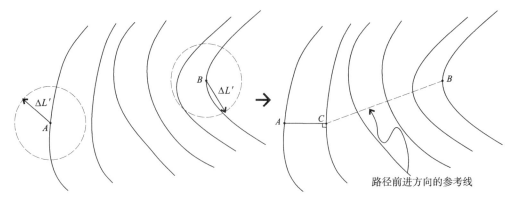

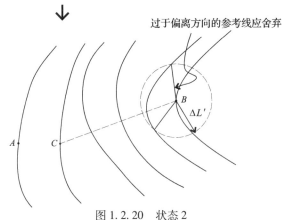

图 1.2.20　状态 2

注意在状态 2 中，开始路径选取方向和两点周边的等高线形态无关。

（3）状态 3

当 A 点和 B 点到下一等高线的路径长度 ΔL′都分别小于到下一等高线的最短垂直距离时，这种状况比较复杂，主要的问题是从两个端点 A 点 B 点出发的第 1 段路径都有无数个路径选择。可根据以下分析进行设计：

1）一般情况（图 1.2.21）

最好设计 5 条路径，从中选择最短的路径，这 5 条路径依次是：

① 从 A 点出发，垂直于相邻等高线的路径 AC；

② 从 B 点出发，垂直于相邻等高线的路径 BD；

③ 从 A 点出发，与 A 点 B 点的连线 AB 重合的路径 AE；

④ 从 A 点出发，在 AC 和 AB 之间的路径 AF；

⑤ 从 B 点出发，在 BD 和 AB 之间的路径 BG。

建议先从被等高线反弓相对的 A 点出发，试作第一条，如果此时能完成路径选择，则此条路径为最短；否则应继续试作其他路径，加以选择。

在这 5 条路径中选择最短的一条，并不是追求完全意义上的最短路径。相对等高距 0.5m 或 1m 的等高线地形来说，一条几十米左右的路径，其长度误差往往只是十几厘米，甚至几厘米，常规场地设计的精度要求已经满足，不必为很微小的差距而花费不必要的时间。

2）特殊情况（图 1.2.22）

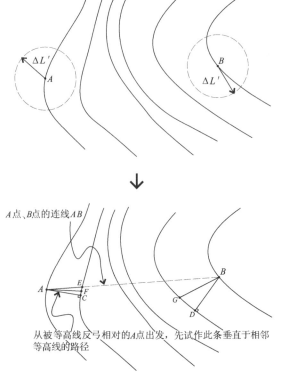

图 1.2.21　状态 3 中的一般情况

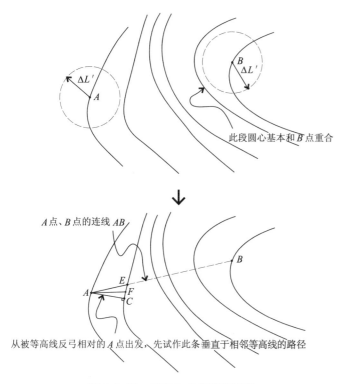

图 1.2.22　状态 3 中的特殊情况

当 B 点的相邻等高线靠近 B 点的形状近似为圆弧，其圆心基本和 B 点重合时，只以 A 点开始设计路径即可。

为了分析的方便，以上的分析把 A 点和 B 点都落在坡地等高线上。实际上 A 点或 B 点常常位于等高线之间，则 A 点或 B 点到下一等高线的道路路径最小值根据其高程，单独计算出来，作为 3 种状态的分析要素，例 1-2-6 即属此种情况。

以上分析一般针对等高距为 0.5m 和 1m 以上的等高线地形图。对于 0.1m 这样等高距较小的等高线地形图，可以合并简化等高距为 0.5m 或 1m，然后进行路径设计，利于设计出流畅自然的道路且减少工作量。

从高处或者低处来决定路径设计的起点，这个想法是没有根据的，也是不正确的。

最短道路的路径，还应注意以路径的顺畅和减少道路工程量为原则进行选择。有时也可根据某些特殊要求和个性要求选择。

【例 1-2-6】

在某地形图中，要求在 A 点（高程 60.6m）和 B 点（高程 68.8m）之间开辟一条人行道路。要求道路坡度不大于 5%。等高距为 1m（图 1.2.23）。

分析：

观察地形图，其中有易塌方区和几株古树。道路不应建在易塌方区上，选择道路方向时应注意避开。古树应受到保护，开辟道路时不应影响古树的生长范围。

考虑以上影响因素，在易塌方区和古树区之间的等高线 65 上，选择 C 点为路径方向控制点。

已知等高距为 1m，因要求道路坡度 $i' \leqslant 5\%$，即 $\Delta h/\Delta L' \leqslant 5\%$，从而 $\Delta L' \geqslant \Delta h/5\% = 1/5\% = 20m$ 才能符合要求，即坡地等高线之间的道路等高线间距（路径长度）最小值为 20m。

而 A 点没有落在坡地等高线上，需要单独计算 A 点到等高线 61 的道路路径最小值。因为 A 点高程 60.6m 与等高线 61 相差高差为 0.4m，代入 $\Delta h/\Delta L' \leqslant 5\%$，从而 $\Delta L' \geqslant \Delta h/5\% = 0.4/5\% = 8m$ 才能符合要求，即 A 点到等高线 61 的道路路径最小值为 8m。

同样，经计算 B 点到等高线 68 的道路路径最小值为 16m。

首先设计 A 点和 C 点之间的道路。

以 A 点为圆心作半径为 8m 的圆，以 C 点为圆心作半径为 20m 的圆。可以看出，A 点圆没有与等高线 61 交叉，C 点圆与等高线 64 有两点交叉，即 A 点到等高线 61 的最小路径长度小于该处至坡地等高线 61 的最小距离，C 点到等高线 64 的路径长度 $\Delta L'$ 大于该点到下一等高线的垂线之水平距离 ΔS；因而按照状态 2 的情况，先从 C 点开始设计道路。

从 C 点出发有两个路径，伸进易塌方区的路径舍弃。以下路径的选取，根据向 A 点方向前进的路径作为保留。

再设计 C 点和 B 点之间的道路。

以 C 点为圆心作半径为 20m 的圆，以 B 点为圆心作半径为 16m 的圆。可以看出，C 点圆没有与等高线 66 交叉，B 点圆与等高线 68 也没有交叉，即在 C 点和 B 点中，C 点到等高线 66 的路径长度 $\Delta L'$ 大于该点到下一等高线的垂线之水平距离 ΔS，B 点到等高线 68 的最小路径长度大于该点到坡地等高线 68 的最小距离，符合状态 3 的情况。同时，观察到等高线 68 是呈圆形状态，其圆心基本与 B 点重合，符合状态 3 中 2）的情况，那么从 C 点开始设计此段道路。

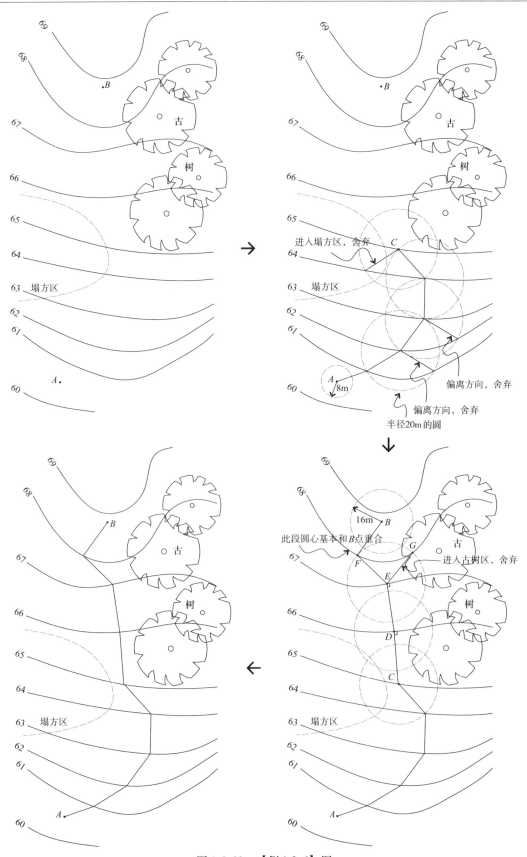

图 1.2.23 【例1-2-6】图

先从 C 点作对等高线 66 的垂线作为路径（交等高线 66 于 D 点）。等高线 66 和等高线 67 的间距大于 20m，则从 D 点作对等高线 67 的垂线作为路径（交等高线 67 于 E 点）。从 E 点可以得到两个路径，路径 EF 和路径 EG，因路径 EG 进入了古树区，应被舍弃；连接 FB。

完成道路的选择。

1.2.5 三点限制的场地平面

在场地设计中常常要平整场地，确定初次场地设计标高。如果场地中出现不可更改的高程点，如已经确定的城市道路控制标高点（常常在交叉口的中线交点上或转弯的中线上），有些永久性的建筑物为防止雨水倒灌或特殊建筑物的卫生安全等规范要求，其建筑物门前的高程成为平整场地的控制标高等。这些影响因素就成为场地平整的限制条件，即产生了控制高程点。

在这里主要讨论三个控制高程点的场地平整分析。

以某坡地为例，在此坡地上有三个控制高程点 A 点、B 点、C 点，A 点高程为 132.40m，B 点高程为 134.80m，C 点高程为 135.70m。坡地的等高距为 1m，要求设计出经过这三个控制标高点的平面以及填挖平衡线（图 1.2.24）。

因所设计的面是平面，所以设计等高线应是相互平行的直线，而这三个控制高程点的高程都不在等高线上，应计算得出三点之间的设计等高线位置。

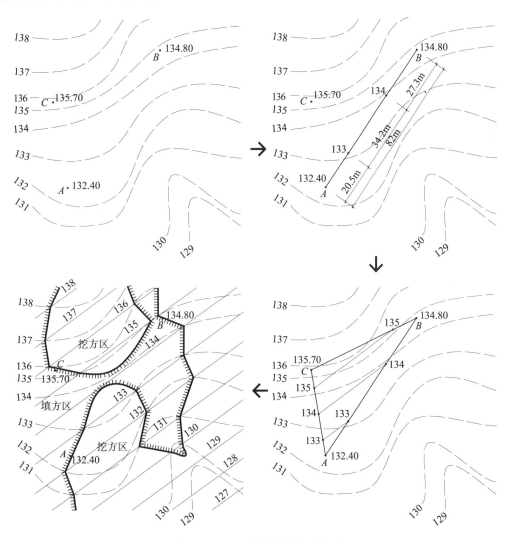

图 1.2.24　三点限制的场地平面

设计平面中在 *AB* 线段上有两个等高线高程点，分别是 133m 和 134m。

图上测量 *A* 点和 *B* 点的水平距离为 82m，*A* 点和 *B* 点高程相差 2.40m，利用内插法公式（1.2.3），可以取得 133m 点和 134m 点在 *AB* 水平线上的位置。

同样可以得到 *B* 点和 *C* 点之间水平连线的一个等高线高程点 135 的水平位置，得到 *A* 点和 *C* 点之间水平连线上的三个等高线高程点 133、134、135 的水平位置。

由于设计平面的等高线间距是相同的，而且等高线相互平行，则分别连接相同的等高线高程点，得到三条等高线 133、等高线 134、等高线 135，然后按它们之间的相同间距画出其他的平行等高线。这些新取得的设计等高线表达出了经过三个控制高程点的场地设计平面。

根据设计等高线和原来坡地等高线的相交情况，连接在同样倾斜趋势方向上同高程的设计等高线和原等高线的所有交点，得到挖填平衡线，即零线。在挖填平衡线的填土侧画上短排线，表示填土区；没有短排线的挖填平衡线一侧，表示挖土区。

1.3 地形地貌

1.3.1 地形图

地形地貌在自然地理中是比较重要的因素之一。地形地貌的高低起伏与走向在一定程度上决定着热量、水分的再分配，影响水系的发育与形态，制约植被和土壤的形成，对居民地、道路也有较大的影响等。几乎同纬度的江苏南京和西藏那曲，却分别属于北亚热带湿润气候区和高寒亚干旱气候区。青藏高原的西北是新疆的沙漠，中国大的河流多为向东入海，以及植被与土壤类型的垂直分布变化等，这些现象都是起因于地形地貌的某种特征。

而由于地形地貌的限制，人们巧妙地对地形地貌的各种特征加以利用。居民地与道路沿河谷走向分布，集中于平原或平坦地；农耕地在平地或坡度小的坡地；旅游风景区多在高山、峡谷、奇峰、洞穴和趣石集中地；军事上利用各种地形进行部队运动、阵地选择、工事构筑、隐蔽和伪装等。

地物地貌是地形图的基本内容。地形图的绘制是根据其地形地貌的状况和采用适合使用需要的比例，经实地测量后采用标准的图例，在图纸上对地形地貌进行描述而成。场地设计中使用的地形图，应是采用测绘行政主管部门最新公布的地形图纸（图 1.3.1）。

图 1.3.1 地形图

（1）地形图图例

地形图上的图例就是表示地面上的地形地貌的特定符号，分为地形符号、地物符号和注记符号三大类。

1）地形符号以等高线为主，并配合一些符号来表示。由于地形地貌的形态千姿百态，表示地形地貌的等高线也因之而异。

2）在地形图上，地物是用各种符号表示的，称为地物符号。地物符号具有如下特点（图 1.3.2）：

① 统一性，以利于测制、使用地图。

② 图形形象醒目，易识别。尽可能反映地物的外形和特征，使用图者一目了然，易联想其所代表的地物。

③ 与地物的平面形状相似，如建筑物、道路、湖泊等，其图形与实地地物的平面轮廓对应相似，称为轮廓符号或正形符号。

④ 与地物的侧面形状相近，如桥、塔、突出树等，

其图形与实地地物的侧面形状相似，称为侧形符号。

⑤ 与地物的意义相关，如电源厂、污水处理厂等，称为象征性符号。

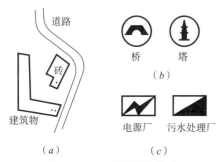

图 1.3.2　地物符号的特点

（a）轮廓符号或正形符号；（b）侧形符号；（c）象征性符号

3）地物符号只能表示地物的形状、位置、大小和种类，还需要注记符号对其进行质量、数量和名称等的说明。注记符号有如下特点：

① 地理名称的注记，如市、镇、村、山、河、湖、水库、各类道路和行政区的名称等，用各种不同大小的字体来表示。

② 说明地物质量特征的文字注记，如公路路面质量、桥梁性质、森林种类等，均用细等线体以略注形式配在符号的一旁。

③ 说明地物数量特征的数字注记，如三角点、土堆、断崖的高度，森林密度和树的平均高、粗，道路的宽度，河流的宽、深和流速等均用大小不同的数字表示。表达在总图图面上的坐标、标高、距离以米为单位。比例尺 1∶10000 的图纸上数字应精确至个位；1∶5000 图纸上应精确至小数点后一位；1∶2000 和 1∶1000 及 1∶500 的图纸上应精确至小数点后两位。应注意的是，坐标数字应标注到小数点后三位。

④ 此外，有些地物的分布较零乱，如农田、沙地、石块地等，很难表示其具体位置和数量，就采取均匀配置的图案来表示，叫作配置符号。此符号只表示分布范围，不代表具体位置（图 1.3.3）。

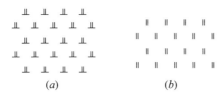

图 1.3.3　配置符号

（a）基本农业保护田；（b）草地、草甸

（2）地形图比例

图纸比例为图纸上的一段长度值与其对应实际长度值之间单位下的比值（即图形与实物相对应的线性尺寸之比）。

比例的大小，是指其比值的大小，如 1∶500 大于 1∶1000。

总图设计分析中常采用 1∶500 的比例；而城市总体规划中多采用 1∶10000 或 1∶5000 的比例；控制性详细规划中多采用 1∶2000 或 1∶1000 的比例；特殊情况，如场地面积很小时，也可以采用 1∶300 等比例。

一般用数字比例尺来表达比例，用符号"∶"，以阿拉伯数字表示，如 1∶500、1∶200 等。用"/"作为图纸比例符号是不规范的写法。

有时在适当位置绘制出图示比例尺，便于直观地研究图纸或随意放大、缩小图纸。图示比例尺是以一段图纸上的长度线段标注出其所表示的实际长度的形象表示方法。

（3）地形图的方位

地形图的方位为上北、下南、左西、右东。

由于地球是接近圆球状，大地整体上来说并不是水平面的，在地图测量学上采用高斯平面直角坐标系。对于场地设计和分析来说，所面对的地面相对于大地是很小的，故可以认为此场地地面的大地基准面是水平的。

地形图的坐标采用独立平面直角坐标系，与人们常接触的笛卡儿直角坐标系之间有着显著的不同。笛卡儿直角坐标系是以水平方向为 X 轴，以垂直方向为 Y 轴；地形图的坐标以水平方向（东西方向）为 Y 轴，以垂直方向（南北方向）为 X 轴。当然，这种区别引起的影响只在设计者研究地形地貌精确位置的时候产生（图 1.3.4）。

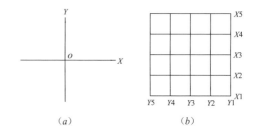

图 1.3.4　地形图的坐标

（a）笛卡儿直角坐标系；（b）地形图的坐标

每个直角坐标系都有自己的坐标原点，同样每个国家的大地地理坐标一般都有自己的"原点"，即大地原点。大地原点也称为大地基准点，即国家水平控制网中推算大地坐标的起标点。

中国在建国初期使用的大地测量坐标系统是从苏联测过来的，其坐标原点是苏联玻尔可夫天文台。这种状况对于一个国家来说不是很合适。为改变这种状况，中国测绘部门于1982年完成了中国地面测量控制网的整体平差工作，精确计算出5万多个测绘点的地理坐标，建立了高精度的新的大地坐标系统。

中国大地原点采用国际地理联合会（IGU）第十六届大会推荐的椭球参数，确定于中国陕西省咸阳市泾阳县永乐镇石际寺村。

（4）地貌的表示方法

地貌的表示方法有5种，即晕渲法、晕滃法、写景法、等高线法及分层设色法（图1.3.5）。

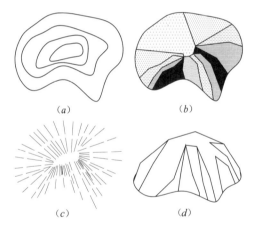

图 1.3.5　地貌的表示方法
（a）等高线法；（b）晕渲法；（c）晕滃法；（d）写景法

1）晕渲法表示的地貌立体感强，地貌形态直观、形象、易读。犹如物体接受斜向光源照射后产生浅深不同的阴影。在用晕渲法制作地图时，当设定斜照光源的高度角为45°时，坡度角为90°、方向角为180°的阴坡黑度最大，可以达到0.854；而坡度为45°、方向角为0°的阳坡黑度最小，为0。这样在平面上用黑度色阶0~100%来表示不同坡度与方向角的坡面，全部黑度的组合形成地貌晕渲。

此方法在很多国家的地图编制中广泛使用，有些国家还规定国家基本比例尺地图上必须进行地貌晕渲。计算机技术和地理信息技术的高度发展使地

貌晕渲的质量大大提高，应用面越来越广。

2）晕滃法是顺流水线方向，用不同长短、粗细和疏密的线条表示地面起伏形态的方法。以线细长而稀疏表达缓坡，以线粗短而紧密表达陡坡。这种方法的优点是立体感强，平面位置准确；缺点是作业繁琐，难以判读高程。

3）写景法是以绘画写景的形式概略地表示地貌形态和分布位置的方法，又称透视法，是一种古老而质朴的方法。写景法形象直观，易绘易懂，示意性强，但不能判别山岳高低。

4）等高线法是用标有高程注记的等高线和个别特殊符号相结合，以反映地貌特征的一种方法。等高线法具有明确的数量概念，实用价值较高，无论是军事方面关于最大视野和相对地势的分析，还是工程方面关于路线坡降、填挖土方、水库库容的设计和计算等，很多都是根据等高线地形图制成剖断图，加以分析比较，得出行动或施工的科学依据。用等高线法表示地貌，可以反映地面高程、各类地貌的基本形态及其变化，可量算出地面点的高程、地表面积、地面坡度和体积等，从而可以全部满足地图上表示地貌的要求，所以它被国际上公认为当今最好的一种地貌表示法。

在本书中主要采用的就是等高线法。

5）分层设色法是将地貌按高度划分为若干高程带，逐带设置不同且渐变的颜色，以表示地面起伏形态的方法。

1.3.2　地形坡度范围划分（坡度分析）

在实际的坡地中，其上各处的坡度往往是互不相同的。对于某个场地设计来说，许多场地元素对坡度有限制要求，比如道路纵坡、构筑物所在位置坡度要求、排水要求等。这时首先要做的是地形坡度范围划分，即坡度分析。

（1）举例说明

【例1-3-1】

某场地等高线图中，等高距为0.5m，要求在场地范围内，按$i \leqslant 5\%$、$i > 20\%$和$5\% < i \leqslant 20\%$三种情况进行地形坡度范围划分（图1.3.6）。

分析：

能在平面图直观掌握的是等高线间距，根据坡

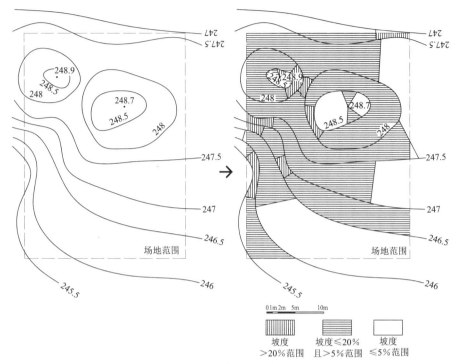

图 1.3.6 【例 1-3-1】图

度公式（1.2.1），把对坡度的要求转化成对等高线间距的大小要求。

对于 $i \leqslant 5\%$ 的情况，由坡度公式（1.2.1），知 $i \leqslant 5\%$，则控制等高线间距值 $\Delta L \geqslant 0.5/5\%$，即 $\Delta L \geqslant 10\mathrm{m}$。

对于 $i > 20\%$ 的情况，由坡度公式（1.2.1），知 $i > 20\%$，则控制等高线间距 $\Delta L < 0.5/20\%$，即 $\Delta L < 2.5\mathrm{m}$。

对于 $5\% < i \leqslant 20\%$ 的情况，由坡度公式（1.2.1），知 $i \leqslant 20\%$，则控制等高线间距 $\Delta L \geqslant 0.5/20\%$，即 $\Delta L \geqslant 2.5\mathrm{m}$；$i > 5\%$，则 $\Delta L < 0.5/5\%$，即 $\Delta L < 10\mathrm{m}$。所以控制等高线间距 $2.5\mathrm{m} \leqslant \Delta L < 10\mathrm{m}$。

首先可以确定对于 $i \leqslant 5\%$ 的范围，即等高线间距 $\Delta L \geqslant 10\mathrm{m}$ 的范围。用比例尺在图纸上寻找等高线间距为 10m 的位置，大于 10m 的范围就是 $i \leqslant 5\%$ 的范围。

其次来确定 $i > 20\%$ 的范围，即等高线间距 $\Delta L < 2.5\mathrm{m}$ 的范围。同样用比例尺在图纸上寻找等高线间距为 2.5m 的位置，小于 2.5m 的范围就是 $i > 20\%$ 的范围。

那么其余的等高线间距 $2.5\mathrm{m} < \Delta L < 10\mathrm{m}$ 范围，就是 $5\% < i \leqslant 20\%$ 的范围。

对于等高线间距的取得方法，在"1.2.3 不规

则坡地的等高线间距"一节有所阐述，要牢记它的方法，避免随手取得错误的等高线间距位置，以便正确地开展深入分析。

（2）在【例 1-3-1】中关于两个特殊处的坡度范围分析

1）其中对于山顶（或谷底）处，根据最高点和与其最近的等高线标高计算坡度范围。

东面山头最高点为 248.7m，其与等高线 248.5m 相差 0.2m，两者间的坡度范围可由式（1.2.1）计算，当坡度 $i \leqslant 5\%$ 时，则控制等高线间距值 $\Delta L \geqslant 0.2/5\%$，即 $\Delta L \geqslant 4\mathrm{m}$；当坡度 $i > 20\%$ 时，则控制等高线间距 $\Delta L < 0.2/20\%$，即 $\Delta L < 1\mathrm{m}$。这样就以控制等高线间距值 4m 和 1m 对东面山顶进行坡度范围划分。

同样对于西面山顶最高点 248.9m，得到当 $i \leqslant 5\%$ 时，控制等高线间距值 $\Delta L \geqslant 8\mathrm{m}$；当 $i > 20\%$ 的情况，控制等高线间距 $\Delta L < 2\mathrm{m}$。则以控制等高线间距值 8m 和 2m 对西面山顶进行坡度范围划分。

2）在场地中存在一个马鞍形坡地，没有标注高程点，可以采用间曲线方法取得坡度范围（图 1.3.7）。

由于鞍部在同高程等高线 248 之间，理论推定两者中间位置是高程为 247.75m 的间曲线位置，则勾画出 247.75m 的间曲线。在这 3 条等高线之

间，相当于等高距由 0.5m 减半到 0.25m，则此处等高线间距控制值也相应减半（2.5/2m 和 10/2m），以此两个等高线间距控制值在等高线 248 和间曲线 247.75 之间取得坡度范围。

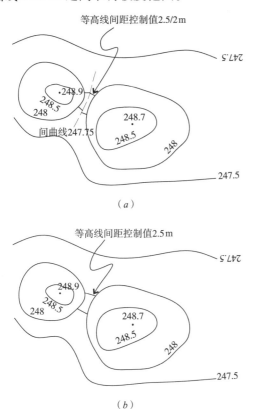

图 1.3.7　鞍部坡度范围划分
（a）间曲线方法；（b）简捷的方法

由于间曲线相当于两个等高程等高线的对称线，而且相对于原等高距和控制等高线间距均为 1/2 的倍数关系，则可以直接在等高程的两个等高线之间以 2.5m 和 10m 寻找控制等高线间距值。这是实用快速的方法，虽然没有上一段所描述的方法精确。

3）对于坡度范围的表示方法

① 在相邻等高线之间用疏密程度不同的线条表示不同坡度范围的方法。比如对于坡度 $i \leqslant 5\%$ 的坡度范围采用空白方式表达；对于坡度 $5\% < i \leqslant 20\%$ 的坡度范围采用平行线排列的方式表达；对于坡度 $i > 20\%$ 的坡度范围采用垂直交叉线排列的方式表达。

② 在相邻等高线之间用不同的色彩或明度深浅不同的一种色彩表示不同坡度范围的方法。比如对于坡度 $i \leqslant 5\%$ 的坡度范围采用空白或浅色调的方式表达；对于坡度 $5\% < i \leqslant 20\%$ 的坡度范围采用中

性色调的方式表示；对于坡度 $i > 20\%$ 的坡度范围采用深色调的方式表达。

1.3.3　山脊和山谷及山顶和凹地

山脊是常见的山地地貌状态，呈细长形带状地貌，它的横断面为凸状面。山脊可以是只有一个最高点，也可能有许多最高点，这些最高点之间形成马鞍形坡地。

山谷是由于山脊的凸起以致在山脊之间形成的细长形横断面为凹面的地貌。山脊的两边边坡通常是山谷的侧壁，雨水及溪水在山谷中边汇合边向下坡方向流动。

地貌的形态及一些性能指标，是通过连续的一组等高线图形来显示的。但有时等高线图形的形状类似，却表示的是不同的地貌形态。例如：山顶、凹地（凹地指比周围地面低下，且经常无水的低地），在图上都是用闭合的、最小的等高线环圈显示的。为了区分出山顶、凹地，在制作地形图时规定表示凹地的等高线一定要加绘示坡线，山顶可加可不加。示坡线是指与等高线垂直相连的线段，等高线相连的一端，指的是上坡方向；与等高线不相连的一端指的是下坡方向，即指向高程降低的方向（图 1.3.8）。

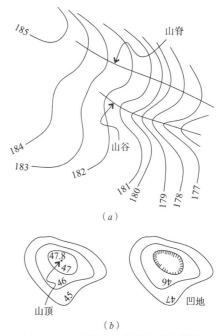

图 1.3.8　山脊和山谷及山顶和凹地
（a）山脊和山谷；（b）山顶和凹地

1.3.4　快速识别凸凹的方法

面对某场地等高线地形图时，必须要在头脑中形成此场地的大致三维形态，这样就能自如地深入处理场地设计中的各种问题。如果没有做这种准备，会对原貌和设计的理解产生干扰。那么最关键的是能快速识别坡地的凸凹（尤其起伏比较大的场地）。当场地变化稍微复杂时，不能快速地判断凸凹，会极大地干扰分析进程。在实际工作中掌握这种技能，是能够充分发挥场地设计能力的基础。以下总结了三种方法来快速识别坡地的凸凹情况（图1.3.9）。

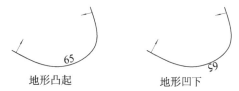

地形凸起　　　　地形凹下

当等高线环围的方向和字头朝上的方向一致时，表现的是地形凸起的状态；当等高线环围的方向和字头朝上的方向相反时，表现的是地形凹下的状态

（a）

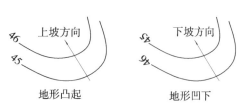

地形凸起　　　　地形凹下

当等高线环围的是下坡方向，则此时表现的是地形凹下的状态；当等高线环围的是上坡方向，则此时表现的是地形凸起的状态

（b）

地形凸起　　　　地形凹下

使高程高的等高线置于眼前，等高线的曲线形态就好比竖向的剖断图

（c）

图1.3.9　快速识别凸凹的方法
（a）方法1；（b）方法2；（c）方法3

（1）在等高线上的高程注记一般用与等高线同颜色的数字镶嵌在等高线中，而且字头朝向上坡方向，那么只要记住当等高线环围的方向和字头朝上的方向一致时，表现的是地形凸起状态；当等高线环围的方向和字头朝上的方向相反时，表现的是地形凹下状态。

（2）当等高线地形图表示得不是很严谨，也就是说表示高程的数字没有镶嵌在等高线中且没有表达出数字的方向性（现实中很多等高线图都是这样的），则可以用这种方式识别坡地的凸凹：首先知道等高线高程的上下坡方向，当等高线环围的是下坡方向，则此时表现的是地形凹下状态；当等高线环围的是上坡方向，则此时表现的是地形凸起状态。

（3）看图纸时，可以转动图纸，使高程高的等高线置于眼前，而高程低的等高线远离眼睛位置，就犹如站在山的高处向下看，这时等高线的曲线形态就好比竖向的剖断图（当然不是准确的竖向剖断图，只是表达了形态信息）。

在上述三个方法中，主要掌握第二种方法为好，熟练掌握这种方法后，基本能随意、快速地判断坡地的起伏状况。第三种方法更加直观，但是若地形起伏过多，就要不停地转动图纸来判断，图纸的方向不停地变换，容易造成混乱。若是训练出能在不转动图纸的情况下，假设站在高处能观察判断凹凸，也是可行的。

1.3.5　分水线的提取

往往有起伏的山地都会出现凸起的脊背状走向，称之为山脊；相应的把凹下的带状走向称为山谷。雨水和流水在山脊处向两个不同的主要方向分流，于是就存在一条山脊线，即分水线。雨水和流水在山谷最低处汇合后，共同相拥流下，它们的路径就可以抽象成一条合水线。山脊线和山谷线不仅具有其自身的几何意义，而且还具有特定的物理意义。从几何方面来讲，它构成了地形起伏变化的分界线（骨架线），所以它在地形表示方面有着极其重要的作用。从物理方面来讲，由于山脊线具有分水性，山谷线具有合水性，这一物理特性使得它在场地设计应用方面有着特殊的意义。通常将山脊线称为分水线，山谷线称为合水线（图1.3.10）。

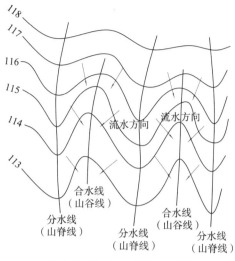

图 1.3.10　分水线和合水线

对汇水面积计算来说，最重要的是分水线的正确提取。

关于山脊的分水线有一种说法认为，将等高线弯曲的顶点连接起来，该线即是山脊的分水线。看似很正确，其实是对等高线性质的误解。比如在某坡地山脊等高线图中，等高线 146、等高线 147 和等高线 148 这三条等高线各自产生明显的尖角，那么按照刚才对分水线的定义，应该连接这三个"顶点"来得到分水线，其实是错误的。

这种说法是想当然地把等高线线条代表的形状看作是竖向的外貌了。而一条等高线代表的是同一高程的点的集合，和竖向的外貌形状如何没有直接的关系。只有在多条等高线的互相配合下，才能间接地反映出地貌竖向的情况（图 1.3.11）。

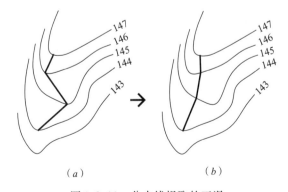

（a）　　　　　　　　（b）

图 1.3.11　分水线提取的正误

（a）错误的分水线提取；（b）正确的分水线提取

那么，如何取得正确的分水线？现在让我们先了解一下在测绘专业领域是如何取得分水线的。

提取分水线和合水线的算法从其设计原理上可分为两类：基于地形表面几何形态分析的算法和基于地形表面流水分析的算法。从算法所适用的数据资料可分为二维算法和三维算法。前者用于数字化等高线资料，后者用于数字化等高线数据和数字地面模型（DEM）数据。

基于地形表面几何形态分析的算法有等高线曲率最大判别法、等高线骨架化法和地形断面极值法。基于地形表面流水分析的算法有三维地形表面流水数字模拟法与等高线垂线（坡向）跟踪法。

等高线曲率最大判别法和地形断面极值法都是先从已有的数据资料中提取一些可能是分水线和合水线上的点作为候选点，然后计算每一条等高线上各点处的曲率值，找出其局部曲率最大值点。

地形断面极值法是先从已有的数据资料中提取一些可能是分水线和合水线上点的候选点，然后采用计算地形断面和找出其高程极值点的办法。由于地形断面极值法通常只采用两个正交方向上的地形断面，因此，它会丢失某些方向的山脊线和山谷线上的点。由于地形噪声的存在以及在判定分水线和合水线上的点的候选点时采用同一阈值，因而无法顾及区域地形变化的特殊规律。当阈值选择过大时，会遗漏一些分水线和合水线上的点；反之，则会增加候选点中的噪声。这都会给后续分水线和合水线的识别及归类带来困难。

骨架化方法又称为中心轴化法，近年来被广泛用于图像、凹形处理。图形骨架就是二维图形边界内距其两侧边界等距离点的集合所组成的线，即图形的骨架线或中心轴是二维几何图形内各个不相互包含的所有最大内切圆圆心的轨迹线。

图形骨架化法用于提取分水线和合水线时，先求取每条等高线弯曲部分的骨架，然后连接相邻等高线的骨架，得到分水线和合水线。该方法是将分水线和合水线两侧的地形视为对称变化。显然，这与多数地形的实际变化不相符合，因此，用该方法所得到的分水线和合水线有很大程度的近似性。

基于地形表面流水分析的算法有三维地形表面流水数字模拟法与等高线垂线（坡向）跟踪法。它们都是以分水线和合水线的物理特性为依据，通过模拟和分析地形表面流水的运动状况，得到分水线和合水线。在具体操作上，它们都是先找出流水方向（坡向），然后计算汇水量或跟踪流水线。不同之处是前者用数字计算模拟地形表面流水，而后者则以几何分析即通过跟踪坡向的方法得到分水线和合水线。

在进行场地设计和分析时，能够得到标有非常精确的分水线的地形图，当然是再好不过的事。问题是，拿到的地形图往往没有标明，为了更深入地分析场地或者计算汇水面积，就要亲自在图纸上取得分水线。如果用测绘专业的方法去运算取得，对建筑师是个不堪重负的事情，而且把大部分时间用在取得精确的分水线上，就偏离了建筑师的专业工作方向。

那么可以参考地形表面流水分析的算法，利用其原理，结合本书"1.2.3 不规则坡地的等高线间距"一节来得到分水线。首先说明的是，这种简单地取得分水线的方法是准确的，而不是精确的。但对于场地设计来说已经足够了。

对于山脊上单独的等高线，是无法判断分水线与此等高线的交点位置的。把单独的等高线弯曲部分的"顶点"看作这个交点，是不正确的，其原因是对等高线的概念模糊和理解不深。

只有多条的等高线才能体现出分水线，山脊的走向决定着分水线的位置，可以把山脊上的等高线大致看成弯曲的半圆柱体，那么大致的分水线位置就是半圆柱的最高点组成的线。这样取得的分水线并不是太准，只能为进一步取得分水线的准确位置提供一个近似范围（图 1.3.12）。

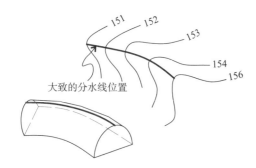

图 1.3.12　大致的分水线位置线

根据"1.2.3 不规则坡地的等高线间距"一节可知（图 1.3.13），一般在等高线 a 上的某点（设为 A 点）有一条自然坡度线，或者说从 A 点排出的水只有一条路线到达相邻等高线 b（当然这条路

线实际是微曲的曲线）。而在等高线 a 和分水线 k 相交的点（设为 E 点）的情况却比较特殊，在 E 点上的水流有两个流动方向，就是说从 E 点到等高线 b 有两个自然坡度线，或表达为从 E 点到等高线 b 有两个等高线间距的位置。

那么就可以**试作等高线 a 在转折处的一些等高线间距位置，可以从转折处的两边由远及近的试作等高线间距位置，直到出现具有两个等高线间距位置的一点，那么这个点就是等高线 a 与分水线相交的 E 点**。同样取得其他等高线与分水线相交点，然后用平滑的曲线连接这些点，这条曲线就是分水线。根据视觉分辨敏锐度（resolution acuity）完全可以找到 E 点。但是必须在能熟练地正确取得等高线间距的基础上，才能取得比较准确的分水线（图 1.3.13）。

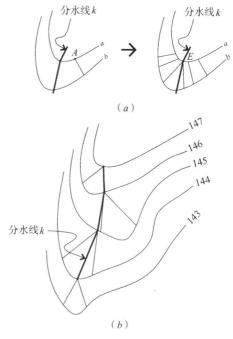

图 1.3.13　取得分水线的方法
（a）两条等高线；（b）多条等高线

1.3.6　汇水面积与径流量

暴雨径流量和速率属于水利专业范畴，建筑师并不是很了解，在现实工作中也不经常使用到，随着在建筑设计领域对场地设计的逐渐重视（尤其在场地设计起步比较晚的中国），建筑师对许多关于水利、市政等方面的专业知识也必须有所了解，并能运用这些专业内必要的一些知识。

研究暴雨径流量和速率，是为了处理好暴雨引起的场地问题，比如涵洞和桥洞的设计等。有时场地所在地区暴雨径流量的确定，决定着场地景观和设计方向。例如在山坡上某场地，为避免场地流水对南侧场地有所冲刷，原本以排水沟引走从本场地流下的水，在对暴雨径流量和速率进行计算后，发现完全可以用凸起的小坡挡住流水并引走，这样既可以使整个场地景观上比较柔和，避免生硬，而且还没有完全挡住水流，有利于区域场地的水土保持（图1.3.14）。

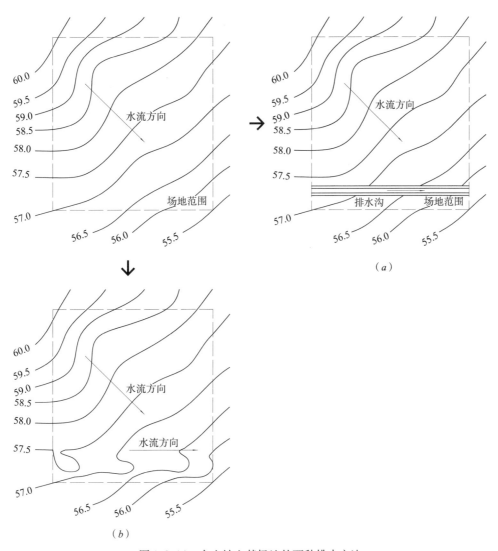

图1.3.14 在山坡上某场地的两种排水方法
（a）以排水沟引走场地流水；（b）用凸起的小坡挡住流水并引走

计算暴雨径流量和速率，要在了解当地的水文地质的基础上，划分正确的场地汇水流域，然后计算汇水面积。

汇水面积又称流域面积或集水面积，是汇合而流的降水覆盖的排水区域的面积。

首先要找出山脊的分水线，然后这些分水线和与之相关的山顶最高点连接，以形成半围合的状态。再根据河流边线、排水渠位置线或者桥梁涵洞的位置线来连接山脊的分水线，形成闭合的区域范围，这个区域范围的面积就是本场地的汇水面积。应当注意的是，汇水面积是闭合区域的投影面积，因为在降雨时，地形的地貌构造如何对该地域降水的多少影响不大（图1.3.15）。

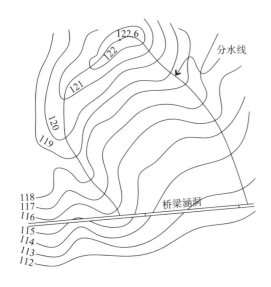

图 1.3.15 汇水面积为闭合的区域范围

对于处理的场地都有场地边界线，不能把场地边界线想当然地认为是排水区域的界线。在实际工程中面对的场地范围常常只是排水区域中的一块，这时计算汇水面积要跳出场地界线的限制，在必要的更大范围里计算出各种水利参数。

对于暴雨径流量和速率的计算，由于每一流域面积都有其独特的地方，比如土壤的土质等，都影响着计算结果，所以说计算结果只能是估算值。以下是水利专业中的一些概念：

流域地表面的降水，如雨、雪等，沿流域的不同路径向河流、湖泊和海洋汇集的水流叫作径流。在某一时段内通过河流某一过水断面的水量称为该断面的径流量。径流是水循环的主要环节，径流量是陆地上最重要的水文要素之一，是水量平衡的基本要素。径流量的表示方法及其度量单位如下：

① 流量 Q　指单位时间内通过某一过水断面的水量。常用单位为立方米每秒（m^3/s）。各个时刻的流量是指该时刻的瞬时流量，此外还有日平均流量、月平均流量、年平均流量和多年平均流量等。

② 径流总量 W　时段 Δt 内通过河流某一断面的总水量。以所计算时段的时间乘以该时段内的平均流量，就得出径流总量 W，即 $W = Q\Delta t$。单位是立方米（m^3）。以时间为横坐标，以流量为纵坐标点绘出来的流量随时间的变化过程就是流量过程线。流量过程线和横坐标所包围的面积即为径流量。

③ 流速　是指水流质点在单位时间内所通过的距离。渠道和河道里的水流各点的流速是不相同的，靠近河（渠）底、河边处的流速较小，河中心近水面处的流速最大，为了计算简便，通常用横断面平均流速来表示该断面水流的速度。

④ 径流深 R　指计算时段内的径流总量平铺在整个流域面积上所得到的水层深度。它的常用单位为毫米（mm）。

若时段为 Δt（s），平均流量为 Q（m^3/s），流域面积为 A（km^2），则径流深 R（mm）由公式 $R = Q\Delta t/1000A$ 计算。

⑤ 径流模数 M　一定时段内单位面积上所产生的平均流量称为径流模数 M。常用单位为 $[m^3/(s \cdot km^2)]$，计算公式为 $M = Q/A$。

⑥ 径流系数 α　为一定时段内降水所产生的径流量与该时段降水量的比值，以小数或百分数计。

通过各自地区建立的《暴雨径流查算图表》等方面的手册，可以计算出所需要的参数，结合汇水面积套入公式中，计算出暴雨径流量和速率。

1.3.7　坡度与径流侵蚀

埃利森（Ellison, W. D.）在 1947 年将土壤侵蚀过程划分为降雨侵蚀、径流侵蚀、降雨输移和径流输移，之后众多学者对降雨和径流在土壤侵蚀过程中的作用进行了大量研究。

场地坡度是影响流域产流、汇流、土壤侵蚀及产沙、泥沙输移和泥沙输移比的重要参数。很多学者对场地坡面侵蚀量与坡度的关系进行了研究试验，主要以土壤流失的经验方程及数学模型的形式来表示土壤的径流侵蚀随坡度的变化规律。这些试验采取的场地坡度较小。

（1）场地坡面径流侵蚀随坡度的变化规律主要与自然地理和人为因素有关。

在场地坡面上，坡度越陡，坡面水流的流速越大，土壤颗粒受地面径流的冲刷力也越大，土壤侵蚀量也越大。尤其是在陡坡上开荒、伐木活动，更人为地加大了这种侵蚀量。但随着坡度的继续增大，人类的活动也变少，在陡坡上将会长满各种植物，这些植物的根系使土壤表层密实，加之坡度很陡，径流在坡面上滞留时间短。这些因素都增强了坡面表层土的自身抵抗径流侵蚀的能力。

（2）场地坡面径流侵蚀随坡度的变化规律还与坡面径流和泥沙运动的肌理有关。

坡面径流往往是挟沙水流。当坡度较小时，水深相应较大，坡面水流表现为缓流；当坡度增大，则水深减小，流速增大，水流对坡面的剪切力也随之增大，坡面与水流挟带的泥沙相互作用加剧，有效切应力增大，因此坡面径流侵蚀量增大。

当坡度达到某一临界坡度时，坡面流的速度达到临界速度，水深达到临界水深，这种作用达到最大，其有效切应力最大；当坡度超过临界坡度时，表现为急流，挟带的泥沙对坡面的作用反而减弱，有效切应力也随之减小。这时坡度的增大主要将坡面径流的势能转化为径流动能，致使坡面水流流速增大，坡面径流侵蚀强度反而减小。

因此，在临界坡度之内，坡面水流为缓流，坡面径流侵蚀量随坡度的增大而增加，超过临界坡度之后，坡面水流为急流，坡面径流侵蚀量随坡度的增大而减小。

为水土保持，应采用工程、生物和耕作等措施，来增加地面植被覆盖，提高土壤抗蚀力，防止水土流失，保护水土资源，维持和提高土壤活力。

不同水土流失区，其主要的水土保持措施也有差别。轻度流失区主要实行封山育林、植树种草；严重流失区必须首先采用工程措施，同时实施生物措施。水土保持的关键是要保持山丘坡面有良好的植被覆盖，搞好农耕地建设管理，严禁破坏植被、陡坡开荒和其他导致水土流失的行为。

1.3.8 地形图主要图例

在等高线地形图上，由于实际地貌的千差万别，就出现了特定符号来表达特殊地貌。在场地设计中，正确地识别地形图上的各种地貌情况，可以全面地了解实际地貌状况，从而为场地设计提供正确的设计方向。比如没有正确地在地形图上读识出土坎，在设计时就很有可能会调整此处的"等高线"来平整场地，等发现问题时还得从头开始，浪费时间和精力。所以能准确清楚地读识图纸地貌

是很重要的。

地貌类型常以成因、形态的差异划分出若干类型（图1.3.16）：

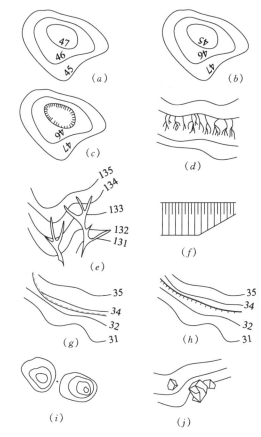

图 1.3.16 地形图主要图例
（a）山丘；（b）盆地；（c）凹地；（d）峭壁；
（e）冲沟；（f）护坡；（g）挡土墙；（h）土坎；
（i）鞍部；（j）露岩

（1）山丘
山丘是等高线呈封闭状环围，高程越高等高线环围面积越小。

（2）盆地
盆地是范围比较大的等高线呈环围封闭状，逐渐凹下的地貌状态，犹如盆状，故名盆地。凹地与盆地的区别主要在于凹地是突然比周围地面低下，且经常无水的低地。

（3）峭壁
峭壁是由于地壳运动等原因形成的比较高的、接近垂直于水平面的坡地，往往植被不易在其坡面上落根，而且常常受到流水的冲刷和风蚀等，大多为裸露土状态。

用柳树枝状线条表示，和短线垂直的线段指向低处。

（4）冲沟

冲沟是指由汇集在一起的地表径流冲刷破坏土壤及其母质，形成切入地表及以下沟壑的土壤侵蚀形式。面蚀产生的细沟，在集中的地表径流侵蚀下继续加深、加宽、加长，当沟壑发展到不能为耕作所平复时，即变成沟蚀。沟蚀形成的沟壑称为侵蚀沟。侵蚀的水流更加集中，下切深度越来越大，横断面呈"U"形，就形成了冲沟。

（5）护坡

护坡是具有保护边坡处土壤不被流水等侵蚀的构造体。分为砌石护坡、抛石护坡、混凝土护坡、喷浆护坡、砌石草皮护坡、格状框条护坡等。用平行排列的垂线表示，垂线密的一侧为坡顶。

（6）挡土墙

挡土墙是防止边坡风化剥蚀、冲刷和坍塌而设置的结构体。用粗虚线代表被挡土的一侧。

（7）土坎

土坎是顺等高线平行方向产生突然的跌落高差的地貌状况。用带有黑色三角形排列的线条表示，黑色三角形指向低处。

（8）鞍部

两个山顶之间，两组等高线凸弯相对之间形成鞍部。

（9）露岩

露岩是突出显露的岩石。用岩石形象来表示。

对于山脊、山谷，在"1.3.3 山脊和山谷及山顶和凹地"一节中有所表述。

1.3.9 滑坡的治理

当雨水渗透到土层底部，土体不断吸水增重，土体下滑力大于抗滑力时，土体沿着一定的滑动面发生的位移现象称为滑坡（图1.3.17）。

图 1.3.17 滑坡

防治滑坡的工程措施很多，归纳起来分为三类：

（1）消除或减轻水的危害

1）排除地表水

排除地表水是整治滑坡不可缺少的辅助措施，而且应是首先采取并长期运用的措施。其目的在于拦截、旁引滑坡范围外的地表水，避免地表水流入滑坡区；或将滑坡范围内的雨水及泉水尽快排除，阻止雨水、泉水进入滑坡体内。

主要工程措施有：

① 滑坡体外截水沟；

② 滑坡体上地表水排水沟；

③ 引泉工程；

④ 滑坡区的绿化等。

2）排除地下水

对于地下水，可疏而不可堵。

主要工程措施有：

① 截水盲沟，用于拦截和旁引滑坡外围的地下水；

② 支撑盲沟，兼具排水和支撑作用；

③ 仰斜孔群，用近于水平的钻孔把地下水引出；

④ 此外还有盲洞、渗管、渗井、垂直钻孔等排除滑体内地下水的工程措施。

3）防止河水、库水对滑坡体坡脚的冲刷

主要工程措施有：

① 在滑坡上游冲刷地段修筑促使主流偏向对岸的"丁坝"；

② 在滑坡前缘抛石、铺设石笼、修筑钢筋混凝土块排管，以使坡脚的土体免受河水冲刷。

（2）改变滑坡体外形、设置抗滑建筑物

1）削坡减重　常用于治理处于"头重脚轻"状态而在前方又没有可靠抗滑地段的滑体，使滑体外形改善、重心降低，从而提高滑体稳定性。

2）修筑支挡工程　因失去支撑而引起滑动的滑坡，或滑坡床陡、滑动可能较快的滑坡，采用修筑支挡工程的办法，可增加滑坡的重力平衡条件，使滑体迅速恢复稳定。支挡建筑物种类有抗滑片石垛、抗滑桩、抗滑挡墙等。

（3）改善滑动带土石性质

一般采用焙烧法、爆破灌浆法等方法对滑坡进行整治。

由于滑坡成因复杂、影响因素多，因此常常需要上述几种方法同时综合使用才能达到防治目的。

1.3.10 崩塌的治理

崩塌（崩落、垮塌或塌方）是较陡斜坡上的岩土体在重力作用下突然脱离母体崩落、滚动、堆积在坡脚（或沟谷）的地质现象（图 1.3.18）。

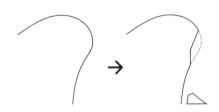

图 1.3.18 崩塌

产生在土体中者称土崩，产生在岩体中者称岩崩。规模巨大、涉及山体者称山崩。大小不等、零乱无序的岩块（土块）呈锥状堆积在坡脚的堆积物，称为崩积物，也可称为岩堆或倒石堆。

（1）防治崩塌的主要工程措施

1）遮挡

即遮挡斜坡上部的崩塌落石。这种措施常用于中、小型崩塌或人工边坡崩塌的防治。

2）拦截

对于仅在雨季才有坠石、剥落和小型崩塌的地段，可在坡脚或半坡上设置拦截构筑物，如设置落石平台和落石槽以停积崩塌物质；修建挡石墙以拦坠石；利用废钢轨、钢钎及钢丝等编制钢轨或钢钎栅栏来拦截落石。这些措施也常用于铁路工程中。

3）支挡

在岩石突出或不稳定的大孤石下面，修建支柱、支挡墙等支撑。

4）护墙、护坡

在易风化剥落的边坡地段，修建护墙，对缓坡进行水泥护坡等。一般边坡均可采用。

5）镶补勾缝

对坡体中的裂隙、缝、空洞，可用片石填补空洞或水泥砂浆勾缝等措施，以防止裂隙、缝、洞的进一步发展。

6）刷坡（削坡）

在危石、孤石突出的山嘴以及坡体风化破碎的地段，采用刷坡来放缓边坡。

7）排水

在有水活动的地段，布置排水构筑物，以进行拦截疏导。

（2）崩塌与滑坡的主要区别

1）崩塌发生之后，崩塌物常堆积在山坡脚，呈锥形体，结构零乱，无层序；而滑坡堆积物常具有一定的外部形状，滑坡体的整体性较好，反映出层序特征。也就是说，在滑坡堆积物中，岩体（土体）的上下层位和新老关系没有发生多大的变化，仍然是有规律的分布。

2）崩塌体完全脱离母体（山体），而滑坡体则很少是完全脱离母体的。多属部分滑体残留在滑床之上。

3）崩塌发生之后，崩塌物的垂直位移量远大于水平位移量，其重心位置降低了很多；而滑坡则不然，通常是滑坡体的水平位移量大于垂直位移。多数滑坡体的重心位置降低不多，滑动距离却很大。同时，滑坡的下滑速度一般比崩塌缓慢。

4）崩塌堆积物表面基本上不见裂缝分布。而滑坡体表面，尤其是新发生的滑坡，其表面有很多具有一定规律性的纵横裂缝。例如，分布在滑坡体上部（也就是后部）的弧形拉张裂缝；分布在滑坡体中部两侧的剪切裂缝（呈羽毛状）；分布在滑坡体前部的横张裂缝，其方向垂直于滑坡方向，即受压力的方向；分布在滑坡体中前部，尤其是以分布于滑坡舌部为多的扇形张裂缝，或者称为滑坡前缘的放射状裂缝。

1.4 台 地 护 坡

1.4.1 台地和护坡的概念

在场地设计中，尤其地形起伏比较大时，常常需要或大或小的台地作为建筑或外场的基地。这样就会出现台地平面或者高于原自然地面或者低于原自然地面的情况，当这些高差出现时，边坡的护坡是最常见的处理台地边缘构造的方法。

场地的护坡设计，除了为满足场地工程使用外，也是评估护坡对台地四周影响的依据；必要时还需重新调整台地范围或护坡的构造等。

产生台地的方法有完全填方、部分填方部分挖方和完全挖方（图 1.4.1）。

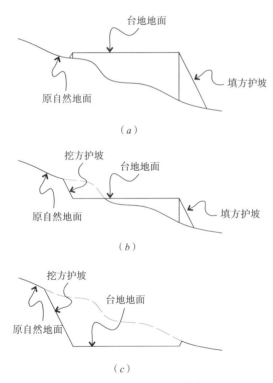

图 1.4.1 三种台地形式
（a）完全填方台地；（b）部分填方、部分挖方台地；
（c）完全挖方台地

完全填方而成的台地的高程比原自然地面高程高，那么护坡所保护的边坡是由填土完成，为方便本书后面的阐述，称其为填土方边坡的护坡（简称填方护坡）。

完全挖方而成的台地的高程比原自然地面高程低，那么护坡所保护的边坡是由挖土完成，称为挖土方边坡的护坡（简称挖方护坡）。这种台地的出现不太多，主要是因为不但动土量大，而且场地排水问题比较复杂。

部分填方、部分挖方而成的台地的高程，部分比原自然地面高程高，部分比原自然地面高程低，那么就出现部分护坡所保护的边坡是由填土完成，部分护坡所保护的边坡是由挖土完成。这种情况的台地比较多见，主要是填、挖土方能够接近平衡，对地面的改造幅度较小。

一般来说对于一个台地，它的边坡斜面坡度是统一的数值，除非台地四周的地貌情况很特殊，以至于某些局部护坡坡度出现变化。在台地护坡设计时必须有条理、有次序，如此才可以顺利解决台地的护坡设计。要熟练地设计出正确的台地护坡，首先要完全理解设计台地护坡的各个环节、部分，这样在具体设计台地护坡时就不会出现疑惑和盲点，避免造成设计分析时的混乱。

在以下的分析中，截面法和公式法是理解护坡设计的基础，也是解决护坡设计中特殊部分的方法；平行线法是护坡设计的常用方法。

1.4.2 水平边缘截面法取点

台地护坡的范围线，即台地护坡坡面和原自然地面相交产生的交线。

取得护坡的范围线，最直观的方法，就是利用截面的方法。即先依次在台地边缘上取得点，然后通过这些点作垂直于护坡坡面的截面，从各个截面上得到台地护坡坡面和原自然地面的交点，称之为截面法取点。得出这些交点后连接它们，就是该边缘对应的台地护坡坡面和原自然地面相交产生的交线。

由这种取大量边缘点的方式设计台地护坡，是比较繁琐的，后面将介绍更好的方法"平行线法"设计台地护坡。但现在必须理解和掌握截面法取点，因为还需要采用截面法取点以准确迅速地进行对于某些特殊点的护坡处理。

这一节假设所研究的台地边缘线是水平的。

【例1-4-1】

设某地形平面图中一台地，为一水平面，高程为178m。边缘 *AD* 处于填方区，填方护坡按2:1放坡。*E* 点为边缘线 *AD* 上的一点，要求取得 *E* 点在 *AD* 处护坡的范围边线上对应的点 *E′* 的位置，等高距为1m（图1.4.2）。

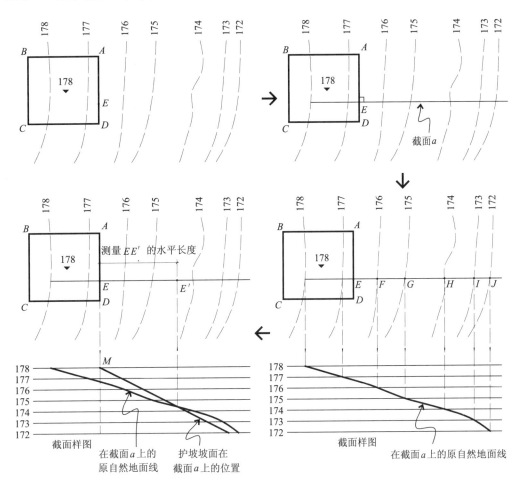

图1.4.2 **【例1-4-1】** 图

分析：

① 首先通过 *E* 点作垂直于 *DA* 线的截面 *a*。

在平面图表示出截面 *a* 在平面图的投影线。这条投影线与等高线176交于 *F* 点、与等高线175交于 *G* 点、与等高线174交于 *H* 点、与等高线173交于 *I* 点、与等高线172交于 *J* 点。

② 在平面图 *E* 点上方或下方空白处，进行截面样图分析。在截面样图上反应台地护坡坡面线和原自然地面线。

在截面样图上，排列平行的高程线，从高程172m到高程178m，按等高距为1m的距离作为平行线的间距值。这些高程线要与设立的截面 *a* 在平面图上的投影线平行。

接着制作截面样图上的原自然地面线。从平面图上的 *F* 点作垂直于高程线的线，由于 *F* 点高程为176m，那么垂线与176m高程线的交点，就是在截面 *a* 上原自然地面176m的点。同样分别从平面图上 *G* 点、*H* 点、*I* 点、*J* 点引对于高程线的垂线，取得在截面 *a* 上原自然地面各等高线上对应的点。

连接这些点，得到在截面 *a* 上的原自然地面线。

③ 坡面的上边缘就是台地边缘 *DA*，高程为178m。那么从平面图上的 *E* 点作一条线垂直于截面上高程线，和178m的高程线交于一点 *M*，*EM* 线就是护坡坡面的上边缘（也是台地边缘）在截

面 a 上的位置线。

由于护坡要求放坡 2:1，即坡度为 1:2，在截面样图上通过 M 点以 1:2 作线，代表护坡坡面在截面 a 上的位置。

现在在截面 a 上原自然地面线和护坡坡面线都已经出现，两者交于一点，通过此点向平面图中的截面 a 作垂线，其交点即所取的 E' 点。

测量 EE' 的水平长度，就是 E 点在 AD 处护坡的范围边线上对应的点 E' 离开台地边缘的平面位置。

另外，在截面样图上，有时在按照等高线间距排列平行高程线时，可能出现图纸安排不下或者高程线过密，那么可以采取自定的平行线间距值，自定的间距值不影响结果的正确性。应注意的是，此时相当于水平方向和垂直方向分别按照不同比例勾画，是为了方便地取得交点；因此，此时截面上的原地面线和护坡线并非反映真实的线形（图 1.4.3）。

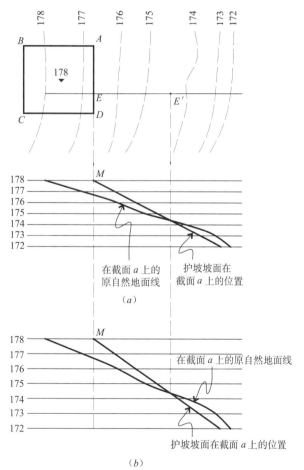

在截面 a 上的原自然地面线　护坡坡面在截面 a 上的位置

（a）

在截面 a 上的原自然地面线

护坡坡面在截面 a 上的位置

（b）

图 1.4.3　两种平行间距比较

（a）以等高线为平行间距；（b）以自定值为平行间距

采取自定义平行线间距值的时候，因为截面样图中的护坡线不是真实的线形，所以不能直接按照放坡的几何作图方法作出护坡线。应该先选取与 M 点较近的某高程线，然后计算出 M 点到达该高程的水平距离值（根据护坡面的坡度和两点的高度差值），在平面图的截面 a 线位置上，根据该水平距离值取得对应 M 点的护坡线上的位置点，再从该位置点向截面样图中作垂直线，和截面图中对应高程的高程线交于一点，该交点和 M 点连接，即取得护坡线在截图样图上的线形，称为自定义护坡线形做法。

【例 1-4-2】

设某地形平面图中某台地的边缘 AB，平行于水平面，高程为 245.3m。由于台面 AB 部分比原自然地面低，所以以挖方护坡设置，坡度要求为 1:1.5，要求取得台地边缘 AB 上 C 点在护坡范围线上对应的点 C' 的位置。等高距为 1m（图 1.4.4）。

分析：

① 借鉴【例 1-4-1】的方法，在平面图上取得通过 C 点垂直与 AB 线的截面 a 的投影线。这条投影线与等高线 247 交于 D 点、与等高线 248 交于 E 点、与等高线 249 交于 F 点、与等高线 250 交于 G 点、与等高线 251 交于 H 点、与等高线 252 交于 I 点。

② 在平面图 C 点附近空白处，进行截面样图分析。

在截面样图上，按一个适当的距离作为平行线的间距值，排列上从高程 244m 到高程 252m 平行的高程线。这些高程线与截面 a 在平面上的投影线平行。

制作截面样图上的原自然地面线。从平面图上的 D 点作垂直于高程线的线，与高程线中 247m 高程线的交点，就是在截面 a 上原自然地面 247m 的点。同样方法分别从平面图上 E 点、F 点、G 点、H 点、I 点引对于高程线的垂线，取得在截面 a 上原自然地面各等高线上对应的点。连接这些点，得到在截面 a 上的原自然地面线。

③ 从平面图上的 C 点作一条线垂直于截面上的高程线，在此线上 245.3m 的高程点 M，即台面边缘线 AB 线在截面上的投影。

要求护坡的坡度为 1:1.5，则在截面样图上通过采取自定义护坡线形的做法，取得护坡坡面在截

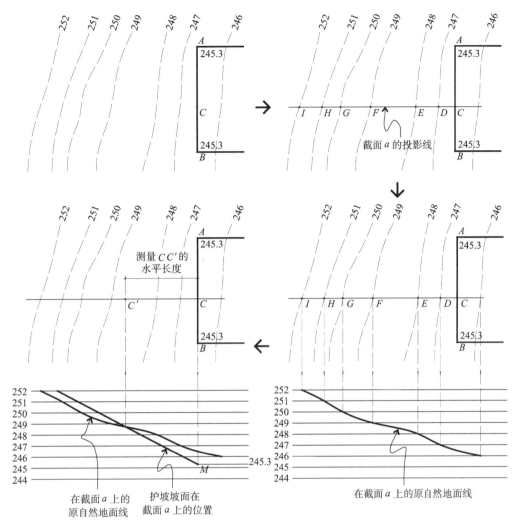

图 1.4.4 【例 1-4-2】图

面 a 上的位置。

在截面 a 上原自然地面线和护坡坡面线交于一点，反向通过此点作垂直于高程线的直线，交平面图上截面 a 的 C' 点。得到 C' 点离开台地边缘的平面位置。测量 C' 到 AB 线的水平距离，得到 AB 线与其上 C 点在护坡范围线上对应的 C' 点之间的水平距离。

截面法取点能够比较准确地表达护坡的范围。但也是比较繁琐的方法，需要依次合理地在台地边缘取点。

另外，截面法取点时，对于单个点可以直接在平面图同一张纸上画截取样图；对于多个点时，可以用透明纸覆盖上面对应截取样图，在平面上记下每次取得的点的对应台地边缘的水平位置，统一布置在平面上，这样工作比较清晰。

1.4.3　非水平边缘截面法取点

实际的露天台面都要有排水坡度，因而台地的边缘并非都平行于大地水平面。上一节截面法取点是在台地边缘线水平的情况下，比较好理解。但是当边缘线与大地水平面有角度时，就不能简单地按照上一节的方法进行。

对于台地中非平行于大地水平面的某边缘线 AB，在对 AB 上的点 H 取得在护坡范围线对应点的过程中，其截面的选取和边缘线平行于大地水平面的选取是有区别的。

如果按照上一节的方法，即在平面图上从 H 点作垂直于 BA 线的截面当作所要求的截面，是错误的，因为此时的截面并不是和护坡坡面垂直的（图 1.4.5）。

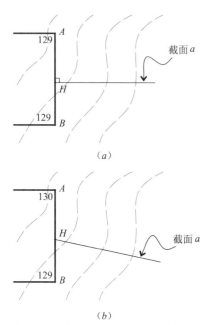

（a）

（b）

图 1.4.5 水平和非水平的边缘截面水平投影的不同
（a）水平边缘截面水平投影；（b）非水平边缘截面水平投影

以下为非水平边缘截面法的分析过程（图 1.4.6）：

① 由于护坡坡面是一个平面，那么经过 H 点与护坡坡面垂直的截面和经过 A 点与护坡坡面垂直的截面是平行的，即反映到平面图上为两者截面的水平投影线是平行的。那么归纳为，通过 A 点的截面水平投影线与边缘线水平投影线 BA 的夹角，就是在 BA 上通过所有点的截面的方向。

② 假设护坡坡面为面 c；过 BA 线作垂直于大地水平面的面 b；过 A 点作垂直于大地水平面的线 GA，即 GA 线位于面 b 上。

通过 GA 线作面 a 垂直于坡面 c，根据坡面自然坡度性质，面 a 就是所求的截面 a。

③ 在面 b 内作 FB 线垂直于 GA 线，然后过 F 点，在面 a 内作与 GA 线垂直的线 CF，交护坡面 c 和面 a 的交线于 C 点。由于 FB 线和 CF 线同时垂直于 GA 线，则平面 BFC 垂直于 GA 线。而 GA 线是大地水平面的垂直线，因此平面 BFC 平行于大

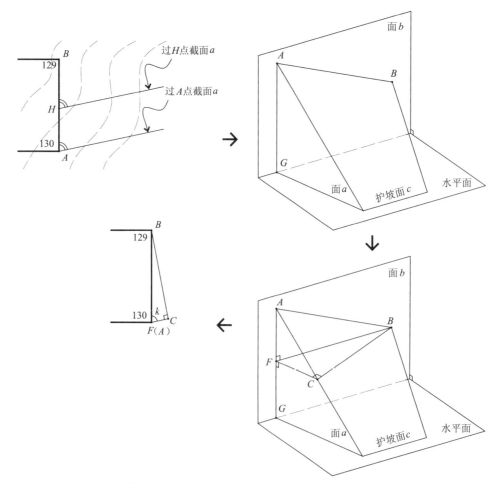

图 1.4.6 非水平边缘线上的截面 a 公式分析过程

地水平面。可以知道∠BFC就是在平面图中截面a与台地边缘线BA的水平投影线形成的角度。

④ 利用以上得出的结论，进行如下分析：

在面a中，FA线的长度是A点到C点垂直下降的距离。

由坡度公式（1.2.1），得护坡坡度$i = FA/CF$，于是$CF = AF/i$。

由于护坡面c和平面BFC同时垂直于面a，根据立体几何定理，护坡面c和平面BFC的交线CB垂直于面a，则△BFC为直角三角形（∠FCB为直角）。

在△BFC中，$\cos\angle BFC = CF/BF$。

因为$CF = AF/i$，所以$\cos\angle BFC = CF/BF = AF/(BF \times i)$。

由此得到：

非水平边缘线上的截面a与边缘线水平投影线

夹角k的关系式：

$$cosk = (1/i) \times 边缘线两端点的高程差值/边$$

缘线水平投影长度 (1.4.1)

式中 i——护坡的坡度。

当台地边缘线高于原地面时，夹角方向偏向高程低的边缘线端点；当台地边缘线低于原地面时，夹角方向偏向高程高的边缘线端点。

【例1-4-3】

设某地形平面图中某台地，为一倾斜面，A点高程为177m，B点高程为176.5m，A点到B点的水平投影距离为20m。H点位于BA边缘线上，距A点水平距离为4m。AB处的原自然地面比台地地面低，填方护坡坡度$i = 1:3$。要求取得台地边缘AB上H点在护坡范围线上对应点H′的位置（图1.4.7）。

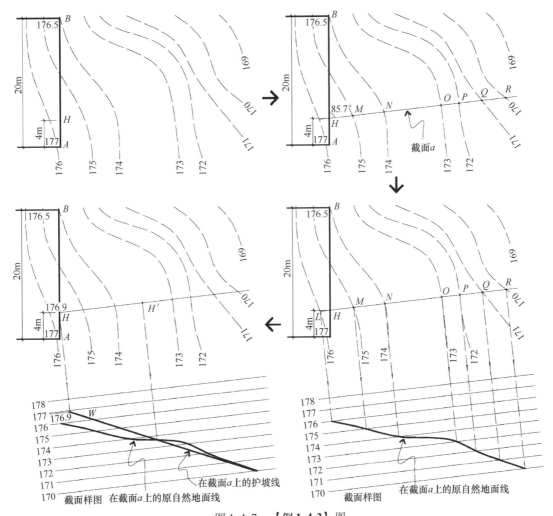

图 1.4.7 **【例1-4-3】**图

分析：

① 依据截面 a 与边缘线水平投影线夹角公式，根据本题中的条件可知：

A 点高程为 177m，B 点高程为 176.5m，则边缘线两端点的高程差值 = 177 − 176.5 = 0.5m。

同时知道 BA 长为 20m，护坡坡度要求 $i = 1:3$，则把这些数据代入式（1.4.1），可知：$\cos k = (1/i) \times 0.5/20 = 3 \times 0.5/20 = 0.075$。

则得到夹角 $k = 85.70°$。

现在在平面图上通过 H 点作与 BA 的水平投影线成 85.70° 夹角，且夹角方向偏向 B 点方向的截面 a。截面 a 与原自然地面等高线 176 交于 L 点、与等高线 175 交于 M 点、与等高线 174 交于 N 点、与等高线 173 交于 O 点、与等高线 172 交于 P 点、与等高线 171 交于 Q 点、与等高线 170 交于 R 点。

② 参考上一节水平边缘截面法取点的做法，在 H 点附近的图纸空白处进行截面样图分析。排列画上与截面 a 在平面上的投影线平行的高程线，从高程 170m 到高程 178m，按自定的一个适当距离作为平行线的间距值。

制作截面样图上的原自然地面线。从平面图上的 L 点（高程为 176m）作垂直于高程线的线，与高程线中 176m 高程线的相交得到截面 a 上原自然地面 176m 的点。同样分别从平面图上 M 点、N 点、O 点、P 点、Q 点引对于高程线的垂线，取得在截面 a 上原自然地面各等高线上对应的点。连接这些点得到在截面 a 上的原自然地面线。

③ 根据内插法公式（1.2.3），由题中条件可知 B 点、A 点之间 $\Delta h = 0.5$m，$\Delta L = 20$m；H 点距 A 点水平距离 $y = 4$m，则 H 点距 A 点的垂直距离 $x = 0.1$m，得到 H 点的高程 177 − 0.1 = 176.9m。

从平面图上的 H 点作一条线垂直于截面样图上高程线，在截面样图上沿着这条线找到 176.9m 的高程点 W，W 点是 AB 边缘上 H 点在截面样图中的位置。

题中护坡要求坡度为 1:3，在截面样图上通过采取自定义护坡线形做法，取得护坡坡面在截面 a 上的位置。

在截面样图上原自然地面线和护坡坡面线相交于一点，通过此点作垂直于高程线的直线，交平面图上截面 a 的一点，即所取的 H' 点。

【例 1-4-4】

设某地形平面图中某台地的边缘 AB，A 点高程为 245m，B 点高程为 244.6m，A 点到 B 点的水平投影距离为 16m，在 AB 边缘线上 C 点距 A 点水平距离为 10m。由于台面 AB 部分比原自然地面低，所以以挖方护坡设置，坡度要求为 1:2，求取得台地边缘 AB 上 C 点在护坡范围线上对应的点 C' 的位置（图 1.4.8）。

分析：

① 根据内插法公式（1.2.3），由题中条件知 B 点和 A 点之间 $\Delta h = 0.6$m，$\Delta L = 16$m；C 点距 A 点水平距离 $y = 10$m，则 C 点距 A 点垂直距离 $x = y\Delta L/\Delta h = 0.25$m，得到 C 点的高程 245 − 0.25 = 244.75m。

现在计算通过 C 点的截面 a 与边缘线水平投影线的夹角 k。

由题中条件知：

边缘线 AB 两端点的高程差值 = 245 − 244.6 = 0.4m。

边缘线 AB 水平投影长度 = 16m。

护坡坡度要求为 $i = 1:2$。

把这些已知条件代入式（1.4.1），得：

$\cos k = (1/i) \times 0.4/16 = 2 \times 0.4/16 = 0.05$，即得到夹角 $k = 87.13°$（夹角方向偏向高程高的边缘线端点 A）。

在平面图上通过 C 点作偏向 A 点方向且与 BA 的水平投影线成 87.13° 夹角的截面 a。其水平投影线与等高线 247 交于 D 点、与等高线 248 交于 E 点、与等高线 249 交于 F 点、与等高线 250 交于 G 点、与等高线 251 交于 H 点、与等高线 246 交于 I 点。

② 在 C 点上或下方的图纸空白处进行截面样图分析：排列画上与截面 a 在平面上的投影线平行的高程线，从高程 244m 到高程 252m，按一个适当的距离作为平行线的间距值。

制作截面样图上的原自然地面线。从平面图上的 D 点（高程为 247m）作垂直于高程线的线，与 247m 高程线相交，得到截面 a 上原自然地面 247m 的点。同样分别从平面图上 E 点、F 点、G 点、H 点引对于高程线的垂线，取得在截面 a 上原自然地面各等高线上对应的点，连接这些点得到在截面 a 上的原自然地面线。

③ 从平面图上的 C 点作一条线，垂直于截面

样图上高程线，在截面样图上沿着这条线找到244.75m的高程点 W，W 点是边缘线 AB 在截面样图中的位置。

已知护坡坡度为1:2，在截面样图上通过采取自定义护坡线形的做法，取得护坡坡面在截面 a 上的位置。

在截面样图上原自然地面线和护坡坡面线都已经出现。两者的交点就是所求的 C' 点在截面样图上的位置。

过该点作垂直于高程线的直线，交平面图上截面 a 的一点，即所取的 C' 点。

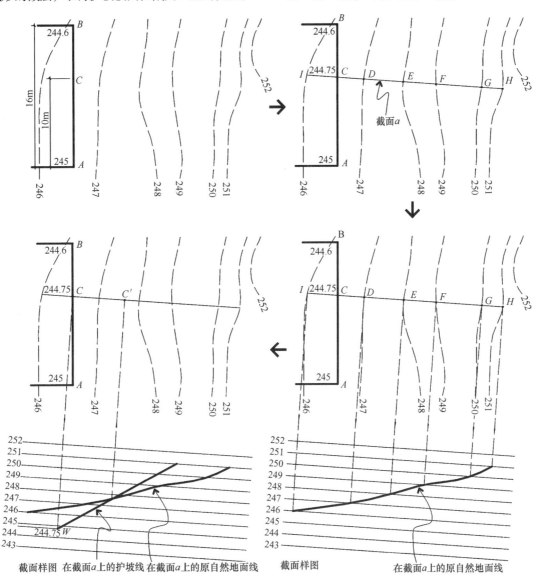

图1.4.8 【例1-4-4】图

1.4.4　原地面平整时公式法取点

此部分的公式推导过程比较繁琐，读者也可以跳过推导过程直接掌握式（1.4.3）和式（1.4.4）。

截面法取点比较直观，但是要在平面图上不停地截取小样，比较麻烦；也可以通过公式进行取点。

根据原地面是否平整、台地边缘线是否水平，可以分析出相应的取点公式，称为公式法。公式法取点的推论过程比较繁琐，可能许多读者讨厌这些，当然也可以跳过推论过程，直接阅读推论得出的公式。但是若想理解公式法的深刻涵义，了解推论过程是不错的选择。

本节针对原地面比较平整的情况分析公式法。

原自然地面比较平整就是起伏很小、等高线间距基本相等的状况。现根据台地边缘的情况分为以下两种情况分析：

（1）原自然地面比较平整，台地边缘水平的情况

设某台地 AD 边缘线高于原自然地面。原地面的自然坡度为 i'，护坡的坡面坡度为 i。原自然地面等高线与 AD 的水平投影线形成角度 d。

1）原自然地面的自然坡度和护坡的坡面坡度方向相同（图1.4.9）。

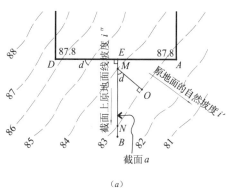

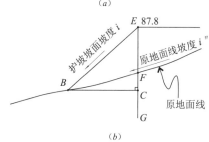

图1.4.9 原地面平整且台地水平时公式法中1）的情况
（a）i' 与 i'' 关系示意图；（b）截面样图

以 AD 上任意点 E 点作截面 a 垂直 AD。在截面样图上，可以看出原自然地面线和护坡坡度线交于 B 点，E 点为 AD 边缘线在截面样图上的位置，EG 是过 E 点垂直于大地水平面的线。原自然地面线与线 EG 交于 F 点。

过 B 点作线 CB 垂直于 EG，交于 C 点。

BE 的坡度是护坡的坡面坡度 i。而原地面线的坡度 i'' 并不是原地面的自然坡度 i'，只是原地面反映到截面样图上的状况。

可以在平面图中取得 i'' 和 i' 的关系。

在截面 a 的水平投影线上，设其投影线和某相邻的两个原自然地面等高线相交，交点分别为 M 点和 N 点。

从 M 点作原自然地面的等高线的垂直线，交

于相邻的等高线（即 N 点所在的等高线）于 O 点。线段 OM 的长度就是原自然地面的等高线间距。

由于线 OM 垂直于原地面等高线，线 MN 垂直于台地边缘线 AD，根据平面几何学原理可知 $\angle OMN$ 等于原自然地面等高线与台地边缘线 AD 之间的夹角，即 $\angle OMN = d$。

由上面的分析，线段 OM 的长度就是原自然地面的等高线间距，根据式（1.2.1），得出原自然地面的自然坡度 $i' = \Delta h / OM$，即 $OM = \Delta h / i'$。

同样，在截面样图上的原地面线的坡度 $i'' = \Delta h / MN$，即 $MN = \Delta h / i''$。

在 $\triangle OMN$ 中，得到

$\cos d = OM / MN = (\Delta h / i') / (\Delta h / i'') = i'' / i'$，即 $i'' = i' \cos d$。

在截面样图中，可知：

原地面线的坡度 $i'' = FC / CB$，即 $FC = i'' \cdot CB$；

护坡的坡面坡度 $i = EC / CB$，即 $EC = i \cdot CB$；

由于 $FE = EC - FC$，则 $FE = i \cdot CB - i'' \cdot CB = CB (i - i'')$，即 $CB = FE / (i - i'')$。

又知 $i'' = i' \cos d$，代入上式，得到取点公式：

$$CB = FE / (i - i' \cos d)$$

2）原自然地面的自然坡度和护坡的坡面坡度方向相反（图1.4.10）。

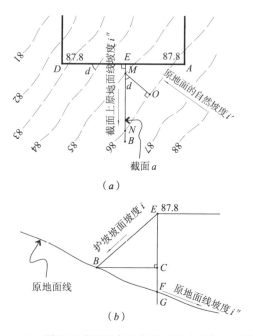

图1.4.10 原地面平整且台地水平时公式法中2）的情况
（a）i' 与 i'' 的关系示意图；（b）截面样图

以 AD 上任意点 E 点作截面 a 垂直 AD。在截面样图上，可以看出原自然地面线和护坡坡度线交于 B 点，E 点为 AD 边缘线在截面样图上的位置，EG 是过 E 点垂直于大地水平面的线。原自然地面线与线 EG 交于 F 点。

过 B 点作线 CB，CB 和 EG 交于 C 点。

BE 的坡度是护坡的坡面坡度 i。而原地面线的坡度 i'' 并不是原地面的自然坡度 i'，只是原地面反映到截面样图上的状况。

以 1）中同样的方法在平面图中取得 i'' 和 i' 的关系。

即 $i'' = i'\cos d$。

在截面样图中，可知：

原地面线的坡度 $i'' = FC/CB$，即 $FC = i'' \cdot CB$；

护坡的坡面坡度 $i = EC/CB$，即 $EC = i \cdot CB$；

由于 $FE = EC + FC$，则 $FE = i \cdot CB + i'' \cdot CB = CB$ $(i + i'')$，即 $CB = FE/$ $(i + i'')$。

又知 $i'' = i'\cos d$，代入上式，得到取点公式：
$$CB = FE/ (i + i'\cos d)$$

综合 1）和 2）两种情况，推论得**台地水平边缘上某点与其对应护坡和原地面交点的距离公式：**

$$L = h/ (i \pm i'\cos d) \tag{1.4.2}$$

式中　L——台地水平边缘上某点与其对应护坡和原地面交点的距离；

　　　h——某点现高程与原地面高程的差值；

　　　i——护坡的坡面坡度；

　　　i'——原地面的自然坡度；

　　　d——原自然地面等高线与台地边缘水平投影线形成的角度。

当护坡的坡面坡度 i 和原地面的自然坡度 i' 两者方向相同时取"$-$"号；护坡的坡面坡度 i 和原地面线的自然坡度 i' 两者方向相反时取"$+$"号。

对于台地边缘低于原自然地面的情况，读者可以阅读以下分析过程，得知推论出的公式和式（1.4.2）是同样的。

当原自然地面的自然坡度和护坡的坡面坡度方向相同时，设某台地 AD 边缘线低于原自然地面。原地面线的坡度为 i''，护坡的坡面坡度为 i。原自然地面等高线与 AD 的水平投影线形成角度 d。

以 AD 上任意点 E 点作截面 a 垂直 AD。在截面样图上，原自然地面线和护坡坡度线交于 B 点，

E 点为 AD 边缘线在截面 a 图上的位置，EG 是过 E 点垂直于大地水平面的线。原自然地面线与线 EG 交于 F 点。过 B 点作线 CB 垂直于 EG，交于 C 点。

在截面 a 的水平投影线上，设其投影线和某相邻的两个原自然地面等高线相交，交点分别为 M 点和 N 点。从 M 点作原自然地面等高线的垂直线，交于相邻的等高线（即 N 点所在的等高线）于 O 点。

根据平面几何学原理可知 $\angle OMN =$ 原自然地面等高线与台地边缘线 AD 之间的夹角，即 $\angle OMN = d$。

由上面的分析，线段 OM 的长度就是原自然地面的等高线间距，根据式（1.2.1），得出原地面的自然坡度 $i' = \Delta h/OM$，即 $OM = \Delta h/i'$。

同样，在截面 a 上原地面的自然坡度 $i'' = \Delta h/MN$，即 $MN = \Delta h/i''$。

在 $\triangle OMN$ 中，得：

$\cos d = OM/MN = (\Delta h/i')/(\Delta h/i'') = i''/i'$，即 $i'' = i'\cos d$。

在截面样图中，可知：

原地面线的坡度 $i'' = FC/CB$，即 $FC = i'' \cdot CB$；

护坡的坡面坡度 $i = EC/CB$，即 $EC = i \cdot CB$；

由于 $FE = EC - FC$，则 $FE = i \cdot CB - i'' \cdot CB = CB$ $(i - i'')$，即 $CB = FE/$ $(i - i'')$。

又知 $i'' = i'\cos d$，代入上式，得到取点公式：
$$CB = FE/ (i - i'\cos d)$$

此时护坡的坡面坡度 i 和原地面的自然坡度 i' 两者方向相同。

同样，当原地面的自然坡度和护坡的坡面坡度方向相反时得到：
$$CB = FE/ (i + i'\cos d)$$

此时护坡的坡面坡度 i 和原地面的自然坡度 i' 两者方向相反。

【例 1-4-5】

某台地的边缘 AB，平行于水平面，高程为 78m。由于台面 AB 部分比原自然地面低，所以以挖方护坡设置，坡度要求为 $1:2$。原自然地面比较平整，自然坡度为 25%，其等高线方向与 AB 投影线约呈 22°。C 点为台地边缘 AB 上的一点。要求取得 C 点在护坡范围线上的对应点 C' 的位置（图 1.4.11）。

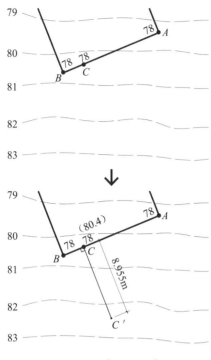

图 1.4.11 【例 1-4-5】图

分析：

首先根据 C 点在原自然地面的位置，知 C 点在原等高线 80 和原等高线 81 之间，量取 C 点在这两个等高线之间相应的水平位置，即 C 点和原等高线 80 的距离为 1.6m。再量取的原等高线间距为 4m，又已知原等高距为 1m，则把这些已知条件代入内插法公式（1.2.3）得：

$y = x\Delta h/\Delta L = 1.6 \times 1/4 = 0.4$m，即 C 点高程 $= 80 + 0.4 = 80.4$m。

由题中其他已知条件可知：

台地上 C 点高程与原地面 C 点高程的差值 $= 80.4 - 78 = 2.4$m；

护坡的坡面坡度为 $1:2 = 0.5$；

原地面线的自然坡度为 $25\% = 0.25$；

根据图纸判断两个坡度方向相同。

原自然地面等高线与台地边缘 AB 水平投影线形成角度为 $22°$。

把以上已知条件代入式（1.4.2），得台地水平边缘上点 C 与其对应护坡和原地面交点的距离 $L = 2.4/ (0.5 - 0.25\cos22°) = 2.4/ (0.5 - 0.25 \times 0.927) = 2.4/ (0.5 - 0.232) = 8.955$m。

标注出此点 C' 的位置。

（2）原自然地面比较平整，台地边缘非水平的情况

1）当原自然地面的自然坡度和护坡的坡面坡度方向相同时。

设某台地 AD 边缘线高于原自然地面，A 点的标高大于 D 点的标高。原地面的自然坡度为 i'，护坡的坡面坡度为 i，两者的坡度方向相同。原自然地面等高线与 AD 的水平投影线形成角度 d。E 点是边缘线 AD 上的一点。下面分析 E 点在护坡范围线上的对应点 B 的位置公式。

可以通过 E 点作截面 a 垂直于护坡坡面。根据式（1.4.1），得到截面 a 的准确位置，即截面 a 水平投影线与 AD 边缘线水平投影线的夹角为 k。

截面 a 上原地面线的坡度 i'' 和原地面的自然坡度 i' 的关系如何呢？有以下两种情况：

① 当夹角 d 和夹角 k 两者夹角方向相同，即同时偏向 D 点或 A 点时（图 1.4.12）。

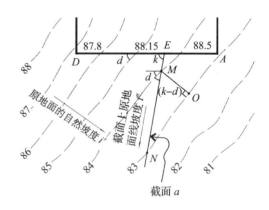

（a）

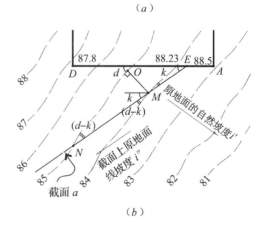

（b）

图 1.4.12 原地面平整且非水平台地边缘时情况①i' 与 i'' 关系示意图（当夹角 d 和夹角 k 两者夹角方向相同时）

（a）$k \geqslant d$ 时；（b）$k < d$ 时

设 $k \geq d$，在截面 a 的水平投影线上和某相邻的两个原自然地面等高线相交，交点分别为 M 点和 N 点。从 M 点作相邻的等高线（即 N 点所在的等高线）的垂直线，交于 O 点。

由于原自然地面等高线与台地边缘线 AD 之间的夹角为 d，而截面 a 水平投影线与台地边缘线 AD 之间的夹角为 k，作辅助参考线可知原自然地面等高线和截面 a 水平投影线的交角为 $(k-d)$。

线段 OM 的长度就是原自然地面的等高线间距，根据式（1.2.1），得出原地面的自然坡度 $i' = \Delta h/OM$，即 $OM = \Delta h/i'$。

同样，截面 a 上原地面线的坡度 $i'' = \Delta h/MN$，即 $MN = \Delta h/i''$。

在 $\triangle OMN$ 中，得到：

$\sin(k-d) = OM/MN = (\Delta h/i')/(\Delta h/i'') = i''/i'$，即 $i'' = i'\sin(k-d)$。

设 $k < d$，在截面 a 的水平投影线上和某相邻的两个原自然地面等高线分别相交于 M 点和 N 点。从 M 点作原自然地面等高线的垂直线，交于相邻的等高线（即 N 点所在的等高线）于 O 点。

由于原自然地面等高线与台地边缘线 AD 之间的夹角为 d，而截面 a 水平投影线与台地边缘线 AD 之间的夹角为 k，可知原自然地面等高线和截面 a 水平投影线的交角为 $(d-k)$。

在 $\triangle OMN$ 中，得到：

$\sin(d-k) = OM/MN = (\Delta h/i')/(\Delta h/i'') = i''/i'$，即 $i'' = i'\sin(d-k)$。

综上所述，得到 $i'' = i'\sin|k-d|$。

在截面 a 样图（图 1.4.13）中，E 点为 AD 边缘线在截面 a 图上的位置，EG 是过 E 点垂直于大地水平面的线。原自然地面线与线 EG 交于 F 点。过 B 点作线 CB 垂直于 EG，交于 C 点。

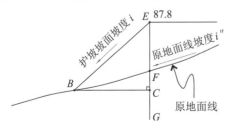

图 1.4.13　原地面平整且非水平台地边缘时情况①截面样图（当夹角 d 和夹角 k 两者夹角方向相同时）

原地面线的坡度 $i'' = FC/CB$，即 $FC = i'' \cdot CB$。

护坡的坡面坡度 $i = EC/CB$，即 $EC = i \cdot CB$。

由于 $FE = EC - FC$，则 $FE = i \cdot CB - i'' \cdot CB = CB(i - i'')$，即 $CB = FE/(i - i'')$。

又知 $i'' = i'\sin|k-d|$，代入上式，得到取点公式：

$$CB = FE/(i - i'\sin|k-d|) \qquad (1.4.3a)$$

式中　CB——台地非水平边缘上点 E 与其对应护坡和原地面交点的距离；

$\quad\quad FE$——E 点现高程与原地面高程的差值；

$\quad\quad\quad i$——护坡的坡面坡度；

$\quad\quad\quad i'$——原地面的自然坡度；

$\quad\quad\quad d$——原自然地面等高线与台地边缘水平投影线形成的角度；

$\quad\quad\quad k$——截面 a 水平投影线与 AD 边缘线水平投影线的夹角。

注意，k 角和 d 角两者的夹角方向对应台地边缘线的偏向方向相同；护坡的坡面坡度 i 和原地面的自然坡度 i' 两者方向相同。

② 当夹角 d 和夹角 k 两者夹角方向相反，即不同时偏向 D 点或 A 点时（图 1.4.14）。

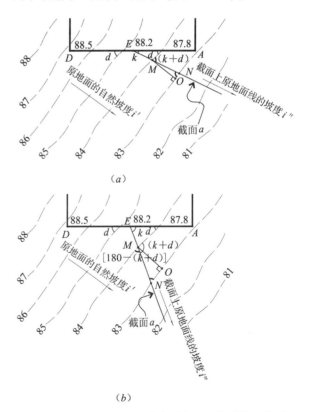

图 1.4.14　原地面平整且非水平台地边缘时情况② i' 与 i'' 关系示意图（当夹角 d 和夹角 k 两者夹角方向相反时）（a）$k+d \leq 90°$；（b）$k+d > 90°$

设 $(k+d)$ $\leqslant 90°$，在截面 a 的水平投影线上和某相邻的两个原自然地面等高线相交，交点分别为 M 点和 N 点。从 M 点作原自然地面等高线的垂直线，交于相邻的等高线（即 N 点所在的等高线）于 O 点。

原自然地面等高线与台地边缘线 AD 之间的夹角为 d，截面 a 水平投影线与台地边缘线 AD 之间的夹角为 k，作辅助参考线知原自然地面等高线和截面 a 水平投影线的交角为 $(k+d)$。

由上面的分析，线段 OM 的长度就是原自然地面的等高线间距，根据公式（1.2.1），得出原地面的自然坡度 $i' = \Delta h / OM$，即 $OM = \Delta h / i'$。

同样，在截面 a 上原地面线的坡度 $i'' = \Delta h / MN$，即 $MN = \Delta h / i''$。

在 $\triangle OMN$ 中，得到：

$\sin(k+d) = OM/MN = (\Delta h/i')/(\Delta h/i'') = i''/i'$，即 $i'' = i'\sin(k+d)$。

设 $(k+d) > 90°$，在截面 a 的水平投影线上和某相邻的两个原自然地面等高线分别相交于 M 点和 N 点。从 M 点作原自然地面等高线的垂直线，交于相邻的等高线（即 N 点所在的等高线）于 O 点。

由于原自然地面等高线与台地边缘线 AD 之间的夹角为 d，而截面 a 水平投影线与台地边缘线 AD 之间的夹角为 k，根据辅助参考线可知原自然地面等高线和截面 a 水平投影线的交角为 $[180 - (k+d)]$。

在 $\triangle OMN$ 中，得到：

$\sin[180 - (k+d)] = OM/MN = (\Delta h/i')/(\Delta h/i'') = i''/i'$；

即 $i'' = i'\sin[180 - (k+d)] = i'\sin(k+d)$。

综上所述，得到 $i'' = i'\sin(k+d)$。

在截面 a 样图（图 1.4.15）中，E 点为 AD 边缘线在截面样图上的位置，EG 是过 E 点垂直于大地水平面的线。原自然地面线与线 EG 交于 F 点。过 B 点作线 CB 垂直于 EG，交于 C 点。

原地面线的坡度 $i'' = FC/CB$，即 $FC = i'' \cdot CB$。

护坡的坡面坡度 $i = EC/CB$，即 $EC = i \cdot CB$。

由于 $FE = EC - FC$，则 $FE = i \cdot CB - i'' \cdot CB = CB$ $(i - i'')$，即 $CB = FE/$ $(i - i'')$。

又知 $i'' = i'\sin(k+d)$，代入上式，得到取点

公式：

$$CB = FE/[i - i'\sin(k+d)] \quad \textbf{(1.4.3}b\textbf{)}$$

式中　CB——台地非水平边缘上点 E 与其对应护坡和原地面交点的距离；

　　　　FE——E 点现高程与原地面高程的差值；

　　　　i——护坡的坡面坡度；

　　　　i'——原地面的自然坡度；

　　　　d——原自然地面等高线与台地边缘水平投影线形成的角度；

　　　　k——截面 a 水平投影线与 AD 边缘线水平投影线的夹角。

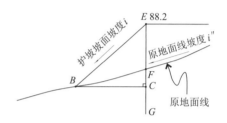

图 1.4.15　原地面平整且非水平台地边缘时情况②截面样图（当夹角 d 和夹角 k 两者夹角方向相反时）

注意，k 角和 d 角两者的夹角方向对应台地边缘线的偏向方向相反；护坡的坡面坡度 i 和原地面的自然坡度 i' 两者方向相同。

对于台地边缘低于原自然地面的情况，可以按照上述分析过程，得知推论得出的公式和式（1.4.3a）、式（1.4.3b）是同样的。

2）当原自然地面的自然坡度和护坡的坡面坡度方向相反时。

设某台地 AD 边缘线高于原自然地面，A 点的标高比 D 点的标高高。原地面的自然坡度为 i'，护坡的坡面坡度要求为 i，两者的坡度方向相反。原自然地面等高线与 AD 的水平投影线形成角度 d。E 点为台地边缘 AD 上某点。要求取得 E 点在护坡范围线上对应点 B 的位置。

通过 E 点作截面 a 垂直于护坡坡面。根据式（1.4.1），得到截面 a 的准确位置，即截面 a 水平投影线与 AD 边缘线水平投影线的夹角为 k。

① 当夹角 d 和夹角 k 两者夹角偏向方向相同时，参考 1）的情况推论出 i''（在截面 a 上原地面线的坡度）和 i'（原地面的自然坡度）的关系（图 1.4.16）：

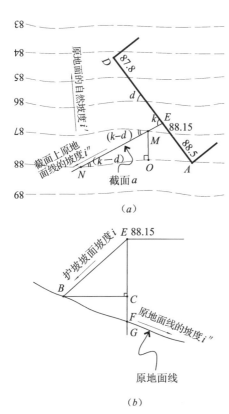

（a）

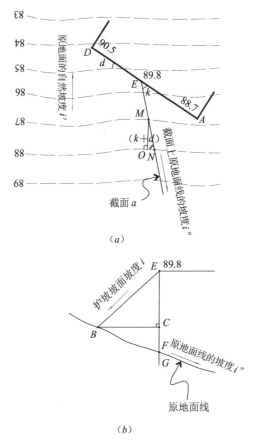

（b）

图 1.4.16 原地面平整且非水平台地边缘时情况
①示意图（当夹角 d 和夹角 k 两者夹角方向相同时）
（a）i' 与 i" 关系示意图；（b）截面样图

$$i'' = i'\sin|k - d|$$

在截面样图中，E 点为 AD 边缘线在截面 a 图上的位置，EG 是过 E 点垂直于大地水平面的线。原自然地面线与线 EG 交于 F 点。过 B 点作线 CB 垂直于 EG，交于 C 点。

截面 a 上原地面线的坡度 $i'' = FC/CB$，即 $FC = i''CB$。

护坡的坡面坡度 $i = EC/CB$，即 $EC = i \cdot CB$。

由于 $FE = EC + FC$，则 $FE = i \cdot CB + i'' \cdot CB = CB(i + i'')$，即 $CB = FE/(i + i'')$。

又知 $i'' = i'\sin|k - d|$，代入上式，得到取点公式：

$$CB = FE/(i + i'\sin|k - d|) \quad \textbf{(1.4.4a)}$$

式中　CB——台地非水平边缘上点 E 与其对应护坡和原地面交点的距离；

　　　FE——E 点现高程与原地面高程的差值；

　　　i——护坡的坡面坡度；

　　　i'——原地面的自然坡度；

　　　d——原自然地面等高线与台地边缘水平

投影线形成的角度；

　　　k——截面 a 水平投影线与 AD 边缘线水平投影线的夹角。

注意，k 角和 d 角两者的夹角方向对应台地边缘线的偏向方向相同；护坡的坡面坡度 i 和原地面的自然坡度 i' 两者方向相反。

② 当夹角 d 和夹角 k 两者夹角偏向方向相反时，参考 1）的情况推论出 i"（在截面 a 上原地面线的坡度）和 i'（原地面的自然坡度）的关系（图 1.4.17）：

图 1.4.17　原地面平整且非水平台地边缘时情况
②示意图（当夹角 d 和夹角 k 两者夹角方向相反时）
（a）i' 与 i" 关系示意图；（b）截面样图

$$i'' = i'\sin(k + d)$$

在截面样图中，E 点为 AD 边缘线在截面 a 图上的位置，EG 是过 E 点垂直于大地水平面的线。原自然地面线与线 EG 交于 F 点。过 B 点作线 CB 垂直于 EG，交于 C 点。

原地面线的坡度 $i'' = FC/CB$，即 $FC = i'' \cdot CB$。

护坡的坡面坡度 $i = EC/CB$，即 $EC = i \cdot CB$。

由于 $FE = EC + FC$，则 $FE = i \cdot CB + i''CB = CB(i + i'')$，即 $CB = FE/(i + i'')$

又知 $i'' = i'\sin(k + d)$，代入上式，得到取点公式：

$$CB = FE/[i + i'\sin(k + d)] \quad (1.4.4b)$$

式中　CB——台地非水平边缘上点 E 与其对应护坡和原地面交点的距离；

　　　FE——E 点现高程与原地面高程的差值；

　　　i——护坡的坡面坡度；

　　　i'——原地面的自然坡度；

　　　d——原自然地面等高线与台地边缘水平投影线形成的角度；

　　　k——截面 a 水平投影线与 AD 边缘线水平投影线的夹角。

注意，k 角和 d 角两者的夹角方向对应台地边缘线的偏向方向相反；护坡的坡面坡度 i 和原地面的自然坡度 i' 两者方向相反。

当台地 AD 边缘线低于原自然地面时可以推得与式（1.4.4a）和式（1.4.4b）同样的结论。

整理式（1.4.3a）、式（1.4.3b）和式（1.4.4a）、式（1.4.4b）得：

当护坡坡度 i 和原地面的自然坡度 i' 两者方向相同时，台地非水平边缘上某点与其对应护坡和原地面交点的水平距离公式：

$$L = h/(i - i'\sin|k \pm d|) \quad (1.4.3)$$

式中　L——台地非水平边缘上某点与其对应护坡和原地面交点的水平距离；

　　　h——某点现高程与原地面高程的差值；

　　　i——护坡的坡面坡度；

　　　i'——原地面的自然坡度；

　　　d——原自然地面等高线与台地边缘水平投影线形成角度；

　　　k——截面 a 水平投影线与 AD 边缘线水平投影线的夹角。

注意，k 角和 d 角两者对应台地边缘线的夹角偏向方向，相反时取 "＋" 号，相同时取 "－" 号。

当护坡坡度 i 和原地面的自然坡度 i' 两者方向相反时，台地非水平边缘上某点与其对应护坡和原地面交点的水平距离公式：

$$L = h/(i + i'\sin|k \pm d|) \quad (1.4.4)$$

式中　L——台地非水平边缘上某点与其对应护坡和原地面交点的水平距离；

　　　h——某点现高程与原地面高程的差值；

　　　i——护坡的坡面坡度；

　　　i'——原地面的自然坡度；

　　　d——原自然地面等高线与台地边缘水平投影线形成角度；

　　　k——截面 a 水平投影线与 AD 边缘线水平投影线的夹角。

注意，k 角和 d 角两者对应台地边缘线的夹角偏向方向，相反时取 "＋" 号，相同时取 "－" 号。

台地水平边缘时的式（1.4.2），相当于在台地非水平边缘时的式（1.4.3）和式（1.4.4）中，当 $k = 90°$ 时的特殊状态。

说明一点，截面 a 上原地面线的坡度 i''，可以直接量取在截面 a 样图上一个等高距之间的水平长度，然后由坡度公式（1.2.1）得到 i'' 值，在式（1.4.3）和式（1.4.4）中用 i'' 替换 $i'\sin|k \pm d|$ 即可。

【例 1-4-6】

某台地的边缘 AB。A 点标高为 213m，AB 线的坡度为 4%，A 点高、B 点低，台面 AB 部分比原自然地面高，护坡坡度要求为 1:3。原自然地面比较平整，自然坡度为 18%，其等高线方向与 AB 投影线约呈 42°（夹角方向偏向 B 点）。在 AB 边缘线上的 C 点距 A 点 10m。要求取得 C 点在护坡范围线上对应的点 C' 的位置（图 1.4.18）。

分析：

由于 C 点距 A 点 10m（A 点高），AB 线坡度为 4%，则根据坡度公式（1.2.1）得，C 点和 A 点的高差值 $\Delta h = 10 \times 4\% = 0.4$m。

而已知 A 点高程为 213m，则 C 点的高程为 $213 - 0.4 = 212.6$m。

再取得过 C 点截面 a 的位置，知护坡坡度为 1:3，A、C 两点间高差为 0.4m，A、C 之间水平距离为 10m，则根据式（1.4.1），得 $\cos k = 3 \times 0.4/10 = 0.12$，即 $k = 83.11°$，k 的夹角方向偏向 B 点方向。

现计算 C 点在原自然地面位置的高程。在平面图上量取 C 点与原地面等高线 210 的水平距离为 1.2m，与原地面等高线 209 的水平距离为 4.4m。

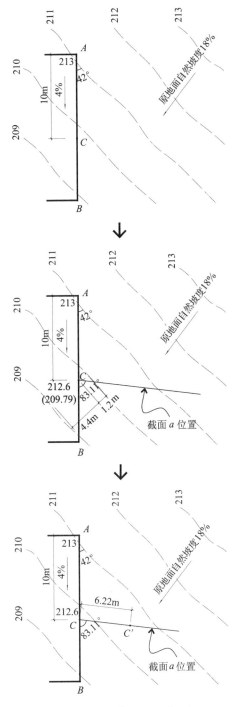

图 1.4.18 【例1-4-6】图

把获得的已知条件代入内插法公式（1.2.3）得：

$$y = x\Delta h/\Delta L = 1.2 \times 1/5.6 = 0.21\text{m}$$，即 C 点高程为 $210 - 0.21 = 209.79\text{m}$。

于是得到 C 点现高程与原地面高程的差值为 $212.6 - 209.79 = 2.81\text{m}$。

在平面图上可以知道护坡坡度和原地面自然坡度两者方向相反，则把以上得出的已知条件和题中已知条件代入式（1.4.4）中：

因为截面 a 和原地面等高线两者，与台地边缘线形成的夹角方向相同，故取 "$-$" 号，即 $L = h/(i + i'\sin|k - d|) = 2.81/(1/3 + 18\% \sin|83.11° - 42°|) = 6.22\text{m}$。

即得到台地边缘 AB 上 C 点在护坡范围线上对应的点 C' 的位置。

【例1-4-7】

某台地的边缘 AB。A 点标高为 188.05m。AB 线上 A 点高、B 点低，台面 AB 部分比原自然地面低，护坡坡度要求为 1:4。原自然地面比较平整，自然坡度为 10%，其等高线方向与 AB 投影线约呈 65°（夹角方向偏向 B 点）。在 AB 边缘线上的 C 点的高程为 187.45m，AC 水平线段长 12m。要求取得 C 点在护坡范围线上的对应点 C' 的位置（图 1.4.19）。

分析：

过 C 点作截面 a 垂直于大地水平面和护坡坡面。

知护坡坡度为 1:4，A 点和 C 点之间的高差为 $188.05 - 187.45 = 0.6\text{m}$，$AC$ 水平线段长 12m，则由式（1.4.1），得 $\cos k = 4 \times 0.6/12 = 0.2$，即 $k = 78.46°$，k 的夹角方向偏向 A 点方向。

现计算 C 点在原自然地面位置的高程。在平面图上量取 C 点与原地面等高线 190 的水平距离为 3.8m，与原地面等高线 189 的水平距离为 6.2m。把获得的已知条件代入内插法公式（1.2.3）得：

$$y = x\Delta h/\Delta L = 3.8 \times 1/10 = 0.38\text{m}$$，即原地面上 C 点高程 $= 190 - 0.38 = 189.62\text{m}$。

则 C 点现高程与原地面高程的差值 $= 189.62 - 187.45 = 2.17\text{m}$。

在平面图上可以知道护坡坡度和原地面自然坡度两者方向相同，则把以上得出的已知条件和题中已知条件代入式（1.4.3）中：

因为截面 a 和原地面等高线两者，与台地边缘线形成的夹角方向相反，故取 "$+$" 号，即 $L = h/(i - i'\sin|k + d|) = DE/(i - i'\sin|78.46° + 65°|) = 11.39\text{m}$。

即得到 C 点在护坡范围线上对应的点 C' 的位置。

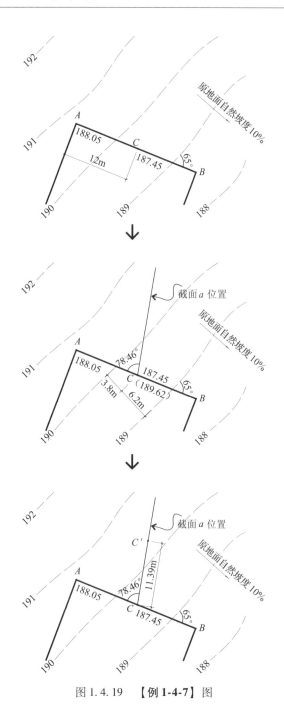

图 1.4.19 【例 1-4-7】图

1.4.5 原地面不平整时公式法取点

设计中经常面对的地形是不平整的，总要有大的起伏。自然地形的无规律，使护坡与原地面交点的位置取得变得复杂化。但是在上一节平整地面取点公式的基础上，这项工作就简单多了，把非平整自然地面的规律引入平整自然地面的状态里，把复杂的工作在一定的误差内简单化。

设某台地 AB 边缘线，原自然地面等高线间距是没有规律，是变化的，并不是平整的。要求在这种情况下，取得 AB 上的 C 点在护坡坡面与原自然地面交线上的对应点 C' 的位置。

这时不能直接用式（1.4.3）和式（1.4.4）。

从 C 点作截面 a 垂直于护坡坡面和大地水平面。当 AB 边缘线水平时，截面 a 与 AB 垂直；当 AB 边缘线不水平时，按式（1.4.1）得出截面 A 与 AB 边缘线的角度。

设截面 a 与和 AB 边缘线最近的等高线交于 D 点，然后截面 a 依次和远离 AB 边缘线的等高线交于 E 点、F 点、G 点、H 点……

接着计算在截面 a 上护坡坡面线在 D 点的高程，即已知护坡坡度，利用式（1.2.1）计算，标注在 D 点旁边。同时和原地面等高线的高程相比，其差值设为 H，当 D 点在截面 a 上，护坡坡面线的高程大于原地面等高线的高程，则在 D 点旁标注上 "$+H$"；当 D 点在截面 a 上，护坡坡面线的高程小于原地面等高线的高程，则在 D 点旁标注上 "$-H$"。

同样在 E 点、F 点、G 点、H 点等处用同样方法标注。

那么在高差值正负改变的两个等高线之间，就是 C' 的落点处（若 $H=0$ 的等高线，其交点就是所求 C'，这种巧合并不多）。

设在 F 点、G 点两点的 H 值正负改变。则 C' 点落在原自然地面的 F 点所在等高线和 G 点所在等高线之间。对于相邻等高线之间，在满足精度要求的前提下，可以将其视为平面（图1.4.20）。

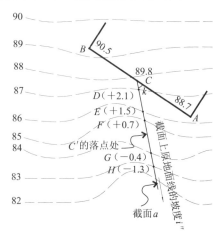

图 1.4.20 C' 的落点处

在截面 a 样图中，CM 是过 C 点垂直于大地水平面的线。把原地面上 GF 线延长至台地边缘处，和 CM 交于 N 点。这时已经把问题转化为原地面平整条件下的取点问题。由在截面 a 上原地面上的 GF 所在等高线之间的状况扩大延伸，相当于原地面转化成为某一固定坡度的平整地面，即以原地面 GF 线的坡度作为坡度值的虚拟平整地面。

设原地面上 GF 线的坡度为 i''。根据坡度公式（1.2.1），得 $i'' = \Delta h / GF$，其中 Δh 是等高距，GF 是 GF 线段水平投影长度。

下一步计算 C 点在虚拟平整地面上的对应高程（即 N 点高程），从而得到其与在台地边缘线高程之间的高差值，即 CN 线段的长度。

量取 F 点到 N 点的水平长度，根据坡度公式（1.2.1），得 N 点和 F 点的高差为 $i'' \cdot FN$。则 CN 线段的长度为 C 点和 F 点的高差 $\pm i'' \cdot FN$。当护坡坡度 i 和截面 a 上虚拟平整地面坡度 i'' 两者方向相同时，取"$-$"号；当护坡坡度 i 和截面 a 上虚拟平整地面坡度 i'' 两者方向相反时，取"$+$"号。

从 C' 点作 CM 的垂线交于 P 点，知 $i = CP/PC'$，$i'' = NP/PC'$，这两个计算式相加减得，$i \pm i'' = (CP \pm NP)/PC' = CN/PC'$，得到**某点在原地面不平整条件下的在截面 a 上取点公式（图 1.4.21）**：

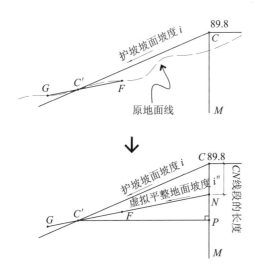

图 1.4.21　某点在原地面不平整
条件下的取点公式示意图

$$L = h'' / (i \pm i'') \tag{1.4.5}$$

$$h'' = |(某点在台地边缘线的高程 - 等高线\ F\ 上的高程)| \pm i'' \times L'' \tag{1.4.6}$$

式中　L——台地非水平边缘上某点与其对应护坡和原地面交点的距离；

h''——某点现高程与虚拟平整地面高程的差值；

i——护坡的坡面坡度；

i''——截面 a 上虚拟平整地面的坡度，即截面 a 上高差值产生正负变化的两个相邻等高线的坡度；

L''——在截面 a 上，在包含所取点的相邻等高线中距离台地边缘最近的那条等高线与台地边缘的水平距离值；

F 点的高程——在包含所取点的相邻等高线中在截面 a 上距离台地边缘最近的那条等高线的标高。

当护坡坡度 i 和截面 a 上虚拟平整地面坡度 i'' 两者方向相同时，取"$-$"号；当护坡坡度 i 和截面 a 上虚拟平整地面坡度 i'' 两者方向相反时，取"$+$"号。

【例 1-4-8】

有某台地边缘线 AB 低于原自然地面，AB 线段的水平长度为 20m。A 点的标高为 66.3m，B 点的标高为 67.5m，C 点是 AB 线段的中点。原地面不平整，要求台地护坡的坡度为 1∶2。要求取得 C 点在护坡范围线上的对应点 C' 的位置（图 1.4.22）。

分析：

因 C 点是在 AB 线段的中点，又知 A 点的标高为 66.3m，B 点的标高为 67.5m，则 C 点的标高 = 66.3 + (67.5 - 66.3)/2 = 66.9m。

从 C 点作截面 a 垂直于护坡坡面和大地水平面。由式（1.4.1）得，$\cos k = (1/i) \times$ 边缘线两端点的高程差值/边缘线水平投影长度。则因 A 点与 B 点之间的高差值为 (67.5 - 66.3) = 1.2m，又已知 AB 线段水平长度为 20m，护坡坡度为 1∶2，把这些已知条件代入式（1.4.1），得：

$$\cos k = 2 \times 1.2/20 = 0.12$$

即 $k = 83.1°$，夹角方向偏向高程高的边缘线端点 B 点。

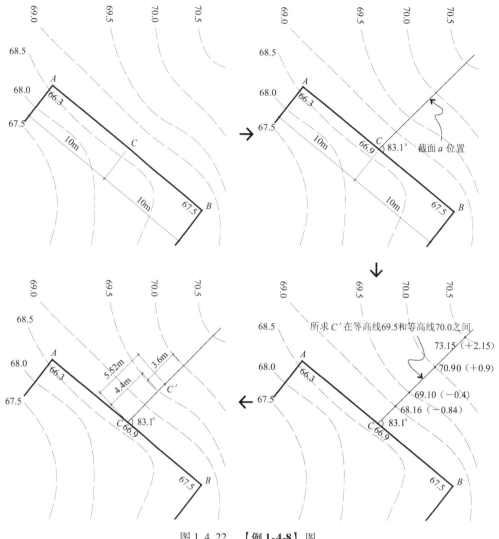

图 1.4.22　【例 1-4-8】图

在平面图中画上截面 a 后，分别在截面 a 和原地面等高线的交点上标注交点标高和 H 的正负值。即根据护坡坡度计算出各个交点的护坡上高程，与各点相应在原地面的高程进行比较，发现在等高线 69.5 和等高线 70.0 处两者高差值 H 的正负有所变化，则所求 C′ 在等高线 69.5 与等高线 70.0 之间。

量取等高线 69.5 和等高线 70.0 之间在截面 a 上的线段水平长度，为 3.6m，因等高距为 0.5m，根据坡度公式（1.2.1），得到此线段的坡度 $i'' = 0.5/3.6 = 13.9\%$。

再量取等高线 69.5 在截面 a 上到 C 点的水平距离 4.4m。同时知等高线 69.5 和 C 点的高差为 $69.5 - 66.9 = 2.6m$，而且护坡坡度 i 和等高线 69.5、等高线 70.0 之间在截面 a 上的坡度 i''（虚拟平整地面坡度）方向相同，代入式（1.4.6），

得到 C 点在台地高程与在虚拟平整地面上高程的差值 $h'' = 2.6 - 4.4 \times 13.9\% = 1.99m$。

然后把 h'' 值代入式（1.4.5），得到 C 点在护坡范围线上的对应点 C′ 的位置 L：

$$L = 1.99/(0.5 - 13.9\%) = 5.52m$$

在截面 a 上距 C 点水平距离 5.52m 处标注 C′。

1.4.6　台地边缘水平的护坡设计（平行线法）

在护坡设计过程中，采用截面法和公式法取点，对于某些护坡范围的确定，是行之有效的方法。但以下两节中介绍的方法，是在实际设计中最常用的简便方法，称为平行线法。

这一节分析台地边缘线为水平线时使用平行线

法的护坡设计。

台地边缘线水平，由此从边缘线出发的护坡坡面上的等高线，都与该边缘线平行。这个特性是在台地边缘水平条件下使用平行线法设计护坡的关键，以下举例加以分析。

【例 1-4-9】

设某水平台地 ABCD，呈长方形状态，南北方向长 20m，东西方向长 30m，台面标高为 236.7m，原自然地面比台面低。要求护坡以 3∶1 放坡（图1.4.23a、图1.4.23b）。

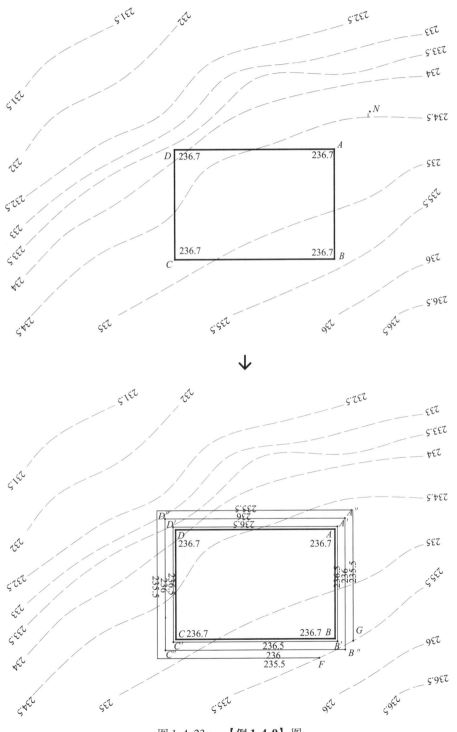

图 1.4.23a 【例 1-4-9】图

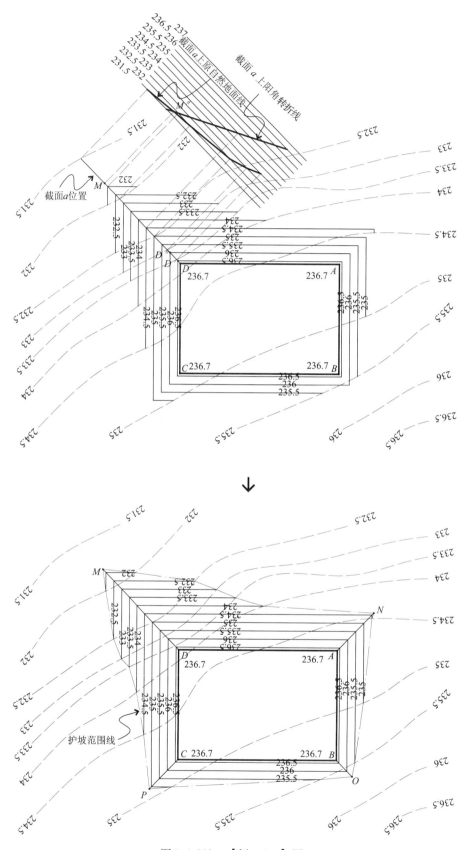

图 1.4.23b 【例1-4-9】图

分析：

① 由于这个台地的护坡坡面方向对于台面来说向下，那么与标高236.7m的台面最近的护坡坡面上的等高线是236.5等高线。依次向下的等高线为236.0、235.5、235.0、234.5……

台地台面高程和护坡等高线236.5的垂直距离为（236.7－236.5）＝0.2m，因护坡坡度为1:3，根据坡度公式（1.2.1），得到台地边缘线和等高线236.5的水平距离为0.2/（1:3）＝0.6m。

在台地外距AB边缘线0.6m的水平距离作AB线的平行线，即等高线236.5在AB附近的位置。同样分别从BC边缘线、CD边缘线、DA边缘线向台地外距其水平距离0.6m处作它们的平行线，这些平行线互相交于A′、B′、C′、D′四个点，则依次连接这4个点，得到护坡坡面上等高线236.5的位置。A′、B′、C′、D′处的转折称为护坡的阳角。

② 根据坡度公式（1.2.1），已知护坡坡度为1:3，等高距为0.5m，相邻等高线的水平距离为0.5/（1:3）＝1.5m，那么向台地外方向，和等高线236.5水平距1.5m处，作等高线236.5的平行线，即是236.0等高线的位置，同样护坡坡面上等高线236.0是由A″、B″、C″、D″ 4个点依次连接而成的。在A′点和A″点连线便是该阳角的转折线位置。

同样向台地外方向在水平方向距236.0等高线1.5m的位置得到235.5等高线。这时发现护坡坡面上的等高线235.5和原地面等高线235.5相交于F点和G点，那么在高于等高线235.5的地方就不会出现护坡坡面的等高线235.5，即护坡坡面的等高线235.5在交点F点和G点处截断。如果在高于235.5等高线的地方继续连接坡面上的等高线235.5，相当于把高出235.5m的地面进行了开挖，增加了大量施工工作量和土方量，因此应保留原地面状况，其他护坡等高线以同样原理处理。

记住护坡上的等高线存在的规则：护坡上的一条等高线或形成自我封闭，或和原地面同高程的等高线相交，否则将不存在。

随着护坡坡面上向台地外方向的等高线的产生，发现护坡坡面上的阳角的转折线与原自然地面的交点未知，比如在D点阳角处产生等高线232后，无法继续产生下一个等高线231.5，说明与台地边缘最远的坡地阳角转折点M是在等高线231.5和等高线232.0之间。如何得到这个转折点M呢？可以采取上几节介绍的截面法或公式法（其中公式法中的护坡坡度应用阳角转折线本身坡度值替代）。

③ 用截面法比较直接地取得转折点位置。

截面a和D点处的阳角转折线要重合（D′D″连线的位置上），因为所求的点M在转折线上。

在平面图上所求点M附近的空白处，作截面a的样图，注意截面样图上的高程平行线要和D点处的阳角转折线平行。

在截面a样图上排列平行的高程线，从高程231.5m到高程237.0m，按一个适当的距离作为平行线的间距值。

制作截面样图上的原自然地面线。从平面图上的D点阳角转折线与原地面等高线的交点作垂直于高程线的线，分别交于截面样图上同高的高程线于一点，平滑连接这些在高程平行线得到的点，得到截面样图上的原自然地面线。

制作截面样图上的转折线。选择护坡坡面D点阳角转折线与护坡上的等高线交点中的任意两点，作垂直于高程线的线，分别交于截面样图上对应两点，连接点并两端延长，得到截面样图上的转折线。

这样截面样图上的原自然地面线和转折线相交于M′点。反向从截面a过M′点作高程线的垂直线，与平面图中的转折线相交于一点，即得到D点处的阳角转折线与原自然地面的交点M点。

同样方法在A点、B点和C点的阳角转折线处分别得到转折线与原自然地面线的交点N点、O点和P点。

用点画线依次连接护坡坡面等高线与原自然地面线的交点和M点、N点、O点、P点，得到护坡的范围线。

④ 对于阳角的处理，除了以上所作的直线角方式，还常常可以处理成圆弧的方式；主要是为了方便施工和利于护养（图1.4.24）。

阳角圆弧处理所形成的转角处护坡范围线和阳角直线角处理所形成的是不相同的。

以D点转角处为例，在直线相交的基础上进行转角圆弧处理。

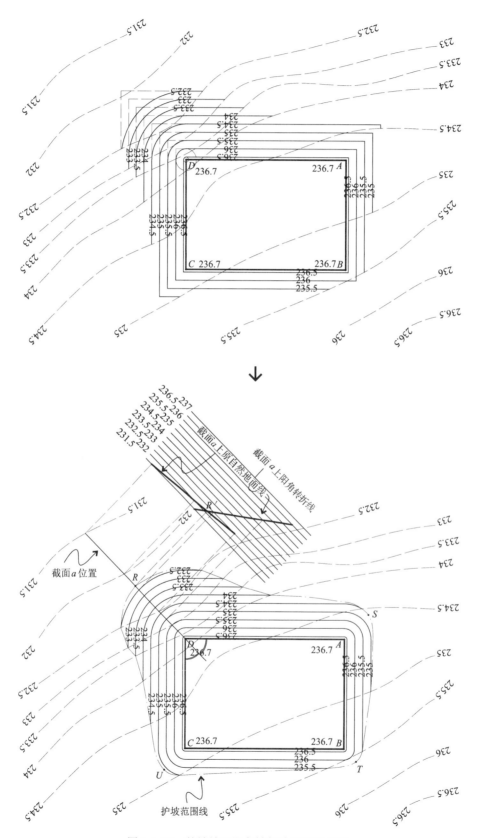

图 1.4.24　护坡坡面阳角转折线的圆弧处理

以 D 点为圆心,以 0.6m 为半径,得到圆弧状的等高线 236.5 和左右两个直线等高线 236.5 相交,形成连通的等高线 236.5。然后还以 D 点为圆心,以 (0.6+1.5)m 为半径,得到圆弧状等高线 236.0 和左右两个直线等高线 236.0 相交,形成连通的等高线 236.0。以 D 点为圆心,依次递增 1.5m 作为半径数值作圆,得到圆弧状的等高线 235.5、235.0 和 234.5,分别整理并与左右同高程的等高线连通。

在作圆弧状 232.5 等高线时,此段等高线和原自然地面的等高线相交于一点,则去掉比原地面等高线低的部分,保留其他部分。

护坡等高线 232.0(包括直线段和圆弧段)不能和原地面等高线 232.0 相交,说明与台地边缘最远的坡地阳角转折点 R 在等高线 232.0 和 232.5 之间。

在形成交点 D 点的两个边(CD 线和 DA 线)内,作这两个边形成的交角(即 ∠ADC)的角平分线 s,则角平分线 s 的位置就是截面 a 的位置。

在平面图上所求点 R 附近的空白处,作截面 a 的样图,截面样图上的高程平行线要和 D 点处 ∠ADC 的角平分线 s 平行。

在截面 a 样图上排列平行的高程线,从高程 232.5m 到高程 237.0m,按一个适当的距离作为平行线的间距值。

制作截面 a 样图上的原自然地面线。从平面图上的 D 点角平分线 s 与原地面等高线的交点作垂直于高程线的线,分别交于截面样图上同高的高程线于一点,平滑连接这些在高程平行线得到的点,得到截面样图上的原自然地面线。

再制作截面 a 样图上的护坡线。选择护坡坡面 D 点角平分线 s 与护坡上的等高线交点中的任意两点,作垂直于高程线的线,分别交于截面 a 上对应两点,连接点并两端延长,得到截面样图上的角平分线 s 的位置。

截面样图上的原自然地面线和角平分线 s 交于 R′ 点。从截面 a 过 R′ 点作高程线的垂直线,与平面图中的角平分线 s 交于一点,即得到 D 点处的角平分线 s 与原自然地面的交点 R 点。

采用同样的方法,分别在 A 点、B 点和 C 点的角平分线处,得到角平分线与原自然地面线的交点 S 点、T 点和 U 点。

用点画线依次连接护坡坡面等高线与原自然地面的交点和 R 点、S 点、T 点、U 点,得到护坡的范围线。

注意 R 点、S 点、T 点、U 点处的护坡范围线是平滑的转折线。

【例 1-4-10】

设某水平台地 ABCD 的台地标高为 110.7m。其中 AB 段比原自然地面高,CD 段比原自然地面低,台地呈不规则四边形。要求护坡的坡度为1:2。考虑在台地挖土区周围设 0.5m 宽的排水沟(图 1.4.25a)。

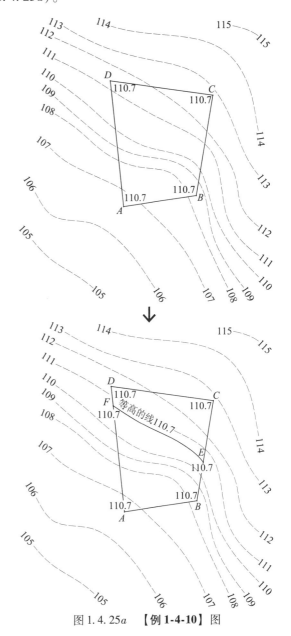

图 1.4.25a **【例 1-4-10】**图

分析:

由于在台地上 AB 段比原自然地面高,CD 段比原自然地面低,那么原自然地面必然有一条等高的线和台地标高同高程。首先标出这条等高的线110.7和台地边缘的交点。在平面图中找到原地面等高线110和原地面等高线111，等高的线110.7就在这两个等高线之间。原地面等高线110和原地面等高线111交于台地边缘线 BC 和 DA，则在台地边缘线 BC 和 DA 上利用内插法公式（1.2.3）分别得到 E 点（等高的线110.7和台地边缘线 BC 的交点）和 F 点（等高的线110.7和台地边缘线 DA 的交点）。E 点、F 点就是台地上护坡填挖的边缘转折点，等高的线110.7就是台地填挖的转折线（零线）。

对于 AB 方向的填护坡和 CD 方向的挖护坡，E 点、F 点是两种护坡范围线的交点。

① 先分析填土护坡部分（图1.4.25b）

台面上高程110.7m 和护坡等高线110的垂直距离为（110.7 – 110）= 0.7m，由于护坡坡度为1:2，

根据坡度公式（1.2.1），得到台地边缘线和护坡等高线110的水平距离为 0.7/（1:2）= 1.4m。

在台地外距 AB 边缘线1.4m 的水平距离作 AB 线的平行线，即护坡等高线110在 AB 附近的位置。同样分别从 BE 边缘线、FA 边缘线向台地外距其水平距离1.4m 处作它们的平行线，这些平行线互相交于 A1、B1 点，同时与自然地面等高线110相交于 E1 和 F1 点，连接 A1、B1、E1 和 F1 四个点，得到填土护坡坡面上等高线110的位置。

根据坡度公式（1.2.1），已知护坡坡度为1:2，等高距为1m，相邻等高线的水平距离为1/（1:2）= 2m，那么向台地外方向，水平距护坡等高线110为2m 处作平行线，即是护坡等高线109的位置。同样护坡坡面上等高线109是由 A2、B2、E2、F2 四个点依次连接而成的。

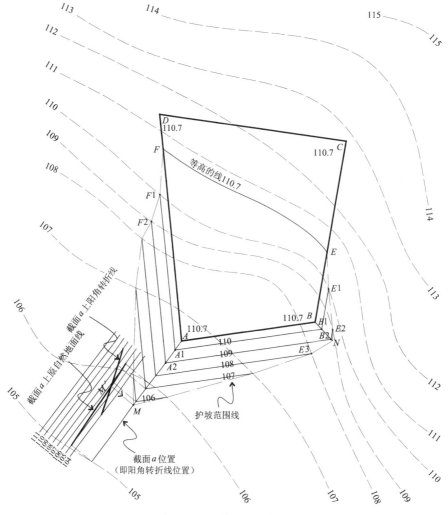

图1.4.25b　填土护坡部分

同样向台地外方向，以水平距护坡等高线 109 为 2m 的位置得到 108 等高线。此时平行于 BE 边缘线的线没有交到原地面等高线 108，而是在 AB 边缘线附近出现护坡等高线 108 和原地面等高线 108 的交点 E3 点。

然后依次得到护坡等高线 107 和等高线 106。无法继续得到护坡等高线 105，说明与台地边缘 A 处最远的坡地阳角转折点 M，在等高线 105 和等高线 106 之间。

用截面法取得转折点 M。

在平面图上所求点 M 附近的空白处，作截面 a 的样图，注意截面 a 上的高程平行线要和 A 点处的阳角转折线平行。

在截面 a 样图上排列平行的高程线，从高程 104m 到高程 111m，按一个适当的距离作为平行线的间距值。

制作截面 a 样图上的原自然地面线，以及截面 a 上的阳角转折线。两者交于 M′ 点。反向从截面 a 过 M′ 点作阳角转折线的垂直线，与平面图中的转折线交于一点，即得到 A 点处的阳角转折线与原自然地面的交点 M 点。

同样方法在 B 点阳角转折线处得到转折线与原自然地面的交点 N 点。

用点画线依次连接护坡坡面等高线与原自然地面的交点以及 M 点、N 点，得到填土护坡的范围线。

② 再分析挖土护坡部分（图 1.4.25c）

由于要求考虑在台地挖土区设 0.5m 宽的排水沟，则将台地边缘线 DC、EC、FD 向外另扩出 0.5m 的宽度，以此作为挖土区的排水沟位置。那么挖土护坡的放坡就要从新边缘线 D′C′、E′C′、F′D′ 开始。

台地台面高程 110.7m 和护坡等高线 111 的垂直距离为（111 − 110.7）= 0.3m，由于护坡坡度为 1:2，根据坡度公式（1.2.1），得到台地新边缘线和等高线 111 的水平距离为 0.3/（1:2）= 0.6m。

在台地外距新边缘线 D′C′ 0.6m 的水平距离作 D′C′ 线的平行线，即护坡等高线 111 在 D′C′ 附近的位置。同样分别从 E′C′ 边缘线、F′D′ 边缘线向台地外距其水平距离 0.6m 处作它们的平行线，这些平行线互相交于 D1、C1 点，同时与等高线 111 相交于 E1 和 F1 点，连接 D1、C1、E1 和 F1 四点，

得到挖土护坡坡面上等高线 111 的位置。

根据坡度公式（1.2.1），已知护坡坡度为 1:2，等高距为 1m，相邻等高线的水平距离为 1/（1:2）= 2m，那么向台地外方向，水平距 111 护坡等高线 2m 处作其平行线，即是护坡等高线 112 的位置。此时平行于 F′D′ 边缘线的线没有交到原地面等高线 112，而是在 DC 边缘线附近出现护坡等高线 112 和原地面等高线 112 的交点 E2 点。

依次连接 E2、C2、F2 三个点，组成护坡等高线 112。

同样向台地外方向在水平距 112 等高线 2m 的位置得到护坡等高线 113。

把 C′、D′ 处的转折称为护坡的阴角。

无法继续得到护坡等高线 114，根据护坡上等高线存在规则，说明护坡上不存在等高线 114。也说明在 C′ 处与台地边缘最远的坡地阴角转折点 O，是在原地面等高线 113 和等高线 114 之间。

用截面法取得转折点 O。

在平面图上所求点 O 附近的空白处，作截面 a 的样图，注意截面 a 上的高程平行线要和 C 点处的阴角转折线平行。

在截面 a 样图上排列平行的高程线，从高程 110m 到高程 116m，按一个适当的距离作为平行线的间距值。

制作截面 a 样图上的原自然地面线，以及截面 a 上的阴角转折线。两者交于 O′ 点。反向从截面 a 过 O′ 点作阳角转折线的垂直线，与平面图中的转折线交于一点，即得到 C 点处的阳角转折线与原自然地面的交点 O 点。

同样方法在 D 点阴角转折线处得到转折线与原自然地面的交点 P 点。

用点画线依次连接护坡坡面等高线与原自然地面的交点和 O 点、P 点，得到挖土护坡的范围线。

也可以把护坡阴角和阳角做成圆角，以利于施工和养护。

【例 1-4-11】

有 2m 宽的水渠，不考虑其排水坡度，渠底标高为 126.5m，排水方向同自然地势。在平面图所显示的范围内试作水渠的内侧护坡，以 2:1 放坡（图 1.4.26a）。

分析：

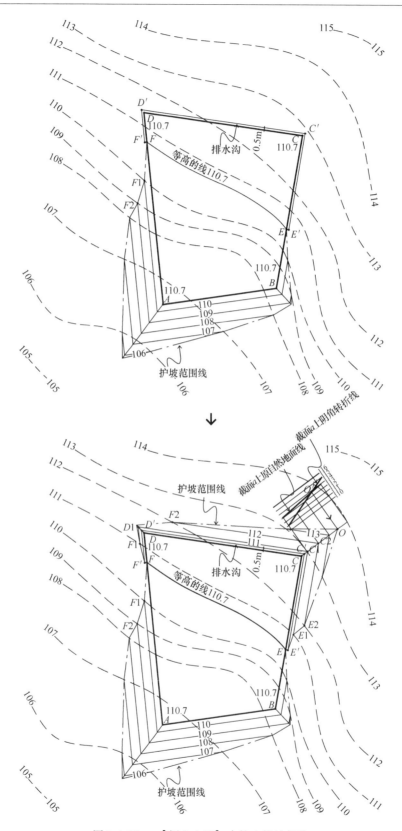

图 1.4.25c 【例1-4-10】中挖土护坡部分

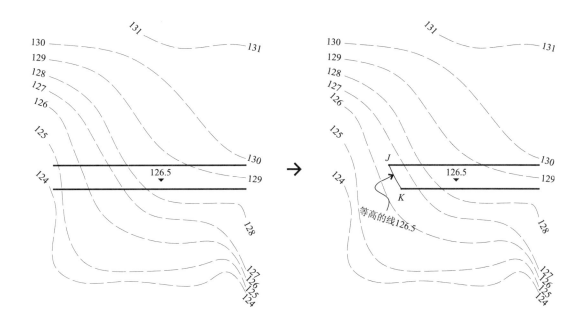

图 1.4.26a 【例 1-4-11】中水渠截止位置

可以看出平面图中的原地面最高处在东北处，向西南方向逐渐下降。水渠的位置在等高线 128 和等高线 129 附近，则水渠是向西面排水，即在和126.5 等高的线处水渠截止。

在原自然地面上，用内插法公式（1.2.3）得

到和 126.5 等高的线，分别和水渠两侧边缘相交于 J 点和 K 点。

由于水渠渠底标高必须低于渠外标高才能够组织排水，所以水渠内侧护坡相当于挖土护坡。

① 作水渠北侧边缘的护坡（图 1.4.26b）

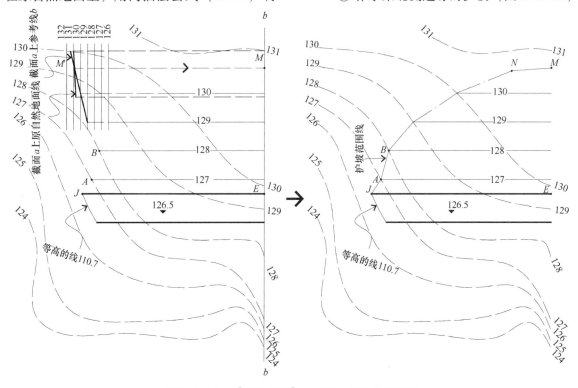

图 1.4.26b 【例 1-4-11】中水渠北侧边缘的护坡

因为水渠按水平台面考虑，不考虑其排水所需的纵向坡度，所以其护坡坡面上的等高线是与水渠边缘线平行的。

水渠渠底高程 126.5m 和 127 等高线的垂直距离为（127 − 126.5）＝0.5m，由于护坡坡度为 1∶2，根据坡度公式（1.2.1），得到渠底北边缘线和等高线 127 的水平距离为 0.5/（1∶2）＝1m。

在渠底北边缘线 1m 的水平距离处作渠底北边缘线的平行线，即护坡上等高线 127 的位置，与原自然地面的等高线 127 交于 A 点。

根据坡度公式（1.2.1），已知护坡坡度为 1∶2，等高距为 1m，相邻护坡等高线的水平距离为 1/（1∶2）＝2m，那么向水渠北侧方向，水平距 127 等高线 2m 处作其平行线，即是护坡等高线 128 的位置，与原自然地面的等高线 128 交于 B 点。

同样向水渠北侧方向在水平距 128 等高线 2m 的位置得到护坡等高线 129，与原自然地面的等高线 129 交于一点。向水渠北侧方向在水平距 129 等高线 2m 的位置得到护坡等高线 130，与原自然地面的等高线 130 交于一点。

无法继续得到护坡等高线 131，说明在平面图中在等高线 130 和等高线 131 之间存在着原自然地面上的护坡范围线。用截面法求得该段护坡范围线。

由于此处不是台地的转角处，无法有转折线作为参考线。那么可以试选两条参考线（或者为了更加精确选择多个参考线）。

第一条参考线：在平面图要求设计护坡范围的最右面位置，作一参考线 b 线，相当于从 E 点出发作水渠南边缘线的垂线，截面 a 就设在此参考线 b 上。

在平面图此参考线附近的空白处，作截面 a 的样图，截面 a 上的高程平行线要和此参考线平行。

在截面 a 样图上排列平行的高程线，从高程 126m 到高程 132m，按一个适当的距离作为平行线的间距值。

制作截面 a 样图上的原自然地面线。从平面图上的参考线 b 与原地面等高线的交点作垂直于高程线的线，分别交于截面样图上同高的高程线于一点，平滑连接这些在高程平行线得到的点，得到截面 a 上的原自然地面线。这里也可以取等高线 130 和等高线 131 之间某处和参考线 b 的交点，从此交

点作高程平行线相应的高度位置。例图中取了 1/3 的点，是为了减少截面样图在平面图中的所占面积。

同样从护坡坡面参考线与护坡上的等高线交点作垂直于高程线的线，分别交于截面 a 上同高的高程线于一点，连接点，得到截面 a 上的护坡线。

这样截面 a 上的原自然地面线和护坡线交于 M′ 点。反向从截面 a 过 M′ 点作高程线的垂直线，与平面图中的参考线 b 交于一点，即得到参考线与原自然地面线的交点 M 点。

第二条参考线：在参考线 b 线和原地面等高线 130 之间的某位置作一参考线，截面 a 就设在此参考线上。

同样用截面法得到此参考线与原自然地面线的交点 N 点。

然后用平滑的线连接 A 点、B 点、C 点、D 点、M 点、N 点和 J 点，得到水渠北侧护坡的范围线。

② 作水渠南侧边缘的护坡（图 1.4.26c）

水渠渠底高程 126.5m 和 127 等高线的垂直距离为（127 − 126.5）＝0.5m，由于护坡坡度为 1∶2，根据坡度公式（1.2.1），得到渠底南边缘线和 127 等高线的水平距离为 0.5/（1∶2）＝1m。

在渠底南边缘线 1m 的水平距离处作渠底南边缘线的平行线，即护坡上等高线 127 的位置，与原自然地面的等高线 127 交于 O 点。

根据坡度公式（1.2.1），已知护坡坡度为 1∶2，等高距为 1m，相邻等高线的水平距离为 1/（1∶2）＝2m，那么向水渠南侧方向，水平距 127 等高线 2m 处作其平行线，即是护坡等高线 128 的位置。但是此线不能和原地面等高线 128 相交，根据规则，护坡上不存在等高线 128，也说明在等高线 127 和等高线 128 之间存在护坡范围线。用截面法求得该段护坡范围线。

这里选择 3 条参考线位置（或者两个或者更多个）：

首先把 b 线的位置作为参考线，相当于从 F 点出发作水渠南边缘线的垂线，截面 a 就设在此参考线上。

在平面图此参考线附近的空白处，作截面 a 的样图，截面 a 上的高程平行线要和此参考线

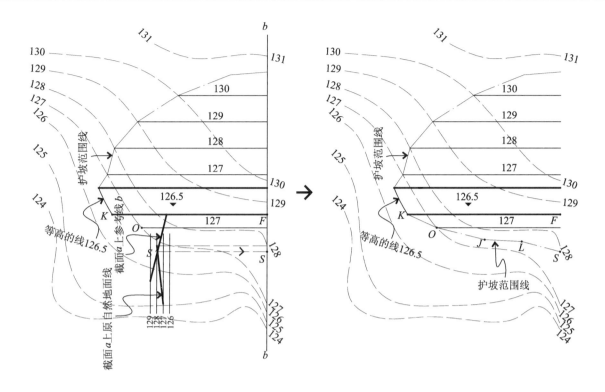

图 1.4.26c 【例 1-4-11】中水渠南侧边缘的护坡

平行。

在截面 *a* 样图上排列平行的高程线，从高程 126m 到高程 129m，按一个适当的距离作为平行线的间距值。

制作截面 *a* 样图上的原自然地面线。从平面图上的参考线 *b* 与原地面等高线的交点作垂直于高程线的线，分别交于截面 *a* 上同高的高程线于一点，平滑连接这些在高程平行线得到的点，得到截面 *a* 上的原自然地面线。

同样从护坡坡面参考线与护坡上的等高线交点作垂直于高程线的线，分别交于截面 *a* 上同高的高程线于一点，连接各点，得到截面 *a* 上的护坡线。

这样截面 *a* 上的原自然地面线和护坡线交于 *S'* 点。反向从截面 *a* 过 *S'* 点作高程线的垂直线，与平面图中的参考线交于一点，即得到参考线与原自然地面的交点 *S* 点。

在参考线 *b* 线和原地面等高线 127 之间分布其他两条参考线，截面 *a* 就设在这些参考线上。同样用截面法得到此参考线与原自然地面的交点 *J* 点、*L* 点。

然后用平滑的线连接 *K* 点、*O* 点、*J* 点、*L* 点和 *S* 点，得到水渠南侧护坡的范围线。

1.4.7 台地边缘倾斜的护坡设计（平行线法）

上一节的平行线法分析，是在不考虑场地排水条件下的台地护坡设计，是一种理想状态，当然在分析场地设计的过程中，经常需要这种理性状态，以简化问题的复杂程度，进而快速取得大致的结果，然后决定下一步设计的方向。

当落实到施工要求程度时，就要对各种影响场地的因素加以考虑。在实际场地工程中，排水是不可忽视的设计因素。落实到场地中就是以符合流水规律、人类行动及设备限制要求的倾斜面设计场地地面。

以下将对呈倾斜面台地的护坡设计进行研究分析。

对于台地面水平的情况，护坡上的等高线和台地边缘平行。而对于非水平台地面的情况，护坡上的等高线是不可能和台地边缘线平行的。

台地边缘线倾斜时,利用圆之切线原理,作出护坡上的某等高线(或与护坡上的等高线平行的线),护坡上其他的等高线与之平行绘制。

举例加以分析说明。

【例 1-4-12】

设某台地 $ABCD$,呈长方形状态,南北方向长 20m,东西方向长 30m,台面以 4% 的坡度向西倾斜。AB 边缘线标高为 72.3m,原自然地面比台面低。要求护坡以 3:1 放坡,角处采用直线处理(图 1.4.27a)。

分析:

此题和【例 1-4-9】的地形条件相似,此时台面是倾斜的。

因 AB 边缘线标高为 72.3m,台面以 4% 的坡度向西倾斜(即排水方向向西),台地东高西低,BC 边水平长 30m,根据坡度公式(1.2.1),得到 AB 边缘线和 CD 边缘线相差的高差为 $30 \times 4\% = 1.2$m,则 CD 边缘线的标高为 $(72.3 - 1.2) = 71.1$m。

从平面图得知等高距为 1m。而 AB 边缘线和 CD 边缘线相差 1.2m,大于 1m,在两者之间将有一台面上的等高线和护坡上的等高线相交,即等高线 72。

① 先在台面上标出等高线 72 的位置

利用内插法公式(1.2.3)计算得出在 DA 线和 BC 线上的高程 72 位置 E 点和 F 点,连接 E 点、F 点,得到在台面上的等高线 72。

先作护坡上的等高线 72,等高线 72 是护坡等高线中高程最高的(图 1.4.27b)。

AB 边缘线的标高为 72.3m,即和护坡上的等高线 72 相差高差为 $(72.3 - 72) = 0.3$m。由于护坡坡度为 1:3,根据坡度公式(1.2.1),得到两者的水平距离为 $0.3/(1/3) = 0.9$m。

各自以 A 点和 B 点作圆心,以 0.9m 为半径作圆。从 E 点作 ⊙A 的切线(在台地平面外侧);从 F 点作 ⊙B 的切线(在台地平面外侧);在 ⊙A 和 ⊙B 之间作切线(在台地平面外侧)。延长三条切线交于 A' 点和 B' 点。由线 FB'、线 $A'B'$ 线 EA' 组成了护坡等高线 72。

② 作护坡上的等高线 71(图 1.4.27c)

因为各个等高线之间的等高距为 1m,且护坡的坡度为 1:3,根据坡度公式(1.2.1),得到相邻的等高线之间的水平距离为 $1/(1/3) = 3$m。

以 A 点和 B 点为圆心,以 $(3 + 0.9)$m 为半径作圆。

CD 边缘线的标高为 71.1m,即和护坡等高线 71 相差高差为 $(71.1 - 71) = 0.1$m。由于护坡坡度为 1:3,根据坡度公式(1.2.1),得到两者的水平距离为 $0.1/(1/3) = 0.3$m。

以 C 点和 D 点作圆心,以 0.3m 为半径作圆。

然后以 4 个新圆为基础,分别作出:在 ⊙A 和 ⊙B 之间作切线(在台地平面外侧);在 ⊙B 和 ⊙C 之间作切线(在台地平面外侧);在 ⊙C 和 ⊙D 之间作切线(在台地平面外侧);在 ⊙D 和 ⊙A 之间作切线(在台地平面外侧)。延长 4 条切线交于 4 个点。则由这 4 条线段组成了护坡上的等高线 71。

对于等高线 70 的取得,现在不必再作圆切线来得到,只要以 3m 的距离作护坡上的等高线 71 的平行线,即是等高线 70 的位置(图 1.4.27d)。

此时等高线 70 与原自然地面的等高线 70 交于 O 点和 P 点,对于高出高程 70m 的部分为非动土区,所以等高线 70 是在 O 点、P 点之间低于高程 70 的部分。

以 3m 的距离作护坡上的等高线 70 的平行线,即是等高线 69 的位置。然后和原地面等高线 69 相交于两点,低于高程 69m 的部分是护坡等高线 69。

采用同样的方法,依次作出护坡等高线 68、67 和 66。

在 D 角附近无法作出护坡等高线 65,说明台地 D 角处坡地范围线最远点是在原地面等高线 66 和原地面等高线 65 之间。

在平面图 D 角附近的空白处,用截面法取得 D 角阳角转折线与原自然地面的交点 M 点。

同样用截面法各自得到 A 角处、B 角处和 C 角处的最远护坡范围线点的位置,即 N 点、G 点、H 点。

平滑连接护坡上等高线与同高程原地面等高线的交点 M 点、N 点、G 点、H 点,得到护坡的范围线。

注意的是,如果护坡转折处要求处理成圆弧,那么作圆后不需要延长切线相交。

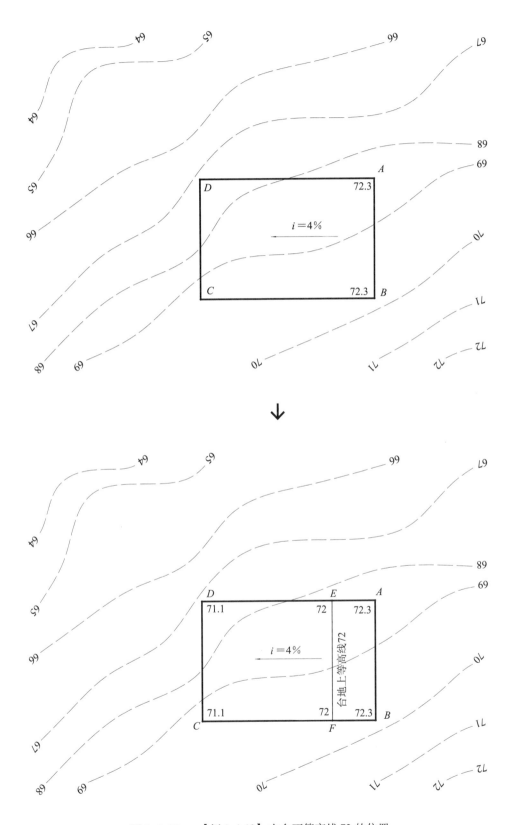

图 1.4.27a　【例 1-4-12】中台面等高线 72 的位置

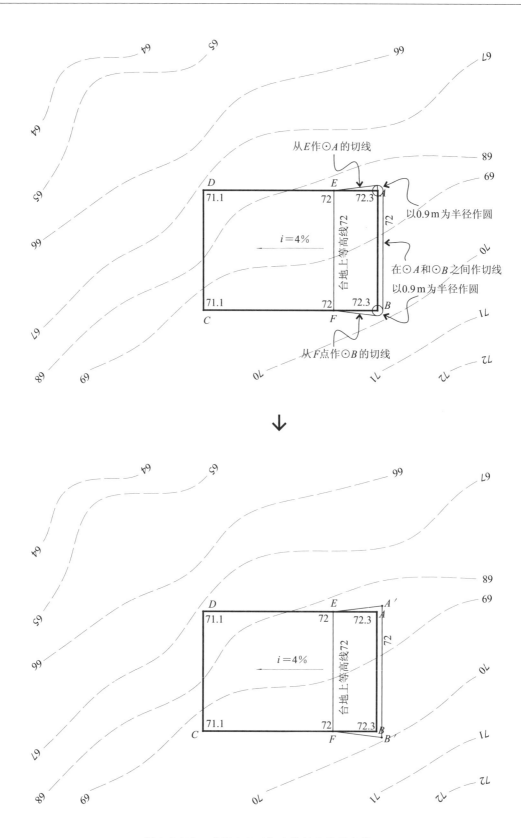

图 1.4.27b 　【例 1-4-12】中护坡上的等高线 72

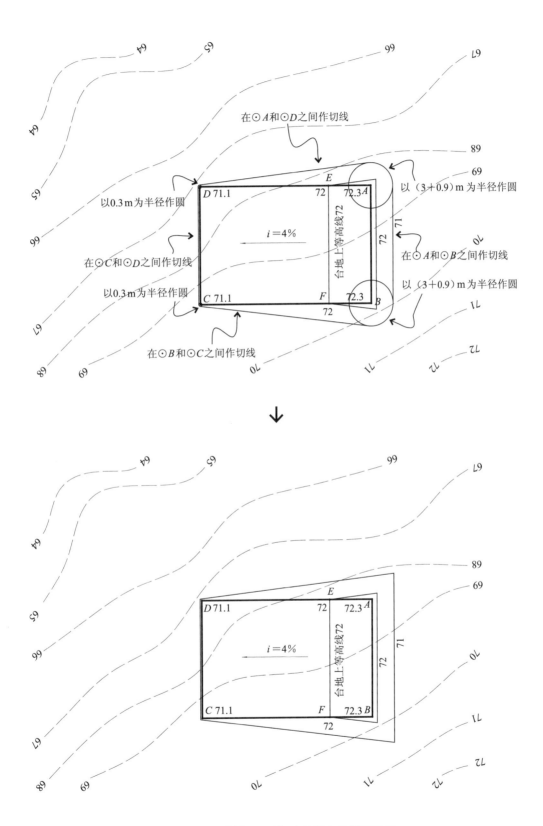

图 1.4.27c 【例 1-4-12】中护坡上的等高线 71

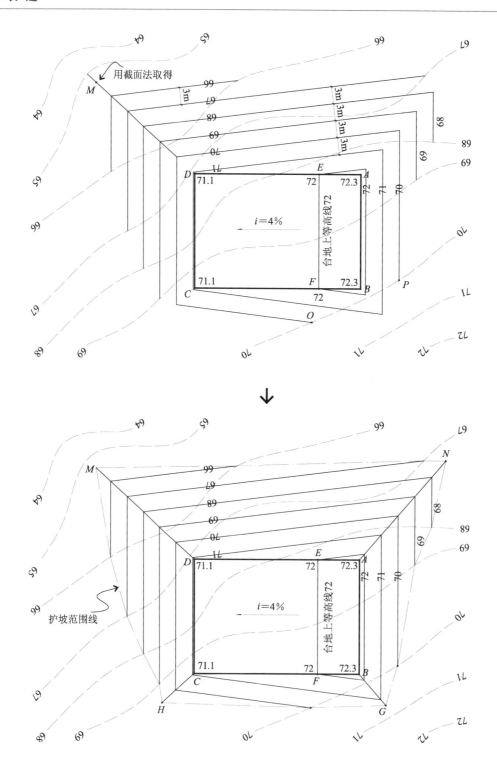

图 1.4.27d 【例 1-4-12】中其他护坡等高线

【例 1-4-13】

设某台地 *ABCD* 为梯形。*AB* 边和 *CD* 边平行，两边相距水平距离 24m。

AB 边缘线水平，*A* 点和 *B* 点的标高为 213.5m；*CD* 边缘线水平。台地由 *AB* 边向 *CD* 边以 5% 的坡度倾斜。要求设计护坡，其坡度为 1:2。不考虑排

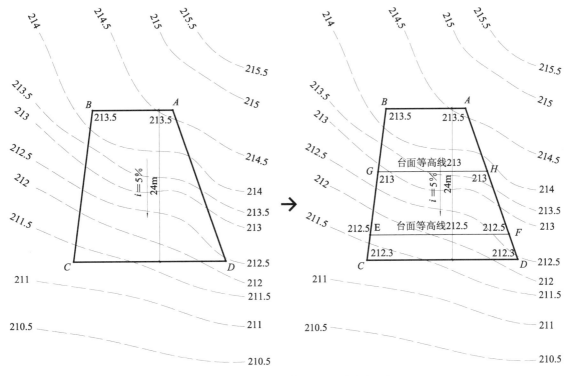

图 1.4.28a 【例1-4-13】中台面等高线的位置

水沟的位置（图1.4.28a）。

分析：

因AB边缘线标高为213.5m，台面以5%的坡度向南倾斜（即北高南低，排水方向向南），AB边和CD边相距水平距离24m，根据坡度公式（1.2.1），得到AB边缘线和CD边缘线相差的高差＝24×5%＝1.2m，则CD边缘线的标高＝（213.5－1.2）＝212.3m。

从平面图得知等高距为0.5m。而AB边缘线和CD边缘线相差1.2m，大于2倍的0.5m，台面上至少有2条等高线，其高程值在台面标高最大值和最小值之间（即在212.3m和213.5m之间），即等高线212.5、213.0和213.5。

① 先在台面上标出等高线212.5和等高线213.0的位置（等高线213.5即AB边缘线位置）。

利用内插法公式（1.2.3），分别计算得出高程212.5m在BC线和DA线上的位置E点和F点，连接E点、F点，得到台面等高线212.5。同样利用内插法公式（1.2.3），分别计算得出高程213.0m在BC线和DA线上的位置G点和H点，连接G点H点，得到台面等高线213.0。

② 由于此台地部分挖土部分填土，现在必须得到台地边缘线上的填挖转折点，即挖土部分和填土部分的零线与台地边缘线的相交点。由于原自然地面是无规律的、非平面的，同时台地面是倾斜的，所以零线没有明显的规律供参考。这时就需利用截面法原理来取得台地边缘线上的填挖转折点（图1.4.28b）。

已知A点的标高213.5m，观察A点在台地上的高程比在原自然地面上的高程要低，称A点处为挖点；观察B点情况，知B点处为挖点；C点的标高212.3m，观察C点在台地上的高程比在原自然地面上的高程要高，称C点处为填点。

D点处情况相差不明显，无法观察确定。则通过D点作此两条等高线的等高线间距线，利用内插法公式（1.2.3），在用比例尺量取所需长度后，得出D点在原自然地面上的高程为212.4m，高于台地上D点高程212.3m，则D点处为挖点。

在台地各角相邻点之间，同为填点或挖点，则两点之间的边缘线上不存在填挖转折点。当一个为填方另一个为挖方时，两点之间的边缘线上存在填挖转折点。那么根据上一节的分析得知，在台地边

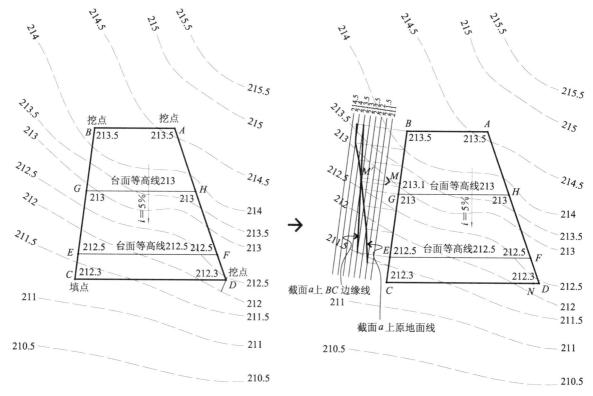

图 1.4.28b 【例1-4-13】中台地边缘线上的填挖转折点

缘线 BC 和边缘线 CD 上各自存在一个填挖转折点。

③ 以台地边缘线 BC 的位置作为截面 a 的位置，在平面图 BC 的左边附近空白处，作截面 a 的样图，截面 a 上的高程平行线和 BC 线平行。

在截面 a 样图上排列平行的高程线，从高程 211.0m 到高程 214.5m，按一个适当的距离作为平行线的间距值。

制作截面 a 样图上的原自然地面线。从平面图上的 BC 线与原地面等高线的交点作垂直于高程线的线，分别与截面 a 上同高的高程线相交于一点，平滑连接这些在高程平行线得到的点，得到截面 a 上的原自然地面线。

同样从 BC 线选取点作垂直于高程线的线，分别与截面 a 上同高的高程线相交于一点，连接各点，得到截面 a 上的 BC 边缘线。

这样截面 a 上的原自然地面线和 BC 边缘线交于 M′ 点。反向从截面 a 过 M′ 点作高程线的垂直线，与平面图中的 BC 边缘线交于一点，即得到 BC 边缘线上的填挖转折点 M 点。

在截面样图上，用比例尺量取和内插法公式

（1.2.3）计算，得到 M 点的高程为 213.1m。把 M 点标注在平面图中。

对于 CD 边缘线上的填挖转折点 N 点，由于 CD 边缘线是一条高程为 212.3m 的水平线，则不用计算直接知道 N 点的高程为 212.3m，利用内插法在原自然地面上标注其位置。

④ 进行填土护坡部分的护坡设计（图 1.4.28c）。

在边缘线填土部分中，C 点标高 212.3m，M 点的标高 213.1m，N 点的标高 212.3m，最高的高程是 213.1m，则等高线 213.0 是填土部分中最高的护坡等高线。

首先设计护坡上的等高线 213.0。

对于 M 点，其与护坡等高线 213.0 的垂直距离为 (213.1 - 213.0) = 0.1m，由于护坡坡度为1:2，根据坡度公式（1.2.1），得到两者的水平距离为 0.1/（1/2）= 0.2m。

以 M 点作圆心，以 0.2m 为半径作圆。从高程为 213.0m 的 G 点作⊙M 的切线（在台地平面外侧），得到等高线 213.0 的位置，切线被原地面等

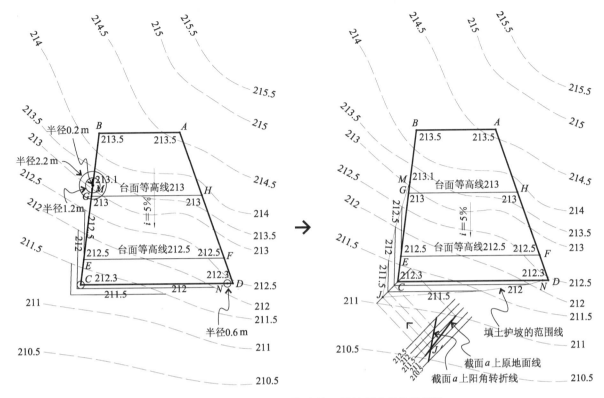

图 1.4.28c 【例 1-4-13】中填土护坡部分的护坡设计

高线 213.0 截断，取得护坡等高线 213.0。

继续设计护坡等高线 212.5。

因为等高距为 0.5m，而且护坡坡度为 1:2，根据坡度公式（1.2.1），得到相邻的等高线之间的水平距离为 0.5/（1/2）＝1m。以 M 点作圆心，以（1＋0.2）m 为半径作圆。从高程为 212.5m 的 E 点作⊙M 的切线（在台地平面外侧），得到等高线 212.5 的位置，切线被原地面等高线 212.5 截断，取得护坡坡面上的等高线 212.5。

接着设计护坡等高线 212.0。

对于 N 点，其与护坡等高线 212.0 的垂直距离为（212.3－212.0）＝0.3m，由于护坡坡度为 1:2，根据坡度公式（1.2.1），得到两者的水平距离为 0.3/（1/2）＝0.6m。以 N 点作圆心，以 0.6m 为半径作圆。

对于 C 点，其与护坡等高线 212.0 的水平距离也是 0.6m。以 N 点作圆心，以 0.6m 为半径作圆。对于 M 点，以（1＋1＋0.2）m 为半径作圆。

然后以这 3 个圆为基础，在⊙M 和⊙C 之间作切线（在台地平面外侧），得到等高线 212.0 的位

置，切线被原地面等高线 212.0 截断，取得 CM 边缘线部分护坡坡面上的等高线 212.0。在⊙N 和⊙C 之间作切线（在台地平面外侧），得到等高线 212.0 的位置，切线被原地面等高线 212.0 截断，取得 CN 边缘线部分护坡坡面上的等高线 212.0。延长这两个得到的等高线，交于一点，组成了护坡上的等高线 212.0。

接下来对于等高线 211.5 的取得，不必再作圆切线的方法，以 1m 的距离作护坡上的等高线 212.0 的平行线，即是等高线 211.5 的位置。然后和原地面等高线 211.5 相交于两点，高于原地面高程 211.5m 的部分是护坡上的等高线 211.5。

等高线 211.0 无法取得，即在原地面等高线 211.0 和等高线 211.5 之间存在 C 点处护坡范围线的最远点。用截面法求得此点位置。在平面图 C 角附近的空白处作截面 a 的样图，截面 a 上的高程平行线和 C 角阳角转折线平行。

在截面 a 样图上排列平行的高程线，从高程 210.5m 到高程 212.5m，按一个适当的距离作为平行线的间距值。

制作截面 *a* 样图上的原自然地面线，以及截面 *a* 上的阳角转折线。两者交于 *J*′ 点。反向从截面 *a* 过 *J*′ 点作阳角转折线的垂直线，与平面图中的转折线交于一点，即得到 *C* 点处的阳角转折线与原自

然地面的交点 *J* 点。

平滑连接护坡上等高线与同高程原地面等高线的交点、*M* 点、*N* 点、*J* 点，得到填土护坡的范围线。

⑤ 进行挖土护坡部分的护坡设计（图 1.4.28*d*）。

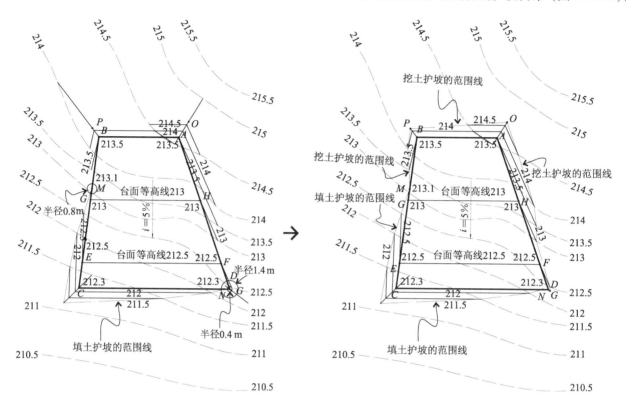

图 1.4.28*d*　【例 1-4-13】中挖土护坡部分的护坡设计

在边缘线挖土部分中，*A* 点和 *B* 点标高 213.5m，*D* 点标高 212.3m，*M* 点的标高 213.1m，*N* 点的标高 212.3m，最低的高程是 212.3m，则等高线 212.5 是挖土部分中最低的护坡等高线。

首先设计护坡上的等高线 212.5。

对于 *D* 点，其与等高线 212.5 的垂直距离为 (212.5 − 212.3) = 0.2m，因护坡坡度为 1:2，根据坡度公式（1.2.1），得到两者的水平距离为 0.2/ (1/2) = 0.4m。

以 *D* 点作圆心，以 0.4m 为半径作圆。

从高程为 212.5m 的 *F* 点作 ⊙*M* 的切线（在台地平面外侧），得到等高线 212.5 的位置，切线被原地面等高线 212.5 截断，保留比原自然地面高程低的部分，便是护坡坡面上的等高线 212.5。

继续设计护坡上的等高线 213.0。

因为等高距为 0.5m，而且护坡的坡度为 1:2，根据坡度公式（1.2.1），得到相邻的等高线之间的水平距离 = 0.5/ (1/2) = 1m。以 *D* 点作圆心，以 (1 + 0.4) m 为半径作圆。

从高程为 213.0m 的 *H* 点作 ⊙*D* 的切线（在台地平面外侧），得到护坡等高线 213.0 的位置，切线被原地面等高线 213.0 截断，取得护坡等高线 213.0。

当然等高线 213.0 也可以直接以 1m 的间距作护坡等高线 212.5 的平行线获得，此平行线正好经过 *H* 点。

再设计护坡上的等高线 213.5。

以 1m 的距离作护坡上的等高线 213.0 的平行线，即是等高线 213.5 的位置。然后和原地面等高线 213.5 相交于一点，低于原地面高程 213.5m 的

部分是护坡上东侧的等高线213.5部分。此线恰好通过A点，因A点的高程正是213.5m，A点和同是213.5m的B点连线是北侧的护坡等高线213.5部分。

对于M点，其与等高线213.5的垂直距离为（213.5 − 213.1）= 0.4m，因护坡坡度为1:2，根据坡度公式（1.2.1），得到两者的水平距离为0.4/（1/2）= 0.8m。

以M点作圆心，以0.8m为半径作圆。

从高程为213.5m的B点作⊙M的切线（在台地平面外侧），得到护坡等高线213.5的位置，切线被原地面等高线213.5截断，保留比原自然地面高程低的部分，便是西侧的护坡等高线213.5部分。

以上三部分组成护坡等高线213.5。

等高线214.0和等高线214.5的设计，依次以1m的间距和其他已有护坡上的等高线作平行线，得到其位置，由原自然地面截断，保留高程比原地面低的部分而得到。

分别对A点、B点、D点利用截面法，得到各点转折线上护坡范围线的最远点O点、P点、G点。

注意的是，D点转角处的阴角转折线位置不明显，在边缘线夹角的角平分线位置。

平滑连接护坡上等高线与同高程原地面等高线的交点M点、N点、J点，得到挖土护坡的范围线。

把台地的护坡阴阳角处理成圆弧，减少了设计工作量。本书主要以直线交角为例，是为了更好地让读者理解设计原理。

1.4.8 微小差异引起的误差

对于呈倾斜面台地的护坡设计，本书采用作圆和作圆切线的方法，来取得护坡上的等高线。

在一些场地设计的书籍中，采用的方法是从角处沿着台地边缘方向的延长线，把护坡上的等高线水平间距标注在上面，来取得护坡上的等高线。这种方法看似正确，其实存在着一定的误差。主要是作者忽视了等高线间距的正确定义，或者说，没有完全理解等高线间距的含义。本书在前面的章节深入地分析了等高线间距，就是为了设计者能对等高

线有准确深入的理解，对大量有关等高线的问题能很快得出正确的结果，否则常常"失之毫厘，谬以千里"（图1.4.29）。

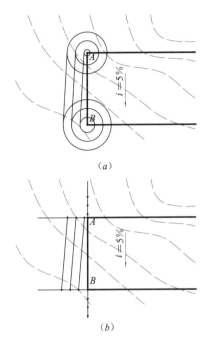

（a）

（b）

图1.4.29 取点方法比较
（a）本书采用的方法；（b）其他书籍采用的方法

如果只需要粗略的设计结果，其他书籍中的方法还算正确。但是在正常的护坡设计要求下，由于原自然地面和台地倾斜坡度的不同，便会产生或大或小的误差。

下面一例以两种方法进行护坡设计，可比较一下这两种方法所产生的误差。

【例1-4-14】

某台地ABCD呈长方形，高出原地面。AB = CD = 24m，BC = DA = 12m。南边缘线高程为119.6m。台地面从南向北以8%的坡度倾斜。要求作出1:3的护坡的等高线图（图1.4.30a）。

分析：

根据坡度公式（1.2.1），南边缘线标高119.6m，台地坡度8%，得到CD边缘线的高程为（119.6 − 12 × 8%）= 118.64m。

台面上最高高程为119.6m，最低高程为118.64m，已知等高距为1m，则台地上有一个等高线119，根据内插法公式（1.2.3）计算并标注其位置，分别交台地边缘线于E点和F点。

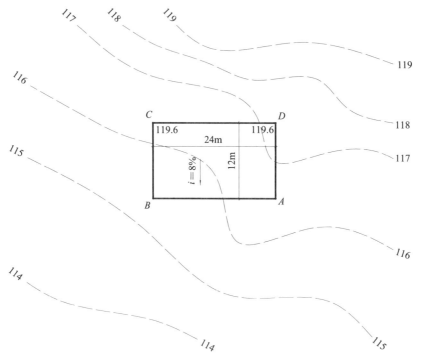

图 1.4.30*a* 【例 1-4-14】图

（1）本书的护坡设计方法（图 1.4.30*b*）

① 先取得护坡上的等高线 119。

对于 *C* 点和 *D* 点，其高程 119.6m 与等高线 119 相差高差为（119.6 – 119）=0.6m，由于护坡

坡度为 1:3，则 *C* 点、*D* 点和护坡等高线 119 的水平距离为 0.6/（1/3）=1.8m。

分别以 *C* 点和 *D* 点为圆心，以 1.8m 为半径作圆。

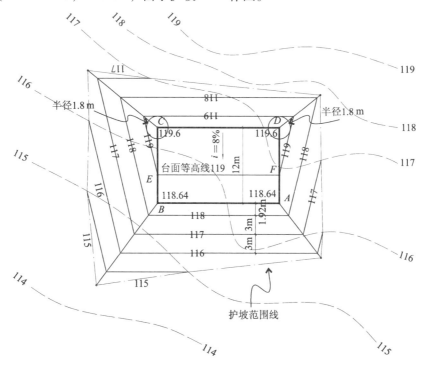

图 1.4.30*b* 本书的护坡设计方法

根据上一节中圆的切线方法，得到护坡等高线119。

② 继续取得护坡上的等高线118。

对于 A 点和 B 点，其高程118.64m 与等高线118 相差高差为（118.64 – 118）=0.64m，由于护坡坡度为1:3，则 A 点、B 点和护坡等高线118 的水平距离为0.64/（1/3）=1.92m。

分别以1.92m 的水平距离作 AB 的平行线，即南侧护坡等高线118 的位置。

同时，因等高距为1m，护坡坡度为1:3，根据坡度公式（1.2.1），可知护坡等高线间距为1/（1/3）=3m。那么对已经设计出的等高线119，作水平距离为3m 的平行线，得到其他护坡等高线118 的位置。

相互连接，得到护坡等高线118。

同样的方法得到护坡等高线117 的位置，与原地面等高线117 交于两点，保留高出原地面的部分，得到护坡等高线117。采用同样的方法得到护坡等高线116、115。

对于台地4 个角处的阳角转折线上与台地最远点（即护坡范围线与阳角转折线的交点），采用截面法得到。平滑连接这4 个点及其他护坡等高线与

原地面的交点，得到护坡范围线。

（2）其他书籍中的护坡设计方法（图1.4.30c）

分别过 A 点、B 点、C 点、D 点，作台地边缘线8 个方向的延长线。

对于 C 点和 D 点，其高程119.6m 与等高线119 相差高差为（119.6 – 119）=0.6m，由于护坡坡度为1:3，则 C 点和 D 点和护坡等高线119 的水平距离为0.6/（1/3）=1.8m。

对于 A 点和 B 点，其高程118.64m 与等高线118 相差高差为（118.64 – 118）=0.64m，由于护坡坡度为1:3，则 A 点和 B 点和护坡等高线118 的水平距离为0.64/（1/3）=1.92m。

护坡上的等高线的等高距为1m，护坡坡度为1:3，那么根据坡度公式（1.2.1），知等高线间距=1/（1/3）=3m。

① 先取得护坡上的等高线119。

在 C 点处的两条边缘延长线上，标注距离 C 点1.8m 的点，代表护坡等高线119 与 C 点的相对位置（准确地说应是近似位置）。

同样在 D 点处的边缘延长线上标注距离 D 点1.8m 的点，代表护坡等高线119 与 D 点的相对位置。

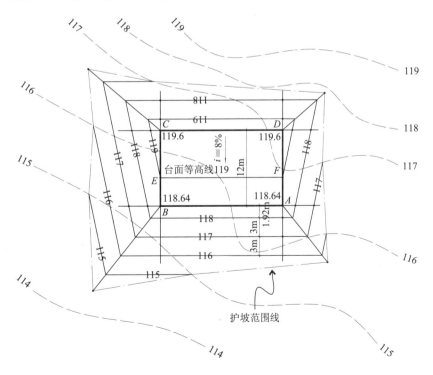

图1.4.30c 其他书籍中的护坡设计方法

连接这些点及 E 点、F 点，得到护坡等高线 119 的位置。

② 继续取得护坡上的等高线 118。

在 A 点处的两条边缘延长线上，标注距离 A 点 1.92m 的点，代表护坡等高线 118 与 A 点的相对位置。

同样在 B 点处的两条边缘延长线上，标注距离 B 点 1.92m 的点，代表护坡等高线 119 与 B 点的相对位置。

那么在护坡上作等高线 119 的平行线，与等高线 119 水平距离为 3m，得到封闭的护坡等高线 118。

同样的方法得到护坡等高线 217 的位置，与原地面等高线 117 交于两点，保留高出原地面的部分，得到护坡等高线 117。也是同样方法得到护坡等高线 116、等高线 115。

对于台地 4 个角处的阳角转折线上与台地最远的点（即护坡范围线与阳角转折线的交点），采用截面法得到。平滑连接这 4 个点及其他护坡等高线与原地面的交点，得到护坡范围线。

把两种方法得到的护坡范围线叠加在一起，相差的部分涂黑，可以看出两者相差最大约 0.35m，一旦台地四角标高互不相同，这种误差就会加大（图 1.4.30d）。

用切线的方法是正确的方法，也是正确理解等高线的体现，提倡采用本书介绍的作圆切线的方法，避免产生意想不到的理解性错误。

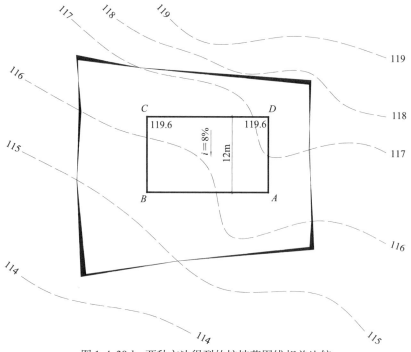

图 1.4.30d 两种方法得到的护坡范围线相差比较

本 章 要 点

■ 等高线是在设定某固定点或临时参考点为最底面高程（即零点高程）的基础上，将相同高程的点连接而成的曲线。

■ 等高线上的高程注记数值字头朝向上坡方向。

■ 每一条等高线都是封闭的。

■ 一般要求规划部门提供的地形图中所表达的都为绝对高程。

■ 在局部地区，常常以附近某个特征性强或可视为固定不变的某点作为高程起算的基准面，由此形成相对高程（或称为相对标高）。

■ 等高距越小，描述的地形越准确。

■ 坡度公式： $i = \Delta h / \Delta L$　　　　　　(1.2.1)

■ 放坡的数值是坡的水平值与垂直高度值相比的数值，也称为坡度系数，和坡度成倒数关系。

■ 坡度有正值和负值之分，正值表示从低处向高处的走向，负值表示从高处向低处的走向。但在设计和读图中，坡度箭头方向是从高处指向低处，箭头旁表示出坡度绝对值。

■ 在等高距相等的条件下，等高线间距很小，则该处的自然坡度很大。

■ 内插法公式： $y / \Delta h = x / \Delta L$　　　　(1.2.3)

■ 不规则坡地上，A 点到相邻等高线的等高线间距定义为：经过 A 点作面 δ，使面 δ 尽可能同时垂直于水平面 α 和坡地面 β，面 δ 和坡地面 β 相交形成线 k（近似直线），线 k 为经过 A 点的坡度线，线 k 的水平投影位置就是 A 点到相邻等高线的等高线间距位置。

■ 不规则坡地上，勾画等高线间距位置的规律（即等高线坡度线 k 的位置）：等高线间距位置（即坡度线 k）与上下相邻等高线切线形成的夹角近似相等。

■ 地形图的方位为上北、下南、左西、右东。

■ 当等高线环围的方向和字头朝上的方向一致时，表现的是地形凸起的状态；当等高线环围的方向和字头朝上的方向相反时，表现的是地形凹下的状态。

■ 当等高线环围的是下坡方向，则此时表现的是地形凹下的状态；当等高线环围的是上坡方向，则此时表现的是地形凸起的状态。

■ 看图纸时，可以转动图纸，使高程高的等高线置于眼前，这时等高线的曲线形态就好比竖向的剖断图。

■ 试作等高线 a 在转折处的一些等高线间距位置，可以从转折处的两边由远及近的试作等高线间距位置，直到出现具有两个等高线间距位置的一点，那么这个点就是等高线 a 与分水线相交的 E 点。

■ 在场地设计中，正确地识别地形图上的各种地貌情况，可以全面地了解实际地貌状况，从而为场地设计提供正确的设计方向。

■ 防治滑坡的工程措施很多，归纳起来分为三类：消除或减轻水的危害；改变滑坡体外形、设置抗滑建筑物；改善滑动带的土石性质。

■ 台地护坡的范围线，即台地护坡坡面和原自然地面相交产生的交线。

■ 先依次在台地边缘上取得点，然后通过这些点作垂直于护坡坡面的截面，从各个截面上得到台地护坡坡面和原自然地面的交点，称为截面法取点。

■ 非水平边缘线上的截面 a 与边缘线水平投影线夹角 k 的关系式：

$\cos k = (1/i) \times$ 边缘线两端点的高程差值 / 边缘线水平投影长度　　　　(1.4.1)

■ 台地水平边缘上某点与其对应护坡和原地面交点的距离公式：

$$L = h / (i \pm i' \cos d) \qquad (1.4.2)$$

■ 当护坡坡度 i 和原地面自然坡度 i' 两者方向相同时，台地非水平边缘上某点与其对应护坡和原地面交点的水平距离公式：

$$L = h / (i - i' \sin |k \pm d|) \qquad (1.4.3)$$

■ 当护坡坡度 i 和原地面自然坡度 i' 两者方向相反时，台地非水平边缘上某点与其对应护坡和原地面交点的水平距离公式：

$$L = h / (i + i' \sin |k \pm d|) \qquad (1.4.4)$$

■ 某点在原地面不平整条件下的在截面 a 上

取点公式：

$$L = h'' / (i \pm i'') \qquad (1.4.5)$$

$$h'' = |(某点在台地边缘线的高程 - 等高线 F 上的$$
$$高程)| \pm i'' \times L'' \qquad (1.4.6)$$

■ 台地边缘线水平，由此从边缘线出发的护坡坡面上的等高线都与该边缘线平行。

■ 护坡上的等高线存在规则：护坡上的一条等高线要么形成自我封闭，要么和原地面同高程的等高线相交，否则将不存在。

■ 对于阳角的处理，除了直线角方式，还常常可以处理成圆弧的方式；主要是为了方便施工和利于护养。

■ 台地边缘线倾斜时，利用圆之切线原理，作出护坡上的某等高线（或与护坡上的等高线平行的线）；护坡上其他的等高线与之平行绘制。

场地调整

竖向设计是在平整场地时关于土石方、排水系统、构筑物高程、防护设施选取等问题的合理解决过程。

本章针对场地竖向设计，分成了10个小节进行分析，这样才能准确理解竖向设计中的各个环节，掌握好各个环节的要点，然后在整体上把竖向设计做好做到位。对于竖向设计中的各个环节不清楚，往往会造成凭经验或想当然进行竖向设计。

2.1　场地形式及表示法

2.1.1　场地布置方法

自然地面在被人类利用时，往往要经过人工改造，尤其在土地紧张的城市地带。在进行场地平整的过程中，为使人类方便舒适使用的同时，应密切注意场地上的自然状况，即场地设计应尽量对地球自然生态有所关注。比如现场存在的树木，根据其树龄或树种价值决定是否可以保留，抑或进行移植保护。

场地布置分为连续布置和重点布置（图2.1.1）。

（1）连续布置

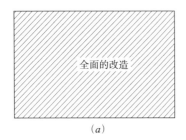

(a)

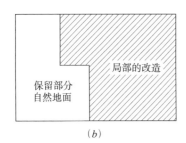

(b)

图2.1.1　场地布置
（a）连续布置；（b）重点布置

连续布置是指在场地设计中对于自然地面进行全面的改造，进行场地连续平整。

连续布置往往是因为场地面积小，场地功能建筑密度高，因而需要密集的道路网和地下管道。在发展迅速的城市中，根据规划限制要求和开发商的商业诉求，尤其住宅开发区，其建筑密度经常很高，其场地往往是连续布置。

（2）重点布置

重点布置是指在场地设计中对于自然地面进行局部的改造，在满足场地任务需要的基础上，保留部分自然地面。

重点布置通常在场地面积较大，场地功能建筑密度小的情况。保留的自然地面以集中为好，分散的自然地面比集中的自然地面受到的人类干扰要大，而且不利于未来下一步对新建筑或新场地的规划。

现在的城市湿地越来越少，密实的地面几乎占据了整个越来越大的城市，以至于大多数城市的地下水位急剧下降。雨水降到城市地面后，大多没有渗入地下，进入自然循环，而是被城市的雨水排放系统带走。现在的城市越来越渴，鸟儿都几乎抛弃了它，可大多数人类还必须生活在这里。当无法完全避免对自然的破坏时，就尽量减少对它的破坏。在一些场地设计中，应尽可能保留一定的湿地，不但可以使雨水在这些湿地中被消化掉，而且减少了地下雨水管线的铺设量。

例如在某校园中，原场地总平面设计把各个校舍分散布置，使校园空间布局比较宽松。但是经过研究优化，认为适当调整校舍距离，在避免校舍布局局促的前提下，总平面的西北角保留出一块自然地面，可尽量减少现阶段对原自然地面的破坏。同时，还为将来学校的发展留出了余地。此时这片自然地面不但增加了学校的绿色景观，树木挡住了冬季的西北风，而且其间鸟声悦耳、空气清新，西北方向的噪声也被阻隔，成为校园场地总平面设计成功的关键因素（图2.1.2）。

2.1.2　场地三种形式

经过改造的场地更适合人类的生活、生产或精神需要。对于建筑师来说，改造场地主要针对的是适合人类体力、机械动力的需要；得到合适的排水系统、渗水情况；符合经济的要求限制；加以景观上的处理等。

场地地面形式一般分为三种（图2.1.3）。

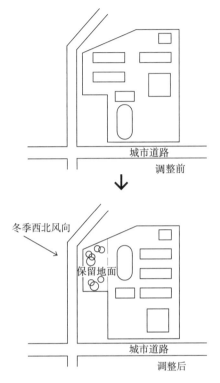

图2.1.2 某校园总图调整

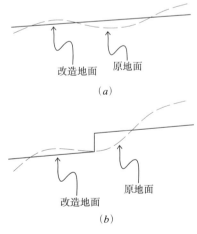

图2.1.3 场地地面形式
(a) 平坡式；(b) 台阶式

（1）平坡式

平坡式地面是用地经改造成为平缓斜坡的规划地面形式，即将地形平整为一个或几个方向倾斜的整平面，此整平面上的标高变化幅度不大。场地中道路与旁边地面产生的路缘石高差和建筑散水产生的高差，都属于平坡式地面。从经验来说，小于0.3m高差的地面或坡度不超过5%的地面宜采用平坡式地面。有时平坡式地面采用锯齿形，其产生的高差往往很小。

（2）台阶式

台阶式地面是用地经改造成为阶梯式的规划地面形式，即由几个标高差值较大的不同整平面连接而成。从经验来说，对于坡度大于8%的地面或有大于0.3m左右高差的地面宜采用台阶式地面。在这些整平面连接处常常设护坡或挡土墙以及连接不同整平面的阶梯。

（3）混合式

混合式地面是用地经改造成为平坡和台阶相结合的规划地面形式，即平坡式和台阶式混合使用。混合式地面与台阶式地面的差别是：混合式地面中的台阶式地面在整个场地地面中所占的比例不大，且不能完全归于平坡式。

对于在台阶式和混合式中的台地，一般来说其台地长边应平行于等高线。台地的高度、宽度和长度应结合地形并满足使用要求确定。台地的高度宜为1.5~3m，是为了与挡土墙的适宜经济高度、建筑物内外交通联系、立面或横向景观线及垂直绿化等的要求相适应。

当地面坡度小于5%时，人行、车辆交通组织都比较容易，稍微挖填整理就能达到一般构筑物及其室外场地的平整要求，所以宜规划为平坡式地面；当地面坡度大于8%时，地表水冲刷加剧，人们步行感觉不便，所以建设用地规划为台阶式较好；当地面坡度为8%时，场地上普通的单排建筑用地的顺坡方向高差能达到1.5m左右，对于一般的住宅设计来说，由于基础埋深和户型的原因，造成很多棘手的问题，但是对于跃廊式住宅，却是很好的设计条件。但是建筑外的场地还是需要台阶式，否则坡度过大；当用地自然坡度为5%~8%时，可以根据实际情况规划为混合式地面或平坡式地面及台阶式地面。

场地地面的描述方法主要有等高线法、标高控制法、坡面法和方格法等，以下将对各个方法进行解释。

2.1.3 等高线法

等高线法是根据场地的大小、原地面坡度和设计坡度的大小，选取合适的等高距，用等高线来表示场地设计地面的情况。在等高线图中应注意的是，**只有在相邻等高线相互平行的前提下，某处排水方向和所在的等高线垂直。一般情况下，排水方向和该处位置的等高线间距方向一致**（图2.1.4）。

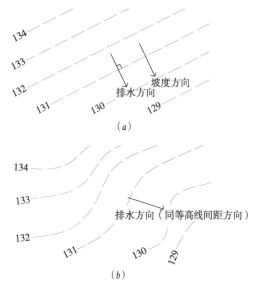

图 2.1.4　等高线图中的排水方向
（a）相邻等高线平行时的排水方向；
（b）一般情况下的排水方向

等高线间距方向的求法参见本书第一部分。

在场地地面的表示方法中，等高线法是最能够精确表达场地设计的方法。

等高距不同，表达出的地面精度不同。由于原地面和设计地面在坡度方面可能经常有很大的差距，那么，能够充分表达原地形图的等高距数值，有可能无法达到准确表达设计地面所需要的精度。比如某地形图地形范围 $ABCD$（$AB = 10\text{m}$），所用的等高距为0.2m，原地面的坡度为10%，设计地面的坡度为1.8%。那么，设计图纸上的等高线如果也用原地形图的等高距0.2m，则从等高线125往上无法在10m内表示出别的等高线。这时设计平面图应采用更小的等高距，以新的等高距为0.05m试作图，得出能够完全表达地面的设计平面图（图2.1.5）。

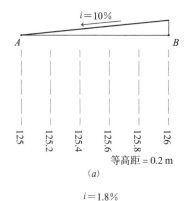

等高距 = 0.2 m

（a）

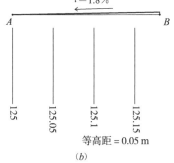

等高距 = 0.05 m

（b）

图 2.1.5　等高距不同表达出的地面精度不同
（a）原地面图；（b）设计地面图

把原地形图上所标的等高线称为黑色等高线。把设计平面图上因精度需要以新等高距绘制而成的等高线称为红色等高线。

在用等高线法时，应先把特殊地点的标高在平面图上标出，如构筑物四角、道路交叉点、道路纵坡转折点、首层室内标高等，有时当地规划部门还对一些点的标高有所限制，也应当作为重要因素标注在图纸上。然后在这些点之间用内插法公式（1.2.3）得出设计等高线的位置，把同高程的点连接起来，得到设计等高线。当然有些等高线应根据所需坡度的要求进行调整。

等高线法对坡度大小的反映是通过等高线间距的大小来得到的。例如设在设计等高距为0.5m的地形设计中，设计地面坡度要求在2%和4%之间，根据坡度公式（1.2.1）可知，$2\% < i < 4\%$，即 $2\% < \Delta h / \Delta L < 4\%$，得出 $\Delta h / 2\% > \Delta L > \Delta h / 4\%$，代入数值，$25\text{m} > \Delta L > 12.5\text{m}$。说明只要控制等高线间距在25m和12.5m之间，就可达到坡度要求。

那么在设计平面图中，用比例尺检验等高线间距是否在12.5m和25m之间，不在其范围的等高线间距为不符设计意图的地方，加以调整，得出合适的等高线间距。

等高线法可以很明显地将设计意图表达出来，能够按照图纸准确地进行施工，还可以准确定出管道检修井盖的标高和雨水口的标高，易于表现所确定的各部分标高相互关系是否正确，便于及时发现在设计中不恰当的地方并加以合理修改。但是等高线法所用的设计时间相对于其他方法比较长，局部的改动很可能要波及全局。但是其准确科学性却是其他方法无法达到的。

2.1.4 标高控制法

采用在地面坡度转折处和特殊地点标注标高，有时加以表示排水方向的箭头进行辅助表达的方法，称为标高控制法。有些书籍把标高控制法又分为标高记忆法和箭头法。

① 主要标注地方 设计场地地面最高点标高、最低点标高，场地边界线处的标高，坡度变化处的标高等。

② 特殊地点的标注 构筑出入口室外地坪处、首层室内标高、构筑物四角、道路交叉点、道路纵坡转折点、当地规划部门对一些点的限制标高等。

在地形起伏简单、排水顺利或对设计地面要求不严格时，可以使用标高控制法。标高控制法设计工作量比较小，设计修改简单，比较容易；但是设计意图表达不够明显，尤其在面积较大的广场铺砌和道路交叉口等处不容易交代清楚，因此容易引起施工的困难，并往往由于没有按设计意图施工而引起排水方面的问题。在确定地下管道集水井或检修井盖的标高时要花费更多的时间计算，且常常出现施工定出的标高和设计标高不一致，使检修井盖有高出或低于设计地面的情况。在使用标高控制法的设计图纸进行施工时，为使施工人员充分明白设计意图，常常需要设计人员到施工现场进行指导，增加了设计人员的工作量。

表示排水方向的箭头在表示道路纵坡或带形规则地面时，常常在箭头的上方用"$i=0.003$"等数值表示此段的坡度；在箭头的下方以米为单位的数值表示此段的长度。

2.1.5 坡面法

坡面法就是把场地地面分解成规则的倾斜平面，或者说，不同的平面组成了场地地面，并达到场地排水的效果。坡面法中要绘出组成地面的不同平面的边界线，每个边界线两端标注端点的标高。这些边界线或者是汇水线或者是分水线。应该注意的是，不同平面的边界线不是等高线，不要把等高线的特性作为边界线的特性。

坡面法和标高控制法相比，其对流水方向的表达更明确，设计意图更明显，容易在施工过程中放线。例如在某场地地面 ABCD 中，因 ABCD 四个角的标高不同，如果此平面图是按照标高控制法理解时，会出现两种设计意图：一种是流水先从 ABC 三个角流向场地中央，再从 D 角流出场地；另一种是流水分别从 B 角和 D 角流出场地。那么施工人员将无所适从或者按照自己的理解放线施工，可能会造成对设计意图的曲解（图 2.1.6）。

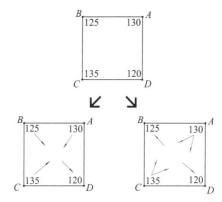

图 2.1.6 标高控制法的不足

若利用坡面法则可以明确地表达设计意图，避免曲解原意。此时在场地地面 ABCD 中，用坡面法表达出两种意图：

（1）以 BD 线作为边界线，此时 BD 线是汇水线。流水从 A、B、C 三个角流向场地中央然后从 D 角流出场地（图 2.1.7a）。

取得准确的排水箭头方向的分析过程：

因为每个平面都是规则的，那么其上的等高线（当然此时图纸上并没有表示出等高线）应是相互平行的，只要取得一个等高线上的排水方向就得到这个平面的排水方向。

在平面 *ABD* 上，最高点 *A* 点标高 130m，最低点 *D* 点标高 120m，则在 *A* 点、*D* 点连线上存在和 *B* 点等高程的点 125m，用内插法公式（1.2.3）得出在 *AD* 连线上高程为 125m 的 *E* 点位置，把 *BE* 线的位置作为参考线，表示等高线 125 的位置，这时作等高线 125 的垂直线，此垂直线方向就是平面 *ABD* 的排水方向。

在平面 *BCD* 上，最高点 *C* 点标高 135m，最低点 *D* 点标高 120m，则在 *C* 点、*D* 点连线上存在和 *B* 点等高程的点 125m，用内插法公式（1.2.3）得出在 *CD* 连线上高程为 125m 的 *F* 点位置，把 *BF* 线的位置作为参考线，表示等高线 125 的位置，这时作等高线 125 的垂直线，此垂直线方向就是平面 *BCD* 的排水方向（擦掉参考线，保持图面的整洁）。

标注上各个平面上的排水箭头方向。

（2）以 *AC* 线作为边界线，此时 *AC* 线是分水线。流水分为两部分从 *B* 角和 *D* 角流出场地（图 2.1.7*b*）。

根据（1）中的同样方法得到各个平面上准确的排水方向，标注上各个平面上的排水箭头方向。

当然还可以在此场地地面 *ABCD* 中设计出多种用坡面法得出的设计结果，在此不再赘述。

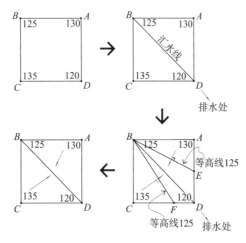

图 2.1.7*a* 某场地坡面法表达意图之一

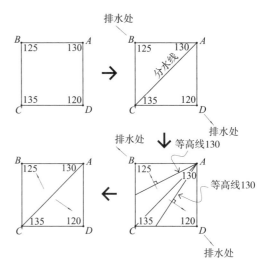

图 2.1.7*b* 某场地坡面法表达意图之二

虽然坡面法能明确地表达排水方向，使施工人员得到准确的放线，但是对于有曲面的地面无法用坡面法表达，这是坡面法的局限性。

另外对于矩形场地地面，如果设计要求呈完整的一个倾斜面，则可以根据这种场地地面的特殊性，得到矩形 4 个角的标高的关系，利于快速方便地进行设计，**即呈矩形的平面场地中对角的标高之和是相等的。**

设某矩形场地地面 *ABCD* 为一倾斜面，已知 *A* 点高程为 45m，*B* 点高程为 38m，*D* 点高程为 39.5m。那么很快就可以根据矩形 4 个角的标高关系得出：*C* 点标高 =（*B* 点标高 + *D* 点标高）－ *A* 点标高 =（38 + 39.5）－ 45 = 32.5m。

2.1.6　方格法

方格法是用网格高程表示场地地面，高程数值标注在网格交点的右上方，并加括号。若高程整数值相同时，可省略，小数点前可不加"0"定位。高程整数值应在图中说明。

方格法往往在道路设计中采用，其网格采用平行于设计道路中线的细实线绘制；在建筑学场地设计中并不常采用。

2.2 场 地 排 水

2.2.1 场地排水方案

如何规划设计场地排水有多种选择，应根据当地气候、地理情况、城市基础设施条件和具体设计要求等各种因素来综合决定场地排水的方案。现以一个典型的正方形单元平面 *ABCD* 作为分析对象进行分析。

雨水在场地里经过设计的引流，或者排入集水井、雨水口，或者排入水渠、江河，前者可以看作向某点处排水，后者可以看作向某边处排水。无论在场地中怎样安排排水方式，都可以分解成单元平面式分析对象，例如在场地中的 4 个雨水口之间就形成了一个单元分析对象。在单元场地 *ABCD* 中，暂设场地 *ABCD* 中最高点标高为 10m，最低点标高为 0m，等高距暂定为 2m。

（1）向边处排水（场地最低处为向场外排水处）

1）一边排水（图 2.2.1）

场地地面的排水方向是从 *AB* 边向 *CD* 边方向，从 *CD* 边排出边界外。场地为完整的一个倾斜平面。最高处是整个 *AB* 边。

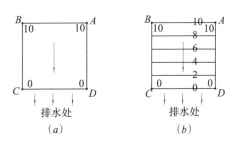

图 2.2.1 一边排水
（*a*）标高法、坡面法；（*b*）等高线法

2）二边排水

① 场地地面的排水方向是分别排向 *AD* 边和 *BC* 边方向，再分别从 *AD* 边和 *BC* 边排出边界外。场地为两个平面组成。最高处是和 *AD* 或 *BC* 边平行的场地中的一条线，注意这条线不一定在平面中央处（图 2.2.2*a*）。

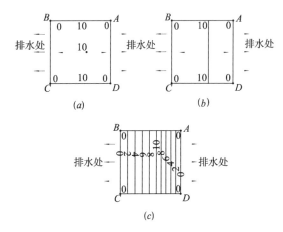

图 2.2.2*a* 二边排水（情况①）
（*a*）标高法；（*b*）坡面法；（*c*）等高线法

② 场地地面的排水方向是分别排向相邻的边——*AD* 边和 *CD* 边方向，再分别从 *AD* 边和 *BC* 边排出边界外。场地为两个平面组成。最高处是 *B* 点处（图 2.2.2*b*）。

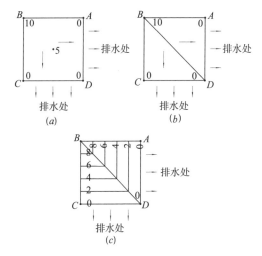

图 2.2.2*b* 二边排水（情况②）
（*a*）标高法；（*b*）坡面法；（*c*）等高线法

3）三边排水（图 2.2.3）

场地地面的排水方向是分别排向 *AD* 边、*BC* 边和 *CD* 边方向，再分别从 *AD* 边、*BC* 边和 *CD* 边排出边界外。场地为 3 个平面组成。最高处是 *AB* 上的某一点。注意这个点不一定在 *AB* 线段的中点处。

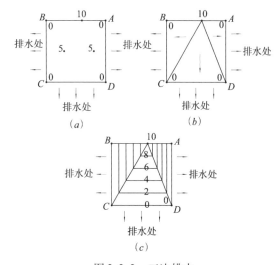

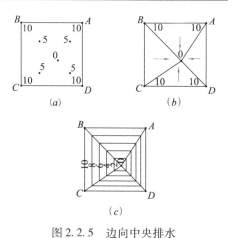

图 2.2.3　三边排水

（a）标高法；（b）坡面法；（c）等高线法

4）四边排水（图 2.2.4）

场地地面的排水方向是分别排向 4 个边界方向，再分别从 4 个边界排出边界外。场地为 4 个平面组成。最高处是平面内的某一点。注意这个点不一定在场地中央处。

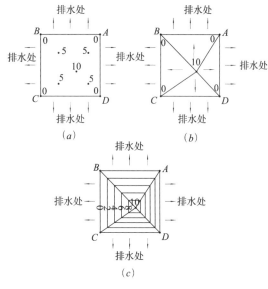

图 2.2.4　四边排水

（a）标高法；（b）坡面法；（c）等高线法

5）边向中央排水（图 2.2.5）

场地地面的排水方向是分别由 4 个边界向平面内部某一点方向，再由这一点排出边界外。这是典型的内排水模式。场地为 4 个平面组成。最高处是场地的 4 个边界线。最低点是场内的某一点，注意这个点不一定在场地中央处。

图 2.2.5　边向中央排水

（a）标高法；（b）坡面法；（c）等高线法

（2）向角处排水（场地最低处为向场外排水处）

应该说向角处排水并不是很严格的说法，因为不同方式排向角处的流水，常常在边界没有阻挡时，会有部分水流从边界流出场地。此时的状态是平面流水方向的总趋势，尽量使流水方向向角处靠拢，利于实际的雨水口对流水的收集，减少流水对边界阻挡物的冲刷。

下面把向角处排水方式分为完全从角处排水和趋向角处排水两种（即排水方向以向角处为主要方向），以便清楚地归纳分析。

1）一角排水

① 完全从角处排水

● 流水从 AB 线 BC 线向中央汇水线方向，再转向 D 角处，由 D 角排出角外。场地为两个平面组成，最高处是 AB 线和 BC 线（图 2.2.6a）。

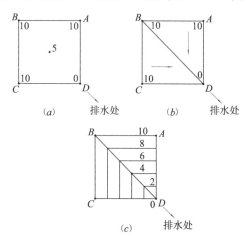

图 2.2.6a　一角排水完全从角处排水（情况①）

（a）标高法；（b）坡面法；（c）等高线法

● 流水分别从 A 角和 C 角向中央排，然后转向 D 角，由 D 角排出角外。场地为两个平面组成，最高处为相对的 A 点或 C 点，注意 B 点标高应比 A 点和 C 点低（图 2.2.6b）。

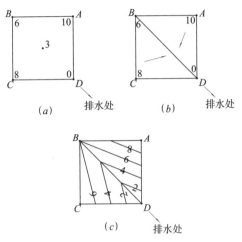

图 2.2.6b　一角排水完全从角处排水（情况②）
（a）标高法；（b）坡面法；（c）等高线法

② 趋向角处排水

● 场地地面的排水方向是向 D 角方向，以 D 角为主要排出位置，D 角相邻两边同时向外排水。场地为完整的一个倾斜平面，相对的最高处是 B 点（图 2.2.7a）。

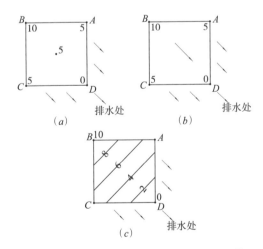

图 2.2.7a　一角排水趋向角处排水（情况①）
（a）标高法；（b）坡面法；（c）等高线法

● 流水主要从 B 角同时和 A 角及 C 角形成向中央排水的趋势，然后向 D 角方向，以 D 角为主要排出位置，D 角相邻两边同时向外排水。场地为两个平面组成，相对的最高处是 B 点（图 2.2.7b）。

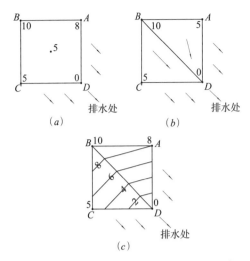

图 2.2.7b　一角排水趋向角处排水（情况②）
（a）标高法；（b）坡面法；（c）等高线法

2）二角排水
① 完全从角处排水

● 由对角线形成分水线（AC 线）和汇水线（BD 线），当这两条线的交点标高小于或等于分水线两端标高与最低点标高之和的一半时（即 A 点或 C 点标高与 B 点标高之和的一半；A 点或 C 点标高与 D 点标高之和的一半），流水分别从 A 角和 C 角向中央排，然后分别转向 B 角和 D 角，由这两角排出角外（图 2.2.8a）。

场地为 4 个平面组成，相对的最高处是 A 点或 C 点。

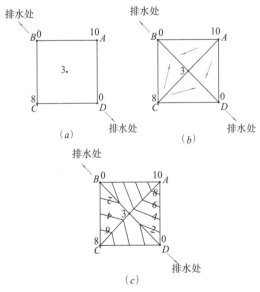

图 2.2.8a　二角排水完全从角处排水（情况①）
（a）标高法；（b）坡面法；（c）等高线法

● 从 A 点、C 点引出两条分水线，从 B 点、D 点引出两条汇水线，4 条线交于场内一点。该交点并不在对角线的交点上，从汇水线和分水线的交点分别作 4 条边界的垂线，4 个垂点标高都应大于或等于汇水线和分水线的交点标高，排水方向能够最终完全分别由 B 角和 D 角排出场地（图 2.2.8b）。

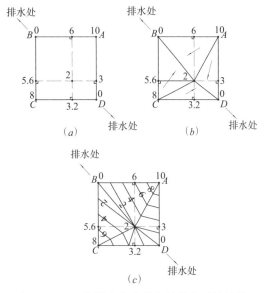

图 2.2.8b 二角排水完全从角处排水（情况②）
（a）标高法；（b）坡面法；（c）等高线法

场地为 4 个平面组成，相对的最高处是 A 点或 C 点。

● 由对角线形成两个分水线和两个汇水线（AC 线和 BD 线），从 CD 边界某一点 E（不包括角点）和对角线的交点连接形成一分水线。对角线的交点标高小于或等于在 BC 线或 AD 线上最高点标高和最低点标高之和的一半，同时过对角线交点作 CD 线的垂线，形成的 CD 线上的垂点标高应大于或等于对角线交点的标高。流水分别从 A 角和 C 角向中央排，然后分别转向 B 角和 D 角，由这两个角完全排出角外（图 2.2.8c）。

场地为 5 个平面组成，相对的最高处是 A 点或 B 点（或 CD 线上的 E 点）。

● 从各个交点引出两个分水线和两个汇水线，相交于一点，此交点不在对角线的交点上。从 CD 边界某一点 E（不包括角点）和此交点连接形成一分水线。从汇水线和分水线的交点分别作 BC 线、CD 线和 AD 线的垂线，3 个垂点标高都应大于或等于汇水线和分水线的交点标高。这样流水从 A 角和 B 角处流向场地的 C 角和 D 角，最后由这两个角完全排出角外（图 2.2.8d）。

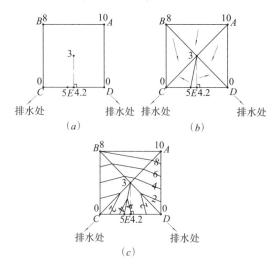

图 2.2.8c 二角排水完全从角处排水（情况③）
（a）标高法；（b）坡面法；（c）等高线法

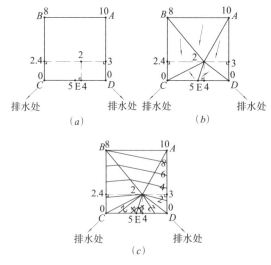

图 2.2.8d 二角排水完全从角处排水（情况④）
（a）标高法；（b）坡面法；（c）等高线法

场地为 5 个平面组成，相对的最高处是 A 点或 B 点（或 CD 线上的 E 点）。

② 趋向角处排水

● 以 AC 线作为分水线，流水从 AC 线分别向 B 角和 D 角方向流动，最后以 B 角和 D 角为主要排出位置，B 角和 D 角相邻两边同时向外排水（图 2.2.9a）。

场地为两个平面组成，最高处是 AC 线。

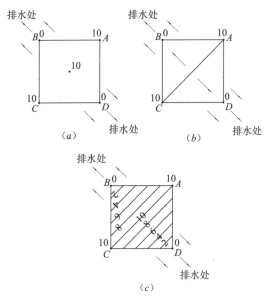

图 2.2.9a　二角排水趋向角处排水（情况①）

（a）标高法；（b）坡面法；（c）等高线法

● 由对角线形成分水线（AC 线）和汇水线（BD 线），当对角线交点标高大于 AB 和 AD 两端最高点标高和最低点标高之和的一半时，流水分别从 A 角和 C 角向中央排，然后分别转向 B 角和 D 角方向，分别以 B 角和 D 角为主要排出位置，B 角和 D 角相邻两边同时向外排水（图 2.2.9b）。

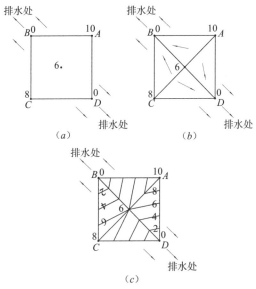

图 2.2.9b　二角排水趋向角处排水（情况②）

（a）标高法；（b）坡面法；（c）等高线法

场地为 4 个平面组成。相对的最高处是 A 点或 C 点。注意对角线交点的标高应小于 A 点标高或 C 点标高。

● 从 A 点、C 点引出两条分水线，从 B 点、D 点引出两条汇水线，4 条线交于场内一点。汇水线和分水线的交点并不在对角线的交点上，从汇水线和分水线的交点分别作 4 条边界的垂线，4 条边界上的 4 个垂点标高都小于汇水线和分水线的交点标高。这样流水分别从 A 角和 C 角向中央流，然后分别转向 B 角和 D 角方向，分别以 B 角和 D 角为主要排出位置，B 角和 D 角相邻两边同时向外排水（图 2.2.9c）。

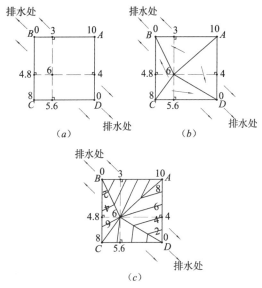

图 2.2.9c　二角排水趋向角处排水（情况③）

（a）标高法；（b）坡面法；（c）等高线法

场地为 4 个平面组成，相对的最高处是 A 点或 C 点。注意汇水线和分水线的交点标高应小于 A 点标高或 C 点标高。

● 从 A 点、B 点引出两条分水线，从 C 点、D 点引出两条汇水线，4 条线交于对角线的交点上。同时从 CD 边界某一点 E（不包括角点）和对角线的交点连接，形成一条分水线。当对角线的交点标高大于在 BC 线和 AD 线上最高点标高和最低点标高之和的一半时，或由对角线交点向 CD 线作垂线得到的垂点的标高小于对角线交点的标高时，流水分别从 A 角和 B 角向中央排，然后分别转向 C 角和 D 角方向，分别以 C 角和 D 角为主要排出位置，C 角和 D 角相邻两边同时向外排水（图 2.2.9d）。

场地为 5 个平面组成，相对的最高处是 A 点或 B 点（或 CD 线上的 E 点）。注意对角线交点标高应小于 A 点标高或 B 点标高。

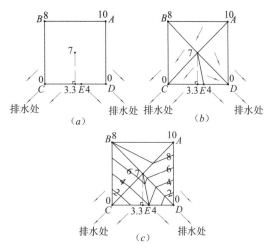

图 2.2.9d 二角排水趋向角处排水（情况④）
（a）标高法；（b）坡面法；（c）等高线法

● 从 A 点、B 点引出两条分水线，从 C 点、D 点引出两条汇水线，4 条线交于一点，此交点不在对角线的交点上，同时从 CD 边界某一点 E（不包括角点）对对角线的交点连接，形成一条分水线。从分水线和汇水线的交点分别作 BC 线、CD 线和 AD 线的垂线，3 个垂点标高小于分水线和汇水线的交点标高时，流水从 A 角和 B 角方向，流向 C 角和 D 角方向，分别以 C 角和 D 角为主要排出位置，C 角和 D 角相邻两边同时向外排水（图 2.2.9e）。

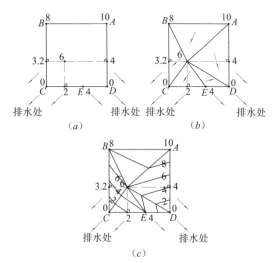

图 2.2.9e 二角排水趋向角处排水（情况⑤）
（a）标高法；（b）坡面法；（c）等高线法

场地为 5 个平面组成，相对的最高处是 A 点或 B 点（或 CD 线上的 E 点）。分水线和汇水线的交点标高应小于 A 点标高或 B 点标高。

3）三角排水
① 完全从角处排水
● 分别从 A 点、C 点、D 点引出 3 条汇水线，从 B 点引出一条分水线，这 4 条线相交于一点，并且和对角线重合。同时从 CD 边界某一点 E（不包括角点）和这 4 条线的交点连接，形成一条分水线；从 AD 边界某一点 F（不包括角点）和 4 条线的交点连接形成另一分水线。4 条线的交点标高小于或等于在 AB 线或 BC 线上最高点标高和最低点标高之和的一半，同时过这 4 条线的交点分别作 CD 线和 AD 线的垂线，两个垂点标高都大于或等于这 4 条线交点的标高。流水分别从 B 角向中央排，然后分别转向 A 角、B 角和 D 角，由这 3 个角完全排出角外（图 2.2.10a）。

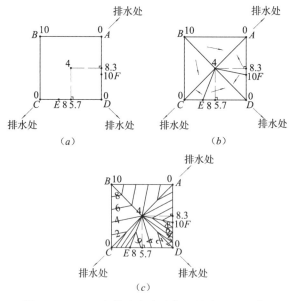

图 2.2.10a 三角排水完全从角处排水（情况①）
（a）标高法；（b）坡面法；（c）等高线法

场地由 6 个平面组成，相对的最高处是 B 点（或 CD 线上的 E 点或 AD 线上的 F 点）。注意分水线和汇水线的交点标高应小于 B 点标高。

● 分别从 A 点、C 点、D 点引出 3 条汇水线，从 B 点引出一条分水线，这 4 条线相交于一点，并且这 4 条线没有和对角线重合。同时从 CD 边界某一点 E（不包括角点）和这 4 条线的交点连接，形成一条分水线；从 AD 边界某一点 F（不包括角点）和 4 条线的交点连接，形成另一条分水线。从汇水线和分水线的交点向边界 CD 线和 AD 线作垂线，得到的垂点标高大于或等于汇水线和分水线的交点标高。排水方向能够最终完全分别由 A 角、C 角和 D 角排出场地（图 2.2.10b）。

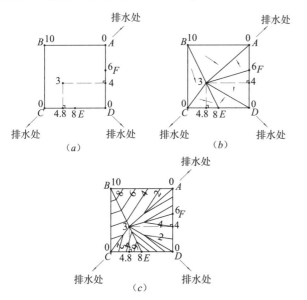

图 2.2.10b　三角排水完全从角处排水（情况②）
（a）标高法；（b）坡面法；（c）等高线法

场地由 6 个平面组成，相对的最高处是 B 点（或 CD 线上的 E 点或 AD 线上的 F 点）。注意汇水线和分水线的交点标高应小于 B 点的标高。

② 趋向角处排水

• 分别从 A 点、C 点、D 点引出 3 条汇水线，从 B 点引出一条分水线，这 4 条线相交于一点，并且这 4 条线和对角线重合。同时从 CD 边界某一点 E（不包括角点）和这 4 条线的交点连接，形成一条分水线；从 AD 边界某一点 F（不包括角点）和 4 条线的交点连接，形成另一条分水线。当 4 条线的交点标高大于在 AB 线和 BC 线上最高点标高和最低点标高之和的一半，或过这 4 条线的交点分别作 CD 线和 AD 线的垂线，得到的垂点的标高都小于这 4 条线交点的标高时，流水分别从 B 角向中央排，然后分别转向 A 角、C 角和 D 角方向，分别以 A 角、C 角和 D 角为主要排出位置，A 角、C 角和 D 角相邻两边同时向外排水（图 2.2.11a）。

场地由 6 个平面组成，相对的最高处是 B 点（或 CD 线上的 E 点或 AD 线上的 F 点）。注意汇水线和分水线的交点标高应小于 B 点的标高。

• 分别从 A 点、C 点、D 点引出 3 条汇水线，从 B 点引出一条分水线，这 4 条线相交于一点，并

且这 4 条线没有和对角线重合。同时从 CD 边界某一点 E（不包括角点）和这 4 条线的交点连接，形成一条分水线；从 AD 边界某一点 F（不包括角点）和 4 条线的交点连接，形成另一条分水线。当从汇水线和分水线的交点向边界 CD 线和 AD 线作垂线，得到垂点的标高小于汇水线和分水线的交点标高时，排水方向分别以 A 角、C 角和 D 角为主要排出位置，A 角、C 角和 D 角相邻两边同时向外排水（图 2.2.11b）。

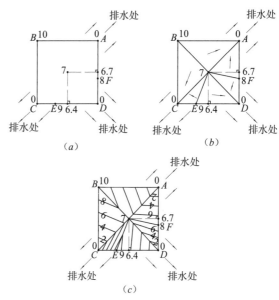

图 2.2.11a　三角排水趋向角处排水（情况①）
（a）标高法；（b）坡面法；（c）等高线法

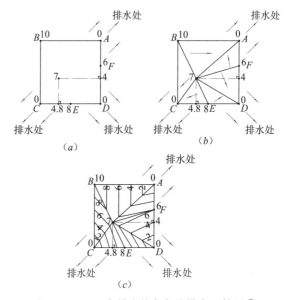

图 2.2.11b　三角排水趋向角处排水（情况②）
（a）标高法；（b）坡面法；（c）等高线法

场地为6个平面组成。

相对的最高处为 B 点（或 CD 线上的 E 点或 AD 线上的 F 点）。注意汇水线和分水线的交点标高应小于 B 点的标高。

4）四角排水

① 完全从角处排水

• 由对角线形成 2 条汇水线（ AC 线和 BD 线），分别在 4 条边界上各取一个点（ E 点、 F 点、 G 点、 H 点，不包括角点），对角线交点分别和边界上 4 个点连接，得到 4 条分水线（图 2.2.12a）。

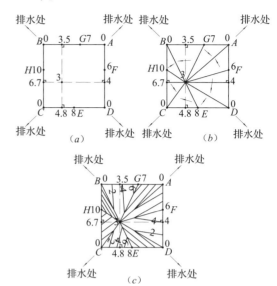

（ 2.2.12b）。

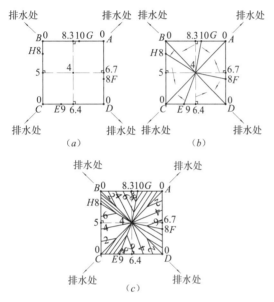

图 2.2.12a 四角排水完全从角处排水（情况①）
（a）标高法；（b）坡面法；（c）等高线法

从对角线交点分别作 4 条边界的垂线，4 个垂点标高应大于或等于对角线交点的标高。这样流水从中央分别流向场地四角，从这 4 个角完全排出角外。

场地为 8 个平面组成，相对的最高处为对角线交点（或 4 条边界上的 E 点、 F 点、 G 点、 H 点）。

• 分别从 A 点、 B 点、 C 点、 D 点引出 4 条汇水线，这 4 条线相交于一点，并且这 4 条线没有和对角线重合。分别在 4 条边界上各取一个点（ E 点、 F 点、 G 点、 H 点，不包括角点），汇水线交点分别和边界上 4 个点连接，得到 4 条分水线。从对角线交点分别作 4 条边界的垂线，4 个垂点标高应大于或等于对角线交点的标高。这样流水从中央分别流向场地四角，从这 4 个角完全排出角外（图

图 2.2.12b 四角排水完全从角处排水（情况②）
（a）标高法；（b）坡面法；（c）等高线法

场地为 8 个平面组成，最高处为汇水线的交点（或 4 个边界上的 E 点、 F 点、 G 点、 H 点）。

② 趋向角处排水

• 由对角线形成两条汇水线（ AC 线和 BD 线），分别在 4 条边界上各取一个点（ E 点、 F 点、 G 点、 H 点，不包括角点），对角线交点分别和边界上 4 个点连接，得到 4 条分水线。分别在 4 条边界上各取一个点（ E 点、 F 点、 G 点、 H 点，不包括角点），汇水线交点分别和边界上 4 个点连接，得到 4 条分水线。当从对角线交点分别作 4 条边界的垂线，4 个垂点标高小于对角线交点的标高时，流水从中央分别流向场地四角，这 4 个角为主要向场外排水位置，各角相邻两边同时向外排水（图 2.2.13a）。

场地为 8 个平面组成，最高处为对角线交点。

• 分别从 A 点、 B 点、 C 点、 D 点引出 4 条汇水线，这 4 条线相交于一点，并且这 4 条线没有和对角线重合。分别在 4 条边界上各取一个点（ E 点、 F 点、 G 点、 H 点，不包括角点），汇水线交点分别和边界上 4 个点连接，得到 4 条分水线。从对角线交点分别作 4 条边界的垂线，4 个垂点标高小于对角线交点的标高时，流水从中央分别流向场地四角，这 4 个角为主要向场外排水位置，各角相邻两边同时向外排水（图 2.2.13b）。

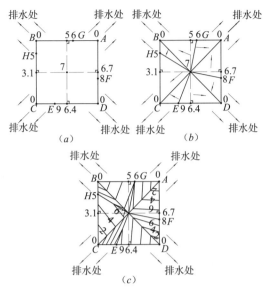

图 2.2.13a 四角排水趋向角处排水（情况①）

（a）标高法；（b）坡面法；（c）等高线法

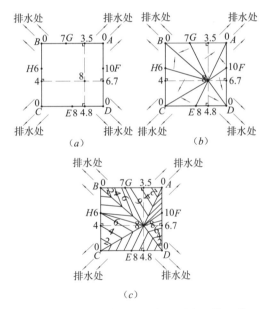

图 2.2.13b 四角排水趋向角处排水（情况②）

（a）标高法；（b）坡面法；（c）等高线法

场地为 8 个平面组成，最高处为汇水线的交点。

5）角向中央排水

① 在场地内选取一点 E，过此点分别作 4 条边界线的垂直线，以这 4 条垂直线为汇水线。点 E 的标高小于 4 个垂点的标高。流水从四角处向中央汇集，由所选取的点排走（图 2.2.14a）。

场地为 4 个平面组成，最高处为 A 点或 B 点或 C 点或 D 点；最低点为 E 点。

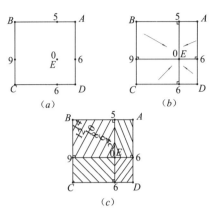

图 2.2.14a 角向中央排水（情况①）

（a）标高法；（b）坡面法；（c）等高线法

② 在场地内选取一点 E，过此点分别和 4 条边界线上的某一点（包括 A 点、B 点、C 点、D 点）连线，以此 4 条线为汇水线。点 E 的标高应小于边界线上的标高。流水从四角处向中央汇集，由所选取的点排走（图 2.2.14b）。

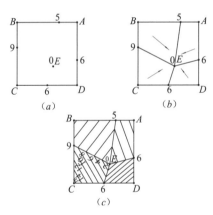

图 2.2.14b 角向中央排水（情况②）

（a）标高法；（b）坡面法；（c）等高线法

场地为 4 个平面组成，最高处为 A 点或 B 点或 C 点或 D 点；最低点为 E 点。

以上比较全面地以一个典型的正方形单元平面 ABCD 作为分析对象，分析了各种排水方案。对于其他形状的场地和一些特殊的情况，可以参照以上的分析原理进行设计分析。各种分析是建立在假定场地可以分解为规则平面的前提下进行的，对于竖向变化为曲线的情况，可以参考规则平面的分析原理进行优化设计。在实际场地设计中，根据城市管网的情况，场地上排水的方向或收集雨水的设备位置条件各不相同，应结合排水位置或完全排水、趋向排水等要求，利用以上的分析原理，来进行合理的排水设计。

2.2.2 广场排水

城市广场的竖向设计，主要是保证排水顺畅，同时考虑人在广场上的感受和广场周围的主要影响因素等。广场竖向设计应根据平面布置、地形、土方工程、地下管线、广场上主要建筑物标高、周围道路标高与排水要求等进行，并考虑广场整体布置的美观。

广场排水布置与原地形情况有密切的关系，广场排水应视广场面积大小、形状、相连接道路的排水设施、排水流向等情况，采用一面坡、两面坡、多面坡、不规则坡面和扭坡。

对于广场设计应了解原地形的变化情况，并且注意地形的选择和利用。一般按围合广场的城市道路中心线相交点标高作为广场竖向设计的控制点。广场在设计中应尽量避免造成过大的填挖土方工程量，在经济投入及施工上应合理考虑。

广场内标高应低于周围建筑物的散水标高。对于排水方向（即由高处向低处的方向），最好背向主要建筑物方向，这样不但利于建筑物四周的排水顺畅，而且在视觉上对建筑物的形象有加强突出作用。

以下以矩形广场平面为主，对广场的竖向设计进行分析，这些分析是概念性的，实际工程中的场地设计还需要根据一些其他影响因素，对竖向设计作出相应调整。

（1）主要建筑物在广场的一边

1）原地形的倾斜方向背向主要建筑物（图2.2.15）

当原地形的倾斜方向背向主要建筑物时，广场地面可以设计为单一坡面，设计坡度和原地面坡度的方向基本相同，这样做的土方填挖工程量比较小。

如果广场中心轴方向比较长，为了尽量快速排出雨水，也可采用垂直中心轴向两侧排水，注意不能破坏中心轴的完整性，这样做的土方填挖工程量会有所增加。

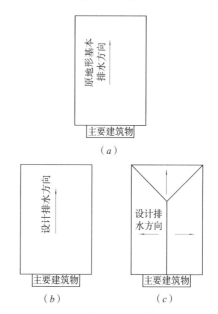

图 2.2.15 原地形倾斜方向背向主要建筑物
（a）原地形；（b）设计地形1；（c）设计地形2

2）原地形的倾斜方向面向主要建筑物（图2.2.16）

原地形的倾斜方向面向主要建筑物时，由于主要建筑物处于较低的位置，减弱了主要建筑物在广场上的主导作用，所以必须改变这种不利的位置高度。

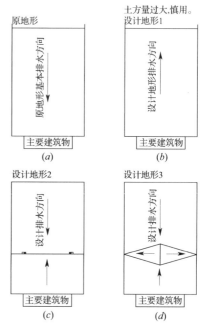

图 2.2.16 原地形倾斜方向面向主要建筑物
（a）原地形；（b）设计地形1 土石方量大，慎用；
（c）设计地形2；（d）设计地形3

虽然可以经过场地填挖，使设计坡度和原地形坡度的方向相反，达到地形的倾斜方向背向主要建筑物的条件，但填挖土方量往往过大，而且也往往和市政管道方向不一致，造成过多的深挖或增加必要设备而增加成本，所以这种方法应慎重考虑后才可采用。

广场上的主要建筑物对于广场来说具有空间上的统领作用，对于主要建筑物，应该在其本身的设计处理上予以加强，或者根据广场的性质对主要建筑物加以某方面的改造和强调。

主要建筑物在原地形中处于较低位置，应适当加以填方，使主要建筑物的基面高程抬高。在主要建筑物前适当的位置设置汇水线，使流向主要建筑物的雨水和从主要建筑物向外流的雨水汇集于此，在汇水线处设置雨水收集口，引导收集的雨水排向市政雨水管道。

考虑到广场铺地图案的完整性，也可在汇水线处设计向左右两侧排水的平面，使汇集的雨水流向广场左右边缘。

3) 原地形的倾斜方向与主要建筑物接近平行状态（图2.2.17）

当原地形的倾斜方向与主要建筑物接近平行状态时，在广场中心轴方向观察主要建筑物，则主要建筑物给人的感觉是左右高度有差异，尤其对有纪念性、宗教性或政治性的建筑物来说是不适宜的。

可以有意改变原坡度方向，减弱中心轴方向主要建筑物的左右高度差异。原地形坡度方向垂直于或接近垂直于广场中心轴，则设计坡度顺着原地形下降的趋势，改变一定的角度而背向主要建筑物，大大减弱主要建筑物的左右高度差异感。这样做的土方挖填量不会很大。

为保持主要建筑物完全对称性（在很多广场设计中，对主要建筑物的对称性要求是严格强调的），可以在接近主要建筑物的广场部分，使背向主要建筑物的设计坡度完全和广场中心轴方向重合。而其他部分的设计坡度可以和原地形坡度相同，两部分的结合处可以设置花坛等，以减少两个空间转换时产生的生硬感。

(2) 主要建筑物在广场的中央

1) 原地形为凸形（图2.2.18）

原地形为凸形且主要建筑物位于广场中央，则最利于对主要建筑物形象的强调，可以顺着原地形的排水方向设计广场排水方向，形成向四面倾斜的平面，或者以均匀的折线形等高线向四面扩散降坡。也可设计具有一条脊线的两面坡形式，使设计坡度方向背向主要建筑物，增强主要建筑物的广场空间统领作用。

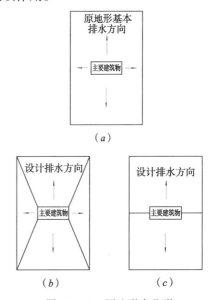

图2.2.18 原地形为凸形
(a) 原地形；(b) 设计地形1；(c) 设计地形2

2) 原地形为凹形（图2.2.19）

原地形为凹形且主要建筑物位于广场中央，此时的情况最不利于主要建筑物的形象，容易减

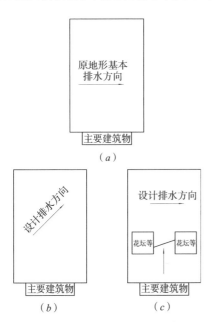

图2.2.17 原地形倾斜方向与主要建筑物平行
(a) 原地形；(b) 设计地形1；(c) 设计地形2

弱主要建筑物的中心地位（对于追求特殊效果的广场，反而是很好的条件）；而且流水向主要建筑物处集中，既不利于合理的排水，又对建筑物的基础部分产生影响。那么主要建筑物的基面一定要抬高。

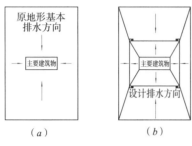

图 2.2.19　原地形为凹形
（a）原地形；（b）设计地形

对于完全把场地填方成为凸形的设计，因为填挖土方量大，则必须经过慎重的研究后才可考虑采用。可以在主要建筑物周围部分形成高起的地面，其他部分顺应原地形的坡度方向。其高起部分和其他部分相交处形成汇水线，在汇水线处设置雨水收集口，引导收集的雨水排向市政雨水管道。

3）原地形为一个倾斜面

在原地形为一个倾斜面时，主要建筑物的一面成为迎水面，相对的另一面成为背水面。重要的问题是如何处理好迎水面以及如何加强主要建筑物的形象。

① 当原地形倾斜方向接近广场中心轴方向时，可以在主要建筑物迎水面处形成和原地形坡度方向相反的部分，这样会形成汇水线，在汇水线处设置雨水收集口，引导收集的雨水排向市政雨水管道（图 2.2.20）。

也可以在主要建筑物周围部分形成高起的地面，其他部分顺应原地形的坡度方向，这样做加强了主要建筑物的中心地位，大部分设计地面顺应原地形，大大减少土石方的工程量。

② 当倾斜方向垂直或接近垂直广场中心轴方向时，在主要建筑物前后两部分，分别使设计坡度顺着原地形下降的趋势，改变一定角度，背向主要建筑物，增强主要建筑物在广场上的形象平衡感。基本上保持和原地形倾斜方向同向的趋势，同时土方挖填量不会很大（图 2.2.21）。

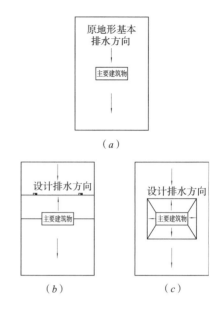

图 2.2.20　原地形倾斜方向接近广场中心轴方向
（a）原地形；（b）设计地形1；（c）设计地形2

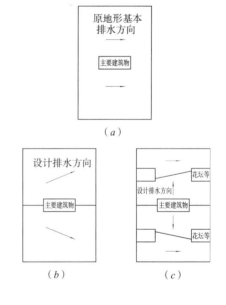

图 2.2.21　原地形倾斜方向垂直广场中心轴方向
（a）原地形；（b）设计地形1；（c）设计地形2

还可以为保持主要建筑物完全对称的形象要求，在建筑物前后，设计出排水方向背向建筑物的设计地面，其他设计地面可以和原地面坡度一致，两个设计地面的相交处设置小品及花坛等。如果花坛部分设置一些辅助构筑物，则广场在空间上形成几个部分，以主要建筑物所在的中央部分为广场的视觉焦点。

（3）原地形坡度较大（图2.2.22）

原自然地面的坡度较大时，可以分成两级式或多级式广场，即在广场中适当位置设置较宽阔的街心花园或构筑物，以阶梯或坡道连接相邻广场，使原地面过于倾斜的状况得到缓解。

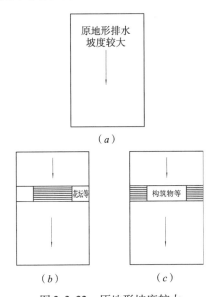

图 2.2.22　原地形坡度较大
（a）原地形；（b）设计地形1；（c）设计地形2

（4）广场呈细长形（图2.2.23）

广场单向尺寸≥150m，或地面纵坡度≥2%且单向尺寸≥100m时，宜采用划区分散排水方式。

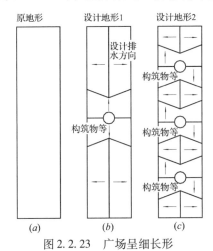

图 2.2.23　广场呈细长形
（a）原地形；（b）设计地形1；（c）设计地形2

在狭长的广场上，可在短轴方向再作出一条分水线或汇水线，即在长边的中部再设置一条脊线，两条脊线交点处布置适宜的构筑物，如纪念雕塑、喷水池、花池等，这样可消除空间特别长的感觉。

有时可以在细长形的广场上布置一系列构筑物，在广场的纵深方向，依次表现这些构筑物，产生从铺垫到高潮的效果。这时可在每个构筑物处设置短轴方向的脊线，主要构筑物设置的短轴脊线和长轴脊线的交点高程应高一些。

（5）广场呈圆形

1）盆（凹）形（图2.2.24）

在盆（凹）形广场中间常常设置花坛、喷泉等构筑物。盆形广场的中央是流水汇集方向，可在中央花坛的四周布置雨水收集口，引导收集的雨水排向市政雨水管道。当盆形广场的中央没有花坛或设置构筑物时，可以在适当位置设置以广场中心为圆心的汇水线，在汇水线处设置雨水收集口，同时铺设中央环道分隔两部分。从中心流下的雨水和外围部分流下的雨水汇集到雨水收集口，引导收集的雨水排向市政雨水管道。

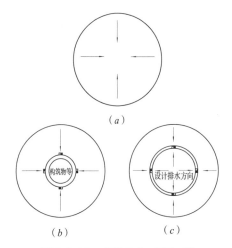

图 2.2.24　广场呈盆（凹）形
（a）原地形；（b）设计地形1；（c）设计地形2

2）覆盆（凸）形（图2.2.25）

覆盆形广场排水应该顺应原地形，可在广场的外圆周的道牙边设雨水收集口。

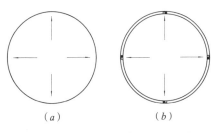

图 2.2.25　广场呈覆盆（凸）形
（a）原地形；（b）设计地形

（6）广场为不规则形（图 2.2.26）

广场地形为不规则形时，应从广场的主要视点处分析主要建筑物（或广场中心）的位置，并且结合广场的平面形状进一步确定其位置。然后，根据主要建筑物（或广场中心）的位置、原地形坡度方向、市政管道情况、预计填挖土方量等，进一步确定设计坡度方向。

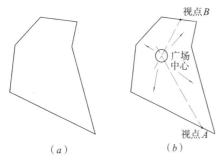

图 2.2.26　广场为不规则形
（a）原地形；（b）设计地形

对于不规则广场中的主要建筑物（或广场中心）位置，可以利用几何学知识得到不规则广场形状的重心位置，作为主要建筑物的位置参考点。在其他专著中有所详述。

（7）其他

1）若道路纵坡向广场中心倾斜时，可在人行横道线上游处，其等高线设置成马鞍形，并在汇水线低洼处设置雨水口，避免街道上的雨水流向广场。广场周围的地形较高时，应设截流设施。一般原则上雨水口应设在场内分隔带、交通岛与通道出入口汇水处（图 2.2.27）。

2）广场排水方式有明式、暗式和混合式。明式排水由街沟、边沟、排水沟等组成明沟或明渠排水；暗式采用暗管排水。广场宜采用雨水管道排水，且应避免将汇水线布置在车辆停靠或人流集散处。

3）广场的坡度

① 广场的纵坡和横坡应平缓。

② 在平原地区广场设计坡度应 ≥0.3%，也应 ≤1%。

③ 在丘陵和山区广场设计坡度应 ≤3%。

④ 地形困难时，可建成阶梯式广场。

⑤ 与广场相连接的道路纵坡度以 0.5%～2.0% 为宜。困难时最大纵坡度应 ≤7.0%，积雪及寒冷地区应 ≤5.0%，但在出入口处应设置纵坡度 ≤2.0%

的缓坡段。

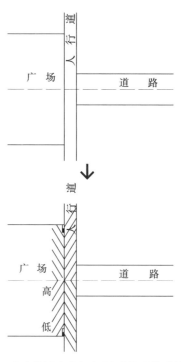

图 2.2.27　道路纵坡向广场倾斜时的马鞍形等高线设置

⑥ 对于儿童游戏场及运动场，地面坡度应 >0.5%。儿童游戏场地面铺砌持水性较小的砂质土壤以利排水，并且保持地面干燥。

4）广场设计的平面图比例一般为 1∶500～1∶200，竖向等高线间距为 0.02～0.05m，应根据广场坡度的大小来选取。

2.2.3　基地地面标高关系和排水

基地地面高程应按城市规划确定的控制标高设计，并应与相邻基地的标高相协调。

基地的标高和排水方式的调整要做到不妨碍相邻各方的排水，不得向相邻基地排泄雨水（不包括永久空地）。

基地地面最低处高程宜高于相邻城市道路最低高程，否则应有排除地面水的措施。

（1）基地场地排水应符合的规定

① 基地内应有排除地面及路面雨水至城市排水系统的设施。排水方式应根据城市规划的要求确定。

② 采用车行道排泄地面雨水时，雨水口形式及数量应根据汇水面积、流量、道路纵坡等确定。

③ 单侧设雨水口的道路及低洼易积水的地区，应采取排雨水时不影响交通和路面清洁的措施。

（2）场地排水坡度变动范围

① 对于黏土的土质地面，其场地排水坡度宜在 0.3% 至 5% 范围内变动。

② 对于砂土的土质地面，其场地排水坡度宜在 0.3% 至 3% 范围内变动。

③ 对于轻度冲刷细砂土的土质地面，其场地排水坡度宜在 0.3% 至 10% 范围内变动。

④ 在特殊困难的地区，无法达到 0.3% 的坡度时，可以采用 0.2% 的排水坡度。

⑤ 当采用城市型道路时，基地地面的雨水可排至路面，然后顺着路缘石排入雨水口。因此，城市型道路原则上不应出现水平面，道路最小纵坡为 0.3%。

⑥ 当采用郊区型道路时，路面一般不考虑排水功能，由路边的排水沟承担排水任务。基地地面的雨水和道路上的雨水通过道路横坡流向排水沟。排水沟的坡度一般为 0.3%~0.5%，特殊困难时可采用 0.2%。

（3）坡地截水沟

基地在坡地布置时，应在场地上方设置坡地截水沟，并应在坡脚设置排水沟。

截水沟至场地挖方坡顶的距离宜 ≥5m。

当挖方边坡不高或截水沟铺砌加固时，截水沟至场地挖方坡顶的距离宜 ≥2.5m。

2.2.4 建筑（或台地）四周排水

建筑（或台地）四周对排水的要求和整个场地的排水要求有所不同。为避免建筑（或台地）的基础部分受到水的侵蚀或近地面部分受到水的冲刷，就要求建筑（或台地）四周的雨水应迅速从建筑（或台地）处排走，这样建筑（或台地）四周排水坡度的最低限值就要比一般场地排水的最低限值大一些。

一般来说，建筑（或台地）四周的地面排水坡度最好为 2%，或在 1% 至 3% 之间；由于每个场地设计条件的不同，允许在 0.5% 至 6% 之间变动。

特殊的场地土质影响着排水坡度的数值（图 2.2.28）。

对于湿陷性黄土地面，建筑（或台地）四围 6m 范围内的排水坡度宜 ≥2%，当为不透水地面时，可适当减小；6m 以外的排水坡度宜 ≥0.5%。对于膨胀土地面，建筑（或台地）四周 2.5m 范围内的排水坡度宜 ≥2%。

建筑（或台地）的进车道，应由建筑（或台地）向外倾斜，使雨水的排出方向背离建筑（或台地）。

建筑物室内地面宜高出室外地面 0.15m，允许在 0.3 至 0.9m 之间变动。一般的住宅建筑常常利用首层楼梯平台的下面作为进入住宅建筑的通道位置，这样一般住宅建筑的地面标高为 0.9m，就可以达到规定的楼梯间平台下的高度标准。

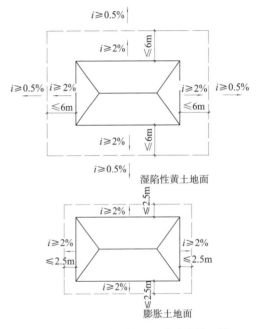

图 2.2.28　不同的场地土质对建筑四周
排水坡度的不同限定

2.2.5 建筑（或台地）四周排水等高线设计

建筑（或台地）四周的排水，一般相对于具体的工程中实际土质条件和设计要求的因素，其从建筑（或台地）向外排水的地面坡度值往往是统一的。很多时候建筑（或台地）所在的基面经过平整成为水平面，即建筑（或台地）四角的室外标高是基本相同的，这样建筑（或台地）四周的排水情况比较有规律，其四周排水的等高线设计比较容易，在取得等高线和建筑（或台地）的边缘平行的基础上，加以补充调整，即可得到等高线设计的结果。

但是对于建筑（或台地）的基面无法取得水平面的情况，即建筑（或台地）四角的室外标高是不相同的，就必须经过计算来确定等高线的位置。

【例 2-2-1】

设某建筑是长为 40m、宽为 15m 的矩形平面形状，设其四角分别为 A 点、B 点、C 点和 D 点。其中 A 点室外标高为 67.3m，B 点室外标高为 67.7m，C 点室外标高为 68.2m，D 点室外标高为 67.6m。等高距为 0.5m。要求建筑外围排水统一按 4% 的坡度设计，来确定建筑外围的等高线 68.0、等高线 67.5 和等高线 67.0 的位置（图 2.2.29a）。

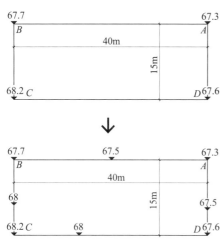

图 2.2.29a　**【例 2-2-1】**中标注室外等高线在边缘线相交点的位置

分析：

① 标出所求的室外等高线在建筑边缘线上的点。这里所取得的点的高程为室外高程，室内高程在这里并未表示。

观察平面图，知道在 AB 段，即高程 67.3m 和高程 67.7m 之间存在室外等高线在其上的点，即高程 67.5m。同样，知道在 BC 段，即高程 67.7m 和高程 68.2m 之间存在室外等高线在其上的点，即高程 68.0m。在 CD 段，即高程 68.2m 和高程 67.6m 之间存在室外等高线在其上的点，即高程 68.0m。在 DA 段，即高程 67.6m 和高程 67.3m 之间存在室外等高线在其上的点，即高程 67.5m。

对于这些室外等高线在边缘线相交点的位置，可利用内插法公式（1.2.3）取得，分别标注在建筑的边缘线上。

由于建筑室外四周的排水地面是从建筑向外逐渐降低高程的，故应先取得所求的最高高程值的等高线 68.0 的位置（图 2.2.29b）。

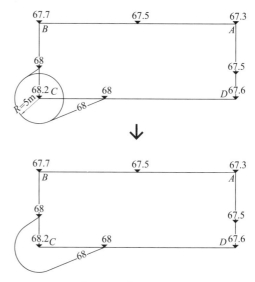

图 2.2.29b　**【例 2-2-1】**中等高线 68.0 的位置

对于 C 点的高程 68.2m 来说，其与等高线 68.0 的竖向距离为（68.2 − 68.0）= 0.2m，又知排水要求坡度为 4%，则根据坡度公式（1.2.1），得到两者的水平距离为 0.2/4% = 5m。那么以 C 点为圆心，以 5m 为半径作圆，得到 C 点处的等高线 68.0 的位置。

从 BC 上的高程点 68.0m 作 ⊙C 的切线（在建筑边缘的外侧），同时从 CD 上的高程点 68.0m 作 ⊙C 的切线（在建筑边缘的外侧），这两条切线和 C 点处的一段圆弧组成了排水处等高线 68.0。

② 取得等高线 67.5 的位置（图 2.2.29c）。

对于 C 点的高程 68.2m 来说，其与等高线 67.5 的水平间距 x 为其与等高线 68.0 的水平距离加上一个等高线间距值。由于等高距为 0.5m，排水坡度为 4%，根据坡度公式（1.2.1）得到一个等高线间距值为 0.5/4% = 12.5m；又在上一步过程中知道 C 点和等高线 68.0 的水平间距为 5m，则得到 C 点和等高线 67.5 的水平距离为 5 + 12.5 = 17.5m。那么以 C 点为圆心，作半径为 17.5m 的圆，得到 C 点处的等高线 67.5 的位置。

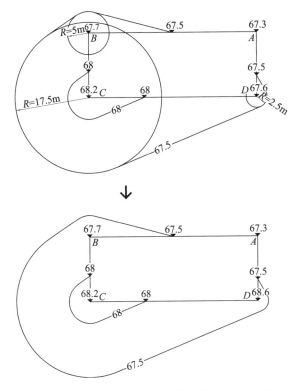

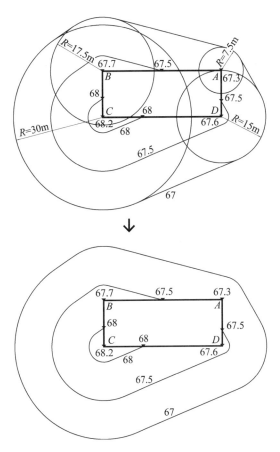

图 2.2.29c 【例 2-2-1】中等高线 67.5 的位置

对于 B 点的高程 67.7m 来说，其与等高线
67.5 的竖向距离为（67.7 − 67.5）= 0.2m，又知
排水要求坡度为 4%，则根据坡度公式（1.2.1），
得到两者的水平距离 0.2/4% = 5m。那么以 B 点为
圆心，作半径为 5m 的圆，得到 B 点处的等高线
67.5 的位置。

对于 D 点的高程 67.6m 来说，其与等高线
67.5 的竖向距离为（67.6 − 67.5）= 0.1m，又知
排水要求坡度为 4%，则根据坡度公式（1.2.1），
得到两者的水平距离为 0.1/4% = 2.5m。那么以 D
点为圆心，作半径为 2.5m 的圆，得到 D 点处的等
高线 67.5 的位置。

从 AB 上的高程点 67.5m 作 ⊙B 的切线（在建
筑边缘的外侧）；从 DA 上的高程点 67.5m 作 ⊙D
的切线（在建筑边缘的外侧），在 ⊙B 和 ⊙C 之间
作此两圆的切线（在建筑边缘的外侧）；在 ⊙C 和
⊙D 之间作此两圆的切线（在建筑边缘的外侧）。
这四条切线和 B 点处的圆弧、C 点处的圆弧和 D
点处的圆弧共同组成等高线 67.5。

③ 最后取得等高线 67.0 的位置（图 2.2.29d）。

图 2.2.29d 【例 2-2-1】中等高线 67.0 的位置

对于 C 点的高程 68.2m 来说，其与等高线
67.0 的水平距离为其与等高线 68.0 的水平距离
加上两个等高线间距值。由于一个等高线间距
值为 12.5m，又知道 C 点与等高线 68.0 的水平
间距为 5m，则得到 C 点与等高线 67.0 的水平
距离为（5 + 12.5 × 2）= 30.0m。那么以 C 点为
圆心，作半径为 30.0m 的圆，得到 C 点处的等高
线 67.0 的位置。

对于 B 点的高程 67.7m 来说，其与等高线
67.0 的水平距离为其与等高线 68.0 的水平距离加
上一个等高线间距值。由于一个等高线间距值为
12.5m，又知道 B 点与等高线 68.0 的水平间距为
5m，则得到 B 点与等高线 67.0 的水平距离 = 5 +
12.5 = 17.5m。以 B 点为圆心，作半径为 17.5m 的
圆，得到 B 点处的等高线 67.0 的位置。

对于 D 点的高程 67.6m 来说，其与等高线
67.0 的水平距离为其与等高线 68.0 的水平距离加

上一个等高线间距值。由于一个等高线间距值为 12.5m，又知道 D 点与等高线 68.0 的水平间距为 2.5m，则得到 D 点与等高线 67.0 的水平距离为 $(2.5 + 12.5) = 15.0m$。那么以 D 点为圆心，作半径为 15.0m 的圆，得到 D 点处的等高线 67.0 的位置。

对于 A 点的高程 67.3m 来说，其与等高线 67.0 的竖向距离为 $(67.3 - 67.0) = 0.3m$，又知排水要求坡度为 4%，则根据坡度公式（1.2.1），得到两者的水平距离 $0.3/4\% = 7.5m$。那么以 A 点为圆心，作半径为 7.5m 的圆，得到 A 点处的等高线 67.0 的位置。

④ 在得到以上 4 个圆的基础上，在每相邻的两个圆之间作圆的切线（在建筑边缘的外侧），这 4 条切线和 4 个角处的圆弧共同组成等高线 67.0。

清除参考线痕迹后，得到建筑外围排水地面的等高线 68.0、等高线 67.5 和等高线 67.0 的位置。

2.2.6 排水系统

场地排水系统分为 3 种，即明沟排水系统、暗管排水系统和混合排水系统（图 2.2.30）。

（1）明沟排水系统

明沟排水系统是使场地排水主要通过场地表面的设施进行收集和排放。主要包括排水沟、贮水池、沉淀池、涵洞等设施。

明沟排水使用范围为建筑物比较分散、场地标高变化多、道路标高高于建筑物标高的地段，或埋设地下管道不经济的岩石地段、山坡冲刷带泥土易堵塞管道的地段等。

（2）暗管排水系统

暗管排水系统是场地排水主要由雨水口和集水口收集后，经地下的管道排出场地或到达市政管网里。

暗沟排水使用范围为建筑物密集，交通线路比较复杂，地下管线比较多，面积大、地势平坦的地段，道路低于建筑物标高，并利用路面雨水口排水的情况等。其中有些建筑物采用内排水，则要考虑

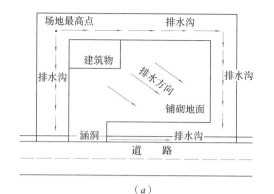

（a）

（b）

（c）

图 2.2.30 场地排水系统
（a）明沟排水系统；（b）暗管排水系统；
（c）混合排水系统

暗沟排水。

（3）混合排水系统

混合排水系统可以说是明沟排水系统和暗管排水系统的混合体。

在铺砌地面主要采用暗管排水设施；在非铺砌地面主要采用明沟排水设施，能使雨水很好地渗透进土壤，比全面采用暗管排水系统降低了造价成本。

2.2.7 明沟和雨水口的主要数据

（1）关于明沟的设置

明沟深度宜≥0.2m，矩形明沟的沟底宽度宜≥0.4m，梯形明沟的沟底宽度宜≥0.3m。

明沟的纵坡宜≥3‰；在地形平坦的困难地段，宜≥2‰。

按流量计算的明沟，沟顶应高于计算水位0.2m以上。

（2）关于暗沟的雨水口的设置

雨水口应位于集水方便、与雨水管道有良好连接条件的地段。

雨水口的间距宜为25～50m。当道路纵坡＞2%时，雨水口的间距可＞50m。

雨水口的形式、数量和布置应根据具体情况和汇水面积计算确定。在最低点处应布置和增设雨水口。

2.3 坡度的限制

2.3.1 地面与道路设计坡度的限制

（1）基地地面和道路（不包括山区或山城）的坡度规定

1）基地地面坡度不宜小于0.2%；当坡度小于0.2%时，宜采用多坡向或特殊措施排水。

2）当基地自然坡度小于5%时，宜采用平坡式布置方式；当大于8%时，宜采用台阶式布置方式，台地连接处应设挡墙或护坡；基地邻近挡墙或护坡的地段，宜设置排水沟，且坡向排水沟的地面坡度不应小于1%。

3）基地内机动车道的纵坡应≥0.3%，且应≤8%，当采用8%坡度时，其坡长应≤200m。当遇特殊困难纵坡＜0.3%时，应采取有效的排水措施；个别特殊路段，坡度应≤11%，其坡长应≤100m，在积雪或冰冻地区应≤6%，其坡长应≤350m；横坡宜为1%～2%。

4）基地内非机动车道的纵坡应≥0.2%，最大纵坡宜≤2.5%；困难时应≤3.5%，当采用3.5%坡度时，其坡长应≤150m；横坡宜为1%～2%。

5）基地内步行道的纵坡应≥0.2%，且应≤8%，积雪或冰冻地区应≤4%；横坡应为1%～2%；当大于极限坡度时，应设置为台阶步道。

对于因为场地过于平坦，道路纵坡无法达到所要求坡度的情况，可以设置变坡点，即在此段道路中心线某点，使此点的标高抬高或降低，使此段道路形成符合要求的坡度（图2.3.1）。

图2.3.1 变坡点设置

（2）城市道路的坡度限制

在城市道路设计中，不同的设计速度对应不同的坡度限制，在第6章6.4.2节中有详述。

对于常见的设计速度为60km/h的道路，最大纵坡一般值为5%；当在极限值6%～7%时，需要限制坡长：

1）当道路纵坡坡度为6%时，限制坡长为400m。

2）当道路纵坡坡度为6.5%时，限制坡长为350m。

3）当道路纵坡坡度为7%时，限制坡长为300m。

设计速度40km/h的道路，最大纵坡一般值为6%；当在极限值6.5%～8%时，需要限制坡长：

1）当道路纵坡坡度为6.5%时，限制坡长为300m。

2）当道路纵坡坡度为7%时，限制坡长为250m。

3）当道路纵坡坡度为8%时，限制坡长为200m。

城市道路最小纵坡不应小于0.3%；当遇特殊困难纵坡＜0.3%时，应设置锯齿形边沟或采取其他排水设施，或加大横向坡度值，尽快排水。

2.3.2 无障碍设计坡度的限制

居住区道路、公共绿地、城市广场和公共服务设施应设置无障碍设施，并与城市道路无障碍设施相连接。基地内人流活动的主要地段，宜设置成为方便残疾人通行的无障碍通道或轮椅坡道。

在新建和改建的城市道路、房屋建筑、室外通路中，轮椅坡道是用于联系地面不同高度空间的通行设施，其因为功能性及实用性强的特点，被广泛应用。轮椅坡道的位置应设在方便和醒目的地段，并悬挂国际无障碍通用标志。

轮椅坡道可以根据实际情况设计为直线形、直角形或折返形。坡道不宜设计成圆形或弧形，因为具有使轮椅在坡面上的重心发生倾斜而导致轮椅翻倒的危险。

轮椅坡道起点、终点和中间休息平台应设水平长度≥1.5m的轮椅停留和轮椅缓冲地段。

坡道的坡度大小是影响到轮椅能否在坡道上安全行驶的先决条件。国际统一规定，坡道的坡度应≤1/12（即8.33%）。既能使部分乘轮椅的残疾人在自身能力的条件下可以通过坡道，又可使一部分病弱及老年的乘轮椅者在有人协助的情况下通过坡道。1/16（即6.25%）或1/20（即5%）是更为理想、安全和舒适的坡道坡度。

（1）无障碍通道和轮椅坡道

1）在中华人民共和国国家标准《无障碍设计规范》中，对不同情况下的通道和坡道要求做了严格的规定。

① 室外通道宽度宜≥1.5m；室内走道宽度应≥1.2m（人流较多或较集中的大型公共建筑的室内走道宽度宜≥1.8m）；公交车站站台有效通行宽度应≥1.5m；无障碍通道应连续，其地面应平整、防滑、反光小或无反光，并不宜设置厚地毯。

② 平坡出入口的地面坡度应≤1:20；当场地条件比较好时，宜≤1:30；无障碍出入口轮椅坡道净宽度应≥1.2m。

③ 轮椅坡道的净宽度应≥1m；人行天桥及地道处坡道的净宽度应≥2m。

④ 人行天桥及地道处坡道的坡度应≤1:12，坡道高度每升高1.5m，应设深度≥2m的中间平台；居住绿地和游园内的游步道应为无障碍通道，轮椅园路纵坡应≤1:25，轮椅专用道应≤1:12.5（弧线形坡道中应以弧线内缘的坡度进行计算）。

⑤ 轮椅坡道的高度超过0.3m且坡度>1:20时，应在两侧设置扶手，坡道与休息平台的扶手应保持连贯。

2）在设置坡道时，条件许可时首先应设置的坡度：宜≤1:40（即2.5%，坡长≤250m），困难

地段等特殊情况下宜≤3.5%（坡长≤150m）。坡道宽度宜≥2.5m。

对坡度的分数形式和小数点形式应注意两者的换算关系，应把不同的形式换算成同一形式再作比较为好，避免混乱。

3）轮椅坡道的最大高度和水平长度应符合以下规定：

① 坡度1:20（即5%）时，最大高度1.2m，水平长度24m；

② 坡度1:16（即6.25%）时，最大高度0.9m，水平长度14.4m；

③ 坡度1:12（即8.33%）时，最大高度0.75m，水平长度9m；

④ 坡度1:10（即10%）时，最大高度0.6m，水平长度6m；

⑤ 坡度1:8（即12.5%）时，最大高度0.3m，水平长度2.4m。

对于以上各坡度的最大高度，只要利用坡度公式（1.2.1），用坡度值和最大水平长度值相乘即可得到。

在坡道设计中，可以用设置休息平台的方式分段设置坡道，每段坡道的提升要求须按以上规定或用插入法进行计算。

（2）缘石坡道

缘石坡道是设置在人行道范围内的无障碍设施，分为全宽式单面坡缘石坡道［图2.3.2（a）、(b)、(c)]、其他形式缘石坡道［图2.3.2（d）、(e)]、三面坡缘石坡道（图2.3.3）。缘石坡道的设计在本书第6章6.10.1节有详述。

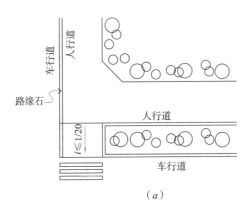

（a）

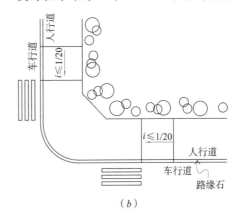

（b）

图2.3.2　全宽式单面坡和其他形式的缘石坡道（一）

（a）（b）全宽式单面坡缘石坡道

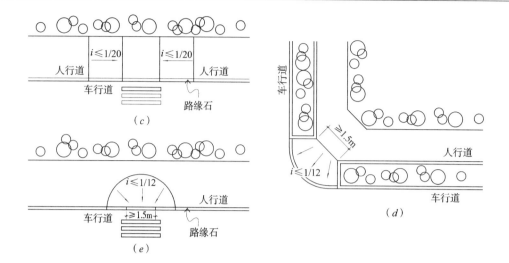

图 2.3.2 全宽式单面坡和其他形式的缘石坡道（二）

（c）全宽式单面坡缘石坡道；（d）道路转角处的缘石坡道；（e）扇形缘石坡道

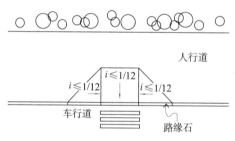

图 2.3.3 三面坡缘石坡道

2.4 调整等高线

场地设计中的调整等高线设计，就是在原地面自然状况的基础上，为达到护坡、排水等要求，经过人工修整后，地面依然能呈现自然状态而尽量减少人为痕迹的设计过程。

2.4.1 场地平面的等高线调整

场地平面往往设计成一个平面或组合的几个平面，但有时根据场地性质要求和实际条件，场地平面设计成微曲的地面，是为了能达到合理的排水要求并且消除组合平面之间形成的接缝。

在场地平面等高线调整中，一般会对平整后的场地有两种要求：

一种是根据所要求的场地坡度限制，控制调整后的等高线之间的距离。当要求调整后的场地坡度是一个固定值时，根据坡度公式（1.2.1），只要保持一个固定的等高线间距就可达到坡度要求；当要求调整后的场地坡度是一个范围值时，根据坡度公式（1.2.1），只要保持等高线间距在某个相应的范围值内就可达到此时的坡度要求。

另一种是保证场地上某一方向的坡度值为一个固定值或一个范围值。

这两种要求的情况分别以如下例题进行分析。

1）第一种要求　根据所要求的场地坡度限制，控制调整后的等高线之间的距离。

【例2-4-1】

已知在某场地72m×46m的ABCD范围内设计广场台地，在AB边中间为已有道路系统与此台地相接的道路部分，此道路相接部分中心线的标高为125.3m（O点）。要求台地A点和B点比AB的中点低0.5m。要求所设计的台地地面坡度为4%，台地以南北中心线轴对称，顺应原地形调整地面等高线，使设计等高线和原地面等高线平滑连接，并且能使雨水主要排向东

西两侧（图2.4.1）。

分析：

由于台地必须和道路系统连接，那么已经形成的道路中心线标高成为此台地面设计的控制标高。观察原地形，根据要求在场地南北中心线上将形成冠顶。

原地形的雨水排流方向是由北向南，调整后地形与原地形坡度方向基本相近，场地最高点也就是道路中心线上的控制点125.3m。

① 首先得到场地的第一条等高线，即高程最高的等高线125.0。

已知要求台地A点和B点比AB的中点（即O点）低0.5m，即A点和B点的标高为（125.3 − 0.5）= 124.8m。那么在OA线和OB线上有125.0m的标高点。

知$OA = OB = 46/2 = 23$m，125.0m的标高点和A点、B点的高差为（125.0 − 124.8）= 0.2m。根据内插法公式（1.2.3），得到125.0m的标高点在OA线和OB线上的位置，即距A点或B点的距离为$x = \Delta L \times y / \Delta h = 23 \times 0.2 / 0.5 = 9.2$m。则在AB线上分别距A点和B点9.2m的位置，取得等高线125.0与之相交的点E点和F点。

为进一步确认等高线125.0的位置，还要在场地南北中心线上计算等高线125.0与O点的水平距离。因等高线125.0与O点的高差为（125.3 − 125.0）= 0.3m，场地坡度要求4%，即场地南北中轴线坡度也是4%，根据坡度公式（1.2.1），得到等高线125.0与O点的水平距离为$0.3/4\% = 7.5$m。则在场地南北中心线上距O点水平距离7.5m处，取得等高线125.0上的点K。

然后用平滑的曲线连接E点、K点和F点，得到场地内的等高线125.0部分。再延长此段等高线125.0部分，和原自然地面的等高线125.0逐渐接近，直到重合，这样得到第一条调整过的等高线。

② 对于其他等高线的调整，可根据已经调整的等高线125.0参考作出。

因为等高距为0.5m，且要求的场地坡度为4%，则根据坡度公式（1.2.1），调整后的相邻等高线间距为$0.5/4\% = 12.5$m。

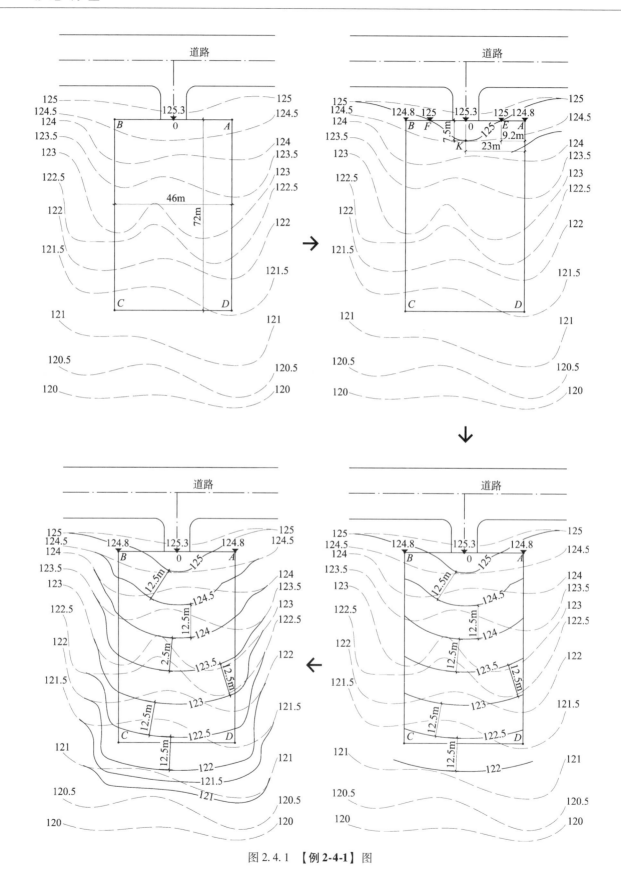

图 2.4.1 【例 2-4-1】图

那么根据"1.2.3 不规则坡地的等高线间距"一节的知识，以 12.5m 的间距依次在 *ABCD* 范围内得到等高线 124.5、等高线 124.0、等高线 123.5、等高线 123.0 和等高线 122.5 等部分。要时刻在作出新的调整等高线部分后进行等高线间距的检验，以得到更准确的等高线。每一条得到的调整等高线部分再分别延长，和原自然地面的同高程等高线逐渐接近直到重合，得到完整的调整过的等高线。

虽然调整后的等高线 122.0 不在 *ABCD* 范围内，但是仍然以其距等高线 122.5 为 12.5m 的等高线间距作出，这样做是为了保持等高线 122.0 和等高线 122.5 之间在 *ABCD* 范围内的场地部分的坡度为 4%。

③ 对在场地 *ABCD* 范围外的其他等高线的调整作适当的修补，完成新地面和原自然地面的交接。

有时，道路本身的横坡坡度可能和与场地交界线的坡度不一致，只要把道路中心线作为控制点，能够利用扭曲平面合理地使场地平面和道路平面衔接即可。

2）第二种要求　保证场地上某一方向的坡度值为一个固定值或一个范围值。

【例 2-4-2】

和【例 2-4-1】条件相同，要求所设计的台地地面纵轴坡度为 4%（即南北方向轴），使设计等高线和原地面等高线平滑连接，并且能使雨水主要排向东西两侧（图 2.4.2）。

分析：

在这种条件下，只要保持纵轴方向的坡度值就可达到要求。

道路中心线标高为控制此台地面设计的控制标高。观察原地形，根据要求在场地南北中心线上将形成冠顶。和【例 2-4-1】一样，先取得等高线 125.0 上的 *E* 点、*F* 点和 *K* 点，然后用平滑的曲线连接 *E* 点、*F* 点和 *K* 点，得到场地内的等高线 125.0 部分。再延长此段等高线 125.0 部分，和原自然地面的等高线 125.0 逐渐接近，直到重合，由此得到第一条调整过的等高线。

接下来对于其他等高线的调整根据已经调整的等高线 125.0 参考作出。

因为等高距为 0.5m，且要求的场地纵轴坡度为 4%，则根据坡度公式（1.2.1），调整后的相邻等高线纵轴方向的间距为 0.5/4% = 12.5m。

以 12.5m 纵轴方向的间距依次在 *ABCD* 范围内得到等高线 124.5、等高线 124.0、等高线 123.5、等高线 123.0 和等高线 122.5 等部分。要时刻在作出新的调整等高线部分后进行等高线纵轴方向的间距检验，以得到更准确的等高线。每一条得到的调整等高线部分再分别延长，和原自然地面的同高等高线逐渐接近，直到重合，得到完整的调整过的等高线。

虽然调整后的等高线 122.0 不在 *ABCD* 范围内，但是仍然以纵轴方向距等高线 122.5 为 12.5m 的间距作出，这样做是为了保持等高线 122.0 和等高线 122.5 之间在 *ABCD* 范围内的场地部分纵轴方向的坡度为 4%。

对在场地 *ABCD* 范围外的其他等高线的调整作适当的修补，完成新地面和原自然地面的交接。

第二种要求的情况往往是针对带状场地提出的。最常见的是停车场和道路。一个停车数量不多的带状停车场的典型样式为垂直停放车辆，两条停车带共用一个通车道，以【例 2-4-3】为例。

【例 2-4-3】

某停车场 30m×19m，设在某道路的一边。道路宽 10m，道路横坡坡度 2%。停车场出入口正对的道路中心线处的 *A* 点标高为 122.7m。要求调整停车场的等高线，使停车场的纵轴坡度为 3%，雨水应自然向停车场两边和东北向排出（图 2.4.3）。

分析：

① 首先取得停车场场地的控制标高，即出入口中心的 *O* 点标高。已知 *A* 点标高为 122.7m，道路横坡坡度为 2%，又知道路宽 10m，即 *A* 点和 *O* 点的水平距离为 10/2 = 5m。则根据坡度公式（1.2.1）得出 *O* 点的标高 = 122.7 - 5×2% = 122.6m。

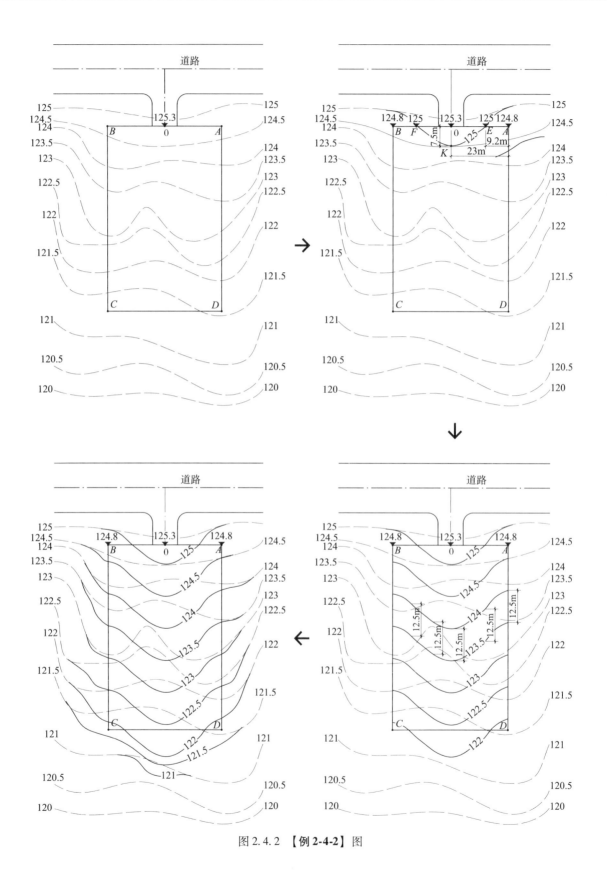

图 2.4.2　【例 2-4-2】图

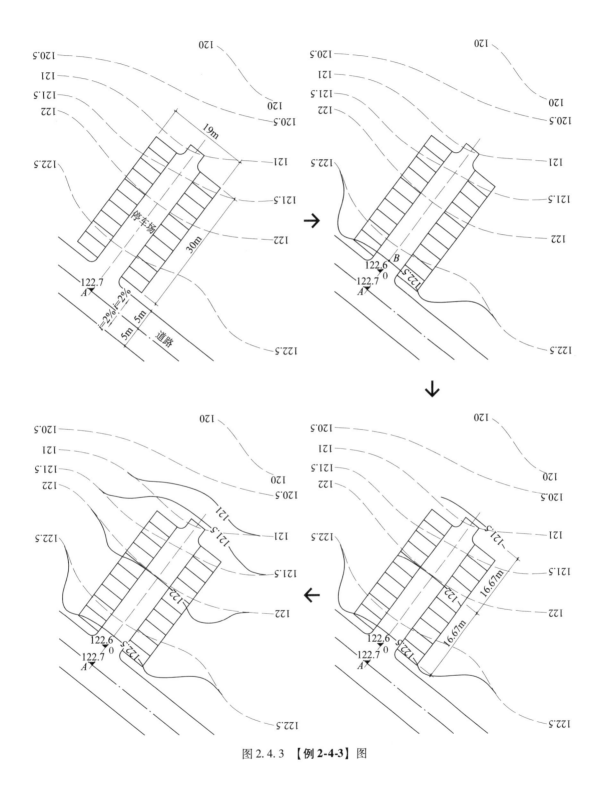

图 2.4.3 【例 2-4-3】图

得到停车场场地控制标高122.6m后，观察停车场场地，下一步取得场地上第一条调整等高线122.5。在场地纵轴中心线上计算等高线125.0和O点的水平距离。因等高线125.0和O点的高差为（122.6－122.5）＝0.1m，场地纵轴坡度要求3%，根据坡度公式（1.2.1），得到等高线122.5和O点的水平距离为0.1/3%＝3.33m。则在场地南北中心线上距O点水平距离3.33m处，取得等高线122.5上的点B。

由于本例题没有对停车场西角处和南角处的标高提出具体要求，那么过B点平滑地作调整等高线122.5时，适当做成弯曲状、冠状，即可达到"雨水应自然向停车场两边和东北向排出"的要求。得到场地内的等高线122.5部分后，再延长此段等高线122.5部分，和原自然地面的等高线122.5逐渐接近，直到重合，由此得到第一条调整过的等高线。

② 对于其他等高线的调整，可根据已经调整出的等高线122.5参考作出。

因为等高距为0.5m，且要求的场地纵轴坡度为3%，则根据坡度公式（1.2.1），调整后的相邻等高线纵轴方向的间距为0.5/3%＝16.67m。

以16.67m纵轴方向的间距在停车场范围内得到等高线122.0，在停车场范围外东北处得到等高线121.5等部分。要时刻在作出新的调整等高线部分后进行等高线纵轴方向的间距检验，以得到更准确的等高线。每一条得到的调整等高线部分再分别延长，和原自然地面的同高等高线逐渐接近，直到重合，得到完整的调整过的等高线。

对停车场范围外其他等高线作适当地修补调整，完成新地面和原自然地面的交接。

停车场纵轴方向形成冠状，除排水要求外，也是避免在通车道中间形成生硬的分水线，以免在机动车进入停车位时产生颠簸。

在对场地平面进行等高线调整设计中，一定要清楚场地条件中对场地坡度限制的针对对象，否则会以错误的理解得到不准确的设计。

2.4.2 排水挖沟的等高线调整

很多时候为了避免场地内的流水流向相邻的地界内，以及为了使流水达到某处，在场地内常常要进行挖排水沟工程，引导流水的走向。对等高线调整得到的排水沟避免了一般人工排水渠的生硬感觉，也使场地的整体性比较强。

根据场地的土壤性质、水流速度等因素，对排水挖沟的坡度有所限制。排水挖沟的坡度是指排水沟上标高最低的纵向线（即排水沟中心线）的坡度。

在这里，把原地形中最高处和最低处的差值和两者水平距离之比值定义为原地形的基本坡度。

根据排水沟中心线的坡度限制范围，联系原地形的基本坡度，得到**排水沟设计原则**（图2.4.4）：

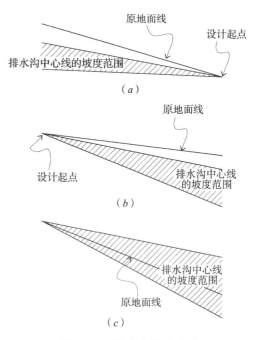

图2.4.4 排水沟设计原则
（a）从原地面最低处设计排水沟；
（b）从原地面最高处设计排水沟；
（c）按照原地面的坡度情况调整设计

（1）当原地面的基本坡度大于排水沟中心线的坡度范围时，从原地面最低处设计排水沟。

（2）当原地面的基本坡度小于排水沟中心线的坡度范围时，从原地面最高处设计排水沟。

（3）当原地面的基本坡度在排水沟中心线的坡度范围内时，一般排水沟的坡度可以按照原地面的坡度情况调整设计。

（4）排水沟中心线的坡度和原地面坡度应尽

量接近、尽量保持一致（以减少土石填挖方量和便于排水沟的设计）。

【例2-4-4】

设某地界，南北长30m，为避免流水流入东侧地界，需要调整等高线，形成坡度为0.5%～4%的排水沟。要求排水沟宽2m，最小深度0.3m，排水沟边缘距东边界1m（图2.4.5）。

分析：

① 首先确定排水沟的位置范围。距东边界1m作一条参考线，即排水沟的东边缘位置。距排水沟的东边缘线2m作另一条参考线，即排水沟的西边缘位置。这两条边缘线也是填挖边界线。在这两条边缘线中间位置作点画线，即排水沟中心线。

排水沟中心线与北边界线的交点（设为E点）处的原地面标高可通过内插法公式（1.2.3）得到，为74.8m。而排水沟中心线与南边界线的交点（设为F点）处的原地面标高同样通过内插法公式得到，为73.2m。那么原地面上E点和F点的高差为（74.8－73.2）=1.6m。排水沟中心线的水平长度（即EF水平长度）为30m。已知这些条件，由坡度公式（1.2.1）计算得到原地面EF段的基本坡度 =1.6/30=0.0533=5.33%。

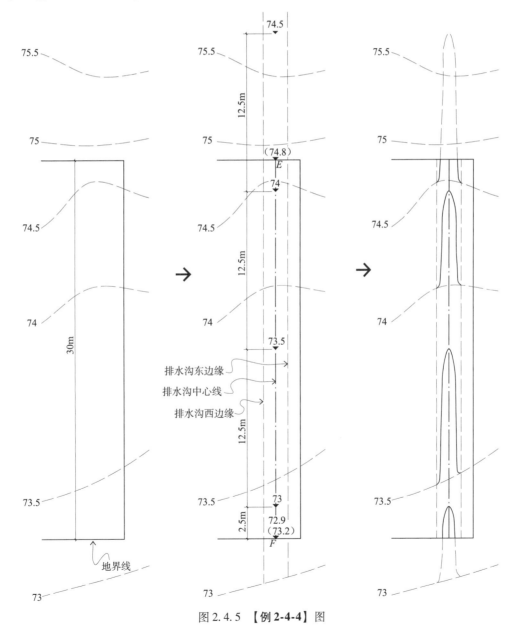

图2.4.5 【例2-4-4】图

排水沟中心线坡度要求为0.5%~4%，则原地面 EF 段的基本坡度大于排水沟中心线坡度范围，所以根据排水沟设计原则第1条，从原地面 EF 段最低点 F 点开始设计排水沟。

根据排水沟设计原则第4条，在排水沟范围内取最接近原地面 EF 段坡度的数值，即4%，作为设计排水沟中心线的坡度数值。

② 从排水沟中心线上最低点 F 点依次取得排水沟中心线上的等高线点的位置。

设计要求排水沟最小深度0.3m，则在排水沟中心线的 F 点标高为（73.2 - 0.3）= 72.9m。在排水沟中心线上等高线73.0 和 F 点的高差为（73.0 - 72.9）= 0.1m，根据坡度公式（1.2.1）可知在排水沟中心线上等高线73.0 和 F 点之间的水平距离为0.1/4% = 2.5m，在排水沟中心线上距 F 点2.5m 作73.0m 高程点。

因为等高距为0.5m，排水沟中心线坡度为4%，则排水沟中心线上等高线间距为0.5/4% = 12.5m，即排水沟中心线上等高线间距最小为12.5m。依次在排水沟中心线上距73.0m 高程点12.5m 和25m 及37.5m 处，分别作73.5m 高程点和74.0m 高程点及74.5m 高程点。

以平滑线连接73.5m 高程点和两条排水沟边缘线与原地面等高线73.5m 相交的两个交点，得到排水沟的等高线73.5。

同样得到排水沟的等高线73.5 和排水沟的等高线74.0 及排水沟的等高线74.5。

完成 ABCD 范围内的排水沟等高线的调整。

对于超出地界的排水沟等高线，根据实际情况，或者和其他地界共同调整，或者在边界处暂时截断等高线，待下一步进行具体的排水处理。

在构筑物或台地周围，有时由于出现远处的排水方向迎向构筑物或台地，为防止流水对构筑物或台地的冲击侵蚀，在构筑物或台地的迎水面处应设置排水沟等进行流水拦截和分流。

构筑物或台地周围的排水沟设计一般是在其护坡设计完成后或边坡等高线调整完成后进行的。有时设计的排水沟也可以结合护坡或边坡设计，这种方法其实属于护坡设计或边坡等高线调整设计，此时排水沟外边缘相当于开始护坡或边坡设计的台地边缘处。

没有特别要求时，构筑物或台地周围的排水沟的沟深，应是从排水沟最低点到构筑物边缘或台地边缘的室外标高点的垂直距离。

【例2-4-5】

某建筑物 ABCDEF 坐落于山坡上，其北侧 AB 面为迎水面，长42m，要求在北侧调整等高线，形成排水沟分流流水，排水沟中心线的坡度为2%~3%，排水沟宽4m，最小深度0.3m（图2.4.6）。

分析：

排水沟要求宽4m，则在与 AB 水平距离2m 处为排水沟中心线位置，与 AB 水平距离4m 处为排水沟北边缘参考线。同样分别在与 BC 和 AD 水平距离2m 处作出排水沟中心线，与 BC 和 AD 水平距离4m 处作出排水沟另一边缘参考线。

观察地形图，原地面上 AB 之间的坡度接近0，最好的分流方式是把北面排水沟中心线中间的 G 点设为分流最高点。而排水沟中心线的坡度为2%~3%，根据排水沟设计原则第2条，从 G 点开始设计排水沟。在排水沟坡度范围内取最接近原地面 AG 段和 BG 段坡度的数值，即2%，作为设计排水沟中心线的坡度数值。G 点对应的 AB 中点的原地面标高可根据内插法公式（1.2.3）计算得到，为215.4m。

先设计 G 点西面的排水沟。

设计要求排水沟最小深度0.3m，则在排水沟中心线的对应 G 点标高为（215.4 - 0.3）= 215.1m。在排水沟中心线上等高线215.0 和 G 点的高差为（215.1 - 215.0）= 0.1m，根据坡度公式（1.2.1）可知，在排水沟中心线上等高线215.0 和 G 点之间的水平距离为0.1/2% = 5m，于是在排水沟中心线上距 G 点5m 处作215.0m 高程点。

地形图上等高距为0.5m，排水沟中心线坡度为2%，排水沟中心线上等高线间距 = 0.5/2% = 25m，即排水沟中心线上等高线间距最大为25m。在排水沟中心线上距215.0m 高程点25m 处作214.5m 高程点。注意由于此段距离超出 AB 范围，214.5m 高程点在 BC 范围处，距 B 点处排水沟中心线转弯点的水平距离为（42/2 + 2 - 5 - 25）= -7m。

以平滑线连接215.0m 高程点，以及两条排水沟边缘线与原地面等高线215.0m 相交的两个交点，得到排水沟的等高线215.0。

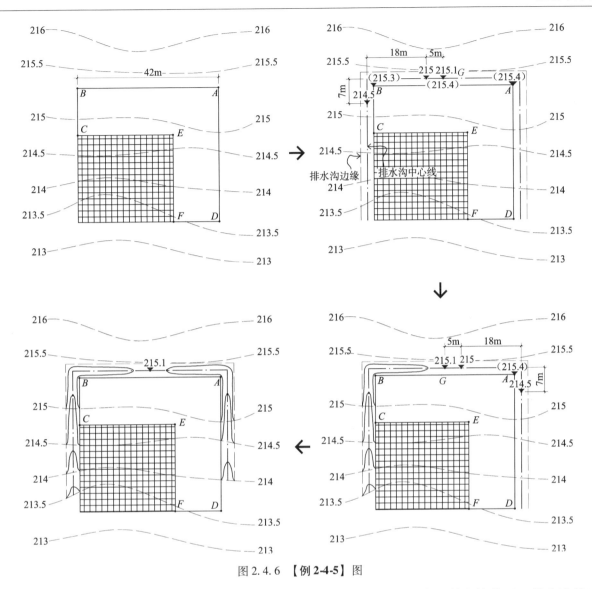

图 2.4.6 【例 2-4-5】图

同样得到排水沟的等高线 214.5。对等高线 214 等加以适当调整。

再设计 G 点东面的排水沟（这里与西面的是对称关系）。

这样完成了在建筑物北侧等高线的调整，形成排水沟分流流水。

【例 2-4-6】

某平台 ABCD 尺寸为 50m × 25m，AD 面和 CD 面受到场地流水冲刷。要求在 AD 处和 CD 处调整等高线，形成排水沟分流流水，排水沟中心线的坡度为 2% ~ 4%，排水沟宽为 3m，最小深度为 0.2m（图 2.4.7）。

分析：

排水沟要求宽 3m，则分别在与 AD 和 CD 水平距离 3m 处作出排水沟外边缘位置，排水沟外边缘与台地边缘中间为排水沟中心线。

设在 D 处附近的排水沟中心线交点为 E 点，在 A 处附近的排水沟中心线上的点为 F 点，在 C 处附近的排水沟中心线上的点为 G 点。观察地形图，可知设 E 点为排水沟中心线上最高点是最合理的。

根据内插法公式（1.2.3）可以得到原地面上 D 点标高为 78.7m，原地面上 A 点标高为 77.3m，原地面上 C 点标高为 77.8m。AD 水平距离为 25m，CD 水平距离为 50m。根据坡度公式（1.2.1），得到原地面 AD 段的基本坡度为 (78.7 − 77.3)/25 = 0.056 = 5.6%，得到原地面 CD 段的基本坡度为 (78.7 − 77.8)/50 = 0.018 = 1.8%。

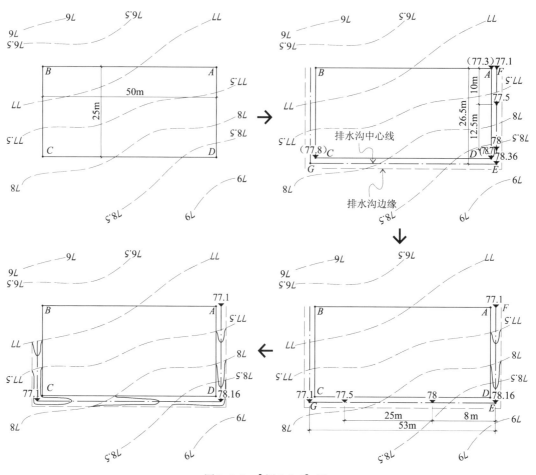

图 2.4.7 【例 2-4-6】图

对于 AD 段来说，原地面 AD 段的基本坡度（5.6%）大于排水沟中心线的坡度（2% ~ 4%），根据排水沟设计原则第 1 条，从原地面 AD 段最低处（即 F 点）开始设计 AD 段排水沟，排水沟中心线坡度值取最接近原地面 AD 段坡度的 4%。

对于 CD 段来说，原地面 CD 段的基本坡度（1.8%）小于排水沟中心线的坡度（2% ~ 4%）。根据排水沟设计原则等 2 条，从原地面 CD 段最高处（即 E 点）开始设计 CD 段排水沟，排水沟中心线坡度值取最接近原地面 CD 段坡度的 2%。

按照上面确定的排水沟设计方向，先从 F 点设计，然后到达 E 点，再继续从 E 点设计，这样就不会在 E 点产生落差。

排水沟最小深度要求 0.2m，则在排水沟中心线的 F 点标高为 A 点标高和沟深深度之差，即 77.3 - 0.2 = 77.1m。在排水沟中心线上等高线 77.5 和 F 点的高差为（77.5 - 77.1）= 0.4m。又

知在 AD 段排水沟中心线坡度取 4%，根据坡度公式（1.2.1），得到在排水沟中心线上等高线 77.5 和 F 点之间的水平距离为 0.4/4% = 10m，在排水沟中心线上距 F 点 10m 处作 77.5m 高程点。

地形图上等高距为 0.5m，AD 段排水沟中心线坡度为 4% 时，排水沟中心线上的等高线间距为 0.5/4% = 12.5m，即 AD 段排水沟中心线上的等高线间距最小为 12.5m。在 AD 段排水沟中心线上距 77.5m 高程点 12.5m 处作 78.0m 高程点。

由于 78.5m 高程点距 E 点的距离小于在 AD 段排水沟中心线上的一个等高线间距，那么接着从 E 点设计 CD 段排水沟。要先取得 E 点在排水沟中心线上的高程。EF 水平距离比 AD 水平距离多 1.5m，即为（25 + 1.5）= 26.5m，AD 段排水沟中心线坡度取为 4%，结合坡度公式（1.2.1），得到在排水沟中心线上 E 点的标高为（77.1 + 26.5 × 4%）= 77.1 + 1.06 = 78.16m。

排水沟在 CD 段从 E 点开始是由高向低排水，则在 CD 段距 E 点最近的是排水沟中心线上等高线 78.0。在 CD 段排水沟中心线上等高线 78.0 和 E 点的高差为（78.16 – 78.0）= 0.16m。又知在 CD 段排水沟中心线坡度取 2%，根据坡度公式（1.2.1），得到在 CD 段排水沟中心线上等高线 78.0 和 E 点之间的水平距离为 0.16/2% = 8m，在 CD 段排水沟中心线上距 E 点 8m 处作 78.0m 高程点。

地形图上等高距为 0.5m，CD 段排水沟中心线坡度为 2% 时，排水沟中心线上等高线间距为 0.5/2% = 25m，即 CD 段排水沟中心线上等高线间距最大为 25m。在 CD 段排水沟中心线上距 78.0m 高程点 25m 处作 77.5m 高程点。

当继续在 CD 段排水沟中心线上以 25m 的间距作 77.0m 高程点时，发现 77.0m 高程点已经超出 CD 段的范围。那么还需要取得 G 点在排水沟中心线上的标高。EG 水平距离比 CD 水平距离多 3m，即为（50 + 3）= 53m，CD 段排水沟中心线坡度取为 2%，根据坡度公式（1.2.1），得到在排水沟中心线上 G 点的标高为（78.16 – 53 × 2%）= 78.16 – 1.06 = 77.1m。

对于这些取得的排水沟中心线上的高程点，两个排水沟边缘线与同高程的原地面等高线相交点，用平滑线分别连接，得到排水沟的等高线。

在 G 点附近，还需对原地面等高线 77.0 进行调整，以明确排水沟向外排水的走向和过渡部分。

在 E 点附近，表达出排水沟上的等高线 78.5。

这样就完成了台地迎水面的排水沟等高线的调整。

【例 2-4-6】的解题分析说明，当相交的两条排水沟中心线各自得到开始设计的起点后（在这些起点不重合的条件下），在排水沟中心线上这两个起点的设计方向相同时，要以位于最端点的起点作为最终设计起点。即例子里取得两个排水沟中心线的设计起点 F 点和 E 点后，两处的设计方向相同，则以 F 点为最开始的点设计。当相交的两条排水沟中心线各自得到开始设计的起点后（在这些起点不重合的条件下），在排水沟中心线上这两个起点的设计方向相反时，要先在这两条排水沟中心线交点处分别计算产生的标高，以能产生标高最低

的起点作为最终设计起点。

2.4.3 构筑物及台地四周边坡的等高线调整

与护坡等高线的设计不同，台地四周边坡等高线调整注重于边坡与原地面更加协调、更加自然的方面。其设计原理和"1.4 台地护坡"基本相同。

场地构筑物及台地设计中，如果对于边坡的坡度有所要求，就要注意调整等高线之间的间距，应符合所要求的坡度限制。

【例 2-4-7】
某建筑物及室外平台的台地 ABCD，台面标高 56.3m。要求调整台地四周的等高线，形成边坡，边坡的坡度以 1:3 为准（图 2.4.8）。

分析：
观察地形图，原地形从西北向东南倾斜。台地 B 角部分所在的原地面等高线比台面标高 56.3m 高，那么 B 角外的原地面应挖土方处理；台地 D 角部分所在的原地面等高线比台面标高 56.3m 低，那么 D 角外的原地面应填土方处理。

① 第一步进行挖土方部分的边坡等高线调整。
B 角外的挖土方部分的边坡等高线标高应比台面的标高要高，即等高线 56.5、等高线 57.0、等高线 57.5……

先设计等高线 56.5。因等高线 56.5 和台面的标高 56.3m 高差为（56.5 – 56.3）= 0.2m，要求边坡的坡度 1:3，根据坡度公式（1.2.1），等高线 56.5 和台面 B 角附近的台地边缘线的水平间距为 0.2/（1/3）= 0.6m。

在距台地边缘线 AB 和 BC 的原地面处 0.6m 处作两条线，这两条线相互平滑连接，同时分别和原地面等高线 56.5 平滑连接，由此得到调整等高线 56.5。

再设计等高线 57.0。由于调整等高线 57.0 和调整等高线 56.5 的间距为一个护坡等高线间距，而等高距为 0.5m，要求边坡的坡度 1:3，根据坡度公式（1.2.1），得到护坡等高线间距为 0.5/（1/3）= 1.5m。

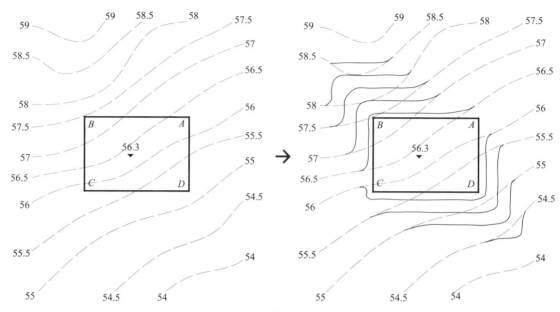

图 2.4.8 【例 2-4-7】图

那么与调整等高线 56.5 距离为 1.5m 处（向台地边缘线外侧方向）得到调整等高线 57.0 的位置线，相互之间平滑连接，同时分别和原地面等高线 57.0 平滑连接，由此得到调整等高线 57.0。

同样以一个等高线间距作出调整等高线 58.0 和调整等高线 58.5。

② 第二步进行填土方部分的边坡等高线调整。

D 角外的填土方部分的边坡等高线标高应比台面的标高要低，即等高线 56.0、等高线 55.5、等高线 55.0……

先设计等高线 56.0。

因等高线 56.0 和台面的标高 56.3m 高差为 $(56.3 - 56.0) = 0.3$m，要求边坡的坡度 1:3，根据坡度公式（1.2.1），等高线 56.0 和台面 D 角附近的台地边缘线的水平间距为 $0.3/(1/3) = 0.9$m。

在距台地边缘线 AD 和 CD 的原地面处 0.9m 处作两条线，这两条线相互平滑连接，同时分别和原地面等高线 56.0 平滑连接，由此得到调整等高线 56.0。

再设计等高线 55.5。由于调整等高线 57.0 和调整等高线 56.5 的间距为一个护坡等高线间距，即 1.5m，那么与调整等高线 56.0 距离为 1.5m 处（向台地边缘线外侧方向）得到调整等高线 55.5 的位置线，相互之间平滑连接，同时分别和原地面等高线 55.5 平滑连接，由此得到调整等高线 55.5。

同样以一个等高线间距作出护坡上调整等高线 55.0 和调整等高线 54.5。

在场地设计的分析阶段，有时对于构筑物及台地四周的边坡进行的等高线调整，主要是进行意图表达，不要求严格的数据条件。对护坡坡度大小没有要求时，设计人员对台地四周边坡等高线的调整是进行意图式的分析表达。

【例 2-4-8】

某台地 $ABCD$ 呈 90m × 50m 矩形，台地地面从 AD 向 BC 以 1.5% 的坡度倾斜。AD 边缘线的标高为 125.7m。要求示意调整台地四周的等高线，形成护坡，不考虑台地与外面的联系（图 2.4.9）。

分析：

已知台地地面从 AD 向 BC 以 1.5% 的坡度倾斜，$AB = CD = 50$m，根据坡度公式（1.2.1），得到 BC 边缘线和 AD 边缘线的高差为 $50 × 1.5\% = 0.75$m。又知 AD 边缘线的标高为 125.7m，则 BC 边缘线的标高为 $(125.7 - 0.75) = 124.95$m。

观察地形图，原地形从西北向南倾斜。台地 B 角部分所在的原地面等高线比台面 B 角标高 124.95m 高，那么 B 角外的原地面应挖土方处理；台地 A 角、C 角和 D 角部分所在的原地面等高线比台面相应的标高低，那么 A 角、C 角和 D 角外的原地面应填土方处理。

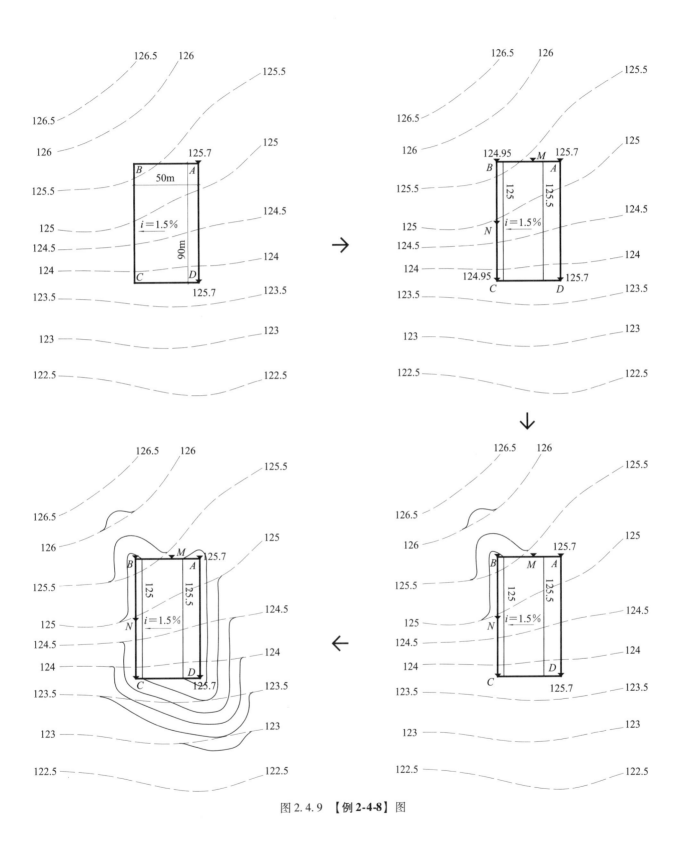

图 2.4.9 【例 2-4-8】图

因台地地面是倾斜的，台面标高在 124.95m 和 125.7m 之间，所以台面上存在等高线 125.0 和等高线 125.5。根据内插法公式（1.2.3）得到边缘线 AB 和 CD 上的高程点 125.0m 和 125.5m，直线连接边缘线 AB 和 CD 上同高程的此两点，得到台面上的等高线 125.0 和等高线 125.5。

可以看出在边缘线 AB 和 BC 上各存在一个点为填挖平衡线上的点。在边缘线 AB 上，大约在原地面等高线 125.5 和台面等高线 125.5 之间存在此填挖平衡线上的点（点 M），标在边缘线 AB 上；在边缘线 BC 上，于原地面等高线 125.0 和等高线 124.5 之间，非常接近等高线 125.0 处存在此填挖平衡线上的点 124.95m（点 N），标在边缘线 BC 上。

① 第一步进行挖土方部分的边坡等高线调整。

挖土方部分在 B 角附近的 M 点和 N 点之间。

B 角外的挖土方部分的边坡等高线标高应比台面的标高 124.95m 要高，即等高线 125.0、等高线 125.5、等高线 126.0……

先设计等高线 125.0。从边缘线 AB 上 125.0m 高程点出发，作一条线向西北方向逐渐远离台地；从 N 点附近处出发，作另一条平行于 BC 的线，逐渐靠近 B 角附近。两条线相互平滑连接，同时和原地面等高线 125.0 平滑连接，得到调整等高线 125.0。

再设计等高线 125.5。由于调整等高线 125.5 和调整等高线 125.0 的间距为一个护坡等高线间距，那么以距调整等高线 125.0 相对稍微大一点的间距，作出调整等高线 125.5 的位置线，相互之间平滑连接，同时分别和原地面等高线 125.5 平滑连接，由此得到调整等高线 125.5。

同样以一个等高线间距作出调整等高线 126.0。

② 第二步进行填土方部分的边坡等高线调整。

填土方部分在台地边缘东南侧 M 点和 N 点之间。

填土方部分的边坡等高线标高应比台面的标高 125.7m 要低，即等高线 125.5、等高线 125.0、等高线 124.5……

先设计等高线 125.5。从边缘线 AB 上 125.5m 高程点出发，作一条线向东北方向逐渐远离台地；从边缘线 CD 上 125.5m 高程点出发，作一条线向东南方向逐渐远离台地；再在边缘线 AD 附近以适

当的间距作平行 AD 的线。这 3 条线相互平滑连接，得到调整等高线 125.5。

再设计等高线 125.0。从边缘线 CD 上 125.0m 高程点出发作一条线向东南方向逐渐远离台地，并且和调整等高线 125.5 平行；由于调整等高线 125.0 和调整等高线 125.5 的间距为一个护坡等高线间距，故平行于 AD 以距调整等高线 125.5 相对稍微大一点的间距，作出调整等高线 125.0 的位置线。两条线之间平滑连接，同时分别与原地面等高线 125.0 平滑连接，由此得到调整等高线 125.0。

同样方法以相同的护坡等高线间距的距离得到相互平行的其他调整等高线 124.5、调整等高线 124.0、调整等高线 123.5 和调整等高线 123.0。

有时需要结合排水沟进行调整，根据不同的条件要求，调整结果也会有所不同。

下面采用与【例 2-4-8】同样的场地条件分析【例 2-4-9】。

【例 2-4-9】

某台地 ABCD 呈 90m×50m 矩形，台地地面从 AD 向 BC 以 1.5% 的坡度倾斜。AD 边缘线的标高为 125.7m。为防止流水排到场地西侧的相邻地界，要求示意调整台地四周的等高线形成护坡的同时，对台地西侧进行挖沟处理（排水沟深度不宜小于 0.3m）。不考虑台地与外界的联系（图 2.4.10）。

分析：

和【例 2-4-8】相比，除了台地西侧要进行挖沟处理外，其他部分是相同的。

根据【例 2-4-8】的分析过程，可以得到 BC 边缘线的标高为 124.95m，得到台面上的等高线 125.0 和等高线 125.5。

参考【例 2-4-8】，标注边缘线 AB 上的填挖平衡点 M 和边缘线 BC 上的填挖平衡点 N；此时填挖平衡点只作为护坡部分的参考。

① 首先根据要求，避免流水到西侧地界，则排水沟的起点在 B 角附近处。B 点台地上标高为 124.95m，因排水沟深度不宜小于 0.3m，可以初步设定排水沟的起点 K 的标高为（124.95 − 0.3）= 124.65m，可以取 124.6m 作为排水沟的起点标高。

排水沟流水朝南向排放，则排水沟部分的等高线的高度比其起点标高低，即等高线 124.5、等高线 124.0、等高线 123.5、等高线 123.0……

由于台地地面最大标高为 125.7m，先设计等高线 125.5 和等高线 125，参考【例 2-4-8】，得到调整等高线 125.5 和调整等高线 125.0。

② 接着结合排水沟和边坡两者的因素，设计调整等高线 124.5。

从台地东侧原地面等高线 124.5 开始，绕台地南侧，到台地西侧的 K 点（标高 124.6m）附近并回转形成挖沟形状，最后和原地面等高线 124.5 相交，得到调整等高线 124.5。

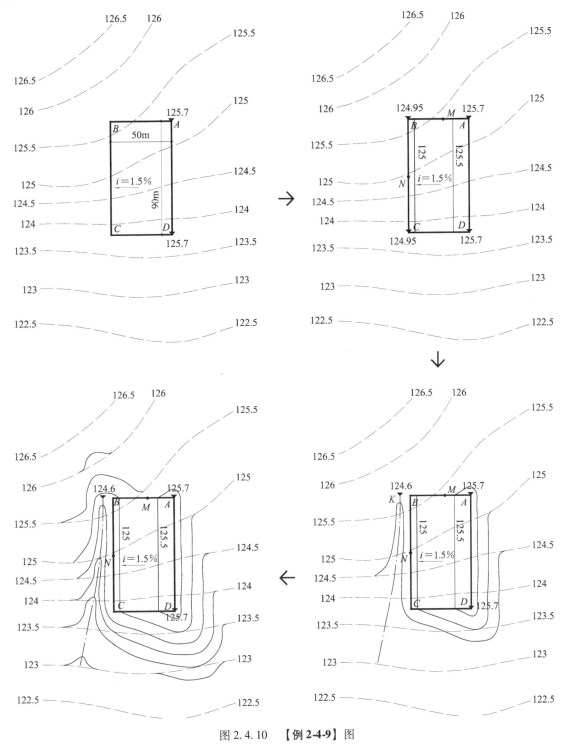

图 2.4.10　【例 2-4-9】图

同样方法作出边坡和排水沟的调整等高线124.0、等高线123.5和等高线123.0。

完成与台地边缘线有直接关系的调整等高线后，现在对排水沟最高点北面的等高线进行调整。

在【例2-4-8】和【例2-4-9】中，台地AB边缘线北面两个调整等高线125.5之间，只要注意形成向东的排水坡度，即可避免出现积水问题。通过辅助等高线125.2和辅助等高线125.4等，可以表示出此处的局部排水趋势（图2.4.11）。

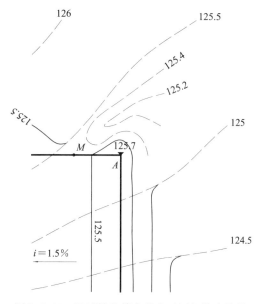

图2.4.11　通过辅助等高线表示局部排水趋势

【例2-4-10】

场地条件同【例2-4-8】，某台地ABCD呈90m×50m矩形，台地地面从AD向BC以1.5%的坡度倾斜。AD边缘线的标高为125.7m。为防止流水排到场地东侧和西侧的相邻地界，要求示意调整台地四周的等高线形成护坡的同时，对台地东侧和西侧作挖沟处理（排水沟深度不宜小于0.3m）。不考虑台地与外界的联系（图2.4.12）。

分析：

根据【例2-4-8】的分析过程，可以得到BC边缘线的标高为124.95m；得到台面上的等高线125.0和等高线125.5。因台地四周挖沟，故此时取得填挖平衡点是没有参考意义的。

首先根据要求，避免流水到东侧地界和西侧地界，且原地面从西北向南倾斜，则排水沟的起点在B角附近处为最佳。B点台地上标高为124.95m，因排水沟深度不宜小于0.3m，初步设定排水沟的起点标高K为（124.95 − 0.3）= 124.65m，可以取124.6m作为排水沟的起点标高。

排水沟部分的等高线的高度比其起点标高低，即表达排水沟的等高线为等高线124.5、等高线124.0、等高线123.5、等高线123.0……

结合排水沟和边坡两者的因素设计调整等高线124.5。

从台地东侧原地面等高线124.5开始，绕台地北侧，到台地K点（标高124.6m）附近并回转形成挖沟形状，然后顺时针绕台地到台地K点（标高124.6m）附近，并回转形成挖沟形状，最后和原地面等高线124.5相交，得到调整等高线124.5。

由于台地地面最大标高为125.7m，则在调整等高线124.5和台地边缘之间还有设计等高线125.5和125。连接台地上的等高线，得到调整等高线125.5和调整等高线125.0。

接着采用与取得调整等高线124.5同样的方法，作出边坡和排水沟的调整等高线124.0、等高线123.5和等高线123.0。

完成与台地边缘线有直接关系的调整等高线后，对排水沟最高点北面的等高线进行调整。

在台地非水平边缘处，应注意排水沟的中心线不是与台地边缘线平行的，而成一定的角度。

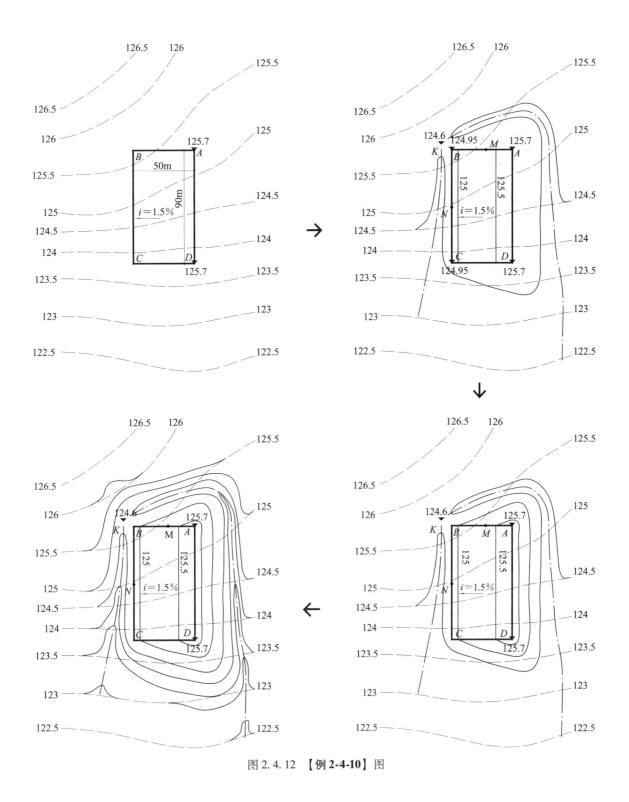

图 2.4.12 【例 2-4-10】图

2.5 土石方计算

2.5.1 填挖土石方

土石方工程是场地设计中比较重要的一环，尤其在需要大平坦场地的建筑中，如飞机场、体育运动场、公共广场等。土石方的计算，对确定施工造价、确定土方总量是否平衡，以及估算向场内运进土方量或向场外运出土方量等问题的解决是必需的。

计算填挖土方量时，由于地形的变化情况比较复杂，要得到精确的计算很困难，因而把场地地形根据计算需要假设为一定的几何形状，采用具有一定精度且与实际情况近似的方法进行计算。

一般计算填挖土方量主要有网格法、垂直截面法、等高线水平截面法等。现在大多数填挖土方量的计算都需要以计算机作为主要工具。由于人工计算工作量很大，在时间和精力上造成较大的消耗，所以以计算机的应用，越来越成为计算土方量的主要工具；同时，运用计算机计算的精确度也大大地提高了。

对于建筑设计人员来说，在填挖土石方的计算中主要应掌握计算原理和必要的估算能力。

挖方过程相当于使原地面等高线向高处移动的过程。填方过程相当于使原地面等高线向低处移动的过程（图2.5.1）。

2.5.2 网格法

网格法是工程土方量计算中应用最为普遍的一种方法。在进行土方量计算之前，应先在由等高线表达的平面图上把场地划分成方格网，每个方格的边长根据计算精度要求的不同长短也不同。只要求估算程度时，或场地面积较大时，或场地地形不太复杂时，可以采取20m或40m的方格边长。需要准确程度时，或场地面积较小时，或场地地形比较复杂时，可以采取5m或10m的方格边长，有时甚至采取更小的边长。方格边长越小，虽然其计算结果越精确，但计算工作量却急剧增大，所以应合理

地确定边长。

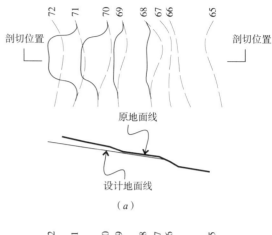

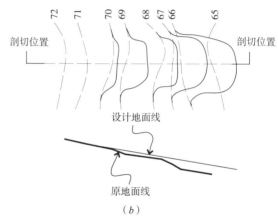

图2.5.1 填挖方与等高线的移动趋势
(a) 挖方过程；(b) 填方过程

网格法是以原地面和设计地面两者叠和的平面作为基础进行表达的。方格网中边线的交点为角点，一个方格有4个角点。

在每个角点进行原地面高度和设计地面高度的表达，即在角点右下方标注原地面在该角点的标高；在角点右上方标注设计地面在该角点的标高；在左上方标注原地面和设计地面的高度差（称为各角点的施工高度）。当该角点为挖土状态时（即原地面标高大于设计地面标高时），在高度差前面用"－"号表示；当该角点为填土状态时（即原地面标高小于设计地面标高时），在高度差前面用"＋"号表示（图2.5.2）。

应注意的是，在市政图纸上，一般 H 代表设计标高，h 代表原地面标高（或 H_s 代表设计标高，H_d 代表原地面标高）；H_w 代表挖方，H_t 代表填方。

每个角点的原地面标高或者设计地面标高，都可以通过作出该角点的等高线间距，利用内插法公

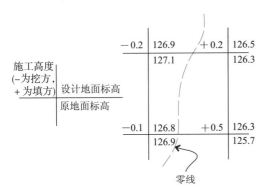

图 2.5.2 网格法

式（1.2.3），计算得出该角点的标高（图 2.5.3）。

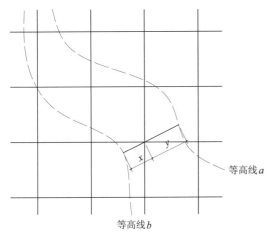

图 2.5.3 通过等高线间距计算角点标高

在既有挖方又有填方的场地工程中，会在挖方区和填方区的交接处出现施工高度为零的一条线，称为零线，或填挖平衡线。

网格法可以分为三角棱柱体计算法、四方棱柱体计算法和平均值计算法。

当方格数较少或场地不大时，使用三角棱柱体计算法、四方棱柱体计算法比较好。当方格数较多或场地较大时，使用平均值计算法基本上就能满足设计分析需要。

对于建筑师来说，对前两种计算方法可以仅作了解，对后一种计算方法（平均值计算法）应能理解掌握。

（1）三角棱柱体计算法

三角棱柱体计算法是把平面上每个方格按照对角线划分为两个等腰直角三角形。

每个方格有两条对角线，应采取哪条对角线，可以依据**某方格中采取对角线规则**来判断：所取的

对角线尽量能和该方格处地面的等高线平行方向同向。该方格处地面的等高线在挖方区中应采取原地面的等高线，在填方区中应采取设计地面的等高线。按此规则采取分割方格的对角线后，进行计算，得到的体积数值相对来说更接近实际体积数值（图 2.5.4）。

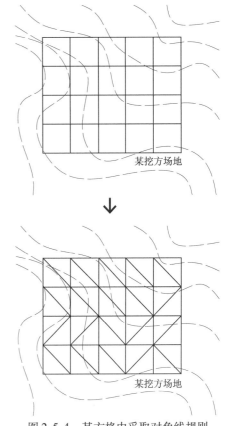

图 2.5.4 某方格中采取对角线规则

对角线把方格分割为三角形后，对于每个三角形，根据各角点施工高度符号的不同和零线的位置，将有不同情况出现，即全部挖方或全部填方的情况和部分挖方与部分填方的情况。

1）全部挖方或全部填方（图 2.5.5）

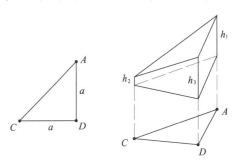

图 2.5.5 全部挖方或全部填方（三角棱柱体计算法）

当全部挖方或全部填方时，即3个角点的施工高度 h_1、h_2 和 h_3 同号时，为一棱柱体，则体积为：

$$V = a^2(h_1 + h_2 + h_3)/6 \quad \textbf{(2.5.1)}$$

式中　　V——当全部挖方或全部填方时该挖方或填方的体积；

　　　　a——方格的边长；

h_1、h_2、h_3——三角形对应的各角点的施工高度（以绝对值代入公式）。

2）部分挖方与部分填方（图2.5.6）

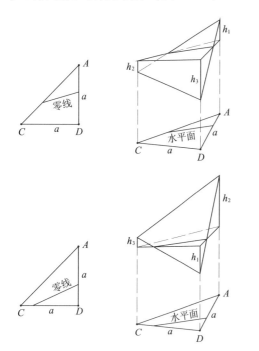

图2.5.6　部分挖方与部分填方（三角棱柱体计算法）

当部分挖方与部分填方时，零线将三角形划分成两部分，一部分是底面为三角形的锥体，另一部分是底面为四边形的楔体，设3个角点的施工高度 h_2、h_3 与 h_1 不同号时，则两部分体积分别为以下情况。

① 锥体体积

$$V = a^2 h_1^3/6(h_1 + h_2)(h_1 + h_3) \quad \textbf{(2.5.2)}$$

式中　　V——当部分挖方与部分填方时锥体的体积；

　　　　a——方格的边长；

h_1、h_2、h_3——三角形对应的各角点的施工高度（以绝对值代入公式）。

② 楔体体积

$$V = a^2[h_1^3/(h_1 + h_2)(h_1 + h_3) - h_1 + h_2 + h_3]/6$$

$$\textbf{(2.5.3)}$$

式中　　V——当部分挖方与部分填方时楔体的体积；

　　　　a——方格的边长；

h_1、h_2、h_3——三角形对应的各角点的施工高度（以绝对值代入公式）。

得到每个三角形内的挖方和填方体积后，把挖方部分全部相加得到场地的总挖土方量，把填方部分全部相加得到场地的总填土方量。

（2）四方棱柱体计算法

虽然三角棱柱体计算法和四方棱柱体计算法相比，前者与实际土方量更接近，但是四方棱柱体计算法在计算工作量上明显比三角棱柱体计算法少许多。

根据各角点施工高度符号的不同，零线能将方格划分为常见的4种情况，即全部挖方或全部填方的（1种）情况和部分挖方与部分填方的（3种）情况。

1）全部挖方或全部填方（图2.5.7）

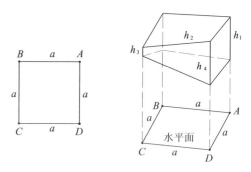

图2.5.7　全部挖方或全部填方（四方棱柱体计算法）

当全部挖方或全部填方时，即4个角点的施工高度 h_1、h_2、h_3 和 h_4 同号时，体积为：

$$V = a^2(h_1 + h_2 + h_3 + h_4)/4 \quad \textbf{(2.5.4)}$$

式中　　V——当全部挖方或全部填方时挖方或填方的体积；

　　　　a——方格的边长；

h_1、h_2、h_3、h_4——正方形对应的各角点的施工高度（以绝对值代入公式）。

2）部分挖方与部分填方时，正方形被零线分割为两个梯形，即相邻两个角为挖方，另相邻两个角为填方，其体积为（图2.5.8）：

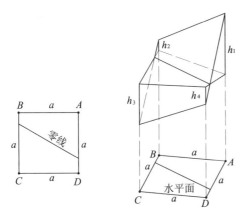

图2.5.8　部分挖方与部分填方
（四方棱柱体计算法）情况①

$$-V = a^2(h_1 + h_2)^2/4(h_1 + h_2 + h_3 + h_4)$$

$$(2.5.5)$$

$$+V = a^2(h_3 + h_4)^2/4(h_1 + h_2 + h_3 + h_4)$$

$$(2.5.6)$$

式中　　　$-V$——挖方的体积（设 h_1、h_2 为挖土高度）；

$+V$——填方的体积（设 h_3、h_4 为填土高度）；

a——方格的边长；

h_1、h_2、h_3、h_4——正方形对应的各角点的施工高度（以绝对值代入公式）。

3）部分挖方与部分填方时，正方形被零线分割为一个三角形和一个五边形，即1个角为挖方或填方，另3个角为填方或挖方，其体积为（图2.5.9）：

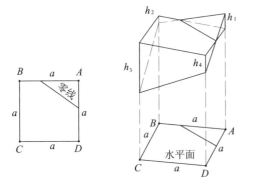

图2.5.9　部分挖方与部分填方（四方棱柱体计算法）情况②

① 三角形部分体积

$$V = a^2 h_1^3/6(h_1 + h_2)(h_1 + h_4) \qquad (2.5.7)$$

式中　　　　　　V——当部分挖方与部分填方时三

角形部分挖方或填方的体积（设 h_1 为三角形部分的角点施工高度；h_2 和 h_4 为五边形部分的角点施工高度）；

a——方格的边长；

h_1、h_2、h_3、h_4——正方形对应的各角点的施工高度（以绝对值代入公式）。

② 五边形部分体积

$$V = a^2(h_2 + h_3 + h_4)[1 - h_1^2/2(h_1 + h_2)(h_1 + h_4)]/5$$

$$(2.5.8)$$

式中　　　　V——当部分挖方与部分填方时五边形部分挖方或填方的体积（设 h_1 为三角形部分的角点施工高度；h_2 和 h_4 为五边形部分的角点施工高度）；

a——方格的边长；

h_1、h_2、h_3、h_4——正方形对应的各角点的施工高度（以绝对值代入公式）。

4）部分挖方与部分填方时，正方形被零线分割为两个三角形和一个六边形，即两个相对的角为挖方或填方，另两个角为填方或挖方，其体积为（图2.5.10）：

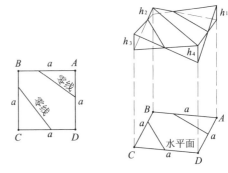

图2.5.10　部分挖方与部分填方
（四方棱柱体计算法）情况③

① 两个三角形部分体积

$$V = a^2 h_1^3/6(h_1 + h_2)(h_1 + h_4) + a^2 h_3^3/6(h_3 + h_2)(h_3 + h_4) \qquad (2.5.9)$$

式中　　　　V——当部分挖方与部分填方时两个三角形部分挖方或填方的体积（设 h_1 和 h_3 为两个三角形部分

的角点施工高度；h_2 和 h_4 为六边形部分的角点施工高度）；

a——方格的边长；

h_1、h_2、h_3、h_4——正方形对应的各角点的施工高度（以绝对值代入公式）。

② 六边形部分体积

$$V = a^2(h_2 + h_4)[1 - h_1^2/2(h_1 + h_2)(h_1 + h_4) - h_3^2/2(h_3 + h_2)(h_3 + h_4)]/6 \quad (2.5.10)$$

式中　　V——当部分挖方与部分填方时六边形部分填方或挖方的体积（设 h_1 和 h_3 为两个三角形部分的角点施工高度；h_2 和 h_4 为六边形部分的角点施工高度）；

a——方格的边长；

h_1、h_2、h_3、h_4——正方形对应的各角点的施工高度（以绝对值代入公式）。

（3）平均值计算法

平均值计算法相对三角棱柱体计算法和四方棱柱体计算法，在计算准确度上要低一些，但是计算花费的时间却大大减少，而且其结果的精确程度能达到建筑师所需，所以建筑师应能理解并掌握这种算法。

对于一个方格内的 4 个角点，每个角点以方格面积的 1/4（即 $a^2/4$）为范围，各自计算或挖方或填方的体积（图 2.5.11）。

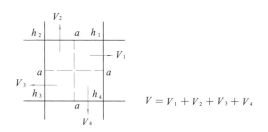

$$V = V_1 + V_2 + V_3 + V_4$$

图 2.5.11　平均值计算法

一个方格全部挖方或全部填方的体积，由于 4 个角点为相同的填挖状态，其体积可归纳利用式（2.5.4），即 $V = a^2(h_1 + h_2 + h_3 + h_4)/4$。

对于一个角点为挖方或填方而另 3 个角点为填方或挖方时，前者的体积为此角点的施工高度乘以方格面积的 1/4；后者的体积为 3 个角点的施工高度之和乘以方格面积的 3/4。

对于两个角点为挖方或填方而另两个角点为填方或挖方时，两者的体积都是同为填挖状态的两个角点的施工高度之和乘以方格面积的 2/4。

计算每个方格内的 4 个角点的填挖土方量后，分别把这些同样挖方和同样填方相加得到总的挖方量和填方量。

根据这种计算原理，可以归纳成一个公式，能提高计算的速度、减少计算工作量，即**平均值计算法**：

$$V = a^2(\sum h_1 + 2\sum h_2 + 3\sum h_3 + 4\sum h_4)/4 \quad (2.5.11)$$

式中　　V——整个场地挖方或填方的体积；

a——方格的边长；

h_1——仅属于一个方格的角点的施工高度；

h_2——同属于两个方格的角点的施工高度；

h_3——同属于三个方格的角点的施工高度；

h_4——同属于四个方格的角点的施工高度；

h_1、h_2、h_3、h_4——同为挖方或同为填方。

平均值计算法比较适合全部挖方或全部填方的场地。对于半挖半填的场地，分别对挖方部分和填方部分进行计算，然后两者结果总和就是填挖土方量。如想得到更加准确的结果，可参考本章中"2.5.5 非完整方格部分"一节所介绍的方法。

如果场地较小或方格数较少，运用平均值计算法计算出的土方量的误差比较大，则只能作为土方量的估算方法。

【例 2-5-1】

在某场地按照 20m×20m 的布置网格，已经计算并标注出原地面标高、设计地面标高和施工高度。要求计算此网格内场地的挖土方量和填土方量以及总土方量，并决定向场内运土还是向场外运土（图 2.5.12）。

分析：

可以利用式（2.5.11）进行计算。

根据网格上的施工高度，知道同为挖方的角点为 A2、A3、B1、B2、B3 和 C3；同为填方的角点为 C1、C2、D1、D2 和 D3。

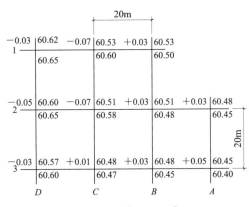

图 2.5.12　【例 2-5-1】图

① 先计算总填土方量

仅属于一个方格的角点有 $A2$、$A3$、$B1$，则 $\sum h_1 = 0.03 + 0.05 + 0.03 = 0.11$m；

同属于两个方格的角点有 $B3$、$C3$，则 $\sum h_2 = 0.03 + 0.01 = 0.04$m；

同属于 3 个方格的角点有 $B2$，则 $\sum h_3 = 0.03$m；

没有同属于 4 个方格的角点。

又因每个方格的面积为 $20 \times 20 = 400$m^2，连同把以上 3 个数值代入式（2.5.11），得：

总填土方量 $V = a^2 (\sum h_1 + 2\sum h_2 + 3\sum h_3 + 4\sum h_4)/4 = 400 \times (0.11 + 2 \times 0.04 + 3 \times 0.03 + 4 \times 0)/4 = 400 \times (0.11 + 0.08 + 0.09)/4 = 400 \times 0.28/4 = 28$m^3。

② 再计算总挖土方量

仅属于一个方格的角点有 $D1$、$D3$，则 $\sum h_1 = 0.03 + 0.03 = 0.06$m；

同属于两个方格的角点有 $C1$、$D2$，则 $\sum h_2 = 0.07 + 0.05 = 0.12$m；

同属于 4 个方格的角点有 $C2$，则 $\sum h_4 = 0.07$m；

没有同属于 3 个方格的角点。

又因每个方格的面积为 $20 \times 20 = 400$m^2，连同把以上 3 个数值代入式（2.5.11），得：

总挖土方量 $V = a^2 (\sum h_1 + 2\sum h_2 + 3\sum h_3 + 4\sum h_4)/4 = 400 \times (0.06 + 2 \times 0.12 + 3 \times 0 + 4 \times 0.07)/4 = 400 \times (0.06 + 0.24 + 0.28)/4 = 400 \times 0.58/4 = 58$m^3。

总土方量 = 总填土方量 + 总挖土方量 = 28 + 58 = 86m^3。

因总填土方量（28m^3）< 总挖土方量（58m^3），需要向场地外运土。

向外运土量 = 总挖土方量 − 总填土方量 = 58 − 28 = 30m^3

2.5.3　垂直截面法

垂直截面法的计算条件主要是场地等高线比较有规则，尤其对带状场地最适用，比如道路、排水沟、停车场等。

以垂直于大地水平面的方式，设置多个相互平行的垂直截面，一般垂直截面之间的间距取相同的数值，根据精度要求和场地大小，常常以 5～40m 为间距。以固定间距的垂直截面分割场地后，往往在最后两个截面之间的间距有所变化。

每相邻两个垂直截面的场地挖方量或填方量的计算公式为：

$$V = [(S_1 + S_2)/2] \times L \quad (2.5.12)$$

式中　V——两个相邻垂直截面之间的场地挖方或填方的体积；

　　S_1、S_2——两个相邻垂直截面的面积；

　　L——两个相邻垂直截面之间的间距。

应把挖方部分和填方部分分开进行计算，即对于挖方部分和填方部分最好各自根据地形情况进行垂直截面布置。

每个截面的面积计算可以利用不同的方法计算，如近似几何方法、布置网格计算等。

最先和最后截面与场地头尾之间的体积用式（2.5.12）计算为 $LS_2/2$，而其实这两部分的场地接近锥形几何体，体积更接近 $LS_2/3$。在建筑场地设计中，计算时可以不考虑这个细节，使计算更加简便。

归纳以上，忽略最先和最后截面的体积问题及间距有所变化的问题。可以总结出**垂直截面法计算公式为**（图 2.5.13）：

$$V = (S_1/2 + S_2 + S_3 + \cdots + S_{n-1} + S_n/2) \times L$$

$$(2.5.13)$$

式中　　V——场地总挖方或总填方的体积；

　　S_1、$S_2 \cdots S_n$——各个垂直截面的面积；

　　L——两个相邻垂直截面之间的间距。

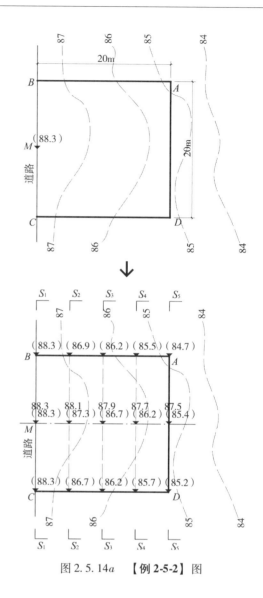

图 2.5.13 垂直截面法

【例2-5-2】

某地形 *ABCD* 为 20m×20m，在其范围内经过平整后建成停车场，停车场的平面坡度为 4%，从西向东倾斜。又知西侧和道路相交的控制点为 *M* 点（即 *AB* 线的中心点），标高为 88.3m。要求用垂直截面法（截面间距 5m）计算在 *ABCD* 范围内的土石方量（图 2.5.14*a*）。

分析：

在 *ABCD* 平面中从 *AB* 线开始，以平行 *AB* 线作垂直截面的投影线，即 S_1、S_2、S_3、S_4 和 S_5，其中 S_1 和 *BC* 线重合，S_5 和 *AD* 线重合。

过 *M* 点作场地 *ABCD* 的东西中心线。

先标出在原地面上垂直截面和场地范围线及场地东西中心线相交点的标高。利用内插法公式（1.2.3），依次计算出各交点的标高，然后分别标注在其位置上。

再标出在设计地面上垂直截面和场地范围线及场地东西中心线相交点的标高。根据控制点 *M* 点标高 88.3m 和其倾斜坡度 4%，利用内插法公式（1.2.3），依次计算出各交点的标高，然后分别标注在其位置上。其场地范围线上的交点标高和场地东西中心线的交点标高是相同的。

接着分别作出 S_1、S_2、S_3、S_4 和 S_5 这 5 个垂直截面的平面，即画出垂直截面上的原地面线和设计地面线，然后计算出这 5 个截面的面积（图 2.5.14*b*）。

图 2.5.14*a* 　**【例2-5-2】**图

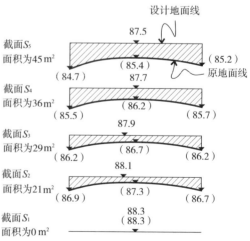

图 2.5.14*b* 　**【例2-5-2】**计算截面的面积

S_1 的面积为 $0 \mathrm{m}^2$；

S_2 的面积为 $21 \mathrm{m}^2$；

S_3 的面积为 $29 \mathrm{m}^2$；

S_4 的面积为 $36 \mathrm{m}^2$；

S_5 的面积为 $45 \mathrm{m}^2$；

把已知数代入式（2.5.13）得，总挖方量 $=$ $(S_1/2 + S_2 + S_3 + S_4 + S_5/2) \times L = (0/2 + 21 + 29 + 36 + 45/2) \times 5 = 108.5 \times 5 = 542.5 \mathrm{m}^2$。

垂直截面法得出的土方量结果比实际偏高，但是对于建筑师的需要来说已经满足。

2.5.4　等高线水平截面法

等高线水平截面法和垂直截面法的原理基本相同。

在确定挖填区的分界线（即零线）后，划分挖土区和填土区，分别对挖土区或填土区进行等高线水平截面法的计算。

在挖土区或填土区内计算各个同高程的设计等高线与原地面等高线所围合的面积，挖土状态或填土状态的相邻等高线之间的动土方量计算公式与式（2.5.12）相似。其表达式为：

$$V = [(S_1 + S_2)/2] \times h \quad (2.5.14)$$

式中　V——两个相邻等高线之间的场地挖方或填方的体积；

　S_1、S_2——相邻的两个同高程的设计等高线与原地面等高线所围合的面积；

　h——等高距。

和垂直截面法的原理类似，可以总结出用**等高线水平截面法**计算公式：

$$V = (S_1/2 + S_2 + S_3 + \cdots + S_{n-1} + S_n/2) \times h \quad (2.5.15)$$

式中　V——场地总挖方或总填方的体积；

　S_1、$S_2 \cdots S_n$——各个同高程的设计等高线与原地面等高线所围合的面积；

　h——等高距。

式（2.5.15）和垂直截面法一样忽略了最先和最后截面与场地首尾之间的体积及间距有所变化的问题。

一般对于场地范围较大、场地不太复杂时，可以采用等高线水平截面法计算，池塘的水的体积也可采用此法计算。

此计算方法的误差比较大，但对于估计土方量来说是足够的。

【例2-5-3】

某坡地进行填土改造。根据原地形等高线图和设计等高线图，要求用等高线水平截面法计算填土量（图2.5.15）。

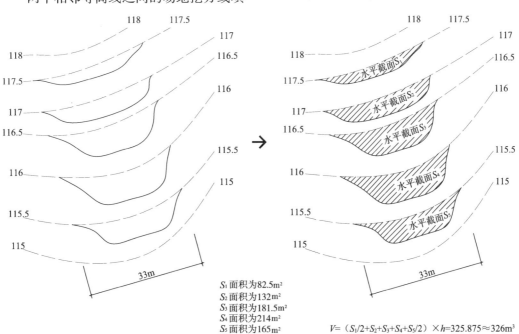

S_1 面积为 $82.5 \mathrm{m}^2$
S_2 面积为 $132 \mathrm{m}^2$
S_3 面积为 $181.5 \mathrm{m}^2$
S_4 面积为 $214 \mathrm{m}^2$
S_5 面积为 $165 \mathrm{m}^2$

$V = (S_1/2 + S_2 + S_3 + S_4 + S_5/2) \times h = 325.875 \approx 326 \mathrm{m}^3$

图 2.5.15　**【例2-5-3】**图

分析：

观察地形的改造情况，只有填土方工作，那么根据等高线水平截面法的计算公式（2.5.15）。首先应依次计算同高程的各个设计等高线与原地面等高线共同围合的面积。

填土开始处第一个面积（即 S_1），为设计等高线 117.5 和原等高线 117.5 围合的面积，对该围合面积进行近似几何分解计算，得 $S_1 = 82.5\text{m}^2$；同样得 $S_2 = 132\text{m}^2$、$S_3 = 181.5\text{m}^2$、$S_4 = 214.5\text{m}^2$。

填土开始处最后的面积（即 S_5），为设计等高线 115.5 和原等高线 115.5 围合的面积，对该围合面积进行近似几何分解计算得 $S_5 = 165\text{m}^2$。

又知等高距为 0.5m，则把所有已知条件代入式（2.5.15），得总填土方量 $V = (S_1/2 + S_2 + S_3 + S_4 + S_5/2) \times h = (82.5/2 + 132 + 181.5 + 214.5 + 165/2) \times 0.5 = 651.75 \times 0.5 = 325.875 \approx 326\text{m}^3$。

2.5.5 非完整方格部分

在实际设计工作中，场地有时是不规则形状的平面，在采用网格法时，一般都会在整个网格的边缘处出现非完整的方格，在计算土方时，也应对方格外的非完整部分进行土方测量。其土方工程量计算，一般采用平均值计算法，即非完整方格的面积乘以其平均施工高度，或者按照几何体体积来计算。计算时宜分割成矩形和三角形的平面，根据计算精度要求，可以简化或更细致地分割非完整部分的体积。有时也可采用垂直断面法来计算非完整部分的体积。

对于建筑师来说，繁琐且对全局要求影响不大的计算，相对于场地分析来说是不必要的。那么可以对非完整部分进行优化整合，以利于计算。

可参考以下只适用于建筑师的**网格法中非完整部分的整合规则（图 2.5.16）**：

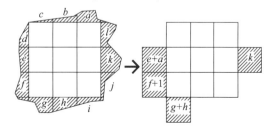

图 2.5.16 网格法中非完整部分的整合规则

（1）当一个非完整部分的面积明显大于一个方格面积的 1/2 时，扩大此非完整部分为一个方格面积。其新方格最外边的标高宜和原非完整部分外边的标高相同。

（2）当一个非完整部分的面积明显小于一个方格面积的 1/2 时，取消此非完整部分。

（3）当一个非完整部分的面积接近一个方格面积的 1/2 时，可以和同状态的另一非完整部分合为一个方格面积，或者根据其他非完整部分的情况，分化或补全成一个方格面积。

虽然规则不是严格的计算公式，但对建筑师的设计需求是满足的。

【例 2-5-4】

某场地以边长 20m 的方格划分成 4 个方格和 12 个非完整部分，全部为填方。已经计算并标注出施工高度。要求粗略计算场地土石方量，不考虑护坡（图 2.5.17）。

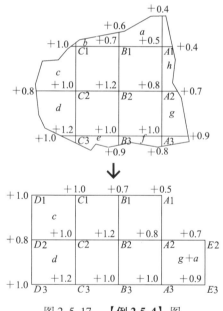

图 2.5.17 **【例 2-5-4】**图

分析：

题中不要求精确的计算，那么首先利用以上非完整部分的整合规则，对该场地的网格进行优化整合。

观察方格网的非完整部分，可知：

大于一个方格的 1/2 的部分有：部分 c，部分 d；

小于一个方格的 1/2 的部分有：部分 b，部分

e，部分 f，部分 h；

接近一个方格的 1/2 的部分有：部分 a，部分 g。

根据整合规则，将非完整部分中部分 c 和部分 d 扩展成完整的方格；将部分 a 和部分 g 合并成一个完整的方格；其余非完整部分舍弃。

对于新的方格网，利用式（2.5.11）进行计算。

仅属于一个方格的角点有 $A1$、$D1$、$D3$、$E2$、$E3$，则 $\sum h_1 = 0.5 + 1.0 + 1.0 + 0.7 + 0.9 = 4.1\text{m}$；

同属于两个方格的角点有 $A3$、$B1$、$B3$、$C1$、$C3$、$D2$，则 $\sum h_2 = 1.0 + 0.7 + 1.0 + 1.0 + 1.2 + 0.8 = 5.7\text{m}$；

同属于 3 个方格的角点有 $A2$，则 $\sum h_3 = 0.8\text{m}$；

同属于 4 个方格的角点有 $B2$、$C2$，则 $\sum h_4 = 1.2 + 1.0 = 2.2\text{m}$；

又因每个方格的面积为 $20 \times 20 = 400\text{m}^2$，连同把以上 4 个数值代入式（2.5.11），得：

总填土方量 $V = a^2 (\sum h_1 + 2\sum h_2 + 3\sum h_3 + 4\sum h_4)/4 = 400 \times (4.1 + 2 \times 5.7 + 3 \times 0.8 + 4 \times 2.2)/4 = 400 \times (4.1 + 11.4 + 2.4 + 8.8)/4 = 400 \times 26.7/4 = 2670\text{m}^3$。

2.5.6 土石方调配

在完成挖方量和填方量的计算后，往往对于土石方填挖部分进行调配，即挖出的土方回填到填方区内，这样能大大减少土方运输的经济成本。

（1）土石方调配原则

1）尽量达到挖方量、填方量平衡，运距最短

这两个条件可以较大程度降低工程成本。在场地范围内难以达到这两个条件时，可以结合场地的周围地形情况，来取土和弃土，以达到更加经济合理的程度。

2）先期施工与后期施工相结合

先期场地施工所缺少的填方量，可以由后期场地施工的挖方量补充。先期场地施工所多出的挖方量，同样可以作为后期施工所需要的填方量。注意先期施工为后期施工作准备时，其多余土方的堆放位置或待后期施工土方填补的位置，应为后期施工创造工作面和施工条件，避免重复搬运。

3）分区与全场相结合

在分区施工时，每个分区范围内的土方所缺少量或多出量，应结合全场的土方进行调配，不能只

考虑本分区的平衡和总运输量最少而任意挖填。对于土质较好的挖方土，应尽量回填到填方质量要求较高的地面。

4）与大型地下建筑的施工相结合

5）选择恰当的调配方向

合理的运输路线，使土方机械和运输车辆的功效能得到充分的发挥。

以上几点，在根据施工具体情况、有关技术资料、施工进度要求、土方施工和运输能力等条件，进行比较优化，得到经济合理的调配方案。

（2）调配区划分原则

为方便调配土方，对于土方挖方区内和填方区内进行分割，形成调配区，这样使调配工作有序和经济高效。调配区划分原则有以下几点。

1）调配区应与工程建（构）筑物的平面位置相协调，并考虑它们的开工顺序、工程的分期施工顺序。

2）调配区的大小应满足土方施工主导机械（铲运机、挖土机等）的技术要求。

3）调配区范围应和土方工程量计算用的方格网协调，一般可由若干个方格组成一个调配区。

4）当土方运距较大或场地范围内土方不平衡时，可根据附近地形情况，考虑就近取土或就近弃土。此时取土区或弃土区都可作为一个独立的调配区。

例如在场地 $ABCD$ 中，进行土石方调配。图上注明了挖填调配区、调配方向、土方数量，以及每对挖、填区之间的平均运距。图上共 4 个挖方区，3 个填方区，总挖方量比总填方少 100m^3，这部分由场外取得（图 2.5.18）。

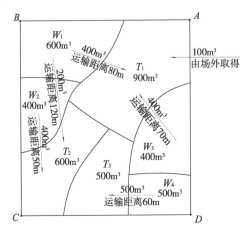

图 2.5.18　某土石方调配实例

挖、填区之间的平均运距是从一个调配区的重心到另一个调配区的重心的距离。例如调配区 W1 向调配区 T1 的平均运距是从 W1 的重心开始，到 T1 的重心为止。

对于规则平面的重心坐标，如果平面形状是中心对称的，对称中心就是物体的重心，如果平面形状是轴对称的，物体的重心必在对称轴上。

对于非规则平面的重心坐标，可以运用数学公式（$X_C = \sum G_{x_1}/\sum G$；$Y_C = \sum G_{y_1}/\sum G$）。也可以在平面上取得两条线，这两条线能把平面面积分为相等的两部分，则两条线的交点 A 就是该平面的重心（图 2.5.19）。

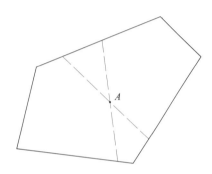

图 2.5.19 非规则平面的重心

当两个相互调配的挖、填区距离较远，采用的运输车辆或机械设备被要求沿工地道路或规定线路行驶时，其平均运距按实际长度计算。

2.5.7 其他影响

（1）土的可松性

以上土方量的计算是在理想状态下进行的。实际工程中自然状态下的土，经过开挖后其体积因松散而增大，回填后虽然经过压实，仍然不可能恢复到原来的体积。这种性质即土的可松性。

土的可松性程度用可松性系数表示：

$$K_S = V_2/V_1 \qquad (2.5.16)$$
$$K_S' = V_3/V_1 \qquad (2.5.17)$$

式中　K_S——开挖可松性系数（又称最初可松性系数）；

　　　K_S'——回填可松性系数（又称最后可松性系数）；

　　　V_1——土在天然状态下的体积；

　　　V_2——土经开挖后的松散体积；

　　　V_3——土经回填压实后的体积。

一般 K_S 和 K_S' 都 >1，且 $K_S > K_S'$。

如果考虑土的可松性，就要对原地形欲开挖的土方部分的体积进行换算，即把天然状态下的土方体积转换成松散的土方体积；对于把松散的土方回填并压实后的土方体积，也要进行换算。

【例 2-5-5】

某工程平整场地，经过计算得到总挖方量为 6000m³，总填方量为 5200m³，考虑到施工方便及经济要求，挖方区就近弃土 200m³，填方区就近取土 250m³。场地土质为普通土，即 $K_S = 1.19$，$K_S' = 1.04$。要求确定场地平整中土方需要运出还是运进补充？需要汽车运载的土方体积运输量是多少？

分析：

因挖方区就近弃土 200m³，填方区就近取土 250m³，则这两部分各自从总土方量中去除。即新总挖方量为（6000 - 200）= 5800m³；新总填方量为（5200 - 250）= 4950m³。

题中所提供的挖方量和填方量，都是相对于原地形和设计地形来说的，即挖土量是指天然状态下的土方体积，填土量是指松散状态的土方经压实后的土方体积。

根据式（2.5.17），得到新填土量对应的天然状态下的土方体积 $V_1 = V_3/K_S' = 4950/1.04 = 4759.6m³$。

因新总挖方量为 5800m³ > V_1（4759.6m³），即将多出挖土部分，其天然状态下的土方体积为（5800 - 4759.6）= 1040.4m³。

由于用汽车运出场地的土方是在松散状态下的，所以根据式（2.5.16），把多出的土方由天然状态下的体积换算成松散状态下的体积 $V_2 = V_1 × K_S = 1040.4 × 1.19 = 1238.1m³$，即需要汽车运载的土方体积运输量为 1238.1m³。

（2）场地表面铺地

场地平整中，设计平面常常需要进行铺地，或者原地形有可能铺设过铺地。

因为铺地往往有 10cm 以上厚度，其下的垫层也在 10cm 以上厚度，所以铺地对计算土石方量具有一定的影响。

所说的场地设计标高，应是场地完成后的最终地面标高。若场地进行铺地铺设，场地设计标高就是铺地的表面标高。

而原地形标高，应是场地的最初地面标高。若

原来场地曾经进行过铺地铺设，原场地标高就是原铺地的表面标高。

根据铺地情况计算实际土方和高度方法如下（图2.5.20）。

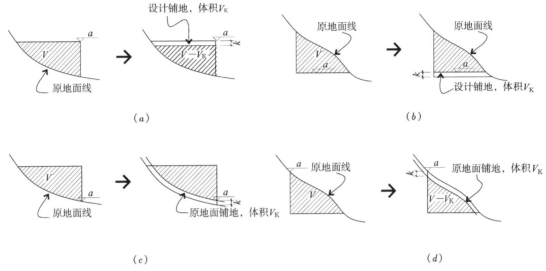

图 2.5.20　根据铺地情况计算实际土方和高度的方法
（a）填方时场地设计地面需要铺地时；（b）挖方时场地设计地面需要铺地时；
（c）填方时原地面有铺地时；（d）挖方时原地面有铺地时

1）填方时场地设计地面需要铺地时

设填方区的填方量为 V，其场地设计地面标高为 a，当包含厚度为 k 的铺地时，铺地的表面标高即为 a。则实际填方量应为 $(V-V_K)$，V_K 为铺地部分的土方量，所以实际填方部分的上表面标高为 $(a-k)$。

2）挖方时场地设计地面需要铺地时

设挖方区的挖方量为 V，其场地设计地面标高为 a，当包含厚度为 k 的铺地时，铺地的表面标高即为 a。那么实际挖方量应为 $(V+V_K)$，V_K 为铺地部分的土方量，则实际挖方部分的下表面标高为 $(a-k)$。

3）填方时原地面有铺地时

设填方区的填方量为 V，其原地面某处标高为 a，当原地面包含厚度为 k 的铺地时，需要移除原铺地，那么实际填方量应为 $(V+V_K)$，V_K 为铺地部分的土方量，则实际填方部分的某处相应下表面标高为 $(a-k)$。

4）挖方时原地面有铺地时

设挖方区的挖方量为 V，其原地面某处标高为 a，当包含厚度为 k 的铺地时，需要移除原铺地，

那么实际挖方量应为 $(V-V_K)$，V_K 为铺地部分的土方量，则实际挖方部分的某处相应上表面标高为 $(a-k)$。

【例2-5-6】

某工程平整场地，场地平缓。经过初步计算得到总挖方量为 2200m³，挖方区平面面积为 900m²；总填方量为 3100m³，填方区平面面积为 1200m²。原地面有铺地，厚 0.25m（包括垫层）。在设计地面上由于特殊的要求，挖方区不铺设铺地，填方区需铺设厚 0.2m 的铺地（包括垫层）。要求考虑铺地的影响，对总挖方量和总填方量进行调整。

分析：

① 对总挖方量进行调整

原地面有铺地，根据铺地情况的计算方法第4）条，实际挖方量应在总挖方量的基础上减去原地面铺地的体积。

因挖方区平面面积为 900m²，原地面铺地厚 0.25m（包括垫层），则原地面铺地的体积 = 900 × 0.25 = 225m³。

因此调整后的总挖方量 = 2200 - 225 = 1975m³。

② 对总填方量进行调整

原地面有铺地，根据铺地情况的计算方法第3）条，实际填方量应在总填方量的基础上加上原地面铺地的体积。

填方区设计地面需要铺设铺地，根据铺地情况的计算方法第1）条，实际填方量应在总填方量的基础上减去新铺地的体积。

因填方区平面面积为1200m²，原地面铺地厚0.25m（包括垫层），则原地面铺地的体积 = 1200 × 0.25 = 300m³；设计地面新铺地厚0.2m（包括垫层），则新铺地的体积 = 1200 × 0.2 = 240m³

因此调整后的总填方量 = 3100 + 300 - 240 = 3160m³。

当原地面铺地和设计地面新铺地的厚度相同时，两者体积基本相互抵消，可以认为铺地此时对土方量影响不大。

在计算铺地体积时采用的是场区的水平投影面积，为使计算简化，一般情况下其与场地实际面积之间的误差对计算结果影响不大；但在场地坡度较大时，误差就会明显。

（3）局部填挖工程

在填方中，设计标高以上的设施，如场地内要修筑路堤等，需要填方，这样对于总填方量来说体积数增加了；要在初步得到的总填方量基础上，加上该设施需要的填方量。

在挖方中，设计标高以下的设施，如场地内开挖河道、水池等，需要挖方，这样对于总挖方量来说体积数增加了；要在初步得到的总挖方量基础上，加上该设施需要的挖方量。

【例2-5-7】

某工程平整场地。经过初步计算得到总挖方量为3500m³；总填方量为4100m³。需要在场地一侧设置路堤，路堤长55m，横截面面积约为12m²；同时，还需要在场地另一侧设置河道，河道在本场地内长60m，横截面面积约为21m²。要求对总挖方量和总填方量进行调整（图2.5.21）。

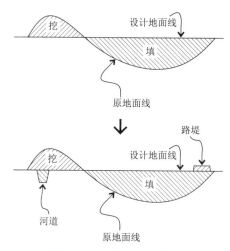

图2.5.21 【例2-5-7】图

分析：

设置的路堤高于填方区场地设计地面，需要增加填方量。

因路堤长55m，横截面面积约为12m²，则路堤所需的填方体积 = 12 × 55 = 660m³。

得到调整后的总填方量 = 4100 + 660 = 4760m³。

设置的河道低于挖方区场地设计地面，需要增加挖方量。

因河道在本场地内长60m，横截面面积约为21m²，则河道所需的挖方体积 = 21 × 60 = 1260m³。

得到调整后的总挖方量 = 3500 + 1260 = 4760m³。

2.6 土石方平衡

根据建设项目的使用要求，结合用地地形特点和施工技术条件，合理确定建筑物、构筑物、道路等的标高，做到充分利用地形，少挖填土石方，使设计经济合理，这就是竖向布置设计的主要工作。

竖向布置的目的是改造和利用地形，使确定的设计标高和设计地面能满足建筑物、构筑物之间以及场地内外交通运输的合理需求，保证地面水有组织的排除，并力争土石方工程量最小。这对于节省施工费用，加快工程进度，具有重要的实用和经济价值。

在场地平整中，影响工程成本的主要是土石方工程量的大小、挖填机械及运输车辆的使用情况。

原则上，某个场地平整产生的挖土量和填土量应能在本场地内解决消化，尽量减少对场外的影响。挖土方若大量依靠弃土，而外运，那么就需要为弃土土方寻找弃土场地，人为地干扰所选弃土场地的环境。填土方若大量依靠从场外取土，那么被取土的自然场地很可能受到严重破坏，以致水土流失。而土质较差的场地不能成为外取土的最佳来源。

有时其他场地需要取土而接纳这些弃土土方，或者其他场地恰好产生多余的土方而送出这些土方，也可彼此解决土方问题，但在实际工程中，各个场地很可能属于不同单位，无法做到互相协调。同时，土石方向场地内、外的运输需要运输车辆，也增大了工程造价。

在有些场地平整的设计文件中，对场地平整，根据总的规划要求进行限制。一般是对设计场地的边缘和场地外的关系作出限定，如限定场地边缘转折点标高，使其与邻近的场地形成良好的关系；如场地与主道路之间的连接道路的标高限定，使场地合理地与外界形成交通联系。这时的场地平整主要考虑的是规划文件给出的标高限制，在此基础上尽可能地达到土石方平衡，以减少工程造价（图2.6.1）。

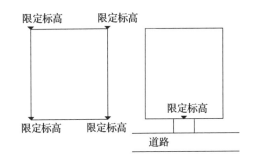

图 2.6.1 标高的限定

有些设计文件对场地平整的限定比较宽松或没有限定，此时土石方平衡就尤显重要。

没有场外条件限制的场地平整一般有三种方法，即挖填土石方平衡法、垂直截面平衡法和最小二乘法（即最佳设计平面法）。

① 建筑师所面对的场地平整设计，大多数情况是小型场地。当场地标高没有特殊要求和限制时，常用的设计方法为挖填平衡法。挖填平衡法是建筑师应该掌握的场地平整方法，在设计中进行场地研究时，场地平整的结果对于场地内各个建筑之间的关系有着很大的影响。虽然使用挖填平衡法能使填挖土方量尽量相等，却不能保证总土方量最小（而是接近最小）；但此方法概念直观，计算简便，在精度上能满足施工要求，因此在场地平整施工中是经常采用的方法。

② 垂直截面平衡法是针对地面比较规则，并且地形不复杂的场地的。应该说是挖填土方量平衡法的变种，计算更加直观和简单，在实际工程中也是比较常用的方法，在进行填挖方式的比较时较多采用。

③ 最小二乘法（即最佳设计平面法）主要针对大型场地的竖向规划设计，应用最小二乘法原理，计算出最佳设计平面，可以满足挖填土方量平衡和总土方量最小两个条件。虽然用最小二乘法能满足这两个条件，但有时当得到的场地设计坡度超出规范要求，就要进行重新调整，在满足其中一个条件下尽量接近另一个条件。此设计方法计算繁杂，对于建筑师来说并不是常用的方法。

2.6.1 土石方量最小和场地选址

不考虑场地规划限制、场地坡度、土的可松性等因素影响，场地平整在达到土石方平衡时，一般容易接近土石方量最小。以下分析以场地接近水平面为前提，对有坡度要求的场地可以参考利用。

假设已知某场地垂直截面中，原地面线 A 点和 B 点之间的水平距离为 $2b$，高差为 $2a$。现试作三种设计地面线，进行填挖区面积的比较。当填方区和挖方区之和最小时，大致可以表明总土方量接近最小。

从 A 点作水平线为设计地面线，即为填土方式。得到面积 $S_1 = 2a \times 2b/2 = 2ab$。

从 B 点作水平线为设计地面线，即为挖土方式。得到面积 $S_2 = 2a \times 2b/2 = 2ab$。

从 AB 线段中间作水平线为设计地面线，即一半为填土方式、一半为挖土方式。得到面积 $S_3 = a \times b/2 + a \times b/2 = ab$。

因 $ab < 2ab$，则在第三种情况下，即土石方平衡时，总土方量接近最小（图 2.6.2）。

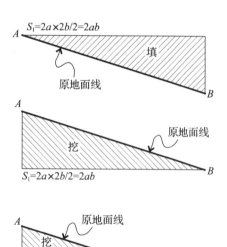

图 2.6.2 土石方平衡时总土方量接近最小

在以土石方平衡为前提条件时，同样一块场地范围，随着所处原地面坡度的增加，其总土方量也会增加。

某场地分别设在两个不同坡度的原地面 A 和原地面 B，其中 B 的坡度比 A 的坡度大。从两个场地布置图同位置的剖面可以明显看出，达到土石方平衡后的设计地面所需的总土石方量，原地面 A 比原地面 B 要小（图 2.6.3）。

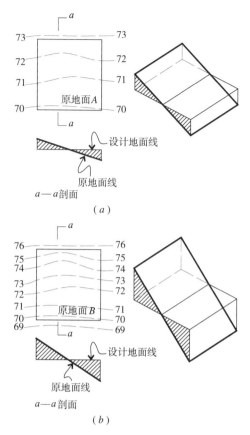

图 2.6.3 坡度增加对总土石方量的影响
（a）在原地面 A 上；（b）在原地面 B 上

在起伏变化不剧烈的地面上，以填挖平衡为前提选择设计场地位置，可以参考以下选址规则：

① 选择设计场地位置时，使设计场地在原地形图上进行移动判别，设计场地范围内包含的原地面等高线越少，其总土石方量越小；当包含的原地面等高线最少时，可以认为其总土石方量也最少。

② 在①中，在不同的选址上，当设计场地包含的原地面等高线数目相同时，增加辅助等高线进一步判别。当设计场地范围内包含的原地面等高线（包括辅助等高线）最少时，可以认为其总土石方量也最少。

有时原地形比较简单有序，也可以采用观察目测的方式，直接找到原地面等高线最稀疏的地方，即其土石方最少的选址。

对于起伏变化比较剧烈的地面，总土石方量最小的场地选址，最终要通过计算来决定，①和②只能作为场地选址的辅助参考。

【例2-6-1】

在某山坡上准备修整出一块 70m×70m 的场地，要求取得场地位置。场地方向为南北向。在土石方平衡的前提下，要求动土方最少（图2.6.4）。

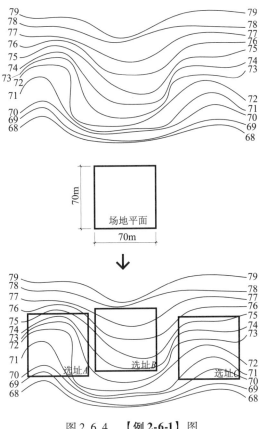

图 2.6.4 【例2-6-1】图

分析：

参考选址规则①，用透明纸按照原地形图的比例，裁剪出相当于实际 70m×70m 的正方形纸片。

把纸片在地形图上移动，可以找到纸片包含原地面等高线最少的是选址 B 处。

分析三处比较有代表性的选址：

选址 A 处，纸片包含的原地面等高线为 7 条；

选址 B 处，纸片包含的原地面等高线为 4 条；

选址 C 处，纸片包含的原地面等高线为 6 条；

选址 B 处包含的原地面等高线比选址 A 的和选址 C 的要少。

则选址 B 为场地所选位置。

【例2-6-2】

在和【例2-6-1】同样的山坡上准备修整出一块 40m×40m 的场地，要求取得场地位置。场地方向正南正北。在土石方平衡的前提下，要求动土方最少（图2.6.5）。

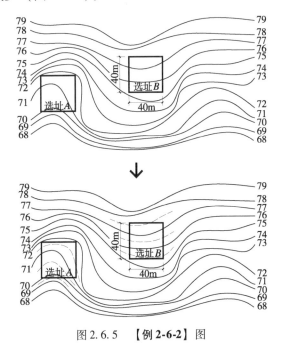

图 2.6.5 【例2-6-2】图

分析：

参考选址规则①，用透明纸按照原地形图的比例，裁剪出相当于实际 40m×40m 的正方形纸片。

把纸片在地形图上移动，可以找到纸片包含原地面等高线最少的有两处：选址 A 处和选址 B 处。

纸片在这两个选址上所包含的原地面等高线都是两条，根据选址规则②，在被纸片包含的原地面等高线之间添加辅助等高线（此时在相邻等高线间勾画间曲线，即按等高距的1/2 测绘的等高线），得到：

选址 A 处，纸片包含包括辅助等高线在内的等高线为 4 条；

选址 B 处，纸片包含包括辅助等高线在内的等高线为 5 条；

因此，选址 A 是总土石方量最少的选址。

当经过判别找到符合要求的选址时，若没有要求设计场地的方向，怎样安排设计场地的方向，才能使总土石方量最少？

以下以边长为 a 的正方形场地为例，分别以场地某边缘与原地面等高线呈45°和与原地面等高线平行为例，加以分析（图2.6.6）。

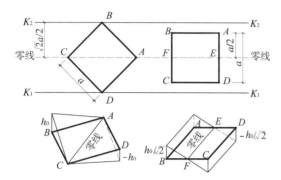

图 2.6.6 设计场地不同方向时土石方量的比较

1）场地边缘与原地面等高线呈45°。设其中心线 AC 的高度为0，过南边 D 点的线 K_1 高度为 $-h_0$，过北边 B 点的线 K_2 高度为 h_0。即 AC 线南侧为填方区，北侧为挖方区。

填方区体积 $V_1 = \dfrac{h_0 a^2}{6}$（m^3）；挖方区体积 $V_2 = \dfrac{h_0 a^2}{6}$（m^3）。

总土石方量体积 $V = V_1 + V_2 = \dfrac{h_0 a^2}{6} + \dfrac{h_0 a^2}{6}$

$$= \dfrac{h_0 a^2}{3} \text{（} m^3 \text{）} 。$$

2）在同样的地形条件下，场地的两边与原地面等高线平行。AD 的中点为 E，BC 的中点为 F。设 EF 连线的高度为0。

先取得 AB 和 CD 线所在的原地面高度。

标高为0的 E 点到标高为 h_0 的线 K_1 的距离为 $\dfrac{\sqrt{2}}{2} a$；而 EA 水平长度为 $a/2$，根据内插法公式

（1.2.3），得到 A 点高度（即 AB 线高度）$= \dfrac{\dfrac{a}{2} h_0}{\dfrac{a\sqrt{2}}{2}}$

$$= \dfrac{h_0}{\sqrt{2}} \text{（} m \text{）} 。$$

填方区呈三棱柱形态，则其底面面积为 $S_1 = \dfrac{1}{2} \times \dfrac{a}{2} \times \dfrac{h_0}{\sqrt{2}} = \dfrac{h_0 a}{4\sqrt{2}}$（$m^2$）。

则填方区体积 $V_1 = S_1 \times a = \dfrac{h_0 a}{4\sqrt{2}} \times a = \dfrac{h_0 a^2}{4\sqrt{2}}$（$m^3$）。

同样得挖方区体积 $V_2 = S_1 \times a = \dfrac{h_0 a}{4\sqrt{2}} \times a = \dfrac{h_0 a^2}{4\sqrt{2}}$（$m^3$）。

总土石方量体积 $V = V = V_1 + V_2 = \dfrac{h_0 a^2}{4\sqrt{2}} + \dfrac{h_0 a^2}{4\sqrt{2}}$

$$= \dfrac{h_0 a^2}{2\sqrt{2}} = \dfrac{h_0 a^2}{2.8} \text{（} m^3 \text{）} 。$$

经1）和2）分析，1）中总土石方量体积 $\left[\dfrac{h_0 a^2}{3} \text{（} m^3 \text{）} \right]$ 比2）中总土石方量体积 $\left[\dfrac{h_0 a^2}{2.8} \text{（} m^3 \text{）} \right]$ 小一些，即当设计场地边缘与原地面等高线呈45°时，比其与原地面等高线（主要边缘）平行时所产生的总土石方量要小一些。

可以说，如果考虑场地与原地形的协调、场地同整体规划的统一、场地对外交通的顺畅等因素，场地一边（主要是长边）应平行于等高线来布置；如果不考虑其他因素，单纯追求最小总土石方量，场地的边缘与等高线形成一定的角度，则可达到要求。

但是当场地边缘的等高线密度变化较大时，还是要进行土石方量计算，来加以比较确定。

2.6.2　填挖土石方平衡法

填挖土石方平衡法是建筑师应熟练掌握并应用的方法。它是在土石方计算中网格法之平均值计算法的基础上，加以分析优化的。

填挖土石方平衡法的基本原理：在原地形图上将场地划分成方格网（边长为10m、20m、40m等）后，先得到每个方格在填挖平衡时的平均标高，即方格的四角标高相加后，除以方格的角数4；然后在全场地范围内，把这些平均标高进行再平均，得到填挖平衡时的场地新标高，即这些平均标高相加后，除以方格数。

【例2-6-3】

某场地以20m边长划分为5个方格，要求平整场地为水平后填挖土方量平衡。计算并标出在填挖平衡下各个角点的设计标高、原地面标高和施工标高，同时标注方格网上零点的位置（不考虑松土系数、排水坡度要求等因素，要求用填挖土石方平衡法）（图2.6.7）。

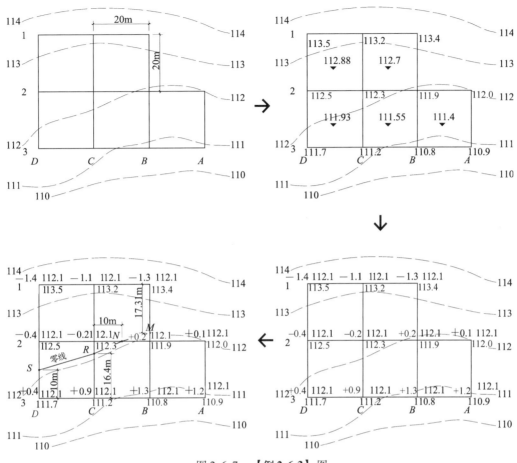

图 2.6.7 【例 2-6-3】图

分析：

① 取得各个方格角点的原地面标高

对于每个方格角点利用不规则等高线间距的知识，测量出角点位于相邻等高线之间的位置。然后根据内插法公式（1.2.3），计算出角点的原地面标高，把原地面标高数值标注于角点的右下方。

② 根据填挖土石方平衡法的基本原理，计算在填挖平衡要求下场地平面的标高。

第一步计算每个方格在本方格内填挖平衡时的平均标高：

$A2$、$A3$、$B2$、$B3$ 为 4 个角点的方格，其平均标高 $=(112.0+110.9+111.9+110.8)/4=111.4$m；

$B1$、$B2$、$C1$、$C2$ 为 4 个角点的方格，其平均标高 $=(113.4+111.9+113.2+112.3)/4=112.7$m；

$B2$、$B3$、$C2$、$C3$ 为 4 个角点的方格，其平均标高 $=(111.9+110.8+112.3+111.2)/4=111.55$m；

$C1$、$C2$、$D1$、$D2$ 为 4 个角点的方格，其平均标高 $=(113.2+112.3+113.5+112.5)/4$

$=112.88$m；

$C2$、$C3$、$D2$、$D3$ 为 4 个角点的方格，其平均标高 $=(112.3+111.2+112.5+111.7)/4=111.93$m。

第二步在全场地范围内，把这些平均标高进行再平均，得到填挖平衡时的场地新标高。

因总共有 5 个方格，那么填挖平衡时的场地新标高为（$111.4+112.7+111.55+112.88+111.93)/5=560.46/5=112.1$m，把场地新标高数值标注在每个角点的右上方。

最后对每个角点根据取得的新设计标高和原地面标高，前者减去后者得到每个角点的施工高度。

$A2$ 的施工高度为 $+0.1$m，$A3$ 的施工高度为 $+0.2$m；

$B1$ 的施工高度为 -1.3m，$B2$ 的施工高度为 $+0.2$m，$B3$ 的施工高度为 $+1.3$m；

$C1$ 的施工高度为 -1.1m，$C2$ 的施工高度为 -0.2m，$C3$ 的施工高度为 $+0.9$m；

$D1$ 的施工高度为 -1.4m，$D2$ 的施工高度为 -0.4m，$D3$ 的施工高度为 $+0.4$m。

把这些得到的施工高度标注到相应的方格角点的左上方。

③ 取得零线的位置

零线即填挖平衡线，是由施工高度为 0 的一系列点组成的。

在方格网中，只要在方格边上取得施工高度为 0 的点，然后连接这些点，就可以得到零线。

在方格边上的两端施工高度，只有出现一个为正值另一个为负值时，才说明施工高度为 0 的点在此方格边上存在。

观察标注施工高度的图纸，可以找到在方格边 $B1B2$、方格边 $B2C2$、方格边 $C2C3$、方格边 $D2D3$ 存在施工高度为 0 的点。

对于这 4 条方格边，知道边长为 20m 和两个端点的施工高度，利用内插法公式（1.2.3），分别取得施工高度为 0 的点的位置，即：

在方格边 $B1B2$ 上距 $B1$ 点 17.3m 处的 M 点；在方格边 $B2C2$ 上距 $C2$ 点 10m 处的 N 点；在方格边 $C2C3$ 上距 $C3$ 点 16.4m 处的 R 点；在方格边 $D2D3$ 上距 $D2$ 点 10m 处的 S 点。

连接 M 点、N 点、R 点和 S 点，得到方格网上零线的位置。

在【例 2-6-3】中，零线也可以这样取得：由于设计地面的标高为 112.1m，则在原地面标上标高为 112.1m 的等高线，这条线在场地范围中的部分即为场地上的零线。把每个方格内的零线简化为直线，可得到方格网上的零线位置（图 2.6.8）。

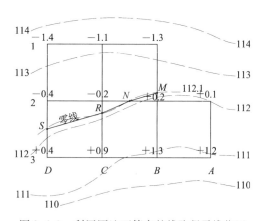

图 2.6.8　利用原地面等高的线取得零线位置

对于方格网上的零线，还可以利用尺子的刻度来量取，十分方便且不易出错。在一端为正值另一端为负值的方格边上，与此边垂直的方向上，从填方角点开始，向一侧量取等同于其施工高度的长度（合适的比例），从挖方角点开始，向另一侧量取等同于其施工高度的长度。连接两个线段的端点，其连接线与方格边相交点即为零点位置（图 2.6.9）。

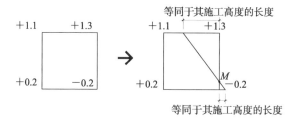

图 2.6.9　利用刻度尺取得零点位置

在实际工程中如果按照上述方法累加计算，毕竟是比较繁琐的过程。下面对挖填土石方平衡法进行公式归纳。

以某个场地进行填挖土石方平衡的工作为例。

首先布置方格边长为 a 的方格网。这时，把标高为 0m 的平面看作此场地动土区的最底面。标高为 0m 的平面垂直向上，形成一个几何体。

对这个几何体进行填挖土石方平衡的含义是：保持原来的体积大小，使这个几何体的最顶为一个水平面。也就是说，在修整这个几何体时，没有土石方的舍弃或外部补充（图 2.6.10）。

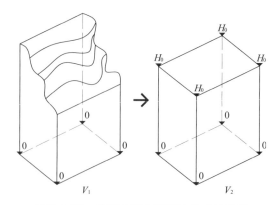

图 2.6.10　填挖土石方平衡法公式的推导

因此，根据土方量计算公式（2.5.11），得到整个几何体的体积 $V_1 = a^2(\sum h_1 + 2\sum h_2 + 3\sum h_3 + 4\sum h_4)/4$（此时这个几何体相当于挖方的状态）。

由于此几何体的底面标高为0m，那么施工高度 h_1、h_2、h_3 和 h_4，相当于方格角点的标高数值。

填挖土石方平衡后的几何体，设其高度为 H_0，相当于设计标高为 H_0。已知方格网中的方格数量为 M，那么几何体的底面积为 $S_2 = a \times a \times M = Ma^2$，则填挖土石方平衡后的几何体体积为 $V_2 = Ma^2 \times H_0$。

由于 $V_1 = V_2$，即：

$$a^2(\sum h_1 + 2\sum h_2 + 3\sum h_3 + 4\sum h_4)/4 = Ma^2 \times H_0$$

整理后得到填挖土石方平衡法公式：

$$H_0 = (\sum h_1 + 2\sum h_2 + 3\sum h_3 + 4\sum h_4)/4M$$

$$(2.6.1)$$

式中　H_0——在填挖土石方平衡下的新场地设计标高；

　　　a——方格的边长；

M——场地上方格网的方格总数；

h_1——仅属于一个方格的角点的原地面标高；

h_2——同属于两个方格的角点的原地面标高；

h_3——同属于三个方格的角点的原地面标高；

h_4——同属于四个方格的角点的原地面标高。

【例2-6-4】

某场地40m×30m，已经确定了位置。在填挖土石方平衡要求下进行平整至水平面。要求确定场地设计标高和零线的位置（不考虑松土系数、排水坡度要求等因素）（图2.6.11）。

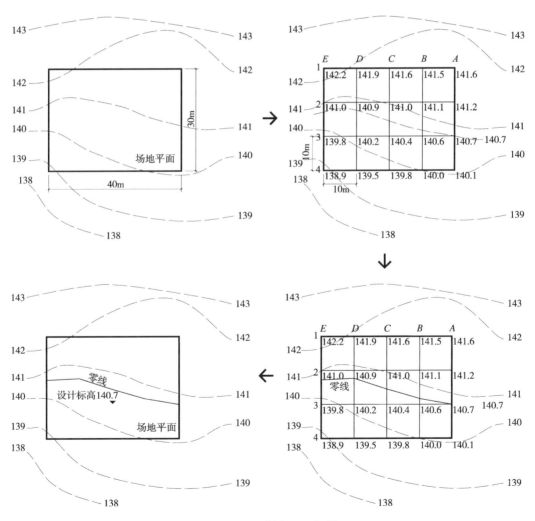

图2.6.11　**【例2-6-4】**图

分析：

此场地范围不大，布置方格网时方格边长宜小一些，选取方格边长 $a = 10m$ 来进行网格布置（方格边长选取值为10m，既能使全部场地形成完整的方格，又不会导致计算量太大）。

先取得各个方格角点的原地面标高。

对于每个方格角点利用不规则等高线间距的知识，测量出角点位于相邻等高线之间的位置。然后根据内插法公式（1.2.3），计算出角点的原地面标高，把原地面标高数值标注于角点的右下方。经计算得：

仅属于一个方格的角点有 $A1$、$A4$、$E1$、$E4$。这些原地面标高之和 $\sum h_1 = 141.6 + 140.1 + 142.2 + 138.9 = 562.8m$。

同属于两个方格的角点有 $A2$、$A3$、$B1$、$B4$、$C1$、$C4$、$D1$、$D4$、$E2$、$E3$。这些原地面标高之和 $\sum h_2 = 141.2 + 140.7 + 141.5 + 140.0 + 141.6 + 139.8 + 141.9 + 139.5 + 141.0 + 139.8 = 1407m$。

没有同属于3个方格的角点，即 $\sum h_3 = 0$。

同属于4个方格的角点有 $B2$、$B3$、$C2$、$C3$、$D2$、$D3$。这些原地面标高之和 $\sum h_4 = 141.1 + 140.6 + 141.0 + 140.4 + 140.9 + 140.2 = 844.2m$。

又知场地中方格数为 $M = 12$ 个，方格边长 $a = 10m$，把这些已知数代入填挖土石方平衡法公式（2.6.1）中，得到场地设计标高，即：

$$H_0 = (\sum h_1 + 2\sum h_2 + 3\sum h_3 + 4\sum h_4)/4M$$
$$= (562.8 + 2 \times 1407 + 3 \times 0 + 4 \times 844.2)/$$
$$(4 \times 12)$$
$$= (562.8 + 2814 + 3376.8)/48$$
$$= 6753.6/48 = 140.7m$$

得到场地设计标高140.7m后，再在原地形图上勾画出标高为140.7m的等高的线，该线在场地范围内的部分即所求的零线位置。

2.6.3 垂直截面平衡法

这里所提到的垂直截面，是指基本上和大多数等高线垂直且垂直于大地水平面的截面。

那么垂直截面平衡法的使用前提是：当原地形的等高线比较顺直，彼此之间接近平行，同时设计场地平面顺应原等高线方向时。此时其各处

垂直截面的形状大小是相同或相似的。从垂直截面的变化中可以有规律地反映场地整体上的变化，所以把这种分析填挖平衡的方法称之为垂直截面平衡法。

如果原地形变化起伏比较大，那么其各处的垂直截面的形状大多数是不一样的，也就是说这种情况不适合采用垂直截面平衡法（图2.6.12）。

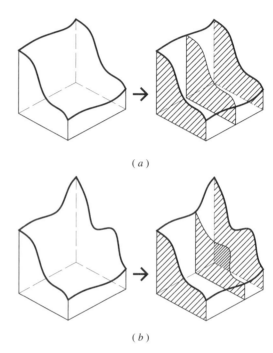

（a）

（b）

图2.6.12 使用垂直截面平衡法的前提
（a）适合垂直截面平衡法；（b）不适合垂直截面平衡法

截取垂直截面时，截面的最底线应选取经过原地形最低点的水平线，这样既能够包括所有变动的截面部分，又去掉了不必要的部分，以方便计算。

在填挖平衡的基础上，通过选取三类典型的截面形状，分析场地设计地面线的位置。

（1）当垂直截面接近为一个三角形时

1）最高点和最低点分别在截面左右两端时（图2.6.13a）

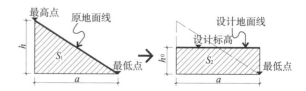

图2.6.13a 最高点和最低点分别在截面左右两端

设截面长为 a，最高点到底线的距离为 h，则此时截面面积 $S_1 = ah/2$；

设经填挖平衡平整后形成的四边形的高度为 h_0，则平整后的面积 $S_2 = ah_0$；

因为 $S_1 = S_2$，则 $ah/2 = ah_0$，即 $h_0 = h/2$；

此时最高点和最低点的垂直距离的一半就是场地设计地面线。

2）当最低点在截面左右两端时（图2.6.13b）

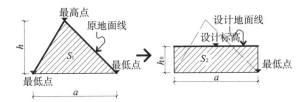

图 2.6.13b　最低点在截面左右两端

设截面长为 a，最高点到底线的距离为 h，则此时截面面积 $S_1 = ah/2$；

设经填挖平衡平整后形成的四边形的高度为 h_0，则平整后的面积 $S_2 = ah_0$；

因为 $S_1 = S_2$，则 $ah/2 = ah_0$，即 $h_0 = h/2$；

此时最高点和最低点的垂直距离的一半就是场地设计地面线。

3）当最高点在截面的一端，最低点在截面中间时（图2.6.13c）

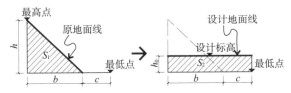

图 2.6.13c　最低点在截面中间

设截面长为 $(b+c)$，水平段长度为 c，最高点到底线的距离为 h，则此时截面面积 $S_1 = bh/2$；

设经填挖平衡平整后形成的四边形的高度为 h_0，则平整后的面积 $S_2 = (b+c) \times h_0$；

因为 $S_1 = S_2$，则 $bh/2 = (b+c) \times h_0$，即 $h_0 = bh/2(b+c)$。

（2）当垂直截面大致由两个简单的几何图形组成时

1）当最低点在截面中间时（图2.6.14a）

设左边三角形截面长为 b、高为 h_1，右边三角形截面长为 c、高为 h_2，则此时截面面积 $S_1 = (bh_1 + ch_2)/2$；

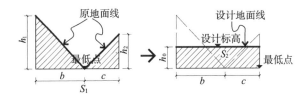

图 2.6.14a　最低点在截面中间

设经填挖平衡平整后形成的四边形的高度为 h_0，则平整后的面积 $S_2 = (b+c) \times h_0$；

因为 $S_1 = S_2$，则 $(bh_1 + ch_2)/2 = (b+c) \times h_0$，即 $h_0 = (bh_1 + ch_2)/2(b+c)$。

2）当最高点在截面的一端且呈一段水平状态，最低点在截面的另一端时（图2.6.14b）

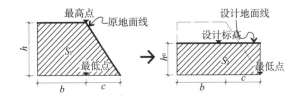

图 2.6.14b　最高点在截面的一端，最低点在截面另一端

设最高点处形成的直角四边形截面长为 b、高为 h，另一端三角形截面长为 c，则此时截面面积 $S_1 = bh + ch/2$；

设经填挖平衡平整后形成的四边形的高度为 h_0，则平整后的面积 $S_2 = (b+c) \times h_0$；

因为 $S_1 = S_2$，则 $bh + ch/2 = (b+c) \times h_0$，即 $h_0 = (2bh + ch)/2(b+c)$。

3）当最高点在截面的中间，最低点在截面的另一端时（图2.6.14c）

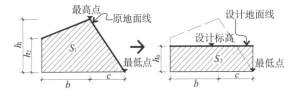

图 2.6.14c　最高点在截面中间，最低点在截面另一端

设最低点处形成的三角形截面长为 c、高为 h_1，另一端梯形截面长为 b，两平行边的短边长为 h_2，则此时截面面积 $S_1 = b(h_1 + h_2)/2 + ch_1/2$；

设经填挖平衡平整后形成的四边形的高度为 h_0，则平整后的面积 $S_2 = (b+c) \times h_0$；

因为 $S_1 = S_2$，则 $b(h_1 + h_2)/2 + ch_1/2 = (b+c) \times h_0$，即 $h_0 = h_1/2 + bh_2/2(b+c)$。

（3）当垂直截面大致由多个几何图形组成时

如果地形起伏较多较大，其垂直截面外轮廓（即原地面线）也将是起伏的，无法直接当作简单的几何图形来计算。这种情况下可以按照以下两种方法分析计算。

1）由于在等高线地形图中，相邻等高线之间的连线默认为是直线，那么此时在垂直截面上的原地面线其实是由连续的线段组成的，这些线段的垂直高度是相等的（即都为等高距的大小 h_0）（图2.6.15a）。

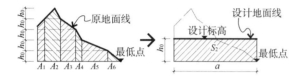

图2.6.15a　垂直截面外轮廓简化方法一

这时经过每个线段交点作截面底线的垂直线，以这些垂直线把截面分为若干个梯形和一个或两个三角形（设它们的面积分别为 A_1、$A_2 \cdots A_n$）。根据这些垂直线的高度值和它们之间的水平间距值，代入梯形面积公式和三角形面积公式，求得各自的面积，然后汇集为截面的总面积。

则此时截面面积 $S_1 = A_1 + A_2 + \cdots + A_n$；

设经填挖平衡平整后形成的四边形的高度为 h_0，则平整后的面积 $S_2 = a \times h_0$（设截面长为 a）；

因为 $S_1 = S_2$，则 $A_1 + A_2 + \cdots + A_n = a \times h_0$，即 $h_0 = (A_1 + A_2 + \cdots + A_n)/a$。

2）把原地面线接近直线的部分或者凸凹可以抵消的部分简化为直线，使截面图形成为几个简单的几何图形，以便于分析计算（图2.6.15b）。

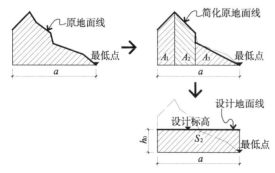

图2.6.15b　垂直截面外轮廓简化方法二

简化原地面线虽然会产生一些误差，但不失为快速计算的方法，尤其在分析的精度要求不高时，

可以很快地加以分析计算，利于场地设计工作的快速开展。

【例2-6-5】

某场地 60m×40m，不考虑松土系数、排水坡度，要求在填挖平衡下计算场地设计平面标高，并标出零线的位置（图2.6.16）。

分析：

可以观察到原地形的等高线比较顺直，相互间基本呈平行状态，且设计场地平面方向顺应原地形等高线方向。此时可采用垂直截面平衡法。

在场地长轴方向的任意处进行垂直截面。其截面位置和场地北侧边缘交于 M 点，和场地南侧边缘交于 N 点。

然后标注出 M 点和 N 点的原地面标高。利用尺规测量角点在上下相邻等高线的位置（即角点在通过角点的等高线间距线上的位置），利用内插法公式（1.2.3），计算出标高值并标注，即 M 点的原地面标高为90.4m，N 点的原地面标高为85.7m。

下面进行截面分析，取得设计地面线。

截面平面的垂直方向由等高距1m或某数值作为间距，作等高线的平行排列；其中最上方为经 M 点的原地面90.4m标高线，其中最下方为经 N 点的原地面85.7m标高线。

水平方向等高线之间及它们和 M 点、N 点之间的水平距离，在原地形图上量得并标注。

为方便截面上的分析，水平方向的比例比垂直方向的比例小。

这时的截面平面被分为5个梯形（A_1、A_2、A_3、A_4、A_5）和一个三角形（A_6）。

分别计算各个形状的面积，得：

$A_1 = (4.3 + 4.7) \times 7/2 = 31.5 \text{m}^2$；

$A_2 = (3.3 + 4.3) \times 12/2 = 45.6 \text{m}^2$；

$A_3 = (2.3 + 3.3) \times 9/2 = 25.2 \text{m}^2$；

$A_4 = (1.3 + 2.3) \times 7/2 = 12.6 \text{m}^2$；

$A_5 = (0.3 + 1.3) \times 21/2 = 16.8 \text{m}^2$；

$A_6 = 0.3 \times 4/2 = 0.6 \text{m}^2$。

则截面面积 $S_1 = A_1 + A_2 + \cdots + A_6 = 31.5 + 45.6 + 25.2 + 12.6 + 16.8 + 0.6 = 132.3 \text{m}^2$。

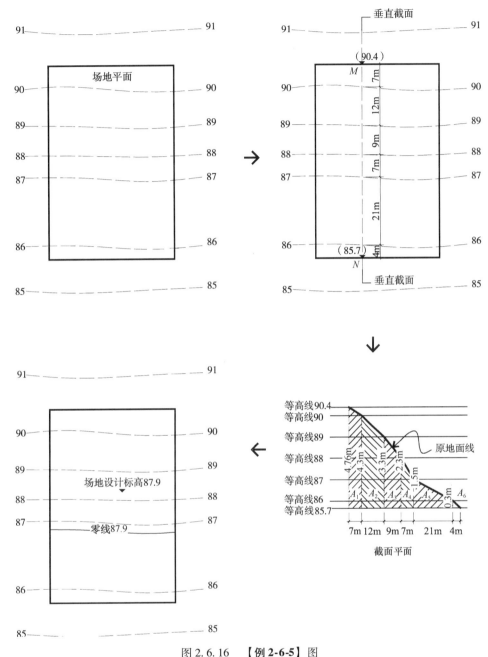

图 2.6.16　【例 2-6-5】图

设经填挖平衡平整后形成的四边形的高度为 h_0，则平整后的面积 $S_2 = a \times h_0$（截面长为60m）= $60 \times h_0$。

因为 $S_1 = S_2$，则 $A_1 + A_2 + \cdots + A_6 = a \times h_0$，即 $132.3 = 60 \times h_0$，得到 $h_0 = 2.205$m。

知道场地设计地面线和截面底线 85.7m 的垂直距离为 2.205m，可以得到场地设计地面线的标高为（85.7 + 2.205）= 87.905m ≈ 87.9m。

现在来取得零线位置。

在原场地平面图上的等高线 87m 和等高线 88m 之间，利用内插法公式（1.2.3），画出标高为 87.9m 的等高的线，该线在场地范围内的部分即所求的零线位置。

2.6.4　最小二乘法

对于建筑师来说，不需要掌握并运用最小二乘法，但应当对它有所了解；这会对场地工作有所帮助。

当地形比较复杂时，一般需设计成多平面场地，此时可根据工艺要求和地形特点，预先把场地划分成几个平面，分别计算出最佳设计单平面的各个参数。然后适当修正各设计单平面交界处的标高，使场地各单平面之间的变化平缓且连续。因此，首先应能确定单平面的最佳设计平面。

任何一个设计场地平面，在空间直角坐标体系中，都可以用 c、i_x、i_y 三个参数来确定。c 为原点处的标高；i_x 为 x 方向的坡度，$i_x = \tan \alpha = -c/a$；i_y 为 y 方向的坡度，$i_y = \tan \beta = -c/b$（图2.6.17）。

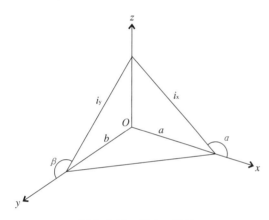

图 2.6.17 最小二乘法

在这个设计场地平面上任何一点 k 的标高 z'_k，可以根据下式求出：

$$z'_k = c + x_k i_x + y_k i_y \qquad (2.6.2)$$

式中 x_k——i 点在 x 方向的坐标；

y_k——i 点在 y 方向的坐标。

注意这里的坡度 i 根据与原点的相对位置有正负。

与前述方法类似，将场地划分成方格网，并将原地形标高 z_k 标于图上，设最佳设计场地平面的方程为式（2.6.2）形式，则该场地方格网角点的施工高度为：

$$H_k = z'_k - z_k = c + x_k i_x + y_k i_y - z_k \quad (2.6.3)$$

式中 k——1，2，…，n；

H_k——方格网各角点的施工高度；

z'_k——方格网各角点的设计平面标高；

z_k——方格网各角点的原地形标高；

n——方格角点总数。

填方区或挖方区中的施工高度之和与土方工程量成正比关系。由于总施工高度有正有负，当总施工高度之和为零时，则表明该场地土石方的填挖平衡，但它不能反映出填方和挖方的绝对值之和是多少。为了不使总施工高度正负相互抵消，若把总施工高度平方之后再相加，则其总和能反映土石方工程填挖方绝对值之和的大小。但要注意，在计算总施工高度的总和时，应考虑方格网各点施工高度在计算土方量时被应用的次数 p_k，令 σ 为土方施工高度之平方和，则：

$$\sigma = \sum_{k=1}^{k} p_k H_k^2 = p_1 h_1^2 + p_2 h_2^2 + \cdots + p_n H_n^2$$

将式（2.6.3）代入上式，得：

$$\sigma = p_1(c + x_1 i_x + y_1 i_y - z_1)^2 + p_2(c + x_2 i_x + y_2 i_y - z_2)^2 + \cdots + p_n(c + x_n i_x + y_n i_y - z_n)^2$$

$$(2.6.4)$$

式中 p_k——方格网各点施工高度在计算土方量时被应用的次数；

σ——土方施工高度之平方和。

当 σ 的值最小时，该设计平面既能使土方工程量最小，又能保证填挖方量相等（填挖方不平衡时，上式所得数值不可能最小）。这就是用最小二乘法求最佳设计平面的方法。

为求得 σ 最小时设计场地平面的 3 个参数 c、i_x、i_y，对上式的 c、i_x、i_y 分别求偏导数，并令其为零，即：

$$\frac{\partial \sigma}{\partial c} = \sum_{k=1}^{k} p_k(c + x_k i_x + y_k i_y - z_k) = 0$$

$$\frac{\partial \sigma}{\partial x} = \sum_{k=1}^{k} p_k x_k(c + x_k i_x + y_k i_y - z_k) = 0$$

$$\frac{\partial \sigma}{\partial y} = \sum_{k=1}^{k} p_k y_k(c + x_k i_x + y_k i_y - z_k) = 0$$

经整理，得到下列最佳场地设计平面的准则方程：

$$[p]c + [p_x]i_x + [p_y]i_y - [p_z] = 0$$

$$[p_x]c + [p_{xx}]i_x + [p_{xy}]i_y - [p_{xz}] = 0$$

$$[p_y]c + [p_{xy}]i_x + [p_{yy}]i_y - [p_{yz}] = 0$$

$$(2.6.5)$$

式中 $[p]$——$p_1 + p_2 + \cdots + p_n$；

$[p_x]$——$p_1 x_1 + p_2 x_2 + \cdots + p_n x_n$；

$[p_{xx}]$——$p_1 x_1 x_1 + p_2 x_2 x_2 + \cdots + p_n x_n x_n$；

$[p_{xy}]$ ——$p_1 x_1 y_1 + p_2 x_2 y_2 + \cdots + p_n x_n y_n$。

解上述联立方程组，可得最佳场地设计平面的 3 个参数 c、i_x、i_y，然后代入式（2.6.3）中，得到方格网上各个角点的施工高度。此时没有考虑工艺、运输等要求。

当计算得到的坡度不符合规范要求时，就要进行调整，避免为追求经济成本最小而违反规范要求和人体工程学要求。

2.7 场地标高的调整

在经过土石方量计算、填挖平衡的平整过程后，得到新的场地设计平面，可以称此时的新场地平面的高度为初步场地设计标高。

当还需要考虑土的可松性、其他填挖方工程、取土和弃土等因素时，初步场地设计标高就要作相应的调整。实际使用的大多场地都需要考虑排水坡度以及其他的规范要求。这样在初步场地设计的基础上，经过再设计，方得到最终的场地设计地面。其上的各处标高可称为场地设计标高。

2.7.1 初步场地设计标高的调整

在 2.6 节中由填挖平衡计算得到的初步场地设计标高，是理论上的数值。实际工程中还需根据各种影响因素进行调整。主要的影响有土的可松性、其他填挖方工程、场外取土和弃土等。

（1）土的可松性影响

由土的可松性产生的调整，可以用公式的方法和反复试验计算的方法。

1）公式的方法

在"2.5.7 其他影响"一节，对土的可松性进行了介绍，即土在经过开挖后其体积因松散而增大，回填后虽然经过压实，仍然不能恢复到原来的体积。土的可松性程度用可松性系数表示，见式（2.5.16）和式（2.5.17）。

场地经平整后，得到初步设计地面。在填挖平衡中，回填可松性系数 K'_S 相当于填方体积和挖方体积之比。

设此时场地的挖方量为 V_W，挖方区的面积为 S_W；填方量为 V_T，填方区的面积为 S_T。其中挖方量等于填方量，即 $V_W = V_T$。

再设经过土的可松性考虑后整个设计地面上抬 Δh，产生新挖方区和新填方区。地面上抬 Δh，挖方区将减少土方体积 $\Delta h S_W$，新挖方区体积为 $(V_W - \Delta h S_W)$；地面上抬 Δh，填方区将增加土方体积

$\Delta h S_T$，新填方区体积为 $(V_T + \Delta h S_T)$。虽然地面抬高前后，挖方区面积和填方区面积有所变动，但是一般对整体影响不大，在计算减少或增加的体积时可以忽略不计。

而新填方区的土方是新挖方区的土方经松散并压实而成的，即新填方区的土方为新挖方区（自然土）的土方乘以回填可松性系数 K'_S 得到的，即得到下面的等式：

$$(V_W - \Delta h S_W) \times K'_S = V_T + \Delta h S_T$$

已知 $V_W = V_T$，简化之，即得到**在填挖平衡前提下，考虑土的可松性使设计地面抬高高度公式**（图 2.7.1）：

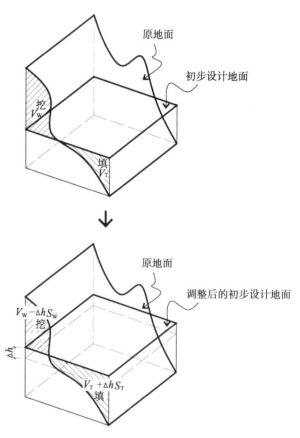

图 2.7.1 考虑土的可松性使设计地面抬高
（在填挖平衡前提下）

$$\Delta h = V_W(K'_S - 1)/(S_W K'_S + S_T) \quad (2.7.1)$$

式中 Δh——考虑土的可松性后整个设计地面上抬高度；

V_W——原挖方量（等同于原填方量）；

S_W——挖方区的面积；

S_T——填方区的面积；

K'_{s}——回填可松性系数（又称最后可松性系数）。

结论的基础上，考虑土的可松性，回填可松性系数 $K'_{\mathrm{s}} = 1.32$。计算调整后的各个角点的施工标高，并标注方格网上重新调整的零点位置（不考虑排水坡度要求等因素）（图 2.7.2）。

【例 2-7-1】

和【例 2-6-3】的条件相同的场地。在其得出

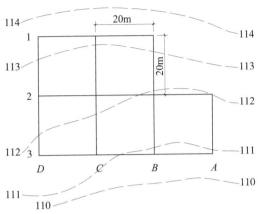

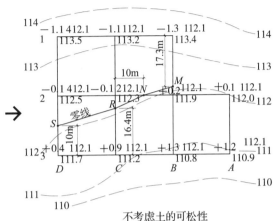

不考虑土的可松性

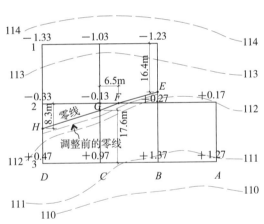

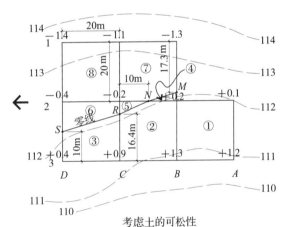

考虑土的可松性

图 2.7.2 【例 2-7-1】图

分析：

由【例 2-6-3】可知场地方格各个角点的施工高度和网格上的零线位置。

需要计算出挖方区的面积、填方区的面积和挖方体积（此时填方体积＝挖方体积）。

按照方格边和方格上的零线，把场地分为 8 个区，分别编号为①～⑧。

① 的面积 $= 20 \times 20 = 400\mathrm{m}^2$；

② 的面积 $= 20 \times 20 - ⑤$ 的面积 $= 400 - 18 = 382\mathrm{m}^2$；

③ 的面积 $= (10 + 16.4) \times 20/2 = 264\mathrm{m}^2$；

④ 的面积 $= (20 - 17.3) \times 10/2 = 13.5\mathrm{m}^2$；

⑤ 的面积 $= (20 - 16.4) \times 10/2 = 18\mathrm{m}^2$；

⑥ 的面积 $= 20 \times 20 - ③$ 的面积 $= 400 - 264 = 136\mathrm{m}^2$；

⑦ 的面积 $= 20 \times 20 - ④$ 的面积 $= 400 - 13.5 = 386.5\mathrm{m}^2$；

⑧ 的面积 $= 20 \times 20 = 400\mathrm{m}^2$。

其中①②③④组成填方区，即填方区面积 $S_{\mathrm{T}} = 400 + 382 + 264 + 13.5 = 1059.5\mathrm{m}^2$；⑤⑥⑦⑧组成挖方区，即挖方区面积 $S_{\mathrm{W}} = 18 + 136 + 386.5 + 400 = 940.5\mathrm{m}^2$。

利用网格法中的四方棱柱体计算法来计算挖方体积。

⑤的体积按式（2.5.7）计算，其中 h_1 为角点 $C2$ 的施工高度（$-0.2m$）的绝对值，h_2 为角点 $C3$ 的施工高度（$+0.9m$）的绝对值，h_4 为角点 $B2$ 的施工高度（$+0.2m$）的绝对值。则：

⑤的体积 $= a^2 h_1^3/6(h_1 + h_2)(h_1 + h_4) = 20^2 \times 0.2^3/6 \times (0.2 + 0.9) \times (0.2 + 0.2) = 400 \times 0.008/6 \times 1.1 \times 0.4 = 3.2/2.64 = 1.21m^3$

⑥的体积按式（2.5.5）计算，其中 h_1 为角点 $C2$ 的施工高度（$-0.2m$）的绝对值，h_2 为角点 $D2$ 的施工高度（$-0.4m$）的绝对值，h_3 为角点 $D3$ 的施工高度（$+0.4m$）的绝对值，h_4 为角点 $C3$ 的施工高度（$+0.9m$）的绝对值。则：

⑥的体积 $= a^2 (h_1 + h_2)^2/4(h_1 + h_2 + h_3 + h_4) = 20^2 \times (0.2 + 0.4)^2/4 \times (0.2 + 0.4 + 0.4 + 0.9) = 400 \times 0.36/4 \times 1.9 = 144/7.6 = 18.95m^3$

⑦的体积按式（2.5.8）计算，其中 h_1 为角点 $B2$ 的施工高度（$+0.2m$）的绝对值，h_2 为角点 $B1$ 的施工高度（$-1.3m$）的绝对值，h_3 为角点 $C1$ 的施工高度（$-1.1m$）的绝对值，h_4 为角点 $C2$ 的施工高度（$-0.2m$）的绝对值。则：

⑦的体积 $= a^2 (h_2 + h_3 + h_4)[1 - h_2^1/2(h_1 + h_2)(h_1 + h_4)]/5 = 20^2 \times (1.3 + 1.1 + 0.2) \times [1 - 0.2^2/2 \times (0.2 + 1.3) \times (0.2 + 0.2)]/5 = 400 \times 2.6 \times (1 - 0.04/12)/5 = 1040 \times 0.9967/5 = 207.31m^3$

⑧的体积按式（2.5.4）计算，其中 h_1 为角点 $C1$ 的施工高度（$-1.1m$）的绝对值，h_2 为角点 $D1$ 的施工高度（$-1.4m$）的绝对值，h_3 为角点 $D2$ 的施工高度（$-0.4m$）的绝对值，h_4 为角点 $C2$ 的施工高度（$-0.2m$）的绝对值。则：

⑧的体积 $= a^2 (h_1 + h_2 + h_3 + h_4)/4 = 20^2 \times (1.1 + 1.4 + 0.4 + 0.2)/4 = 400 \times 3.1/4 = 310m^3$

得到以上⑤⑥⑦⑧的挖方体积值后，把这4个数值合并，成为场地的挖方体积，即挖方体积 $V_w = 1.21 + 18.95 + 207.31 + 310 = 537.47m^3$。

又知回填可松性系数 $K'_s = 1.32$，则把以上已知数值代入式（2.7.1），得到初步场地设计平面的上抬高度：

$\Delta h = V_w(K'_s - 1)/(S_w K'_s + S_T) = 537.47 \times (1.32 - 1)/(940.5 \times 1.32 + 1059.5) = 537.47 \times 0.32/(1241.46 + 1059.5) = 171.9904/2300.96 = 0.0747m \approx 0.07m$

初步场地设计标高 112.1m 经上调 0.07m 后，得到新的标高，即调整初步场地设计标高 112.17m。在每个角点的原施工高度的基础上，分别加上 0.07m，得到新的施工高度，标注在方格网上。

最后计算方格网上新调整的零线位置。

在方格边 $B1B2$、方格边 $B2C2$、方格边 $C2C3$、方格边 $D2D3$ 存在施工高度为 0m 的高度点。对于这 4 条方格边，知道边长为 20m 和两个端点的施工高度，利用内插法公式（1.2.3），分别取得施工高度为 0m 的高度点位置，即 4 个位置：

在方格边 $B1B2$ 上距 $B1$ 点 16.4m 处的 E 点；在方格边 $B2C2$ 上距 $C2$ 点 6.5m 处的 F 点；在方格边 $C2C3$ 上距 $C3$ 点 17.6m 处的 G 点；在方格边 $D2D3$ 上距 $D2$ 点 8.3m 处的 H 点。

连接 E 点、F 点、G 点和 H 点，得到方格网上零线的位置。

或者按照"2.6.2 填挖土石方平衡法"中介绍的尺量方法，即利用尺子的刻度来量取调整后的零线。

2）反复试验计算的方法

原地面经填挖平衡后，得到初步场地设计地面和零线。考虑松土系数后，为取得调整后的场地标高和新调整的零线，以试验的方式，假设地面的抬高为某个数值，然后再对被抬高后场地的挖方量和填方量加以计算，把计算出的挖方量和填方量加以相比，将此比值和回填可松性系数 K'_s 作比较。经过几次地面抬高值的试验，选取最接近 K'_s 值的状态为最终结果。

这种反复试验计算的方法比较繁琐、耗时，以下例简单地加以说明。

【例 2-7-2】

某场地 40m × 40m，在填挖平整后，得到初步场地设计地面，标高为 89.62m。考虑松土系数（回填可松性系数 $K'_s = 1.15$）后，要求得到调整后的初步场地设计地面新标高（图 2.7.3）。

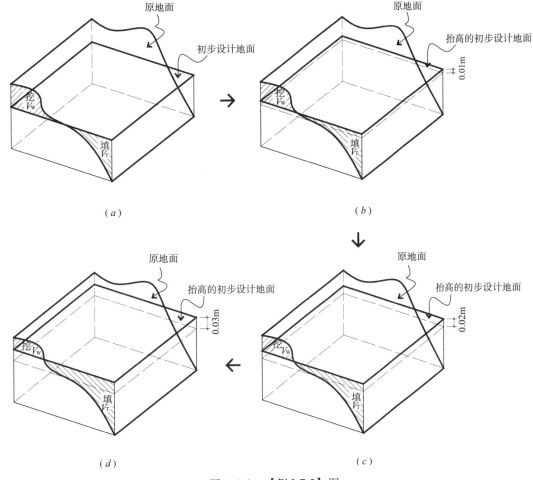

图 2.7.3 【例 2-7-2】图

(a) 未考虑土的可松性的设计地面位置；(b) 考虑土的可松性，设抬高值为 0.01m；

(c) 考虑土的可松性，设抬高值为 0.02m；(d) 考虑土的可松性，设抬高值为 0.03m

分析：

在反复试验计算中，对假设的地面抬高数值，根据设计经验和场地大小及原地面坡度大小，可以大致取得其单位大小。

① 假设一个地面抬高数值

首先设抬高值为 0.01m，这时场地的施工高度值都加上 0.01m。

经过挖方体积和填方体积的计算（计算过程省略），把计算出的挖方量和填方量加以相比，其值 $V_W/V_T = 1.07$。和回填可松性系数 $K'_S = 1.15$ 相比相差较大。

② 假设第二个地面抬高数值

将抬高值设为 0.02m，这时场地的施工高度值都加上 0.02m。

经过挖方体积和填方体积的计算（计算过程省略）。把计算出的挖方量和填方量加以相比，其值 $V_W/V_T = 1.12$。和回填可松性系数 $K'_S = 1.15$ 相比相差不大。

③ 假设第三个地面抬高数值

为保证取得准确的最终选取结果，再次将抬高值设为 0.03m，这时场地的施工高度值都加上 0.03m。

经过挖方体积和填方体积的计算（计算过程省略）。把计算出的挖方量和填方量加以相比，其值 $V_W/V_T = 1.16$。和回填可松性系数 $K'_S = 1.15$ 相比相差极小。

经过比较，地面抬高数值为 0.03m 时的状态为最终选取结果。

初步场地设计地面标高为 89.62m，则调整后初步场地设计地面新标高为（89.62 + 0.03）= 89.65m。

（2）其他填挖方工程的影响

1）初步设计标高以上的各种填方工程的影响

初步场地设计标高以上的填方，如场地范围内需要修筑路堤等，在保持填挖土方平衡前提下，会使场地初步设计标高有所下降（不考虑土的可松性影响）。

设此时场地总面积为 S，局部填方工程的土方量为 V_T'。

再设考虑场地初步设计标高以上的填土工程后，整个设计地面下降 Δh，产生新挖方区和新填方区。

那么整个设计地面下降的体积 ΔhS，和填方工程的土方量为 V_T' 应是相等的，建立等式 $\Delta hS = V_T'$，即**在填挖平衡要求下，局部填方工程后整个设计地面下降高度公式**（图 2.7.4）：

$$\Delta h = V_T'/S \qquad (2.7.2)$$

式中 Δh——考虑局部填方工程后整个设计地面下降高度；

V_T'——局部填方工程土方量；

S——场地总面积。

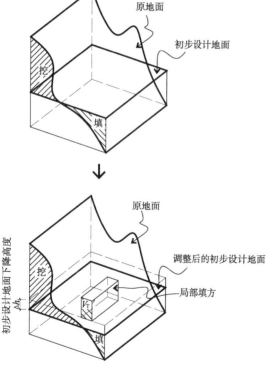

图 2.7.4 初步设计标高以上的各种填方工程的影响

【例 2-7-3】

场地条件与【例 2-6-3】相同。在【例 2-6-3】得出的结果基础上，要另外在场地右下角部分高出设计

地面筑路（南北向），路堤宽 8m，高 1.2m，场地内的筑路土方由本场地解决。计算调整后各个角点的施工标高，并标注方格网上重新调整的零点位置。不考虑土的可松性、排水坡度要求等因素（图 2.7.5）。

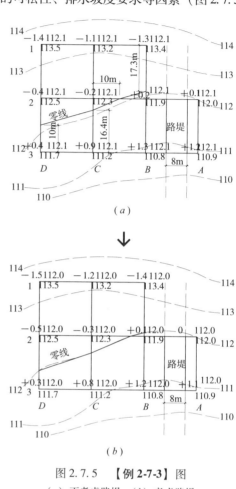

图 2.7.5 **【例 2-7-3】** 图
（a）不考虑路堤；（b）考虑路堤

分析：

由【例 2-6-3】知场地方格各个角点的施工高度和网格上的零线位置。

因路堤宽 8m，高 1.2m，在本场地内的长度为 20m（一个方格边长），则路堤填方工程的土方量为 $V_T' = 8 \times 1.2 \times 20 = 192\text{m}^3$。

设在筑路后，整个场地初步设计地面下降 Δh。而整个场地的面积 $S = 20^2 \times 5 = 2000\text{m}^2$，根据式（2.7.2），得到考虑筑路工程后整个设计地面下降的高度 $\Delta h = V_T'/S = 192/2000 = 0.096\text{m} \approx 0.1\text{m}$。

初步场地设计标高 112.1m 经下调 0.1m 后，得到新的标高，即调整初步场地设计标高 112m。在每个角点的原施工高度的基础上，分别减去

0.1m，得到新的施工高度，标注在方格网上。

最后计算方格网上新调整的零线位置。由于新的零线高程为112m，和等高线112重合，则连接原地面等高线112和方格边的交点，即得到调整后的零线位置。

实际上在降低初步设计地面0.1m时，路堤的高度相应增加0.1m，对整体影响较小，可以忽略不计。

2）初步设计标高以下的各种挖方工程的影响

初步场地设计标高以下的挖方，如场地范围内开挖河道、水池等，在保持填挖土方平衡前提下，会使场地初步设计标高有所升高（不考虑土的可松性影响）。

设此时场地总面积为S，局部挖方工程的土方量为V_w'。

再设考虑场地初步设计标高以下的挖土工程后，整个设计地面抬高Δh，产生新挖方区和新填方区。

那么整个设计地面抬高的体积ΔhS，和挖方工程的土方量为V_w'应是相等的，建立等式$\Delta hS = V_w'$，即**在填挖平衡要求下，局部挖方工程后整个设计地面上抬高度公式**（图2.7.6）：

$$\Delta h = V_w'/S \qquad (2.7.3)$$

式中　Δh——考虑局部挖方工程后整个设计地面抬高高度；

V_w'——局部挖方工程土方量；

S——场地总面积。

【例2-7-4】

场地条件与【例2-6-3】相同。在【例2-6-3】得出的结果基础上，要另外在场地的左面部分开挖一个河道（南北向），河道宽6m，平均深1.5m。在保持填挖土方平衡条件下，计算调整后的各个角点的施工标高，并标注方格网上重新调整的零点位置。不考虑土的可松性、排水坡度要求等因素（图2.7.7）。

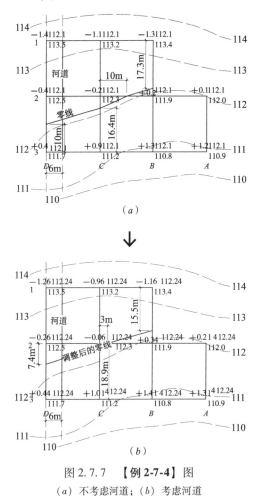

图2.7.7　【例2-7-4】图

（a）不考虑河道；（b）考虑河道

分析：

由【例2-6-3】知场地方格各个角点的施工高度和网格上的零线位置。

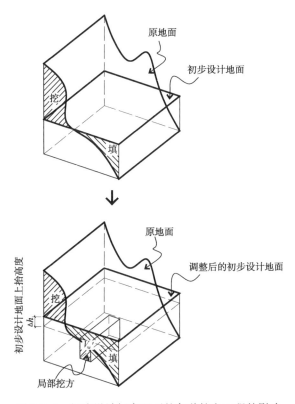

图2.7.6　初步设计标高以下的各种挖方工程的影响

知河道宽6m，平均深1.5m，在本场地内的长度为40m（两个方格边长），则河道挖方工程的土方量为 $V_W' = 6 \times 1.5 \times 40 = 288m^3$。

设在挖河道后整个场地初步设计地面上抬 Δh。而整个场地面积 $S = 20^2 \times 5 = 2000m^2$，根据式（2.7.3），得到挖河道工程后整个设计地面上抬的高度 $\Delta h = V_W'/S = 288/2000 = 0.144m \approx 0.14m$。

初步场地设计标高112.1m经上调0.14m后，得到新的标高，即调整初步场地设计标高112.24m。在每个角点的原施工高度的基础上，分别加上0.14m，得到新的施工高度，标注在方格网上。

最后计算方格网上新调整的零线位置。

在方格边 B_1B_2、方格边 B_2C_2、方格边 C_2C_3、方格边 D_2D_3 存在施工高度为0m的高度点。对于这4个方格边，知道边长为20m和两个端点的施工高度，利用内插法公式（1.2.3），分别取得施工高度为0m的高度点位置，即以下4个位置：

在方格边 B_1B_2 上距 B_1 点15.5m处；在方格边 B_2C_2 上距 C_2 点3m处；在方格边 C_2C_3 上距 C_3 点18.9m处；在方格边 D_2D_3 上距 D_2 点7.4m处。

连接这4个点，得到方格网上新调整的零线位置。

实际上在上抬初步设计地面0.14m时，河道的高度相应减少0.14m，对整体影响较小，可以忽略不计。

（3）场外取土和弃土的影响

1）场外取土对初步设计地面的影响

在场地平整中，有时考虑到施工方便及经济条件，或为达到设计文件中所要求的初步场地标高，或者要接纳场外余土等，需要从场外取土。

设此时场地总面积为 S，场外取土的土方量为 V_T'。

设场外取土后，整个场地初步设计地面抬高 Δh，产生新挖方区和新填方区。

那么整个设计地面抬高的体积 ΔhS 和场外取土的土方量 V_T' 应是相等的，建立等式 $\Delta hS = V_T'$，**即在填挖平衡要求下，场外取土后整个设计地面上抬高度公式**（图2.7.8）：

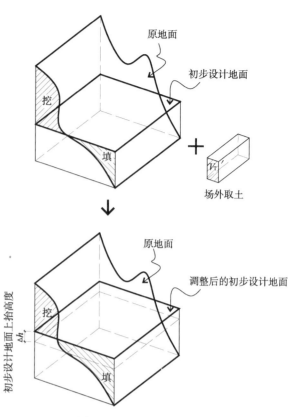

图 2.7.8 场外取土对初步设计地面的影响

$$\Delta h = V_T'/S \qquad (2.7.4)$$

式中 Δh——考虑局部填方工程后整个设计地面抬高高度；

V_T'——场外取土的土方量；

S——场地总面积。

【例 2-7-5】

场地条件与【例2-6-3】相同。在得出【例2-6-3】的结果后，在调配土方上场地右下角需接纳场外土方量420m³。在保持填挖土方平衡条件下，计算调整后的各个角点的施工标高，并标注方格网上重新调整的零点位置。不考虑土的可松性、排水坡度要求等因素（图2.7.9）。

分析：

由【例2-6-3】知场地方格各个角点的施工高度和网格上的零线位置。

已知接纳的场外土方量为420m³。而整个场地的面积 $S = 20^2 \times 5 = 2000m^2$，根据式（2.7.4），得到取土后整个设计地面抬高高度 $\Delta h = V_T'/S = 420/2000 = 0.21m$。

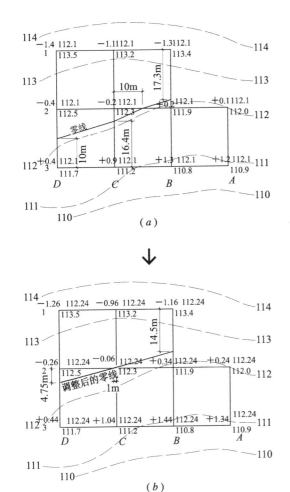

图 2.7.9 【例 2-7-5】图

（a）不考虑场外取土；（b）考虑场外取土

初步场地设计标高 112.1m 经上调 0.21m 后，得到新的标高，即调整初步场地设计标高 112.31m。在每个角点的原施工高度的基础上，分别加上 0.21m，得到新的施工高度，标注在方格网上。

最后计算方格网上新调整的零线位置。

在方格边 $B1B2$、方格边 $C1C2$、方格边 $C2D2$、方格边 $D2D3$ 存在施工高度为 0m 的高度点。对于这 4 个方格边，知道边长为 20m 和两个端点的施工高度，利用内插法公式（1.2.3），分别取得施工高度为 0m 的高度点位置，即以下 4 个位置：

在方格边 $B1B2$ 上距 $B1$ 点 14.5m 处；在方格边 $C1C2$ 上距 $C2$ 点 0.22m 处；在方格边 $C2D2$ 上距 $C2$ 点 1m 处；在方格边 $D2D3$ 上距 $D2$ 点 4.75m 处。

连接这 4 个点，得到方格网上调整后的零线位置。

2）场外弃土对初步设计地面的影响

有时在场地平整中，有些场地内的土质不适于填方，或者调配土方上的弃土，使施工更经济、更方便；或者为达到设计文件中所要求的初步场地标高等，需要场外弃土。

设此时场地总面积为 S，场外弃土的土方量为 V_w'。

设场外弃土后，整个场地初步设计地面下降 Δh，产生新挖方区和新填方区。

那么整个设计地面下降的体积 ΔhS，和场外弃土的土方量 V_w' 应是相等的，建立等式 $\Delta hS = V_w'$，**即在填挖平衡要求下，场外弃土后整个设计地面下降高度公式（图 2.7.10）：**

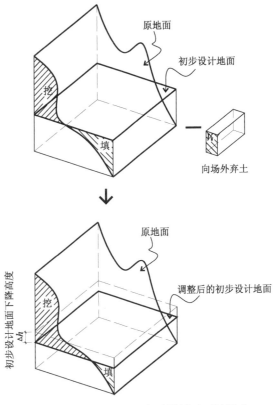

图 2.7.10 场外弃土对初步设计地面的影响

$$\Delta h = V_w'/S \qquad (2.7.5)$$

式中 Δh——考虑局部挖方工程后整个设计地面下降高度；

V_w'——场外弃土的土方量；

S——场地总面积。

【例 2-7-6】

场地条件和【例2-6-3】相同。在得出【例2-6-3】的结果后，在更合理的调配土方上，场地左上角需向场外弃土土方量360m³。在保持填挖土方平衡条件下，计算调整后的各个角点的施工标高，并标注方格网上重新调整的零点位置。不考虑土的可松性、排水坡度要求等因素（图2.7.11）。

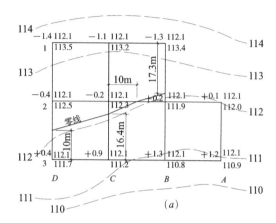

↓

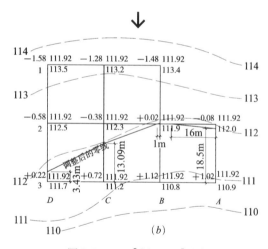

图2.7.11 【例2-7-6】图

(a) 不考虑向场外弃土；(b) 考虑向场外弃土

分析：

由【例2-6-3】知场地方格各个角点的施工高度和网格上的零线位置。

知场外弃土的土方量360m³。而整个场地的面积 $S = 20^2 \times 5 = 2000\text{m}^2$，根据式（2.7.5），得到弃土后整个设计地面下降高度 $\Delta h = V_w'/S = 360/2000 = 0.18\text{m}$。

初步场地设计标高112.1m经下调0.18m后，

得到新的标高，即调整初步场地设计标高111.92m。在每个角点的原施工高度的基础上，分别减去0.18m，得到新的施工高度，标注在方格网上。

最后计算方格网上新调整的零线位置。

在方格边A2A3、A2B2、方格边B1B2、方格边B2C2、方格边C2C3和方格边D2D3存在施工高度为0m的高度点。对于这6个方格边，知道边长为20m和两个端点的施工高度，利用内插法公式（1.2.3），分别取得施工高度为0m的高度点位置，即以下6个位置：

在方格边A2A3上距A3点18.5m处；方格边A2B2上距A2点16m处；在方格边B1B2上距B2点0.27m处；在方格边B2C2上距B2点1m处；在方格边C2C3上距C3点13.09m处；在方格边D2D3上距D3点3.43m处。

连接这6个点，得到方格网上调整后的零线位置。

2.7.2 场地设计标高

在场地平整中，在取得场地初步设计地面标高后，经过关于松土系数、局部填挖工程等考虑后，得到调整后的场地初步设计地面标高。这时初步设计地面是一个水平面。考虑场地排水及其他特殊要求后，才可确定场地的各处标高，成为最终的场地设计地面（此节之前不考虑排水坡度的水平场地设计地面，就是这里所说的初步设计地面）。

在"2.2.3 基地地面标高关系和排水"和"2.2.4 建筑（或台地）四周排水"中，对场地的排水坡度进行了分析，结合这些场地排水坡度参数，进行初步场地设计标高的进一步调整。

从原地面到考虑排水的场地设计地面，主要分为3个设计过程（图2.7.12）：

第一步，根据土石方填挖平衡原则，得到场地初步设计地面。

第二步，场地初步设计标高调整，对可松性系数、局部填挖工程等因素进行考虑和反映（有时根据对精度要求的分析，可省略第二步）。

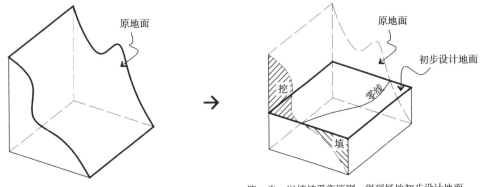

第一步，以填挖平衡原则，得到场地初步设计地面

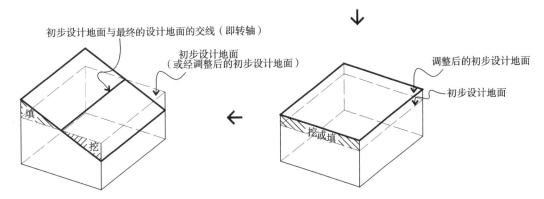

第三步，以填挖平衡原则，设计排水坡度，得到场地设计地面　　　第二步，场地初步设计标高调整

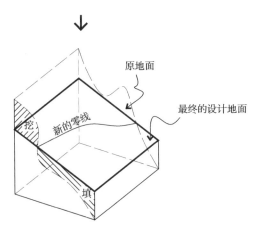

得到原地面和最终的设计地面的零线位置

图 2.7.12　从原地面到考虑排水的场地设计地面的 3 个过程

第三步，经过排水坡度的设计考虑，得到最终的场地设计地面。场地排水坡度设计时，尽量使场地主要部分保持土石方填挖平衡。

第三步的关键是：确定初步设计地面和最终设计地面相交的"转轴"位置。把初步设计地面以"转轴"为中心旋转，到达合适的排水坡度，成为最终的设计地面。

注意的是，当场地内的有些排水坡度需要变化时，还需要对场地进行细微调整，但是都需要在基本完成上述 3 个过程后进行。

场地设计地面和原地面产生的零线，和在初步设计地面阶段得到的零线，两者的位置和性质都是不同的。初步设计地面和原地面产生的零线是和原地面等高线平行的，零线上的标高是相同的；而最终的设计地面和原地面产生的零线往往并非和原地面等高线平行，零线上的标高往往是不同的。

在网格法中，对于场地设计地面和原地面产生的零线，当一个方格边的两端施工高度符号相反时，可以断定零线经过此方格边。

在2.6节中曾用内插法公式（1.2.3）来计算零线在某方格边上的位置，那时因为场地初步设计地面为水平面，所以适用于内插法公式。而实际工程中的原地面往往是非水平面，场地设计地面因排水也是非水平面，那么此时怎样计算零线在某方格边的位置呢？

垂直转轴和大地水平面得到截面，在截面上，设场地端点 A 点和 B 点之间的水平距离为 a，这两点在两个平面（面 α 和面 β）分别产生施工高度 m 和施工高度 $-n$，面 α 和面 β 相交于 C 点（即零线的位置）。设 C 点距 A 点水平距离为 x。

在 AB 线的垂直截面上，过 C 点作水平线，知在水平线上 A 点和 C 点之间的距离为 x，在水平线上 B 点和 C 点之间的距离为 $(a-x)$。

暂且设面 α 上 A 点和 C 点之间的距离为 Δx，B 点和 C 点之间的距离为 Δy。

得 $x/\Delta x = (a-x)/\Delta y$，整理 $\Delta x/\Delta y = x/(a-x)$。

又因为 $m/\Delta x = n/\Delta y$，整理 $\Delta x/\Delta y = m/n$，则 $\Delta x/\Delta y = m/n = x/(a-x)$，即相交面的交线位置公式（图2.7.13）：

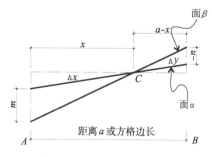

图 2.7.13 相交面的交线位置

$$x = a \times m/(m+n) \qquad (2.7.6)$$

式中　x——两个平面的交点到 A 点的水平距离；

　　　a——A 点和 B 点之间的水平距离；

　　　m——两个平面在平面图 A 点上产生的施工高度；

　　　n——两个平面在平面图 B 点上产生的施工

高度（其符号和 A 点的相反）。

内插法公式相当于式（2.7.6）的特例。这个公式可以在以前的例题中替代内插法公式使用。

（1）当场地形状比较规则对称，考虑排水坡度设计时的场地标高设计

当场地形状比较规则对称时，"转轴"位置经过场地平面的中心（场地平面中心在几何学上就是图形的重心），这样能够保持土石方填挖平衡。"转轴"方向根据排水方向来确定（图2.7.14）。

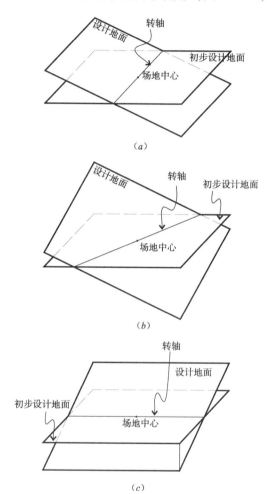

图 2.7.14 "转轴"位置经过场地平面的中心

【例2-7-7】

某场地40m×40m。场地设计地面排水坡度为1%，场地排水方向从北向南。已在场地上布置边长20m的网格，以利于土石方计算。要求计算出方格各个角点的场地设计标高和施工高度，并标注在图上；同时，计算出零线在方格上的位置并标示。不考虑土的可松性（图2.7.15）。

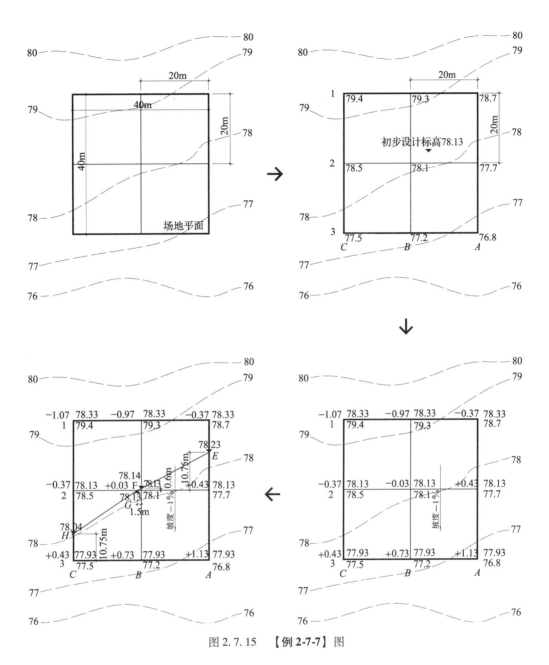

图 2.7.15 【例 2-7-7】图

分析：

① 根据原地形图，把方格网的各个角点的原地面标高标注出来。注意利用"1.2.3 不规则坡地的等高线间距"知识，来比较准确地量取平面上各个角点在相邻等高线之间的位置，然后利用内插法公式（1.2.3）取得角点的相对高度，进而得到该处原地面标高。

② 取得场地初步设计地面标高 H_0，采用填挖土石方平衡法公式（2.6.1），取得初步标高 $H_0 =$

$(\sum h_1 + 2\sum h_2 + 3\sum h_3 + 4\sum h_4) / 4M$。

经统计计算：

仅属于一个方格的角点有 $A1$、$A3$、$C1$、$C3$，这些原地面标高之和 $\sum h_1 = 78.7 + 76.8 + 79.4 + 77.5 = 312.4m$。

同属于两个方格的角点有 $A2$、$B2$、$B3$、$C2$，这些原地面标高之和 $\sum h_2 = 77.7 + 79.3 + 77.2 + 78.5 = 312.7m$。

没有同属于 3 个方格的角点，即 $\sum h_3 = 0$。

同属于4个方格的角点有B2，即 $\sum h_4 = 78.1\text{m}$。

又知场地中方格数为 $M=4$ 个，把这些已知数代入填挖土石方平衡法公式（2.6.1）中，得到场地设计标高，即：

$$H_0 = (\sum h_1 + 2\sum h_2 + 3\sum h_3 + 4\sum h_4)/4M$$
$$= (312.4 + 2 \times 312.7 + 3 \times 0 + 4 \times 78.1)/(4 \times 4)$$
$$= (312.4 + 625.4 + 312.4)/16$$
$$= 1250.2/16 = 78.13\text{m}$$

得到场地初步设计标高78.13m。

③ 进行排水坡度的设计

观察场地，呈方形且为正南北方向，因要求场地排水方向从北向南，考虑土石方填挖平衡，则A2和C2的连线设为初步设计地面的"转轴"，即初步设计地面和设计地面的交线位置为A2和C2的连线。此时设计地面在A2点、B2点和C2点的标高仍然保持初步设计地面的标高78.13m。

已知场地排水坡度为1%，知道各个角点同A2点、B2点和C2点这三点的水平距离，也已知初步设计地面标高为78.13m，则运用坡度公式（1.2.1），分别计算其他各个角点的设计地面标高。

A1点的设计标高 $=78.13 + 20 \times 1\% = 78.33\text{m}$；

B1点和C1点两点和A1点在设计地面上是同高程的，即也为78.33m；

A3点的设计标高 $=78.13 - 20 \times 1\% = 77.93\text{m}$；

B3点和C3点两点和A3点在设计地面上是同高程的，即也为77.93m。

把这些设计地面上各个角点的设计标高标注在方格网上。

然后计算各个角点上原地面和设计地面之间的施工高度，也标注在方格网上。

④ 计算零线的位置

根据方格边两端的施工高度符号相反来判断零线点存在于方格边A1A2、方格边B1B2、方格边B2C2、方格边C2C3。

对于这4个方格边上的零点位置，可运用式（2.7.6）来取得。

在方格边A1A2上，A1点施工高度为0.37m，

A2点施工高度为0.43m，A1A2水平间距为20m。代入式（2.7.6）得，零点处E距A2的水平距离 $= a \times m/(m+n) = 20 \times 0.43/(0.43 + 0.37) = 8.6/0.8 = 10.75\text{m}$。运用坡度公式（1.2.1），得E点的标高 $= (78.13 + 10.75 \times 1\%) = 78.23\text{m}$。

同样得到，在方格边B1B2上，零点处F点距B2的水平距离为0.6m，F点标高为78.14m；在方格边B2C2上，零点G点距B2的水平距离为1.5m，G点的标高为78.13m；在方格边C2C3上，零点H点距C3的水平距离10.75m，H点的标高为78.04m。

连接E点、F点、G点、H点，得到方格网上零线的位置。

【例2-7-8】

某场地 $60\text{m} \times 30\text{m}$，其上要建6层住宅一栋，住宅单元出入口向北，住宅位置见平面图（图2.7.16）。要求按土石方平衡来平整场地，考虑场地排水并标注在图上。同时要求标注场地范围四角的标高和住宅四角的室外标高，标注A点、B点场地设计标高。绘出场地所需工程设施位置；不考虑可松性系数，不考虑住宅基础出土量。

分析：

观察原地形，原地面比较有规则，原地面等高线和场地长轴基本平行，也和住宅的长轴基本平行。那么对场地的土石方平整可以采用垂直截面平衡法，初步设计地面的调整等都可以借助垂直截面完成。

因整个场地平面连同住宅平面基本对称，这里把垂直截面选在场地南北对称轴处。根据以前本书所述的截面知识，得到截面平面。其中场地南北对称轴与场地边缘线交于C点和D点，两点的原地面标高用量尺结合内插法公式（1.2.3）可以取得，即C点原地面标高为59.6m，D点原地面标高为56.4m。

① 首先得到初步设计地面

在截面平面上，原地面线接近直线，过原地面线最低点（标高56.4m）作一条水平线，该水平线之上形成一个三角形。这个三角形面积 $S_1 = 30 \times (59.6 - 56.4)/2 = 48\text{m}^2$。

设场地初步设计地面和最低水平线的垂直间距为 Δh，则两者之间的面积 $S_2 = 30 \times \Delta h$。

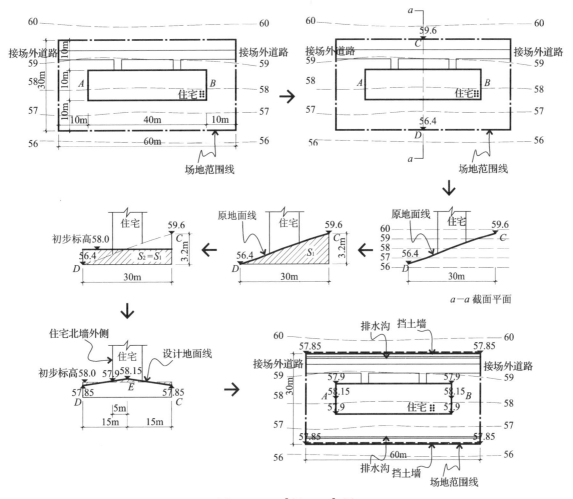

图 2.7.16 【例 2-7-8】图

因为考虑土石方平衡，所以 $S_1 = S_2$，即 $48\text{m}^2 = 30 \times \Delta h$，整理得 $\Delta h = 1.6\text{m}$。最低水平线的标高为 56.4m，得到场地初步设计地面标高为（56.4 + 1.6）= 58.0m。

或者利用"2.6.3 垂直截面平衡法"中关于典型的截面形状分析的内容，直接得到场地初步设计地面标高为［（59.6 － 56.4）/2 + 56.4］= 58.0m。

② 进行场地排水坡度设计（即确定场地设计地面）

把住宅南北墙位置也标注在截面上。

一般场地设计地面的坡度最好和原地面坡度一致。该原地面坡度由北向南，但是住宅的单元出入口向北，如果场地设计地面的坡度全部采用由北向南，雨水较易倒灌进单元楼梯间。最好单元出入口处的主要场地排水方向背离住宅。那么以住宅长轴中心为界（长轴位于场地初步设计地面的截面中

间 E 点处），住宅长轴北侧的场地设计地面坡度由南向北（水平长 15m），住宅长轴南侧的场地设计地面坡度由北向南（水平长 15m）。

对于住宅长轴北侧的场地在截面上，考虑场地初步设计地面和场地设计地面之间的填挖平衡，其两个地面线的交点在 CE 的中点处（标高为 58m）。

根据"2.2.4 建筑（或台地）四周排水"的内容，建筑（或台地）四周的地面排水坡度最好为 2%，允许在 0.5% 至 6% 之间变动。为更好地使雨水迅速从住宅四周排走，这里坡度取 2%。

因两个地面线的交点距 E 点处的水平距离为 $15/2 = 7.5\text{m}$，根据坡度公式（1.2.1），得到两个地面线的交点和 E 点的垂直高差为 $7.5 \times 2\% = 0.15\text{m}$。因两个地面线的交点标高为 58m，则 E 点的标高为 58 + 0.15 = 58.15m。

又因两个地面线的交点距 C 点处的水平距离为 $15/2 = 7.5\text{m}$，根据坡度公式（1.2.1），得到两个地面线的交点和 C 点的垂直高差为 $7.5 \times 2\% = 0.15\text{m}$。因两个地面线的交点标高为 58m，则 C 点的标高为 $(58 - 0.15) = 57.85\text{m}$。

这时住宅的北墙位置与 E 点的水平距离为 $10/2 = 5\text{m}$，根据坡度公式（1.2.1），得到北墙位置与 E 点的垂直高差为 $5 \times 2\% = 0.1\text{m}$。因 E 点的标高为 58.15m，则场地设计地面上北墙处的室外标高为 $(58 - 0.1) = 57.9\text{m}$。

在截面上住宅长轴南侧的场地和住宅长轴北侧的场地互为对称，同样计算方法得到在场地设计地面上 D 点标高为 57.85m，南墙处的室外标高为 57.9m。

把在截面上得到的各处标高标注在平面上，即场地范围四角的标高为 57.85m，住宅四角的室外标高为 57.9m，A 点、B 点的场地设计标高为 58.15m。

③ 绘出场地所需工程设施

在场地北范围线处，由于场地设计标高 57.85m 与原地面标高 59.6m 有垂直落差 1.75m，则此处设置挡土墙，绘出挡土墙。在挡土墙南侧距挡土墙约 1m 处设置排水沟（沟宽按 0.5m 设计）。

在场地南范围线处，由于场地设计标高 57.85m 与原地面标高 56.4m 有垂直落差 1.45m，则此处设置挡土墙，绘出挡土墙。在挡土墙北侧距挡土墙约 2m 处设置排水沟（沟宽按 0.5m 设计）。

（2）当场地形状复杂、非规则，考虑排水坡度设计时的场地标高设计

场地的形状复杂、非规则时，应先找出初步设计地面转变为设计地面的"转轴"位置，即初步设计地面和设计地面的交线 L 的位置。

在这种情况下应注意，交线 L 的位置不是指平分场地面积的线位置，而是指能使新的填方量和挖方量相等的线位置。

下面分析取得不规则初步设计地面和设计地面的交线 L 位置的原理：

首先确定初步设计地面和设计地面的交线 L 的方向（与场地的排水方向垂直）。

其次假设交线 L 的位置，并且简化场地边缘，使各段边缘线分别与交线 L 形成平行关系。

在交线 L 一侧，测量出与交线 L 最远的外边缘长，设为 a，又设交线 L 距此外边缘的水平距离为 x，可以根据已知坡度 i，计算出此边缘处初步设计地面和设计地面产生的施工高度为 ix，则交线 L 和此外边缘之间形成填方体积（或挖方体积）是长方体（或正方体）的一半，即长方体（或正方体）的斜切体。那么得到**交线 L 和外边缘之间形成填方体积（或挖方体积）公式**（图 2.7.17）：

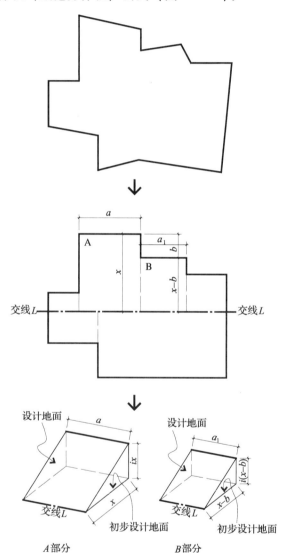

图 2.7.17 交线 L 和外边缘之间形成填方体积
（或挖方体积）

$$V = a \times x \times ix/2 = i\,ax^2/2 \quad (2.7.7)$$

接着，设其他某边缘线长为 a_1，测量其与最外边缘线的水平间距为 b。则第二条边缘线与交线 L 形成相应的水平长度为 $(x - b)$，其与交线 L 之

间形成填方体积（或挖方体积）$V_1 = a_1 \times (x - b) \times i(x - b)/2 = i\,a_1(x - b)^2/2$。

同样取得其他边缘线与交线 L 之间形成的填方体积（或挖方体积）V_2、V_3、……

相对的，在交线 L 的另一侧同样得到挖方体积（或填方体积）V_2'、V_3'、……

把交线 L 两侧的体积分别相加，得到挖方体积 $\sum V_W$ 和填方体积 $\sum V_T$。此时 $\sum V_W = \sum V_T$，在等式中只有一个未知数 x；解此等式，即可得到交线 L 的位置。

【例 2-7-9】

某场地因功能需要其形状呈锯齿状。场地设计地面排水坡度为 2%，场地排水方向从北向南。为方便土石方计算，已在场地上布置方格网，方格边长为 20m。要求计算出方格各个角点的场地设计标高和施工高度，并标注在图上。同时计算出零线在方格上的位置并标示。不考虑土的可松性（图 2.7.18）。

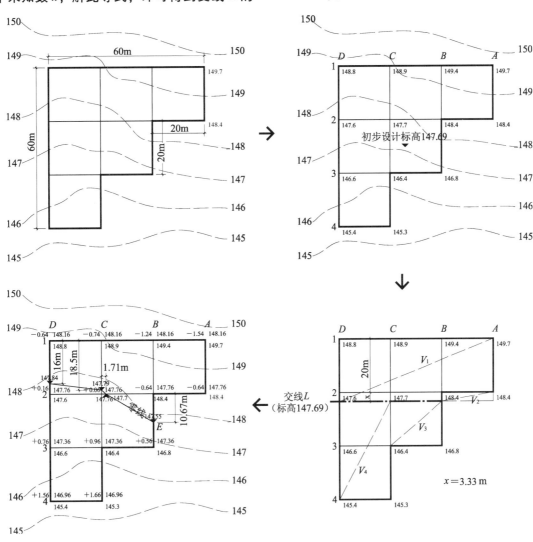

图 2.7.18　【例 2-7-9】图

分析：

① 首先根据原地形图，把方格网的各个角点的原地面标高标注出来。注意利用"1.2.3 不规则坡地的等高线间距"知识，来比较准确地量取平面上各个角点在相邻等高线之间的位置，然后利用内插法公式（1.2.3）取得角点的相对高度，进而得到该处原地面标高。

② 取得场地初步设计地面标高 H_0

采用填挖土石方平衡法公式（2.6.1），取得初步标高 $H_0 = (\sum h_1 + 2\sum h_2 + 3\sum h_3 + 4\sum h_4)/4M$。

经统计计算：

仅属于一个方格的角点有 $A1$、$A2$、$B3$、$C4$、$D1$、$D4$，这些原地面标高之和 $\sum h_1 = 149.7 + 148.4 + 146.8 + 145.3 + 148.8 + 145.4 = 884.4$m。

同属于两个方格的角点有 $B1$、$C1$、$D2$、$D3$，这些原地面标高之和 $\sum h_2 = 149.4 + 148.9 + 147.6 + 146.6 = 592.5$m。

同属于 3 个方格的角点有 $B2$、$C3$，这些原地面标高之和 $\sum h_3 = 148.4 + 146.4 = 294.8$m。

同属于 4 个方格的角点有 $C2$，即 $\sum h_4 = 147.7$m。

又知场地中方格数为 $M = 6$ 个，把这些已知数代入填挖土石方平衡法公式（2.6.1）中，得到场地设计标高，即：

$$H_0 = (\sum h_1 + 2\sum h_2 + 3\sum h_3 + 4\sum h_4)/4M$$
$$= (884.4 + 2 \times 592.5 + 3 \times 294.8 + 4 \times 147.7)/(4 \times 6)$$
$$= (884.4 + 1185 + 884.4 + 590.8)/24$$
$$= 3544.6/24 = 147.69\text{m}$$

得到场地初步设计标高 147.69m。

③ 进行排水坡度的设计

先确定初步设计地面和设计地面的交线 L 的方向和大致位置。

因为要求场地排水方向从北向南，那么交线 L 的方向为从东西向。

观察场地平面形状，大致找到交线 L 的位置在方格线 $A2D2$ 的南侧附近。

相对于初步设计地面和设计地面，此时在交线 L 北侧形成挖方区，由 $A1D1$ 边缘线和交线 L 之间形成挖方体积 V_1，由 $A2B2$ 边缘线和交线 L 之间形成挖方体积 V_2，则挖方体积 $\sum V_W = V_1 - V_2$。

此时在交线 L 南侧形成填方区。由 $B3C3$ 边缘线和交线 L 之间形成填方体积 V_3，由 $C3D3$ 边缘线和交线 L 之间形成填方体积 V_2，则填方体积 $\sum V_T = V_3 + V_4$。

设交线 L 距方格线 $A2D2$ 的水平距离为 x。根据各个所选边缘线的长度和要求的坡度值 2%，运用式（2.7.7）$V = i\, ax^2/2$，得到：

$$V_1 = 2\% \times 60 \times (x + 20)^2/2$$
$$= 0.6 \times (x + 20)^2;$$

$$V_2 = 2\% \times 20 \times x^2/2$$
$$= 0.2 \times x^2;$$

$$\sum V_W = V_1 - V_2$$
$$= 0.6 \times (x + 20)^2 - 0.2 \times x^2$$
$$= 0.4x^2 + 24x + 240。$$

$$V_3 = 2\% \times 20 \times (40 - x)^2/2$$
$$= 0.2 \times (40 - x)^2;$$

$$V_4 = 2\% \times 20 \times (20 - x)^2/2$$
$$= 0.2 \times (20 - x)^2;$$

$$\sum V_T = V_3 + V_4$$
$$= 0.2 \times (40 - x)^2 + 0.2 \times (20 - x)^2$$
$$= 0.4x^2 - 24x + 400。$$

由 $\sum V_W = \sum V_T$，得 $0.4x^2 + 24x + 240 = 0.4x^2 - 24x + 400$，整理得到 $x = 3.33$m。

即交线 L 的位置在距方格线 $A2D2$ 的水平距离为 3.33m 处。在设计地面上，设计交线 L 与南北向的方格边所交点标高为 147.69m（即等同初步设计标高）。

已知场地排水坡度为 2%，知道各个角点同交线 L 的水平距离，可以运用坡度公式（1.2.1），分别计算其他各个角点的设计地面标高。

$A1$ 点的设计标高 $= 147.69 + (20 + 3.33) \times 2\% = 148.16$m；

$B1$ 点、$C1$ 点、$D1$ 点三点和 $A1$ 点在设计地面上是同高程的，即也为 148.16m。

$A2$ 点的设计标高 $= 147.69 + 3.33 \times 2\% = 147.76$m；

$B2$ 点、$C2$ 点、$D2$ 点三点和 $A2$ 点在设计地面上是同高程的，即也为 147.76m。

$B3$ 点的设计标高 $= 147.69 - (20 - 3.33) \times 2\% = 147.36$m；

$C3$ 点、$D3$ 点两点和 $B3$ 点在设计地面上是同高程的，即也为 147.36m。

$C4$ 点的设计标高 $= 147.69 - (40 - 3.33) \times 2\% = 146.96$m；

$D4$ 点和 $C4$ 点在设计地面上是同高程的，即也为 146.96m。

把这些设计地面上各个角点的设计标高标注在方格网上。

然后计算各个角点上原地面和设计地面之间的

施工高度，也标注在方格网上。

④ 最后计算零线的位置

根据方格边两端的施工高度符号相反来判断零线点存在于方格边 B_2B_3、方格边 B_2C_2、方格边 C_1C_2、方格边 D_1D_2。

对于这 4 个方格边上的零点位置，可运用式（2.7.6）来取得。

在方格边 B_2B_3 上，B_2 点施工高度为 0.64m，B_3 点施工高度为 0.56m，B_2B_3 水平间距为 20m。代入式（2.7.6），得零点处 E 距 B_2 的水平距离 $= a \times m/(m+n) = 20 \times 0.64/(0.64+0.56) = 12.8/1.2 = 10.67$m。$E$ 点的标高运用坡度公式（1.2.1），得到 $= 147.76 - 10.67 \times 2\% = 147.55$m。

同样方法，在方格边 B_2C_2 上得零点处距 C_2 的水平距离 1.71m，其标高为 147.76m；在方格边 C_1C_2 上零点处距 C_1 的水平距离 18.5m，其标高为 147.79m；在方格边 D_1D_2 上，得零点处距 D_1 的水平距离 16m，其标高为 147.84m。

连接 E 点及另外 3 点，得到方格网上零线的位置。

2.7.3 场外因素的限制

在场地平整中，在遵守土石方平衡原则的前提下，常常会出现一些场外因素的限制，这时要充分考虑这些因素，对场地平整进行必要的调整，来满足这些因素的限制并尽可能接近土石方平衡。以下列举一些场外因素的限制及其调整分析。

（1）场地最低设计标高的限制

在设计要求文件中有时会提出最低设计标高，以符合总体规划对此场地基地的标高要求，或符合防洪标高要求。那么就应该使最终场地设计地面的标高大于或等于最低设计要求标高。为减少工作量，可以分两个步骤进行设计计算。

1）第一步，产生场地初步设计地面阶段

此时取得的场地初步设计地面是一个水平面（图 2.7.19a）。

在这个阶段，如果初步设计地面标高 ≤ 要求的最低设计标高，则应把最低设计要求标高作为设计场地最低起点的标高，进行设计地面的排水坡度设计。

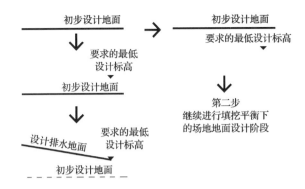

图 2.7.19a 产生场地初步设计地面阶段（第一步）

如果初步设计地面标高 > 要求的最低设计标高，则继续进行填挖平衡下的场地地面设计阶段。

2）第二步，确定场地设计地面阶段

此时取得的场地设计地面是考虑土石方填挖平衡而得到的，是一个没有考虑最低标高限制的倾斜面（图 2.7.19b）。

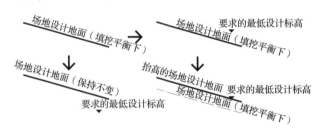

图 2.7.19b 确定场地设计地面阶段（第二步）

在这个阶段，当场地设计地面上的最低点标高 < 要求的最低设计标高，则应把场地设计地面整个垂直上抬，其最低点标高提升到最低设计要求标高；当场地设计地面上的最低点标高 ≥ 要求的最低设计标高，满足要求，则地面位置保持不变。

【例 2-7-10】

场地同【例 2-7-9】的条件相同。在【例 2-7-9】所要求的基础上，设计规划文件要求场地地面标高不低于 147.20m。要求计算出方格各个角点的场地设计标高和施工高度，并标注在图上，同时计算出零线在方格上的位置并标示出。不考虑土的可松性（图 2.7.20）。

分析：

根据【例 2-7-9】的计算结果，得到遵循填挖平衡下的场地设计地面，其在 C_4D_4 线上的标高为设计场地最低标高，即 146.96m。因其小于设计规划文件要求的场地最低设计标高 147.20m，所以整个设计地面上抬（147.20 - 146.96）= 0.24m。

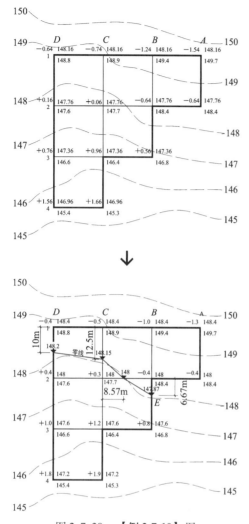

图 2.7.20　【例 2-7-10】图

同样方法，在方格边 B2C2 上，得零点处距 C2 的水平距离为 8.57m，其标高为 148m；在方格边 C1C2 上，得零点处距 C1 的水平距离为 12.5m，其标高为 148.15m；在方格边 D1D2 上，得零点处距 D1 的水平距离为 10m，其标高为 148.2m。

连接 E 点及另外 3 点，得到方格网上零线的位置。

偶尔会出现要求最高标高的要求限制，比如考虑邻近场地的古遗址等。可以按照此节的原理进行计算比较，得到符合要求的设计地面。

（2）连接场地的道路对场地设计的限制

一个场地必须和外界有所联系，不可能封闭起来独立于这个世界，那么道路就体现了场地与外界的联系。根据人体工程学或机动车的要求，道路必须有最高坡度的限制。

那么在遵循土石方平衡原则下进行平整后的场地，有时会出现连接场外的道路的坡度值很大，以至道路无法正常使用。此时就要参考道路对场地地面的影响进行调整。

【例 2-7-11】

在山坡上修整一个场地 ABCD，尺寸 60m × 40m，场地边缘 CD 和城市道路平行，相距 20m。同时在场地和城市道路之间修建连接两者的机动车道路，机动车道路的纵坡线和场地南北向中轴线重合，城市道路上与该分支道路相交的标高为 105.6m。场地的排水坡度值要求不宜大于 4%。要求标注场地设计地面上场地四角的标高。尽量考虑土石方平衡，不考虑护坡、挡土墙、排水沟等设施，不考虑可松性系数（图 2.7.21）。

分析：

设场地南北向中轴线交场地 AB 边缘线于 E 点，交场地 CD 边缘线于 F 点（也是机动车道路的纵坡线与场地 CD 边缘线的交点），交城市道路北边线于 G 点（也是机动车道路的纵坡线与城市道路北边线的交点，标高 105.6m）。

由于机动车道路的坡度有所限制，最大纵坡不能超过 8%，那么道路纵坡线上 F 点的标高就有最大值的限制，也是对场地设计地面上 F 点标高最大值的限制。

在【例 2-7-9】得到的结果的基础上，把各个角点的设计标高加上 0.24m，相应的各个角点的施工高度加上 0.24m。将结果标注到方格网上。

下面计算零线的位置。

根据方格边两端的施工高度符号相反来判断零线点存在于方格边 B2B3、方格边 B2C2、方格边 C1C2、方格边 D1D2。

对于这 4 个方格边上的零点位置，可运用式（2.7.6）来取得。

在方格边 B2B3 上，B2 点施工高度为 0.4m，B3 点施工高度为 0.8m，B2B3 水平间距为 20m。代入式（2.7.6），得零点处 E 距 B2 的水平距离 = $a \times m/(m + n) = 20 \times 0.4/(0.4 + 0.8) = 8/1.2 = 6.67$m。运用坡度公式（1.2.1），得到 E 点的标高 $= 148 - 6.67 \times 2\% = 147.87$m。

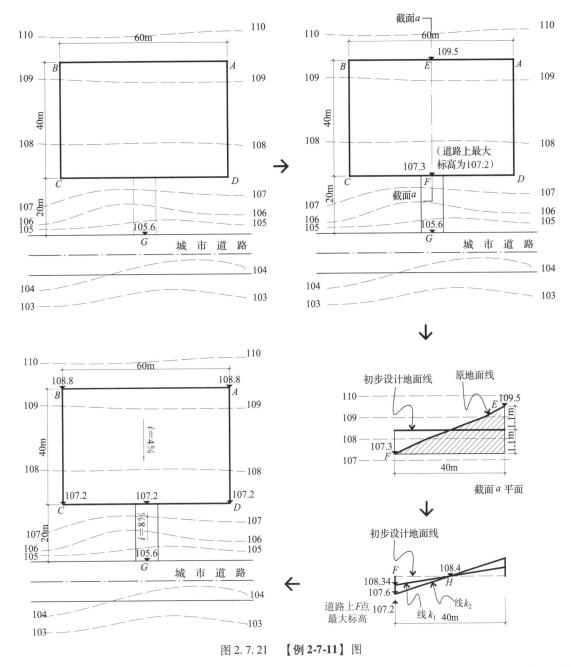

图 2.7.21　【例 2-7-11】图

当道路纵坡取 8% 时，因 *G* 点和 *F* 点的水平距离为 20m，则根据坡度公式（1.2.1），得到 *G* 点和 *F* 点的垂直高差为 $20 \times 8\% = 1.6$m。*G* 点在城市道路上与分支道路相交的标高为 105.6m，则得到此时 *F* 点的标高为 $105.6 + 1.6 = 107.2$m，即场地设计地面上 *F* 点的标高值不能超过 107.2m。

① 现在以土石方填挖平衡为原则，进行 *ABCD* 范围的场地平整。

由于场地范围的原地形等高线和场地长轴基本平行，那么对场地的土石方平整可以采用垂直截面平衡法，以场地南北向中轴线 *EF* 线作为垂直截面位置。

先根据原地形图，把 *E* 点和 *F* 点的原地面标高标注出来。量取平面上各个被测点在相邻等高线之间的位置，然后利用内插法公式（1.2.3）取得被测点的相对高度，进而得到该处原地面标高。得到 *E* 点的原地面标高为 109.5m，*F* 点的原地面标高为 107.3m。

在截面平面上，原地面线接近直线，过原地面线最低点 F 点（标高 107.3m）作一条水平线，该水平线之上形成一个三角形。根据"2.6.3 垂直截面平衡法"中分析，此时最高点和最低点的垂直距离的一半就是场地设计地面线，即 $\Delta h = 1.1$m。最低水平线的标高为 107.3m，得到场地初步设计地面标高为（107.3 + 1.1）= 108.4m。

② 进行场地排水坡度设计。

根据"2.2.3 基地地面标高关系和排水"一节，场地排水坡度可在 0.3% 至 8% 范围内变动。而本题提出场地排水坡度要求不宜大于 4%，则选取 0.3% ~ 4%。

如果不考虑道路坡度的限制影响，本场地排水坡度只要按排水较顺畅和土石方较小来选取一个坡度值即可（如 0.5%），但此时因受到对外道路的标高限制，则应进行比较分析。

由于场地为长方形，且排水方向顺应地势由北向南，则设计地面和初步设计地面的交线位置设在场地的中央长轴处，在截面上为场地初步设计地面线的中点 H（标高 108.4m）。

在截面上过 H 点作坡度为 0.3% 的线，即当排水坡度为 0.3% 时的场地设计地面线 k_1。根据坡度公式（1.2.1），经计算得到线 k_1 在南范围线处 F 的标高为 108.4 − 20 × 0.3% = 108.34m。

再在截面上过 H 点作坡度为 4% 的线，即当排水坡度为 4% 时的场地设计地面线 k_2。根据坡度公式（1.2.1），经计算得到线 k_2 在南范围线处 F 的标高为 108.4 − 20 × 4% = 107.6m。

说明在完全填挖平衡下，设计地面上 F 点的标高在 107.6m 和 108.34m 之间浮动。

此时道路纵坡上 F 点标高和场地设计地面上 F 点标高的关系存在以下三种情况：

第一种情况：当道路纵坡上 F 点标高大于 108.34m 时，可以在 107.6m 和 108.34m 之间确定最终的设计地面上 F 点标高。

第二种情况：当道路纵坡上 F 点标高小于 107.6m 时，则选取设计地面上 F 点标高为 107.6m 时的地面状态，并且整个地面垂直下降，直到设计地面上 F 点标高和道路纵坡上 F 点标高相等。

第三种情况：当道路纵坡上 F 点标高在 107.6m 和 108.34m 之间时，则选择标高 107.6m

和在道路纵坡上 F 点标高之间的某一数值，作为最终的设计地面上 F 点标高，再连接 H 点得到场地设计地面线。

由于计算得出了道路纵坡上 F 点最大标高为 107.2m，符合以上的第二种情况。则选取设计地面上 F 点标高为 107.6m 时的地面状态，并且整个地面垂直下降（107.6 − 107.2）= 0.4m。即场地设计地面上 C 点和 D 点的标高为 107.2m，场地设计地面上 A 点和 B 点的标高为 107.2 + 40 × 4% = 108.8m，排水坡度为 4%。

把计算结果标注在图上，此结果最大限度地接近填挖平衡。

（3）场外其他要求的限制

场地在平整和标高设计时，应着眼于全局，而不能仅仅针对场地范围线内。有时场外的其他限制对本场地的影响也是很大的。

【例 2-7-12】

某场地分为两部分，场地 a 为办公楼位置，场地 b 为小广场及为办公楼提供的停车场。场地南边缘与城市道路平行。城市道路上 E 点标高为 69.2m，城市道路上 F 点标高为 68.5m。现在以场地初步设计的标高作为依据进行简单的分析。不考虑建筑物基础出土部分（图 2.7.22）。

分析：

该场地若按照整个一块地进行分析，为遵循土石方填挖平衡的原则，场地初步设计标高约为 70.5m（计算过程略）。

若对该场地中的场地 a 及场地 b 分别加以考虑分析，则在遵循土石方填挖平衡原则下，场地 a 的场地初步设计标高约为 70m，场地 b 的场地初步设计标高约为 71m。

实际上，由于场地 b 为停车场，就要求其场地初步标高最好和其相接的城市道路处的标高相近，考虑连路可以有坡度，场地 b 的场地初步设计标高最好约为 69.5m。

而场地 a 和场地 b 有着直接的关系，场地 a 上的建筑物需要场地 b 提供停车位，残疾人最好可以从场地 b 平顺直接地进入场地 a，抵达建筑物；场地 a 上的建筑物又为场地 b 提供了空间围合。因此，场地 a 和场地 b 最好有相接近的场地初步设计标高。这里选择室内比室外高 0.15m，即 69.65m

左右。而办公楼和城市道路可以以1m左右高度的台阶来连接。

从上述分析中可以看出，虽然遵循土石方填挖平衡原则，但场地其他影响因素也必须同时考虑。

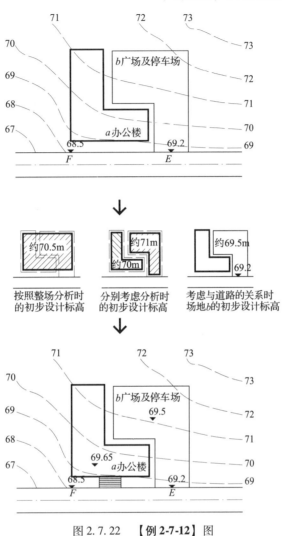

图 2.7.22　【例2-7-12】图

2.8 防 护 工 程

在场地设计中具体采用哪一种设施，需根据防护与加固设施的结构特点、适用范围、总图布置要求、工程地质条件、工程造价等多种因素确定。

在场地工程设计中，由于对边坡防护与加固工程的结构特点了解不深、设计手段落后以及定性不准等原因，易使设计选型不准，造成工程造价提高或护坡工程占地面积增加，甚至会发生设计质量事故。例如在某工程中，设计选用扶壁式钢筋混凝土挡土墙作为防护与加固结构，由于该结构底部施工时需要很大的开挖土方，施工边坡范围线将延至相邻建筑基础的有效受力范围内，从而影响了相邻建筑的安全。而改为重力式挡土墙则可避免影响。因此在设计中必须建立一个正确选择边坡防护与加固形式的方法，从而避免盲目选型现象的发生。

2.8.1 挡土墙

挡土墙的分类方法较多，一般以结构形式的分类为主，分为重力式、悬臂式、扶壁式、锚杆式、加筋式、板桩等其他形式。

以下对挡土墙的分类及特点加以简单的分析（图2.8.1）。

（1）重力式浆砌片石挡土墙

重力式挡土墙是靠墙身自重来抵御墙后土压力的作用，达到墙体和边坡的整体稳定的，具有取材容易、施工简便、形式简单的特点，因而应用十分广泛。

根据墙背倾角的不同，重力式挡土墙又可分为垂直式、仰斜式、俯斜式、衡重式、凸形五种。对于每种挡土墙的墙面或墙背各有一定的坡度要求。

1）仰斜式挡土墙

在重力式挡土墙中，该种断面形式土压力最小，断面最小，工程造价最低，但在填方地段不能使用。

墙顶最小宽度为0.5m，边坡角不能大于土壤

内摩擦角，坡面坡度和墙背坡度不宜小于1∶0.25，太缓用仓化公式计算土压力时，将出现较大误差且偏于不安全方面。

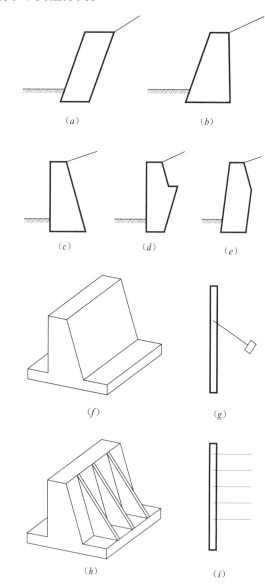

图2.8.1 挡土墙的分类
（a）仰斜式重力挡土墙；（b）垂直式重力挡土墙；
（c）俯斜式重力挡土墙；（d）衡重式重力挡土墙；
（e）凸形重力挡土墙；（f）悬臂式钢筋混凝土挡土墙；
（g）锚杆式挡土墙；（h）扶壁式钢筋混凝土挡土墙；
（i）加筋挡土墙

2）垂直式挡土墙

在重力式挡土墙中，该种断面形式土压力居中，断面较小，工程造价较低，不受填挖方的限制，工程中的采用最为广泛。其中坡面角、墙顶宽度、边坡角的要求同仰斜式挡土墙。

3）俯斜式挡土墙

在重力式挡土墙中，该种断面形式土压力最大，断面也最大，工程造价最高，挖方地段不宜采用；通常在地面横坡陡峭时采用，可以减小墙高。

坡面角、墙顶宽度、边坡角要求同仰斜式挡土墙。墙背角的取值应验算是否出现第二破裂面，以保证土压力计算的准确性和防护结构使用的安全性。

另外还有衡重式和凸形两种。

衡重式在上、下墙间设有衡重台，利用其上填土的重力使全墙重心后移，增加了墙身的稳定性。凸形折线墙背由仰斜墙背演变而成，主要为减少上部的断面尺寸。

（2）悬臂式钢筋混凝土挡土墙

该种类型的挡土墙主要是靠墙踵板上的填土重量来抵御墙后土压力的作用，墙身自重只起次要作用，从而达到墙身和墙后填土的整体平衡。这种类型挡土墙的土压力计算一般采用朗金理论，适用于缺乏石料、地基承载力小的填方地段。

墙高一般不大于 6m，墙顶宽最小 0.15m，面坡坡度通常为 1∶0.02～1∶0.05，背坡可直立。这种挡土墙施工周期长，技术水平要求较高。

（3）扶壁式钢筋混凝土挡土墙

当悬臂式钢筋混凝土挡土墙高于 6m 后，由于墙面板和墙踵板截面所受弯矩大，应力也大，为满足强度要求，如采用加大截面和配筋数量的方法，工程造价较高。为此在一定间距内加肋，可以减小墙面板和墙踵板所受截面应力，也可减小截面面积和配筋数量。肋的间距需通过计算确定，其他结构要求同悬臂式。

（4）锚杆式挡土墙

当墙高大于 12m，且墙后有不风化岩体时，可采用锚杆式挡土墙，该种类型挡土墙属轻型结构，投资较低。通过锚固在岩层内锚杆的水平拉力承受土压力作用，维持全墙稳定；特别是基础开挖有困难，又缺乏石料时，其优点就更加突出。

这种类型对施工技术水平要求高，需备有钻机和压浆泵，钻孔内需灌注膨胀水泥砂浆，事先应预制挡板，故工程量小时不宜采用。

（5）加筋挡土墙

该种类型的挡土墙是靠墙后拉筋与填料之间的摩擦产生拉力来抵抗土压力作用，使墙体和墙后填料整体平衡。拉筋采用聚丙烯工程塑料，面板采用钢筋混凝土板。适用于高填方且地基承载力较差地段，墙越高，越经济。

这种类型的挡土墙对施工技术水平要求高；对填料质量要求严格，一般需专业队伍施工。

一般挡土墙的高度宜为 1.5～3m，超过 6m 时宜退台处理；退台宽度不应小于 1m，主要为保证墙顶结构厚度，外加宽度 0.5m 左右的种植带。在条件许可时，挡土墙宜以 1.5m 左右高度退台，经绿化后，将形成一道道一人高的绿色屏障，故可提高环境质量。

高度大于 2m 的挡土墙（或护坡）的上缘与建筑间的水平距离不应小于 3m，其下缘与建筑间的水平距离不应小于 2m。

为保证城市台阶式用地的土石体稳定，台阶式用地的台阶之间应用挡土墙（或护坡）连接。相邻台地间高差大于 1.5m 时，应在挡土墙（或坡度大于 1∶2 的护坡）顶加设安全防护设施，这样人们在接近高差大于 1.5m 的挡土墙或坡度大于 1∶2 的护坡顶时，才有安全感；还要求加设防护栏或绿篱等安全措施（图 2.8.2）。

2.8.2 护坡工程

护坡可以分为土质护坡、石质护坡、植物护坡和砌筑型护坡等。

砌筑型护坡指干砌石、浆砌石或混凝土护坡，城市中的护坡多属此类。为了提高城市的环境质量，对护坡的坡度值要求适当减小，土质护坡宜慎用。

一般来说，土质护坡的坡比值应≤0.67；砌筑型护坡的坡比值宜为 0.67～1。护坡边坡大小的计算确定，应根据土质、填挖土方的高度、开挖方式、留置时间的长短、排水情况等综合考虑。

（1）对于挖方边坡

1）永久性挖方边坡应符合设计要求。

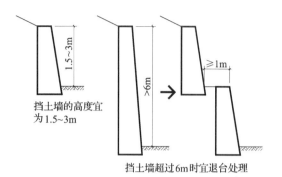

挡土墙的高度宜
为1.5~3m

挡土墙超过6m时宜退台处理

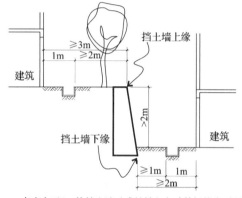

高度大于2m的挡土墙（或护坡）与建筑间的水平距离

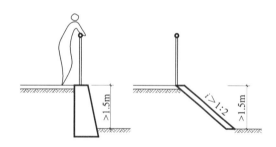

相邻台地间高差大于1.5m时，应在挡土墙
（或坡度大于1:2的护坡）顶加设安全防护设施

图2.8.2 挡土墙尺寸要求

2）临时性挖方应根据工程性质和边坡高度，结合当地同类土体的稳定坡度值确定。

3）时间较长的临时性挖方边坡坡度：
① 砂土（不包括细砂）1:1.25 ~ 1:1.5；
② 一般性黏土（坚硬）1:0.75 ~ 1:1；
③ 一般性黏土（硬塑）1:1 ~ 1:1.25；
④ 碎石类土（坚硬、硬塑性土）1:0.5 ~ 1:1；
⑤ 碎石类土（砂土）1:1 ~ 1:1.5。

注：岩石边坡坡度应根据岩石性质、风化程度、层理特性和挖方深度等确定。

黄土（不包括湿陷性黄土）边坡坡度应根据

土质、自然含水量和挖方高度等确认。有成熟施工经验时，不受以上数值限制。开挖深度：对软土不应超过4m，对硬土不应超过8m。

（2）对于填方边坡

永久性填方边坡，按设计要求施工。时间较长（大于一年）的临时性填方应符合下列规定：
① 当填方高度≤10m时，1:1.5；
② 当填方高度>10m时，应作折线形，上部1:1.5，下部1:1.75。

护坡边坡的其他计算等知识在许多专著中以及《开发建设项目水土保持技术规范》中均有详述。

2.8.3 防护类型的选择

在边坡防护与加固工程的设计选型上，常常是根据场地设计要求的特点、工程地质条件、各种防护与加固结构的特点及适应范围、当地施工队伍的技术水平和施工机具装备状况分步筛选，最终选择适合的结构形式。当几种结构均可满足设计要求时，应以工程造价最低为原则，择优选取其中的一种。

（1）根据场地设计要求选择

1）防护与加固工程不应突破占地界限的限制

在场地布置中，防护与加固工程占地宽度已被限定，无论采用哪种结构，占地都不能超出界限。所选结构的占地宽度应满足界限要求。

2）防护与加固结构是否需要穿越各种管线

需要有各种管线穿过，对于大多数防护与加固结构来说，在施工中加预留孔即可解决，但对少数采用预制件（如锚杆挡土墙、加筋挡土墙）的结构来说，把预留孔放在预制厂去做，从时间和质量上，都难以保证。所以有大量管线穿越边坡时，不宜选择预制件结构形式；有少量管线穿越时，可根据实际情况酌情选择。

3）防护与加固工程需要相应的安全可靠性要求

在某些特殊边坡处，边坡不但受土压力作用，还受生产设备振动荷载的作用。为保证生产设备的安全，一般多采用抗震性能良好的钢筋混凝土结构类挡土墙（如悬臂式挡土墙），作为唯一可选择的结构。

4）施工场地作业条件的限制

有些边坡防护与加固的作业场地比较狭窄，需要大型机具，施工时机具无法到位，所以设计选型时，可把那些需要大型机具施工的结构（如锚杆挡土墙、加筋挡土墙）筛选出去，而选择适合作业条件的结构。

5）场地竖向布置的边坡填、挖情况

一旦场地竖向布置构思好，各台阶的填、挖方状况也就确定下来，如为填方边坡，则不适合于填方的结构，如护坡、仰斜式挡土墙等应被筛选出去；如为挖方边坡，则悬臂式挡土墙、扶壁式挡土墙、加筋挡土墙等应被筛出。

（2）根据工程地质资料选择

1）土质边坡

根据工程地质报告提供的土质物理、力学性质（土质种类、容重、比重、土壤内摩擦角、液限、塑限、含水量、地质容许承载力等）进行边坡稳定计算或判断，求出稳定的边坡坡度值，供下一步选型用。一般对土质边坡来说，如果不考虑填、挖方因素，采用哪种防护与加固设施均可以。

2）岩石边坡

岩石边坡主要指各种软质岩石和较易破碎岩石的挖方边坡，这种边坡根据岩石稳定性的安息角值，采用护面墙结构。未风化的硬质岩石，一般不需要防护与加固设施，采用自然放坡即可满足设计需要。

3）不良地质边坡

如果在设计边坡处，出现不良地质现象，像溶洞、裂隙、破碎带等，一般采用整体性能较好的钢筋混凝土结构加以处理。

在结构选型时，还应根据施工队伍的施工机具装备水平和人员素质情况，选择具有相关边坡防护与加固经验的施工队伍。像锚杆挡土墙，加筋挡土墙都需要专用的施工机具，施工要求也较严格，所以选择这类挡土墙时，就应考虑已确定施工队伍的施工机具装备水平和人员素质状况。

当同时有两种以上的结构形式均可满足设计要求时，宜采用工程造价最低的结构选型。

2.8.4 防洪堤

城市防洪应符合现行国家标准《防洪标准》、《开发建设项目水土保持技术规范》等规定，并参考《城市防洪工程设计规范》。

（1）防洪堤的安全加高值

防洪堤的设计参照《堤防工程设计规范》进行。

防洪堤工程的安全加高，根据工程的级别，按以下规定选用：

①防洪堤级别为1，不允许越浪时安全加高值为1m，允许越浪时安全超高为0.5m；

②防洪堤级别为2，不允许越浪时安全加高值为0.8m，允许越浪时安全超高为0.4m；

③防洪堤级别为3，不允许越浪时安全加高值为0.7m，允许越浪时安全超高为0.4m；

④防洪堤级别为4，不允许越浪时安全加高值为0.6m，允许越浪时安全超高为0.3m；

⑤防洪堤级别为5，不允许越浪时安全加高值为0.5m，允许越浪时安全超高为0.3m。

1级堤防工程重要堤段的安全加高值，经过论证可适当加大，但不得大于1.5m。山区河流洪水历时较短时，可适当降低安全加高值。

应注意的是，受洪水影响的场地，其场地设计标高应≥洪水位+0.5m安全超高值，按防洪标准确定洪水重现期的计算洪水位。

（2）平面布置

1）堤线

堤线应根据防洪规划，按规划治导线的要求，并考虑防护区的范围、主要防护对象的要求、土地综合利用以及行政区划等因素，经过技术经济比较后确定。

防洪堤应布设在土质较好、较稳定的滩岸上，沿高地或一侧傍山布置，尽可能避开软弱地基、低凹地带、古河道和强透水层地带。堤线走向力求平顺，各堤段用平缓曲线相连接，不宜采用折线或急弯。堤线走向应与河势相适应，与大洪水的主流线大致平行。堤线应尽量选择在拆迁房屋、工厂等建筑物较少的地带，并考虑建成后便于管理养护、防汛抢险和工程管理单位的综合经营。防护区内各防护对象的防洪标准差别较大时，可分段采用不同防洪标准。

2）堤距

堤距的确定，应根据河段防洪规划及其治导线进行，上下游、左右岸统筹兼顾，保障必要的行洪宽度，使设计洪水从两堤之间安全通过。还应根据河道纵横断面、水力要素、河流特性及冲淤变化，分别计算不同堤距的河道设计水面线、设计堤顶高程线。工程投资河段两岸防洪堤之间的距离（或一岸防洪堤与对岸高地之间的距离）应大致相等，不宜突然放大或缩小。

3）堤型

根据筑堤材料和填筑形式，可选择均质土堤或分区填筑的非均质土堤。非均质土堤可分别采用斜墙式、心墙式或混合式。堤型选择应根据堤段所在地的特点、堤址的地质条件、筑堤材料、施工条件、工程造价等因素，经过技术经济比较，综合权衡确定。同一堤线的各堤段，可根据具体条件，分别采用不同堤型。在堤型变换处，必须处理好结合部的工程连接。

（3）堤身断面

1）堤顶

堤顶部分的设计主要为确定堤顶高程、堤顶宽度及顶面砌护等。

堤顶高程 = 设计洪水位（或设计高潮位）+ 堤顶超高；

堤顶超高 = 设计波浪爬高 + 设计风壅水面高度 + 安全加高值。

波浪爬高高度需以计算值或实际观测值为依据，若无上述有关资料作为依据，在规划阶段暂以1.2m取值。

当土堤临水面设有稳定坚固的防浪墙时，防浪墙顶高程可视为设计堤顶高程。防浪墙高度不宜大于1.2m，但土堤堤顶应高出设计水位0.5m以上。

土堤预留沉降加高，通常采用堤高的3% ~ 8%。地震沉降加高一般可不予考虑；但对于特别重要的堤防和软弱地基上的堤防，应专门论证确定。

堤顶宽度根据防汛、管理、施工、结构等要求确定。一般1、2级的堤防，顶宽不小于6m；3级以下堤防，顶宽不小于3m。堤顶有交通和存放料物要求时，可专门设置回车场、避车道、存料场等，其间距和尺寸可根据需要确定。

堤顶路面结构根据防汛和管理要求确定。常用的结构形式有黏土、砂石、泥结石、混凝土、沥青混凝土预制块等。堤顶应向一侧或两侧倾斜，坡度采用2% ~ 3%。

2）堤坡

堤的边坡根据筑堤材料、堤高、施工方法及运用条件，并经稳定计算确定。土堤常用的坡度为1:2.5 ~ 1:4。土堤的戗台根据堤身结构、防渗、交通等的需要设置，具体尺寸经稳定分析后确定。堤高超过6m的，背水侧宜设置戗台，戗台的宽度宜≥1.5m。

土堤临水面应有护坡工程。对护坡的基本要求是：坚固耐久、就地取材、造价低、方便施工和维修。土堤背水坡及临水坡前有较高、较宽滩地或为不经常过水的季节性河流时，应优先选用草皮护坡。

2.9 场 地 选 址

场地选址的工作，简单地说就是对新增建筑和公共设施的位置选择，现今越来越需要由不同领域的专业人员共同完成，不能再像以前那样由政府或房地产开发商随性决策。场地选址的考察范围包括当地地理及政策分析、人口分析、经济水平、消费能力、发展规模和潜力、收入水平、发展机会及成长空间、场地的条件、地形地质分析、市场调查和资料信息的收集等。建筑师利用其专业知识进行场地选址，越来越受到重视，也就是说建筑师所属的专业范畴具有了更科学、更重要的决策部分。

本章节的场地选址分析仅在建筑学专业范围内进行介绍。

2.9.1 地形地质因素

场地的地形地质对场地选址的影响因素比较多，比较复杂。选址分析前首先要进行工程地质勘察，即运用工程地质理论和各种勘察测试技术手段及方法，为解决工程建设中的地质问题而进行相应的调查研究工作。

针对地形地质因素，场地选址应避开这样的地区或地段：对场地稳定性有直接或潜在威胁的不良地质地段；地基土性质严重不良的地段；对建筑抗震不利的地段；洪水或地下水对场地有不良影响的地段；地下有未开采的有价值矿藏或不稳定的地下采空区的地段等。

以下从地质构造、地表风化、滑坡、河流、地下水、岩溶水等主要因素加以分析。

（1）地质构造的影响

地壳不断运动、发展和变化，在内、外应力的作用下，造成了各种不同的构造形迹，如褶皱、断裂等，称为地质构造。它是场地稳定性评价及地震评价的关键因素。

1）褶皱构造

在地壳构造应力的作用下，组成地壳的岩层，形成连续性的弯曲波状构造，称为褶皱构造。褶皱的一个弯曲称为褶曲，其基本形式只有两种，即背斜和向斜。背斜的横剖面呈凸起弯曲的形态，向斜横剖面呈向下凹曲的形态（图2.9.1）。

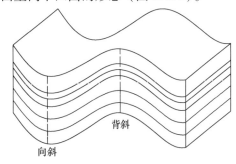

图2.9.1 褶皱构造

很多褶曲，由于长期暴露于地表，受到风化和剥蚀作用的严重破坏而丧失了完整的褶曲形态。

2）断裂构造

岩体在构造应力的作用下发生断裂，使原有的连续完整性遭受破坏而形成断裂构造。沿断裂面两侧的岩层未发生位移或仅有微小错动的断裂构造，称为节理；反之，如发生了相对的位移，则称为断层。

断裂构造在地壳中广泛分布，它往往是工程岩体稳定性的控制性因素。

在断层面之上的断块称为上盘，在其下的称为下盘。断块之间的相对错动，如果上盘下降、下盘上升，称为正断层；而上盘上升、下盘下降，称为逆断层；如两断块水平互错，则称为平移断层（图2.9.2）。

断层形成的年代越新，则断层活动的可能性越大。对于活动性的断层带，常潜伏着发生地震的可能性。

活断层是指现在正在活动或在最近地质时期发生过活动的断层。活断层对场地的影响是通过断裂的蠕动、错动和地震来造成危害。活断层的蠕动及伴生的地面变形，直接损害断层上及附近的建筑物。

因此，在场地选址中原则上应避免将建筑物跨放在断层带上，尤其应注意避开近期活动的断层。

【例2-9-1】 某大型建筑群选址，有两个选址点。

分析：

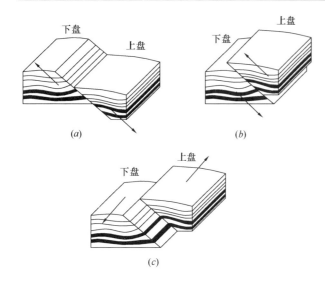

图 2.9.2 断层类型
（a）正断层；（b）逆断层；（c）平移断层

选址 A 恰好在断层带上，不宜；选址 B 避开了断层带，可以考虑选址于此（图 2.9.3）。

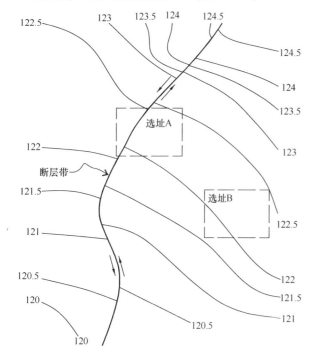

图 2.9.3 【例 2-9-1】图

（2）地表风化的影响

地表风化是发生于地球表面附近的地质作用，对人类工程活动的影响直接深刻。地表风化作用实质上只有物理风化和化学风化两种基本类型，它们彼此是互相紧密联系的。

1）物理风化指地表岩石因温度变化和孔隙中水的冻融以及盐类的结晶而产生的机械崩解过程。它使岩石从比较完整的固结状态变为松散破碎状态，使岩石的孔隙度和表面积增大。因此，物理风化又称机械风化。

2）化学风化指岩石在水、水溶液和氧与二氧化碳等的作用下所发生的溶解、水化、水解、碳酸化和氧化等一系列复杂的化学变化。

物理风化作用使岩石的孔隙度加大，岩石因此获得较好的渗透性，更有利于水分、气体和微生物等的侵入。岩石崩解为较小的颗粒后，使表面积增加，更有利于化学风化作用的进行。在化学风化过程中，不仅岩石的化学性质发生变化，物理性质也随之发生变化。物理风化只能使颗粒破碎到中砂和细砂粒之间，化学风化能进一步使颗粒分解破碎到更细小的粒径，直至胶体溶液和真溶液状态。

场地中岩石风化程度越严重，其建筑物的地基承载力越低，岩石的边坡越不稳定。

风化程度对工程设计和施工都有直接影响，如建筑物和构筑物的地基开挖深度、浇灌基础需要到达的深度和厚度、边坡开挖的坡度以及防护、加固的方法等，都将随岩石风化程度的不同而异。因此，场地选址时，对区域内岩石的风化程度、速度、深度和分布情况要进行调查和研究。

（3）滑坡的影响

滑坡是常见的地质灾害之一，场地选址时需要对滑坡产生的因素加以考察：

1）岩性

松散堆积层滑坡的产生主要和黏土有关，如蒙脱石、伊利石和高岭石等黏土矿物；基岩滑坡的产生主要与遇水容易软化的岩石有关，如页岩、泥灰岩、云母片岩等。

2）构造

在地质构造中如果结构面软弱，则易产生滑坡，滑动面常常发生在顺坡的层面、节理面、不整合接触面、断层面（带）及劈理面上；构造的上部透水层和下部不透水层之间的构成特征也是产生滑坡的原因。

3）地貌

滑坡与地貌的关系主要是通过临空面、坡度和坡地基部受到冲刷来体现的。

4）气候

降雨对滑坡的产生影响很大，降雨不仅增加滑坡体的重量，而且雨水还起到润滑的作用。另外，滑坡还和温度、冻融作用有关。

5）地下水的影响

大多数滑坡都是沿饱含地下水的岩体软弱面发生的。

6）地震

地震造成斜坡岩土体结构的松动，造成破裂面并引起弱面错位等，从而降低斜坡的稳定性。反复作用可导致斜坡失稳；突然施加会对斜坡的破坏产生触发效应。

7）人为因素

人工切坡使边坡过陡，用大爆破方法施工，斜坡上建筑的荷载作用（地基基础荷重、堆料或堆渣等），护坡无排水设计等人为因素，都是促使滑坡发生的可能原因。

滑坡的发生和发展一般可分为蠕动变形、急剧变形、滑动、逐渐稳定4个阶段。

在褶曲山区，地形起伏不平，坡度大，必须注意场地斜坡的稳定问题。坡面与岩层倾斜方向相反的山坡称为逆向坡，其护坡稳定性较好；坡面与岩层倾斜方向一致的山坡称为顺向坡，其护坡稳定性与岩石性质、倾角大小和有无软弱结构面等因素有关（图2.9.4）。

图2.9.4 岩层的逆向坡和顺向坡

【例2-9-2】 某层状岩层地形剖面示意图，需要为住宅群选点，有三个选址点。

分析：

选点A，在顺向坡上，不宜；选址B，靠近断崖，易受到崩塌危害，不宜；选址C，在逆向坡上，坡度平缓，可考虑选址于此（图2.9.5）。

边坡和岩层两者角度如何，也影响着边坡的稳定性。当岩层倾角小于边坡坡脚时，其稳定性一般较差，存在产生滑坡的危险。岩层倾角大于边坡坡

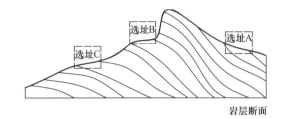

图2.9.5 【例2-9-2】图

脚时，在自然条件下边坡一般是稳定的（图2.9.6）。

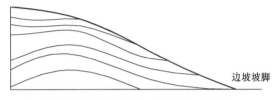

当岩层倾角小于边坡坡脚时，其稳定性一般较差

岩层倾角大于边坡坡脚时，在自然条件下边坡一般是稳定的

图2.9.6 边坡和岩层两者角度关系的影响

（4）河流的影响

河水水流一般都处于紊流状态，具脉动特征。脉动对水流的侵蚀、搬运能力有很大的影响。河水也具有横向环流与螺旋特征，由此导致河流具有侵蚀、搬运作用及沉积作用，这些影响也是场地选址的考察因素（图2.9.7）。

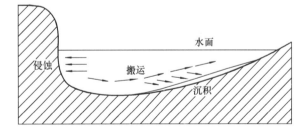

图2.9.7 河流具有侵蚀、搬运作用及沉积作用

1）河流的侵蚀作用。就是地表泥沙被水流带走的过程。

2）水流的搬运作用。方式有两种，一种是水流使砂、砾等沿河底推移；另一种则是细小物质在水中呈悬浮状态移动，称为悬移。

3）水流的沉积作用。当河流的流速低于推移临界流速时，泥沙便沉积下来。沉积物质的数量取

决于河流含砂量与搬运能力的对比关系。

在这些作用下，产生了各种河漫滩和河流阶地（图2.9.8）。

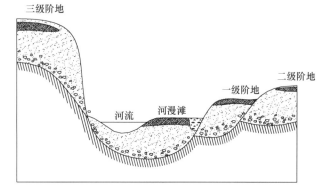

图2.9.8　河漫滩和河流阶地

1）河漫滩

靠近主槽，洪水时淹没、平水时出露的滩地称为河漫滩。砾石河漫滩上沉积物的粒径较粗，厚度很薄，沉积物很不稳定。冲积性河床河漫滩的规模较大，不仅在滩面上沉积了河漫滩相冲积层，而且在近岸处形成河岸沙堤。此外，在河岸沙堤与河床之间，有时还有边滩。

2）河流阶地

河流阶地是河谷中沿河分布的阶梯状地形。每一级阶地包括阶地面和阶地斜坡两个主要组成单元。

阶地的级数是由下而上按顺序分级的，高于河漫滩的最低的阶地称为一级阶地，依次为二级阶地、三级阶地。

根据河流阶地的物质组成，可将其分为侵蚀阶地、堆积阶地和基座阶地三类。

① 侵蚀阶地，由基岩构成，沉积物很少，只有一些坡积物。

② 堆积阶地，由河流沉积物组成。

③ 基座阶地，由两种物质组成，上部为河流的沉积物，下部是基岩。

河流对于凹岸和凸岸会产生冲刷，导致凹岸的崩塌、凸岸的淤涨和崩塌，河道在多年情况下作横向摆动。崩岸的主要成因，一是水流的作用；二是土体强度减弱和风化。

河流的主流线直接影响着河岸被冲刷的位置，

易导致河岸的崩塌。河床类型不同，主流线靠岸的位置不同，塌岸的位置也不相同。弯曲河床的凸岸边滩的上方、凹岸顶点的下方，以及顺直河床的深槽处，都是容易塌岸的位置。凸岸处也是产生淤积的地方。河心岛头部被主流顶冲，是护岸工程重点守护的地段（图2.9.9）。

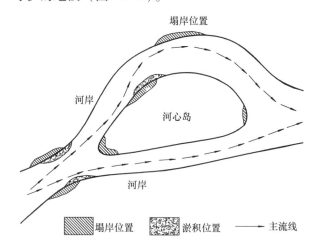

图2.9.9　河流的主流线导致河岸崩塌和淤积的位置

河岸的场地选址时，宜避开易崩塌的地方；无法避免时，要做好防护工程。

（5）地下水的影响

地下水是埋藏和运移在地表以下岩土层空隙中的水。地下水对工程建设影响很大，它能降低岩土的承载力，造成基坑突涌，产生滑坡、地面塌陷等不良地质现象；还会对建筑材料，如混凝土等，产生腐蚀作用。

通常把透水的岩土层称为透水层，相对不透水的岩土层称隔水层，当透水层被水充满时称含水层。

地下水按埋藏条件可分为上层滞水、潜水和承压水三类（图2.9.10）。

1）上层滞水

积聚在局部隔水层上的水称为上层滞水。上层滞水靠雨水补给，有季节性，范围不大，旱季可能干涸。上层滞水接近地表，使地基土强度减弱。在寒冷的北方地区，则易引起道路的冻胀和翻浆。此外，由于其水位变化幅度较大，常给工程的设计、施工带来困难。

2）潜水

自地表向下，在隔水层上面的第一个连续稳定

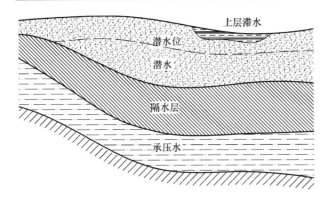

图 2.9.10　地下水

的含水层中，具有自由水面的重力水称为潜水。潜水分为孔隙潜水、裂隙潜水和岩溶潜水。

潜水的自由水面称为潜水面，潜水面的标高称为潜水位。潜水面至地面的垂直距离称为潜水埋藏深度，由潜水面往下到隔水层顶板之间充满重力水的部分称为含水层厚度。潜水位的变化直接受气候条件变化的影响，潜水直接由大气降水和地表水渗入补给，也由于蒸发或流入河流而排泄。

潜水等水位线图即潜水面上标高相等的各点的连线图。一般以最低水位和最高水位时期的等水位线图为参考（图 2.9.11）。

从潜水等水位线图可以确定潜水流向，计算潜

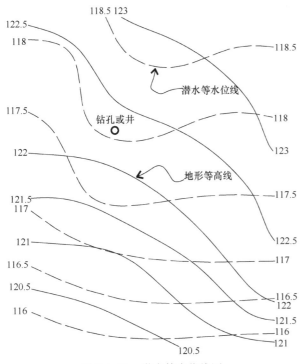

图 2.9.11　潜水等水位线图

水的水力坡度，确定潜水与地表水之间的关系，确定潜水的埋藏深度，确定泉或沼泽的位置，推断含水层的岩性或厚度的变化，确定给水和排水工程的位置等。

潜水对建筑物的稳定性和施工均有影响。建筑物的地基最好选在潜水位深的地带或使基础浅埋，尽量避免水下施工。若潜水对施工有危害，宜用排水、降低水位、隔离（包括冻结法）等措施处理。

【例 2-9-3】　将在某地选择一个场地建设别墅，在本场地的（最高水位）潜水等水位线图上有 3 个选址可供选择。

分析：

别墅的基础浅。分析 3 个点的潜水埋藏深度，即等高线和潜水等水位线的高差值。选址 A 为 5m 左右，选址 B 和 C 为 10m 左右，则在选址 B 和 C 中选择。而选址 B 处的潜水等水位线密度明显比选址 C 大，说明 B 处的潜水流速也大，因此选择 C 为宜（图 2.9.12）。

3）承压水

充满于两个隔水层间的含水层中，承受水压力的地下水称为承压水。在地面打井至承压含水层时，水便会在井中上升，甚至喷出地表，形成自流井。由于上覆隔水层的作用，它的分布区与补给区不一致，因此，承压水的动态比较稳定，受气候影响较小。

地下水在岩土体空隙中的运动称为渗流。岩土有一个重要性质，即岩土体具有可被水透过的性质，称为岩土的渗透性。

渗流引起的渗透破坏主要有两大类：一是由于渗流力的作用，使土体颗粒流失或局部土体产生移动，导致土体变形甚至失稳；表现为流砂和管涌。二是由于渗流作用，使水压力或浮力发生变化，导致土体或结构物失稳；表现为岸坡滑动或挡土墙等构筑物整体失稳。

当地下水的水位增高时，作用在土体中的渗流力也逐渐增大。当增大到某一数值时，向上的渗流力克服了向下的重力，土体就要发生浮起或受到破坏，产生流砂现象。这种现象多发生在颗粒级配均匀的饱和细砂、粉砂和粉土层中。在地下水位以下开挖基坑时，如从基坑中直接抽水，将导致地下水从下向上流动，可能导致流砂现象。

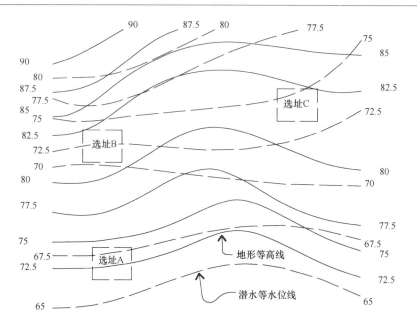

图 2.9.12 【例 2-9-3】图

当地下水流动的坡度很大时，水流由层流变为紊流，此时渗流力可把土体粗粒孔隙中充填的细粒土冲走，最终导致土体内形成贯通的渗流管道，产生管涌现象。管涌现象是一种渐进性质的破坏。在地基土层内如具有地下水的潜蚀作用时，将会破坏地基土的强度，形成空洞，产生地表塌陷，影响建筑工程的稳定。

地下水与场地上的建、构筑物的建设有着密切的关系，其主要影响有：

1）基础埋深

通常设计基础的埋置深度应小于地下水位深度。

当寒冷地区基础底面的持力层为粉砂或黏性土，且地下水位埋藏深度低于冻深线 1.5 ~ 2.0m，则冬季可能因毛细水上升而使地基冻胀，顶起基础，导致墙体开裂。

2）地下室防水

建筑物的地下室必须做好防水层。

3）空心结构物浮起

当建筑物基础底面位于地下水位以下时，地下水对基础底面产生静水压力，即产生浮力。

在地面下的水池与油罐等空心结构物，设置在地下水位埋藏浅的场地，因地下水的浮力，有可能将空心结构物浮起，需要进行计算并采取适当的措施来解决。

4）地下水位升降变化

在含水层中进行地下洞室、地铁或深基础施工时，通常需要采用抽水的办法降低地下水位。当抽水时，在抽水井周围形成降水漏斗，在降水漏斗范围内的土层将发生附加沉降，使邻近建筑物发生变形。此外，如果抽水井滤网和过滤层的设计不合理或施工质量差，抽水时会将土层中的黏粒、粉粒甚至细砂等细小土颗粒随同地下水一起带出地面，使周围地面土层很快产生不均匀沉降，造成地面建筑物和地下管线不同程度的损坏。

地下水位上升，可引起浅基础地基承载力降低、水浸湿和软化岩土，从而使地基土的强度降低，压缩性增大，建筑物会产生过大沉降，导致严重变形。对结构不稳定的土（如湿陷性黄土、膨胀土等），变形更为严重。

5）地下水对混凝土的潜蚀

当地下水中含有害的化学物质，如硫酸根离子、侵蚀性二氧化碳过多时，则对建筑基础具有侵蚀性，需采取必要的措施。

(6) 岩溶水的影响

岩溶水，即赋存于溶隙中的重力水（喀斯特水）。通常在裸露的石灰岩分布区的岩溶水主要是潜水；当岩溶层被其他岩层覆盖时，岩溶潜水可能转变为岩溶承压水。

岩溶的发育特点也决定了岩溶水的特征。岩溶水具有水量大、运动快、在垂直和水平方向上分布不均匀的特性，其动态变化受气候影响显著。由于溶隙比孔隙、裂隙大得多，能迅速接受大气降水补给，水位年变化大。大量岩溶水以地下径流的形式流向低处，集中排泄；即在谷地或是非岩溶化岩层接触处，以成群的泉水出露地表。

在建筑场地内有岩溶水活动，在施工中有时会突然发生涌水，对建筑物的稳定性也有很大影响。因此，在建筑场地和地基选择时，应进行工程地质勘察，针对岩溶水的情况，用排除、截源、改道等方法处理，如设置截水沟、挡水坝及开凿输水隧洞改道等。

2.9.2 规划控制因素

在场地选址中，要结合当地规划部门的规定限制，结合场地的使用功能，来评估场地是否适合选择。

1）用地性质的限制

每个地区的规划部门，在总体规划和控制性详规中，对土地的使用进行了各方面的控制，尤其是地块的使用功能性质。场地选址中，必须根据控制性详规进行，避免盲目选择，浪费前期精力。

2）容积率和建筑密度的限制

一般来说，每个地块都会有规划部门出具的经济指标控制数据。在选址中，要根据任务的功能面积需要，经计算评估是否为合适的场地选址。容积率关系到地上总建筑面积最高值，比如对于繁华中心地带的商业住宅开发，则需要高容积率才有可能使地块的单价成本降低下来。而建筑密度关系到建筑能够铺展的程度，比如超市商业，尽量集中在底层部分有利于商业氛围的营造，因此应尽可能在底层铺开建筑为佳。

3）高度和退让的限制

规划部门或航空等相关部门对于地块的建设高度都进行了限高，这是对城市街景的整体规划，也是对飞行器的安全保护。场地选择时，要注意地块的高度限制，高度限制减少了地上总建筑面积，也影响到建筑在高度上的形象表达。

场地退让红线的距离及其相关要求，因地块位置情况的不同，而各不相同，在选址时也需要加以充分考虑。

4）历史保护的限制

在很多具有悠久历史建筑的地区，如何保护这些历史建筑，每个地方都制定了相应的规定。往往对新建建筑的体量、色彩、高度、风格等加以限制。此时场地选址要充分考虑这些限制，考虑所选场地是否适合新建建筑的关键需求。

5）规划发展因素

每个城市都需要制定总体规划，体现宏观的未来发展方向。

场地选址中，应根据场地的使用性质，结合策划方向，确定合适的、具有前瞻性的地块。

城市规划也不是一成不变的，需要跟进规划部门的各种变动信息，才能掌握准确的规划发展方向。

6）政策的因素

场地选择时，还要考虑当地的政策思路，根据当地的政策关注点或相关内容总结，获得场地选址的选择条件。如某城市以环保、绿色、旅游为重点，如果为化工企业选择场地，则不宜在该城市进行选址，或应避免在影响该城市整体绿色旅游的区域内选址。

2.9.3 环境因素

1）区域问题

根据功能需要，场地选址时需要对区域范围的情况进行总结梳理，看建筑是否适合选址于本区域内。

【例2-9-4】 某区域内，需要为一个办公大楼选址，有三个地方可选（图2.9.13）。

分析：

选址A，主要为住宅区区域，不宜；选址B，在商业区边缘，交通也方便，可考虑选址于此；选址C，工业厂区，不宜。

2）交通问题

对交通问题的考虑是具有预测性质的。场地选址完成后，要对增加的交通量、停车位等进行交通评估，看是否会使区域内的交通超出合理承担量。

【例2-9-5】 在某繁华商业区域内，为新建大

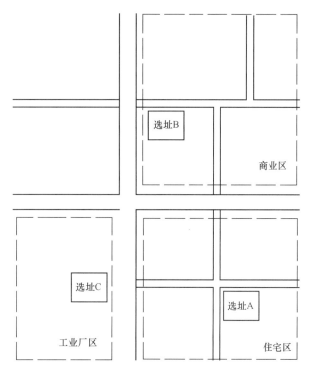

图 2.9.13 【例 2-9-4】图

型商场选址，考察现状，交通拥挤、停车位不足。有三个地方可选。选址 A，在原商业区内部中心位置；选址 B，在原商业区边缘位置；选址 C，在原商业区边缘位置，靠近政府机构（图 2.9.14）。

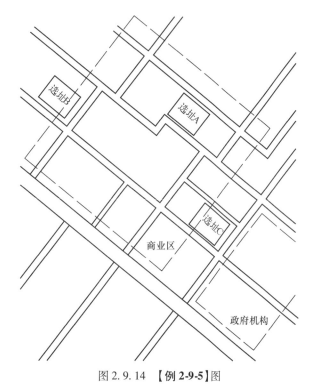

图 2.9.14 【例 2-9-5】图

分析：

选址 A，会增加交通流量，使原本拥挤的交通更加严重；选址 B，对交通产生分流，交通位置适宜，可考虑选址于此；选址 C，靠近政府机构，由于政府机构的特殊性，不利于商业氛围的打造，在功能上有冲突，而且会增大交通流量，影响政府部门的交通，不宜。

3）场地周边条件

场地选址，最直观的考察就是场地的周边情况。看是否有影响本场地的建筑物、构筑物及场地等，是否具有利于本场地建筑建设及增值等因素。例如某场地旁是大型公厕，则要考虑本场地的使用性质是否合适，如场地建设为餐饮用地，则不合适；如建设为集会广场，则公厕可为该场地提供服务，较合适。

有些场地选址的四周条件不能明确其是否对本场地有利，需要进一步根据其他条件具体分析。如某场地旁是肯德基快餐店，可以说快餐店的存在增加了本场地的商业气氛，本场地可以考虑建设为商场等。但如果场地内同样是快餐店，则要考虑与肯德基的互补差异化经营。

对于为住宅选址或场地外有住宅的情况，要注意日照情况，避免因为本场地内住宅获得日照困难或影响到场外住宅的日照，而无法顺利开发本场地的建筑。

绿化环境也能够为场地提供更有利的环境条件。如在某办公区域选择新办公场地，区域旁是绿化广场。则靠近绿化广场的选址明显比位于办公区域中部的选址更具有环境上的吸引力。

2.9.4 其他因素

1）噪声因素

有些场地性质对于噪声比较敏感，如学校、图书馆、老年人照料设施等需要安静的建筑。

【例 2-9-6】 需要新增图书馆，有三个选址可供选择（图 2.9.15）。

分析：

选址 A，靠近集贸市场，噪声大，不宜；选址 B，周围噪声小，可考虑选址于此；选址 C，靠近主要城市干道，不宜。

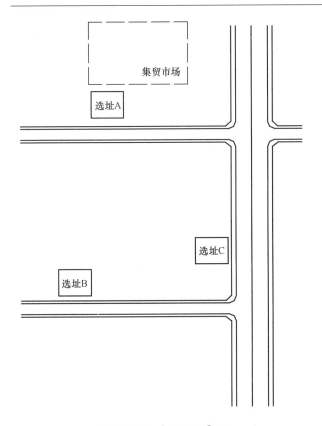

图 2.9.15 【例 2-9-6】图

2）管线和高压线因素

在场地考察时，对于是否已有或将有重要管线通过本场地要进行了解。

如某场地地下已经有油管通过，退让保护距离后，场地面积很小；如果为大型建筑选址，则不适宜。

高压线也是关键的考察内容，高压线在场地的位置、将来是否有埋地的政府计划、场地性质是否合适等，都要作为评估场地选址的因素。

2.10 场地的保护

场地选址是为了选择能基本满足主要考察因素的场地，但是并不代表所选场地已经完美。对所选场地仍要作适当的改进，即采用保护和防治措施。

2.10.1 水土保持防护

1）斜坡的防护

对于斜坡变形破坏的防治，以防为主，及时治理。

对于尚未被破坏的斜坡：

① 合理制订人工边坡的布置和开挖方案。

② 查清可能导致天然斜坡或人工边坡稳定性下降的因素，事前采取必要措施消除或改变这些因素，保持斜坡的稳定性。

对于已出现变形破坏情况的斜坡，应采用如下措施拦截和旁引滑体以外的地表水：

① 抽出所有在滑坡范围内的地下水和排除所有积水洼地里的水。

② 填塞和夯实所有的裂缝，防止表面水渗入。对岩质斜坡，可采用水泥或化学灌浆等措施；对于土质斜坡，可采用电化学加固法、冻结法，还可采用焙烧法。

③ 降低下滑力，遵循"砍头压脚"的原则，如直接修筑支挡建筑物，以支撑、抵挡不稳定岩土体；岩质斜坡用锚杆进行加固等。

影响斜坡稳定性的因素如岩性、构造、地貌、气候、地下水、人为等，可分为两类：一类是可使斜坡稳定性产生可逆变化的因素；另一类是引起斜坡稳定性发生不可逆变化的因素。为了保证斜坡的稳定性，就要使斜坡在第一类因素的作用下不失稳，并设法使第二类因素的作用不产生或不发展。

2）雨水排放

场地内的雨水，如果不进行合理处置，任其自由排放，不但使场地内的土壤受到冲刷，而且也容易形成积水等侵蚀场地。一般来说，场地内的雨水

应先排放到集水井或排水沟，然后再排往市政雨水管线。如果市政雨水管线管底标高高于场地内集水井、排水沟的标高，则需要设置积水井，用水泵将雨水排到小区外市政管网。对于场地标高小于场地外标高的情形，需要在场地的周围设置挡水墙或截水沟等设施，防止雨水进入场地。

3）岩石风化的防治

对于岩石风化的防治，首先要对岩石风化进行调查，以便有针对性地采取防治措施。

对岩石风化的调查包括：查明风化程度，确定风化层的工程性质，以便考虑建筑物的结构和施工的方法；查明风化厚度和分布，以便选择最适当的场地；查明风化速度和引起风化的主要因素，对那些直接影响工程质量和风化速度快的岩层，必须制定预防风化的正确措施；对风化层的划分，特别是黏土的含量和成分（蒙脱石、高岭石、水云母等），应进行必要分析，因为它直接影响地基的稳定性。

岩石风化的防治方法主要有：挖除法、抹面法、胶结灌浆法、排水法。

1）河流因素的防护

根据河流冲刷的特点，一般采用护岸工程或使主流线偏离被冲刷地段等防治措施。

① 护岸工程

直接加固岸坡。在岸坡或浅滩地段植树、种草。通过抛石护岸和砌石护岸两种方法护岸，石块的大小，应以不致被河水冲走为原则。

② 约束水流

约束水流也是为了防止淤积。束窄河道、封闭支流、截直河道、减少河流的输沙率等，均可起到防止淤积的作用。常采用顺坝、丁坝来达到此目的。顺坝又称导流坝，丁坝又称半堤横坝。一般顺坝和丁坝布置在凹岸，以约束水流，使主流线偏离受冲刷的凹岸。丁坝以夹角为 60°~70°斜向下游，使水流冲刷强度降低 15% 左右。

同时，在河流侵蚀、淤积作用下，要防治凹岸的坍塌和凸岸的淤涨，应增加无黏性土和黏性土的抗冲性能。

2）湿地的保护

过去的城市开发忽略了自然生态环节，致使环境恶化现象日益严重。现在人们越来越认识到环境

的重要性，尤其对于湿地地带保持自然生态的作用有了清楚的认识。

场地选址时，如果涉及湿地，应该进行环境评估，要谨慎行事，避免无法挽回的环境破坏。可以把城市内的湿地作为生态公园，或作为自然生态教育基地，增加人们对湿地的认识。

2.10.2 绿化保护

城市越是发展，人们对绿色的渴望越强烈，从工作环境到居住环境，绿化已经是不可或缺的一部分。如何保护好自然的绿化，比人工的绿化更具有生态意义。比如旅游景区中的服务设施选址，要充分考虑场地上的树种、茂密情况、是否是绿化连续带上的一环等，要尽量减少对自然绿化的破坏。甚至应尽量减少人工建设，以最大限度地保护好自然绿化。

2.10.3 施工保护

场地在建设开发前，一般都需要进行场地改造、平整、开挖等施工要求。对于场地范围内外的岩体，要注意的是，施工开挖切去斜坡坡脚时，上部岩体就有可能沿层面发生滑动，尤其是夹有薄层泥的页岩或有软弱夹层的边坡，更易发生滑动。此时要做好相应的保护工作，如设置挡土墙、避免随意挖切等。施工单位因不明场地内的管线情况或保护措施不当，造成施工时挖断水管、煤气管、电缆等恶性事故时有发生，应事先做好管线的综合规划和保护、定位工作。

本 章 要 点

■ 只有在相邻等高线相互平行的前提下，某处排水方向和所在的等高线垂直。一般情况下，排水方向和该处位置的等高线间距方向一致。

■ 呈矩形的平面场地中对角的标高之和是相等的。

■ 在广场设计中，一般以围合广场的城市道路中心线相交点标高作为广场竖向设计的控制点。

■ 广场内标高应低于周围建筑物的散水标高。

■ 广场排水方式有明式、暗式和混合式。

■ 在平原地区的广场设计坡度应≥0.3%，也应≤1%。

■ 在场地平面等高线调整中，一般会对平整后的场地有两种要求：一种是根据所要求的场地坡度限制，控制调整后的等高线之间的距离；另一种是保证场地上某一方向的坡度值为一个固定值或一个范围值。

■ 排水沟设计原则：（1）当原地面的基本坡度大于排水沟中心线的坡度范围时，从原地面最低处设计排水沟。（2）当原地面的基本坡度小于排水沟中心线的坡度范围时，从原地面最高处设计排水沟。（3）当原地面的基本坡度在排水沟中心线的坡度范围内时，一般排水沟的坡度可以按照原地面的坡度情况调整设计。（4）排水沟中心线的坡度和原地面坡度，应尽量接近、尽量保持一致。

■ 当相交的两个排水沟中心线各自得到开始设计的起点后（在这些起点不重合的条件下），在排水沟中心线上这两个起点的设计方向相同时，要以位于最端点的起点作为最终设计起点。当两个起点的设计方向相反时，要先在这两个排水沟中心线交点处分别计算产生的标高，以能产生标高最低的起点作为最终设计起点。

■ 网格法是以原地面和设计地面两者叠和的平面为基础进行表达的。方格网中边线的交点为角点，一个方格有4个角点。

■ 方格网中某角点，当该角点为挖土状态时（即原地面标高大于设计地面标高时），在高度差前面用"－"号表示；当该角点为填土状态时（即原地面标高小于设计地面标高时），在高度差前面用"＋"号表示。

■ 在既有挖方又有填方的场地工程中，会在挖方区和填方区的交接处出现施工高度为0m的一条线，称为零线，或填挖平衡线。

■ 在网格法的三角棱柱体计算法中，某方格中采取对角线规则：所取的对角线应尽量与该方格处地面的等高线平行方向同向。该方格处地面的等高线在挖方区应采取原地面的等高线，在填方区应采取设计地面的等高线。

■ 挖方量或填方量的平均值计算法：

$$V = a^2 (\sum h_1 + 2\sum h_2 + 3\sum h_3 + 4\sum h_4)/4$$

$$(2.5.11)$$

■ 每相邻两个垂直截面的场地挖方量或填方量计算公式为：

$$V = [(S_1 + S_2)/2] \times L \qquad (2.5.12)$$

■ 垂直截面法计算公式为：

$$V = (S_1/2 + S_2 + S_3 + \cdots + S_{n-1} + S_n/2) \times L$$

$$(2.5.13)$$

■ 等高线水平截面法计算公式：

$$V = (S_1/2 + S_2 + S_3 + \cdots + S_{n-1} + S_n/2) \times h$$

$$(2.5.15)$$

■ 网格法中非完整部分的整合规则：（1）当一个非完整部分的面积明显大于一个方格面积的1/2时，扩大此非完整部分为一个方格面积。其新方格最外边的标高宜和原非完整部分外边的标高相同。（2）当一个非完整部分的面积明显小于一个方格面积的1/2时，取消此非完整部分。（3）当一个非完整部分的面积接近一个方格面积的1/2时，可以和同状态的另一非完整部分合为一个方格面积，或者根据其他非完整部分的情况分化或补全成一个方格面积。

■ 在起伏变化不剧烈的地面上，以填挖平衡为前提选择设计场地位置时，使设计场地在原地形图上进行移动判别，当设计场地范围内包含的原地面等高线越少时，其总土方量越小；当包含的原地面等高线最少时，可以认为其总土方量也最少。

■ 如果考虑场地与原地形的协调、场地同整体规划的统一、场地对外交通的顺畅等因素，场地一边（主要是长边）应平行于等高线来进行布置。如果不考虑其他因素，追求最小总土石方量，场地的边缘与等高线形成一定的角度，可以达到要求。

■ 填挖土方量平衡法的基本原理：在原地形图上将场地划分成方格网（边长为 10m、20m、40m 等）后，先得到每个方格在填挖平衡时的平均标高，即方格的四角标高，相加后，除以方格的角数 4；然后在全场地范围内，把这些平均标高进行再平均，得到填挖平衡时的场地新标高，即这些平均标高相加后，除以方格数。

■ 填挖土石方平衡法公式：

$$H_0 = (\Sigma h_1 + 2\Sigma h_2 + 3\Sigma h_3 + 4\Sigma h_4)/4M$$

$$(2.6.1)$$

■ 在填挖平衡前提下，考虑土的可松性使设计地面抬高高度公式：

$$\Delta h = V_W(K'_S - 1)/(S_W K'_S + S_T) \quad (2.7.1)$$

■ 在填挖平衡要求下，局部填方工程后整个设计地面下降高度公式：

$$\Delta h = V'_T/S \quad (2.7.2)$$

■ 在填挖平衡要求下，场外取土后整个设计地面上抬高度公式：

$$\Delta h = V'_T/S \quad (2.7.4)$$

■ 在填挖平衡要求下，场外弃土后整个设计地面下降高度公式：

$$\Delta h = V'_W/S \quad (2.7.5)$$

■ 从原地面到考虑排水的场地设计地面，主要分为三个设计过程：第一步，根据土石方填挖平衡原则，得到场地初步设计地面。第二步，场地初步设计标高调整，对可松性系数、局部填挖工程等因素进行考虑和反映（有时会根据分析精度的需要，省略第二步）。第三步，经过排水坡度的设计考虑，得到最终的场地设计地面。场地排水坡度设计时，尽量使场地主要部分保持土石方填挖平衡。第三步的关键是：确定初步设计地面和最终设计地面相交的"转轴"位置。把初步设计地面以"转轴"为中心旋转，到达合适的排水坡度，成为最终的设计地面。

■ 初步设计地面和原地面产生的零线是与原地面等高线平行的，零线上的标高是相同的；而最终的设计地面和原地面产生的零线往往并非与原地面等高线平行，零线上的标高往往是不同的。

■ 相交面的交线位置公式：

$$x = a \times m/(m + n) \quad (2.7.6)$$

■ 交线 L 和外边缘之间形成填方体积（或挖方体积）公式：

$$V = a \times x \times ix/2 = iax^2/2 \quad (2.7.7)$$

■ 把交线 L 两侧的体积分别相加，得到挖方体积 ΣV_W 和填方体积 ΣV_T。此时 $\Sigma V_W = \Sigma V_T$，在等式中只有一个未知数 x，解此等式即可得到交线 L 的位置。

■ 应注意的是，受洪水影响的场地，其场地设计标高应 ≥洪水位 +0.5m 安全超高值，按防洪标准确定洪水重现期的计算洪水位。

停车场（库）

3.1 机动车停车场（库）

本章主要针对停车场的各个方面进行分析，由于对停车库的要求和对停车场的要求，在大部分方面是相同的，所以在此把两者合称为停车场（库），且特指机动车停车场（库）。

3.1.1 城市停车场的作用

对于绝大多数城市来说，现在的城市停车场（库），不仅仅是不需要使用机动车时的寄存处，其对城市产生的其他作用也是巨大的（图 3.1.1）。其作用主要包括以下几个方面。

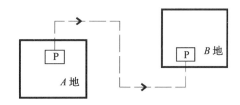

从 A 地到达 B 地，要把停止的车发动，经过行驶，把车停在 B 地的停车处，完成一次运转

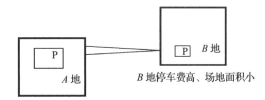

A 地停车费低、场地面积大　　抑制了到 B 地的车辆数量

B 地停车费高、场地面积小

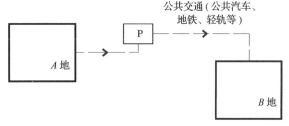

存车换乘的同时，为 B 地节省土地资源（减少停车场地），减少污染，避免交通拥挤

图 3.1.1　停车场（库）对城市产生的其他作用

（1）停车场（库）使城市中的汽车能够顺畅运转

在机动化程度较高的城市，有相当一部分出行是靠汽车交通完成的。

汽车的行驶与停放，总是交替进行的。停放是行驶的延续，没有停放，行驶就难以达到所应到达的目的地。汽车，尤其是小轿车在城市中正常顺畅地运转，停车场是不可缺少的。

（2）停车场（库）使汽车交通量分配合理化

汽车的交通量如果超过一个城市道路交通的容量，就会造成城市交通的拥堵。因此，当代的城市需要根据自身条件合理控制汽车交通量。

城市停车场（库），可以通过其位置、规模、车位数量、价格，以及提倡高乘用率等政策手段，适当抑制小轿车交通量的过量发展，使之合理化。

（3）停车场（库）促进公共交通的发展

随着城市土地的开发，城市中的空地越来越稀少。于是，许多城市管理当局纷纷自觉地改变政策，一方面限制新公路的建设，另一方面实施停车管理的新政策。现在节能环保观念有所加强，节约使用城市土地的意识也随之增强，人们越来越认识到公共交通对城市的重要性。

同时，人们对城市停车场（库）地位与作用的认识也发生了变化，停车场（库）已被看作是使汽车交通合理化的一种手段。例如，从停车管理上限制汽车出行的终点，鼓励采用提高乘用率的共乘形式与发展公共交通相结合。欧洲与北美等国的部分城市从 20 世纪 80 年代以来，已发展了新型停车场（库），即 P&R 系统（Park and Ride）——存车换乘系统。这种停车场（库）既可以停放大量汽车，又有通向市中心的方便舒适的公共交通，使汽车驾驶者停车方便，换乘方便。出行者在此停放汽车，换乘公共交通前往市中心，在时间上、经济上都是节约的，从而减小了城市中心的汽车交通量。公共交通是一种节省地面资源的交通形式，既可节约城市中心的交通用地，又可减少市中心区修建停车场（库）的用地。

这种观念的大转变，带来了一种城市交通的新的组织形式。停车场（库）不再被看作是单纯满足汽车交通出行的设施，而逐渐形成一种影响与组织动态交通的手段；实际上，它也是用以实现城市交通整体管理计划的一种工具。它既应符合汽车合理出行的需要，又应符合环境保护和能源节约的需要；此外，它还要与优先发展公共交通和高乘坐率交通模式的政策相结合。

3.1.2 静态交通与动态交通

停车场（库）作为静态交通设施，对动态交通具有不可忽视的影响（图3.1.2）。

（1）只有静态交通和动态交通相互作用，城市交通工具才能发挥其应有的作用（图3.1.3）。

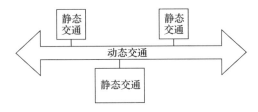

图3.1.2 静态交通与动态交通

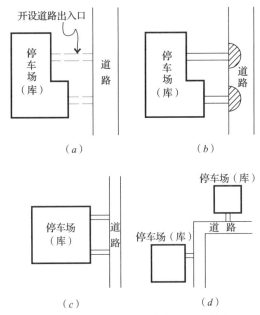

图3.1.3 静态交通对动态交通的影响

（a）动、静态交通的关系；（b）出入口处道路交通的影响；（c）集中设置公共停车场；（d）分散设置公共停车场

设在城市中的停车场（库），必须为其开设道路出入口，停车场（库）才能产生使用。停车场（库）虽然可解决车辆停放这一静态交通问题，减少占道停车，但车辆进出车库必然对出入口处的道路造成一定的影响。那么就要求停车场（库）在城市中布局合理、规模适中，除了考虑满足停车需求之外，还应考虑与动态交通相协调，应有利于动

态交通组织和管理。

集中设置的公共停车场（库）在一定区域内，对动态交通的好处是道路出入口少，对动态交通的干扰较少；但却存在停车不便，停车后司机步行时间长的问题，降低了停车场的吸引力。而分散布置的停车场方便车辆停放，减少停车后的步行时间；但却使得停车场道路出入口增多，增加对道路动态交通的影响。

停车场（库）和道路的关系如同水库与河流，车辆进入停车场（库）需由周围道路来疏解，停车场（库）车辆集中进出时增加周围道路的交通量，加上道路正常的交通量，如严重超出道路交通容量，将使停车场周围道路陷于瘫痪，同时也影响停车场（库）的使用。所以应对区域甚至整个城市的交通进行科学分析，研究城市各部分拥有车辆密度、汽车出行数等，进行符合目前需求及未来预测的停车场（库）规划布局，使城市交通健康发展。

（2）当城市停车场（库）能协同发挥出各方面的作用时，城市停车场（库）就自然而然地形成了组织动态交通的作用（图3.1.4）。

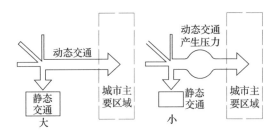

图3.1.4 城市停车场（库）组织动态交通的作用

在欧洲，公共交通出行量可占城市全部出行量的一半左右。有的城市，大量人流在城市中活动，但地面上却看不见拥挤的车流和人流。不能不说其城市动态交通的组织能力是高超的。其中驻车换乘就是这种能力的一种体现。

中国国内对城市停车场（库）的研究，还处在初级阶段，对它的地位与作用的认识可能还不充分。由于中国国内许多大城市日益国际化和现代化，城市停车场（库）的地位和作用，以及制订停车场（库）战略的必要性，将越来越为人们所重视。

汽车的使用有一个显著的特点，就是有动、有静，有行、有停，并且对大部分非营运汽车来说，

停车的时间要比行车时间多得多，道路和停车场（库）作为解决动、静态交通的设施都是必不可少的。在道路交通容量日趋紧张，而国家把汽车作为支柱产业予以扶持，小汽车将逐步进入家庭的今天，停车场（库）这一静态交通设施的作用更加突出，因静态交通设施不足而增加动态交通压力的现象有目共睹。

停车场（库）作为静态交通设施，与城市道路同等重要，都是道路交通必不可少的设施。现有的法规从城市规划、建设到管理，对道路交通进行规划管理的侧重点在于解决动态交通问题，即城市道路的规划建设和管理；但对静态交通和静态交通设施的建设、管理相对忽视。

因各地经济发展水平高低不一，车辆拥有和使用情况差别较大，即使是同一城市的不同区域，停车需求也有差别，配建指标难于统一；应以各城市、各区域不同类建筑的交通量及其停车需求为依据。

3.1.3 停车场（库）的类型与分类

在国外，停车场与车库的名称是混用的，没有本质上的区别。在中国，停车场是指供各种车辆停放的露天场所，而车库是指供各种车辆停放的室内场所。

不同类型的停车场（库），其服务对象、场地位置、建筑类型和管理方式不尽相同。为了明确各类停车场的使用功能，便于统筹规划、建设和管理，有必要对城市停车场进行合理分类。

按服务对象分类，可将停车场（库）分为三类：社会停车场（库）、配建停车场（库）和专用停车场（库）（图3.1.5）。

（1）社会停车场（库）

社会停车场（库）具有最广泛的服务对象，其服务范围是区域性的，它的规划布局需要考虑各方面的因素，不仅要考虑适当的需求关系，还要考虑选址的优化。社会停车场（库）主要布局在中心商业区、城市出入口干道沿线及大型公交换乘枢纽附近等位置。

社会停车场（库）规划布局的一般程序和工作内容大致可以分为3个阶段：调查分析阶段、停车需求分析与预测阶段，以及规划评价阶段。

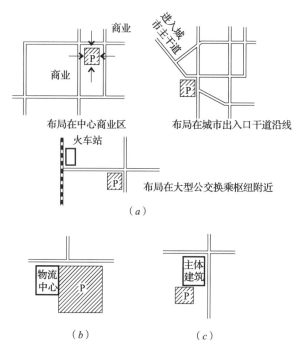

图3.1.5 停车场（库）分类
（a）社会停车场（库）；（b）专用停车场（库）；
（c）配建停车场（库）

（2）专用停车场（库）

专用停车场（库）是专业运输部门或某些部门（如消防站、物流中心等）的一个重要设施，仅为本部门所属车辆提供泊车服务，故无论是选址规划还是容量确定，都受到本部门的制约。选址一般不能超出所属部门的用地范围，每辆车均应配备一个专用停车位。整个停车场（库）的用地规模，一部分为停车坪或车库用地；另一部分为辅助设施用地，如进出道路、办公、休息、绿化等用地。

（3）配建停车场（库）

配建停车场（库）是主体建筑的附属设施，其选址规划受主体建筑的限制，一般应紧邻主体建筑设置，它们之间距离宜在100m以内，即步行约2min，不宜超过150m。配建停车场（库）的容量规模，一方面受到主体建筑自身规模的制约，另一方面受到城市汽车拥有水平的制约，尤其是出租汽车和社会客车的拥有水平起着突出的作用。另外，城市周围地区的商品经济发展水平也有一定的影响。以下列出中国城市中几种最常见的配建停车场（库）的车位指标（表3.1.1）。

配建停车场（库）车位指标　表3.1.1

建筑类别	停车位数计算单位	停车位数目（辆）
医院	每100m²	0.20
展览馆	每100m²	0.20
旅馆	每客房	0.06～0.20
商业	每100m²	0.30～0.40
影剧院	每100m²	0.80～0.30
体育馆	每100m²	1.00～2.50
办公楼	每100m²	0.25～0.40
餐饮店	每100m²（营业面积）	1.70
游览场	每100m²	0.02～0.80
码头	1000人/日（高峰）	2.0
火车站	1000人/日（高峰）	2.0
住宅	每户	1.0

按场地位置分类，可分为路面停车场、路边停车场（库）和路外停车场（库）3类。

按建筑类型分类，可分为地面停车场、地下停车库、地上停车库、多用停车库和机械式停车库5类。

按管理方式分类，可分为免费停车场（库），限时停车场（库）、限时免费停车场（库）、收费停车场（库）和指定停车场（库）5种。

根据停车场（库）的防火要求，按防火分类可分为4类；按耐火等级应分为3级。

3.1.4　停车导向系统

停车导向系统作为停车管理的技术手段，主要包括实时信息采集系统，可变标志系统（显示系统）和数据控制系统3个基本部分，其工作流程包括与停车场利用状况有关的各种实时信息的采集、处理、传输和显示4个步骤。这些先进的导向信息系统，使驾车者容易寻找车位。

停车导向系统的功效主要体现在3个方面：

（1）减少市中心区为停车而附加的彷徨交通流量，从而减少驾驶员寻找停车泊位所消耗的时间，降低车辆行驶所引起的尾气排放和噪声等污染，保护环境。

（2）合理地安排必要停车，提高路外停车设

施泊位的利用率，促使停车设施利用均衡化，减少路面停车现象，减少等待入库的排队车辆。

（3）增加停车场所收入，减少违章停车行为。

3.1.5　停车控制

停车控制是对路面停车或路外停车进行限制与控制，从而加快城市中心商业区或其他停车需求突出地方的停车位周转率，提高这些停车位的使用效率，减少地区的交通总量，减少交通拥挤及交通事故（图3.1.6）。

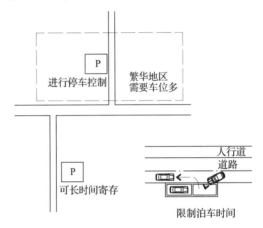

图3.1.6　停车控制

停车控制通常借助于收取停车费用或违章罚款，增加一些财政收入，将它用来建造更多的停车场（库），以解决城市静态交通问题。

（1）路外停车控制

利用路外停车场的计算机自动管理系统，对路外停车场的进出口控制、车位控制、停车收费和财务管理、停车场设备控制以及保安管理等，进行科学、全面、高效的自动化管理。

（2）路面停车控制

路面路边停车是最为方便的停车方式。

路面路边停车使司机下车后到达目的地的步行距离很短，因而最受停车者的欢迎，但易造成停车位的拥挤。因此对路面停车必须进行必要的控制和管理。具体方法：一是限制泊车时间，二是收取一定费用，这两种方法通常结合起来采用。

通过停车控制，使在繁忙地区的停车场（库）达到高周转率，避免许多使用者长时间"霸占"车位。需长时间寄存的车辆可以停在繁忙地区外的

停车场（库），这样可使繁忙地区的车辆交通得到极大的缓解。

3.1.6 路面停车场

在欧美国家的停车规划中，利用非主要交通道路设置路面停车场，在城市中心商业区停车需求集中的地方，路面停车是缓解停车场地供求矛盾的有效且简便的措施。不仅可以缓解路外停车设施不足的矛盾，而且可以提高道路资源的利用率。目前中国国内城市，尤其是大城市停车设施严重不足，在一定时期内，利用非主要道路设置路面停车场，是缓解城市停车难问题的现实选择之一；但对路面停车场必须进行很好的规划和管理。

规划合理、管理得当的路面停车场能获得良好的社会、经济效益。

对于路面停车场的规划和设置应遵循以下原则（图3.1.7）：

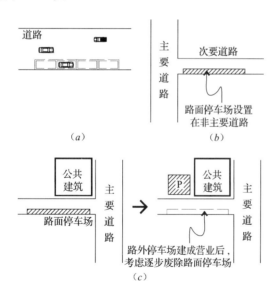

图3.1.7 路面停车场的规划和设置原则

（a）路面停车场；（b）非主要道路路面停车场；
（c）路面停车场的废除

（1）不能影响正常交通。

（2）设置的地点应主要集中在非主要道路上；在次干道上设置时，则必须避开交通高峰期。

（3）对设置的路面停车场必须放置明显的导向标志。

（4）当区域内路外停车场建成营业后，应根据停车需求量，逐步废除路面停车场。

（5）路面停车场的设置及停车秩序，应由国家交通管理部门负责管理，避免造成混乱。

路面停车位的设置必须处理好与动态交通的关系，为此应考虑两方面的问题：① 设置路面停车带后变窄了的道路能否承担现有的交通负荷？② 设置路面停车带后对通行的车流产生了多大的阻碍？

要确保车流在设有路上停车带的道路上能以一定的速度畅行，必须控制因设置停车带而造成的交通阻碍率。交通阻碍率可用下述表达式表示（图3.1.8）。

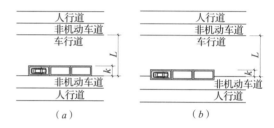

图3.1.8 交通阻碍率的定义

$$R = k/L \qquad (3.1.1)$$

式中　R——交通阻碍率（％）；

　　　k——路上停车带占用街道的宽度（m），但不包括利用人行道、绿带的宽度；

　　　L——原车行道的宽度（m）。

国外对 R 值一般有明确的控制指标值，如美国规定 R 一般不得超过35％。

设置路面停车带时，还应处理好与行人及非机动车交通之间的关系，不能完全占用人行道或非机动车道布置停车带。否则会将行人或非机动车逼到车行道上，从而引起交通混乱，甚至引发交通事故（图3.1.9）。

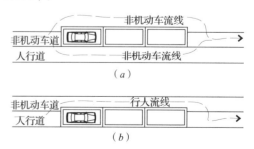

图3.1.9 路面停车带占用人行道或非机动车道

3.1.7 设置停车场（库）一般原则

　　停车场（库）的设置应结合城市规划布局与道路交通规划的需要来确定，力求分布均衡，并与土地利用及路网分布有机结合。

　　停车场（库）设置一般原则如下（图3.1.10）：

出城区的道路附近设置大型停车场（库），减少外地车辆对城市造成的交通压力
（a）

停车场（库）应设置在紧靠大型公共建筑物的位置，并与其设于干道的同一侧
（b）

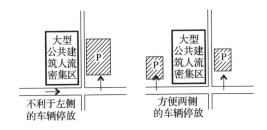

应按分区就近布置的原则来确定停车场（库）的合理位置
（c）

中型及以上停车场（库）的出入口，应尽量设在次干道上，不应直接与主干道连接
（d）

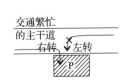

对一些特别繁忙的交通干道，应禁止停车场（库）的车辆在高峰时间左转出入
（e）

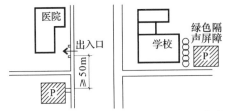

停车场（库）的出入口距学校、幼儿园等建筑物应留有一定距离，必要时应设置隔声设施
（f）

图3.1.10　停车场（库）设置的一般原则

　　（1）为了减少外地车辆对城市交通带来的压力，应在城区边缘地带以及在进出城区的几个主要方向的道路附近，设置大型停车场（库），并配备司机、乘客的食宿和进城的公共交通等设施。

　　（2）为了尽量减少人流穿行干扰交通的情况，利于群众和车辆在短时间内迅速疏散，利于交通安全及畅通，停车场（库）应设置在大型公共建筑物附近，并位于紧靠大型公共建筑物的干道一侧。

　　（3）为有利于车辆进出、疏散及交通安全，应根据停车的不同性质及不同车辆类型，将其分别设置在不同位置，以免相互干扰。对于大型群众集会广场，应按分区就近布置的原则，确定停车场（库）的合理位置。

　　（4）为避免造成交叉口处交通组织的混乱，特大、大、中型停车场（库）的出入口应尽量设在次干道上，不应直接与主干道连接；如设在主干道旁时，则应尽可能远离交叉路口，以免车辆进出频繁时，干扰主干道和交叉路口的正常交通；同时也可避免交叉路口为红灯时，排队车辆阻塞停车场（库）出入口。对一些特别繁忙的交通干道，应禁止停车场（库）的车辆在高峰时间左转出入。

　　（5）为了尽量减少车辆出入停车时对某些要求环境安静的建筑物产生噪声、废气污染的影响，停车场（库）的出入口距学校、幼儿园、医院、疗养院等建筑物应留有一定距离，必要时应设置隔声设施。

3.1.8 停车场（库）址

　　作为社会停车场（库），其停车容量是比较大的，而选址不当将造成使用效率低下的现象。把某区域中汽车将产生的泊车要求称为停车发生源。停车发生源的规模决定了停车场（库）建设的必要性及其建设规模，停车发生源的分布决定停车场（库）的建设地点。

　　（1）停车场（库）选址的主要影响因素（图3.1.11）

　　1）合理的服务半径

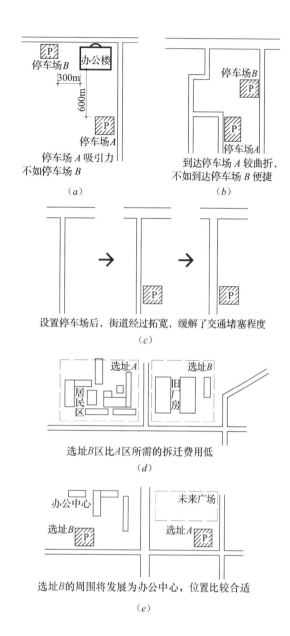

图 3.1.11 停车场（库）选址的主要影响因素

（a）合理的服务半径；（b）汽车可达性；

（c）所连通街道的通行能力；（d）征地拆迁的难易及费用；

（e）与总体规划的协调

停车场（库）的服务半径在 500m 以内为合理。从停车场（库）到出行目的地的步行距离是泊车者要考虑的，泊车者都希望泊车后的步行距离越短越好。

停车场选址 A 距主要办公场所约 600m，停车场选址 B 距主要办公场所约 300m，对于主要办公场所的办公人员和访客来说，步行到停车场选址 A 约 10～15min，比较长。而步行到停车场选址 B 约 5～7min，可以接受。

2）汽车可达性

指汽车到达停车场（库）的难易程度。可达性越高，停车场（库）的吸引力就越大。

某两个停车场选址 A 和 B，相对于从主要道路而来的车流，停车场选址 A 比较曲折，不如到达停车场选址 B 的路线便捷。故停车场选址 B 吸引泊车的能力大。

3）所连通街道的通行能力

连接停车场（库）与干道网的街道，其通行能力应适宜于承受停车场（库）建成后所吸引的附加交通量，并能提供车辆因等候停车而排队所需要的空间。

某街道处设置一处停车场。街道原来的宽度为 6m，原交通量比较紧张。设置停车场后，产生附加交通量，致使街道产生交通堵塞。当拓宽至 9m 时，大大缓解了交通堵塞程度。

4）征地拆迁的难易及费用

拟征用的停车场（库）土地是否存在需拆迁的建筑物，是否存在难度较大的地上、地下管线改造，是否存在地质处理等。

某区域将设置一处公共停车场，有 A 处和 B 处两个选址。由于选址 A 中存在大量的居民拆迁问题，而选址 B 原址是废弃的厂房，相比而言，选址 B 所需的拆迁费用较低。

5）与总体规划的协调

在使用期内，停车场（库）选址应考虑到其服务范围内将来停车发生源的变化，新建街道或交通主要出入口布局和现有街道系统的改造。

在城市边缘某区域，将为该区建设一处停车场。选址 A 没有考虑到总体规划的因素，其周边将建设成大型的居民休闲广场，那么广场建设后对于 A 处停车场所产生的停车发生源距离将变大。而选址 B 的周围将发展为办公中心，则位置比较合适。

（2）停车场（库）选址的具体调查内容及方法

为了做好停车场（库）的规划设计选址工作，需了解停车的有关情况，诸如停车的目的、地点、所需面积、存车时间及分布规律、停车后步行的距离等。

1) 停车调查的内容

① 停车需要量，及其车辆类型与数量。

② 现有停车设施利用情况，可能的平均停车时间，平均周转率。

③ 停车的集中程度及高峰区间。

④ 停车地点附近的交通情况与环境条件。

⑤ 停车地点与所需到达目的地位置的相关停车目的，停车后所需步行的时间及距离。

⑥ 作经济分析所需的有关资料。

2) 停车调查的方法

① 间断式调查　配合地区交通流分布状况，每隔一定时间进行一次调查，可分牌照法和非牌照法（只记车数）。

② 连续式调查　连续不断地进行调查，也可分为牌照法和非牌照法两种。

③ 询问式调查　直接在停车处找驾驶员面谈，或发放调查卡片、明信片，要求填写后寄回。此种方法所获资料较详细，但调查及整理工作均耗力较多且费用较大。

(3) 停车场（库）选址的其他方面

1) 停车场（库）的规划选址，要求在市区布局合理，规模适中，与周围的停车需求相适应，不足的停车场（库）无法解决停车问题，而过多的停车场（库）是对城市空间的一种浪费。对于公共停车场的选址布局，既要满足区域内必要的停车需求，又要考虑到周边道路的通行能力，对停车需求有所控制和引导，从而避免因停车场过于集中而吸引更多的车流。因此，在市中心区，公共停车场的建设应遵循均匀布局、规模适度的原则。

2) 停车场的设置应与周围的交通环境相协调，符合道路交通组织的需要，这需由城市规划及停车场规划来控制。停车场（库）规划所应遵循的原则，便是停车场规划的管理法规，停车场（库）的管理，应在城市规划管理中体现出来。

3) 新建、扩建的居住区应设置停车场，或在住宅建筑内附建停车库，每户机动车和非机动车停车位数量应符合当地行政主管部门的规定。

新建、扩建的公共建筑应按建筑面积或使用人数，并根据当地行政主管部门的规定，在建筑物内，或在同一基地内，或统筹建设的停车场（库）内设置机动车和非机动车停车车位。

4) 停车场（库）产生的噪声和废气应进行处理，不得影响周围环境。绿化和停车场（库）布置不应影响集散空地的使用，并不应设置围墙、大门等障碍物。

5) 在市中心和城市繁华区域，应以建设立体停车场（库）和地下停车场为主。而在交通流量不大、人口不太集中的地区，则可更多地采取地面停车场或路面停车场的形式，以降低建设成本。

3.1.9 停车场（库）的防火要求

停车场（库）的防火要求比一般民用建筑的防火要求要严格一些，规范中的"汽车库"即为本书的停车库。

(1) 停车场（库）的防火分类

停车场（库）按照规范要求分为 4 类（表 3.1.2）。

车库的防火分类　　　　表 3.1.2

名称 数量 类别	I 类	II 类	III 类	IV 类
停车库	>300 辆	151~300 辆	51~150 辆	≤50 辆
停车场	>400 辆	251~400 辆	101~250 辆	≤100 辆

注：停车库的屋面也停放汽车时，其停车数量应计算在停车库的总车辆数内。

在某道路旁 ABCD 一块地上，计划能停车 200 辆，设计为停车库时，其防火分类为 II 类。后来为减少投资，改为露天停车场，则其防火分类为 III 类。

(2) 停车库的耐火等级与停车场（库）的防火间距

停车库、修车库的耐火等级应分为三级，其中地下汽车库的耐火等级应为一级。

在停车场（库）之间以及停车场（库）与除

甲类物品库房外的其他建筑物之间，其防火间距不应小于表3.1.3中的数值。

车库之间及车库与除甲类物品库房外的其他建筑物之间的防火间距（最小值） 表3.1.3

		停车库、修车库、厂房、库房、民用建筑耐火等级		
		一级、二级	三级	四级
停车库	耐火等级一级、二级	10m	12m	14m
	耐火等级三级	12m	14m	16m
停车场		6m	8m	10m

注：1. 防火间距应按相邻建筑物外墙的最近距离算起，如外墙有凸出的可燃物构件时，则应从其凸出部分外缘算起，停车场从靠近建筑物的最近停车位置边缘算起（图3.1.12）。

2. 高层停车库与其他建筑物之间，停车库、修车库与高层工业、民用建筑之间的防火间距应按本表规定值增加3m。

3. 停车库、修车库与甲类厂房之间的防火间距应按本表规定值增加2m。

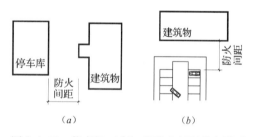

图3.1.12 停车场（库）的防火间距补充说明

（a）防火间距应按相邻建筑物外墙的最近距离算起；

（b）防火间距从靠近建筑物的最近停车位置边缘算起

【例3-1-1】

已知某地块中，已建有单层停车库ABCD，其耐火等级为二级。在停车库东侧，距离AD边6m处，同时建有露天停车场EFGH。在露天停车场北侧准备建设乙类单层厂房（耐火等级三级）；在露天停车场南侧准备建设某多层办公楼（耐火等级一级）。确定新建筑与已有建筑的防火间距（图3.1.13）。

分析：

根据停车场（库）防火间距的规定，可以确定这两个新建建筑边缘与已建建筑边缘的防火间距（即最小距离）。

耐火等级为三级的乙类单层厂房西侧边缘，距已建停车库（耐火等级为二级）边缘AD的距离为12m；乙类单层厂房南侧边缘，距已建露天停车场边缘EF的距离为8m。耐火等级为一级的多层办公楼西侧边缘，距已建停车库（耐火等级为二级）边缘AD的距离为10m；多层办公楼北侧边缘，距已建露天停车场边缘GH的距离为6m。

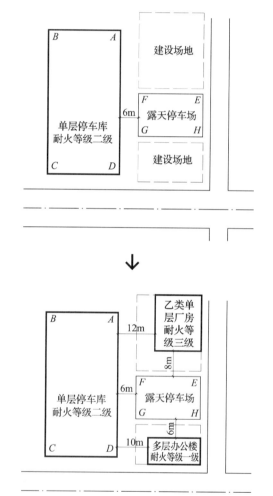

图3.1.13 【例3-1-1】图

【例3-1-2】

在和【例3-1-1】同样的地块中，已有建筑的情况和【例3-1-1】相同。

在露天停车场北侧准备建设甲类单层厂房（耐火等级二级）；在露天停车场南侧准备建设某高层办公楼（耐火等级一级）。确定新建筑与已有建筑的防火间距（图3.1.14）。

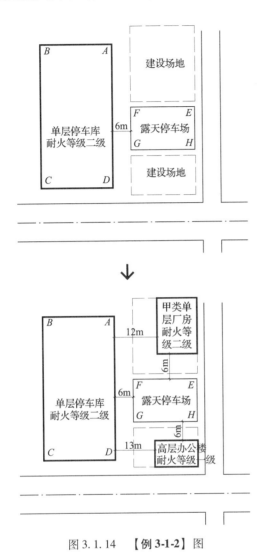

图3.1.14　**【例3-1-2】**图

分析：

在露天停车场北侧准备建设甲类单层厂房（耐火等级二级），则厂房西侧边缘，距已建停车库（耐火等级为二级）边缘 *AD* 的距离为（10 + 2）= 12m；厂房南侧边缘，距已建露天停车场边缘 *EF* 的距离为6m。

在露天停车场南侧准备建设某高层办公楼（耐火等级一级），则办公楼西侧边缘，距已建停车库（耐火等级为二级）边缘 *AD* 的距离为（10 + 3）= 13m；办公楼北侧边缘，距已建露天停车场边缘 *GH* 的距离仍为6m。

在防火间距的一般要求规定基础上，对于其他各种特殊情况下的防火间距参考"4.2 防火间距"一节。

另外，甲、乙类物品运输车的车库与民用建筑之间的防火间距不应小于25m，与重要公共建筑的防火间距不应小于50m。甲类物品运输车的车库与明火或散发火花地点的防火间距不应小于30m，与厂房、库房的防火间距应按防火间距表格的规定值增加2m。

停车场的汽车宜分组停放，每组停车的数量不宜超过50辆，组与组之间的防火间距不应小于6m。

对于甲、乙类生产火灾危险性的分类规定，参考国家标准《建筑设计防火规范》GB 50016中的第3章。

（3）停车库的其他要求

停车库不应布置在易燃、可燃液体或可燃气体的生产装置区和贮存区内。

停车库不应与甲、乙类生产厂房、库房以及托儿所、幼儿园、养老院组合建造；当病房楼与停车库有完全的防火分隔时，病房楼的地下可设置停车库。

甲、乙类物品运输车的停车库应为单层、独立建造。当停车数量不超过3辆时，可与一、二级耐火等级的Ⅳ类停车库贴邻建造，但应采用防火墙隔开。

3.1.10　消防车道

对汽车库、修车库的消防通道的要求，在一般民用建筑消防通道的要求上有所不同，尤其应注意下面第（1）条的要求（图3.1.15）。

（1）除Ⅳ类汽车库和修车库外，消防车道应设环形；当设环形车道有困难时，可沿建筑物的一个长边和另一边设置消防车道。消防车道宜利用交通道路。

（2）消防车道的宽度不应小于4m。尽头式消防车道应设置回车道或回车场，回车场的面积不应小于12m×12m，或根据当地消防部门提供的尺寸要求。消防车通路应按消防车最小转弯半径要求设置，按照大型车标准，根据【例3-1-3】计算，车道转弯最小内径宜为8m。

（3）穿过汽车库、修车库、停车场的消防车道，其净空高度和净宽度均不应小于4m；当消防车道上空遇有障碍物时，路面与障碍物之间的净空高度不应小于4m。

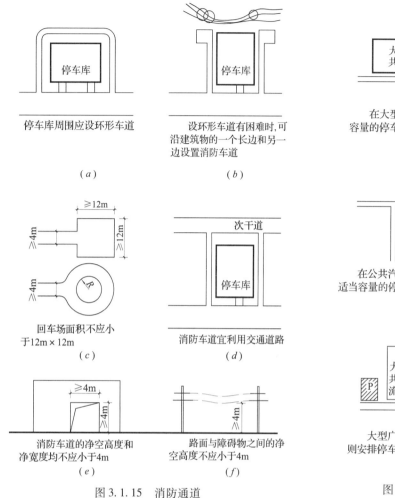

图 3.1.15　消防通道

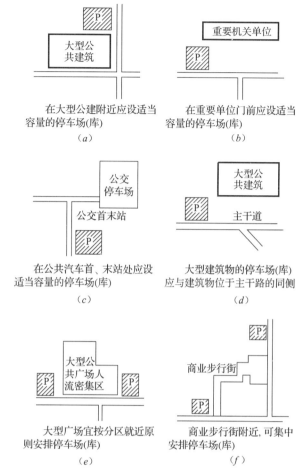

图 3.1.16　停车场（库）的合理分布

3.1.11　服务对象及服务半径

停车场（库）应按照服务对象的要求、车辆到达与离去的交通特征、高峰日平均吸引车次总量、停车场地日有效周转次数，以及平均停放时间和车位停放不均匀性等因素，结合城市交通发展规划，确定停车场（库）的规模以及服务半径。

（1）停车场（库）的设置应结合城市规划布局和道路交通组织需要，根据服务对象的性质进行合理分布（图 3.1.16）。

1）在大型公共建筑附近、重要机关单位门前以及公共汽车首、末站等处均应布置适当容量的停车场（库）。

2）大型建筑物的停车场（库）应与建筑物位于主干路的同侧。

3）人流、车流量大的公共活动广场、集散广场宜按分区就近原则，适当分散安排停车场（库）。

4）对于商业文化街和商业步行街，可适当集中安排停车场（库）。

（2）停车场（库）的合适服务半径是根据人的步行疲劳程度推导出来的，以适合的距离作为人们到达停车场（库）的步行长度，避免过大的服务半径使人疲惫（图 3.1.17）。

1）一般情况下，在不含城市主干道路的区域内，停车场（库）的服务半径不宜超过 300m，即步行约 5~7min，最大不应超过 500m。

在须横跨主干道、人行天桥、隧道等方能到达的区域，停车场（库）的服务半径锐减至 200m。

2）公用停车场（库）的停车区距所服务的公共建筑出入口的距离宜采用 50~100m。

对于风景名胜区，当考虑到环境保护需要或受用地限制时，距主要入口可达 150～200m。

对于医院、疗养院、学校、公共图书馆及居住区，为保持环境宁静，减少交通噪声或废气污染的影响，应使停车场与这类建筑物之间保持一定距离。可根据当地规划部门的要求或进行实地调研来确定此距离数值。

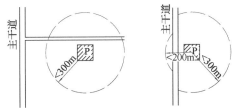

在不含主干道的区域内，停车场（库）的服务半径不宜超过 300m；在须横跨主干道等方能到达的区域，服务半径锐减至 200m

（a）

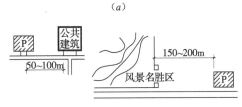

公用停车区距所服务的公共建筑出入口的距离宜采用 50～100m。对于风景名胜区，当考虑到环境保护或受用地限制时，距主要入口可达 150～200m

（b）

图 3.1.17　停车场（库）的合适服务半径

3.1.12　汽车参数要求

（1）设计车辆轮廓尺寸（图 3.1.18）

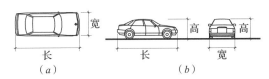

图 3.1.18　设计车辆轮廓尺寸

（a）平面；（b）立面

不同型号的汽车轮廓尺寸是不同的；同样型号的汽车轮廓尺寸，也会因为厂家的不同而有所差异。以下是一些汽车的实际轮廓尺寸（表 3.1.4）。

在进行道路设计、停车设计时，由于汽车的实际外廓尺寸千差万别，不可能按照某个具体汽车的外廓尺寸作为道路、停车设计的设计参考标准，只能根据不同型号的主要尺寸来归纳出具有代表性的外廓尺寸数值。

一些汽车的实际轮廓尺寸　表 3.1.4

车型	车别	长 （mm）	宽 （mm）	高 （mm）
奔驰 600SEL	电控汽油喷射轿车	5213	1886	1490
奥迪 100Sport	汽油轿车	4807	1814	1422
标致 505V6/505SW8	V6 汽油喷射轿车	4901	1737	1544
雪佛兰·骑士 Z24	V6 汽油喷射轿车	4536	1676	1321
大宇·希望(ESPERO)	电控汽油(自动)	4165	1718	1382
马自达 1800SG-S/626	汽油小客车	4430	1690	1395
上海桑塔纳轿车	中级汽油轿车	4546	1690	1460
吉林奥拓（ALTO）	微型汽油轿车	3300	1405	1410
奥迪（Audi100）	汽油中级轿车	4793	1814	1446

汽车外廓尺寸的设计标准，根据不同的设计任务，有不同的规定尺寸，大致可分为公路设计车辆、城市道路设计车辆、停车库设计车辆三种主要情况。本节给出了停车库设计车辆外廓尺寸的设计参考数值。

下面的车型外廓尺寸参考数值适用于停车库设计，但不包括专用停车库、机械式停车库（表 3.1.5）。

停车库设计中汽车设计车型的外廓尺寸　表 3.1.5

车型	外廓尺寸（m）			车型的具体范围
	总长	总宽	总高	
微型车	3.80	1.60	1.80	包括微型客车、微型货车、微型轿车
小型车	4.80	1.80	2.00	轿车、6400 系列以下的轻型客车和 1040 系列以下的轻型货车
轻型车	7.00	2.25	2.75	包括 6500～6700 系列的轻型客车和 1040～1060 系列的轻型货车
中型客车	9.00	2.50	3.20	6800 系列中型客车、中型货车、长 9m 以下的重型货车；其中中型货车的总高为 4.00m
中型货车	9.00	2.50	4.00	
大型客车	12.00	2.50	3.50	包括 6900 系列的中型客车、大型客车
铰接客车	18.00	2.50	3.20	铰接客车、特大铰接客车
大型货车	11.50	2.50	4.00	长 9m 以上的重型载货车、大型货车
铰接货车	16.50	2.50	4.00	铰接货车、列车(半挂、全挂)

设计时应以停车场停车高峰时所占比重大的车型为设计车型。还有小部分车可以利用大、小车合

用车位及局部使用通车道予以停放，将它们作为停车库设计车型的外廓尺寸。如有特殊车型，应以实际外廓尺寸作为设计依据（图3.1.19）。

图3.1.19 大、小车合用车位

（2）汽车的转向

一般汽车方向的调整主要靠前轮完成，无论前进还是后退。汽车的转向轨迹可以由驾驶者驾驶完成，但转向轨迹是因汽车机械装置而被限制在一定范围内，即对汽车转弯半径、回转方式等有所要求和限制（图3.1.20）。

图3.1.20 汽车的前后轮
（a）立面；（b）平面

1）汽车最小转弯半径

汽车最小转弯半径是指汽车回转时，车的前轮外侧循圆曲线行走轨迹的半径（图3.1.21）。

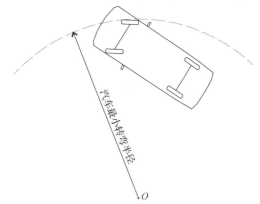

图3.1.21 汽车最小转弯半径

准确地说，汽车的最小转弯半径是和汽车转弯时的速度有关。当汽车转弯时速度越快，为避免汽车在转弯时颠覆倾倒，其所需的最小转弯半径就会越大；当汽车转弯时速度越慢，其所达到的最小转弯半径就会越小。一般所说的汽车最小转弯半径，是指汽车低速转弯时的所需最小转弯半径。

阿克曼原理的基本观点认为，汽车在转弯行驶

过程中，欲保证轮胎与地面间处于纯滚动而无滑移现象产生，则每个车轮的运动轨迹都必须完全符合它的自然运动轨迹。对于两轴车而言，也即全部车轮绕同一瞬时转向中心。回转、瞬时转向中心始终在后轮轴线的延长线上O点上。

其中阿克曼原理确定的内、外转向轮转角的关系为：

$$\cot\alpha - \cot\beta = K/L \qquad (3.1.2)$$

式中 α——汽车车前外轮转角；

β——汽车车前内轮转角；

K——两主销中心线延长线到地面之间的距离，即两主销中心线的水平距离；

L——汽车轴距。

汽车低速转弯的极限半径方程：

$$R = L/\sin\alpha_{max} + b \qquad (3.1.3)$$

式中 R——汽车低速转弯的极限半径（最小转弯半径）；

L——汽车轴距；

α_{max}——汽车车前外轮最大理论转角；

b——汽车车轮转臂。

式（3.1.2）是以阿克曼原理为基础推算出来的。实际情况是由于转弯时侧向力的影响，造成轮胎变形，产生侧偏角。此时转弯瞬时中心不在后轮轴线延长线上，而相交于O'点。由于汽车转弯时，各车轮只能沿同一个回转中心运动。在转弯离心力的作用下，车轮向离开转向中心方向侧偏，且内侧车轮的侧偏角δ_1、δ_2总大于其外侧车轮的侧偏角δ_3、δ_4，所承受的侧向力前者也大于后者。因此，内轮侧滑的可能性较大（图3.1.22）。

考虑到专业侧重点的不同，在本部分以理想状态即阿克曼原理基础为准。

汽车的最小转弯半径根据车型分类，从已知的统计数字中取得合理的偏大数值。其参考值见表3.1.6（图3.1.23）。

汽车的最小转弯半径参考数值 表3.1.6

车型	最小转弯半径（m）
微型车	4.5
小型车	6.0
轻型车	6.0～7.2
中型车	7.2～9.0
大型车	9.0～10.5
铰接车	10.5～12.5

2）汽车环行车道的最小内半径

汽车环行车道的最小内半径，和汽车最小转弯半径这个概念容易被混淆。汽车最小转弯半径是车的前轮外侧循圆曲线行走轨迹的最小半径，而环行车道的最小内半径，则是环行车道在保证汽车能够正常转弯情况下，其道路的内边缘半径（图3.1.24）。

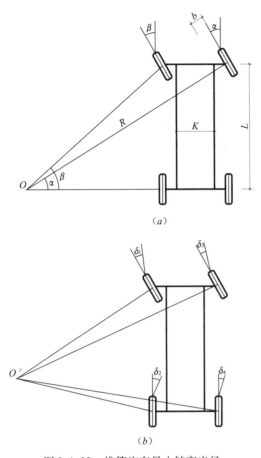

（a）

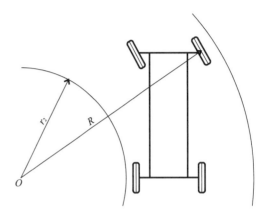

图3.1.24 汽车环行车道的最小内半径

对于具体的车型，汽车环行车道的最小内半径可根据公式进行推算，得出比较常用的公式（图3.1.25）：

$$r_2 = \sqrt{(L+d)^2 + \left(\sqrt{r_1^2 - L^2} + \frac{b-n}{2}\right)^2} + x - W$$

$$(3.1.4)$$

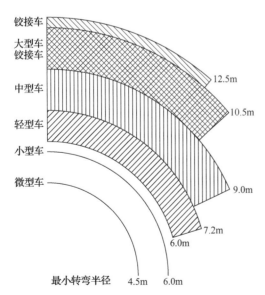

（b）

图3.1.22 推算汽车最小转弯半径
公式与实际情况的比较

（a）根据原理推算；（b）实际情况

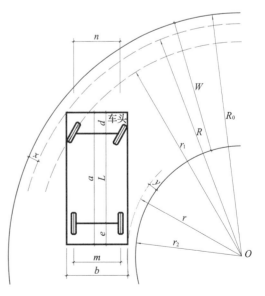

图3.1.25 汽车环行车道的最小
内半径公式推算示意图

图3.1.23 最小转弯半径根据车型
分类参考数值示意

或

$$r_2 = \sqrt{r_1^2 - L^2} - \frac{b+n}{2} - y \qquad (3.1.5)$$

其中

$$W = R_0 - r_2 \qquad (3.1.6)$$

$$R_0 = R + x \qquad (3.1.7)$$

$$R = \sqrt{(L+d)^2 + (r+b)^2} \qquad (3.1.8)$$

$$r_2 = r - y \qquad (3.1.9)$$

$$r = \sqrt{r_1^2 - L^2} - \frac{b+n}{2} \qquad (3.1.10)$$

式中　r_2——环道内边缘半径；

　　　r_1——汽车最小转弯半径；

　　　r——汽车最内侧环行轨迹半径；

　　　L——汽车轴距；

　　　b——汽车宽度；

　　　d——汽车前悬尺寸；

　　　n——汽车前轮距；

　　　x——汽车环行时最外点至环道外边缘的安全距离，宜≥0.25m；

　　　y——汽车环行时最内点至环道内边缘的安全距离，宜≥0.25m；

　　　W——环道最小净宽；

　　　R——汽车最外侧环行轨迹半径；

　　　R_0——环道外边缘半径。

注意在式（3.1.3）和式（3.1.7）中，汽车最小转弯半径在前者中用 R 表示，在后者中用 r_1 表示，是为了各自公式表达的需要。

在城市道路和公路上，对于道路转弯处，其环行道路的内边缘转弯半径并不是越小越好。

在直线道路上汽车保持一定的速度行驶，如果转弯处的道路内边缘转弯半径过小，就必须把汽车的速度大幅度地降低，才能安全地转过这个弯道。如果没有特殊的要求，这样的情况不会对驾驶产生任何好处。另外对于车身较长的车型或铰接车型，低于某个数值的道路内边缘转弯半径，会无法完成转弯动作。所以一般在各种道路规范中，对转弯道路内边缘转弯半径均有规定要求。

在停车场（库）里，进行寻找车位、进车位、出车位等活动，汽车基本是以低速状态行驶。低速状况下的汽车转弯时，所要求的道路转弯内边缘半径的很小，比如个别微型车甚至可以在2m以内的转弯内边缘半径下进行转弯。

在停车场（库）里，对道路转弯内边缘半径的要求主要体现在环行坡道上。

利用停车场（库）的坡道最小宽度限定要求，结合表3.1.6，可以计算出环行坡道的最小内边缘半径。

【例3-1-3】

对于小型车奥迪100Sport，进行单行环道最小内边缘半径的计算。

分析：

根据式（3.1.5）进行计算。

查表得知奥迪100Sport的各种参数，其中，轴距 $L = 2.687m$，车宽 $b = 1.814m$，前轮轮距 $n = 1.468m$。

根据汽车的最小转弯半径要求，小型车最小转弯半径 $r_1 = 6m$；又知汽车环行时最内点至环道内边缘的安全距离 $y = 0.25m$；代入式（3.1.5），得：

$$
\begin{aligned}
r_2 &= \sqrt{r_1^2 - L^2} - \frac{b+n}{2} - y \\
&= \sqrt{6^2 - 2.687^2} - \frac{1.814 + 1.468}{2} - 0.25 \\
&= \sqrt{36 - 7.22} - 1.641 - 0.25 \\
&= \sqrt{28.78} - 1.891 \\
&= 5.365 - 1.891 = 3.474m
\end{aligned}
$$

即小型车奥迪100Sport单行环道最小内边缘半径为3.474m。

3）各种车型环道最小内边缘半径设计参考值

通过各种车型的标准参数，可以得出环道最小内边缘半径设计参考值。

下面分别计算出小型车、中型车和大型客车的环道最小内边缘半径参考设计值。

① 对于小型车　根据小型车车型外廓尺寸参考数值和小型车的最小转弯半径参考数值，以及其他参考数值进行计算。各种参考数值分别是：轴距 $L = 2.7m$，最小转弯半径 $r_1 = 6m$，车宽 $b = 1.8m$，前轮轮距 $n = 1.4m$，汽车环行时最内点至环道内边

缘的安全距离 $y = 0.25m$。

把以上参数代入式（3.1.5），得：

$$r_2 = \sqrt{r_1^2 - L^2} - \frac{b + n}{2} - y$$

$$= \sqrt{6^2 - 2.7^2} - \frac{1.8 + 1.4}{2} - 0.25$$

$$= 5.36 - 1.85 = 3.51m（即 3.5m）$$

即小型车的环道最小内边缘半径设计参考值为 3.5m（环道最小净宽为 3.5m）。

在规范中提到环道内径不得小于 3m 的要求，实际对于 3m 内边缘半径的转弯，较长的小型车或有些不熟练的驾驶员在转弯时会出现擦剐情况。坡道的内径比平地的要求大一些，以利于在抬升的同时转弯：当坡道转向角度≤90°时，最小内径采取 4m；当坡道转向角度为 90°~180°时，最小内径采取 5m；当坡道转向角度≥180°时，最小内径采取 6m。

② 对于中型车　同样方法可以计算出中型车的环道最小内边缘半径设计参考值。

中型车各种参考数值分别是：轴距 $L = 5m$，最小转弯半径 $r_1 = 10m$（取大的参考数值），车宽 $b = 2.5m$，前轮轮距 $n = 1.8m$，汽车环行时最内点至环道内边缘的安全距离 $y = 0.25m$。

把以上参数代入式（3.1.5），得：

$$r_2 = \sqrt{r_1^2 - L^2} - \frac{b + n}{2} - y$$

$$= \sqrt{10^2 - 5^2} - \frac{2.5 + 1.8}{2} - 0.25$$

$$= 8.66 - 2.4 = 6.26m（即 6.3m）$$

即中型车的环道最小内边缘半径设计参考值为 6.3m。

③ 对于大型客车　同样方法可以计算出大型客车的环道最小内边缘半径设计参考值。

大型客车各种参考数值分别是：轴距 $L = 6.5m$，最小转弯半径 $r_1 = 12m$（取大的参考数值），车宽 $b = 2.5m$，前轮轮距 $n = 2m$，汽车环行时最内点至环道内边缘的安全距离 $y = 0.25m$。

把以上参数代入式（3.1.5），得：

$$r_2 = \sqrt{r_1^2 - L^2} - \frac{b + n}{2} - y$$

$$= \sqrt{12^2 - 6.5^2} - \frac{2.5 + 2}{2} - 0.25$$

$$= 10.09 - 2.5 = 7.59m（即 7.6m）$$

即大型客车的环道最小内边缘半径设计参考值为 7.6m（环道最小净宽为 5.8m）。

3.1.13　汽车回转轨迹及方式

（1）汽车回转轨迹

汽车在直线阶段所要求的行驶宽度，和其在转弯时所要求的行驶宽度，两者之间的变化是不同的。当转弯半径越小，两者之间的差别越明显。

1）绝大多数汽车是前轮调整方向、后轮驱动。在转弯时，前轮调整角度，使汽车产生侧向移动，而此时后轮不能转动，被动地受到前轮的牵引，其方向和驱动轴及车身保持一致。这时汽车的方向不是和驱动轴同方向，而是与驱动轴形成一个角度。因此，汽车转弯时所要求的行驶宽度比其直线行驶时要大（图 3.1.26）。

这里以非铰接车为例，在最小转弯半径的条件下，各种角度的回转轨迹见图 3.1.27。由这些回转轨迹图示可知，汽车的转弯阶段与直线阶段的关系，一般是以直线段的直线作为环行外半径的切线。

2）直角式转弯中设计参考（图 3.1.28）

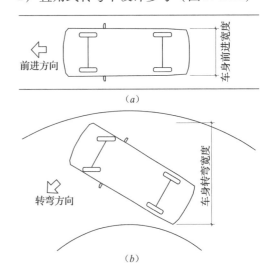

图 3.1.26　汽车直线阶段和转弯
阶段的行驶宽度比较
（a）直线阶段；（b）转弯阶段

在停车场（库）中，由于面积的限制，经常需要直角式转弯处理。在直角式转弯处理上，应注意满足汽车的最小转弯要求。

在停车场（库）的设计中，一般并不针对具体的汽车设计，而是按照车型来参考设计。

现在对小型车、中型车和大型客车在单行条件下，计算对直角式转弯的要求，可以作为停车场（库）设计的参考。

① 对于小型车　已知小型车的环道最小内边缘半径设计参考值（即 3.51m），则小型车环行内侧轨迹半径 $r = 3.51 + 0.25 = 3.76m$。

其他参考数值分别为：轴距 $L = 2.7m$，前悬尺寸 $d = 1m$，车宽 $b = 1.8m$。

把以上参数代入式（3.1.8），得小型汽车最小环行轨迹外半径：

$$R = \sqrt{(L+d)^2 + (r+b)^2}$$
$$= \sqrt{(2.7+1)^2 + (3.76+1.8)^2}$$
$$= \sqrt{13.69 + 30.91} = 6.68m$$

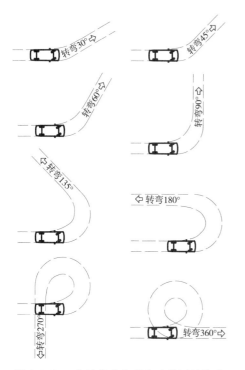

图 3.1.27　非铰接车各种角度的回转轨迹

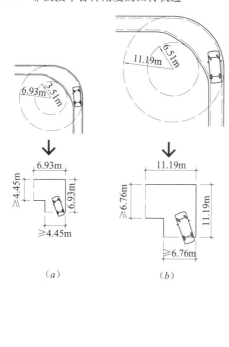

（a）

（b）

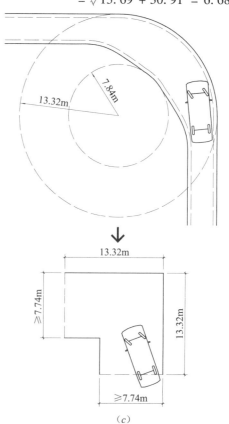

（c）

图 3.1.28　直角式转弯中设计参考

（a）小型；（b）中型车；（c）大型客车

因而小型车单行环道最小外边缘半径 R_0 为 $6.68 + 0.25 = 6.93\text{m}$。

根据得出的单行环道最小内、外边缘半径，得到汽车内、外侧所需的转弯轨迹范围。

画出小圆（以环道最小内边缘半径而成）的内交正方形，即边长为 $a = (3.51/\sqrt{2}) \times 2 = 2.48\text{m} \times 2\text{m}$ 的正方形。

再画出大圆（以环道最小外边缘半径而成）之外切正方形，即边长为 $b = 6.93\text{m} \times 2\text{m}$ 的正方形。

这样得到直角式转角的汽车轨迹所需道路宽度为 $(b/2 - a/2) = 4.45\text{m}$（即 4.5m）。

归纳为，**如果在 6.9m 范围之内，直角式转角处的道路宽度小于 4.5m 时，小型车不易通过。**

② 对于中型车　已知中型车的环道最小内边缘半径设计参考值（取 6.26m），则中型车环行内侧轨迹半径 $r = 6.26 + 0.25 = 6.51\text{m}$。

其他参考数值分别为：轴距 $L = 5\text{m}$，前悬尺寸 $d = 1.2\text{m}$，车宽 $b = 2.5\text{m}$。

把以上参数代入式（3.1.8），得中型汽车最小环行轨迹外半径：

$$R = \sqrt{(L+d)^2 + (r+b)^2}$$
$$= \sqrt{(5+1.2)^2 + (6.51+2.5)^2}$$
$$= \sqrt{38.44 + 81.18} = 10.94\text{m}$$

因而中型车单行环道最小外边缘半径 R_0 为 $10.94 + 0.25 = 11.19\text{m}$。

画出小圆（以环道最小内边缘半径而成）的内交正方形，即边长为 $a = (6.26/\sqrt{2}) \times 2 = 4.43\text{m} \times 2\text{m}$ 的正方形。

再画出大圆（以环道最小外边缘半径而成）之外切正方形，即边长为 $b = 11.19\text{m} \times 2\text{m}$ 的正方形。

这样得到直角式转角的汽车轨迹所需道路宽度为 $(b/2 - a/2) = 6.76\text{m}$（即 6.8m）。

归纳为，**如果在 11.2m 范围之内，直角式转角处的道路宽度小于 6.8m 时，中型车不易通过。**

③ 对于大型客车　已知大型客车的环道最小内边缘半径设计参考值（取 7.59m），则大型客车

环行内侧轨迹半径 $r = 7.59 + 0.25 = 7.84\text{m}$。

其他参考数值分别为：轴距 $L = 6.5\text{m}$，前悬尺寸 $d = 1.5\text{m}$，车宽 $b = 2.5\text{m}$。

把以上参数代入式（3.1.8），得大型客车最小环行轨迹外半径：

$$R = \sqrt{(L+d)^2 + (r+b)^2}$$
$$= \sqrt{(6.5+1.5)^2 + (7.84+2.5)^2}$$
$$= \sqrt{64 + 106.92} = 13.07\text{m}$$

因而大型客车单行环道最小外边缘半径 R_0 为 $13.07 + 0.25 = 13.32\text{m}$。

画出小圆（以环道最小内边缘半径而成）的内交正方形，即边长为 $a = (7.89/\sqrt{2}) \times 2 = 5.58\text{m} \times 2\text{m}$ 的正方形。

再画出大圆（以环道最小外边缘半径而成）之外切正方形，即边长为 $b = 13.32\text{m} \times 2\text{m}$ 的正方形。

这样得到直角式转角的汽车轨迹所需道路宽度为 $b/2 - a/2 = 7.74\text{m}$（即 7.7m）。

归纳为，**如果在 13.3m 范围之内，直角式转角处的道路宽度小于 7.7m 时，大型客车不易通过。**

【例 3-1-4】

根据书中得出的关于小型车的参考数值，判断以下直角式转弯设计 a、b、c、d 四种情况是否合理（图 3.1.29）。

分析：

如果在 6.9m 范围之内，直角式转角处的道路宽度小于 4.5m 时，小型车不易通过。以此作为直角式转弯设计是否合理的判断依据。

① 对情况 a 的设计

以转角最外交点 O 点画出边长为 6.9m 的正方形，在此范围内，道路宽度大于 4.5m，设计合理。需注意的是，虽然上面的道路是 3m 宽度，但是只要在正方形范围内外接的道路达到 4.5m 以上，小型车就能顺利转弯通过。

② 对情况 b 的设计

以转角最外交点 O 点画出边长为 6.9m 的正方形，在此范围之内，道路宽度大于 4.5m，设计合理。

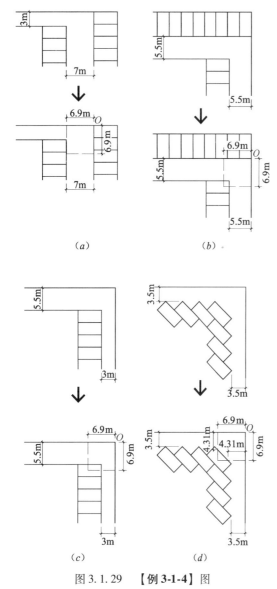

图 3.1.29　【例 3-1-4】图
（a）对情况 a 的设计；（b）对情况 b 的设计；
（c）对情况 c 的设计；（d）对情况 d 的设计

③ 对情况 c 的设计

以转角最外交点 O 点画出边长为 6.9m 的正方形，在此范围之内，北侧道路宽度大于 4.5m，而东侧道路宽度为 3m，小于 4.5m，设计不合理。

④ 对情况 d 的设计

注意的是转弯处是一个斜线。以转角最外交点 O 点画出边长为 6.9m 的正方形，在此范围之内，测量两侧道路宽度最窄处宽度为 4.31m，略小于 4.5m，设计不合理。

3）关于四轮转向汽车（图 3.1.30）

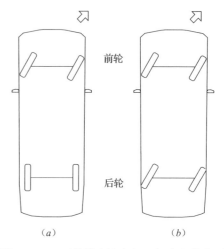

图 3.1.30　四轮转向汽车与一般汽车的差别
（a）前轮转向；（b）四转转向

四轮转向汽车（即 4WS）是指前后 4 个车轮均为转向轮的汽车，为汽车主动底盘技术的重要组成部分。汽车转向盘转动的角度首先使前轮转向，同时经输出轴带动后轮转向机，使后轮与前轮同向或反向转动。

四轮转向汽车低速运行时，前后轮进行逆相位转向，可以减小转弯半径，提高汽车的机动灵活性。四轮转向汽车转弯时，前后轮均直接参与对汽车横摆运动及侧向运动的控制，不仅减小了转向力产生的滞后，而且能独立控制汽车的运动轨迹与姿态，提高了汽车的侧向稳定性。高速运行时，前后轮进行同相位转向，使汽车由于行驶方向改变而产生的横摆角速度和侧向加速度很快达到稳态响应，改善了高速时汽车的操纵稳定性。目前，对四轮转向汽车的研究较深入，理论上比较成熟，并形成产品化（图 3.1.31）。

把四轮转向汽车和一般靠前轮转向汽车两者的转弯轨迹进行比较，可以看出四轮转向汽车优势：可以减少转弯环道的宽度，在局促地段掉头比较容易。

（2）停车场（库）坡道宽度

在停车场（库）里，对坡道的最小宽度的规定要求中，曲线坡道比同等要求的直线坡道要求宽一些，其原因就是以上所分析原理的体现。

表 3.1.7 规定了停车场（库）的坡道最小宽度（图 3.1.32）。

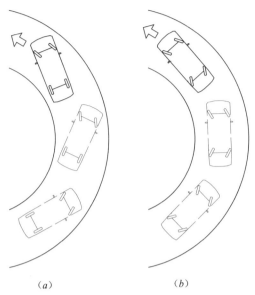

（a）　　　　　　　　（b）

四轮转向汽车低速运行时，前后轮进行逆相位转向，可以减小转弯半径，提高汽车的机动灵活性

图 3.1.31　四轮转向汽车的优势

（a）前轮转向；（b）四轮转向

停车场（库）的坡道最小宽度　表 3.1.7

坡道形式	停车场(库)的坡道最小宽度(m)	
	微型、小型车	轻型、中型、大型车
直线单行	3.0	3.5
直线双行	5.5	7.0
曲线单行	3.8	5.0
曲线双行	7.0	10.0

注：此宽度不包括道牙及其他分隔带宽度。当曲线比较缓时，可以按直线宽度进行设计。

（3）汽车回转方式

汽车在道路末端或建筑前场地上时，要进行掉转车头的动作。每个场地的条件不同，其回转方式也会有所不同。以下对两种主要的回转方式加以介绍。

1）环行回转方式（图 3.1.33）

环行回转是完全以汽车前行方式进行的汽车掉头动作。

① 中间进出口的环行回转　是环行回转的基本样式。环行道路一般为单行道，其与道路网之间的连接道路最好为双车道，尤其在连接道路比较长的情况下。

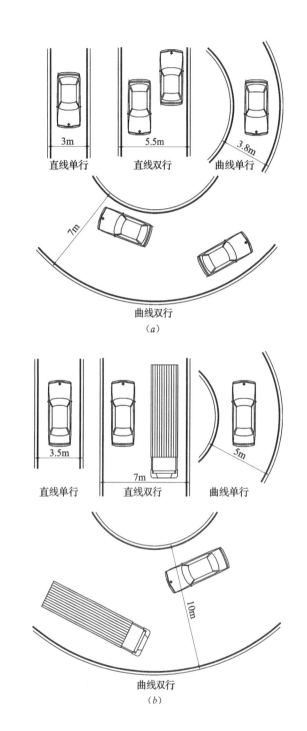

3m　　直线单行
5.5m　　直线双行
3.8m　　曲线单行
7m　　曲线双行
（a）

3.5m　　直线单行
7m　　直线双行
5m　　曲线单行
10m　　曲线双行
（b）

图 3.1.32　停车场（库）的坡道最小宽度

（a）微型、小型车；（b）轻型、中型、大型车

考虑到汽车需要以一定的速度行进，而不能使速度过低，因此不能仅仅以最小环道内边缘半径来设计环行道路，还要参考当地的相关法规要求进行设计。一般小型车的环道内边缘半径取 5~6m。

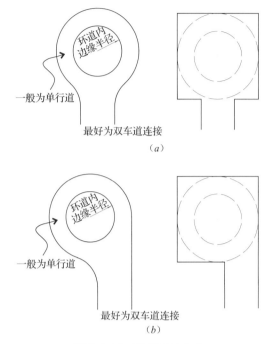

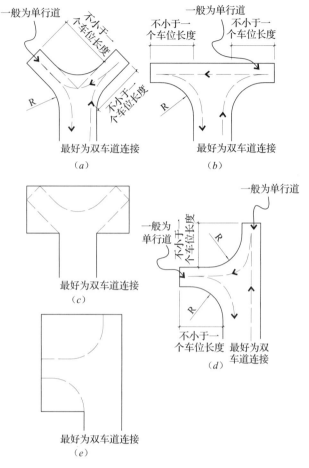

图 3.1.33 环行回转方式

（a）中间进出口；（b）一侧进出口

② 中间进出口的大方形场地回转　当方形场地面积能使汽车环行回转，则相当于中间进出口的环行回转。

③ 一侧进出口的环行回转　和中间进出口的环行回转相比，驾驶员少了一个转弯动作。同样环行道路一般为单行道，其与道路网之间的连接道路最好为双车道。一般小型车的环道内边缘半径取5~6m。

④ 一侧进出口的大方形场地回转　当方形场地面积能使汽车环行回转，则相当于一侧进出口的环行回转。

2）需要倒车的回转方式（图3.1.34）

Y字形回转、T字形回转、锤头形回转是汽车要通过倒退的方式才能完成的汽车掉头动作。一般在场地比较紧张的情况下采用。

① Y字形回转方式　形状似"Y"字。包括二次前进转弯和一次后退转弯，转弯角度接近90°。

② T字形回转方式　形状似"T"字。二次前进转弯，转弯角度接近90°；一次直线后退。

中间进出口的小方形场地回转时，当方形场地面积不能使汽车环行回转，其面积相当于Y字形或T字形回转所需的面积，则此方式相似于Y字形回转方式或T字形回转方式。

图 3.1.34 倒车的回转方式

（a）Y字形；（b）T字形；

（c）中间进出口的小方形场地回转；

（d）锤头形回转方式；

（e）一侧进出口的小方形场地回转

③ 锤头形回转方式　形状似锤头。一次直线前进；一次前进转弯，转弯角度接近90°；一次后退转弯，转弯角度接近90°。

一侧进出口的小方形场地回转时，当方形场地面积不能使汽车环行回转，其面积相当于锤头形回转所需的面积，则此方式相似于锤头形回转方式。

还有一些由几种方式结合的回转变种方式等。

只要保证汽车转弯要求及当地法规要求，同时结合场地的其他条件；对于回转方式应灵活处理。

【例3-1-5】

某建筑出入口前场地，小型车需要掉头动作，根据以下三种情况，说明可采用的回转动作。

第一种：当建筑前场地需要喷泉时（图3.1.35a）；

第二种：当建筑前场地西侧比较局促时（图3.1.35b）；

第三种：当建筑前场地西侧比较局促且依然需要保留喷泉时（图3.1.35c）。

分析：

观察图纸，其前场地面积比较小，采用倒车方式回转为好。

① 当建筑前场地需要喷泉时，可以采用锤头形回转方式。

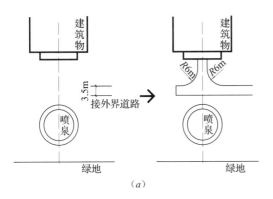

（a）

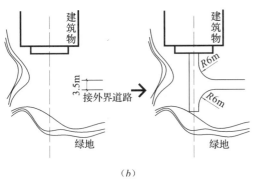

（b）

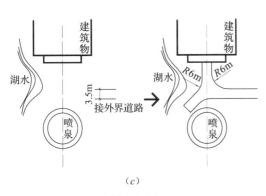

（c）

图3.1.35

（a）当建筑前场地需要喷泉时；（b）当建筑前场地西侧比较局促时；
（c）当建筑前场地西侧比较局促且依然需要保留喷泉时

② 当建筑前场地西侧比较局促时，采用T字形回转方式为佳。

③ 当建筑前场地西侧比较局促且依然需要保留喷泉时，采用Y字形及锤头形结合变种回转方式为佳。

注意道路转弯内边缘半径要合理。这里采用6m作为小型车道路转弯内边缘半径。

3.1.14　安全停车所需的纵横间距

汽车停放时，机动车之间以及机动车与墙、柱之间的水平距离，应从安全使用和防火要求两个方面加以考虑。

（1）防火要求下汽车之间和汽车与墙、柱之间的水平距离（表3.1.8）

汽车之间以及汽车与墙、柱之间的水平距离（m）

表3.1.8

项目	汽车尺寸（m）			
	车长≤6或车宽≤1.8	6<车长≤8或1.8<车宽≤2.2	8<车长≤12或2.2<车宽≤2.5	车长>12或车宽>2.5
汽车与汽车	0.5	0.7	0.8	0.9
汽车与墙	0.5	0.5	0.5	0.5
汽车与柱	0.3	0.3	0.4	0.4

注：当墙、柱外有暖气片等突出物时，汽车与墙、柱之间的水平距离应从其凸出部分外缘算起。

（2）使用安全要求下的所需纵横间距（表3.1.9）

使用安全要求下的所需纵横间距，是在满足防火要求的基础上，从使用方便、安全上加以考虑，而得出的最小数值。

同时，汽车之间以及汽车与墙、柱、护栏之间的净距是按三种停车方式均满足一次出车（即不需要倒车的辅助而直接驶出汽车库）确定。当平行停车时，将汽车间纵向间距定为1.2m（或2.4m），是为了满足一次出车要求。

也要考虑汽车间横向之间驾驶员开门进出的需求。以小型车为例，当汽车横向之间距离为0.5m时，虽然符合防火要求的数值，但是会感到紧张局促；当汽车横向之间距离为 0.6m 时，可以随意进入，所以定为 0.6m（图 3.1.36）。

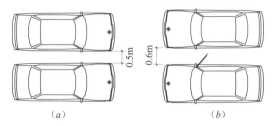

图 3.1.36 防火要求与使用安全要求

（a）横向间距符合防火要求；

（b）横向间距符合使用安全要求

同样对轻型车的横向净距定为 0.8m，对中型车、大型车的横向净距定为 1m。虽然与防火要求下的最小数值不一致，但不会发生矛盾。

使用安全要求下的车辆停放的纵、横向净距见表 3.1.9（图 3.1.37）。

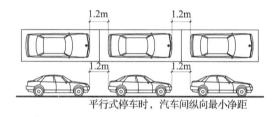

平行式停车时，汽车间纵向最小净距

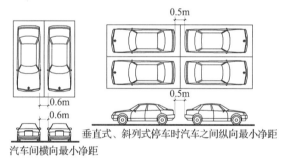

垂直式、斜列式停车时汽车之间纵向最小净距

汽车间横向最小净距

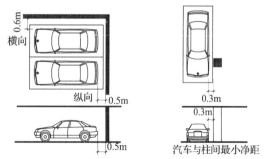

横向

纵向

汽车与墙、护栏及其他构筑物间最小净距

汽车与柱间最小净距

图 3.1.37 车辆停放的纵、横向净距

机动车之间以及机动车与墙、柱、护栏之间最小净距（m）

表 3.1.9

机动车类型 项目		微型车、小型车	轻型车	中型车、大型车
平行式停车时机动车间纵向净距		1.2	1.2	2.4
垂直式、斜列式停车时机动车间纵向净距		0.5	0.7	0.8
机动车间横行净距		0.6	0.8	1.0
机动车与柱间净距		0.3	0.3	0.4
机动车与墙、护栏及其他构筑物间净距	纵向	0.5	0.5	0.5
	横向	0.6	0.8	1.0

注：纵向指机动车长度方向、横向指机动车宽度方向；净距是指最近距离，当墙、柱外有突出物时，从其凸出部分外缘算起。

3.1.15 停车场（库）出入口

停车场（库）是存放汽车的场所，因而对停车场（库）出入口处所产生的交通问题应当格外重视，应避免由于停车场（库）出入口设置位置的不当，造成交通堵塞、混乱或干扰。停车场（库）出入口设置的主要影响因素包括与停车场出入道路连接的道路等级、停车场（库）停车位规模、高峰小时驶出率，以及停车场（库）出入口处动态交通流量的组织状况等。

（1）出入口与周围的关系（图 3.1.38）

停车场（库）出入口不宜设在主干路上，可设在次干路或支路上并远离交叉路口；不得设在人行横道、公共交通停靠站以及桥隧引道处。

停车场（库）出入口设在不同等级的道路上，会对汽车的可达性有较大的差异。城市高速路和快速路强调通过性交通，禁止两侧用地直接开口；主干路以通过性交通为主，原则上禁止两侧用地直接开门；次干路和支路以进出性交通为主，允许两侧用地直接开口。

对停车场（库）出入口处车流通行能力的分析，不仅包括路段上已有车流的分析，还包括由停车场产生的附加交通车流，以及这两种车流因相互干扰而造成的延误排队和道路通行能力的变化。

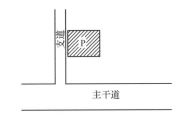

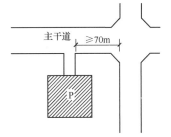

停车场（库）基地出入口不宜设在主干路上，可设在次干路或支路上并远离交叉口

停车场（库）基地出入口距离交叉路口必须≥70m

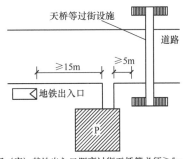

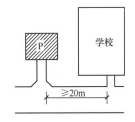

停车场（库）基地出入口距离过街天桥等必须≥5m，
停车场（库）基地出入口距地铁出入口、公交站台边缘应≥15m

停车场（库）基地出入口距公园、学校、儿童及残疾人使用建筑的出入口应≥20m

图 3.1.38 停车场（库）基地出入口与周围的关系

在进行交通影响分析时，主要考虑停车场（库）高峰小时的服务状况，即在某时间段内驶出的车辆数小于该时段的设计通行能力时，满足停车场（库）出入口出场设计的要求，否则认为停车场（库）出入口处设计不合理。

停车场（库）基地出入口与大中城市主干道交叉口的距离，自道路红线交叉点量起应≥70m。

停车场（库）基地出入口与人行横道线、人行过街天桥、人行地道（包括引道、引桥）的最边缘线应≥5m。

停车场（库）基地出入口距地铁出入口、公共交通站台边缘应≥15m。

停车场（库）基地出入口距公园、学校、儿童及残疾人使用建筑的出入口应≥20m。

停车场（库）基地出入口与城市道路连接处，地面坡度宜≤5%，当基地道路坡度>8%时，应设缓坡段与城市道路连接。

相邻停车场（库）基地出入口之间的距离应≥15m，且不应小于两出入口道路转弯半径之和。

停车场（库）与立体交叉口的距离或其他特殊情况，应符合当地城市规划行政主管部门的规定。

高峰时所需最大停车数量以及高峰时停车的疏散速度，决定了停车场（库）具有的停车数容量。停车场（库）停车数容量及车辆高峰时的驶出率，对停车场（库）出口处的设置具有较大影响。停车场（库）出入口的设置不合理，容易导致停车场（库）外道路车辆的拥塞，干扰路上车辆通行，也会由于疏散时间过长而影响停车场（库）的服务水平，降低停车场（库）使用效率。

（2）出入口设置数量及宽度

停车场（库）的出入车辆数，与基地停车位数成正比，车位数越多，出入口的数量也应相应增加。

1）关于停车场的出入口

① 停车场车位指标在条件困难或停车数≤50辆时，可设1个出入口，但其进出通道的宽度宜采用9~10m（应≥7m）。当只设1个出入口时，必然是按照汽车双向行驶状态考虑出入口宽度。

② 当停车数为50~300辆时，应设置2个出入口，宜为双向行驶的出入口；当停车数为301~500辆时，应设置2个双向行驶的出入口。

③ 当停车数>500辆时，应设置3个出入口，宜为双向行驶的出入口。

④ 大于300辆停车位的停车场，各出入口的间距应≥15.0m；出入口宽度，单向行驶时应≥

4.0m，双向行驶时应≥7.0m。

2）关于停车库的出入口（图3.1.39）

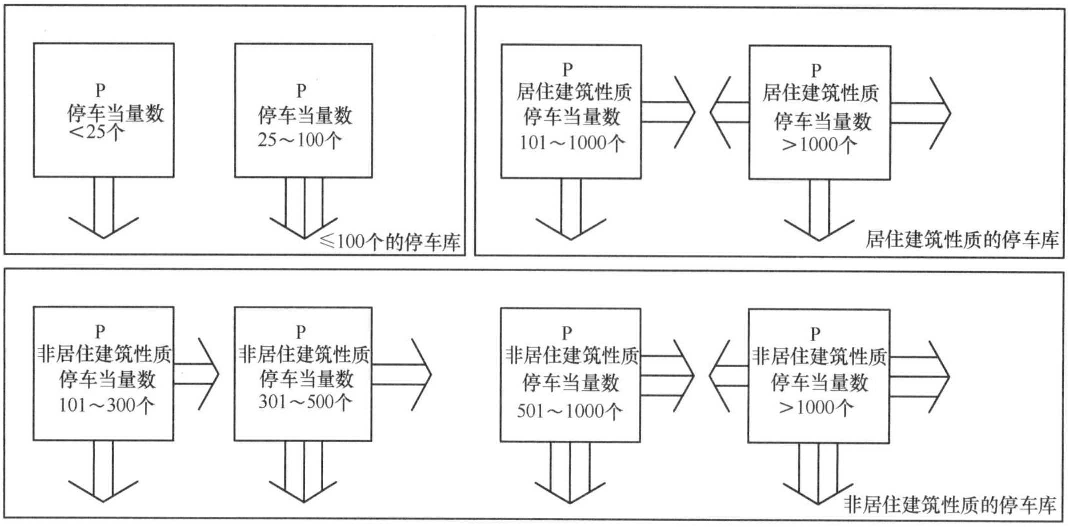

图3.1.39 停车库出入口数量及车道数

停车库建筑规模按停车当量数划分为特大型、大型、中型、小型。

特大型为 >1000 当量数；大型为 301～1000 当量数；中型为 51～300 当量数；小型为 ≤50 当量数。

1个停车当量数相当于1台小型车数。

其他类型车需要换算：1个停车当量数 = 0.7个微型车数 = 1.5个轻型车数 = 2个中型车数 = 2.5个大型车数。

对于停车库，以出入口数量和车道数量相结合，更合理地达到出入口能力，是符合现实情况的做法。以小型车为例，不大于100位停车数的车库可以只设置一个出入口，但是≥25辆时就应设置双车道；对于101～1000位停车数的车库都可以只设置两个出入口，但对于出入口车道的数量却有各自不同的要求（表3.1.10）。

停车库出入口和车道数量 表3.1.10

停车当量数	>1000	501～1000	301～500	101～300	25～100	<25
最少出入口数	3	2			1	
非居住建筑最少车道数量	5	4	3	2	2	1
居住建筑最少车道数量	3	2		2	2	1

车辆出入口的最小间距不应小于15m。

车辆出入口宽度，双向行驶时应≥7.0m，单向行驶时应≥4.0m。

车道净宽和出入口宽度有所区别，出入口宽度要大一些，是使进出车辆的视线观察角度放大，利于安全和顺利进出。如小型车坡道式出入口中，直线双行的最小坡道净宽要求为5.5m，车辆出入口宽度则应放大至7m（表3.1.11）。

坡道式出入口的坡道最小净宽 表3.1.11

形式	最小净宽（m）	
	微型、小型车	轻型、中型、大型车
直线单行	3	3.5
直线双行	5.5	7
曲线单行	3.8	5
曲线双行	7	10

（3）出、入口相对位置

出、入口相对位置设置应结合道路情况，考虑右转出入原则，进、出车流不能交叉原则，以及出入库车辆是否便捷等。以下根据停车场（库）外的道路情况进行分析。

1）当停车场（库）外的道路为单向行驶时

停车场（库）外的道路为单向行驶时，停车场（库）出、入口相对位置设置，以进、出车流不能交叉原则为准。

① 以两个出入口的停车场（库）为例，设单

行方向由南至北（图 3. 1. 40*a*）。

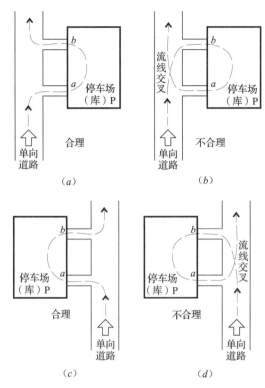

图 3.1.40*a* 两个出入口的停车场（库）外是
单向道路时进出口的布置

* 当停车场（库）在道路东侧

把 *a* 口设为进口，*b* 口设为出口，比较合理。

如果 *b* 口设为进口，*a* 口设为出口，则 *a*、*b* 口附近的道路上就会增加一个车流线交叉点，对道路交通不利。

* 当停车场（库）在道路西侧

仍然把 *a* 口设为进口，*b* 口设为出口，比较合理。

相反 *b* 口设为进口，*a* 口设为出口，则 *a*、*b* 口附近的道路上就会增加一个车流线交叉点。

② 再以三个出入口的停车场（库）为例，设单行方向由南至北（图 3. 1. 40*b*）。

把 *a* 口、*b* 口设为进口，*c* 口设为出口，比较合理。或者把 *a* 口设为进口，*b* 口和 *c* 口设为出口，也比较合理。

但如果 *a* 口设为出口，*b* 口（或 *c* 口）设为进口，则道路上就会增加一个或两个车流线交叉点，对道路交通不利。

当停车场（库）只有一个出入口，或者停车场

（库）比较大因而几个开口需要同时解决车辆进出问题时，就不存在出口和入口的相对布置问题。

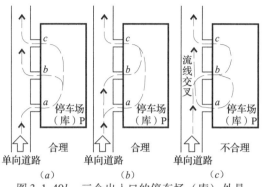

图 3.1.40*b* 三个出入口的停车场（库）外是
单向道路时进出口的布置

2）当停车场（库）外的道路为双向行驶时

停车场（库）外的道路为双向行驶时，停车场（库）出、入口相对位置设置，应以两个原则为准：进、出车流不能交叉原则和右驶进出原则。

关于右驶进出原则，对停车场（库）外的道路上的车辆，直接以左转进停车场（库）是比较困难的，在交通高峰时段容易造成交通阻塞，应该在道路指定的地方（如某些车辆可掉头的路口）左转，然后再以右驶方式进入停车场（库）。对停车场（库）内出车车辆，应以右驶方式和道路上的车流合流，避免直接左转。

以两个出入口的停车场（库）为例（图 3.1.41）。设南北向双行道路的东侧为停车场

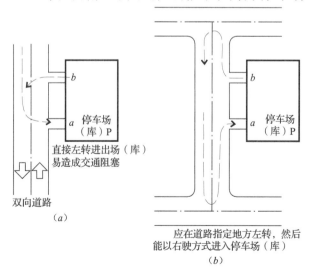

图 3.1.41 停车场（库）外的道路为双向行驶
时进出口的布置
（*a*）不合理线路；（*b*）合理线路

（库），道路上从北向南的车辆直接左转进入停车场（库），在 a 口附近形成直接的交通阻碍；同样，从 b 口出来的车辆直接左转进入由北向南一侧的道路，也会造成 b 口附近的交通阻碍。这都是不妥当的。

最好在该道路上规定的转头处把汽车左转到从南到北的一侧道路，然后再右转进入停车场（库）；出停车场（库）的汽车也最好行驶到可掉头的地方再转换方向。这样处理比较合理。

注意的是，对于停车场（库）内的车流转向，不能以右转行驶进行限制，右转行驶概念主要是针对道路而言的。

某些停车场（库）前道路交通量很小，并且情况特殊，可以考虑采用左驶进出方式。

3）当位于十字交叉口处时

对于位于双向道路十字交叉口一角的停车场（库），如果其出入口分别朝向两条道路，那么应该以出入流线为顺时针原则来确定出、入口的位置（图 3.1.42）。

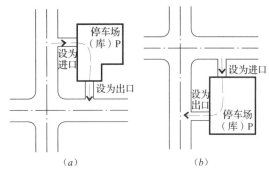

图 3.1.42　十字交叉口处确定
出入口位置原则

现简单分析如下（图 3.1.43）：

设双行道路的十字交叉口东北角为停车场（库）。以过红绿灯作为一次交叉，道路上规定的转头处作为一次交叉。

① 情况一　当 a 为进口、b 为出口时，进车流线的交叉情况是：北面车流有 2 次交叉；西面车流有 2 次交叉；南面车流有 1 次交叉；东面车流有 0 次交叉。出车流线的交叉情况是：北向车流有 0 次交叉；西向车流有 1 次交叉；南向车流有 2 次交叉；东向车流有 2 次交叉。

② 情况二　当 b 为进口、a 为出口时，进车流

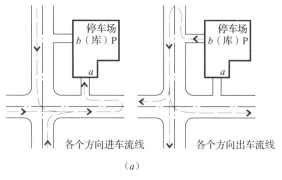

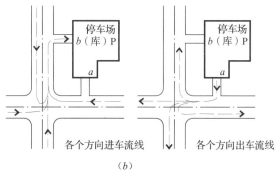

图 3.1.43　十字交叉口处流线分析
（a）a 为进口、b 为出口时；（b）b 为进口、a 为出口时

线的交叉情况是：北面车流有 1 次交叉；西面车流有 1 次交叉；南面车流有 1 次交叉；东面车流有 0 次交叉。出车流线的交叉情况是：北向车流有 0 次交叉；西向车流有 1 次交叉；南向车流有 1 次交叉；东向车流有 1 次交叉。

可以看出情况二明显比情况一更有利于车流的顺畅。此时由于有 4 个方向的车流，关键是使这些车流尽量减少交通堵塞和等待次数，进、出车流不能交叉原则在这里不作为主要判断标准。

以出入流线为顺时针原则来确定出口、入口的位置，适用于道路右驶交通规则地区。在道路左驶交通规则地区则为逆时针原则。

（4）出入口的通视要求（图 3.1.44）

在停车场（库）出入口，距离城市道路宜 ≥ 7.5m。出入口处的车辆出入容易堵塞，所以出入口必须退后城市道路，留出 1.5 个车位长度，即 7.5m 以上的安全距离，否则容易造成城市道路的车流堵塞。

停车场（库）的出入口应有良好的视野，使驾驶员能够对于停车场（库）出入口外道路上的

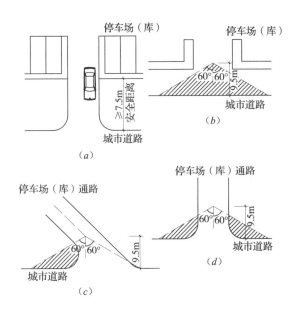

图 3.1.44 出入口的通视要求
(a) 安全距离；(b) 通视要求一；
(c) 通视要求二；(d) 通视要求三

交通情况有所判断，避免因为驾驶员的视觉盲点造成交通上的麻烦。

因此对停车场（库）出入口有通视的要求：在距出入口边线内 2m 处作视点的 120° 范围，这个范围内至边线外 7.5m 以上不应有遮挡视线的障碍物。需特别注意的是，和城市道路连接的停车场（库）通道处，实质的出入口线在距城市道路边线 7.5m 处，也就是说，在距城市道路至少 9.5m 处作视点，视点范围内至城市道路规划红线不应有遮挡视线的障碍物。

当停车场（库）的出入口距城市道路比较远时，虽然是以通路与城市道路连接，但是同样为了安全需要在连接城市道路的通路上，距城市道路规划红线 9.5m 处作视点的 120° 范围，其到城市道路的规划红线之间不应有遮挡视线的障碍物。

当停车场（库）的出入口道路与城市道路斜交时，在出入口道路上，应保证在垂直距离城市道路规划红线 9.5m 处作视点的 120° 范围，其到城市道路的规划红线之间不应有遮挡视线的障碍物。

有的停车场（库）需要进行办理车辆收费等手续，由于车辆减速或者停靠，在设置办理车辆出入手续的出入口处应设候车道。候车道的宽度应 ≥4m，候车道长度可按办理出入手续时需停留车辆的数量确定。但应 ≥2 辆，每辆车的候车道长度应按 5m 计算，即候车道长度 ≥10m（图 3.1.45）。

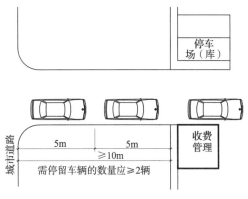

图 3.1.45 候车道

停车位数 >10 个，且车辆出入必须通过主体建筑人流的主出入口时，该处应设置候车道，候车数量可按停车车位数的 1/10 计算。

3.1.16 停车场（库）内通车道

停车场（库）出入口及停车场内应设置交通标志、标线，以指明场内通道和停车车位。通车道的宽度设置，要根据停车场（库）内所采用的停车方式以及存放车辆的车型来决定。

（1）进出停车位所要求的最小通车道宽度

汽车进出停车位时，大多需要在通车道上经过转弯动作才能实现；因此，通车道的宽度就要满足汽车进出停车位所需最小距离（图 3.1.46）。

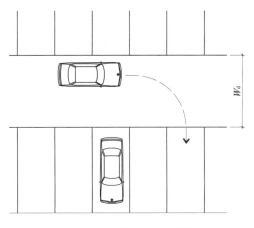

图 3.1.46 进出停车位的通车道宽度

1）当停车方式为垂直式或 60°~90° 停车倾角时的通车道宽度

汽车进出停车位有两种方式，一种是后退停车、前进开出停车方式；另一种是前进停车、后退开出停车方式。

① 后退停车、前进开出停车方式　很多有经验的驾驶员比较喜欢此种方式，而且在需要紧急出车时，驾驶员可以很快把汽车开出车位。

② 前进停车、后退开出停车方式　能很快进入车位，但需要的通车道宽度比较宽。

对于一次入车位的要求，由于后退需要的宽度比前进的要小，则最小通车道宽度决定于汽车后退时所需要的距离，对于两种停车方式中汽车后退时所需最小通车道宽度，可以利用公式计算。

后退停车（前进开出）时所需通车道宽度公式（图 3.1.47）：

$$W_d = R + Z - \sin\alpha \left[(r + b)\cot\alpha + (a - e) - L_r \right]$$

$$(3.1.11)$$

$$L_r = (a - e) - \sqrt{(r - s)^2 - (r - c)^2} + (c + b)\cot\alpha$$

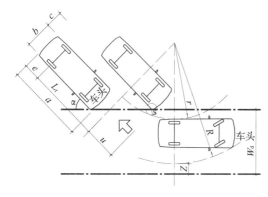

图 3.1.47　后退停车（前进开出）通车道宽度

前进停车（后退开出）时所需通车道宽度公式（图 3.1.48）：

$$W_d = R_e + Z - \sin\alpha \left[(r + b)\cot\alpha + e - L_r \right]$$

$$(3.1.12)$$

$$L_r = e + \sqrt{(R + s)^2 - (r + b + c)^2} - (c + b)\cot\alpha$$

$$R_e = \sqrt{(r + b)^2 + e^2}$$

式中　W_d——通车道宽度，即后退时汽车所需的通车道宽度；

s——出入口处与邻车的安全距离，可取 0.3m；

Z——行驶车与车或墙的安全距离，可取 0.5~1m；

R_e——汽车回转中心至汽车后外角的水平距离；

c——车与车的间距；

r——汽车环行内半径；

a——汽车长度；

b——汽车宽度；

e——汽车后悬尺寸；

R——汽车环行外半径；

α——汽车停位角。

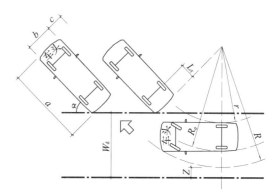

图 3.1.48　前进停车（后退开出）时通车道宽度

式（3.1.11）和式（3.1.12）是在各车型中选用比较典型的汽车的有关参数进行计算而得出的，适用于停车倾角 60°~90°。

对小型车根据式（3.1.11）和式（3.1.12）计算（垂直式停车方式），得出前进停车时通车道宽度约为 9m，后退停车时通车道宽度约为 5.5m。可以看出后退停车比前进停车所需通车道宽度要小 3.5m。

同样对微型车计算（垂直式停车方式），得出前进停车时通车道宽度约为 7m，后退停车时通车道宽度约为 4.5m，后退停车比前进停车所需的通车道宽度要小 2.5m。

2）其他停车方式时的通车道宽度

对停车倾角 60°~90° 的停车方式采用式（3.1.11）和式（3.1.12）计算。当 45° 及 45° 以下时可用作图法。

以下为各车型经计算得到的各种情况下的最小通车道宽度设计参考数值（表 3.1.12）。

各车型的最小通车道宽度设计参考数值 W_d（m）

表 3.1.12

停车方式 参数值 车型分类	垂直式		平行式	斜列式			
				30°	45°	60°	60°
	前进停车	后退停车	后退停车	前进（后退）停车	前进（后退）停车	前进停车	后退停车
微型车	7	4.5	3	3	3	4	3.6
小型车	9	5.5	3.8	3.8	3.8	4.5	4.2
轻型车	13.5	8	4.1	4.1	4.6	7	5.5
中型车	15	9	4.5	4.5	5.6	8.5	6.3
大货车	17	10	5	5	6.6	10	7.3
大客车	19	11	5	5	8	12	8.2

注：其中平行式停车和斜列式30°停车所需要的通车道最小值是相同的。

（2）汽车行驶所要求的最小通车道宽度

在停车场（库）中，其通车道以单行为好，单行要求可以很好地掌握停车秩序，绝大多数停车场（库）都采用单行停车道。

汽车行驶所要求的单行最小通车道宽度为3m，而且不能小于汽车宽加两侧的安全距离（0.5~1m）。

一般来说，按照式（3.1.11）和式（3.1.12）计算出的通车道宽度，会比汽车行驶所要求的最小通车道宽度要大，在满足汽车进、出车位要求的前提下，能同时满足汽车行驶要求。

而双向通车道，容易产生停车秩序混乱、通车堵塞的问题。在汽车进、出车位时，往往需要利用整个通车道的宽度，容易和与之相反的车流产生流线交叉点；在停车场（库）出入口，也会出现一个流线交叉点。所以，在停车场（库）内建议不宜使用双向通车道，只有在特殊情况下适当采取为好（图3.1.49）。

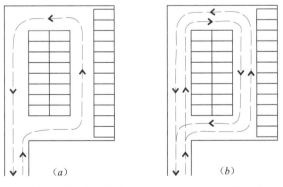

图 3.1.49 场（库）中单行和双行通车道比较
（a）单行；（b）双行

3.1.17 坡道的坡度设计

（1）坡道的最大纵向坡度限定

在停车场（库）的坡道设计中决定采用的坡道的各个参数，是在总结停车场（库）运行经验的基础上得出的。坡道分为直线坡道和曲线坡道（图3.1.50）。

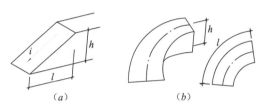

图 3.1.50 直线坡道和曲线坡道
（a）直线坡道；（b）曲线坡道

1）直线坡道坡度，即在直线坡道行驶中，将汽车所要到达的高度值，除以所需的水平长度值得到的。

2）曲线坡道坡度，即在曲线坡道行驶中，将汽车所要到达的高度值，除以曲线坡道中心线的水平长度值得到的。

坡道的最大纵向坡度的限定，主要是从行车安全和对驾驶员的心理影响等方面考虑的，其次是从汽车爬坡和刹车的能力上考虑的。

事实上驾驶员对坡道的使用和接受并非取决于汽车的功率和车身尺寸，主要是要考虑在陡坡、窄坡和急转弯、盲转弯时，有些驾驶员的危险感受。对于一些驾驶员来说，下坡所感到的恐惧要比上坡时更大，在过陡的坡道上向下行车时，容易使驾驶员产生紧张甚至恐惧心理，不利于安全的驾车行为。

过于陡的坡道，需要使汽车的速度很慢才能有可能爬上。很多汽车面对过陡的坡道，其爬坡能力显得力不从心；而当坡道路面潮湿的时候更为危险，要求驾驶员极度谨慎。对驾车人自己停车的小型车，直线坡道的坡度应≤15%；然而对于提供停车服务的车库，其服务人员经过非常专业的驾驶培训，则小型车、轻型车的最大纵向坡度甚至可以达到20%。

如果行人出入停车场（库）没有专门的通道，

要使用车行坡道，那么坡道的坡度最好不要超过 10%。

针对各种车型的通车道的最大纵向坡度，以下提供了设计要求（表 3.1.13）。

停车场（库）内通车道的最大纵向坡度

表 3.1.13

车型	直线坡道		曲线坡道	
	百分比（%）	比值（高/长）	百分比（%）	比值（高/长）
微型车、小型车	15	1:6.67	12	1:8.3
轻型车	13.3	1:7.5	10	1:10
中型车	12	1:8.3		
大型客车、大型货车	10	1:10	8	1:12.5

对于表中的数值，掌握百分比部分的数值即可。在以后的设计中，可以经过简单的除法换算得到比值部分的数值。

由于曲线坡道在上下坡时，还要驾驶员进行转弯动作的操作，所以比直线坡道同条件下的最大纵向坡度要求降一个等级。

（2）缓坡的设置

1）设置缓坡的原因

汽车的车身总长大于轴距，形成了前进角（接近角）和退出角（通过角）。底盘的高低和前后轮距离决定坡道转折角的大小（图 3.1.51）。

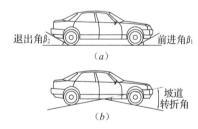

图 3.1.51　汽车的前进角、退出角和坡道转折角
（a）前进角和退出角；（b）坡道转折角

汽车的前进角 β_1，即以汽车前保险杠最外边缘点向下作前轮的切线，这个切线和大地水平线形成的夹角就是前进角。

汽车的退出角 β_2，即以汽车后保险杠最外边缘点向下作后轮的切线，这个切线和大地水平线形成的夹角就是退出角。

坡道转折角，即汽车在坡道的坡度转折处，避免汽车擦地时，两端坡道坡度相差的最大角度。坡道转折角是衡量汽车冲陡坡的能力。

① 对汽车上坡行为进行分析（图 3.1.52）

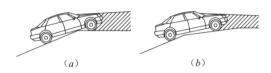

图 3.1.52　汽车上坡行为分析
（a）产生视线盲区；（b）减少视线盲区

一般小型车的前进角为 30° 左右，按照规范要求设计的坡道倾斜角在 9° 以下，大大小于前进角，基本上汽车能正常上坡而不会产生擦地情况。

但是当汽车上坡时由坡道段转向平地段时，由于汽车车头上仰，抬高的引擎盖会挡住驾驶员的视线，产生很高的视线盲区，干扰驾驶员的驾驶判断，容易出现事故。同时，坡道转折角较大容易使汽车底盘受到转角的摩擦。因此，在坡道上端设置缓坡很有必要。

② 对汽车下坡行为进行分析（图 3.1.53）

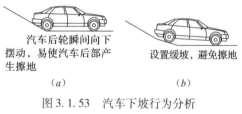

图 3.1.53　汽车下坡行为分析
（a）陡坡；（b）缓坡

一般小型车的退出角为 18° 左右，虽然一般设计坡道倾斜角在 9° 以下而小于退出角，但是当汽车下坡到由坡道段转向平地段时，由于汽车后轮瞬间与平地段之间产生弹跳，汽车后部急速向下摆动，容易使汽车后部产生擦地情况。因此，坡道下端设置缓坡也很有必要。

停车场（库）内当通车道纵向坡度 >10% 时，坡道上、下端均应设缓坡， 缓坡分为直线缓坡和曲线缓坡，以下对两种缓坡分别进行分析和计算。

2）直线缓坡的设计

直线缓坡的水平长度应 ≥3.6m，缓坡坡度应为坡道坡度的 1/2。

直线缓坡的设计计算过程（图 3.1.54）：

设在两个水平面之间的坡道坡度为 i，坡道的下端为 A 点，上端为 B 点。

第一步，在 A 点，**分别向左和向右以 1.8m 的**

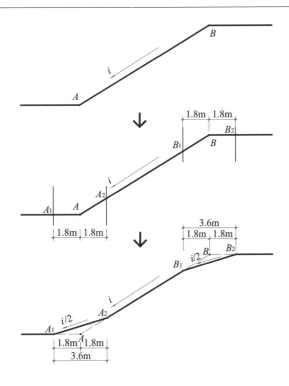

图 3.1.54　直线缓坡的设计计算过程

水平距离作垂直线（垂直于水平线），交水平段于 A_1 点，交坡道段于 A_2 点。同样在 B 点，分别向左和向右以 1.8m 的水平距离作垂直线（垂直于水平线），交水平段于 B_1 点，交坡道段于 B_2 点。

　　第二步，连接 A_1 点和 A_2 点，得到符合设计要求的坡道下端的直线缓坡段。

　　连接 B_1 点和 B_2 点，得到符合设计要求的坡道上端的直线缓坡段。

　　这样得到的直线缓坡的坡度为坡道坡度 i 的一半，即 $i/2$。

【例 3-1-6】

　　某小型车停车场设计中，在高差为 1.2m 的水平段之间设计坡道，坡道限制在 A 点和 B 点之间，不允许超出。A 点和 B 点水平距离为 11.6m。要求补画出坡道，如果需要缓坡，要求采用直线缓坡设计（图 3.1.55）。

　　分析：

　　① 连接 A 点和 B 点，计算 AB 段的坡度值 i_1：

$$i_1 = 1.2/11.6 = 10.3\%$$

　　由于 AB 段的坡度值 $i_1 > 10\%$，并且设计在 A 点 B 点之间的坡道坡度值比 i_1 要大，所以所设计出的坡道必须在上下端设置缓坡。

　　② 参考直线缓坡的设计计算过程原理，来确定设计坡道的上端和下端位置。

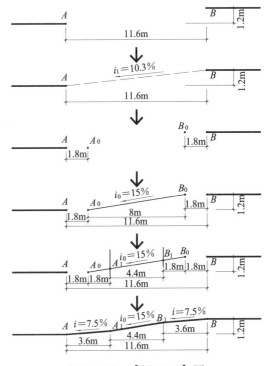

图 3.1.55　**【例 3-1-6】**图

　　从 A 点水平向右 1.8m，得到 A_0 点，即设计坡道的下端。

　　从 B 点水平向左 1.8m，得到 B_0 点，即设计坡道的上端。

　　连接 A_0 点和 B_0 点，得到设计坡道 A_0B_0，验算所得坡道的坡度是否符合规范要求。即：

　　$i_0 = 1.2/(11.6 - 1.8 - 1.8) = 1.2/8 = 15\%$，符合小型车坡道最大坡度的要求。

　　③ 完成缓坡段的设计。

　　从 A_0 点水平向右 1.8m，作垂直线（垂直于水平线），交坡道段于 A_1 点。连接 A 点和 A_1 点，得到坡道下端的直线缓坡 AA_1。

　　从 B_0 点水平向左 1.8m，作垂直线（垂直于水平线），交坡道段于 B_1 点。连接 B 点和 B_1 点，得到坡道下端的直线缓坡 BB_1。

　　④ 最终补画出符合要求的坡道。

　　3）曲线缓坡的设计

　　曲线缓坡段的水平长度应 ≥2.4m，曲线的半径应 ≥20m，缓坡段的中点为坡道下端（原起点）或上端（原止点）。

曲线缓坡的设计计算过程：

① 第一种方法——利用公式（图3.1.56）

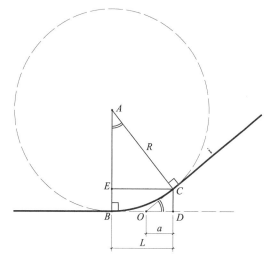

图3.1.56 曲线缓坡设计第一种方法——利用公式

设坡道的坡度为 i，其下端与水平段的交点为 O。形成曲线缓坡段的圆半径为 R，圆心为 A，此圆分别和水平段、坡道段相切于 B 点和 C 点。

从 C 点作水平段的垂线，和水平段交于 D 点。BD 为曲线缓坡的水平长度。

从 C 点作 AB 的垂线，和 AB 交于 E 点。可知 $BD = CE$。

由于 AB 垂直于水平段（BD），AC 垂直于 OC，则 $\angle BAC = \angle COD$，那么 $CD/OD = CE/AE = i$ 的坡度值，因为 $BD = CE$，即 $AE = BD/i$。

又因为 $AE^2 = AC^2 - CE^2$，以及 $AC = R$，结合以上条件，推出等式：

$$i = \frac{BD}{\sqrt{R^2 - BD^2}}, \quad 得到：BD = \frac{Ri}{\sqrt{1 + i^2}}$$

由于需设缓坡的坡道坡度 i 的平方值在 0.01% 至 2.25% 之间，$1 + i^2 \approx 1$，则得到**曲线缓坡段的水平长度公式**：

$$L = Ri \tag{3.1.13}$$

式中　L——曲线缓坡段的水平长度；

　　　R——曲线的半径；

　　　i——坡道的坡度值。

也可计算出**曲线缓坡段在坡道端点一侧的水平长度公式（向坡道方向的一侧）**：

$$a = \frac{R - \sqrt{R^2 - L^2}}{i} \tag{3.1.14}$$

式中　a——曲线缓坡段在坡道端点一侧的水平长度（向坡道方向的一侧）；

　　　L——曲线缓坡段的水平长度；

　　　R——曲线的半径；

　　　i——坡道的坡度值。

根据计算结果标出曲线缓坡段两端在水平段和坡道段的具体位置，完成曲线缓坡段的设计。

② 第二种方法——利用作图（图3.1.57）

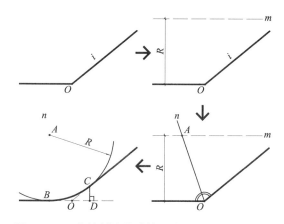

图3.1.57 曲线缓坡设计第二种方法——利用作图

设坡道的坡度为 i，其下端与水平段的交点为 O。

第一步，以将形成曲线缓坡段的圆半径 R 为水平距离，作水平段的平行线 m。

第二步，从 O 点引出直线 n，直线 n 把水平段和坡道段形成的钝角分为两个相等的角。直线 n 与直线 m 交于 A 点。

第三步，以 A 为圆心，作半径为 R 的圆，其分别和水平段、坡道段相切于 B 点和 C 点。在 BC 之间的曲线段即曲线缓坡段。

从 C 点作水平段的垂线，和水平段交于 D 点。BD 长即曲线缓坡段的水平长度，测量 BD 的长度，检验是否 >2.4m。符合设计规范要求后，测量 BO 和 OD 的长度，标识在图纸上，完成曲线缓坡段的设计。

【例3-1-7】

某小型车停车场设计中，汽车坡道 AB 的坡度设计为 14%，坡道上端 B 点与水平段相接。要求补画出坡道上端处的曲线缓坡段（图3.1.58）。

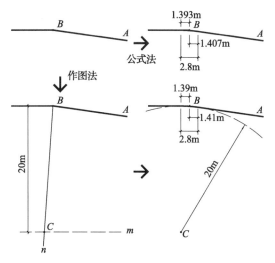

图 3.1.58 【例 3-1-7】图

分析：

当图纸面积不够大，可以用公式的方法计算出曲线缓坡段的位置。

设曲线的半径为 20m（最小的要求标准），又已知坡道坡度为 14%，则根据式（3.1.13），得到曲线缓坡段的水平长度：

$$L = Ri = 20 \times 14\% = 2.8 \text{m}$$

L 值（2.8m）>设计标准中曲线缓坡段的最小水平长度（2.4m），符合要求。

接着计算曲线缓坡段的位置。

利用式（3.1.14），计算出曲线缓坡段在坡道端点 B 点一侧的水平长度（向坡道方向的一侧）：

$$a = \frac{R - \sqrt{R^2 - L^2}}{i} = \frac{20 - \sqrt{20^2 - 2.8^2}}{14\%}$$

$$= \frac{20 - 19.803}{14\%} = \frac{0.197}{14\%} = 1.407 \text{m}$$

那么在 B 点另一侧的曲线缓坡段水平长度为（2.8 - 1.407）= 1.393m

把尺寸标注在 B 点左右，得出曲线缓坡段两端的具体位置，画出曲线缓坡段并且标注出曲线的半径数值 20m。

当图纸面积比较大，可以用作图的方法设计出曲线缓坡段。

设曲线的半径为 20m（最小的要求标准），以 20m 为水平距离，作水平段的平行线 m。

从 B 点引出直线 n，直线 n 把水平段和坡道段形成的钝角分为两个相等的角。

直线 n 与直线 m 交于 C 点。

以 C 为圆心，作半径为 20m 的圆，其分别和水平段、坡道段相切于两点。在此两点之间的曲线段即曲线缓坡段。

然后检验此两点的水平距离是否大于 2.4m。经测量水平距离为 2.8m 左右，符合设计规范要求。

测量在 B 点左侧的缓坡段水平长度为 1.39m，在 B 点右侧的缓坡段水平长度为 1.41m，把它们标识在图纸上，完成曲线缓坡段的设计。

另外，停车场（库）出入口通路坡度大于 8%时，应设缓冲段与城市道路连接，是从安全方面考虑的。

车行坡道出口处向公共人行道上升时，在与人行道相交前必须设置近于平直的缓和段（$i \leq 5\%$），以免引擎盖遮挡驾驶员的视线，看不见人行道上的行人。这段缓和段应有一个小型车车身的长度，即 4.8~5m 长（图 3.1.59）。

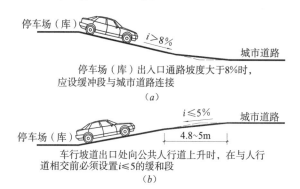

停车场（库）出入口通路坡度大于 8%时，应设缓冲段与城市道路连接
（a）

车行坡道出口处向公共人行道上升时，在与人行道相交前必须设置 $i \leq 5$ 的缓和段
（b）

图 3.1.59 停车场（库）出入口通路与城市道路相接处的缓坡要求
（a）下坡；（b）上坡

（3）环行坡道超高（图 3.1.60）

当汽车直线行驶时，汽车的动量就会使汽车保持直线运动。当汽车转弯行驶时，乘坐汽车的人会感到有一种被向外甩出的力，即离心力。离心力迫使汽车仍然保持直线行驶，阻碍转向。

与离心力有关的因素有汽车质量、转向时的车速、转向半径三个因素。行驶速度控制得是否恰当对转向时的安全性起着决定作用。虽然停车场（库）内的车速缓慢，但转弯半径要比道路的转弯半径小得多，这样便形成相当大的离心力。这个离

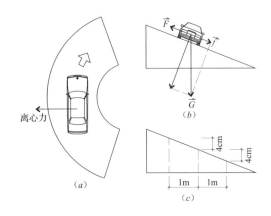

图 3.1.60 环行坡道超高

（a）离心力；（b）水平分力与离心力；（c）超高要求

心力作用与速度的平方成正比，与道路曲率半径成反比。

这个离心力必须由车胎在路面上的横向摩擦和坡道面的超高而产生的力相平衡，即将环道内倾构成横向坡度，用汽车重力的水平分力来平衡离心力。

在坡道最急转弯处车库坡道的超高，应大约每1米坡道宽度抬高4cm；当接近直线部分或水平段时，则略为减少一些。

汽车环形坡道的超高可按下列公式计算：

$$i_c = \frac{V^2}{127R} - \mu \qquad (3.1.15)$$

式中　i_c——超高即横向坡度，宜为 2%～6%；

　　　V——设计车速，km/h；

　　　R——环道平曲线半径（取到坡道中心线半径）；

　　　μ——横向力系数，宜为 0.1～0.15。

坡道弯度不能超高过多，因驾驶员在避开坡道路面的内侧边缘时会感到驾驶困难。

3.1.18 停车场（库）车位布置

（1）停车方式及面积

1）停车方式

停车场车辆停放方式按停车位纵轴线与通车道的夹角关系，有垂直式、平行式、斜列式（与通道成30°、45°、60°角停放）三种，这三种方式各有特点（图3.1.61）。

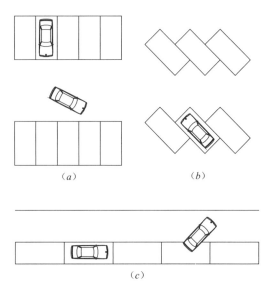

图 3.1.61 停车方式

（a）垂直式；（b）斜列式；（c）平行式

① 垂直式停车在单位长度内停放的车辆数最多，用地比较紧凑，但停车带占地宽度较宽，且在进出停车位时，需要垂直方向倒车一次，因而要求通道较宽。布置时可两边停车，合用中间一条通道。

② 平行式停车所需停车带较窄，驶出车位方便、迅速，但占地长度最长，单位长度内停放的车辆数最少。

③ 斜放式停车有利于车辆出入及停车，缺点是单位停车占地面积比垂直停放方式要多。

2）单位停车面积

单位停车面积，即每辆车在进行停放、进出停车位所需面积。

单位停车位面积应根据车辆类型、停放方式、车辆进出、乘客上下所需的纵向与横向净距的要求确定。

可以根据最小通车道宽度（表3.1.12）和平行、垂直通车道方向的最小停车位长度（表3.1.14、表3.1.15），对单位停车面积进行计算。以小型车垂直式停车位为例（图3.1.62）。

查表3.1.14、表3.1.15，知道小型车停车位长为5.3m，宽为2.4m，即停车位面积 $S_1 = 5.3 \times 2.4 = 12.72\text{m}^2$。

查表3.1.12，在小型车垂直式停车中，前进停车时通车道宽度为9m，后退停车时通车道宽度

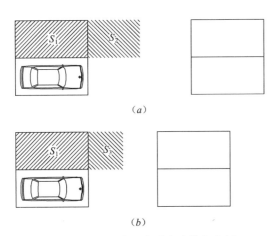

图 3.1.62　以小型车垂直式停车为例
计算单位停车面积

（a）前进停车；（b）后退停车

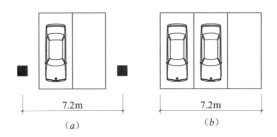

图 3.1.63　停车库和停车场由于柱网
的有无产生的停车差别

（a）停车库有柱时；（b）停车场无柱时

（2）停车位的尺寸（图 3.1.64）

为 5.5m。在实际停车位设计布置中，通车道往往是两排停车位共用，则以通车道宽度的一半作为计算单位停车位所需的进出宽度。即前进停车时，$S_2 = (9/2) \times 2.4 = 10.8m^2$；后退停车时，$S_3 = (5.5/2) \times 2.4 = 6.6m^2$。

那么小型车垂直式停车中，前进停车时，单位停车位面积 $= 12.72 + 10.8 = 23.52m^2$；后退停车时，单位停车位面积 $= 12.72 + 6.6 = 19.32m^2$。

注意的是，单位停车面积不包括坡道、附属设施、绿化等面积。

停车场（库）总面积除应满足停车需要外，还应包括附属设施等所需的面积（停车场还包括绿化面积）。在设计中常常需要对于整个停车场（库）所能设置的停车位数作估算，尤其是小型车停车场（库）的所需建面积。

国内外实例中已有比较接近的指标，**大约每车位需要 27～35m²（包括坡道面积）所需建面积。** 结合中国国情，控制每车位所需建面积为 ≤33m² 是完全可行的。

对于停车库，有时因为柱网的关系，每车位的所需建面积会大一些，具体的设计应结合建筑结构布置来安排。例如柱距为 7.2m，柱宽 0.7m，则柱之间净距 6.5m，两个柱之间只能停两辆小型车；而在露天停车场，7.2m 可以停放三辆小型车。所以，停车库的每车位所需建面积就应该比停车场的要大一些（图 3.1.63）。

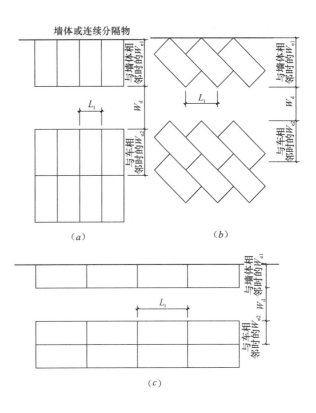

图 3.1.64　停车位的尺寸

（a）垂直式；（b）斜列式；（c）平行式

根据不同的停车方式如垂直式、平行式、斜列式等，以及停车场（库）汽车与汽车，汽车与墙、柱、护栏之间的最小净距要求，可以得到各车型在停车场（库）中的最小停车位尺寸要求。对垂直通车道方向的最小停车位尺寸 W_{e1}（停车位毗邻墙体或连续分隔物时）、W_{e2}（停车位毗邻时）以及平行通车道方向的最小停车位尺寸 L_t 也可进行尺寸要求，见表 3.1.14、表 3.1.15。

各车型垂直通车道方向的
最小停车位尺寸 W_{e1}（W_{e2}）（m）

表 3.1.14

车型	垂直式	平行式	斜列式		
			30°	45°	60°
微型车	4.3 (4.1)	2.2 (1.9)	4.1 (3)	4.6 (3.7)	4.9 (4.1)
小型车	5.3 (5.1)	2.4 (2.1)	4.8 (3.6)	5.5 (4.6)	5.8 (5.0)
轻型车	7.5 (7.4)	3.1 (2.7)	6.5 (5.1)	7.5 (6.4)	8.1 (7.2)
中型车	9.5 (9.4)	3.5 (3)	7.8 (6.3)	9.2 (7.9)	10 (9.1)
大型货车	12 (11.9)	3.5 (3)	9.1 (7.5)	11 (9.7)	12.1 (11.2)
大型客车	12.5 (12.4)	3.5 (3)	9.3 (7.8)	11.4 (10)	12.6 (11.7)

注：W_{e1} 为停车位毗邻墙体或连续分隔物时垂直于通车道的停车位尺寸，W_{e2} 为停车位毗邻时垂直于通车道的停车位尺寸。

各车型平行通车道方向的
最小停车位尺寸 L_t（m）　表 3.1.15

车型	垂直式	平行式	斜列式		
			30°	45°	60°
微型车	2.2	5	4.4	3.2	2.6
小型车	2.4	6	4.8	3.4	2.8
轻型车	3.1	8.2	6.2	4.4	3.6
中型车		11.4			
大型货车	3.5	13.9	7	5	4.1
大型客车		14.4			

注意避免混淆的是，停车位的尺寸不是汽车的外廓尺寸，而是在汽车外廓尺寸的基础上加上安全距离和防火间距而综合得到的尺寸。

（3）三种停发车动作（图 3.1.65）

按车辆停发方式的不同，有三种停车动作：前进停车、后退发车；后退停车、前进发车；前进车、前进发车三种。

1）前进停车、后退发车

需要的通车道宽度比较大，是为了使汽车从停车位倒出时，有足够的倒车面积。进入停车位比较便捷，很容易入停车位；但是出停车位时需要倒车，不利于快捷地出车。

2）后退停车、前进发车

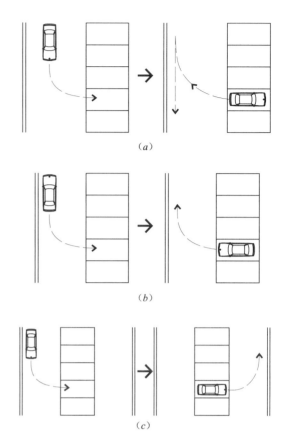

图 3.1.65　三种停发车动作
（a）前进停车、后退发车；（b）后退停车、前进发车；
（c）前进停车、前进发车

需要的通车道宽度相对小一些。进入停车位时需要倒车进入，但是在出车时比较迅速。很多有经验的驾驶员喜欢这种方式。有些特殊类型汽车宜采取这种方式，比如医院急救车、警车等。

3）前进停车、前进发车

需要的单位停车面积大，因为需要停车位前后都要有通车道使用。进入停车位和出车时都不需要倒车，比较方便快捷。如果面积足够，有些部门，如客运停车场等，停车宜采取这种方式。

（4）停车位的规划布置

停车位置的平面设计应尽量使车辆行驶时间最短；进入距离每增加 30m，需增加 7.5s 行车时间，20s 行走时间。虽然一辆车增加的时间看上去很少，但对于停车场（库）内大量的汽车，累积的增加时间是不可忽视的，在高峰时段交接车辆时就将出现问题。针对汽车站停车场，设置较大的缓冲区等可避免延误车辆的进出（图 3.1.66）。

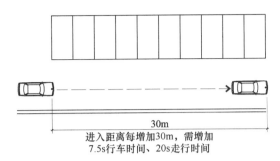

图 3.1.66 停车场（库）内车辆行驶
距离增加的影响

停车场（库）平面设计应有效地利用场地，合理安排停车区及通车道，便于车辆进出，满足防火安全要求，并留出附属设施的设置面积和位置。

停车场内车位布置可按纵向或横向排列分组安排，每组停车应≤50辆。各组之间无通道时，也应留出≥6m 的防火通道。而停车库里是利用防火墙划分防火分区，从而达到防火要求的。比如一、二级单层停车库中，每个防火分区的最大允许建筑面积为 3000m²，相当于约每 100 辆汽车为一个防火分区内。

1）停车场（库）的小型车车位布置

考虑到小型车车身较小，行驶较灵活，原则上采用垂直式停车方式，可以前进停车、后退出车，或后退停车、前进出车，尽量使小型车停放数量最大化，又可充分利用场地，减少浪费。

一般小型车多为轿车、旅行车、小货车等，车身长大多在 5m 以下，个别如奔驰 600SEL，其车身长度为 5213mm；红旗 CA773，其车身长度为 5500mm，比标准中的车身尺寸长一些。以理想舒适的设计标准，停车位的长、宽尺寸选择为 6m×3m，可使小型车的停放空间比较充裕；一般在场地面积允许条件下，首选此停车位尺寸。规范标准中的最小停车位尺寸只是限制最低标准，并非不允许舒适标准。

通车道按照 7m 的宽度布置是较舒适的设计标准。这个宽度对于微型车既可以前进停车又可以后退停车；对于小型车应采用后退停车，也符合大多数驾驶员的驾驶习惯。而且在特殊必要时，7m 的通车道宽度也可以满足双向行驶的要求（图 3.1.67）。场地面积紧张时，可以采用 5.5m 的宽度。

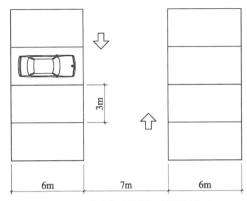

通车道按7m的宽度布置是较舒适的设计标准

图 3.1.67 停车场（库）的小型车车位布置舒适标准

2）停车场中的大、中型车车位布置。

停车场一般按照停放小型车的标准设计。但很多停车场还要考虑到大、中型车的停放问题。比如在高速公路旁的停车场或汽车客运站，往往大型车使用停车场的次数及停留时间较长，如只按照小型车辆的规范要求进行平面设计，就会因为中、大型车的进出、停放问题造成场内交通的混乱。

中型车一般车身长度在 9m 左右，大型客车一般车身长度在 12m 左右，大、中型车车身宽度都是 2.5m。相对小型车，大、中型车车身长，拐弯、后退非常不便。在场地面积限制下，垂直停车方式往往并非是大、中型车的首选方式。

如果大型车所需的停车数量比较少，那么大型车采用平行停车方式，设置平行通行匝道，即前进式停车、前进式发车车位布置方式。方便大型车直接驶入停车车位，不易造成就位混乱和堵塞通道，而且适合停车带窄、占地长、停放数量少的车种。

实际工程中，大型车平行停放时，每辆车的停车位长度选择 17m 为好。在规范标准大、中型车平行停车方式中，其停车位长度最小值为 14.4m，该数据考虑了车体同其他车辆的间隔，以及车辆进出停车位时转向所需的尺寸最小值。而大型车的乘客往往很多，还应对乘客进出和取、放行李的行为进行设计上的考虑而适当增加距离。

所以在选择平行停车方式时，应考虑车辆的车位与车位间人行道的宽度。以每个人行道宽度为 0.75m 进行计算，及大型车首尾之间按 4 个并排人行道计算，在两个停车位之间留出 3m 间距为好。这样大型车平行停放时使用的长度，在最低车位长度要求基础上达到 17m 为合适，即实际上平行式大型车位最好为 3.5m×17m，或者相当于平行式大型车位 3.5m×14.4m 之间留有 2.6m 间距（图 3.1.68）。

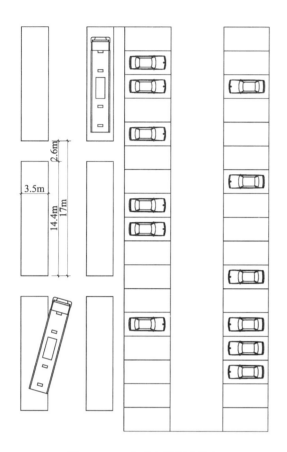

图 3.1.68　大型车平行式停车

据调查，在停车高峰时期，大、中型车的驾驶员大多数倾向于斜列式停车方式，并采取前进停车、前进发车的停放动作。这种布置方式车辆停车、启动较为方便，不需要大幅度的转弯动作，利于迅速停放和出车。

斜列式停车方式同垂直式停车方式相比，其单位停车占地面积要多一些，会在停车位之间产生部分三角块空地，场地利用率降低。为了尽量减少场地的浪费，可采用斜列式 45°或斜列式 60°停车方式，以减少三角地的面积。

由于前进停车、前进发车停车动作需要利用在停车位前后的通车道，可以采用通车道共用的措施，使单位停车面积大大减少（图 3.1.69）。

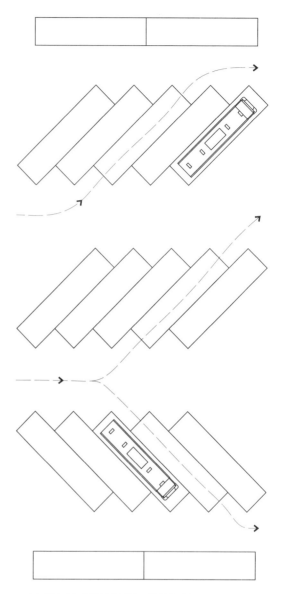

以采用通车道共用的措施，使单位停车面积大大减少

图 3.1.69　前进停车、前进发车方式
利于大、中型车的停发

斜列式停车方式在设计规范标准中的通车道最小宽度，包含汽车后退的操作面积。而在前进停车、前进发车方式中，汽车没有后退的要求，则通车道最小宽度相对减少。以大型车为例，当采用斜列式 45°停车方式时，按照表 3.1.12，其通车道最小宽度 8m，而前进停车、前进发车时通车道最小宽度小于 8m，具体数据应以实际计算为准。

（5）环通式通车道（图 3.1.70）

停车场（库）内的交通路线应采用与进出口

行驶方向相一致的单向行驶路线，避免互相交叉。这样停车场（库）内的通车道首先要求环通，尽量避免设计尽端式通车道。

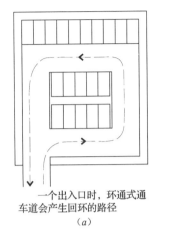

一个出入口时，环通式通车道会产生回环的路径
（a）

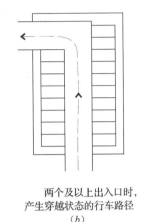

两个及以上出入口时，产生穿越状态的行车路径
（b）

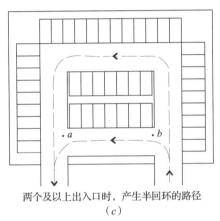

两个及以上出入口时，产生半回环的路径
（c）

图 3.1.70　环通式通车道

环通式通车道指能使停车场（库）内的行车路线成为单行的通车道布置方法。对于只有一个出入口的停车场（库），环通式通车道会产生回环的路径。

对于两个及两个以上出入口的停车场（库），根据出入口位置的不同，环通式通车道产生半回环的路径，或者穿越状态的行车路径。停车位由于驾驶员视线的原因，有时某些部位需要逆向行驶以进入停车位，如图 3.1.70（c）中从 a 点到 b 点需要偶尔逆向行驶到达 ab 南侧的停车位。

环通式通车道应是在停车场（库）内布置通车道设计时的最优选择。

（6）尽端式通车道（图 3.1.71）

在某些特殊情况下，例如停车场（库）场地面

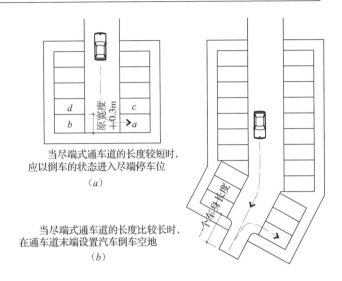

当尽端式通车道的长度较短时，应以倒车的状态进入尽端停车位
（a）

当尽端式通车道的长度比较长时，在通车道末端设置汽车倒车空地
（b）

图 3.1.71　尽端式通车道
（a）通车道长度较短时；（b）通车道长度较长时

积狭长或者受场地形式约束，必须采用尽端式通车道，则针对尽端式通车道的弊端，对其进行设计处理。尽端式通车道的弊端主要是尽端的车位停放问题，其次是无法避免的双向行驶不如单向行驶好。

当尽端式通车道的长度较短时，对于尽端的四个车位（a、b、c、d）的汽车停放，一般要求驾驶员以倒车的状态进入停车位。这样出车时只要前进出车即可。设计车位时，最后一个停车位（a、b）的宽度宜增加 0.3m 为宜。

当尽端式通车道的长度比较长时，如果仍然要求以倒车的状态进入尽端的两个停车位，将产生麻烦，比如当前进入通车道找车位时，只有最后两个车位可停时，汽车必须先驶过通车道，然后再以倒车状态进入这两个停车位。而且长时间的倒车行驶是令人不愉快的。在这种情况下，应当在通车道末端设置汽车倒车空地，使汽车能够倒车入停车位。对于小型车来说，应突出通车道末端 6m 左右，满足一个车身的长度要求。

（7）小型车通车道布置技巧（图 3.1.72）

在停车场（库）场地范围内，在根据四周情况分析出出入口位置、方向的基础上，快速判断出最大效率的停车带排列关系，是设计者应该掌握的。

对于场地停车数量，可以根据每辆车所需面积 33m² 左右计算得出。但这是在没有浪费场地空间的要求下得出的。那么在选择主要通车道的布置方位时，能尽量用足场地宽度是最好的。

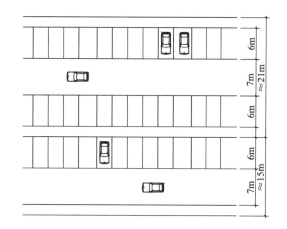

一面停车带单位参考设计宽度为：
13m＋绿化带要求宽度或以接近15m为准；
两面停车带单位参考设计宽度为：
19m＋绿化带要求宽度或以接近21m为准

图 3.1.72　小型车通车道布置技巧

只要计算出一面停车带及两面停车带所需的单位宽度，就可很快判断出通车道的方位布置。

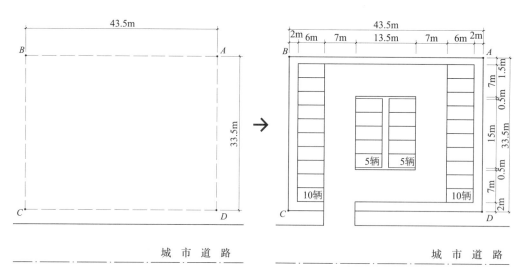

图 3.1.73　【例 3-1-8】图

对 AB 长度进行分析，其长度 43.5m ≈ 21m × 2 = 42m，符合停车带参考规则中的①。对 AD 长度进行分析，无法符合停车带参考规则中的①、②。

则主要停车带平行于 AB 边，以此进行车位布置（取 6m × 3m 停车位）。

布置了 30 个车位，设置一个出入口。（如果在此基础上进行优化，在北侧布置一排停车带，可以多出一个停车位）。

以垂直式停车方式为例。

在理想状态下的停车位长度（6m）和通车道宽度（7m），再考虑到停车带边缘的绿化隔离带宽度（一般宽为 1.5～3m），可以得出**停车带参考规则**：

　　① **一面停车带单位参考设计宽度为：13m＋绿化带要求宽度，或以接近 15m 为准。**

　　② **两面停车带单位参考设计宽度为：19m＋绿化带要求宽度，或以接近 21m 为准。**

【例 3-1-8】

某场地 $ABCD$ 设计成小型车停车场，$AB × AD$ = 43.5m × 33.5m。要求以垂直式停车方式合理布置车位，停车带之间的绿化带宽度设为 1.5～2m（图 3.1.73）。

分析：

根据停车带参考规则中的①、②，分别针对 AB 长度和 AD 长度进行计算。

【例 3-1-9】

某场地 $ABCD$ 设计成小型车停车场，$AB × AD$ = 49m × 38m。要求以垂直式停车方式合理布置车位（停车带之间的绿化带宽度设为 1.5～2m）（图 3.1.74）。

分析：

根据停车带参考规则中的①、②，分别针对 AB 长度和 AD 长度进行计算。

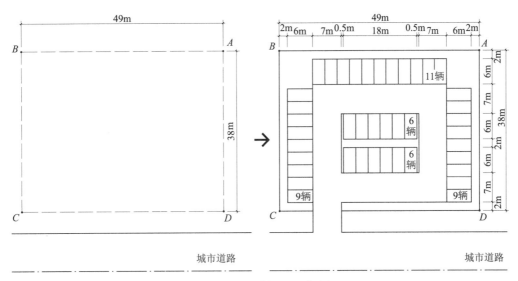

图 3.1.74　【例 3-1-9】图

对 AB 长度进行分析，无法符合停车带参考规则中的①、②。

对 AD 长度进行分析，其长度 38m≈21m+15m=36m，符合停车带参考规则中的①、②。

则主要停车带平行于 AD 边，以此进行车位布置（取 6m×3m 停车位）。

在此基础上继续优化，在东西两侧各布置一排停车带，使停车位数目最大化，布置了 41 个车位，设置一个出入口。

有时会出现两个方向布置主要停车带都符合停车带参考规则中的①、②的情况，则根据具体场地条件，核算两种布置情况的停车数量等，加以选择。

3.1.19　停车场（库）在总平面的位置

城市用地紧张，不少停车场向高空和地下发展，建有停车楼、屋顶停车场、地下停车库等。在规划时也应及早考虑停车楼或地下停车场的用地，停车场（库）在总平面中的位置，应该在总平面整体规划时作为设计因素。

（1）一般建筑的停车场（库）在总平面的位置（图 3.1.75）

附设于建筑用地范围内的配建停车场（库），主要服务于本建筑中的办公人员，同时提供部分停车位给外来人员，如办公楼、宾馆等的配建停车场（库）。

配建停车场（库）根据四周交通情况，结合建筑平面和建筑出入口位置，集中设置比较好。在建筑前的场地一侧设置或者建筑侧面设置。也可以在建筑后部设置，应避免停车场（库）对建筑主要场地产生干扰和影响。

有些停车场（库）设置在建筑前场地广场的两侧，生硬地追求对称效果，是不适宜的，容易产生车流和人流的交叉混流。

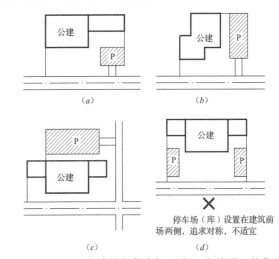

图 3.1.75　一般建筑的停车场（库）在总平面的位置

（2）需大量停车位的建筑其停车场（库）在总平面的位置（图 3.1.76）

有些建筑因大量外来人员的使用，产生了非常大的停车需求，比如大型商业建筑群、体育馆、火车站、飞机场等的停车场（库）。

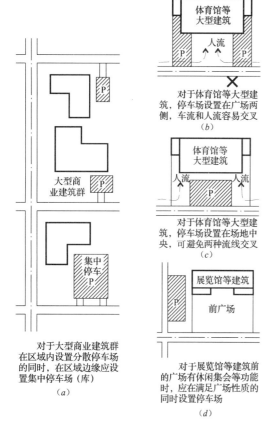

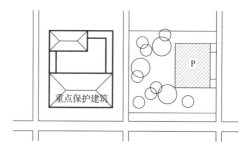

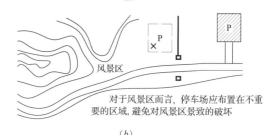

图 3.1.76 需大量停车位的建筑其停车场（库）
在总平面的位置

（a）大型商业群；（b）体育馆（停车场设置在两侧）；
（c）体育馆（停车场设置在中央）；
（d）展览馆等有集会功能的场所

叉。相对来说，停车场设置在场地广场中央更为适宜，可避免两种流线发生交叉。

但是当展览馆等建筑前的广场有休闲、纪念、集会等功能时，应在满足广场性质的同时设置停车场。

（3）特殊建筑的停车场（库）在总平面的位置（图 3.1.77）

图 3.1.77 特殊建筑、风景区的停车场（库）
在总平面的位置

（a）重点保护建筑；（b）风景区

对于大型商业建筑群，应提供充足的停车设施满足顾客的停车需要，在行业竞争中有利于自身的经营。在商业建筑群区域内分散设置停车设施的同时，在区域边缘还应设置集中停车。

其分散分布停车设施的格局依赖于主体建筑的分布情况，一般驾车购物者愿意到设有方便停车场所的商业建筑。但是设于商业区域内纵深部位的停车场所，汽车可达性往往较差，因而应结合在商业区域边缘布置相对集中的停车场（库），满足停车需要，并减少进入商业区域的交通量。

对于体育馆等大型建筑，应考虑停车位使用高峰时的汽车存放量。首先应避免车流和人流的交叉，在使用高峰时，面对较大的汽车数和人数，流线的交叉容易造成麻烦。平面场地完整的体育馆，如果把停车场设置在广场两侧，来自左右人行道及公交车站的人流，会同进出停车场的车流产生交

有些特殊建筑的停车设置，首先应考虑停车场（库）避免对被保护建筑和区域的干扰和破坏，如古建筑、风景区等。

对于古建筑，尤其是重点保护建筑，其停车场（库）设置在最小影响古建筑原貌的场地，或者对停车场（库）采取绿化遮挡等手段，尽量减少对古建筑的破坏。

对于风景区而言，把停车场（库）设置在风景区的观赏区域内是不明智的，应布置在不重要的区域，避免对风景区的景致和环境造成破坏，并应考虑到游人下车后步行或换乘环保车的方便性。

（4）居住区的停车场（库）在总平面的位置

在居住区规划设计及建设中，有些开发商片面追求经济效益，追求高容积率，因而挤占停车场地，忽视居住区居民存取车的基本需求。很多居住区里是在住宅单元出入口附近布置停车位，使居住区停

车场规划过于分散，降低了居住区的环境质量。

在欧美等发达国家，对不同的住宅公寓设置不同比例的停车场（库），而且设置的比例是比较高的。集中停车管理的区域设置的比例是每户为 1~2 个停车位，老年人住宅区域也要设置每户为 0.2~0.3 个停车位。中国现阶段的现实情况与欧美国家不同，但是应尽量提高停车比例，为未来发展留下扩展空间。

居住区中机动车停车场的规划布局，宜贯彻相对分散和适度集中的指导思想，以保证居民方便存取、生活环境高质量的需求。

新建、扩建的居住区应设置停车场，或在住宅建筑内附建停车库，每户机动车和非机动车停车位数量应符合当地行政主管部门的规定。

1）规模较小的居住区，将停车场（库）与自行车棚的设置同时考虑，集中管理。设置专用出入口，使汽车与自行车分流。

2）规模较大的居住区，结合停车场（库）的设置情况，可以将居住区道路与城市主要道路连接起来，部分房屋底层架空停车，利于该房屋居住者存取汽车。居住者可以在二层形成架空天桥，使人流与车流上下分开。也可结合小区商业服务、配套公建等公共建筑设置集中管理的区域，充分利用居住区内的土地及空间。

3）在经济条件允许的情况下，可将居住区内停车场（库）与城市停车场（库）共同使用，建成多层的停车库或地下停车库。也可利用人防工程。

各种公共建筑配建的停车场（库）车位数量，可以按建筑面积或使用人数，并根据当地行政主管部门的规定，根据建筑性质、预计人流情况、当地条件等有关指标进行计算，包括吸引外来车辆和本建筑所属车辆的停车位指标。但是中国各地的经济发展水平和生活水平差异很大，各类民用建筑停车位的数量不宜做统一规定，应由当地行政主管部门根据当地的具体条件来制定。

对停车场（库）产生的噪声和废气应进行处理，不得影响周围环境。

3.1.20 停车场（库）其他设施

（1）停车场管理站房及智能管理

1）管理站房

在大、中型停车场（库），其总平面应按功能分区，由管理区、车库区、辅助设施区等组成。管理区应有行政管理室、调度室、门卫室及回车场，主要对车辆出入、调度、生产经营及行政等实施管理，区内应设置与上述管理有关的设施，如行政办公、调度、警卫、收费等。

对于小型停车场（库）和一些中型停车场（库），由于面积和规模的限制，管理区的功能集中于管理站房比较适宜。此时管理站房一般包括管理人员调度、收费的功能。

现在大多收费停车场是按照汽车停放时间计时收费的。

① 当停车场（库）出入口分开设置时，管理站房建议设置在停车场（库）的出口处，方便调度，也方便管理操作人员人工处理某些续费、补费、卡证故障等。同时，在停车场（库）的入口设置出票机及栏杆，以配合出口处管理站房的费用结算。

附设收费功能的管理站房，以布置在出场（库）车流线前进方向的左侧为宜，使驾驶员和收费人员的距离最短，便于两者的交流。某些出租停车场需要设乘客等候区，应该设置在停车场（库）的出口附近，方便乘客上车（图 3.1.78）。

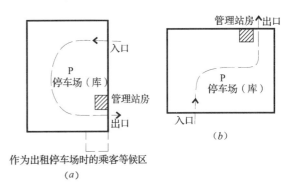

图 3.1.78 按照汽车停放时间计时收费时
管理站房的设置（出入口分开设置时）

② 当停车场（库）出入设置在一个出入口时，管理站房布置在出场（库）车流一侧为好，便于管理人员人工解决车辆出场时的结算问题。也可以考虑在出入口中间设置收费设施，便于驾驶员交费、刷卡等操作（图 3.1.79）。

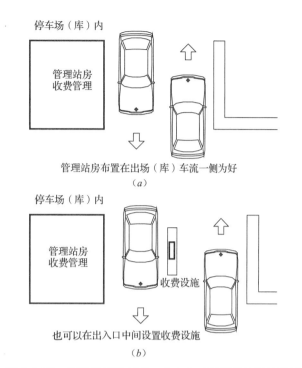

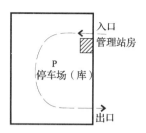

在出入口分开设置的停车场
（库），管理站房宜设置在入口处，
布置在入场（库）车流线前进方
向的左侧
（a）

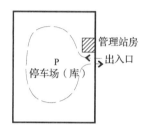

在只有一个出入口的停车场
（库），管理站房布置在入场（库）
车流一侧比较好
（b）

图 3.1.80　停车场（库）收取代管费用
时管理站房的设置
（a）出入口分开设置；（b）一个出入口

图 3.1.79　停车场(库)只有一个出入口时管理站房的设置
（a）设置在出场（库）车流一侧；（b）在中间设置收费设施

③ 如果停车场（库）的收费方式仍然是以前使用的收取代管费用时，对出入口分开设置的停车场（库），管理站房宜设置在入口处，布置在入场（库）车流线前进方向的左侧；在只有一个出入口的停车场（库），管理站房布置在入场（库）车流一侧比较好（图3.1.80）。

大、中型停车场（库）的其他辅助设施区应有保养、洗车、配电、水泵等设施。辅助设施区主要是为车辆保养、清洗以及工作人员的生活服务，需根据辅助内容设置相应设施。

库址内车行道与人行道应严格分离。

2）智能停车管理

① 出入口车辆自动识别与自动门控制系统

设计停车场收费系统应考虑系统操作简单、方便使用；车场使用者尽可能在最短的时间进出停车场，避免堵车现象；收费合理、多用多付费、少用少付费；收费灵活，可以采用现金、支票或月票卡、储值票卡中的任何一种方式付费。

在入口处，驾驶人员需从票卡读写机上得到计时票卡后，才能开启入口栅栏控制闸放行；对于持长期票卡的车辆，需将票卡插入票卡读写机，确认有效后，才能开启入口栅栏控制闸放行。

在出口处，持计时票卡的车辆，将卡插入票卡读写机，出口管理站启动计价程序，驾驶人员交费后，开启出口控制栅栏放行，如果已在中央收费站交费，则直接开启栅栏放行。持长期票卡的车辆，将卡插入票卡读写机，出口管理站同样启动计价程序，并从卡内扣减停车费用或验明票卡有效后，开启栅栏放行。

② 不停车自动管理系统特点

最初使用的是接触式IC卡，但由于IC卡易磨损等，影响信息读取。又研制了非接触式IC卡，此卡在读卡设备前0.5m即可完成信息读取，但仍需停车进行。为达到汽车连续运行，减少延误和拥堵，出现了不停车自动管理系统（即微波遥控式非接触式IC卡），这种系统利用微波控制技术，实现了4～10m的长距离自动识别，且抗干扰能力强（图3.1.81）。

当车辆通过出入口时，系统自动判断是否为合法用户，会自动记录出入时间，同时自动管理月票用户的有效期，自动提示即将到期用户名单，自动

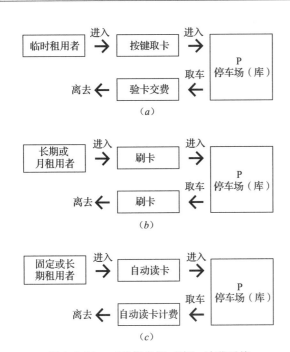

图 3.1.81 三种停车场（库）计费系统
（a）接触式 IC 卡系统流程；（b）非接触式 IC 卡系统流程；
（c）不停车自动管理系统

终止失效用户的进出权。车辆不需停车，不需进行任何手工操作，提高驾驶的安全性。系统识别与动作速度极快，彻底避免高峰期间进出停车场造成的阻塞排队现象。

不停车自动管理系统是近几年出现的高新技术，是解决在道路用地紧张、交通量不断增长的情况下，公路车辆收费和进出停车场停车收费问题的重要手段，不停车自动收费系统将大大提高收费通道的处理能力。瑞典的 CONFIDENT 系统（不停车自动管理系统）在全世界六十多个国家实地安装，新加坡在不到一年的时间内，有 80% 的停车场已采用这套系统，意大利 25 个城市已安装了这套系统。这一系统的实施将大大改变收费通道的服务能力，对改善相邻道路的交通状况，减少交通拥堵，保证安全具有十分重要的意义。

当整个城市的停车设备和银行系统结合完善后，不停车自动管理系统很可能大量使用。

③ 停车诱导系统

停车诱导系统是以促进停车场及相邻道路的有效利用为目的，通过多种方式向驾驶员提供停车场的位置、使用状况、路线以及相关道路交通状况等信息，诱导驾驶员最有效地找到停车场的

系统。

停车诱导系统对于调节停车需求在时间和空间上分布的不均匀、提高停车设施使用率、减少由于寻找停车场而产生的道路交通量、减少为了停车而造成的等待时间、提高整个交通系统的效率、改善停车场的经营条件，以及增加商业区域的经济活力等方面有着极其重要的作用。停车诱导系统作为智能交通系统的组成部分，正日益受到人们的关注。

（2）停车场绿化景观

没有考虑绿化的停车场，令人产生不愉快的感觉。尤其在夏日，反射热量很强烈；所产生的噪声、灰尘容易传播；不但干扰附近人们的生活工作，而且在视觉上也不美观。停车场绿化能够改善和减少这些不良影响，对汽车防晒、净化空气、防尘、防噪声有实际意义（图 3.1.82）。

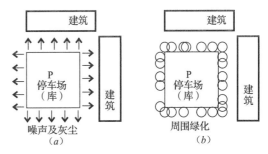

图 3.1.82 停车场绿化能改善和减少干扰
（a）绿化前；（b）绿化后

停车场绿化设计应从有利于汽车集散、人车分隔、保障安全、不影响夜间照明等方面考虑，并应考虑改善环境，为车辆遮阳等。

在停车场周围应该布置绿化带，尽可能减少对周围环境的干扰。在停车带之间，宜布置绿化，增加停车场的景观美化效果，同时避免车辆受到夏日暴晒。

停车场绿化布置可利用双排背对车位的尾距间隔种植乔木，利用树冠大，枝叶茂盛来遮阳防晒。树木分枝高度应满足车辆净高要求，树木分枝最小要求高度（即停车位最小净高）为，微型和小型汽车为 2.5m；大、中型客车为 3.5m；载货汽车为 4.5m（图 3.1.83）。

在有些大型车采取平行式停车方式时，长度方向平行的相邻车位之间以绿化带作为分隔，建议种植高大树种，为车辆提供防晒的树荫。

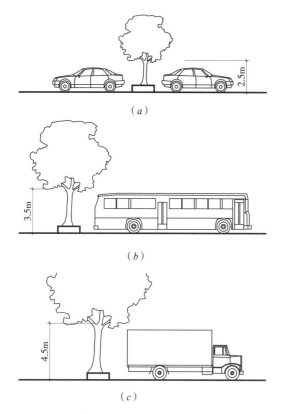

图 3.1.83　停车场车位旁绿化树木分枝最小要求高度
（a）微型和小型汽车；（b）大、中型客车；
（c）载货汽车

风景区停车场应充分利用原有自然树木遮阳，因地制宜布置车位。

此外还应充分利用边角空地布置绿化（图3.1.84）。

设计停车场的场内绿化带、花坛形式，选用树种等具体方案时，应与停车场的容量、停车方式等因素综合考虑。在停车场内的高大乔木需要单独花坛设计时，条形花池宽为 1.5～2m；方形花池为1.5～2m；圆形花池直径为 1.5～2m；便于浇水养护，使乔木根部能充分吸收到雨水，最好能够使乔木树冠的滴水线位置落在花坛内部。植株间距为5～6m，树距不宜过密（图3.1.85）。

停车场绿化布置在满足功能及交通要求的前提下，应与停车场内外道路场景相协调。对于选址在道路旁侧的停车场，要考虑静止和移动中的观赏特点。停车场与干道之间的绿化，采用乔木与灌木混合种植的绿化带形式，起到隔离和视线遮挡作用。灌木可种 1～2 行，高 1m，宽 1～1.5m。

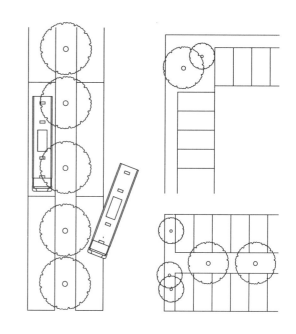

有些大型车平行式停车方式中，停车带间种植高大树种为分隔
（a）

应充分利用边角空地布置绿化
（b）

图 3.1.84　停车场绿化

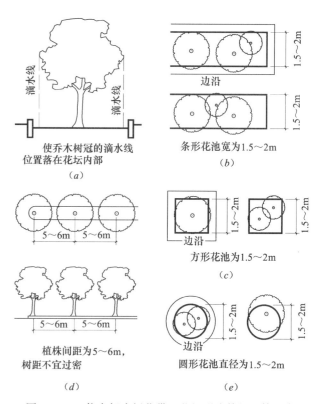

使乔木树冠的滴水线位置落在花坛内部
（a）

条形花池宽为1.5～2m
（b）

方形花池为1.5～2m
（c）

植株间距为5～6m，树距不宜过密
（d）

圆形花池直径为1.5～2m
（e）

图 3.1.85　停车场内绿化带、花坛形式等的具体要求

（3）摩托车停车位（图3.1.86）

1）摩托车作为机动车的一个种类，有时根据使用者的数量、习惯、生活工作要求等，需要在停车场（库）中设置摩托车停车位。

2）摩托车应在接近停车场（库）出入口处停放，并且应集中设置摩托车停车位，宜在停车场（库）弯角处集中设置。分散的摩托车停车位容易使停车布局凌乱。

3）摩托车停车位不要设置在停车场（库）向外排水出口处或雨水收集口附近。否则在暴雨时摩托车会浸泡在雨水中，对裸露的摩托车零件产生侵蚀。

4）在停车场（库）中应设置明显的摩托车停车位标志指示，在地面上画出停车位线和通道条纹。摩托车停车位的地面材料应铺设耐摩托车支架摩擦的材料（如混凝土），尤其是在热天里摩托车支架对地面的耐摩擦要求更高。

5）摩托车停车位的尺寸宜为（长度）3m×（宽度）1.5m。

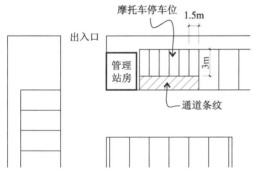

图3.1.86　摩托车停车位

（4）停车带末端及拐角的圆角式处理（图3.1.87）

停车带末端一般设置为条状绿化带，对绿化带面向通车道的两个角进行圆角式处理，有利于使汽车的转弯更加便捷。在"3.1.13 汽车回转轨迹及方式"中的相关叙述，其转弯宽度分析是建立在没有经过圆角处理的直角状态上的。经过圆角处理后，汽车直角式转弯状态所需的通车道宽度会减少，相当于汽车的转弯空间更加充裕，有利于汽车的转弯驾驶。

同时直角处容易被转弯的汽车失误碾压，造成边角破损，而圆角处理就有利于维护绿化带。

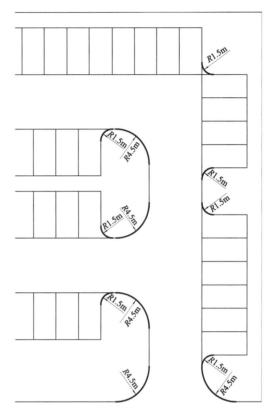

需要大转弯时，最小圆角半径宜为4.5m；
需要小转弯时，最小圆角半径宜为1.5m

图3.1.87　停车带末端及拐角的圆角式处理

对绿化带面向停车位的两个角进行圆角式处理，使进出邻绿化带停车位的汽车更加方便转弯，而且也可避免边角受到碾压。

在停车场拐角处，即两个相邻的相互垂直的停车位处，也存在拐角容易受到汽车倒车时因驾驶员的失误操作，造成碾压破损的问题，最好处理成圆角式拐角。

在场地条件宽松的前提下，需要大转弯时最小圆角半径宜为4.5m；需要小转弯时最小圆角半径宜为1.5m。

（5）结合停车场的服务设施

1）加油站（图3.1.88）

城市停车场可以结合加油站综合设计。由于建设加油站时，其与四周建筑的防火间距要求大，占地面积多，造成土地浪费。可以结合露天停车场建设，同时方便停车场内车辆的加油需求，而且可以为加油站增加经济效益。

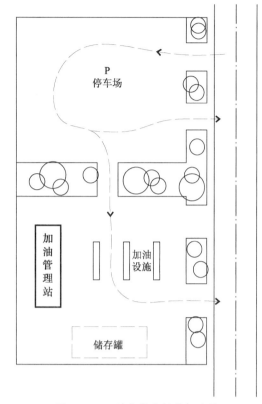

图 3.1.88　结合停车场的加油站

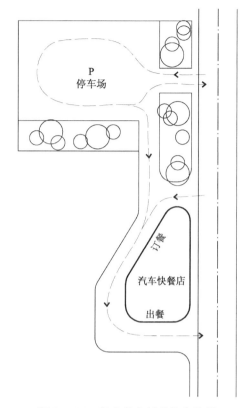

图 3.1.89　结合停车场的汽车快餐

停车场除了本身的出入口设置外，停车场与加油站之间另设置一个出口，和从道路来的加油车流合流。

在停车场和加油站之间，宜设置绿色隔离带。

2）汽车快餐（图 3.1.89）

汽车餐厅在国外非常普遍。汽车快餐的流程是：汽车先驶至订餐窗口，消费者不用下车，向订餐员告知所需购买的餐点品种，快餐厅内的员工通过收银机与对讲机获取订餐信息，开始准备相关的食品。汽车行驶至餐厅取餐窗口前，通过车窗就可在付费后取到所点食品。

汽车餐厅也可以结合城市停车场（库）设计，方便驾车者购买快餐，为驾车者提供高效率的餐饮服务。停车场可根据汽车快餐的订餐、取餐流程路线，设置一个出口，方便从停车场出发的汽车购买快餐。

3）停车场的其他考虑及设施（图 3.1.90）

在为旅客准备的停车场，根据旅客出行携带行李的特点，在原标准车位的基础上，在停车位的后面留出 1.2m 作为装卸行李的空间。建议这个空间避免和通车道混合。

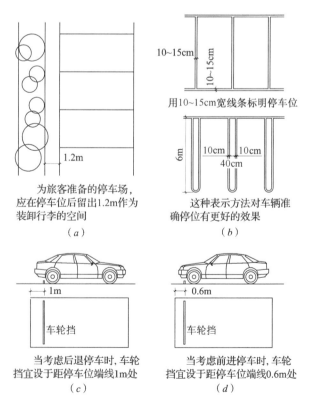

（a）为旅客准备的停车场，应在停车位后留出 1.2m 作为装卸行李的空间

（b）用 10~15cm 宽线条标明停车位　这种表示方法对车辆准确停位有更好的效果

（c）当考虑后退停车时，车轮挡宜设于距停车位端线 1m 处

（d）当考虑前进停车时，车轮挡宜设于距停车位端线 0.6m 处

图 3.1.90　停车场的其他考虑及设施

停车场（库）内应在出入口的显著部位设置行驶方向的标志，宜在地面上用彩色线条标明行驶方向，用10～15cm宽线条标明停车位及车位号。如果能采用两条10cm宽，间距40cm的线条来标志停车位，将停车位长度方向的6m长线条，在停车进入端用半圆弧连接，形成一个拉长的U字，则对车辆准确停位会有更好的效果，这种方法在使用中比较令停车者满意。

停车场（库）为了停车安全，在停车位地面上应设车轮挡。车轮挡宜设于距停车位端线为（汽车前悬或后悬尺寸－0.2m）处，其高度宜为0.15～0.2m。由于汽车前悬尺寸d和后悬尺寸e都是从车轮中心到车身外边缘的水平距离，而且车轮的半径远远大于0.2m，所以车轮挡的设置避免了车头或车尾因驾驶失误而碰撞停车位端的墙或隔离物。

停车位根据场（库）内的停放方式决定按照汽车前悬尺寸还是后悬尺寸设置。可取较典型存放的汽车类型的尺寸计算。一般小型车前悬尺寸d在0.8m左右，后悬尺寸e在1.2m左右，则当考虑前进停车时，车轮挡宜设于距停车位端线0.6m处；当考虑后退停车时，车轮挡宜设于距停车位端线1m处。

车轮挡不得阻碍地面排水。如果车轮挡在每一个停车位内通长设置时会阻碍地面排水，故应断开或下部漏空。

3.1.21 城市公共交通站

在大、中城市交通中，应优先发展公共交通；小城市应完善市区至郊区的公共交通线路网。

（1）公共交通规划布局

在公共交通规划布局中，城市公共汽车和电车的规划拥有量，大城市应每800～1000人对应一辆标准车，中、小城市应每1200～1500人对应一辆标准车。在市中心区规划的公共交通线路网的密度，应达到3～4km/km²；在城市边缘地区应达到2～2.5km/km²。

居民步行到公共交通车站的最大平均时间宜为4～5min。沿公共交通线路300m范围内的居民是愿意乘公共交通车的，超出500m范围，绝大多数居民会选择骑车。

乘客平均换乘系数是衡量乘客直达程度的指标，其值为乘车出行人次与换乘人次之和除以乘车出行人次。

大城市穿过市区的直径线路过长时，常分段设线，使乘客换乘次数增加。大城市乘客平均换乘系数应≤1.5，中、小城市应≤1.3。

（2）公共交通站距及换乘距离

1）公共交通车站的站距可参考表3.1.16设置。

公共交通站距		表 3.1.16
	市区线（km）	郊区线（km）
公共汽车与电车	0.5～0.8	0.8～1
公共汽车大站快车	1.5～2	1.5～2.5

2）在路段上，同向换乘距离应≤50m，异向换乘距离应≤100m；对置设站，应在车辆前进方向迎面错开30m。一条道路上设有多条公共交通线路时，为方便换乘，尽可能合站。若候车乘客多，小时发车频率超过80次，在同一站址可分设两处停靠站，两站相距≤50m。

3）在道路平面交叉口和立体交叉口上设置的车站，换乘距离宜≤150m，并应≤200m。中国国内城市已建的立体交叉口很少考虑公共交通乘客的换乘，公共交通站点设在立体交叉口范围以外，乘客换乘一次车一般约需步行1km，而且车站难找，这是很不合理的。国外的处理方法是让乘客直接在立体交叉桥上、下换乘，换乘步行距离很短（图3.1.91）。

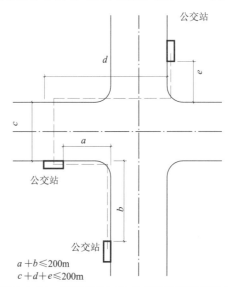

图 3.1.91 道路交叉口公交车站换乘距离要求

4）长途客运汽车站、火车站、客运码头主要出入口50m范围内应设公共交通车站。

另外，公共交通车站应与快速轨道交通车站换乘。

（3）公共汽车停靠站（图3.1.92）

公共交通车辆停站时要占用车道，交通量小的道路，不致影响道路通行能力；快速路和主干路上，汽车流量大，公共交通车站占用车道，使道路通行能力受到损失，所以应做港湾式停靠站。市区的港湾式停靠站长度一般应至少有两个停车位。

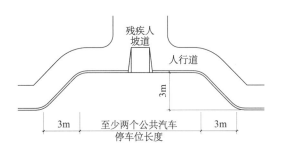

图3.1.92 公共汽车停靠站

在线路很多的公共汽车需要在同一地点停靠时，就要进行具体的交通流量分析，适当增加停靠站长度。

另外，由于城市出租汽车采用路抛制服务时，在商业繁华地区、对外交通枢纽和人流活动频繁的集散地附近，应在道路上设出租汽车停车道。出租汽车停车道可与公共交通的港湾式停靠站结合在一起布置。

港湾式停靠站还要设置残疾人坡道，方便残疾人乘车。

（4）集约型公共交通服务及交通站点

新标准对集约型公共交通的定义为：为城区中的所有人提供的大众化公共交通服务，且运输能力与运输效率较高的城市公共交通方式，简称公交。新标准规定，城市综合交通体系规划与建设应集约、节约用地，并应优先保障步行、城市公共交通和自行车交通运行空间，合理配置城市道路与交通设施用地资源。

中心城区集约型公共交通服务应符合下列规定：

1）集约型公共交通站点500m服务半径覆盖的常住人口和就业岗位，在规划人口规模100万以上的城市不应低于90%。

2）采用集约型公共交通方式的通勤出行，单程出行时间：≥500万人的城市，应控制在60min；300万～500万人的城市，应控制在50min。

3）城市公共交通不同方式、不同线路之间的换乘距离不宜大于200m，换乘时间宜控制在10min以内。

3.1.22 消防车的转弯及消防环道设计

（1）概念的辨析

在设计过程中，很多设计师或审图部门把消防车环道的最小半径混同于消防车的最小转弯半径，混淆了二者的概念。过大的半径超出了消防车转弯需要，不仅浪费建设用地，也常常影响总图布置，尤其在用地紧张的项目中。

消防车的最小转弯半径是衡量车辆通行能力的专业术语，即转弯时所占用的道路最小范围。具体是指车辆转弯时最外侧前轮最大角度时产生的轨迹半径（选取轨迹中最大的瞬时数值），在该半径范围内不能有障碍物。

（2）环道设计的两个关键因素

消防车的转弯状态是由最小转弯半径和车辆轴距决定的。体现在环道设计上，有两个控制因素：①环道外缘半径；②环道加宽的宽度。也就是说，车辆的内缘半径并不是决定消防车转弯条件的关键因素，重要的是外缘半径。汽车转向前轮产生的外轨迹决定着车辆的转弯能力；而产生内轨迹的后轮没有转向能力，被动地完成转弯；所以，环道内缘半径越小，反而越有利于消防车整体通过，尤其对于轴距长的消防车而言（图3.1.93）。

如果在道路外边缘半径满足要求的前提下，想当然地加大内缘半径，表面上利于车辆转弯，实际上减少了环道宽度，反而影响整车的转弯；在消防车实际转弯过程中，车辆的后轮会突出到内边缘外面。

（3）消防环道设计数据

经过对国内消防车的参数研究，取得了消防环道设计数据（表3.1.17）。以普通消防车为例，虽然各个厂家的消防车轴距有差异，但环道外缘半径基本接近，环道外缘半径10.5m的数值能够满足绝大多数普通消防车的转弯要求。

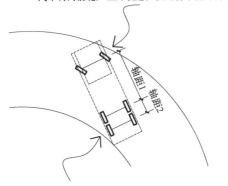

图 3.1.93　消防车转弯时的决定因素

消防环道设计数据（m）　**表 3.1.17**

消防车类型	消防车最小转弯半径	轴距	环道外缘半径	环道内缘半径	环道宽度
普通消防车	9	4~5.5	10.5	不宜大于5	5.5
云梯消防车	12	6~8.5	13.5	不宜大于6.5	7

注：在有的规范中，环道外缘半径采用了普通消防车11.5m、云梯消防车14.5m，比本表数值大，超出了消防车的实际转弯需要。

注意：环道内缘半径根据消防车轴距的不同，而发生较大变化。例如：当消防车轴距为4.6m（车长为8~9m）时，环道外缘半径为10.28m，则环道内缘半径不大于5.22m，此时环道宽度至少为5.06m。当消防车轴距为5.5m（车长约10m）时，环道外缘半径为10.40m，则环道内缘半径不大于4.6m，此时环道宽度至少为5.8m。

消防环道内缘半径也可以按小型车的环道最小内缘半径3.5m进行统一设计。

同样，云梯消防车的环道外缘半径采用13.5m，可基本满足绝大多数云梯消防车的要求。超大消防车的转弯半径相差较大，需要根据当地消

防部门的车辆，具体计算其环道设计数据。

（4）环道加宽及缓和段

消防车道的直线宽度不小于4m，在环道处，需要设置加宽和缓和段。在很多消防车道的设计中，环道处的宽度仍为4m；即使内缘半径到达12m的超大半径（即把消防车的转弯半径作为其内缘半径），看似消防车的转弯条件非常宽松，但因为没有加宽，转弯时仍十分困难。

根据表3.1.17，在普通消防车的环道处，先作半径为5m的内缘，在同一圆心处作半径为10.5m的外缘，获得环道的基本形状；然后在加宽和直线段交接处，进行柔顺处理，就基本能满足行车要求，从而完成普通消防车的环道设计（图3.1.94）。云梯消防车的环道设计，同样先做出环道的基本形状，再在交接处作柔顺处理，以完成云梯消防车的环道设计（图3.1.95）。

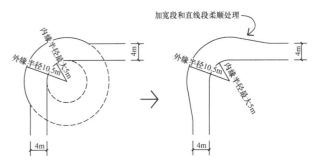

图 3.1.94　普通消防车转弯时的道路半径

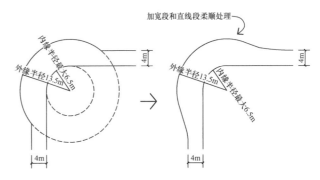

图 3.1.95　云梯消防车转弯时的道路半径

3.2 无障碍停车

3.2.1 无障碍机动车停车位

　　无障碍机动车停车位的数量应根据停车场（库）的场地大小而定，但应≥总停车数的2%，而且至少应有一个停车车位。例如对于停放150辆的停车场，无障碍机动车停车位数量至少应为（150×2%）=3辆；对于停放不足50辆的停车场，无障碍机动车停车位应至少设置1个。无障碍机动车停车位处地面应保持平整；当有坡度时，最大的坡度不宜超过1/50，以便于残疾人通过。

　　残疾人的汽车达到车位后，还需要换乘轮椅代步或拄拐杖行走，即残疾人在汽车与轮椅之间需要进行转换，因此，在停车车位的一侧与相邻的车位之间，应留有宽1.2m以上的轮椅通道。两个无障碍机动车停车位可以共用一个轮椅通道。

　　应使乘轮椅者从轮椅通道直接进入人行道，然后到达目的地。为了安全，轮椅通道不应与通车道交叉，要通过宽1.5m以上的安全步道直接到达建筑入口处等目的地（图3.2.1）。

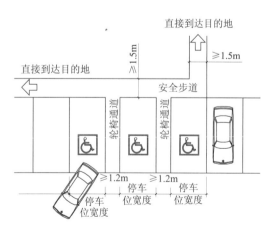

图3.2.1　轮椅通道及安全步道的设置

　　当车位的轮椅通道与安全步道地面有高差时，应设宽为1m的轮椅坡道，以方便乘轮椅者通行（图3.2.2）。

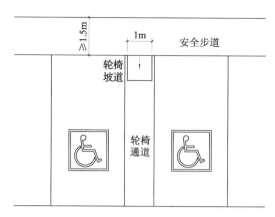

图3.2.2　当轮椅通道与安全步道地面有高差时的处理方式

　　在停车车位地面涂有停车线、轮椅通道线的同时，为了便于识别停车路线和停车位置，在车位地面的中心部位要涂有黄色的无障碍标志，在停车车位的尽端处安装国际通用的无障碍标志牌。

3.2.2 无障碍机动车停车位的位置选择

　　在选择无障碍机动车停车位在停车场（库）内的位置时，遵循一个原则，即**无碍物机动车停车位的位置，应使残疾人在其汽车和其目的地之间，得到最便捷的路径。**

　　一般建筑附属停车场（库），驾驶员停车后的目的地往往是建筑入口或电梯处，那么能够以最便捷路径到达建筑入口或电梯处的停车位置，就应划为无障碍机动车停车位；即此停车位到达建筑入口或电梯处通行方便、路线最短。故应尽可能将无障碍机动车停车位安排在建筑入口旁或电梯附近（图3.2.3）。

　　根据停车场（库）人流和车流的处理关系，来选择适当的停车位置作为无障碍机动车停车位。

　　（1）设置人行道出入停车场（库）时无障碍机动车停车位的位置选择

　　人流出入停车场要尽量设置人行道，并应和车行道严格分离。尤其在无障碍机动车停车位处，应设置方便残疾人出入停车场（库）的安全步道。

　　安全步道直接通向目的地，最小宽度≥1.5m（图3.2.4）。

　　停车场（库）内的无障碍机动车停车位应设置在与目的地路径最近的位置。

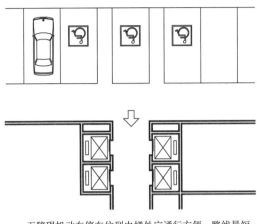

无障碍机动车停车位到电梯处应通行方便、路线最短

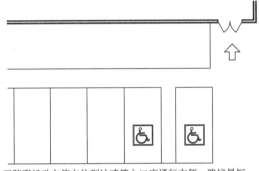

无障碍机动车停车位到达建筑入口应通行方便、路线最短

图 3.2.3　无障碍机动车停车位的位置选择

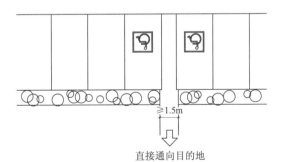

图 3.2.4　安全步道的设置

【例 3-2-1】

某公园附近的一个场地 ABCD 布置停车场，要求在停车场中划分出设置无障碍机动车停车位的区域（图 3.2.5）。

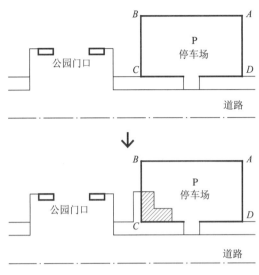

图 3.2.5　【例 3-2-1】图

分析：

场地 ABCD 布置停车场，是为某公园提供停车服务，停车者的目的地为公园门口，公园门口在场地 ABCD 的西侧。

根据具体的场地条件，为使残疾人能够便捷地到达公园门口，无障碍机动车停车位应设置在 C 角附近。

当停车场（库）使用者的目的地在停车场（库）四周有多个时，以主要目的地作为无障碍机动车停车位位置选择的依据，或者均衡考虑各个目的地作为位置选择的依据。

【例 3-2-2】

某建筑群中场地 ABCD 布置停车场。三个建筑 a、b、c 的规模和使用人员情况比较接近。要求在停车场中划分出设置无障碍机动车停车位的区域（图 3.2.6）。

分析：

由于三座建筑 a、b、c 的规模和使用人员情况比较接近，则停车者的目的地比较分散，那么均衡考虑各个目的地作为位置选择的依据。

根据停车场和三座建筑的相对位置，残疾人停车位应设置在 A 角附近，比较合适。

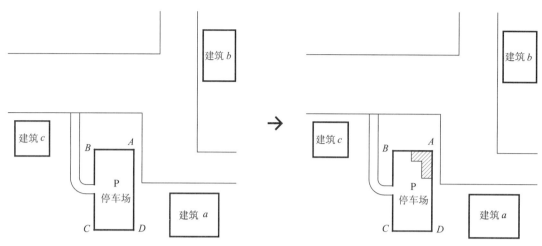

图 3.2.6　　【例 3-2-2】图

【例 3-2-3】

与【例 3-2-2】的条件相同。但在三座建筑 a、b、c 中，以建筑 a 的规模和使用人员比较大。要求在停车场中划分出设置无障碍机动车停车位的区域（图 3.2.7）。

分析：

由于在三座建筑 a、b、c 中，以建筑 a 的规模和使用人员比较大，则停车者的目的地以建筑 a 作为主要目的地，作为无障碍机动车停车位位置选择的依据。

根据停车场和建筑 a 的相对位置，无障碍机动车停车位应设置在 AD 边处为好。

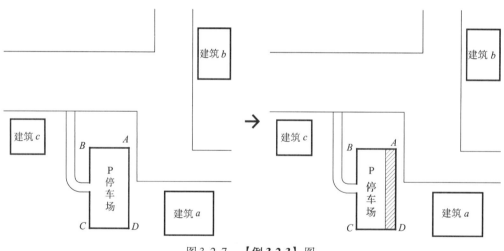

图 3.2.7　　【例 3-2-3】图

（2）人员出入利用停车场（库）出入口时无障碍机动车停车位的位置选择（图 3.2.8）。

有些停车场（库）由于条件特殊，无法单独设置人员出入口或安全步道，需要利用汽车出入口。那么无障碍机动车停车位设置就应根据出入口位置及出入口与目的地之间的关系来确定。人员出入口可在车辆进出口的一侧或两侧设置，其使用宽度应大于两人同时步行的宽度。

1）当停车场（库）只有一个出入口时

小型的停车场（库）常常只设一个出入口。这时无障碍机动车停车位应设置在靠近出入口的位置，使残疾人能以最短的距离依靠轮椅或拐杖出入停车场（库）。

2）当停车场（库）有两个及以上出入口时

在设置两个及以上出入口的停车场（库）中，无障碍机动车停车位应靠近与停车者目的地最近的出入口位置。无论停车场（库）出入口分开设置，还是多个出入口设为双向行驶，一般来说，人员在这些出入口进出都是允许的，那么应该选择与目的地最近的出入口，作为残疾人依靠轮椅或拐杖出入停车场（库）的通道。

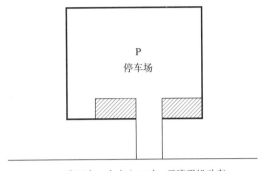

当只有一个出入口时，无障碍机动车停车位应设置在靠近出入口的位置

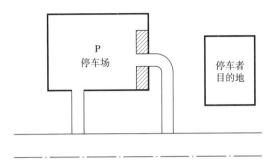

当有两个及以上出入口时，无障碍机动车停车位应靠近与停车者目的地最近的出入口位置

图 3.2.8 人员出入利用停车场（库）出入口时的无障碍机动车停车位选择

3.3　停车场竖向设计

停车场的排水方式应根据铺装种类、场地面积和地形等因素确定。

停车场的竖向设计应与排水设计结合，最小为0.3%，与通道平行方向的纵坡度宜为1%，与通道垂直方向宜为3%。整体坡度最大为5%。停车场单向尺寸≥150m，或地面纵坡度≥2%且单向尺寸≥100m时，宜采用划区分散排水方式。

停车场可以根据面积的大小决定排水竖向设计形式（图3.3.1）。

（1）对于小面积停车场，可以使场地地面向某个方向倾斜，令雨水排放到停车场边围的排水沟后，流入自然土壤中，使雨水渗透到地下。

（2）对于面积比较大的停车场，宜采用雨水管道排水，并避免将汇水线布置在车辆停靠或人流集散的地点。雨水口应设在场内分隔带、交通岛与通道出入口汇水处。

注意不能在场地中形成积水洼地，也避免在场地角落形成积水死角，应提供足够的排水进口把水从场地排走。停车场周围地形较高时，应设截流设施。

停车场的修车、洗车污水处理应达到排放标准后再排入城市污水管道，不得流入树池与绿地，避免环境污染。

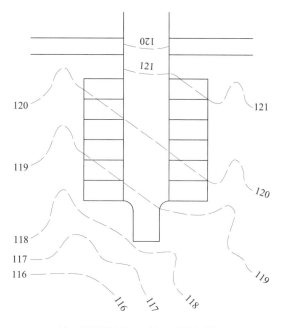

对于小面积的停车场，可令雨水排放到停车场边围的排水沟后，流入自然土壤中

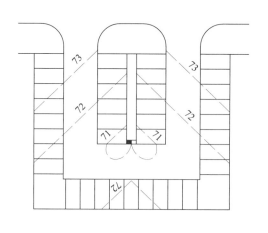

对于面积比较大的停车场，宜采用雨水管道排水

图3.3.1　停车场排水竖向设计

3.4 自行车停车场（库）

在中国，自行车仍然是比较重要的代步工具，因而对于自行车的停放问题应该重视。

计算自行车交通出行时耗时，自行车行程速度宜按 11～14km/h 计算。交通拥挤地区和路况较差的地区，其行程速度宜取低限值。

自行车最远的出行距离，在大、中城市应按 6km 计算，小城市应按 10km 计算。

据中国国内 20 个城市居民出行调查资料归纳分析，在公共交通发达的城市，居民出行距离 6km，骑自行车与乘公共交通车所花费的时间差不多，约需 30min。出行 30min 以上，骑车人数明显减少。若公共交通比较方便或有省时省力的交通工具可选择时，这部分骑车者有可能改乘其他交通工具。

自行车公共停车场的服务半径宜为 50～100m，并应 ≤200m。

（1）自行车停车场设置

自行车停车场应设置在基地边界线以内，出入口不宜设置在交叉路口附近，停车场出入口宽度应 ≥2.0m。停车数 ≥300 辆时，停车场应设置 ≥2 个出入口。停车区应分组布置，每组停车区长度不宜超过 20.0m。

长条形自行车停车场宜分成 15～20m 长的段，每段应设一个出入口，其宽度应 ≥3m。

将公共建筑前面后退道路红线的空余地段作自行车停车用地，能高效率使用土地。

大型体育设施和大型文娱设施的汽车停车场和自行停车场应分组布置。其停车场出口的汽车和自行车的流线不应相交，并应与城市道路顺向衔接。

分场次活动的娱乐场所如影剧院，其活动散场、入场几乎同时，自行车停车场要能容纳两场观众的停车，才能满足需要。自行车公共停车场宜分成甲乙两个场地，取车、存车交替使用，各有自己的出入口，可以达到秩序井然、疏散速度快的效果，优于集中一个停车场的做法。

（2）自行车停车位设计

自行车公共停车场用地面积，每个停车位宜为 1.5～2.2m²。

每辆自行车的停放车位尺寸 2m×0.7m（垂直式）和 2m×0.5m（斜列式）（图 3.4.1）。

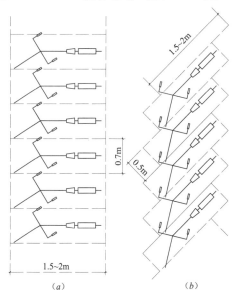

图 3.4.1 自行车的停放车位尺寸
（a）垂直式；（b）斜列式

自行车一般分为 20 型、26 型、28 型，车身长度为 1.5～2m，车宽包括自行车扶手约 0.5～0.6m。设计自行车停车位时，应主要考虑扶手之间避免相互干扰，以致造成取车时的麻烦，在垂直式停放时，停车位宽度按照 0.7m 设计；斜列式停放时，由于相邻车的扶手是错开的，所以停车位宽度按照 0.5m 设计。

以下列出不同停车方式时自行车停车位宽度和通道宽度（表 3.4.1）。

自行车停车位宽度和通道宽度　表 3.4.1

停车方式		停车位宽度（m）		车辆横向间距（m）	通道宽度（m）	
		单排停车	双排停车		一侧使用	两侧使用
垂直式排列		2	3.2	0.6	1.5	2.6
斜列式排列	60°	1.7	3	0.5	1.5	2.6
	45°	1.4	2.4	0.5	1.2	2
	30°	1	1.8	0.5	1.2	2

（3）自行车推行坡道

设在地下室、半地下室或楼层内的自行车库，自行车推行坡道宽度宜 ≥1.8m，坡道长度超过 6.8m 或转换方向时，应设休息平台，坡度宜 ≤1/5。

另外自行车库的停车区域净高应 ≥2m。

本 章 要 点

■小型车的环道最小内边缘半径设计参考值为 3.5m。

■中型车的环道最小内边缘半径设计参考值为 6.3m。

■大型客车的环道最小内边缘半径设计参考值为 7.6m。

■如果在 6.9m 范围之内，直角式转角处的道路宽度小于 4.5m 的话，则小型车是不易通过的。

■如果在 11.2m 范围之内，直角式转角处的道路宽度小于 6.8m 的话，则中型车是不易通过的。

■如果在 13.3m 范围之内，直角式转角处的道路宽度小于 7.7m 的话，则大型客车是不易通过的。

■停车场车位指标在条件困难或停车容量≤50 辆时，可设 1 个出入口，但其进出通道的宽度宜采用 9～10m（应≥7m）。只设 1 个出入口时，必然是按照汽车双向行驶状态考虑出入口宽度。

■对于停车库，以出入口数量和车道数量相结合，更合理地控制出入方式，是符合现实情况的做法。以小型车为例，不大于 100 辆停车数的车库可以只设置一个出入口，但是≥25 辆时就应设置双车道；对于 101～1000 辆停车数的车库都可以只设置两个出入口，但对于出入口车道的数量也各自有不同的要求。

■停车库出入口的宽度，规定双向行驶时应≥7m，单向行驶时应≥4m。

■停车场（库）外的道路为单向行驶时，停车场（库）出口、入口相对位置设置，以进、出车流不能交叉原则为准。

■停车场（库）外的道路为双向行驶时，停车场（库）出口、入口相对位置设置，应以两个原则为准：进、出车流不能交叉原则和右驶进出原则。

■对于位于双向道路十字交叉口一角的停车场（库），如果其出入口分别朝向两条道路，那么应该以出入流线为顺时针原则来确定出口、入口的位置。

■小型车垂直式停车，在后退停车情况下，最小通车道宽度为 5.5m。

■微型车、小型车在停车场（库）内通车道的最大纵向坡度：直线坡道为 15%，曲线坡道为 12%。

■停车场（库）内当通车道纵向坡度＞10% 时，坡道上、下端均应设缓坡。直线缓坡的水平长度应≥3.6m，缓坡坡度应为坡道坡度的 1/2。

■曲线缓坡段的水平长度应≥2.4m，曲线的半径应≥20m，缓坡段的中点为坡道下端（原起点）或上端（原止点）。

■小型车在垂直通车道方向的最小停车位长为 5.3m，宽为 2.4m。（车位相连时长度可取值 5.1m）

■停车带参考规则：① 一面停车带单位参考设计宽度为：13m + 绿化带要求宽度，或以接近 15m 为准。② 两面停车带单位参考设计宽度为：19m + 绿化带要求宽度，或以接近 21m 为准。

■无障碍机动车停车位的位置，应使残疾人在其汽车和其目的地之间，得到最便捷的路径。

建筑间距

建筑间距，即两栋建筑物或构筑物外墙之间的水平距离。

建筑间距以主墙外侧间距计算，一般不含阳台。但是当阳台长度在主墙上的所占比例过大时，宜以阳台外侧作为计算起点（图4.0.1）。

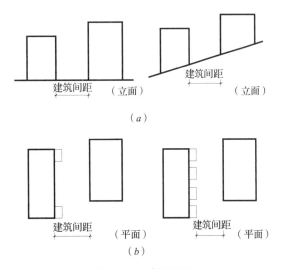

图 4.0.1　建筑间距

（a）没有阳台；（b）有阳台

建筑间距主要根据所在地区的日照、通风、采光、防止噪声和视线干扰、防火、防震、防灾、卫生、防空、绿化、管线埋设、建筑布局形式以及节约用地等要求，综合考虑确定。

4.1　建　筑　高　度

4.1.1　建筑高度

建筑高度是影响着建筑间距大小的主要因素。计算建筑高度的主要目的是为了在消防、日照、景观等方面的分析。

建筑高度和结构高度有所差别，建筑高度主要从消防、日照、景观影响等方面考虑，结构高度是从结构计算的角度所确定的。

（1）建筑高度即建筑物室外设计地面到其檐口顶面或女儿墙顶面的高度。

在建筑防火规范中计算带有女儿墙的建筑高度时，以屋面层处作为最高处，忽略了女儿墙的影响，主要是和结构高度概念混淆了。女儿墙虽然不在结构层之内，但是其突出在屋面层之上，女儿墙的高度仍然对消防云梯和喷水枪范围有所影响，同时也对相邻北侧的建筑产生更大的日照遮挡，所以建筑高度要计算到女儿墙（图4.1.1）。

当然在政府部门审查中，按照到屋顶面层计算建筑高度，也是能够简化审核的一种方式。

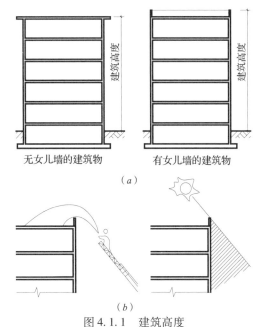

图 4.1.1　建筑高度

（a）建筑高度；（b）女儿墙的影响

当建筑室外设计地面为非水平面时或建筑顶端有变化时，应分别在建筑的各个主要位置表示各自的建筑高度，如外墙转角处、出入口处、高度变化处等（图4.1.2）。

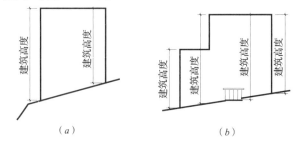

图 4.1.2　当室外地面或建筑顶端有
变化时建筑高度的表示方法

（2）局部突出屋面的楼梯间、电梯机房、水箱间等辅助用房占屋顶平面面积≤1/4者，不计入建筑高度内。

突出屋面的通风道、烟囱、装饰构件、花架、通信设施等以及空调冷却塔等设备，不计入建筑高度内。

如有净空或其他控制高度要求的，由城市规划行政主管部门审定。

（3）坡屋顶建筑高度应按建筑物室外地面至屋檐和屋脊的平均高度计算。有些地方法规以坡屋顶的坡度大小作为是否计算高度的根据，例如当坡度＞30°（或＞45°）时，按坡顶高度一半处至室外地面计算建筑高度；不超过这个角度的，则以室外地面到檐口为计算高度值。

有些建筑女儿墙处设计为坡檐，则此建筑高度应从室外地面算至坡檐顶面（图4.1.3）。在建筑防火规范中，仍是从室外地面算至屋面面层。

一般定义 H 为室外地面至屋檐与屋脊的平均高度

（a）

（剖面）

女儿墙设计为坡檐时，H 应从室外地面算至坡檐顶面　（b）

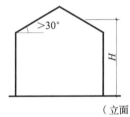

（立面）

（立面）

有些地方法规规定当坡度＞30°（或＞45°）时，按坡顶高度一半处至室外地面计算 H

（c）

图 4.1.3　坡屋顶建筑的建筑高度

（4）文物保护建设控制地带内的建筑高度，一般按建筑物和构筑物的最高点（包括电梯间、楼梯间、水箱间、烟囱等构筑物）计算。

中国传统大屋顶形式按檐口至地面高度计算建筑高度（图4.1.4）。

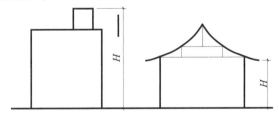

图 4.1.4　文物保护建设控制地带内的建筑高度

4.1.2　建筑高度的限制

城市规划部门和有关专业部门根据当地情况，对有些地区的建筑高度进行限制。城市各用地分区内的建筑，当城市总体规划有要求时，应按各用地分区控制建筑高度。

沿城市道路的建筑，应根据道路的宽度控制建筑裙房和主体塔楼的高度，建筑高度控制的计算必须符合各地城市规划条例对建筑间距的规定。

有的地方法规要求主、次干道沿街建筑物，自规划道路中心线至建筑物最高点仰角不大于某个角度，以此控制线限制临街建筑的高度，考虑沿街的景观效果（图4.1.5）。

航空港、电台、电信、微波通信、气象台、卫星地面站、军事要塞工程等周围的建筑，当其处在各种技术作业控制区范围内时，应按有关净空要求控制建筑高度。

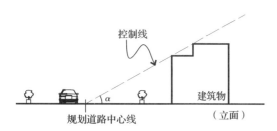

图 4.1.5　用控制线限制临街建筑的高度

4.1.3　高层建筑和其他民用建筑

（1）民用建筑按地上建筑高度或层数进行分类

1）建筑高度不大于 27.0m 的住宅建筑、建筑高度不大于 24.0m 的公共建筑及建筑高度大于 24.0m 的单层公共建筑为低层或多层民用建筑；

2）建筑高度大于 27.0m 的住宅建筑和建筑高度大于 24.0m 的非单层公共建筑，且高度不大于 100.0m 的，为高层民用建筑；

3）建筑高度大于 100.0m 的为超高层建筑。

建筑防火设计应符合现行国家标准《建筑设计防火规范》GB 50016 有关建筑高度和层数计算

的规定。

（2）分类根据

民用建筑的分类，以高度 24m 作为高层民用建筑与其他民用建筑的划分线，主要是根据经济条件和消防装备等情况来确定的。

在中国的一些城市中配备了登高消防车，这些登高消防车扑救 24m 左右高度以下的建筑火灾最为有效，再高一些的建筑就不能满足需要了。很多城市消防装备没有登高消防车，大多数还是通用消防车，特别是扑救高层建筑消防装备没有多大改善，通用消防车在最不利情况下直接吸水扑救火灾的最大高度约为 24m。所以 24m 作为高层建筑与其他民用建筑的划分线。

对于住宅建筑，除了考虑上述因素以外，还考虑住宅建筑的每个单元间防火分区面积一般都不大，并有较好的防火分隔，火灾的蔓延扩大受到一定的限制，危害性较少，因此定为十层及十层以上（即大于 27.0m）的住宅建筑为高层建筑。

首层设置商业服务网点，必须符合规定，如超出规定或第二层也设置商业网点，应视为商住楼对待，不应以商业服务网点对待。

4.2 防 火 间 距

在进行建筑总平面设计时，除必须满足城市规划和建筑物的使用要求外，还必须满足建筑防火规范规定的建筑防火间距，以便确定建筑的位置。防火间距，即建筑物着火后，其辐射热在一定时间内不致引燃相邻建筑物，并且便于消防扑救的空间间隔。防火间距主要是综合考虑满足消防扑救需要，防止火势向邻近建筑蔓延以及节约用地等几个因素，并参照已建民用建筑防火间距的现状确定的。

4.2.1 防火规范

在现行的《建筑设计防火规范》中，对民用建筑和厂房、仓库等的防火间距做出了具体的规定。对于建筑高度大于100m的民用建筑与相邻建筑的防火间距，即便符合《建筑设计防火规范》允许减小防火间距的条件时，也不能减小。

在设计工作中，确定建筑间距时，防火规范里的防火间距是重要部分。也要注意并不是采取防火间距的最低值就满足了总平面设计，还要考虑采光和日照需要以及适宜的空间感受等，以获得合理的、综合性的建筑间距。

规范中也对一些易燃、易爆的可燃性液体、气体储罐及化学易燃品的库房，使用和生产易燃、易爆物品的厂房也做出了建筑防火间距的规定。

对于炸药厂（库）、花炮厂（库）、无窗厂房、人民防空工程、地下铁道及其他地下非民用建筑、炼油厂和石油化工厂的生产区等，另行有专门的规范规定。

4.2.2 防火间距的作用

相邻建筑之间保持一定距离的空间，在建筑物起火时，能够方便消防救火操作需要，在一定时间内防止对邻近建筑物的影响。同时合理科学地规定不同建筑物及建筑物部分之间的防火间距要求，避

免对土地的过多浪费。

（1）防火间距应满足消防扑救需要（图4.2.1）

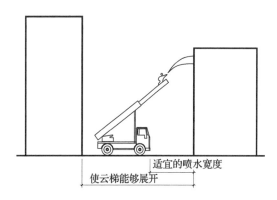

图4.2.1 满足消防扑救需要的防火间距

在建筑物起火时，需要使用消防水罐车、曲臂车、云梯登高消防车等车辆。对于低、多层建筑的救火，利用轻便消防水龙，即在自来水供水管路上使用的由专用消防接口、水带及水枪等组成的一种小型简便的喷水灭火设备，要想使消防水枪的喷水柱达到接近屋顶高处，就要求建筑物旁有一定的空间，才能达到比较合理的喷水角度。而且足够的空间也可避免消防车出入被堵塞。

建筑物着火部位越高，尤其在高层建筑上，需要云梯登高的高度越高，那么云梯水平方向的宽度要求就越大。结合消防车辆停靠、通行、操作、灭火的实践经验，为满足高层建筑火灾扑救工作的顺利开展，规定高层主体建筑之间的防火间距比低多层建筑的要大。

（2）防火间距应考虑火势对邻建的影响

建筑物着火时火势蔓延，主要有飞火、热辐射、热对流等几个因素。

1）飞火主要与风力有关。在有大风的天气情况下，由于风吹使火场中飞出的火团，即飞火。其飞溅距离可达数十米、数百米之远，随着风力的增加，飞火的距离增加。如果按照飞火的规律来确定防火间距，则防火间距很大，在城市用地紧张的情况下，是不适宜的。

2）热辐射是通过对流的方式影响邻建，其对邻建的影响最大。关于热辐射强度大小，有很多影响因素，比如发现和扑救火灾时间的长短、建筑的长度和高度以及气象条件等。依据热辐射强度理论计算防火间距的公式，与现实情况比较脱节，计算

出来的数据往往偏大，在实际工程中难以满足。对于热辐射的影响，结合火灾实例以及工程经验，对影响值进行推导，得出在一定时间内热辐射对邻建影响较小的防火间距。

3）热对流是建筑起火后火势喷出门窗洞口，向上升腾而形成热量对流，对相邻建筑的影响相对于飞火、热辐射要小。根据热辐射影响得出的防火间距已经大于热对流影响下的防火距离。

对于火势的影响主要是考虑热辐射的因素。

高层建筑与其他三、四级的低层民用建筑之间的防火间距较大，因为三、四级的低层民用建筑耐火等级低，火势蔓延威胁大，故防火间距较一、二级建筑相应提高。

（3）防火间距应考虑到节约用地

在城市高层建筑建设中，主要是要达到多占空间少占地的目的，解决城市用地紧张等问题。在很多大城市兴建高层建筑是结合城市改造进行的，一般都是拆迁旧房，原地盖起新高层建筑，其用地比较紧张，过大的防火间距显然是不现实的。那么就应在尽量满足消防要求的前提下，结合火势特点，规定防火间距值。

不少高层民用建筑底层周围，布置与高层建筑相连的建筑高度≤24m 的附属建筑，即所谓的裙房，如附设商店、邮电、营业厅、餐厅、休息厅以及办公、修理服务用房等。如果这些附属建筑（裙房）的防火间距和高层主体建筑的防火间距要求一样，既不利于节约用地，也是不现实的，因此对裙房与邻建的防火间距另行规定，这样做比较符合实际。

4.2.3 防火间距具体分析

计算防火间距时，应按相邻建筑外墙的最近距离计算。当外墙突出的构件是可燃构件时，应从其突出的部分外缘算起。

防火间距根据建筑物耐火等级进行了具体规定。对于低、多层建筑物，其耐火等级分为四级，每个耐火等级所要求的构件燃烧性能和耐火极限不同。

燃烧性能，即建筑构件材料的燃烧难易程度，分为不燃烧体、难燃烧体、燃烧体。耐火极限，即

建筑构件按时间－温度标准曲线进行耐火试验，从受到火的作用时起，到失去支持能力或完整性被破坏或失去隔火作用时止的这段时间，用小时表示。耐火极限是针对建筑物中的具体构件，比如墙体（防火墙、承重墙等）、柱、梁等。

对于高层建筑，其耐火等级分为一、二两级。高层建筑裙房的耐火等级应与高层建筑主体一致。可以视裙房相当于一、二级耐火等级的低、多层建筑，裙房的防火间距要求和一、二级耐火等级的低、多层建筑物的防火间距是相同的。

高层建筑、其他民用建筑及木结构建筑之间的防火间距，不应小于表 4.2.1 的规定。

民用建筑之间的最小防火间距（m）

表 4.2.1

建筑类别		高层民用建筑	高层建筑裙房	其他民用建筑			木结构建筑
				耐火等级			
				一、二级	三级	四级	
高层民用建筑		13	9	11		14	
高层建筑裙房							8
其他民用建筑	耐火等级 一、二级	9	6	7	9		
	三级	11	7	8	10	9	
	四级	14	9	10	12	11	
木结构建筑			8	9	11		10

在特殊情况下，对高层民用建筑和其他民用建筑的防火间距有如下特殊要求：

（1）两座建筑相邻较高一面外墙为防火墙，或高出相邻较低一座一、二级耐火等级建筑的屋面 15m 及以下范围内的外墙为防火墙时，其防火间距不限。

（2）相邻两座高度相同的一、二级耐火等级建筑中相邻任一侧外墙为防火墙，屋顶的耐火极限≥1h 时，其防火间距不限。

（3）相邻两座建筑中较低一座建筑的耐火等级≥二级，相邻较低一面外墙为防火墙且屋顶无天窗，屋顶的耐火极限≥1h 时，其防火间距应≥3.5m；对于高层建筑，应≥4m。

（4）相邻两座建筑中较低一座建筑的耐火等级≥二级且屋顶无天窗，相邻较高一面外墙高出较

低一座建筑的屋面15m及以下范围内的开口部位设置甲级防火门、窗，或设置符合现行国家标准规定的防火分隔水幕或防火卷帘时，其防火间距应≥3.5m；对于高层建筑，应≥4m。

（5）相邻建筑通过连廊、天桥或底部的建筑物等连接时，其间距不应小于表4.2.1的要求。

（6）相邻两座单、多层建筑，当相邻外墙为不燃性墙体且无外露的可燃性屋檐，每面外墙上无防火保护的门、窗、洞口不正对开设且该门、窗、洞口的面积之和不大于外墙面积的5%时，其防火间距可按表4.2.1的规定减少25%。

（7）耐火等级低于四级的既有建筑，其耐火等级可按四级确定。

【例4-2-1】

某建筑控制线ABCD的北侧，已有高层建筑（20层），包括裙房（4层）。

根据防火间距要求，确定ABCD内所建高层和其裙房的范围（图4.2.2）。

分析：

① 计算高层主体的可建范围

根据表4.2.1，知高层－高层最小防火间距为13m，高层－裙房最小防火间距为9m。根据这两个数值作距离HG为13m的平行线，和距离EF为9m的平行线。

同时以F点作圆心，9m作半径，画圆弧，和刚作出的两个平行线相交于两点。则形成完整的高层主体可建范围的北侧范围线。北侧范围线与另三个方向的控制线形成高层主体的可建范围，用斜线表示。

② 计算裙房的可建范围

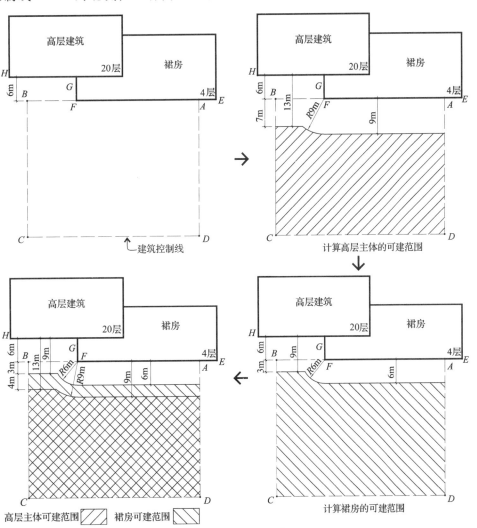

图4.2.2 **【例4-2-1】**图

根据表 4.2.1，知高层－裙房最小防火间距为 9m，裙房－裙房最小防火间距为 6m，根据这两个数值作距离 HG 为 9m 的平行线，和距离 EF 为 6m 的平行线。

同时以 F 点作圆心，6m 作半径，画圆弧，和刚作出的两个平行线相交于两点。则形成完整的裙房可建范围的北侧范围线。北侧范围线与另三个方向的控制线形成裙房的可建范围，用和表示高层的斜线不同方向的斜线表示。

把两者画在一个平面图上，得出 ABCD 内所建高层和其裙房的可建范围。

【例 4-2-2】

某建筑控制线 ABCD 的西侧，已有一座高层建筑，其裙房是以 W 点作圆心的圆弧。在 A 点附近有以圆形平面为主体的高层建筑，向西和向南分别伸出两个裙房。

根据防火间距要求，确定 ABCD 内可建高层及其裙房的范围以及可建低、多层建筑的范围（图 4.2.3）。

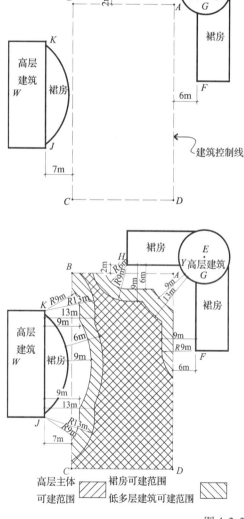

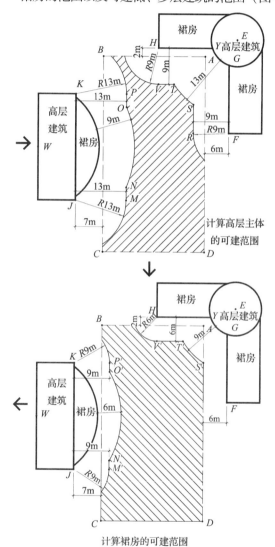

计算高层主体的可建范围

计算裙房的可建范围

图 4.2.3 【例 4-2-2】图

分析：

裙房可建范围和低、多层建筑可建范围相同。

① 计算高层主体的可建范围

根据表 4.2.1，知高层-高层最小防火间距为 13m，高层－裙房最小防火间距为 9m。根据这两个数值作西侧的可建范围线。即作距离 KJ 为 13m 的平行线，作距离裙房弧为 9m 的同心圆（以 W 点为圆心）。同心圆与平行线交于 N 点和 O 点。

同时以 J 点作圆心，13m 作半径，画圆弧，和刚作出的平行线相交于 M 点。以 K 点作圆心，13m 作半径，画圆弧，和刚作出的平行线分别相交于 P 点。

则以 M、N、O、P 四点连接的线，形成了高层主体可建范围的西侧范围线。

再于 A 点附近，作距离 FG 为 9m 的平行线，及作距离 YH 为 9m 的平行线。然后作距离高层建筑主体圆形为 13m 的同心圆（以 E 点为圆心）。同心圆与两个平行线分别交于 S 点和 T 点。

同时以 H 点作圆心，9m 作半径，画圆弧，和刚作出的北侧平行线相交于 V 点。以 F 点作圆心，9m 作半径，画圆弧，和刚作出的东侧平行线相交于 R 点。

则以 R、S、T、V 四点连接的线，形成了高层主体可建范围的东北侧范围线。

作出的西侧范围线和东北侧范围线，与其他方向的控制线形成高层主体的可建范围，用斜线表示。

② 计算低、多层建筑及高层裙房的可建范围

低多层建筑耐火等级以一、二级为分析参考。

根据表 4.2.1，知一、二级低、多层建筑（裙房）－高层的最小防火间距为 9m，二级低、多层建筑（裙房）之间的最小防火间距为 6m，根据这两个数值作西侧的可建范围线。即作距离 KJ 为 9m 的平行线，作距离裙房弧为 6m 的同心圆（以 W 点为圆心）。同心圆与平行线交于 N′ 点和 O′ 点。

同时以 J 点作圆心，9m 作半径，画圆弧，和刚作出的平行线相交于 M′ 点。以 K 点作圆心，9m 作半径，画圆弧，和刚作出的平行线分别相交于 P′ 点。

则以 M′、N′、O′、P′ 四个点连接的线，形成了低、多层建筑及高层裙房可建范围的西侧围线。

再于 A 点附近，作距离 FG 为 6m 的平行线（恰好和控制范围线 AD 重合），及作距离 YH 为 6m 的平行线。然后作距离高层建筑主体圆形为 9m 的同心圆（以 E 点为圆心）。同心圆与两个平行线分别交于 S′ 点和 T′ 点。

同时以 H 点作圆心，6m 作半径，画圆弧，和刚作出的北侧平行线相交于 V′ 点。

则以 S′、T′、V′ 三个点连接的线，形成了低、多层建筑及高层裙房可建范围的东北侧范围线。

作出的西侧范围线和东北侧范围线，与其他方向的控制线形成低、多层建筑及高层裙房的可建范围，用和表示高层的斜线不同方向的斜线表示。

把两者画在一个平面图上，得出 ABCD 内高层及其裙房以及低、多层建筑的可建范围。

【例 4-2-3】

某已建高层一侧，将在 A 点 B 点之间建一座 50m 的高层公共建筑。

① 当所建高层功能比较单一，不需要裙房时，根据防火间距要求，表示可建剖面最大范围。

② 当所建高层需要 18m 的裙房时，根据防火间距要求，表示可建剖面最大范围（图 4.2.4）。

分析：

根据表 4.2.1，知高层－高层最小防火间距为 13m，高层－裙房最小防火间距为 9m。根据这两个数值作出可建最大剖面范围线。

● 当所建高层不需要裙房时

在 AB 间 50m 高的范围内作矩形，使矩形邻近原建筑的线，能够以 13m 的距离与邻近原建筑外墙线平行。该矩形表示的范围即高层的可建剖面最大范围，用斜线表示。

需注意的是，如果按照裙房的表示范围作为高层 24m 以下的范围，表面上是符合防火规范的，其实是对裙房概念的错误理解。裙房是高层的附属建筑，与高层主体建筑相比，在重要性和扑救、疏散难度等方面有所差别。高层 24m 以下范围实质上是主体的一部分，并非裙房，却按照裙房的防火要求设置，会降低防火要求，是不可行的。

● 当所建高层需要裙房时

在 AB 间 18m 高的范围内作矩形，使矩形邻近原建筑的线，能够以 9m 的距离与邻近原建筑外墙线平行。该矩形表示的范围即裙房的可建剖面最大范围，用斜线表示。

在裙房范围顶线以上 32m 高的范围内作另一矩形，使新矩形邻近原建筑的线，能够以 13m 的距离与邻近原建筑外墙线平行。新矩形表示的范围即高层主体的可建剖面最大范围，用与表示裙房的斜线方向不同的斜线表示。

这里有一个错误的认识，为了尽量扩大可建范围，在高度 18～24m 之间，把主体部分扩大到裙房

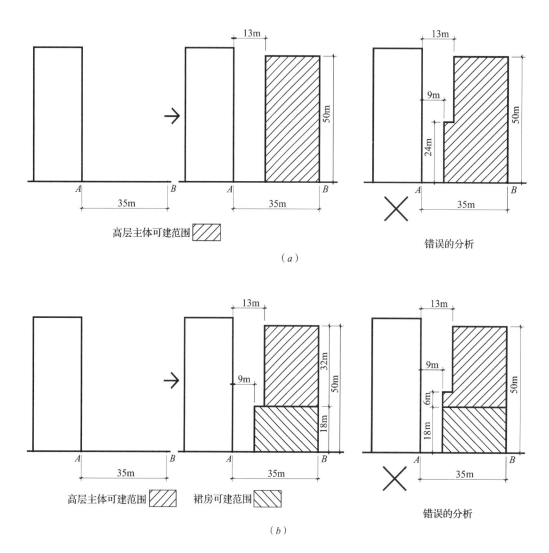

图 4.2.4 【例 4-2-3】图

(a) 当所建高层不需要裙房时；(b) 当所建高层需要裙房（18m）时

范围内，根据上一段的分析，这是混淆裙房和 24m 内的主体这两个概念了，是错误的。

【例 4-2-4】

在建筑控制线 ABCD 内，某单位已建一座高层办公楼（建筑高度 30m），由于办公场所不足，拟在建筑控制线 ABCD 内新建一座高层办公楼（建筑高度 45m）。原建筑 EF 段为侧墙，此处没有采光要求。根据防火间距要求，画出新建高层最大可建范围（图 4.2.5）。

分析：

由于新旧建筑在同一单位，即同一建筑控制线内，考虑原建筑 EF 段没有采光要求，则在 EF 处，新建筑以防火墙的形式与原建筑连接。根据特殊情

况下建筑防火间距要求，即相邻的两座高层建筑，较高的高层建筑相邻一面外墙为防火墙，其防火间距可不限。

以表 4.2.1 中"高层－高层最小防火间距为 13m"作为参考依据，作距离 FG 为 13m 的平行线，同时以 F 点作圆心，13m 作半径，画圆弧，和刚作出的平行线相交于 H 点，与 GF 的延长线交于 K 点。

由 H 点和 K 点组合两段直线和一段弧线，得到新建筑与原建筑之间的范围线。此范围线与其他方向的控制线形成新建高层主体的最大可建范围，用斜线表示。同时注明新建高层在 EF 处为防火墙。

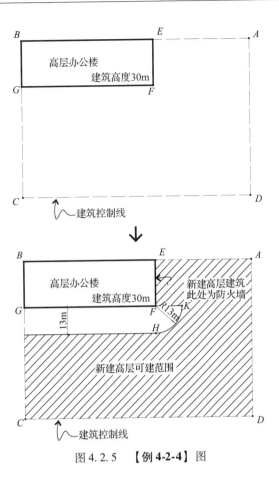

图 4.2.5 　【例 4-2-4】图

4.3 日照间距及遮挡

在中国大部分地区的住宅布置，通常以满足日照要求作为确定建筑间距的主要依据，同时对于教室、托儿所、幼儿园、医院病房、疗养院及老年休养场所等建筑的正面间距，也适用这一原则。

阳光直接照射到建筑地段、建筑物围护结构表面和房间内部的现象称为建筑日照。阳光具有一定杀菌与干燥除湿的作用，且冬季能使房间获得太阳辐射以提高室温。获得阳光的照射，从卫生角度上分析，能引起人们的各种光生物学反应，促进身体的新陈代谢，提高机体免疫力。阳光中含有大量红外线和紫外线，红外线在冬春季节照射入室所产生的辐射热，能提高室内温度，具有良好的取暖和干燥作用；紫外线的照射可以对居室进行杀菌作用。所以，对于居住建筑应争取适宜的日照。

阳光对人的心理影响也很大，如果一套住宅中所有房间常年都得不到阳光的照射，居住者心理容易产生压抑、灰暗的感觉，不可忽略这种影响对人的作用。尤其在冬季，影响会更大。

决定建筑日照标准的主要因素，一是所处地理纬度及其气候特征；二是所处城市的规模大小及当地城市规划部门根据实际情况科学优化后提出的标准。

在本章，以棒影图原理作为检验被遮挡建筑获得日照情况的分析方法，以建筑日影图作为遮挡建筑遮挡范围的分析方法。根据当地气候条件、日照要求、有效日照时数等计算出的日照间距系数，则大大方便了在设计和规划中对适合日照要求的建筑间距的计算。

4.3.1 关于日照参数

评价某房间或建筑的日照情况，应能理解和掌握棒影图原理；而理解棒影图，首先要充分认识关于日照的一些参数。

地球在进行自转的同时，还围绕着太阳进行公转，公转运行周期为一年。地球绕太阳公转的轨道平面称为黄道面，而地球的自转轴称为极轴。极轴与黄道面不是垂直相交，而是呈 66.5° 角，并且这个角度在公转中始终维持不变。公转使地球与太阳之间的相互位置不断在变化着，于是太阳在地球上的直射点也在变化着；同时，形成昼夜长短的不同和季节的更迭（图 4.3.1）。

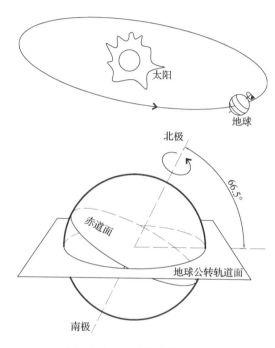

图 4.3.1 地球的公转和自转

每年的 6 月 21 日或 22 日，即夏至日是白昼最长、黑夜最短，太阳的角度最高；而每年的 12 月 22 日或 23 日，即冬至日则是白昼最短、黑夜最长，太阳的角度最低。可以看出，一年中冬至日的日照量最小，且房屋阴影面积最大。也就是说，在一年中冬至日的日照时间最短，日照质量最差。如果某建筑间距在冬至日能满足日照要求，那么在其他任何时日均能满足日照要求。

对于地球表面上某点来说，太阳的空间位置可用太阳高度角和太阳方位角来确定。

（1）太阳高度角 h_s

1）太阳高度角 h_s

指太阳直射光线与地平面之间的夹角，地平面即地球表面观测点以铅垂线为法线的切平面（图4.3.2）。

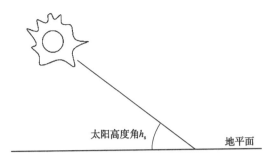

图 4.3.2 太阳高度角 h_s

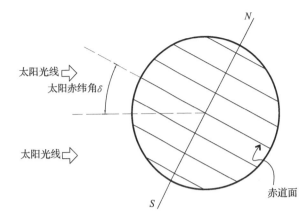

图 4.3.3 太阳赤纬角 δ

当太阳直射光线与地平面平行时，太阳高度角为 0°，即在太阳刚刚从当地海拔高度的海平面位置升起和落山的一瞬间的角度。在现实中由于群山等障碍物或者所处位置较高，会出现太阳开始照射或结束照射时的高度角大于 0° 或小于 0° 的情况。

当太阳直射光线在天顶正中时太阳高度角为 90°。由于纬度的原因，对于中国大部分地区，不会出现太阳高度角为 90° 的情况。

根据日照原理，得到太阳高度角 h_s 的计算公式：

$$\sin h_s = \sin\Phi \cdot \sin\delta + \cos\Phi \cdot \cos\delta \cdot \cos\Omega$$

$$(4.3.1)$$

式中 h_s——太阳高度角；

Φ——所在地区的地理纬度；

δ——太阳赤纬角；

Ω——太阳时角。

由公式可以看出，太阳高度角随地区、季节和每日时刻的不同而改变。

以下对太阳赤纬角 δ 和时角 Ω 进行分析解释。

2）太阳赤纬角 δ

太阳赤纬角 δ 即太阳光线与地球赤道面所夹的圆心角，也就是太阳中心和地球中心的连线同地球赤道面的夹角（图 4.3.3）。

太阳中心和地球中心的连线与赤道面间的夹角每天（实际上是每一瞬间）均处在变化之中，这个角度就是太阳赤纬角。太阳赤纬角 δ 是变化着的，太阳光线几乎以赤道面为对称面进行变化，形成不同的赤纬角 δ。它在春分和秋分时刻等于零，而在夏至和冬至时刻达到极值。

太阳赤纬角 δ 值在每年同日期都有微差，太阳赤纬角 δ 值的日变化在大寒日有十多秒，在冬至日仅数秒。根据 1970～2000 年 30 年的天文资料，可以得到不同季节的太阳赤纬角 δ 的最大值（表 4.3.1）。

主要季节的太阳赤纬角 δ 值　　表 4.3.1

季节	日期	赤纬角 δ 值	日期	季节
夏至	6 月 21 日或 22 日	+23°23′		
小满	5 月 21 日左右	+20°00′	7 月 21 日左右	大暑
立夏	5 月 6 日左右	+15°00′	8 月 8 日左右	立秋
谷雨	4 月 21 日左右	+11°00′	8 月 21 日左右	处暑
春分	3 月 21 日或 22 日	0°	9 月 22 日或 23 日	秋分
雨水	2 月 21 日左右	−11°00′	10 月 21 日左右	霜降
立春	2 月 4 日左右	−15°00′	11 月 7 日左右	立冬
大寒	1 月 21 日左右	−20°00′	11 月 21 日左右	小雪
		−23°27′	12 月 22 日或 23 日	冬至

3）太阳时角 Ω

太阳时角 Ω 的定义，引用天文学术语，即是从观测点天球子午圈沿天赤道量至太阳所在时圈的角距离。单位既可为时（h），也可为度（°），时间与角度的换算关系为每小时相当于 15°。

地球自转一周，太阳时角 24h，大约变化 360°，相应的时间为 24h，每 1h 地球自转的角度约为 15°。正午，太阳时角为零，其他时辰太阳时角的数值等于离正午的时间（h）乘以 15，即太阳时角 Ω 和当地时间（即真太阳时）的关系为：

$$\Omega = 15 \times (t - 12) \qquad (4.3.2)$$

式中 t——当地时间（即真太阳时），以 24h 计时；

Ω——太阳时角；上午为负值，下午为正值。

例如：

在中午 12 点时，$t = 12$，则 $\Omega = 15 \times (t - 12) =$

$15 \times (12 - 12) = 0°$；

在中午 11 点时，$t = 11$，则 $\Omega = 15 \times (t - 12) = 15 \times (11 - 12) = -15°$；

在中午 13 点时，$t = 13$，则 $\Omega = 15 \times (t - 12) = 15 \times (13 - 12) = 15°$。

其他时间的时角 Ω 以此类推计算。

应注意的是，在中国地区，经常采用的是北京时间，不是当地时间（即真太阳时）。中国地域广阔，东西时差最大可达到约 4h。在进行日照分析时，应当采用当地时间（即真太阳时）。

从天文学上来说，时间可分为平太阳时和真太阳时。

平太阳时就是平时参考的国家地区报时时间，如北京时间，其每天的时间间隔是相等的。真太阳时是以当地太阳位于正南向的瞬时为正午。由于太阳与地球之间的距离和相对位置随时间在变化，以及地球赤道与其绕太阳运行的轨道所处平面的不一致，因此真太阳时与钟表指示的时间（平太阳时）之间总会有所差异，它们的差值即为时差，最大时差可达 16min。一年中只有 4 次时差为零，计算太阳位置时应采用真太阳时。

在中国地区，真太阳时的换算公式为：

真太阳时（t）＝北京时间＋时差　　**(4.3.3)**

时差 ＝（120°－当地经度）/15°

在本书中，未加以注明时所提到的时间均为当地时间（即真太阳时），而非北京时间。

【例 4-3-1】

某地处于地理纬度 31°，请计算冬至日这天中午当地时间 11 时、12 时、13 时的太阳高度角。

分析：

查资料知道冬至日这天的太阳赤纬角 δ 为 $-23°27'$。

中午 11 时的时角 $\Omega = 15 \times (t - 12) = 15 \times (11 - 12) = -15°$；

中午 12 时的时角 $\Omega = 15 \times (t - 12) = 15 \times (12 - 12) = 0°$；

中午 13 时的时角 $\Omega = 15 \times (t - 12) = 15 \times (13 - 12) = 15°$。

又已知此地的地理纬度 $\Phi = 31°$，把这些已知参数代入太阳高度角 h_s 的计算公式（4.3.1）。

① 当地时间中午 11 时：

$$\begin{aligned}\sin h_s &= \sin\Phi \times \sin\delta + \cos\Phi \times \cos\delta \times \cos\Omega \\ &= \sin31° \times \sin(-23°27') + \cos31° \times \\ &\quad \cos(-23°27') \times \cos(-15°) \\ &= -0.515 \times 0.398 + 0.857 \times 0.917 \times 0.966 \\ &= 0.554\end{aligned}$$

则当地时间中午 11 时太阳高度角 $h_s = 33°40'$。

② 当地时间中午 13 时：

此时的太阳高度角和 11 时的相同，以 12 时作为对称参考点。则当地时间中午 13 时太阳高度角 $h_s = 33°40'$。

③ 当地时间中午 12 时：

$$\begin{aligned}\sin h_s &= \sin\Phi \times \sin\delta + \cos\Phi \times \cos\delta \times \cos\Omega \\ &= \sin\Phi \cdot \sin\delta + \cos\Phi \times \cos\delta \times 1 \\ &= \cos(\Phi - \delta) = \sin[90° - (\Phi - \delta)] \\ &= \sin[90° - (31° + 23°27')] \\ &= \sin35°33'\end{aligned}$$

则当地时间中午 12 时太阳高度角 $h_s = 35°33'$，此数值是这一天中最大的太阳高度角 h_s 值。

（2）太阳方位角 A_s

太阳方位角 A_s，即太阳光线在地平面上的投影线与地平面正南线所夹的角。引用天文学术语，即从观测点天球子午圈沿地平圈量至太阳所在地平经圈的角距离（图 4.3.4）。

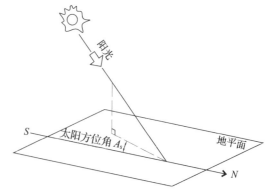

图 4.3.4　太阳方位角 A_s

在北半球，太阳光线绝大多数是从南面向北面照射。分析中要注意，太阳方位角 A_s 的角度方向是光线投影线与正南线所夹的角，而不是光线投影线与正北线。在北半球的生活习惯中，很容易把正北线作为想当然的参考线。

太阳方位角 A_s 的计算公式：

$$\cos A_s = \frac{\sin h_s \sin \Phi - \sin \delta}{\cos h_s \cos \Phi} \qquad (4.3.4)$$

式中 h_s——太阳高度角；

Φ——所在地区的地理纬度；

δ——太阳赤纬角。

太阳方位角以正南方向为 $0°$，在上午时为负值，在下午时为正值。

【例 4-3-2】

和【例 4-3-1】条件相同，某地处于地理纬度 $31°$，请计算冬至日这天当地时间中午 11 时、12 时、13 时的太阳方位角 A_s。

分析：

查资料知道冬至日这天的太阳赤纬角 δ 为 $-23°27'$。

根据【例 4-3-1】中计算结果得到：

当地时间中午 11 时和中午 13 时的太阳高度角 $h_s = 33°40'$。当地时间中午 12 时的太阳高度角 $h_s = 35°33'$。

又已知此地的地理纬度 $\Phi = 31°$，把这些已知参数代入太阳方位角 A_s 的计算公式（4.3.4），得：

① 当地时间中午 11 时和中午 13 时：

$$\cos A_s = \frac{\sin h_s \sin \Phi - \sin \delta}{\cos h_s \cos \Phi}$$

$$= \frac{\sin 33°40' \times \sin 31° - \sin(-23°27')}{\cos 33°40' \times \cos 31°}$$

$$= \frac{0.554 \times 0.515 - (-0.398)}{0.832 \times 0.857}$$

$$= 0.958$$

则当地时间中午 11 时和中午 13 时的太阳方位角 $A_s = 16°43'$。

② 当地时间中午 12 时：

此时的太阳方位角应是 $0°$，下面计算验证。

$$\cos A_s = \frac{\sin h_s \sin \Phi - \sin \delta}{\cos h_s \cos \Phi}$$

$$= \frac{\sin 35°31' \times \sin 31° - \sin(-23°27')}{\cos 35°31' \times \cos 31°}$$

$$= \frac{0.581 \times 0.515 - (-0.398)}{0.814 \times 0.857}$$

$$= 0.9993 \approx 1$$

则当地时间中午 12 时的太阳方位角 $A_s = 0°$。

4.3.2 棒影图原理

日影曲线图（棒影日照图）和日照曲线图，是计算建筑物受到太阳光照详细情况的参考工具，也是城市规划中确定日照间距系数等要求的根据。

棒影日照图是以棒和棒影的基本关系来描述太阳运行规律的。任何建筑尽管形态各异，但都可看作立于水平面上的一根根棒组成的。因此，建筑日照的问题，可简化成对棒的日照间距来考虑。

已知太阳高度角、赤纬角，通过计算得到某天任何时刻棒影的长度，根据主要棒影长度来绘制出棒影图。因冬至日是全年中太阳对北半球日照效果最差的一天，所以往往选择冬至日这一天的棒影图情况，作为建筑物之间的阴影关系，从而确定在满足必要的日照时间的条件下，建筑物之间的最小间距。

（1）棒影长的计算（图 4.3.5）

假设垂直立于水平地面上的任意棒的棒高为 H，该棒在某一时刻棒影的长度为 L，根据影长 L 随棒高 H 与太阳高度角变化而变化的关系得到棒影长度的计算公式为：

$$L = H \cdot \cot h_s \qquad (4.3.5)$$

式中 L——棒影长度；

H——棒的高度；

h_s——太阳高度角。

棒影的方位角 A 是棒影与正北线的夹角，和太阳方位角 A_s 位置相差 $180°$，两者的位置关系公式：

$$A = A_s + 180° \qquad (4.3.6)$$

式中 A——棒影方位角；

A_s——太阳方位角。

【例 4-3-3】

要求计算成都地区在大寒日这天，在当地时间为 12 时，其高度为 1 的棒产生的棒影长度。

分析：

查表可得成都地区的地理纬度 $\Phi = 30°40'$，大寒日的赤纬角 $= -20°00'$。

又已知当地时间为 12 时，其时角 $\Omega = 0°$；棒高 $H = 1$。

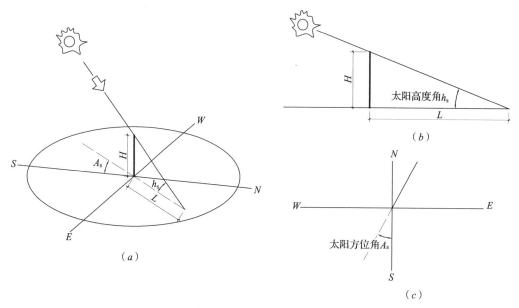

图 4.3.5　棒影长的计算
（a）棒影图计算原理；（b）计算太阳高度角 h_s；（c）计算太阳方位角 A_s

首先根据式（4.3.1），计算此时的太阳高度角。

当地时间中午 12 时：

$$\begin{aligned}
\sin h_s &= \sin\Phi \cdot \sin\delta + \cos\Phi \cdot \cos\delta \cdot \cos\Omega \\
&= \sin\Phi \cdot \sin\delta + \cos\Phi \cdot \cos\delta \times 1 \\
&= \cos（\Phi - \delta） \\
&= \sin［90° - （\Phi - \delta）］ \\
&= \sin［90° - （30°40' + 20°00'）］ \\
&= \sin 39°20'
\end{aligned}$$

则当地时间中午 12 时太阳高度角 $h_s = 39°20'$。

然后把得到的太阳高度角 $h_s = 39°20'$ 和棒高 $H = 1$ 两个参数代入式（4.3.5），计算棒影长度 L。

$$L = H \cdot \cot h_s = 1 \times \cot 39°20' = 1.22$$

（2）日影曲线图及日照曲线图

日影曲线图，也称为棒影曲线图，是利用棒影计算原理，相当于对棒上一点在水平地面上的对应影的移动轨迹记录。主要原理是把区域内每天受日照遮挡时间相等的点连接起来，绘成曲线，可以用来指明任何地方的日影时间多少。

而日照曲线图，其原理是把区域内每天受日照时间相等的点连接起来，绘成曲线，可以用来指明任何地方的日照时间多少（图 4.3.6）。

日影曲线图是用来检验建筑遮挡范围和时间的

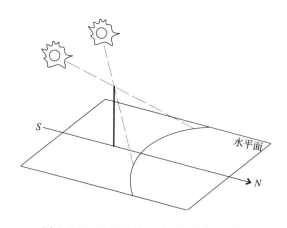

图 4.3.6　日影曲线图及日照曲线图原理

工具，日照曲线图是用来检验被遮挡点接受阳光程度的工具。两者曲线相同，区别是所注数字前者为日影时数，后者为日照时数。

注意的是上一节棒影的轨迹是按照棒影方位角得出的，而这里所说的日影曲线图（日照曲线图）则是按照太阳方位角绘出的。

绘制或掌握某一天的日影曲线图（日照曲线图），如冬至日或大寒日，可以为确保居住区日照环境质量提供根据，并可从中了解日照质量不够的地方并加以方案调整。尤其对于高层建筑物，可以依据日影曲线考察其是否会对周围环境造成不被允许的遮挡，避免产生不符合规定的日照遮挡。

在很多国家和地区要求设计人员在设计方案时必须绘制日影曲线图，在中国是要求设计者提供日照时数分析图。人工绘制日影曲线图比较费时费力，现在大多依赖于日照计算的电脑软件，可以更方便快捷地计算建筑日照的遮挡和被遮挡问题。但是对于建筑师来说，还必须对其原理和绘制过程有所掌握。

某一天的日影曲线图（日照曲线图）的绘制过程（图4.3.7）：

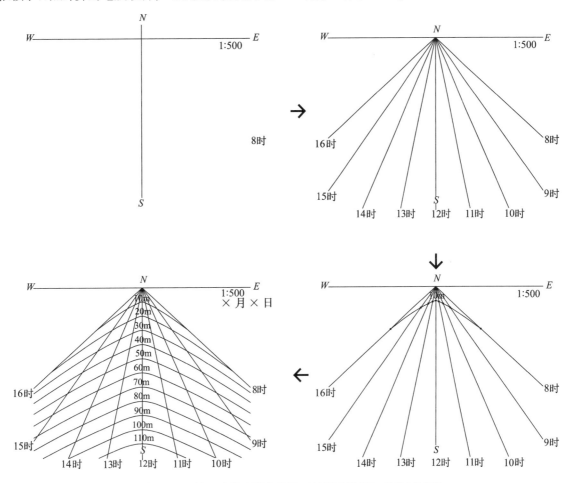

图 4.3.7　某一天的日影曲线图（日照曲线图）的绘制过程

① 第一步，选择一个合适的比例，作直角坐标，标注上东西南北四个方向。先设在原点的棒高为10m。

选择这一天中日照有效时间，按一定时间间隔划分为各时间点（一般为 1h 或 0.5h）。如冬至日为 9 时至 15 时，大寒日为 8 时至 16 时。注意此时间采用的是当地时间（即真太阳时）。

② 第二步，按式（4.3.1）计算这一天中各时间点的太阳高度角 h_s：

$$\sin h_s = \sin\Phi \cdot \sin\delta + \cos\Phi \cdot \cos\delta \cdot \cos\Omega$$

其中，Φ 为所在地区的地理纬度；δ 为当天太阳赤纬角。

按式（4.3.4）计算这一天中各时间点的太阳方位角 A_s：

$$\cos A_s = \frac{\sin h_s \sin\Phi - \sin\delta}{\cos h_s \cos\Phi}$$

以原点为出发点，按照计算出的各时间点的太阳方位角 A_s，在平面上作出各时间点的方位射线，同时把时间标注在放射线上。

③ 第三步，根据各时间点的太阳高度角 h_s，以式（4.3.5）计算棒在各时间点时的棒影长度。此时 $H=10m$。

在每个方位射线上，分别以相应时间的棒影长度作为距原点的距离，标出各个点。将得到的点以平滑曲线连接，得到棒高 $H=10m$ 时的日影曲线（日照曲线）。

④ 第四步，接着绘制棒高 $H = 20\mathrm{m}$ 时的日影曲线（日照曲线）。在第二步已经绘出的各时间点的方位射线上，标注上每个点，使其与原点的距离为棒高 $H = 10\mathrm{m}$ 时产生的棒影长度的 2 倍长。

⑤ 最后按照同样原理绘制棒高 $H = 30\mathrm{m}$、$H = 40\mathrm{m}$……时的日影曲线（日照曲线）。

标注比例、日期，在 y 轴上标注相应棒高数，完成日影曲线图（日照曲线图）的绘制。

在第二步中，以 12 时的放射线为对称轴，上午和下午的太阳高度角和太阳方位角各自对应相同，即 11 时和 13 时相同、10 时和 14 时相同、9 时和 15 时相同、8 时和 16 时相同。只要计算出上午（或下午）的太阳高度角和太阳方位角，便同时得知全天的太阳高度角和太阳方位角。

虽然绘制某地区某一天的日影曲线图（日照曲线图）是比较费时的工作，但是对于一个地区来说，只要绘制出冬至日或大寒日这两天的日影曲线图（日照曲线图），就可以作为常用工具进行日照分析工作。可以用绘有平面图的透明纸覆在日影曲线图（日照曲线图）上，按照日影曲线图（日照曲线图）的比例设定平面图的比例〔或按照平面图的比例设定日影曲线图（日照曲线图）的比例〕，进行分析。

【例 4-3-4】
要求按照 $1:300$ 的比例绘出北纬 31°地区在冬至日这天的日影曲线图（日照曲线图）（图 4.3.8）。

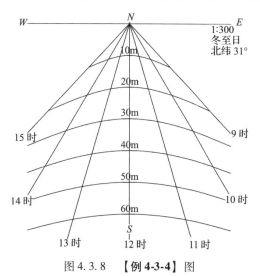

图 4.3.8 【例 4-3-4】图

分析：
先查表或计算出在北纬 31°地区各个时间的冬至日的太阳高度角和太阳方位角（表 4.3.2）。根据中国日照规范要求，在冬至日取 9 时 ~ 15 时的时间作为日照有效时间。

北纬 31 地区在冬至日的太阳高度角和太阳方位角
表 4.3.2

时间	12 时	11 时	10 时	9 时
		13 时	14 时	15 时
太阳高度角 h_s	35°33′	33°41′	28°26′	20°33′
太阳方位角 A_s	±0°	±16°35′	±31°26′	±43°51′
棒高 $H = 1$ 时棒影长	1.399	1.500	1.847	2.668

根据以上所得参数（主要是太阳方位角和棒高 $H = 1$ 时棒影长这两栏），按照日影曲线图（日照曲线图）的绘制过程，进行棒高 $H = 10\mathrm{m}$ 时的日影曲线（日照曲线）的绘制。然后绘制棒高 $H = 30\mathrm{m}$、$H = 40\mathrm{m}$……时的日影曲线（日照曲线），完成北纬 31°地区在冬至日这天的日影曲线图（日照曲线图）。

4.3.3 日照标准

日照标准，是为保证室内环境的卫生条件，根据建筑物所处的气候区、城市大小和建筑物的使用性质确定的冬至日或大寒日阳光直接照射到室内楼、地面上的小时数。

日照标准中的日照量包括日照时间和日照质量两个标准。日照时间是以住宅向阳房间在规定的日照标准日受到的日照时数为计算标准。日照质量是指每小时室内地面和墙面阳光照射累积计算的大小以及阳光中紫外线的效用高低。

冬至日时相对太阳高度角最低，照射范围最小，如果冬至日能达到 1h 的日照标准，那么一年中其他天数中就能达到 1h 以上的日照。

对于住宅建筑，决定其日照标准的主要因素主要有两个，一是所处的地理纬度和当地的气候特征；二是所处城市规模的大小。以前中国各地一致按照冬至日作为日照标准日，但是大多城市由于土地使用方面的问题，是无法达到该标准的。把日照标准定得宽一些，更符合实际国情，因而又制定出第二档次即大寒日为标准日，即采用冬至日和大寒日的两级标准。

对于有关未成年人、老年人、特殊人群等生活使用的建筑，所规定的强制性日照标准基本按照冬至日作为日照日。

（1）住宅日照标准

根据中国各个地方区域的气象、气候等因素，划分为7个建筑气候区。

Ⅰ气候区里有哈尔滨、长春、沈阳、呼和浩特等；

Ⅱ气候区里有北京、太原、西安、郑州、银川等；

Ⅲ气候区里有成都、上海、武汉、桂林、温州等；

Ⅳ气候区里有广州、福州、南宁、海口等；

Ⅴ气候区里有西昌、昆明、贵阳、丽江等；

Ⅵ气候区里有拉萨、康定、西宁等；

Ⅶ气候区里有乌鲁木齐、阿克苏、张掖、二连浩特等。

不同的气候区的住宅日照标准有所不同。按照建筑气候分区和城市规模的大小，将日照标准分为三个档次：

① Ⅰ、Ⅱ、Ⅲ、Ⅶ气候区内的大城市不低于大寒日日照2h；

② Ⅰ、Ⅱ、Ⅲ、Ⅶ气候区内的中小城市和在Ⅳ气候区内的大城市不低于大寒日日照3h；

③ Ⅳ气候区内的中小城市和在Ⅴ、Ⅵ气候区内的各级城市不低于冬至日日照1h。

在每套住宅至少应有一个居室能获得日照的要求下，住宅建筑日照标准应符合表4.3.3规定。

住宅建筑日照标准　表4.3.3

建筑气候区划	Ⅰ、Ⅱ、Ⅲ、Ⅶ气候区		Ⅳ气候区		Ⅴ、Ⅵ气候区
	大城市	中小城市	大城市	中小城市	
日照标准日	大寒日				冬至日
日照时数	≥2h	≥3h			≥1h
有效日照时间带	当地时间（真太阳时）8时至16时				当地时间（真太阳时）9时至15时
日照时间计算起点	底层窗台面（距住宅首层室内地面0.9m高的外墙位置）				

住宅建筑规划中还必须注意：在原设计建筑外增加设施，不应使相邻住宅原有日照标准降低；旧区改建的项目内新建住宅日照标准可酌情降低，但不应低于大寒日日照1h的标准。

有效日照时间带是根据日照强度和日照环境效果所确定的。一般与日照标准日相对应。在同样环境下，大寒日上午8时的阳光强度和环境效果与冬至日上午9时相接近。因此，凡以大寒日为日照标准日时，其有效日照时间带均采用当地时间（真太阳时）8时~16时；凡以冬至日为日照标准日时，其有效日照时间带均采用当地时间（真太阳时）9时~15时。

（2）其他建筑日照标准

有关未成年人、老年人、特殊人群等生活使用的建筑的日照标准规定如下：

1）在宿舍建筑中，半数及半数以上的居室应有良好朝向。

2）托儿所、幼儿园的活动室、寝室及具有相同功能的区域，应布置在当地最好朝向，冬至日底层满窗日照不应小于3h。

3）老年人照料设施的居室应具有天然采光和自然通风条件，日照标准不应低于冬至日日照时数2h。当居室日照标准低于冬至日日照时数2h时，老年人居住空间日照标准应按下列规定之一确定：

① 同一照料单元内的单元起居厅日照标准不应低于冬至日日照时数2h；

② 同一生活单元内至少1个居住空间日照标准不应低于冬至日日照时数2h。

4）中小学校普通教室冬至日满窗日照不应少于2h。

对采光也有建筑间距要求，但由于各地所处光气候区等情况不同，难以作出间距上的具体规定，原则是需满足建筑用房天然采光之要求。无论是相邻建筑，或同一基地内的建筑之间，都不应挡住建筑用房的采光。

4.3.4　建筑被遮挡检验

在总平面设计中，必须考虑本项目对其周围环境的影响，其中利用日照曲线图，可以检验被遮挡建筑是否满足日照要求。

根据日照标准，选择大寒日或冬至日作为日照标准日。

被遮挡建筑位于建筑群中相对的北面,因为在北半球上的大寒日和冬至日里,阳光从南向北照射。

(1)建筑被遮挡的检验分析步骤(图4.3.9)

1)第一步,根据日照标准选择当地大寒日或冬至日的日照曲线图。以日照曲线图的比例来决定平面图的比例,或者以平面图的比例绘制日照曲线图的比例,使两者比例相同。

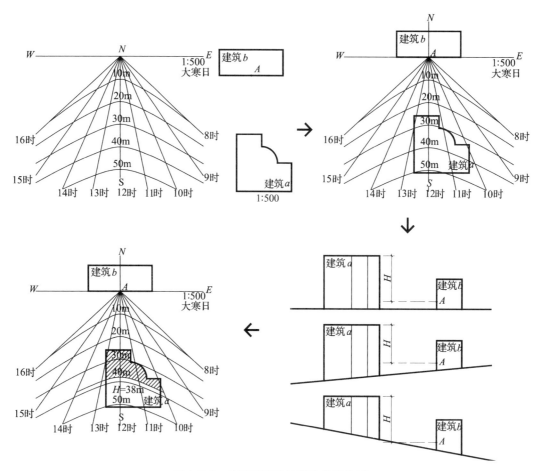

图4.3.9 建筑被遮挡的检验分析步骤

2)第二步,使日照曲线图中的南北向与平面图的南北向相同。把被遮挡建筑上所要考察的点 A(平面上)和日照曲线图的原点重合。

3)第三步,确定各个遮挡建筑物及障碍物等与 A 点的相对高度。并标注在各个遮挡建筑物及障碍物上面。

相对高度 H =建筑物及障碍物的高程 $-A$ 点的高程。这里 A 点的高程一般指外墙面的底层窗台处(即距首层室内地面0.9m的外墙位置)。

注意在分析过程中会不经意把遮挡建筑物高度及障碍高度作为相对高度,忽略了 A 点的相对高度,那么分析结果就会产生误差。

4)第四步,日照曲线图上,遮挡建筑物及障

碍物位于日照曲线图中相同高度的日照曲线以北的部分,为遮挡原点(即 A 点)的部分,与此对应的时间即为被遮挡时间(即日影时间);遮挡建筑物及障碍物位于相同高度的日照曲线以南的部分,为不遮挡原点(即 A 点)的部分,与此对应的时间即为日照时间。

如果相对高度 H 不是日照曲线图上标注的数值,可以在曲线图上勾画出数值为 H 的曲线,然后就可以对该曲线进行分析了。

(2)单栋建筑的遮挡

当考察点 A 南面只有一栋建筑时,只要分析此单栋建筑对考察点 A 的影响即可,按照建筑被遮挡的检验步骤进行分析。

【例4-3-5】

在北纬31°的某地区，已知住宅建筑*ABCD*和办公楼*EFGH*，其位置如图。办公楼*EF*处建筑高度为32m，*EF*边的室外高程为119.0m；住宅建筑*CD*边的室外高程为121.5m。被遮挡考察点为住宅建筑*CD*上的*M*点，即*CD*边中点处的首层窗台高处，此窗台距室外地面为2.5m。要求计算*M*点在冬至日时的日照情况（图4.3.10）。

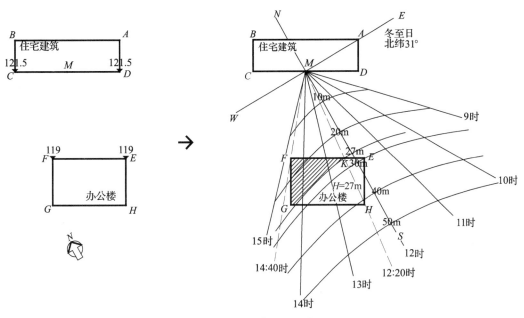

图4.3.10 **【例4-3-5】**图

分析：

按照相同的比例准备冬至日这天的日照曲线图，或参考已有的日照曲线图缩放平面图。

计算办公楼*EF*处外墙高与*M*点的相对高度，也可以利用剖面图进行分析。

办公楼*EF*处建筑高度为32m，其*EF*边的室外高程为119.0m，则办公楼*EF*处外墙顶的高程为（119.0＋32）＝151.0m。

住宅建筑上*M*点距室外地面为2.5m，*CD*边的室外高程为121.5m，则*M*点的高程为（121.5＋2.5）＝124.0m。

那么产生遮挡的*EF*处外墙的相对于*M*点的高度为$H = 151.0 - 124.0 = 27m$。

把日照曲线图的原点和平面图中的*M*点重合，日照曲线图的南北向与平面图的南北向相同。

日照曲线图上标注有20m和30m的日照线，则利用内插法，绘出27m日照辅助线。

日照曲线图上，*EF*线和27m日照辅助线交于*K*点。*EF*线位于日照曲线图中27m日照辅助线以北的部分，即*FK*段为遮挡*M*点的部分，与此对应的时间即为被遮挡时间（即日影时间）。

连接*F*点和原点（即*M*点），*FM*线在14时和15时之间，利用角度内插法，得到*FM*线的时间为14：40时。连接*K*点和原点（即*M*点），*KM*线在12时和13时之间，利用角度内插法，得到*KM*线的时间为12：20时。

因而产生遮挡的时间带（日影时间带）为12：20时～14：40时，即遮挡时间为2小时20分钟。由于冬至日有效日照时间带是当地时间（真太阳时）9时至15时，即有效日照时间6h，则*M*点得到的日照时间为3小时40分钟。

（3）多栋建筑的遮挡

当考察点*A*南面有多栋建筑时，必须对这些所有建筑对考察点*A*的影响，才能客观得到*A*点准确的日照情况。

【例4-3-6】

在**【例4-3-5】**的相同条件下，将在办公楼*EFGH*的东南侧建高度为45m的新楼*L*，其位于高程118.0m的地面上。要求计算*M*点在冬至日时的日照情况（图4.3.11）。

分析：

【例 4-3-5】中分析得到办公楼 EFGH 对 M 点的日照影响情况。现在针对新楼 L 进行分析。

新楼 L 建筑高度 EF 处为 45m，其室外高程为 118.0m，则新楼 L 外墙顶的高程 = 118.0 + 45 = 163.0m。又知 M 点的高程为 124.0m，则新楼 L 外墙顶相对于 M 点的高度为 H = 163.0 − 124.0 = 39m。

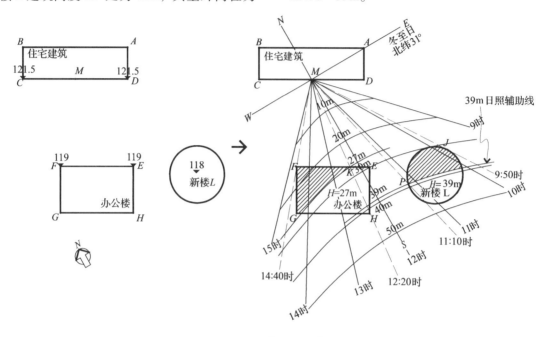

图 4.3.11 【例 4-3-6】图

日照曲线图上利用内插法，绘出 39m 日照辅助线。

日照曲线图上，新楼 L 外墙和 39m 日照辅助线交于 J 点和 P 点。新楼 L 外墙位于日照曲线图中 39m 日照辅助线以北的部分，为遮挡 M 点的部分，与此对应的时间即为被遮挡时间（即日影时间）。连接 J 点和原点（即 M 点），JM 线在 9 时和 10 时之间，利用角度内插法，得到 JM 线的时间为 9:50 时。连接 P 点和原点（即 M 点），PM 线在 11 时和 12 时之间，利用角度内插法，得到 PM 线的时间为 11:10 时。

则新楼 L 对原点（即 M 点）产生遮挡时间带（日影时间带）为 9:50 时 ~ 11:10 时，即遮挡时间为 1 小时 20 分钟。

而由【例 4-3-5】中知道办公楼 EFGH 对原点（即 M 点）遮挡时间带（日影时间带）为 12:20 时 ~ 14:40 时，即遮挡时间为 2 小时 20 分钟，那么原点（即 M 点）一共受到的遮挡时间为 3 小时 40 分钟，则 M 点在冬至日得到的日照时间为 2 小时 20 分钟。

当基地北侧有居住建筑时，除了考虑本基地内的建筑对居住建筑的日照影响，要满足该居住建筑的日照标准，还要根据四周基地的规划综合考虑对居住建筑的日照影响。否则就会出现本基地能符合日照要求的建筑建成后，使其他基地的建筑为达到被遮挡建筑的日照标准，则必须极大地缩小规模，甚至无法建设，建设权益受到侵犯。

例如某城市繁华地带基地 A、基地 B 和基地 C 中，基地 A 已有居住建筑一栋。当基地 B 先建设高层建筑，使基地 A 中的居住建筑 M 点在冬至日得到 1 小时 20 分钟的日照，刚刚符合日照标准。但是对于基地 C 却是不公平的，由于不能再减少基地 A 中的居住建筑 M 点的日照时数，所以基地 C 只能建多层建筑或体形极不完整的高层建筑，使其容积率和基地 B 的容积率相差极大，权益受到侵犯。经过协调后才能体现公平原则（图 4.3.12）。

尤其是规划部门对于这个问题应加以注意，并应起到协调作用。

（4）高低体量组合建筑的遮挡

对于高低体量组合建筑的遮挡，可以看作相当于几个高度不同的多栋建筑的遮挡；对于不同高度应各自计算分析相应的日照曲线图。

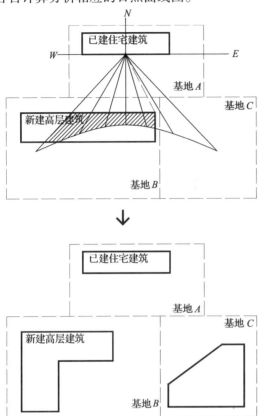

图 4.3.12 某城市基地间因日照而协调举例

【例 4-3-7】

在北纬 31°的某地区，已知住宅建筑 *ABCD* 和办公楼 *EFRKLH*，两者的室外标高相同，其位置如图。办公楼 *EFRJGH* 部分建筑高度为 21m，办公楼 *JKLG* 部分建筑高度为 45.5m。被遮挡考察点为住宅建筑 *ABCD* 上的 *M* 点首层窗台高处，此窗台距室外地面为 2.5m。要求计算 *M* 点在冬至日时的日照情况（图 4.3.13）。

分析：

按照相同的比例准备冬至日这天的日照曲线图，或参考已有的日照曲线图缩放平面图。

计算办公楼两部分外墙高与 *M* 点的相对高度。

办公楼 *EFRJGH* 部分建筑高度为 21m，办公楼 *JKLG* 部分建筑高度为 45.5m，*M* 点距室外地面为 2.5m，由于两个建筑的室外标高相同，那么产生遮挡的办公楼*EFRJGH*部分外墙相对于 *M* 点的高度为 $H = 21 - 2.5 = 18.5\text{m}$；产生遮挡的办公楼 *JKLG* 部分外墙相对于 *M* 点的高度为 $H = 45.5 - 2.5 = 43\text{m}$。

把日照曲线图的原点和平面图中的 *M* 点重合，日照曲线图的南北向与平面图的南北向相同。

先分析办公楼 *EFRJGH* 部分对 *M* 点的遮挡情况。

日照曲线图上利用内插法，绘出 18.5m 日照辅助线。

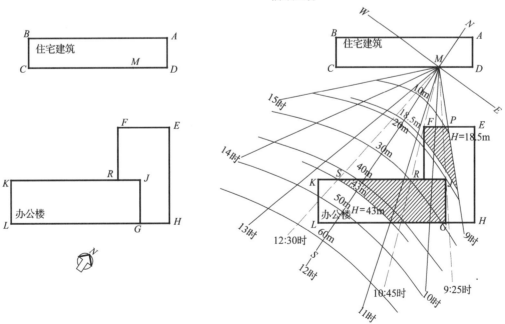

图 4.3.13　**【例 4-3-7】**图

位于 18.5m 日照辅助线以北的部分产生遮挡，即 PF 段为遮挡 M 点的部分（P 点为 9 时放射线和 EF 线的交点），与此对应的时间即为被遮挡时间（即日影时间）。

又因 P 点在 9 时放射线上，PM 线即时间为 9 时。连接 F 点和原点（即 M 点），FM 线在 10 时和 11 时之间，利用角度内插法，得到 FM 线的时间为 10:45 时。

因而办公楼 EFRJGH 部分产生遮挡时间带（日影时间带）为 9:00 时 ~ 10:45 时。

再分析办公楼 JKLG 部分对 M 点的遮挡情况。

日照曲线图上利用内插法，绘出 43m 日照辅助线。

日照曲线图上，KJ 和 43m 日照辅助线交于 S 点。43m 日照辅助线以北的部分，为遮挡 M 点的部分，与此对应的时间即为被遮挡时间（即日影时间）。连接 S 点和原点（即 M 点），SM 线在 12 时和 13 时之间，利用角度内插法，得到 SM 线的时间为 12:30 时。连接 J 点和原点（即 M 点），JM 线在 9 时和 10 时之间，利用角度内插法，得到 JM

线的时间为 9:25 时。

因而办公楼 JKLG 部分产生遮挡时间带（日影时间带）为 9:25 时 ~ 12:30 时。

综合以上两部分的遮挡时间带，得到 M 点被遮挡时间带（日影时间带）为 9:00 时 ~ 12:30 时，即遮挡时间为 3 小时 30 分钟。由于冬至日有效日照时间带是当地时间（真太阳时）9 时 ~ 15 时，即有效日照时间 6h，则 M 点得到的日照时间为 2 小时 30 分钟。

（5）同一建筑自身的遮挡

有的建筑本身形成前后体量关系，则其北侧部分很可能被遮挡，则对这种自身的遮挡情况同样可以用日照曲线图进行分析。

【例 4-3-8】

在北纬 31°的某地区，某住宅建筑呈"工"字形，其周边的室外标高相同，位置如图。ABCD 部分建筑高度为 34m，EFGH 部分建筑高度为 15m。被遮挡考察点为住宅建筑北面体块上的 M 点首层窗台高处，此窗台距室外地面为 2m。要求计算 M 点在冬至日时的日照情况（图 4.3.14）。

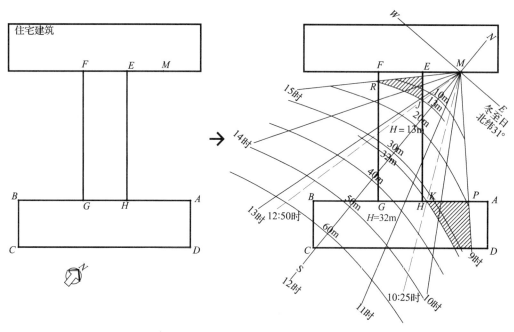

图 4.3.14 【例 4-3-8】图

分析：

按照相同的比例准备冬至日这天的日照曲线图，或参考已有的日照曲线图缩放平面图。

计算 ABCD 部分和 EFGH 部分外墙高与 M 点的相对高度。

ABCD 部分建筑高度为 34m，EFGH 部分建筑高度为15m，M点距室外地面为2m，由于建筑周边的室外标高相同，那么产生遮挡的ABCD部分外墙相对于M点的高度为 $H = 34 - 2 = 32m$；产生遮挡的EFGH部分外墙相对于M点的高度为 $H = 15 - 2 = 13m$。

把日照曲线图的原点和平面图中的M点重合，日照曲线图的南北向与平面图的南北向相同。

日照曲线图上，观察可知AB线和EH线为产生遮挡的部分。

先分析ABCD部分对M点的遮挡情况。

日照曲线图上利用内插法，绘出32m日照辅助线。

AB和9时放射线交于P点，和32m日照辅助线交于K点。位于32m日照辅助线以北的PK段为遮挡M点的部分，与此对应的时间即为被遮挡时间（即日影时间）。

P点位于PM线上，即9时时间线。连接K点和原点（即M点），KM线在10时和11时之间，利用角度内插法，得到KM线的时间为10：25时。

因而ABCD部分产生遮挡时间带（日影时间带）为9：00时~10：25时。

再分析EFGH部分对M点的遮挡情况。

日照曲线图上利用内插法，绘出13m日照辅助线。

FG线和15时放射线交于R点，EH线和13m日照辅助线交于J点。EH线位于日照曲线图中13m日照辅助线以北的部分，即RJ段为遮挡M点

的部分，与此对应的时间即为被遮挡时间（即日影时间）。

R点位于RM线上，即15：00时时间线。连接J点和原点（即M点），JM线在12时和13时之间，利用角度内插法，得到JM线的时间为12：50时。

因而EFGH部分产生遮挡时间带（日影时间带）为12：50时~15：00时。

综合以上两部分的遮挡时间带，得到M点被遮挡时间带（日影时间带）为9：00时~10：25时和12：50时~15：00时，即遮挡时间为3小时35分钟。由于冬至日有效日照时间带是当地时间（真太阳时）9时~15时，即有效日照时间6小时，则M点得到的日照时间为2小时25分钟。

（6）坡屋顶建筑的遮挡

对坡屋顶建筑产生的遮挡进行分析，当屋顶是曲面时，应作适当的高度辅助线，相应的进行日照分析，综合得到分析结果。

【例4-3-9】

在北纬31°的某地区，某住宅建筑南面是一个双坡顶建筑ABCD。两者的室外标高相同，位置如图。坡顶建筑屋顶为曲面，屋脊处建筑高度为18.5m，屋檐处建筑高度为15.5m。被遮挡考察点为住宅建筑的M点首层窗台高处，此窗台距室外地面为1.5m。要求计算M点在冬至日时的日照情况（图4.3.15）。

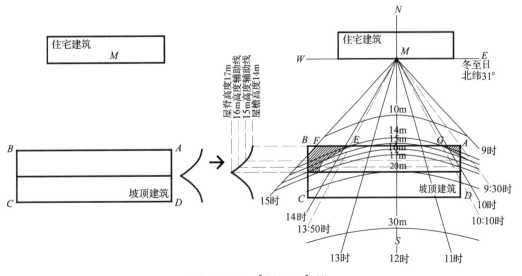

图4.3.15 【例4-3-9】图

分析：

按照相同的比例准备冬至日这天的日照曲线图，或参考已有的日照曲线图缩放平面图。

分别计算坡顶建筑 ABCD 的屋脊处和屋檐处与 M 点的相对高度。

坡顶建筑 ABCD 的屋脊处建筑高度为 18.5m，屋檐处建筑高度为 15.5m，M 点距室外地面为 1.5m，由于两者的室外标高相同，那么产生遮挡的坡顶建筑 ABCD 的屋脊处相对于 M 点的高度为 $H = 18.5 - 1.5 = 17m$；产生遮挡的屋檐处相对于 M 点的高度为 $H = 15.5 - 1.5 = 14m$。

在坡屋顶的屋脊线和屋檐线之间，按照 1m 的高度差作 15m 的高度辅助线、16m 的高度辅助线，利用屋顶坡面示意图得到这些高度辅助线的平面位置。

把日照曲线图的原点和平面图中的 M 点重合，日照曲线图的南北向与平面图的南北向相同。

日照曲线图上利用内插法，绘出 17m 日照辅助线、16m 日照辅助线、15m 日照辅助线、14m 日照辅助线。然后分别对屋脊线相对高度（17m 高）、16m 的高度辅助线、15m 的高度辅助线和屋檐线 14m 这四条线对 M 点遮挡情况进行分析。

可以得到在坡顶建筑 ABCD 上对 M 点产生遮挡处为 EF 线和 GA 线，即 13：50 时~15：00 时和 9：30时~10：10 时，即遮挡时间为 1 小时 50 分钟。由于冬至日有效日照时间带是当地时间（真太阳时）9 时~15 时，即有效日照时间 6h，则 M 点得到的日照时间为 4 小时 10 分钟。

4.3.5　日照间距系数

日照间距系数是主要针对城市住宅而提出的参数。由于各地所处纬度不同，气候条件也不同，故不可能制定各地都能运用的统一的日照间距系数，应由当地城市规划行政主管部门依照日照标准制定相应的日照间距系数。

在规划控制中，日照间距系数是简便的保证日照标准要求的一种计量，主要是针对板式的遮挡建筑，并以多层板式建筑为主。其原理是以太阳高度角原理来控制日照时数。

当遮挡建筑为高层建筑时，除了太阳高度角外，在太阳方位角方面也可补足日照时数，一般按照被遮挡建筑获得的有效日照时数确定日照标准。

（1）日照间距系数定义

在前后相邻的建筑之间，为保证北面建筑符合日照标准，南面建筑的遮挡部分与北面建筑保持的间隔距离，称为日照间距。正确地处理建筑之间的间距是保证建筑获得必要日照的条件（图 4.3.16）。

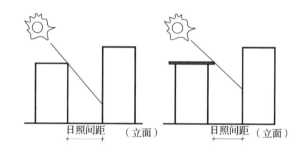

图 4.3.16　日照间距

日照间距系数 L：即根据日照标准确定的日照间距 D，与遮挡计算高度 H 的比值。

其中遮挡计算高度 H 为遮挡建筑的遮挡部分之高程 b 和被遮挡住宅首层地面 0.9m 高外墙处（即计算起点）之高程 a 的差值。

日照间距系数 L 公式（图 4.3.17）：

$$L = D/H \qquad (4.3.7)$$

式中　L——日照间距系数；

　　　D——日照间距；

　　　H——遮挡计算高度，即遮挡建筑的遮挡部分之高程 b 和被遮挡住宅首层地面 0.9m 高外墙处（即计算起点）之高程 a 的差值。

日照间距系数的原理是以太阳高度角原理，选择使日照间距最小的满足日照要求的时数推导出的。而能够达到日照时数且日照间距为最小的时刻为中午左右。同时规范要求，以大寒日这一天在有效日照时间带内，太阳光应以满窗状态照射到住宅首层 2h 或 3h 为准；以冬至日这一天在有效日照时间带内，太阳光应以满窗状态照射到住宅首层 1h 为准。

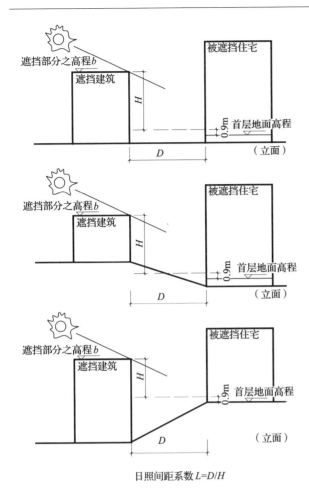

日照间距系数 $L = D/H$

图 4.3.17　日照间距系数

则可以算得在大寒日时，能够达到太阳光的2h 满窗状态照射标准中，日照间距最小的是在11:00~13:00 时，那么 11:00 时（13:00 时）的太阳高度角 h'_s 为计算临界值。能够达到太阳光的 3h 满窗状态照射标准中，日照间距最小的是在10:30~13:30 时，那么 10:30 时（13:30 时）的太阳高度角 h'_s 为计算临界值。

也可以算得在冬至日时，能够达到太阳光的1h 满窗状态照射标准中，日照间距最小的是在11:30~12:30 时，那么 11:30 时（12:30 时）的太阳高度角 h'_s 为计算临界值（图 4.3.18）。

结合住宅建筑方位角 α（即墙面法线与正南向形成建筑方位角）和此时太阳方位角 A_s 的差值，得到日照间距系数 L 的计算公式（图 4.3.19）：

$$L = D/H = \cos(A_s - \alpha) \cdot \coth'_s \qquad (4.3.8)$$

式中　L——日照间距系数；

　　　D——日照间距；

H——遮挡计算高度，即遮挡建筑的遮挡部分之高程 b 和被遮挡住宅首层地面0.9m 高外墙处（即计算起点）之高程 a 的差值；

h'_s——大寒日时，要求 2h 满窗日照时为 11:00时（13:00 时）的太阳高度角，要求 3h满窗日照时为 10:30 时（13:30 时）的太阳高度角；冬至日时，当 11:30 时（12:30 时）的太阳高度角；

A_s——计算时刻的太阳方位角；

α——住宅建筑方位角（即墙面法线与正南向的夹角）。

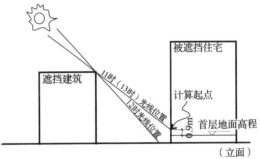

大寒日时，能够达到太阳光的 2h 满窗照射中，
日照间距最小的是在11:00~13:00时

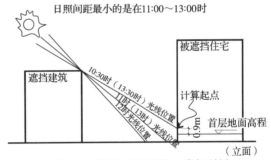

大寒日时，能够达到太阳光的 3h 满窗照射中，
日照间距最小的是在10:30~13:30时

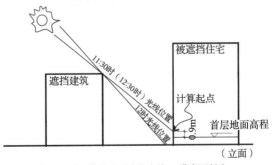

冬至日时，能够达到太阳光的 1h 满窗照射中，
日照间距最小的是在11:30~12:30时

图 4.3.18　三种情况下的最小日照间距的计算时间

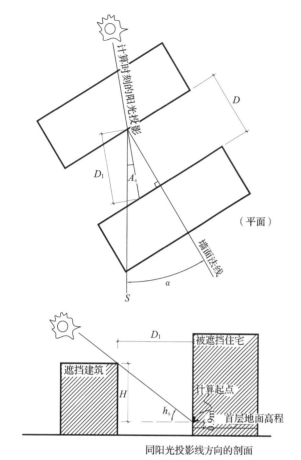

图 4.3.19　日照间距系数的计算图示

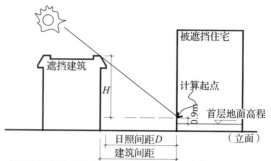

日照间距应以南面建筑的遮挡部分与北面建筑保持的间隔距离为准

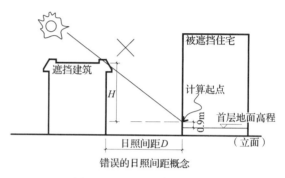

错误的日照间距概念

图 4.3.20　遮挡建筑的有效高度

按照式（4.3.8）可以计算出当地的日照间距系数的数值。实际运用中，各地规划部门还考虑了当地的实际情况以及用地条件，制定出比较适合当地的日照间距系数数值。

有些资料中定义的日照间距为两个建筑的建筑间距，即外墙之间的间距，这样的定义忽略了遮挡建筑挑檐或一些连续造型所产生的遮挡阳光问题，无论遮挡建筑上是主体构件还是装饰构件、附属构件，只要对被遮挡建筑产生有效遮挡，其日照间距就应以南面建筑的遮挡部分与北面建筑保持的间隔距离为准，不能和建筑间距混淆（图 4.3.20）。

但是为了方便规划控制，一些地方根据日照间距系数的制定情况，加以简化计算。比如有的地方法规规定，屋面挑檐挑出宽度小于 0.8m 时，不计入遮挡因素。是因为当地制定的日照间距系数比实际按照式（4.3.8）计算出的日照间距系数要宽松。或采用简化的计算高度，在允许的范围内简化计算要求。

表 4.3.3 中有关日照的标准仅适用于城市住宅。其中应注意的是，在城市中有很多建筑的功能是综合性的，有的住宅建筑的首层为商业网点，有的为商住楼，有些建筑的住宅部分是业主私自非法改建的住宅。对这些建筑中合法的住宅部分应执行表 4.3.3 的日照标准；对非住宅部分，如办公、仓库等非住宅用途，不考虑其日照要求；但如果住宅楼的下部为幼儿园等，应执行其他相关标准的日照要求。

【例 4-3-10】

处于建筑气候区Ⅲ区的北纬 31°上的大城市，要求计算正南朝向平行排列的建筑的日照间距系数。

分析：

查表 4.3.3 得，建筑气候区Ⅲ区大城市的住宅建筑日照标准，为大寒日中有效日照时数 $\geqslant 2h$，即在大寒日时，当 11:00 时（13:00 时）的太阳高度角 h'_s 能够达到太阳光的 2h 满窗状态照射标准。

首先计算出在大寒日时，当 11:00 时（13:00 时）的太阳高度角 h_s。

在北纬 $\varPhi = 31°$ 上，在当地时间 11:00 时，根据式（4.3.2），得：

太阳时角 $\Omega = 15 \times (t-12) = 15 \times (11-12) = -15°$。

又知表 4.3.1 中大寒日的太阳赤纬角 $\delta = -20°00'$。

则把这些已知数值代入太阳高度角 h_s 的计算公式 (4.3.1)：

$$\begin{aligned}
\sin h_s &= \sin\Phi \cdot \sin\delta + \cos\Phi \cdot \cos\delta \cdot \cos\Omega \\
&= \sin31° \times \sin(-20°) + \cos31° \times \\
&\quad \cos(-20°) \times \cos(-15) \\
&= 0.515 \times (-0.342) + 0.857 \times \\
&\quad 0.940 \times 0.966 = -0.176 + 0.778 \\
&= 0.602
\end{aligned}$$

得到在大寒日时，当 11:00 时 (13:00 时) 的太阳高度角 $h_s = 37.0°$。

然后把已知数值代入太阳方位角的计算公式 (4.3.4)：

$$\begin{aligned}
\cos A_s &= (\sin h_s \cdot \sin\Phi - \sin\delta)/(\cos h_s \cdot \cos\Phi) \\
&= [\sin37° \times \sin31° - \sin(-20°)]/ \\
&\quad (\cos37° \times \cos31°) \\
&= (0.602 \times 0.515 + 0.342)/ \\
&\quad (0.799 \times 0.857) \\
&= 0.652/0.685 = 0.95
\end{aligned}$$

根据日照间距系数 L 公式二 [式 (4.3.8)]：

$$\begin{aligned}
L &= D/H = \cos(A_s - \alpha) \cdot \cot h'_s \\
&= \cos(A_s - 0°) \times \cot37.0° \\
&= 0.95 \times 1.33 = 1.26
\end{aligned}$$

其中正南朝向平行排列的建筑，其方位角为 0°。即处于建筑气候区Ⅲ区北纬 31° 上的大城市正南朝向的日照间距系数是 1.26。

【例 4-3-11】

某地的日照间距系数为 1.2。

该地区某基地内将建两栋住宅楼 A 和 B，两者相互平行布置，为正南方向（住宅楼 A 在北侧）。住宅楼为六层结构，每层 3m，女儿墙为 1.1m。住宅楼 A 建在室外标高为 227.5m 的平整地面上，室内外高差为 0.9m；住宅楼 B 建在室外标高为 230.0m 的平整地面上，室内外高差为 1.2m。要求计算这两栋住宅楼的日照间距（图 4.3.21）。

分析：

首先得出遮挡计算高度 H。

知住宅楼 A 在北侧，则住宅楼 B 对住宅楼 A 产生遮挡。

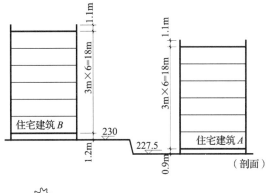

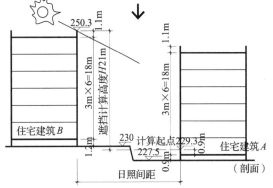

图 4.3.21 **【例 4-3-11】**图

因为住宅楼 B 建在室外标高为 230.0m 的平整地面上，室内外高差为 1.2m，且住宅楼为六层结构，每层 3m，女儿墙为 1.1m。所以得到住宅楼 B 遮挡部分的高程，即女儿墙最顶部分的高程 $b = 230.0 + 1.2 + 3 \times 6 + 1.1 = 250.3$m。

又因为住宅楼 A 建在室外标高为 227.5m 的平整地面上，室内外高差为 0.9m，且遮挡计算起点 a 为距室内地面 0.9m 的外墙处，则遮挡计算起点 $a = 227.5 + 0.9 + 0.9 = 229.3$m。

则遮挡计算高度 $H = b - a = 250.3 - 229.3 = 21$m。

又已知该地的日照间距系数为 $L = 1.2$，把遮挡计算高度 H 值和日照间距系数 L 值代入式 (4.3.7) 中，得：

$$D = H \times L = 21 \times 1.2 = 25.2\text{m}$$

这两栋住宅楼之间的日照间距至少应为 25.2m。

【例 4-3-12】

某地的日照间距系数为 1.3。

某基地剖面上已建高层办公楼（建筑高度为

50.4m），在其北侧（即在剖面上 *A* 点 *B* 点之间）要建一个 60m 的高层建筑，其中裙房为多功能休闲中心，主楼为住宅部分。要求表示可建最大剖面范围（图 4.3.22）。

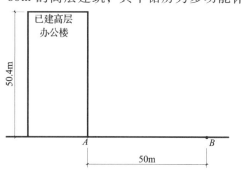

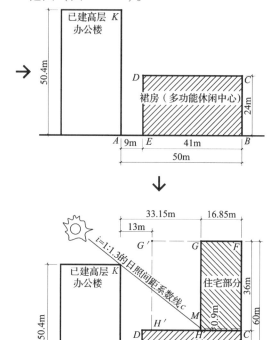

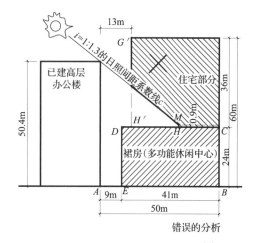

错误的分析

图 4.3.22　【例 4-3-12】图

分析：

根据表 4.2.1，知高层 - 高层最小防火间距为 13m，高层 - 裙房最小防火间距为 9m。根据这两个数值作出可建最大剖面范围线。

其中新建高层的多功能休闲中心作为其裙房部分，因为没有日照的强制要求，所以只有高度达到 24m 时，可使可建面积最大。

在 *AB* 间 24m 高的范围内作矩形 *BCDE*，使 *DE* 线以 9m 的距离与邻近原建筑外墙 *AK* 平行。矩形 *BCDE* 表示的范围即裙房的可建剖面最大范围，用斜线表示。

DC 以上 36m 高的范围内作矩形 *CFG'H'*，使 *G'H'* 线以 13m 的距离与邻近原建筑外墙 *AK* 平行。矩形 *CFG'H'* 表示的范围即新建高层住宅部分有关满足防火条件下的可建剖面最大范围，暂时以虚线外框表示。

住宅部分还必须满足当地日照标准，以下计算得出日照间距。

遮挡计算起点 *a* 为 *CD* 线上方 0.9m 高的 *M* 点处，即遮挡计算起点 *M* 距地面线 *AB* 为 24 + 0.9 = 24.9m。

已建高层对住宅产生遮挡影响部分的高程 *b* 即 *K* 点的高程，其距地面线 *AB* 为 50.4m。

则遮挡计算高度 $H = b - a = 50.4 - 24.9 = 25.5m$。

又已知该地的日照间距系数为 $L = 1.3$，把遮挡计算高度 *H* 值和日照间距系数 *L* 值代入式（4.3.7）中，得日照间距值 $D = H \times L = 25.5 \times 1.3 = 33.15m$。

则住宅部分和原高层建筑应保持 33.15m 的日照间距距离。

也可以通过作图方法得到住宅外墙位置：过 *K* 点向右下方作 1:1.3 的日照间距系数线 *c*，和向上距 *DC* 线 0.9m 的平行线交于 *M* 点，过 *M* 点的垂直线即住宅外墙线位置。

确定住宅部分外墙 *GH* 的位置，即以 33.15m 的距离平行于 *AK*，完成矩形 *CFGH*，用与表示裙房的斜线方向不同的斜线表示。

标注尺寸，完成分析。

注意的是，日照间距系数线 c 以上部分的空间面积很诱惑人，容易把日照间距系数线 c 以上 $G'H'$ 以内部分也划入住宅部分，实际上在日照间距系数线 c 斜线段处的住宅不会得到阳光的照射，是错误的分析。

有的资料在计算日照间距时把遮挡计算起点设在 DC 线处（即住宅首层楼面处），不但不科学准确，而且人为减少了住宅可建面积。在下一节将有所阐述。

（2）遮挡计算高度的选择

1）为便于规划控制，每个城市地区都按日照标准确定了日照间距系数。

在【例4-3-10】中得出，处于建筑气候区Ⅲ区北纬31°上的大城市的日照间距系数是1.26。

摘录2005年一些在纬度31°附近的大城市地方法规中有关日照间距的具体要求：

成都市（北纬30°40′）规划要求："在二环以外，多层居住建筑平行间距的最小间距为1.2H"。

上海市（北纬31°12′）规划要求："其间距在市区不小于南侧建筑高度的1.0倍，在浦东新区、市级工业区和郊县城镇不小于1.2倍"。

武汉市（北纬30°38′）规划要求："建筑高度24m及24m以下的居住建筑之间的间距为：纵墙面与纵墙面的间距，密度一区内不少于建筑高度的0.9倍；密度二区内不少于建筑高度的1.0倍；密度三区内不少于建筑高度的1.1倍，其中在国家级

开发区和东西湖、汉南、江夏、蔡甸、黄陂、新洲建制镇规划区内不少于建筑高度的1.2倍"。

可以看出在地方法规中，不少城市对于首层窗台以下部分计入遮挡计算高度，采用的是日照间距和遮挡建筑高度的比值，即居住建筑标准日照间距系数采用以建筑高度 H_0 为计算因素，也就是自建筑的室外地面算至屋顶或屋脊顶作为遮挡建筑的计算高度。

由此所得到的计算结果在实际应用中存在着误差。

在计算居住建筑标准日照间距系数时，应采用以日照遮挡计算高度 H 为计算因素，即遮挡建筑的遮挡部分高程 b 和被遮挡住宅首层地面以上0.9m高外墙处（即遮挡计算起点）高程 a 之差 H。

以建筑高度 H_0 为计算因素得到的建筑日照间距系统 L_0，随着地形高差的变化、被遮挡建筑住宅室内外地面高差的不同、遮挡建筑高度的变化等因素而变化。因此以建筑高度 H_0 为计算因素得到的建筑日照间距系统 L_0 标准，将会在实际运用中造成一定的误差。

其误差结果是：对于遮挡比较大时计算的间距，比实际间距会小一些。如果当地日照间距系统 L_0 制定得偏小，会造成无法完全满足日照标准的问题。例如遮挡建筑为高层板式时，会使被遮挡住宅的日照标准降低。对于遮挡比较小时计算的间距，会比实际间距大一些，会造成土地资源的浪费（图4.3.23）。

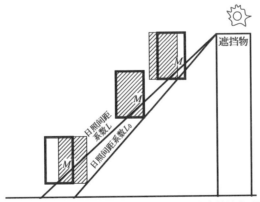

M点为遮挡计算起点（被遮挡住宅首层地面以上0.9m高外墙处）；
日照间距系数 L 以遮挡计算高度 H 为计算因素；
日照间距系数 L_0 以建筑高度 H_0 为计算因素

以日照间距系数 L 得到 □ 以日照间距系数 L_0 得到 ▨
的实际建筑位置　　　　　　　的有误差的建筑位置

图4.3.23　用建筑高度 H_0 计算得到的日照间距系数 L_0 的误差

而以遮挡计算高度 H 为计算因素所得到的建筑日照间距系数 L，不随其他外界因素的变化而改变。在日照设计中采用相应日照标准的 L 值作为日照间距系数标准，是比较科学的方法。

对于以建筑高度 H_0 为计算因素得到的建筑日照间距系统 L_0，忽略了被遮挡建筑的室内外高差及距首层地面 0.9m 的计算因素，并没有减少多少工作量，反而使设计者忽视了对基地周边环境的实际考察，仅以总平面作为设计参考。既不利于节约土地，又容易在建成后出现周边某些日照影响的纠纷。在具体设计计算上，有时会出现不令人信服的结果。

所以建议地方规划部门制定法规时，宜使用按照遮挡计算高度 H 所得到的日照间距系数 L，不宜使用以建筑高度 H_0 所得到的日照间距系统 L_0。

在现实中，如果当地法规对日照间距系数没有定义解释，则应采取科学的定义，即遮挡计算高度 H 采用遮挡建筑遮挡部分高程 b 和被遮挡住宅首层地面 0.9m 高外墙处（即遮挡计算起点）高程 a 之差。

2）当排列建筑方向上基地线为基本水平时，遮挡计算高度 H 比较容易计算，即 $H = h - h_0$，其中 h 为遮挡建筑的建筑高度，h_0 为被遮挡建筑的室内外高差 +0.9m（图4.3.24）。

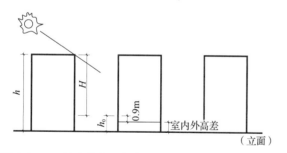

图 4.3.24　基地线为基本水平时遮挡计算高度 H 的计算

当排列建筑方向上基地线表现为斜面时，可以使用直观画图的方法取得遮挡计算高度 H，也可以使用直观画图的方法取得日照间距 D（图4.3.25）。

先确定建筑之间的日照间距。从遮挡部分最高点垂直向下 h_0，得到 M 点，从 M 点作实际日照间距系数线 L，交基地线于 N 点上，N 点就是被遮挡建筑的南侧外墙位置，MN 水平间距就是日照间距 D（其中 h_0 为被遮挡建筑室内外高差 +0.9m）。

MN 垂直间距就是遮挡计算高度 H。

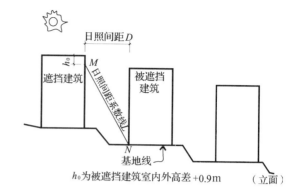

h_0 为被遮挡建筑室内外高差 +0.9m

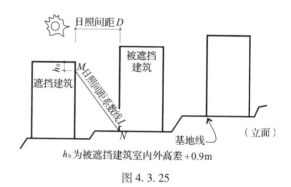

h_0 为被遮挡建筑室内外高差 +0.9m

图 4.3.25

3）也可以利用公式确定遮挡计算高度 H 和日照间距 D。

当遮挡建筑在低处，设基地基本坡度线与水平线的角度为 β。

由直观画图方法原理，得：

$$h - D \cdot \tan\beta = h_0 + H$$

结合日照间距系数 L 公式一［式（4.3.7）］：$L = D/H$，得到当建筑处于向阳坡上（即遮挡建筑在低处时），遮挡计算高度 H 和日照间距 D 的计算公式（图4.3.26）：

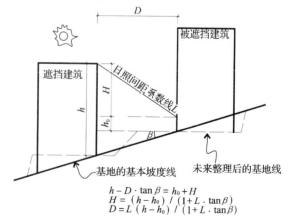

$$h - D \cdot \tan\beta = h_0 + H$$
$$H = (h - h_0) / (1 + L \cdot \tan\beta)$$
$$D = L(h - h_0) / (1 + L \cdot \tan\beta)$$

图 4.3.26　遮挡建筑在低处时遮挡计算高度 H 和日照间距 D 的计算

$$H = (h - h_0)/(1 + L \cdot \tan\beta)$$
$$D = L(h - h_0)/(1 + L \cdot \tan\beta)$$

$$(4.3.9a)$$

式中　H——遮挡计算高度；

　　　D——日照间距；

　　　L——实际日照间距系数；

　　　h——遮挡建筑的遮挡部分之建筑高度；

　　　h_0——被遮挡建筑的室内外高差 $+0.9\text{m}$；

　　　β——排列建筑方向的基地线与水平线之间的夹角。

同样计算原理，**得到当建筑处于背阴坡上（即遮挡建筑在高处时），遮挡计算高度 H 和日照间距 D 的计算公式**（图4.3.27）：

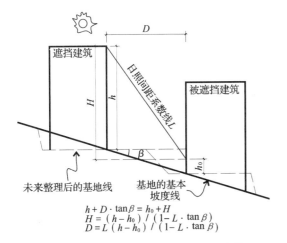

$$h + D \cdot \tan\beta = h_0 + H$$
$$H = (h - h_0)/(1 - L \cdot \tan\beta)$$
$$D = L(h - h_0)/(1 - L \cdot \tan\beta)$$

图4.3.27　遮挡建筑在高处时遮挡计算
高度 H 和日照间距 D 的计算

$$H = (h - h_0)/(1 - L \cdot \tan\beta)$$
$$D = L(h - h_0)/(1 - L \cdot \tan\beta) \quad (4.3.9b)$$

式中　H——遮挡计算高度；

　　　D——日照间距；

　　　L——实际日照间距系数；

　　　h——遮挡建筑的遮挡部分之建筑高度；

　　　h_0——被遮挡建筑的室内外高差 $+0.9\text{m}$；

　　　β——排列建筑方向的基地线与水平线之间的夹角。

4）**遮挡计算起点定义为被遮挡建筑首层室内高度以上0.9m处，而没有笼统地定义为被遮挡建筑首层窗台台面高处，是为了避免有关日照纠纷而采取的统一标准。**有些被遮挡住宅首层采用了落地窗，此时计算起点不能按照实际的窗台台面高

处计算，否则就侵犯了被遮挡建筑的利益，或因增大间距而浪费了土地资源。有些被遮挡住宅首层的窗台台面距室内地面 $>0.9\text{m}$，此时计算起点若按照实际的窗台台面高处计算，被遮挡建筑在以后改造窗台到 0.9m 时，就无法达到日照标准，侵犯了被遮挡建筑应有的日照权益。因此应科学定义计算高度，避免含义不清。

5）对于遮挡建筑物屋顶凸出物是否计入遮挡计算高度的一般经验。

屋顶凸出物的宽度较小，而且多个凸出物是均匀分散的，累计宽度占建筑总宽度的比例较小时，对日照影响小，则屋顶凸出物不计入遮挡计算高度。

如果凸出物累积计宽度占建筑总宽度的比例较大时，对日照有明显的影响，保守上应考虑把凸出物计入遮挡计算高度，或者经过日照曲线图分析，以确保对周围居住建筑不构成日照影响。

按照凸出物累计宽度占建筑总宽度的比例来确定是否考虑其日照遮挡影响，在一些地方法规中有所规定。

（3）采用日照间距系数的前提条件分析

表4.3.3中是以不同的气候分区和城市规模的日照时间为日照标准的，在有关资料中记录中国主要城市不同日照标准的间距系数表，只能作为参考资料，不能作为标准引用，但是因为一直没有简便的技术手段来检测是否达到日照标准，各地方政府广泛采用了日照间距的简化方法，即日照间距系数。日照间距系数是根据国家的日照标准，以平行的板式建筑（以多层为主）为理论样本，通过理论计算和实地观测得出的。

作为板式建筑和非板式建筑的区别，一般以经验为主。那么遮挡建筑其遮挡立面的长度和高度的比例为多少时，能达到采用日照间距系数的条件？或者说长高比例为多少时，作为板式和非板式建筑的区分点？

采用日照间距系数的前提条件是：只能由遮挡建筑上方部分决定被遮挡处的日照情况（即按照从太阳高度角方面控制日照情况的原理）。

具体地说，在大寒日（或冬至日）的有效日照时间内，由遮挡建筑的拐角形成的阴影范围 K 内（即无法获得有效日照的范围），有通过遮挡建

筑上方产生的能够满足最低日照标准的日影线 a 位置，则达到采用日照间距系数的前提条件；即线 a 在范围 K 内时，达到采用日照间距系数的前提条件（图4.3.28）。

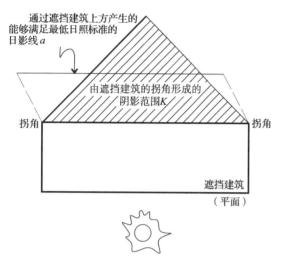

图4.3.28 采用日照间距系数的前提条件

下面以平行布置的建筑，其相对北侧为住宅建筑时，分三种情况计算分析可以采用日照间距系数的遮挡建筑之计算长高比。

1）第一种情况——当平行布置的建筑为正南向时，其墙面方向角为0°，即墙面法线与正南方向线重合（图4.3.29）。

暂设大寒日满窗日照至少2h为当地日照标准，以便分析说明。

设遮挡建筑长为 A，计算高度为 H，即日照计算起点为被遮挡建筑外墙在首层地面以上0.9m高处（H = 遮挡建筑高度 – 被遮挡建筑室内外高差 – 0.9m）。

首先，计算由遮挡建筑的拐角形成的太阳投影线范围。

由于在大寒日这一天的有效日照时间带为8:00时~16:00时，则作出遮挡建筑东侧拐角在8:00时的太阳投影线，及遮挡建筑西侧拐角在16:00时的太阳投影线，两个太阳投影线相交于 M 点，在 M 点和遮挡建筑墙面之间形成三角形的无有效日照

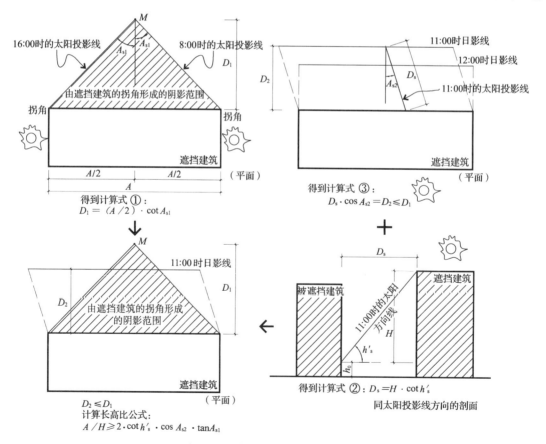

图4.3.29 第一种情况的计算分析

区（针对拐角的影响而言），可以称为阴影区。

设这两个时刻的太阳方位角为 A_{s1}，M 点距遮挡建筑主墙面的水平距离为 D_1。

则得到计算式①：$D_1 = (A/2) \cdot \cot A_{s1}$。

然后，计算遮挡建筑能够满足日照标准的某时刻太阳高度角下产生的日影线位置。

当地日照标准要求大寒日满窗至少 2h，则按照太阳高度角原理，能够满足最低日照标准的日影线位置的时刻为 11:00 时（13:00 时）。

此时日影线在阴影范围内，即此日影线距遮挡建筑主墙面的水平距离 $D_2 \leqslant D_1$。

设当地大寒日 11:00 时（13:00 时）的太阳高度角为 h'_s，太阳方位角为 A_{s2}，其相应的在 11:00 时的日影线和遮挡建筑主墙面之间的太阳投影线长度为 D_s。

则得到计算式②：$D_s = H \cdot \cot h'_s$；以及计算式③：$D_s \cdot \cos A_{s2} = D_2 \leqslant D_1$。

由计算式②和计算式③得：

$$H \cdot \cot h'_s \cdot \cos A_{s2} \leqslant D_1$$

又把计算式①代入上式，得到：

$$H \cdot \cot h'_s \cdot \cos A_{s2} \leqslant (A/2) \cdot \cot A_{s1}$$

整理得当为正南朝向时，可以采用日照间距系数的遮挡建筑之计算长高比公式：

$$A/H \geqslant 2 \cdot \cot h'_s \cdot \cos A_{s2} \cdot \tan A_{s1}$$

$$(4.3.10)$$

式中　A——遮挡建筑长度；

　　　H——日照遮挡计算高度；

　　　A_{s1}——当地大寒日 8:00 时（16:00 时）的太阳方位角或当地冬至日 9:00 时（15:00 时）的太阳方位角；

　　　A_{s2}——当地大寒日 11:00 时（13:00 时）的太阳方位角（当日照标准为大寒日至少满窗日照 2h）；当地大寒日 10:30 时（13:30 时）的太阳方位角（当日照标准为大寒日至少满窗日照 3h）；当地冬至日 11:30 时（12:30 时）的太阳方位角（当日照标准为冬至日至少满窗日照 1h）；

　　　h'_s——当地大寒日 11:00 时（13:00 时）的太阳高度角（当日照标准为大寒日至少满窗日照 2h）；当地大寒日 10:30

时（13:30 时）的太阳高度角（当日照标准为大寒日至少满窗日照 3h）；当地冬至日 11:30 时（12:30 时）的太阳高度角（当日照标准为冬至日至少满窗日照 1h）。

2）第二种情况——当平行布置的建筑的墙面方位角 $\alpha \leqslant (90 - A_{s1})$ 时，即中国境内相当于 $\alpha \leqslant 30° \sim 40°$。$A_{s1}$ 为当地大寒日 8:00 时和 16:00 时的太阳方位角或当地冬至日 9:00 时和 15:00 时的太阳方位角（图 4.3.30）。

暂设大寒日满窗日照至少 2h 为当地日照标准，以便分析说明。

首先，计算由遮挡建筑的拐角形成的阴影范围。

分别作出遮挡建筑东侧拐角在 8:00 时的太阳投影线，及遮挡建筑西侧拐角在 16:00 时的太阳投影线，两个太阳投影线相交于 M 点，在 M 点和遮挡建筑墙面之间形成三角形的无有效日照区（针对拐角的影响而言）。

设这两个时刻的太阳方位角为 A_{s1}，M 点距遮挡建筑主墙面的水平距离为 D_1。

过 M 点作遮挡建筑主墙面的垂直线，得到：

$$A_1 = D_1 \cdot \tan(A_{s1} + \alpha)$$

$$A_2 = D_1 \cdot \tan(A_{s1} - \alpha)$$

$$A = A_1 + A_2 = D_1 \cdot \tan(A_{s1} + \alpha) + D_1 \cdot \tan(A_{s1} - \alpha)$$

则得到计算式①：

$$D_1 = A / [\tan(A_{s1} + \alpha) + \tan(A_{s1} - \alpha)]$$

然后，计算遮挡建筑能够满足日照标准的某时刻太阳高度角下产生的日影线位置。

当地日照标准要求大寒日满窗至少 2h，则按照太阳高度角原理，能够满足最低日照标准的日影线位置的时刻为 11:00 时（13:00 时）。

此时日影线在阴影范围内，即此日影线距遮挡建筑主墙面的水平距离 $D_2 \leqslant D_1$。

设当地大寒日 11:00 时（13:00 时）的太阳高度角为 h_s'，太阳方位角为 A_{s2}，其相应的在 11:00 时的日影线和遮挡建筑主墙面之间的太阳投影线长度为 D_s。

则得到计算式②：$D_s = H \cdot \cot h'_s$；以及计算式③：$D_s \cdot \cos(A_{s2} - \alpha) = D_2 \leqslant D_1$。

由计算式②和计算式③得：

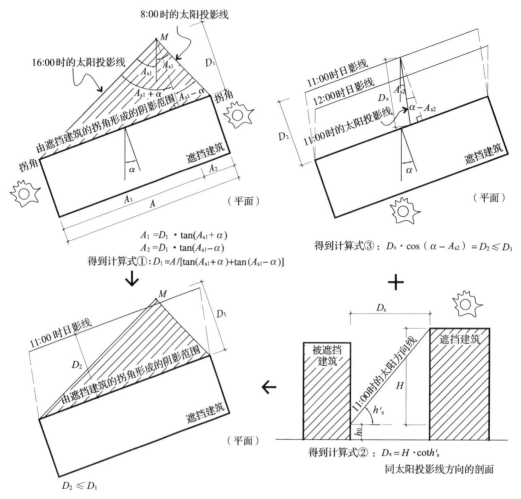

图 4.3.30 第二种情况的计算分析

$$H \cdot \cot h'_s \cdot \cos(\alpha - A_{s2}) \leqslant D_1$$

又把计算式①代入上式，得到：

$$H \cdot \cot h'_s \cdot \cos(\alpha - A_{s2}) \leqslant A/[\tan(A_{s1} + \alpha) + \tan(A_{s1} - \alpha)]$$

整理得**当墙面方位角 $\alpha \leqslant 90° - A_{s1}$ 时（相当于 $\alpha \leqslant 30° \sim 40°$），可以采用日照间距系数的遮挡建筑之计算长高比公式：**

$$A/H \geqslant \cot h'_s \cdot \cos(\alpha - A_{s2}) \cdot [\tan(A_{s1} + \alpha) + \tan(A_{s1} - \alpha)] \quad (4.3.11)$$

式中　A——遮挡建筑长度；

H——日照遮挡计算高度；

α——墙面方位角，此时 $\leqslant A_{s1}$；

A_{s1}——当地大寒日 8：00 时（16：00 时）的太阳方位角；当地冬至日 9：00 时（15：00 时）的太阳方位角；

A_{s2}——当地大寒日 11：00 时（13：00 时）的太阳方位角（当日照标准为大寒日至少满窗日照 2h）；当地大寒日 10：30 时（13：30 时）的太阳方位角（当日照标准为大寒日至少满窗日照 3h）；当地冬至日 11：30 时（12：30 时）的太阳方位角（当日照标准为冬至日至少满窗日照 1h）；

h'_s——当地大寒日 11：00 时（13：00 时）的太阳高度角（当日照标准为大寒日至少满窗日照 2h）；当地大寒日 10：30 时（13：30 时）的太阳高度角（当日照标准为大寒日至少满窗日照 3h）；当地冬至日 11：30 时（12：30 时）的太阳高度角（当日照标准为冬至日至

少满窗日照 1h)。

注意的是,随着墙面方位角的变化,其相应的实际日照间距系数也在变化,按照某个固定数值作为此时的日照间距系数,会产生误差,设计中应注意。

3)第三种情况——当平行布置的建筑的墙面方位角 $\alpha > (90 - A_{s1})$ 时,即中国境内相当于 α 大于 $30° \sim 40°$。A_{s1} 为当地大寒日 8:00 时和 16:00 时的太阳方位角或当地冬至日 9:00 时和 15:00 时的太阳方位角。由于被遮挡建筑会从遮挡建筑的一侧得到太阳日照,根据由此得到的日照情况,综合以上使用日照间距系数的原理,得到的结果比较复杂。

在第三种情况下,应该以建筑日影图衡量间距位置,或以日照曲线图检测是否满足日照标准,不宜采用日照间距系数。在这种情况下计算遮挡建筑长高比值,在设计中的参考意义并不大。

平行布置的板式建筑方位的不同,可以以不同的日照间距系数来计算日照间距。也可以使用不同方位间距折减换算系数(表 4.3.4)。

不同方位间距折减换算   表 4.3.4

方位 α	$\alpha \leq 15°$	$15° < \alpha \leq 30°$	$30° < \alpha \leq 45°$	$45° < \alpha \leq 60°$	$60° < \alpha$
折减值	L	$0.9L$	$0.8L$	$0.9L$	$0.95L$

表 4.3.4 的数据只是作为总图设计的参考,具体设计时还需要进行科学的验算,避免出现日照纠纷。

【例 4-3-13】

在建筑气候区Ⅲ区北纬 31° 上的大城市中,对于正南朝向平行排列的建筑,要求计算符合使用日照间距系数的遮挡建筑最小长高比(即符合日照概念下的板式建筑的范围)。

分析:

查表 4.3.3 得,建筑气候区Ⅲ区大城市的住宅建筑日照标准,为大寒日中有效日照时数 ≥2h,有效日照时间带为 8:00 时 ~16:00 时。

即在大寒日时,当 11:00 时(13:00 时)的太阳高度角 h_s' 能够达到太阳光的 2h 满窗状态照射标准。

由【例 4-3-10】的计算过程得到:

在大寒日时,当 11:00 时(13:00 时)的太阳高度角 $h_s' = 37.0°$。

在大寒日时,当 11:00 时(13:00 时)的太阳方位角 $\cos A$ 值 $\cos A_{s2} = 0.95$。

再计算当地大寒日 8:00 时(16:00 时)的太阳方位角 A_{s1}。

按式(4.3.1)计算大寒日 8:00 时(16:00 时)的太阳高度角 h_{s1}:

$$\sin h_s = \sin\Phi \cdot \sin\delta + \cos\Phi \cdot \cos\delta \cdot \cos\Omega$$
$$= \sin 31° \times \sin(-20°) + \cos 31° \times$$
$$\cos(-20°) \times \cos(-60°)$$
$$= 0.515 \times (-0.342) + 0.857 \times$$
$$0.940 \times 0.5$$
$$= -0.176 + 0.403 = 0.227$$

得到在大寒日 8:00 时(16:00 时)的太阳高度角 $h_{s1} = 13°6'$。

其中太阳时角 $\Omega = 15 \times (t - 12) = 15 \times (8 - 12) = -60°$。

按式(4.3.4)计算大寒日 8:00 时(16:00 时)的太阳方位角 A_{s1}:

$$\cos A_{s1} = (\sin h_s \cdot \sin\Phi - \sin\delta)/(\cos h_s \cdot \cos\Phi)$$
$$= [\sin 13°6' \times \sin 31° - \sin(-20°)]/$$
$$(\cos 13°6' \times \cos 31°)$$
$$= (0.227 \times 0.515 + 0.342)/$$
$$(0.974 \times 0.857)$$
$$= 0.459/0.835 = 0.55$$

得到在大寒日 8:00 时(16:00 时)的太阳方位角 $A_{s1} = 56°38'$。

将以上 3 个已知参数代入为正南朝向时遮挡建筑的计算长高比公式(4.3.10):

$$A/H \geq 2 \cdot \coth_s' \cdot \cos A_{s2} \cdot \tan A_{s1}$$
$$= 2 \times \cot 37.0° \times 0.95 \times \tan 56°38'$$
$$= 2 \times 1.327 \times 0.95 \times 1.518 \approx 3.83$$

其中 A 为遮挡建筑长度,H 为日照遮挡计算高度。

即在建筑气候区Ⅲ区北纬 31° 上的大城市中,对于正南朝向平行排列的建筑,符合使用日照间距系数的遮挡建筑长高比(即符合日照概念下的板式建筑的范围)的最小值为 3.83。

【例 4-3-14】

在建筑气候区Ⅲ区北纬 31° 上的大城市中,以正南朝向平行排列的建筑有3组，要求分析这3组是否都可以采用日照间距系数的方法，也就是说哪组属于日照概念下的板式建筑（图4.3.31）？

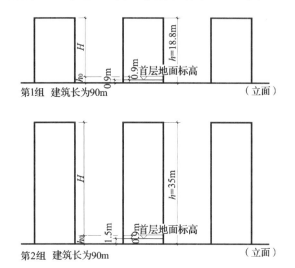

第1组　建筑长为90m　　　（立面）

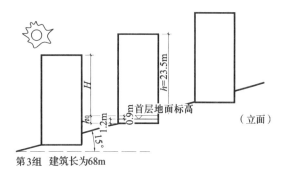

第2组　建筑长为90m　　　（立面）

第3组　建筑长为68m

图4.3.31　【例4-3-14】图

第1组：排列建筑方向的基地线为水平。建筑长为90m，建筑高度 h 为18.8m，室内外高差为0.9m。

第2组：排列建筑方向的基地线为水平。建筑长为90m，建筑高度 h 为35m，室内外高差为1.5m。

第3组：排列建筑方向的基地线与水平线形成15°的夹角，此处为向阳坡。建筑长为68m，建筑北侧高度 h 为23.5m，室内外高差为1.2m。

分析：

利用【例4-1-13】的计算结果得到：在建筑气候区Ⅲ区北纬31°上的大城市中，对于正南朝向平行排列的建筑，符合使用日照间距系数的长高比最小值为3.83，以此数值衡量以下三组情况。

① 对第1组的计算分析

建筑高度 h 为18.8m，室内外高差为0.9m，则：

遮挡计算高度 $H = h -$ 室内外高差 $- 0.9 = 18.8 - 0.9 - 0.9 = 17$ m。

又知建筑长为90m，得到本建筑 $A/H = 90/17 = 5.29 > 3.83$。

那么第1组的建筑之间可以采用日照间距系数方法，属于日照概念下的板式建筑。

② 对第2组的计算分析

建筑高度 h 为35m，室内外高差为1.5m，则：

遮挡计算高度 $H = h -$ 室内外高差 $- 0.9 = 35 - 1.5 - 0.9 = 32.6$ m。

又知建筑长为90m，得到本建筑 $A/H = 90/32.6 = 2.76 < 3.83$。

那么第2组的建筑之间不适合采用日照间距系数方法，应采用建筑遮挡日影图或日照曲线图。不属于日照概念下的板式建筑。

③ 对第3组的计算分析

在【例4-1-12】中得出，处于建筑气候区Ⅲ区北纬31°上的大城市的日照间距系数 L 是1.26。

知建筑北侧高度 h 为23.5m，室内外高差为1.2m，而且排列建筑方向的基地线与水平线形成15°的夹角，此处为向阳坡，根据式（4.3.9a），得到遮挡计算高度：

$$H = (h - h_0)/(1 + L \cdot \tan\beta)$$
$$= (23.5 - 1.2 - 0.9)/(1 + 1.26 \times \tan15°)$$
$$= 21.4/1.34 = 15.97\text{m}$$

又知建筑长为68m，得到本建筑 $A/H = 68/15.97 = 4.25 > 3.83$。

那么第3组的建筑之间可以采用日照间距系数方法，属于日照概念下的板式建筑。

【例4-3-15】

在建筑气候区Ⅲ区北纬31°上的大城市中，对于平行排列的建筑，当墙面方位角 $\alpha = 15°$ 时，要求计算符合使用日照间距系数的长高比（即符合日照概念下的板式建筑的长高比）。

分析：

查表4.3.3得，建筑气候区Ⅲ区大城市的住宅建筑日照标准，为大寒日有效日照时数≥2h，有效日照时间带为8：00时~16：00时。

在【例4.3.13】中得到，在大寒日8：00时（16：00时）的太阳方位角 $A_{s1} = 56°38'$。

因为 $90° - A_{s1} = 90° - 56°38' = 33°22'$，大于墙面方位角 $\alpha = 15°$，所以可以采用遮挡建筑的计算长高比公式（4.3.11）进行计算。

又可以由【例4.3.10】中计算过程中得到：

在大寒日时，当11:00时（13:00时）的太阳高度角 $h_s' = 37.0°$。

在大寒日时，当11:00时（13:00时）的太阳方位角 $A_{s2} = 18°12'$。

代入式（4.3.11）：

$$A/H \geq \coth_s' \cdot \cos(A_{s2} - \alpha) \cdot [\tan(A_{s1} + \alpha) + \tan(A_{s1} - \alpha)] = \cot 37.0° \times \cos(18°12' - 15°) \times [\tan(56°38' + 15°) + \tan(56°38' - 15°)]$$

$$= \cot 37.0° \times \cos 3°12' \times (\tan 71°38' + \tan 41°38')$$

$$= 1.327 \times 0.998 \times (3.012 + 0.889)$$

$$= 1.327 \times 0.998 \times 3.901 \approx 5.17$$

即在建筑气候区Ⅲ区北纬31°上的大城市中，对于平行排列的建筑，当墙面方位角 $\alpha = 15°$ 时，符合使用日照间距系数的长高比（即符合日照概念下的板式建筑的长高比）最小值为5.17。

实际设计中，设计者会根据当地地方法规的要求，对不同方向平行排列的板式建筑采用地方法规中规定的日照间距系数。虽然应符合当地法规要求，但是需注意的是这些规定往往属于粗略的日照间距布置，并不是精确科学的结果。如果基地面积很紧张时，建议进行建筑日影图和日照曲线分析；同时，在保证视觉卫生间距、防火间距等的要求下，应尽量提高土地利用率。

在国家制定的日照标准的基础上，各个地方有关部门制定的日照要求相互之间不一样（即使处于同一纬度）。设计者在跨地区进行设计工作时，应当以工程所在地的规划要求为准。

【例4-3-16】

某地方法规中规定：

① 中高层以下南北向平行布置的住宅，其建筑高度与建筑正面间距之比为1:1.1。

② 面宽小于等于40m的高层建筑与南侧住宅间距按高层建筑高度的0.35倍控制，且最小间距不得小于20m。

③ 面宽大于40m的高层建筑与南侧住宅的间距按高层建筑高度的0.4倍控制，且最小间距不得小于24m。

在该地的某块基地上，已建高层 A（高42m）和高层 B（高80m）及多层住宅楼 C（高16m）。准备在此基地内建设18m高的多层板式住宅楼，要求标明新建住宅楼的最大可建范围（图4.3.32）。

分析：

首先对根据日照影响得出满足日照的最大可建范围。

对于高层建筑 A，因面宽50m>40m，符合③的要求。

计算间距 $42 \times 0.4 = 16.8$m，但是小于24m，则日照间距取24m。在建筑 A 北侧24m范围内不能建设新住宅楼。

对于高层建筑 B，因面宽24m<40m，符合②的要求。

计算间距 $80 \times 0.35 = 28$m，大于24m，则日照间距取28m。在建筑 B 北侧28m范围内不能建设新住宅楼。

对于多层住宅建筑 C，为满足住宅建筑 C 的日照标准，应在住宅建筑 C 的南侧留出日照间距。因新建住宅建筑为18m的多层板式住宅楼，符合①的要求。

计算间距 $18 \times 1.1 = 19.8$m，则日照间距取19.8m。在建筑 C 南侧19.8m范围内不能建设新住宅楼。

得到满足日照的最大可建范围。

其次要考虑防火间距。

根据表4.2.1，知（一、二级）多层建筑－高层的最小防火间距为9m，（一、二级）多层建筑之间的最小防火间距为6m。

在高层建筑 A 和 B 四周作9m的与轮廓平行的线，拐角处以半径9m的1/4圆连接，此线为建筑 A、B 与新建建筑的防火间距。

在多层建筑 C 四周作6m的与轮廓平行的线，拐角处以半径6m的1/4圆连接，此线为建筑 B 和新建建筑的防火间距。

得到满足防火要求的最大可建范围。

把两者综合得出最大可建范围，用斜线表示。

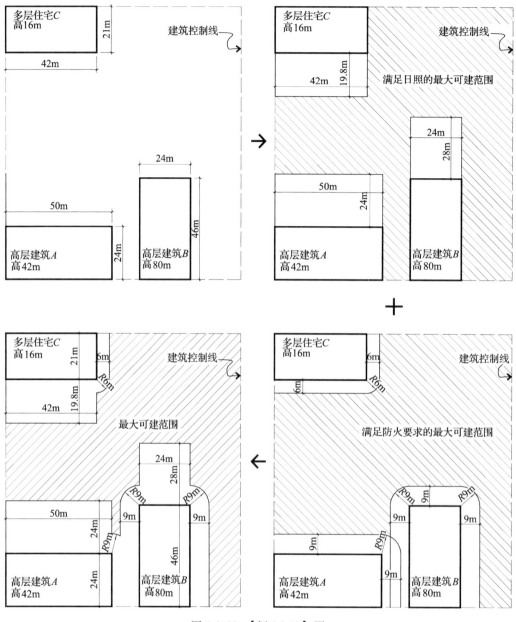

图 4.3.32　【例 4-3-16】图

4.3.6　建筑日影图、日影时间图

建筑日影图可直观表现遮挡建筑日影线在地面上的移动情况，根据有效时间内每个主要时刻的太阳高度角和太阳方位角，把此时刻遮挡建筑的阴影区外轮廓（即此时刻日影线）勾画出来。

也可以通过日影曲线图来确定每个时刻的日影线。

首先选出与研究地点纬度相一致的日影曲线，再将建筑物高度 H 作为单位长度，以此比例将平面图缩放，最后将建筑物的主要点 A 与日影曲线的原点 O 相重合，并且方位相一致。这里，以某地大寒日 9 点时为例，可以确定 A 点（日影曲线的原点 O）的日影 A_0；然后同样确定出 B_0、C_0、D_0，则其轮廓线 $A-A_0-B_0-C_0-C$ 为建筑物 $ABCD$ 在 8 时的日影。其他时刻的日影以同样的方法取得（图 4.3.33）。

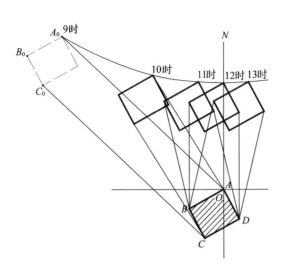

图4.3.33 通过日影曲线图确定某个时刻的日影线

获得相同日照时数（或阴影时数）的日影点相连，叫做等时间的日影线。第 n 个小时的就叫 n 小时日影线。将各个特定小时的等时间日影线有系统地描绘出来就叫日影时间图（图4.3.34）。

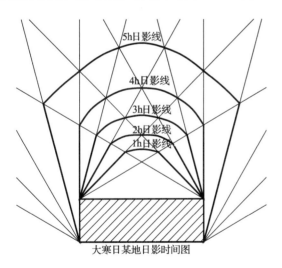

大寒日某地日影时间图

图4.3.34 日影时间图

一般的日影时间图上标注的是相同日照时数。特殊情况下标注的是阴影时间，如两座高层之间的日影时间图，标注的是相同阴影时数，图上应注明为阴影时数图（图4.3.35）。

根据日影时间图原理，可以灵活方便地对某些特殊情况进行日照分析。

【例4-3-17】

在建筑气候区Ⅱ区内，北纬40°的某中型城市的某基地内，已建一座148m的高层 $ABCD$，欲在余

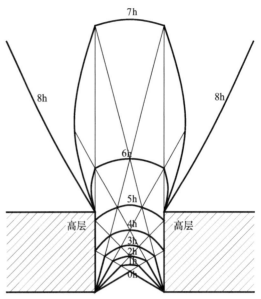

大寒日某地阴影时数图

图4.3.35 阴影时数图

下的面积内新建多层住宅，要求标明新建多层住宅的最大可建面积（图4.3.36）。

分析：

该在建筑气候区Ⅱ区内。查表4.3.3可知，建筑气候区Ⅱ区中小城市的住宅建筑日照标准，为大寒日中有效日照时数≥3h，有效日照时间带为8:00时~16:00时。

当遮挡高层建筑的高宽比值较大时，可以根据日影时间图原理进行日照分析。

观察指北针的方向，首先在拐角 A 点和 C 点处标出日影线，来获得 A 点和 C 点形成的日照3h的日影线。观察到中间 B 点向北偏向 C 点，位于 C 点下午的日影线范围内，在下午也会产生日影影响，则在拐角 B 点处标出日影线，来获得 A 点和 B 点形成的日照3h的日影线，两个日影线叠合得到建筑的日照3h的日影线，即在此日影线范围外为满足新建多层住宅的日照标准区域。

查资料或经过计算，得到该市在大寒日的各个时刻太阳方位角（表4.3.5）。

北纬40°地区在大寒日的太阳方位角

表4.3.5

时间	12时	11时	10时	9时	8时
		13时	14时	15时	16时
太阳方位角	±0°	±16°0′	±30°48′	±43°50′	±55°07′

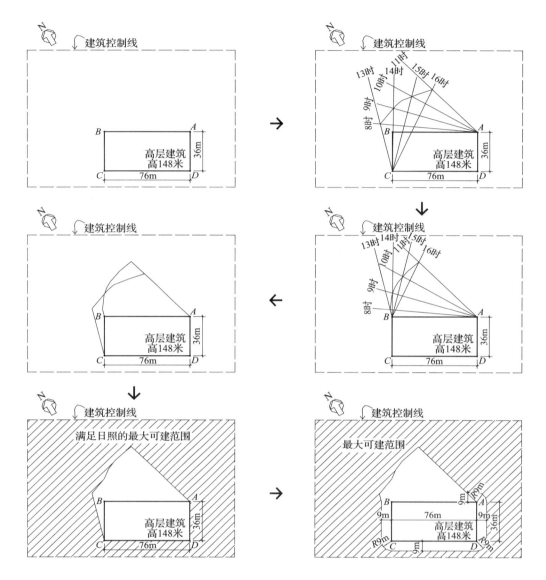

图 4.3.36　【例 4-3-17】图

根据表中的角度，从 A 点作出 8 时、9 时、10 时、11 时的日影线，从 C 点作出 16 时、15 时、14 时、13 时的日影线。注意要清楚平面上的指北针方向。

在 11 时的日影线和 13 时的日影线基础上，作出获得日照 3h 的日影线。该日影线范围内为小于 3h 日照时数的部分，范围外为大于 3h 日照时数的部分。

同样以 A 点 B 点得到获得日照 3h 的日影线，那么和 A 点 C 点得到的 3h 日影线叠合，表示出该建筑的 3h 日影线。

得到满足日照的最大可建范围。

接着要考虑防火间距。

根据防火间距要求，高层－多层为 9m，则在 ABCD 四周作出 9m 的平行线，以半径 9m 的 1/4 圆弧相连接，结合满足日照的最大可建范围，得到多层住宅的最大可建面积，用斜线表示。

4.4　视觉卫生间距

视觉卫生，是在生活居住中，保持相互之间的视线为一定距离，或采取某些措施，避免居住的安全感和私密性被破坏。特别对于住宅建筑，视觉卫生是很重要的一个设计因素。

由建筑物间距围合的空间为半私有空间，其在一定程度上意味着该空间对居民居住的安全感和私密性起了很大作用。

有资料标明，当人与人之间的距离超过 7.5m 时，人际关系则不那么亲密。从人的视觉感觉来看，1200m 以内还能辨别出人体；24m 内能辨别对方；12m 内能看清对方容貌；1~3m 与对方有接触的感觉。可见，考虑到建筑之间的距离，一般多层住宅居室与对面居室之间的距离以不小于 20m 为宜，12m 则为极限。对于低层的小住宅则最少应该保持 7.5m，以满足住户的私密性需要，提高居住质量，保持良好的居住环境。

一般对于住宅建筑，在考虑了日照要求后，相互间的距离基本上已经可以达到视觉卫生的要求。

住宅侧面间距，应符合下列规定：

多层式板式住宅之间宜≥6m；高层板式住宅与各种层数住宅之间宜≥13m。除考虑日照因素外，还考虑到通风、采光、消防的间距要求，且特别考虑了视觉卫生以及管线埋设等的要求。

高层塔式住宅、多层和中高层点式住宅与侧面有窗的各种层数住宅之间应适当加大间距，考虑到视觉卫生因素。在北方城市一般以不小于 20m 为合理，在南方城市由于用地紧张，难以考虑视觉卫生问题，长期以来已经习惯，不作为主要考虑因素。

4.5　风　象

空气运动的水平分量称为风。因动力和热力两种原因形成气压分布不均，空气在气压梯度力的作用下，由高压区向低压区移动而产生了风。

风是一个向量，所以风的观测包括风向、风速两项。风向、风速的资料也是场地、城市规划的设计依据。

4.5.1　风向和风速

（1）风向

风向是指风的来向。

地面风向用 16 个方位表示（图 4.5.1），空中风向用 360° 表示。建筑场地设计中所说的风向一般就是指地面风。空气由西向东运行，叫西风；空气由北向南运行，叫北风。

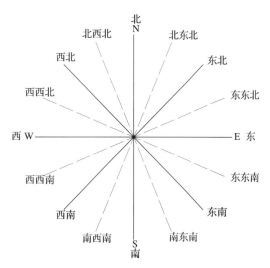

图 4.5.1　地面风向表示

风向多变，因而风向观测有瞬时风向和平均风向之分，通常所说的风向是指 10min 的平均风向。离地面 10m 高的风向，一般采用电接风向风速计观测；空中风向是施放测风气球，雷达探测其方位角和仰角，然后经过计算得出来的。

（2）风速

单位时间内空气在水平方向上移动的距离叫风速，单位为 m/s 或 km/h。

风速时刻都在变化，风速观测有瞬时风速和平均风速之分。平均风速一般是指 10min 内的平均风速。离地面 10m 高处的风速，一般采用电接风向风速计测得，空中风速用测风气球、无线电测风等方法来测定。

（3）风玫瑰图（图 4.5.2）

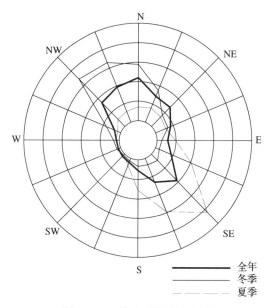

图 4.5.2　某地区的风玫瑰图

风玫瑰图是在极坐标底图上点绘出的一个地区在某一时段内风向、风速的一种气候统计图，因图形似玫瑰花朵而得名。

风玫瑰图包含风向频率玫瑰图和平均风速玫瑰图，一般大多使用风向频率玫瑰图。

极坐标分 8 个方位或 16 个方位，代表 8 个或 16 个不同的方向，每条直线的长度与这个方向的风的频度或平均风速成正比。静风的频度放在中间。

风玫瑰图可直观地得知当地的夏季、冬季和全年主导风向。玫瑰图上所表示的风的吹向，是自外吹向中心。

风向频率玫瑰图中每个圆圈的间隔为频率5%，频率最大的方位，表示该风向出现的次数最多。

平均风速玫瑰图中，离中心越远的方位，表示该风向的风速越大。

风级	风名	相当风速(m/s)	地面上物体的象征
6	强风	10.8 ~ 13.8	大树枝摇动,电线呼呼作响,举伞困难
7	疾风	13.9 ~ 17.1	大树摇动,迎风步行感到阻力
8	大风	17.2 ~ 20.7	可折断树枝,迎风步行感到阻力很大
9	烈风	20.8 ~ 24.4	屋瓦吹落,稍有破坏
10	狂风	24.5 ~ 28.4	树木连根拔起或摧毁建筑物,陆上少见
11	暴风	28.5 ~ 32.6	有严重破坏力,陆上很少见
12	飓风	32.6 以上	摧毁力极大,陆上极少见

4.5.2 污染系数

污染系数即在污染源的下风向所受的危害程度。

工厂或某些建筑物所散发出的有害气体和微粒对邻近地区空气的污染程度,不但与风向频率有关,而且也受到风速的影响。

从水平性质来说,下风部位受污染的程度与该方向的风向频率成正比,与风速大小成反比,即污染系数＝风向频率／平均风速。

应将污染源布置在主导风向的下风向,以避免污染源对其他设施产生危害。

4.5.3 风的等级

除了用仪器观测风外,还可根据地面物体被吹动的状况,用目力判断。

目测风速时所划分的等级称为风级。它是根据风对地面（或海面）物体的影响程度来决定的。

中国唐朝科学家李淳风在所著《气象玩占》中把风分为8级。1805年英国人蒲福把风分为13级（0~12级）,称蒲福风级。有的国家在此基础上予以修改,增加到18级（0~17级）。

观测时,根据表4.5.1中各级风力的象征,即可换算成相应的风速。

4.5.4 建筑布局与主导风向

通风对于建筑来说,不但是提高空气卫生质量的途径,而且是降温的主要途径,在南方地区对通风的要求更为重视。建筑类型中以住宅更需要通风设计。

在Ⅱ、Ⅲ、Ⅴ气候区,住宅朝向应使夏季风向入射角大于15°；在其他气候区,应避免夏季风向入射角为0°。

根据空气流动的规律,随建筑布局与主导风向关系的变化,产生不同的风流（图4.5.3）。

（1）以阵列式住宅布局为例,当入射角为0°时,无法组织流畅的风流,气流衰减严重。如果将住宅错开排列,相当于加大了住宅间距,可以减少气流的衰减。

（2）以阵列式住宅布局为例,当入射角大于15°时,可以组织流畅的风流。

（3）行列式住宅布局,前后错开,便于气流插入间距内,使越流的气流路线较实际间距长,这对高而长的建筑群是有利的。

（4）住宅布局根据主导风向斜向布置,形成了风的进口小出口大的情形,可以加快流速。如果建筑物的窗口再组织好导流,则有利于自然通风。

风 级 表　　　　表 4.5.1

风级	风名	相当风速(m/s)	地面上物体的象征
0	无风	0 ~ 0.2	炊烟直上,树叶不动
1	软风	0.3 ~ 1.5	风信不动,烟能表示风向
2	轻风	1.6 ~ 3.3	脸感觉有微风,树叶微响,风信开始转动
3	微风	3.4 ~ 5.4	树叶及微枝摇动不息,旌旗飘展
4	和风	5.5 ~ 7.9	地面尘土及纸片飞扬,树的小枝摇动
5	清风	8.0 ~ 10.7	小树枝摇动,水面起波

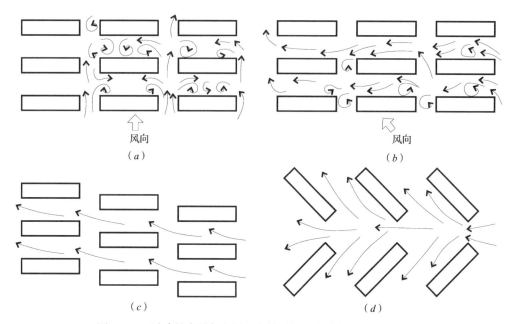

图 4.5.3 随建筑布局与主导风向关系的变化将产生不同的风流

（a）以阵列式住宅布局为例，当入射角为0°时，无法组织流畅的风流，气流衰减严重；

（b）以阵列式住宅布局为例，当入射角大于15°时，可以组织流畅的风流；

（c）行列式住宅布局，前后错开，便于气流插入间距内，使越流的气流路线较实际间距长；

（d）住宅布局根据主导风向斜向布置，形成了风的进口小、出口大的情形，可以加快流速

本 章 要 点

■ 日影曲线图是用来检验建筑遮挡范围和时间的工具，日照曲线图是作为检验被遮挡点接受阳光程度的工具。两者曲线相同，区别是所注数字前者为日影时数，后者为日照时数。

■ 日照间距系数 L 公式：

$$L = D/H \qquad (4.3.7)$$

■ 结合住宅建筑方位角 α（即墙面法线与正南向形成建筑方位角）和此时太阳方位角 A_s 的差值，得到日照间距系数 L 公式：

$$L = D/H = \cos(A_s - \alpha) \cdot \cot h'_s \qquad (4.3.8)$$

■ 在现实中，如果当地法规对日照间距系数没有定义解释，则应采取科学的定义，即遮挡计算高度 H 采用遮挡建筑遮挡部分高程 b 和被遮挡住宅首层地面 0.9m 高外墙处（即遮挡计算起点）高程 a 之差。

■ 遮挡计算起点定义为被遮挡建筑首层室内高度以上 0.9m 处，而没有笼统地定义为被遮挡建筑首层窗台台面高处，是为了避免有关日照纠纷而采取的统一标准。

■ 平行布置的建筑，其相对北侧为住宅建筑，当为正南朝向时，可以采用日照间距系数的遮挡建筑之计算长高比公式：

$$A/H \geqslant 2 \cdot \cot h'_s \cdot \cos A_{s2} \cdot \tan A_{s1} \qquad (4.3.10)$$

■ 平行布置的建筑，其相对北侧为住宅建筑，当墙面方位角 $\alpha \leqslant 90° - A_{s1}$ 时（相当于 $\alpha \leqslant 30° \sim 40°$），可以采用日照间距系数的遮挡建筑之计算长高比公式：

$$A/H \geqslant \cot h'_s \cdot \cos(A_{s2} - \alpha) \cdot [\tan(A_{s1} + \alpha) + \tan(A_{s1} - \alpha)] \qquad (4.3.11)$$

总平面

本部分主要针对建筑基地分析、建筑关系分析、各类建筑的总平面分析等。

5.1　建　筑　基　地

建筑基地，也可以称为建筑用地。它是有关土地管理部门批准划定为建筑使用的土地。

道路红线、用地红线（征地红线）、建筑控制线（建筑红线）等因素影响着建筑基地的使用情况；基地其他限定要求、建筑突出物要求等限制着基地上建筑物的设计情况。

5.1.1　道路红线

道路红线，即规划的城市道路（含居住区级道路）路幅的边界控制线，一般平行于道路中线。道路红线宽指两条红线的距离，而不是道路红线和道路中心线的距离（图5.1.1）。

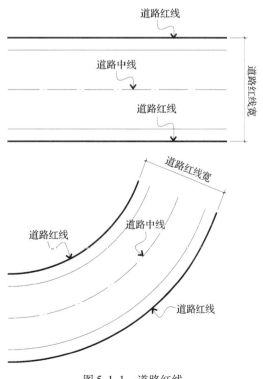

图 5.1.1　道路红线

互相交叉的两条道路，形成 4 个道路红线交点。一般对于某些基地出入口与交叉口的距离限制，以道路红线交点开始测量（图5.1.2）。

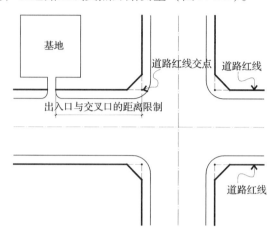

图 5.1.2　道路红线交点

道路红线宽度中，道路的组成包括：机动车道宽度、非机动车道宽度、人行道宽度、道路设施的侧向带宽度（敷设地下、地上工程管线和城市公用设施所需增加的宽度）、道路绿化宽度。其中道路绿化宽度根据道路红线宽度的多少决定（图5.1.3）。

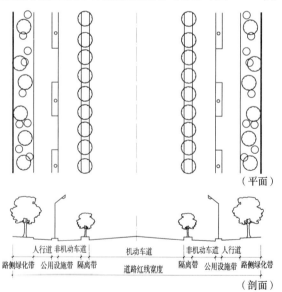

图 5.1.3　道路的组成

任何建（构）筑物不得越过道路红线。为确保红线以内的各种地上或地下管线及红线以外建（构）筑物与道路红线保持一定的几何关系，必须通过规划测量予以保证。

在道路的不同部分，道路红线宽度有不同的要求。比如，在道路交叉口附近，要求车行道加宽扩展，以利于不同方向的车流在交叉口分行；在公共交通停靠站附近，要求增加乘客候车和集散的用地；在公共建筑附近，需要增加停车场地和人流集散的用地。这些场地都不应该占用正常的通行场地。所以道路红线实际需要的宽度是变化的，红线并不总是一条直线。

道路平面交叉口上有机动车通行时，必须设计视角红线，进行切角。

视角红线，即道路平面交叉口的切角线，切角是由道路平面交叉口视距三角形衍生而来（图5.1.4）。

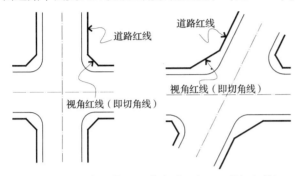

图5.1.4　视角红线（即道路平面交叉口的切角线）

视距三角形的确定，是为了道路交通安全及美观等因素。主要考虑在最不利状况下，一个方向的最外侧直行车道的车辆与相交道路里侧左转车道（或优先左转车道）的车辆之间的冲突。原则上应满足停车视距的要求。

一条道路最外侧直行车道与相交道路里侧左转车道（或优先左转车道）所构成的三角形 ABC 为视距三角形。a 线和 b 线为转角停车视距，c 为视角红线位置。视角红线是以转角停车视距 a、b 值确定的。对于曲线道路而言，视距即为相应的弧长（图5.1.5）。

切角的取值分析：

交叉口停车视距，为交叉行驶车辆驾驶员发现对方车辆，采取制动措施后能安全停车所需的最短距离。

交叉口转角停车视距的计算公式：

$$L = \frac{V}{3.6}T + \frac{V^2}{254(\Phi \pm I)} + L_0 \quad (5.1.1)$$

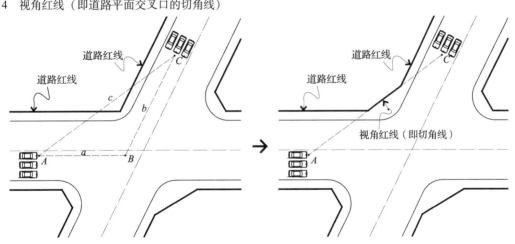

图5.1.5　由视距三角形确定视角红线（切角线）

式中　L——转角停车视距（m）；

T——驾驶员反应时间，一般为 1.2 ~ 1.8s，取 1.8s；

V——通过交叉口的设计车速（km/h）；

Φ——轮胎与路面之间的纵向摩阻系数，一般为 0.4 ~ 0.5，取 0.4；

I——相交道路的纵坡，上坡为正，下坡为负；一般城市地势大多比较平坦，此时道路纵坡较小，取 0；

L_0——车辆安全净距，一般为 5 ~ 10m，取 10m。

通过简化，得到平坦地势的交叉口转角停车视距的简化计算公式：

$$L = \frac{V}{2} + \frac{V^2}{101.6} + 10 \quad (5.1.2)$$

式中　L——转角停车视距（m）；

V——通过交叉口的设计车速（km/h）。

由式（5.1.2）计算可得平坦地势的交叉口停车视距，见表5.1.1。

平坦地势的交叉口停车视距 L

表 5.1.1

V（km/h）	60	50	45	40	35	30	25	20
L（m）	75.43	59.61	52.43	45.75	39.56	33.86	28.65	23.94

首先根据各个方向的道路等级，分别决定其设计车速 V；然后根据表 5.1.1，得出各自的转角停车视距，绘出视距三角形，得到视角红线，作出切角。在交叉口附近布置建筑时，基地内的建筑物应在视角红线（切角）之外，以保证车辆行驶与行人安全。

另外，在平面交叉口，如果采取圆弧线形式切角，则要么在视距三角形内，而造成行车视距不佳；要么在视距三角形外，造成土地资源浪费。所以切角不宜采用圆弧线形式（图 5.1.6）。

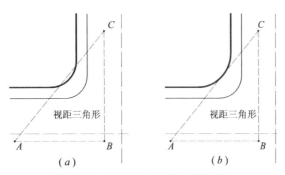

图 5.1.6 切角不宜采用圆弧线形式
（a）造成行车视距不佳；（b）造成土地资源浪费

应注意不要把道路红线和路缘石混为一谈。

路缘石一般是人行道与非机动车道路（或机动车道路）的接触边缘，具有对行人步行的导向性和安全性。道路红线范围包含路缘石部分（图 5.1.7）。路缘石转弯半径的大小主要由车速、横向力系数及道路横坡等因素确定。主要交通干道可取 20~25m 及以上；一般交通干道及居民区道路可取 10~15m；住宅区街坊道路可取 6~9m。

城市道路通行能力主要受交叉口控制，而交叉口处的通行能力又与交叉口的布置关系极大。交叉口可分为立交和平交两种，若采用平交，又有展宽式与不展宽式之分。

按照规范，平面交叉口的进出口应设展宽段，每条车道宽度宜为 3.5m。展宽段长度在交叉口进出口外侧，自缘石半径端点向后展宽 50~80m（图 5.1.8）。

对于做过渠化规划的交叉口来说，建筑物只要按同类性质的道路红线后退距离即可；对于没有

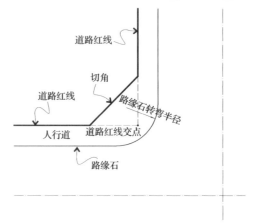

图 5.1.7 道路红线和路缘石

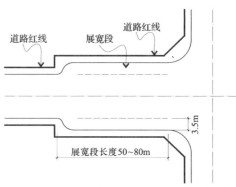

图 5.1.8 平面交叉口进出口设置展宽段

做过渠化规划的交叉口来说，一般在布置建筑物时，应比同一道路区间段上的建筑物多后退 3.5m，以利于将来交叉口的展宽；其长度距交叉口应达一百米左右。若道路两侧同时展宽有困难，则至少要在道路进口道一侧保证多后退 3.5m，以增加一条进口车道（图 5.1.9）。

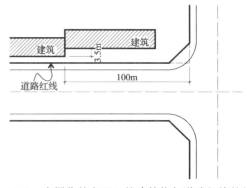

图 5.1.9 未渠化的交叉口的建筑物与道路红线的关系

很多城市的道路网规划，还没有做交叉口渠化规划，即交叉口红线大多没有展宽。规划部门在审批建筑时，往往按常规后退道路红线，而忽略了交叉口展宽，待将来需要将交叉口展宽时，就会产生道路场地不足的问题。

5.1.2 用地红线和建筑控制线

用地红线，也称征地红线，即规划管理部门按照城市总体规划和节约用地的原则，核定或审批建设用地的位置和范围线。也即基地范围线。

建筑控制线，也称建筑红线，即建筑物基底位置（如外墙、台阶等）的边界控制线。

（1）道路红线和用地红线的关系（图5.1.10）

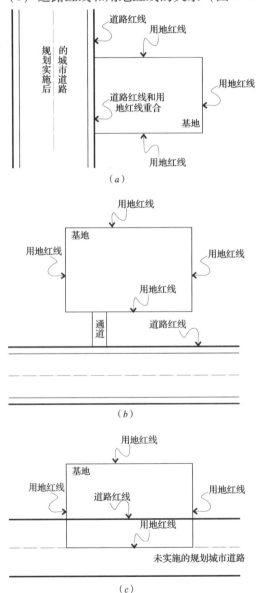

图 5.1.10　道路红线和用地红线的关系

（a）用地红线和道路红线重合；

（b）用地红线和道路红线之间设道路连接；

（c）未来道路拓宽的情况

沿规划实施后的城市道路布置基地范围时，一般在道路一侧的用地红线和道路红线重合。**重合时，一般以道路红线作为建筑退距的依据**。而该规划道路还未实施时，用地红线有可能包含道路红线。

如果基地与城市道路有一定的距离，在用地红线和道路红线之间应设置连接道路，当建筑基地内建筑面积≤3000m²时，其宽度应≥4m；当建筑基地内建筑面积>3000m²，且只有一条连接道路时，其宽度应≥7m；当有两条及以上连接道路时，单条连接道路宽度应≥4m。

建筑物后退道路红线，更为将来道路红线拓宽留有充分余地。总体规划每隔一定时期要进行修整，或者重新修编；同样，道路网及道路红线也可能将被修改、拓宽，如果沿街建筑压道路红线建设，不但在景观上容易单调呆板，也为将来道路红线拓宽带来困难。

（2）用地红线和建筑控制线的关系（图5.1.11）

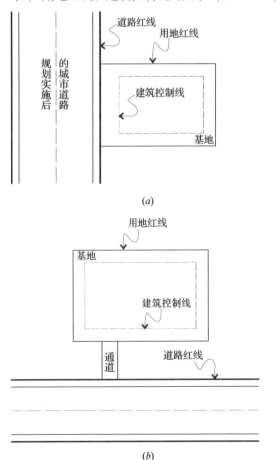

图 5.1.11　用地红线和建筑控制线的关系

（a）用地红线与道路红线重合时；

（b）用地红线不与道路红线重合时

1）当用地红线与道路红线重合时，按照当地规划要求，建筑控制线后退道路红线若干距离。

2）当用地红线不与道路红线重合时，按照当地规划要求，建筑控制线后退用地红线若干距离。

3）特殊情况下，根据当地规划要求，建筑控制线与道路红线重合，或者建筑控制线与用地红线重合。

4）建筑后退道路红线距离的大小视建筑物的高度、规模、与周围环境的关系及道路性质而定。

5）用地红线范围面积一般比建筑控制线范围面积大。用地红线范围面积除了包括建筑控制线范围外，有时还包括建筑物的室外停车场、绿化及相邻建筑物的空间距离。

（3）建筑后退道路红线地带的利用

道路红线与建筑控制线之间的地带称为建筑后退道路红线地带。

1）建筑后退红线地带可以看作是道路人行道的延伸；从人流集散考虑，应保证行人安全、方便。因此，后退红线地带应与人行道是一个整体，要求在同一个平面上。

2）后退道路红线地带及人行道均不宜设台阶，不宜设坡度过大的横向坡，坡度≤2%为宜。

3）后退道路红线地带的排水方向应与人行道相同，流水至路缘石。

4）后退红线地带内的铺地、绿化、小品一般应与人行道一同设计考虑。还可以考虑布置停车场、临时建筑等。

5.1.3　基地限定要求

建筑基地必须具有一定的限定条件，否则不利于基地上建筑的合理开发。

（1）建筑基地位置要求

1）建筑基地应给定四周范围尺寸或坐标（图5.1.12）。

2）建筑基地应与道路红线相连接，否则应设通路与道路红线相连接。

3）建筑基地地面高程应按城市规划确定的控制标高设计，并且应与相邻基地的标高相协调，不应妨碍相邻各方的排水。

建筑基地地面高程宜高出城市道路的路面，建

议高于相邻城市道路中心线标高0.3m以上，否则应有排除地面水的措施（图5.1.13）。

4）基地如果有滑坡、洪水淹没或海潮侵袭可能时，应有安全防护措施（图5.1.14）。

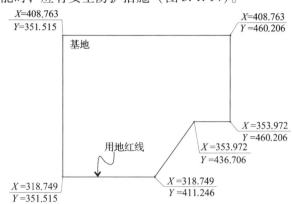

图5.1.12　建筑基地四周的坐标

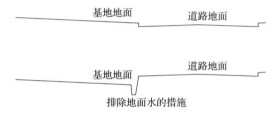

图5.1.13　基地地面与城市道路的高程关系

图5.1.14　基地安全防护措施

5）除经当地城市规划行政主管部门核准，采取确保安全的工程措施外，在有沉陷、滑坡、泥石流、地下矿藏和化学污染等灾害性影响的地段内不得建设。

6）基地的竖向参考"2.2场地排水"的有关内容。

（2）关于建筑基地与相邻基地关系的规定

1）旧建筑物在规划中属保留使用的，一般应由新建建筑物退让防火、日照、消防间距；旧建筑物在规划中属拆除的，新建建筑原则上不考虑与旧建筑物的间距，但必须满足消防通道要求（图5.1.15）。

2）建筑物与相邻基地之间应按建筑防火和消防等要求，参考当地规划要求，留出空地和通路。

当建筑前后各自留有空地或通路，并符合防火规范的有关规定时，则相邻基地边界两边的建筑可毗连建造（图 5.1.16）。

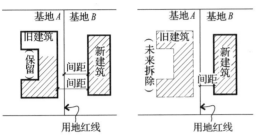

图 5.1.15 新建建筑物与旧建筑物的关系

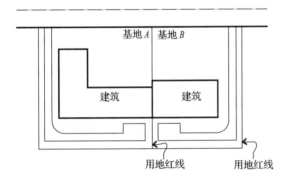

图 5.1.16 相邻基地边界两边的建筑毗连建造的关系

3）基地内各项建设不得影响其他用地内建筑物的日照标准和采光标准。

4）除城市规划确定的永久性空地外，紧邻基地边界线的建筑不得向相邻方向设洞口、门窗、阳台、挑檐、空调室外机、废气排出口及排泄雨水（图 5.1.17）。

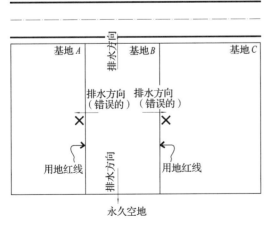

图 5.1.17 紧邻基地边界线的建筑的排水方向

（3）基地机动车出入口或基地通路出入口位置的确定（图 5.1.18）

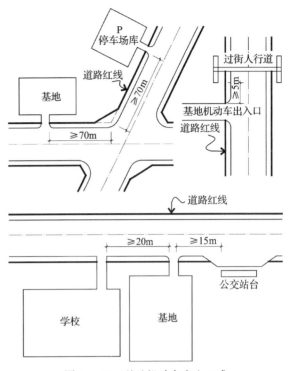

图 5.1.18 基地机动车出入口或基地通路出入口位置

1）大、中城市主干路交叉口，自道路红线交叉点起沿线 70m 范围内不应设置机动车出入口。

2）与人行横道、人行天桥、人行地道（包括引道、引桥）的最边缘线应≥5m。

3）距地铁出入口、公共交通站台边缘应≥15m。

4）距公园、学校及有儿童、老年人、残疾人使用建筑的出入口最近边缘应≥20m。

5）当基地通路坡度＞8% 时，为了行车安全，应设缓冲段与城市道路连接。

（4）人员密集的建筑基地

人员密集的建筑基地（大型、特大型交通，文化，体育，娱乐，商业等），应考虑人员疏散的安全和不影响城市正常交通，符合当地规划部门的规定和有关专项建筑设计规范（图 5.1.19）。

1）建筑基地与城市道路邻接的总长度应≥1/6 建筑基地周长。

2）建筑基地的出入口不应少于 2 个，且不宜设置在同一条城市道路上。

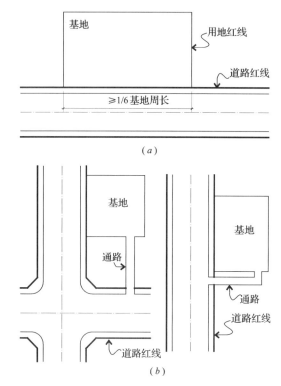

图 5.1.19 人员密集的建筑基地的人员疏散

（a）至少一面直接临接城市道路；

（b）至少有两个不同方向通向城市道路的

（包括以通路连接的）出口

3）建筑物主要出入口前应设置人员集散场地，其面积和长度尺寸应根据使用性质和人数确定。

4）建筑基地设置绿化、停车或其他构筑物时，不应对人员集散造成障碍。

5.1.4 建筑突出物

基地内的建筑物基底不应超出建筑控制线建造。

由于道路红线和用地红线范围包括建筑控制线范围，不允许突出建筑控制线的建筑突出物显然也是不允许突出道路红线和用地红线的。

建筑控制线与各类用地红线、市政管线之间的距离应符合相关专业规范和当地有关部门的规定。

突出道路红线和用地红线的任何突出物尚应符合当地城市规划行政主管部门的规定。

（一）建筑物及附属设施不应突出道路红线和用地红线建造，不应突出的建筑突出物为（图

5.1.20）：

①地下设施，应包括支护桩、地下连续墙、地下室底板及其基础、化粪池、各类水池、处理池、沉淀池等构筑物及其他附属设施等。

②地上设施，应包括门廊、连廊、阳台、室外楼梯、凸窗、空调机位、雨篷、挑檐、装饰构架、固定遮阳板、台阶、坡道、花池、围墙、平台、散水明沟、地下室进风及排风口、地下室出入口、集水井、采光井、烟囱等。

③除骑楼、建筑连接体、地铁相关设施及连接城市的管线、管沟、管廊等市政公共设施以外的设施。

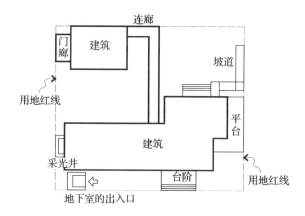

图 5.1.20 不允许突出道路红线和
用地红线的建筑突出物

（二）经当地城市规划行政主管部门批准，既有建筑改造工程必须突出道路红线的建筑突出物应符合下列规定（图 5.1.21）：

1）在有人行道的路面上空：

①≥2.5m 时，允许突出建筑构件：凸窗、窗扇、窗罩，突出的深度应 ≤0.60m。

②≥2.5m 时，允许突出活动遮阳，突出宽度不应大于人行道宽度减 1.0m，并应 ≤3.0m。

③≥3.0m 时，允许突出雨篷、挑檐，突出的深度应 ≤2.0m。

④≥3.0m 时，允许突出空调机位，突出的深度应 ≤0.6m。

2）在无人行道的路面上空：4.0m 以上允许突出建筑构件：凸窗、窗扇、窗罩、空调机位，突出深度应 ≤0.60m。

3）建筑突出物与建筑本身应有牢固地结合。

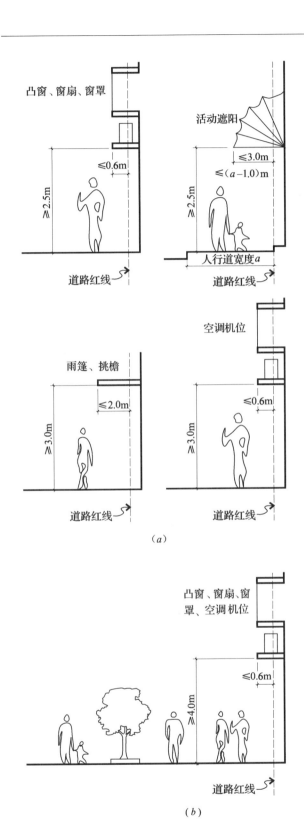

图 5.1.21

(*a*) 在有人行道的路面上空；

(*b*) 在无人行道的路面上空

4）建筑物和建筑突出物均不得向道路上空直接排泄雨水、空调冷凝水及从其他设施排出的废水。

（三）治安岗、公交候车亭，地铁、地下隧道、过街天桥等相关设施，以及临时性建（构）筑物等，当确有需要，且不影响交通及消防安全，应经当地规划行政主管部门批准，可突入道路红线建造。除地下室、窗井、建筑入口的台阶、坡道、雨篷等以外，建（构）筑物的主体不得突出建筑控制线建造。

（四）骑楼、过街楼和沿道路红线的悬挑建筑建造不应影响交通及消防的安全；在有顶盖的公共空间下不应设置直接排气的空调机、排气扇等设施或排出有害气体的通风系统。

5.1.5　建筑控制线范围

【例5-1-1】

某基地 *A* 三面临城市道路，要求在基地东面设置基地机动车出入口。

当地规划部门要求：

后退城市主干道的道路红线15m，后退城市次干道的道路红线5m，后退主干道和主干道之间的切角15m，后退主干道和次干道之间的切角10m，后退次干道和次干道之间的切角5m，后退用地分界线3m。

要求绘出基地 *A* 的建筑控制线范围，及基地机动车出入口的范围（图5.1.22）。

分析：

基地南面相邻主干道，根据当地规划部门的要求，后退南面道路红线15m，得到基地南面的建筑控制线。

基地东面和北面相邻次干道，分别后退东面和北面道路红线5m，得到基地东北和北面的建筑控制线。

基地西面相邻其他基地，后退西面用地分界线3m，得到基地西面的建筑控制线。

基地东南切角相邻主干道和次干道，根据当地规划部门的要求，后退东南切角10m，得到基地东南切角处的建筑控制线。

基地东北切角相邻次干道和次干道，后退东北

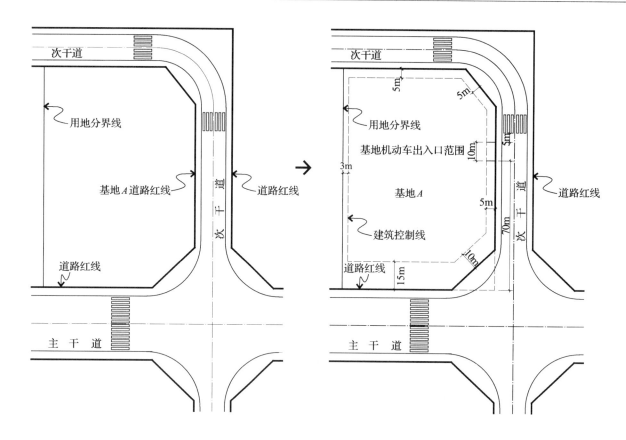

图 5.1.22 【例 5-1-1】图

切角 5m，得到基地东南切角处的建筑控制线。

这样，得到基地 A 的建筑控制线范围。

《民用建筑设计统一标准》要求：基地机动车出入口与大中城市主干道交叉口的距离，自道路红线交点量起应≥70m，距人行横道、人行天桥、人行地道的最近边缘线应≥5m。

由于基地南面的道路为城市主干道，则从基地东南角交叉口的道路红线交点量起，在 70m 范围内不能设置基地机动车出入口。

而且在距基地东面道路上的过街人行道的引道边缘 5m 之内不能设置基地机动车出入口。

所以东面道路上剩余的 10m 为基地机动车出入口的范围。

【例 5-1-2】

某基地 A 南侧为城市次干道，东侧为公园，北侧临河水，此河水最高洪水位为 187.7m。

当地规划部门要求：

后退城市主干道的道路红线 15m，后退城市次干道的道路红线 5m，后退用地分界线 3m。建筑控制线范围应不低于最高洪水位加 0.5m。

要求绘出基地 A 的建筑控制线范围，及基地机动车出入口的范围（图 5.1.23）。

分析：

基地南面相邻次干道，根据当地规划部门的要求，后退南面道路红线 5m，得到基地南面的建筑控制线。

基地东面和西面相邻其他基地，根据当地规划部门的要求，分别后退东面和西面用地分界线 3m，得到基地东面和西面的建筑控制线。

基地北面临河水，此河水的最高洪水位为 187.7m。根据当地规划部门的要求，建筑控制线范围应不低于最高洪水位加 0.5m，即北侧建筑控制线在（187.7 + 0.5）= 188.2m 的高程上。根据内插法公式（1.2.3），得到 188.2m 等高线，其在基地 A 中的部分即基地北面的建筑控制线。

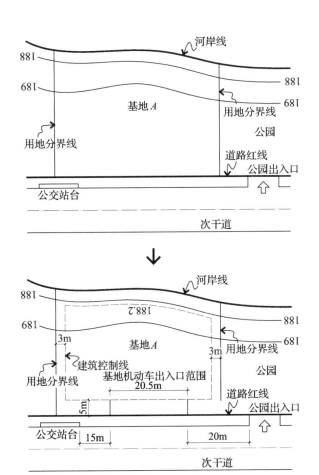

图 5.1.23 【例 5-1-2】图

这样，得到基地 A 的建筑控制线范围。

规范要求：基地机动车出入口距公共交通站台边缘应≥15m；距公园、学校及有儿童、老年人、残疾人使用建筑的出入口最近边缘应≥20m。

由于基地东面为公园，则从公园出入口边缘向基地方向量起，在 20m 范围内不能设置基地机动车出入口。

在基地南侧已设立一个公共交通站台，则从公共交通站台边缘量起，在 15m 范围内不能设置基地机动车出入口。

所以基地南侧剩余的 20.5m 为基地机动车出入口的范围。

需注意的是，沿河基地部分可以通过填土来扩大建筑控制线范围，在实际工程中，当地规划部门在对标高做出要求的同时，会划出沿河用地的红线范围。

5.1.6 基地内道路

基地道路与城市道路连接处的车行路面应设限速设施，道路应能通达建筑物的安全出口。

当道路改变方向时，路边绿化及建筑物不应影响行车有效视距。

单车道路宽应≥4.0m，双车道路宽住宅区内应≥6.0m，其他基地道路宽应≥7.0m。

道路转弯半径应≥3.0m，消防车道应满足消防车最小转弯半径要求。

尽端式道路长度 > 120.0m 时，应在尽端设置≥12.0m×12.0m 的回车场地。

大型、特大型交通、文化、娱乐、商业、体育、医院等建筑和居住人数大于 5000 人的居住区等车流量较大的场所应设人行道路。

沿街建筑应设连通街道和内院的人行通道，人行通道可利用楼梯间，其间距宜≥80.0m。

人行道路宽度应≥1.5m，人行道在各路口、入口处的设计应符合现行国家标准《无障碍设计规范》GB 50763 的相关规定。

5.1.7 消防车道

设计合理的消防车道，对消防车和消防队员能够顺利救火产生很大的作用。

（1）设置环行消防车道范围（图 5.1.24）

1）高层建筑的周围，宜设环形消防车道。当设置环形车道有困难时，可沿高层建筑的两个长边设置消防车道。由于高层建筑的平面布置和使用功能比较复杂，其周围设置环形车道是为了给消防扑救工作创造方便条件。

对于高层住宅建筑和临空建造的高层民用建筑，可沿建筑的一个长边设置消防车道，但该长边所在建筑立面应为消防车登高操作面。

2）对于 > 3000 个座位的体育馆、> 2000 个座位的会堂和建筑占地面积 > 3000m² 的商店建筑、展览馆等单、多层公共建筑，应设环形消防车道。确有困难时，可沿建筑的两个长边设置消防道路。

3）消防车道可利用交通道路，但该交通道路的转弯半径、净空、净宽度和承载能力等应满足有关规定。采用屋面作为消防车停留场所时，也应符合上述要求。

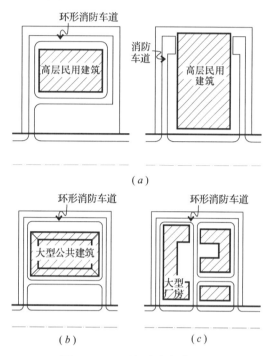

图 5.1.24 环行消防车道设置
（a）高层民用建筑；（b）大型公共建筑；（c）大型厂房、仓库

工厂、仓库区内应设置消防车道。高层厂房，建筑占地面积 >3000m² 的甲、乙、丙类厂房和占地面积 >1500m² 的乙、丙类仓库，应设置环形消防车道。确有困难时，应沿其两个长边设置消防车道。

（2）城市道路或街区内道路应考虑消防车的通行，道路中心线间的距离宜 ≤160m。当建筑沿街道部分的长度 >150m 或总长度 >220m 时，应设置穿过建筑物的消防车道（图 5.1.25）；确有困难时，应设置环形消防车道。

沿街道的建筑应设有连通街道和内院的人行通道（可利用楼梯间），通道之间的距离宜 ≤80m。长度较长的建筑如果没有连通街道和内院的人行通道，发生火灾时不仅影响人员疏散，还会妨碍消防扑救工作。

（3）消防车道（包括穿过建筑物的消防车道）的净宽度和净空高度均应 ≥4m。消防车道的最小宽度是按单行线考虑的。消防车道距地面上部障碍物之间的净空要求，一般能适应目前通用的消防车辆尺寸要求。对于特殊大型消防车辆的通过，可与当地消防监督部门协商解决。

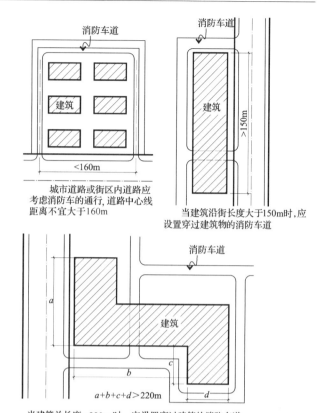

城市道路或街区内道路应考虑消防车的通行，道路中心线距离不宜大于160m

当建筑沿街长度大于150m时，应设置穿过建筑物的消防车道

当建筑总长度 >220m 时，应设置穿过建筑的消防车道

图 5.1.25 消防车道间距及其设置

（4）有封闭内院或天井的建筑物，当其短边长度 >24m 时，宜设置进入内院或天井的消防车道（图 5.1.26）。

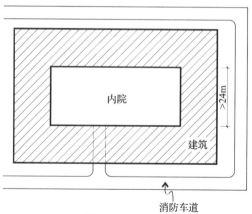

图 5.1.26 建筑物封闭内院或天井的短边大于 24m 时消防车道布置

在建筑物的内院或天井发生火灾后，必须能使消防车进入内院或天井进行扑救。对短边长度 >24m 的要求，是便于消防车在内院或天井里能够有回转余地。

（5）供消防车取水的天然水源和消防水池应

设消防车道。消防车道边缘距取水点不宜大于2m。

消防车道下的管道和暗沟的承压能力，应根据当地消防车辆的实际情况确定，以承受消防车辆的压力。如果承载能力过小，就不能满足大型消防车行驶的需要。

（6）尽头式消防车道应设有回车道或回车场，回车场的面积不应小于12m×12m；对于高层建筑，不宜小于15m×15m。重型消防车的回车场不宜小于18m×18m。根据地形，回车场也可做成Y形、T形的回车道。

一般消防车最小转弯半径约为12m；某些进口消防车，最小转弯半径比较大，这时回车场应按当地实际配置的大型消防车确定。

消防车道的坡度不宜大于8%。

（7）消防车道靠建筑外墙一侧的边缘距离建筑外墙宜≥5m。

消防车道与建筑之间，不应设置妨碍消防车操作的树木、架空管线等障碍物。这些障碍物有可能阻碍消防车的通行和扑救工作。故在设计总平面时，应充分考虑这个问题，合理布置上述设施，以确保消防车扑救工作的顺利进行。

5.1.8 登高操作场地

在消防操作中，建筑的周边必须有能符合消防车停放和工作的场地，即登高操作场地。

高层建筑应至少沿一个长边或周边长度的1/4且≥一个长边长度的底边连续布置消防车登高操作场地，该范围内的裙房进深应≥4m。

建筑高度≤50m的建筑，连续布置消防车登高操作场地确有困难时，可间隔布置，但间隔距离宜≤30m，且消防车登高操作场地的总长度仍应符合上述要求。

场地的长度应≥15m，宽度应≥10m。对于建筑高度>50m的建筑，场地的长度和宽度分别应≥20m和10m。

场地应与消防车道连通，场地靠建筑外墙一侧的边缘距离建筑外墙宜≥5m，且应≤10m，场地的坡度宜≤3%。

建筑物与消防车登高操作场地相对应的范围内，应设置直通室外的楼梯或直通楼梯间的入口。

场地与厂房、仓库、民用建筑之间不应设置妨碍消防车操作的树木、架空管线等障碍物和车库出入口。场地及其下面的建筑结构、管道和暗沟等，应能承受重型消防车的压力。

5.1.9 三个技术指标

建筑设计应符合法定的建筑密度、容积率和绿地率的要求。建筑密度、建筑容积率和绿地率是控制用地和环境质量的三项重要指标，具有较强的可操作性。

建筑密度、容积率和绿地率依据城市规划法规、规范和城市规划行政主管部门依法编制的控制性详细规划或相关管理条例确定。

建设单位在建设项目中为城市提供永久性的建筑开放空间，无条件地为公众使用，该用地的既定建筑密度和容积率可适当提高，但应符合当地城市规划行政主管部门的有关规定。

（1）建筑密度

建筑密度即一定地块内所有建筑物的基底总面积占用地总面积的比例。用"%"表示。建筑密度是反映建筑用地经济性的主要指标之一。

建筑密度计算公式：

建筑密度=建筑基底总面积/建筑用地总面积

(5.1.3)

（2）容积率

容积率又称建筑面积毛密度，即在一定范围内，地上建筑面积总与用地面积的比值，其值是无量纲。容积率是衡量建设用地使用强度的一项重要指标。

容积率计算公式：

容积率=地上总建筑面积/规划总用地面积

(5.1.4)

注意：有些地上车库、设备用房、社会服务用房不属于计容面积；地下建筑中的商业、游乐场等对外服务用房属于计容面积。具体情况应以当地规划部门的规定为准。

（3）绿地率定义

绿地率，即城市一定地区内，各类绿地用地总面积占该地区总面积的比例。

绿地率计算公式：

绿地率 = 符合绿地标准要求的绿地总面积/
规划用地总面积　　　　（5.1.5）

绿地率的数值依据城市规划法规、规范和城市规划行政主管部门依法编制的控制性详细规划或相关管理条例确定。建筑设计应符合法定的绿地率要求。

注意：绿地率和绿化率是有区别的，绿地率要求绿化达到一定覆土深度，而绿化率仅需满足表面种植。

5.1.10　其他控制线

在场地总平面设计中，基地四周除了与用地红线和道路红线有关系外，有时还和其他的控制线有所关联，这些控制线包括城市绿线、城市黄线、城市黑线、城市紫线、城市蓝线及城市橙线等。

（1）城市绿线

城市绿线是指城市规划确定的、各类绿地范围的控制界线。包括现状绿线、规划绿线和规划区非建设用地内的生态控制线。

绿线划定应符合下列规定：

城市内河、海、湖及铁路防护绿地规划宽度应≥30m；产生有害气体及污染工厂的防护绿地规划宽度应≥50m；规划区内生产绿地规划面积占城市建成区总面积比例应≥2%；居住用地绿地率应≥30%；公共管理与公共服务用地绿地率应≥35%；商业服务业设施用地绿地率应≥35%；工业用地绿地率宜为20%，其中产生有害气体及污染工厂的绿地率应≥30%；物流仓储用地绿地率应≥20%；道路主干道绿带面积占道路总用地比率≥20%；次干道绿带面积所占比率≥15%；公用设施用地绿地率应≥30%；广场用地绿地率应≥35%。具体规定应以当地规划管理部门的规定为准。

凡是城市公共绿地、防护绿地、风景园林、道路绿地、湿地，以及古树名木等都应划定城市绿地界线，城市绿线内的土地只准用于绿化建设，除国家重点建设等特殊用地外，不得改作他用，不得违反法律法规、强制性标准以及批准的规划，进行开发建设。

（2）城市黄线

城市黄线是指对城市发展全局有影响的、城市规划中确定的、必须控制的城市基础设施用地的控制界线。

黄线控制的城市基础设施包括：城市公共交通设施、城市供水设施、城市环境卫生设施、城市供燃气、城市供热设施、城市供电设施、城市通信设施、城市消防设施、城市防洪设施、城市抗震防灾设施，以及其他对城市发展全局有影响的城市基础设施。

（3）城市黑线

城市黑线指用于界定给水、排水、电力、电信、燃气等市政公用设施的用地范围的控制线；其核心是控制各类市政公用设施、地面输送管廊的用地范围，以确保各类设施的正常运行。一般城市电力的用地规划控制线，又称"电力走廊"。

（4）城市紫线

城市紫线，是政府公布的历史文化街区的保护范围界线。

在城市紫线范围内禁止进行下列活动：

违反保护规划的大面积拆除、开发。

对历史文化街区传统格局和风貌构成影响的大面积改建。

损坏或者拆毁保护规划确定保护的建筑物、构筑物和其他设施。

修建破坏历史文化街区传统风貌的建筑物、构筑物和其他设施。

占用或者破坏保护规划确定保留的园林绿地、河湖水系、道路和古树名木等。

其他对历史文化街区和历史建筑的保护构成破坏性影响的活动。

（5）城市蓝线

城市蓝线，是指城市规划确定的江、河、湖、库、渠和湿地等城市地表水体保护和控制的地域界线。

城市建设中不得任意侵占水面，包括填湖、占用河道等。

在城市蓝线范围内禁止下列活动：

排放污染物、倾倒废弃物等污染城市水体的行为。

填埋、占用城市水体的行为。

挖取沙土、土方等破坏地形地貌的行为。

其他对城市蓝线构成破坏性影响的行为。

（6）城市橙线

城市橙线是城市重大危险设施用地范围的控制界限。城市橙线是为了降低城市中重大危险设施的风险水平，对其周边区域的土地利用和建设活动进行引导或限制的安全防护范围的界线。

划定对象包括核电站、油气及其他化学危险品仓储区、超高压管道、化工园区及其他安委会认定须进行重点安全防护的重大危险设施。

5.1.11 基地内部分配套设施

预装式变电站

预装式变电站，又称为箱式变电站、箱式变压器（简称"箱变"）。

预装式变电站是一种比较简易的变配电装置，将高压开关设备、配电变压器和低压配电装置集中设计在箱式壳体中，为户外紧凑式配电设备。箱式变压器要求防潮、防锈、防尘、防鼠、防火、防盗、隔热、全封闭。

预装式变电站具有体积小、重量轻、噪声低、损耗低、可靠性高的特点，广泛应用于住宅小区，商业、交通、医院、学校等公共建筑以及负荷较大的车间和动力站房等场所。

预装式变电站作为直接向用户提供电源的装置，包括高压室、变压器室、低压室。高压室是入电源侧，一般是 35kV 或 10kV 进线；变压器室是箱变的主要设备；低压室引出线路，对用户供电。箱变把高压变成低压，例如把 10kV 的线路经变压器变成 380V 的工作用电压。

当环境允许且变压器容量≤400kVA 时，可设杆上式变电站。

（1）选址

1）选址要求

预装式变电站应深入或靠近负荷中心。当与有爆炸或火灾危险的建筑物毗连时，变电所的选址应符合现行国家标准《爆炸和火灾危险环境电力装置设计规范》GB 50058 的有关规定。

2）不应设置的场所

① 在地势低洼和可能积水的场所；

② 对防电磁辐射干扰有较高要求的场所；

③ 挑檐为燃烧体或难燃体和耐火等级为四级的建筑物旁；

④ 附近有棉、粮及其他易燃、易爆物品集中的露天堆场；

⑤ 在有腐蚀性气体、容易沉积可燃粉尘、可燃纤维、灰尘或导电尘埃且会严重影响变压器安全运行的场所。不宜设在多尘、水雾或有腐蚀性气体的场所，当无法远离时，不应设在污染源的下风侧。

（2）要点

1）预装式变电站的容量与设置

预装式变电站的高压进线侧宜采用断路器或负荷开关－熔断器组合电器，单台变压器的容量不宜大于 800kVA，进、出线宜采用电缆。

高层住宅宜在首层或地下一层设置 20kV（10kV）/0.4kV 户内变电所或室外预装式变电站；多层住宅小区、别墅群宜分区设置 20kV（10kV）/0.4kV 独立变电所或室外预装式变电站。

2）防护围墙的设置

① 变压器四周应设高度≥1.8m 的固定围栏或围墙，变压器外廓与围栏或围墙的净距应≥0.8m，变压器底部距地面应≥0.3m。

② 当露天或半露天变压器供给一级负荷用电时，相邻油浸变压器的净距不应小于 5m；当小于 5m 时，应设置防火墙。

③ 当安装油浸变压器，且变压器外廓与生产建筑物外墙的距离小于 5m 时，建筑物外墙在下列范围内不得有门、窗或通风孔：在变压器总高度加 3m 及外廓两侧各加 3m 的范围内（油量≤1000kg 时，外廓两侧各加 1.5m 的范围内）。

3）其他要求

① 油量≥1000kg 的油浸变压器，应设置储油池或挡油池。

② 高层建筑物的裙房和多层建筑物内的附设变电所及车间内变电所的油浸变压器室，应设置容量为 100% 变压器油量的储油池。

③ 当住宅区或区域中需要增加电压或临时性的供应电量（如工地）时，则需要改造用电设备，设置箱变。

④ 预装式变电站的选用和设计应符合现行国家标准《高压/低压预装式变电站》GB 17467 的相关规定。

（3）分析

某办公区，有两座高层办公楼及部分裙房；用地西侧为某学校的学生浴室，采用锅炉烧水。现规划需要设置一个箱变，沿周边有 A、B、C 三处位置可选。分析这三处的条件，选出最适合的位置（图5.1.27）。

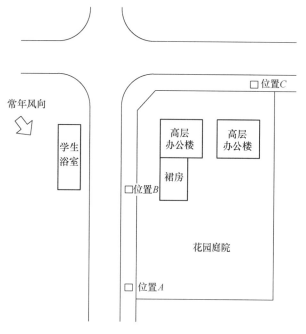

图5.1.27 某办公区总平面图

其中，位置A远离办公楼群，与主要负荷区域过远，故不建议把箱变设置于此。用地西侧的学生浴室采用锅炉烧水，运行时要间断性地释放水汽，位置B处于浴室的常年下风向处，故不宜把箱变设置于此。位置C比前两个位置更有利于箱变的安全性且与办公楼区距离适中，故应将箱变设于C点。

生活垃圾收集站（点）

生活垃圾收集站是用于收集人们日常生活和工作产生的生活垃圾的场所；生活垃圾收集点是按规定设置的收集垃圾、短暂存放垃圾、等待运输的点位。

1）生活垃圾收集站和生活垃圾转运站的区别

生活垃圾收集站和生活垃圾转运站是有区别的，主要是垃圾收集的先后顺序和（居住区规模导致的）垃圾处理量的区别。在顺序上，生活垃圾先被投放到垃圾收集站，再被运送至垃圾转运站。在垃圾处理量上，居住人口规模为12000人以下（五分钟生活圈居住区），应设置收集站；居住人口规模为15000人以上（十分钟、十五分钟生活

圈居住区），应设置垃圾转运站。

在实际工程中，居住区或商业区日产生垃圾量大于10t时，就可以考虑设置垃圾转运站了。

2）垃圾收集站的类型和规模

垃圾收集站按建筑形式可分为独立式收集站、合建式收集站；按收集设备可分为压缩式收集站、非压缩式收集站。

收集站的规模可根据日垃圾产生量确定：

① 20～30t/d 时，占地面积为 300～400m²，与相邻建筑间隔≥10m；

② 10～20t/d 时，占地面积为 200～300m²，与相邻建筑间隔≥8m；

③ <10t/d 时，占地面积为 120～200m²，与相邻建筑间隔≥8m。

垃圾收集站的面积还可根据项目具体情况确定。在实际工程中，很多10万m²的商业建筑设置100m²的垃圾收集站，也能运转正常。

（1）选址

1）单独设置垃圾收集站的条件

大于5000人的居住区（垃圾产生量一般为4t/d左右，按照日产日清要求，基于车辆配置及运输距离等因素考虑），宜单独设置收集站；小于5000人的居住区，可以提前规划，与相邻区域联合设置收集站。大于1000人的学校、企事业等社会单位（因其具有独立封闭性，占地面积较大，垃圾成分比较特殊）宜单独设置收集站；小于1000人的学校、企事业等社会单位，可以提前规划，与相邻区域联合设置收集站。

人口较为密集的区域采用收集站模式时，收集站设置数量不应少于1座/km²。

2）垃圾收集站的服务半径

① 采用人力收集时，服务半径宜≤0.4km，最大不超过1km；

② 采用小型机动车收集时，服务半径不应超过2km。

3）垃圾收集站的选址要求

垃圾收集站宜设置在交通便利、方便运输车辆出入的地方，并应具备供水、供电、污水排放等条件。宜选在靠近服务区域的中心或垃圾产量最多的地方。同时，还要考虑收集站是否占用了最佳的公建位置，并应避免对旁边的功能用房造成负面影响。

（2）要点

1）垃圾收集站的作业条件及其对周边区域的影响

① 垃圾收集站应满足作业方便，具备相应的市政条件。居住区内由于道路停放车辆等原因，可能影响垃圾运输车辆的收运作业，因此具备条件的居住区可以设置专用通道，以方便生活垃圾收集作业。

② 垃圾收集站应设置通风、除尘、除臭、隔声等环境保护设施，并应设置消毒、杀虫、灭鼠等装置。收集箱应可靠密封，收集、运输过程中应无污水滴漏。

③ 垃圾收集站周边应注意环境绿化，并应与周围环境相协调。

2）地下垃圾收集站设置要点

当地面设置垃圾收集站非常困难时，可以考虑采取地下垃圾收集站。地下垃圾收集站的设置需要注意以下几点：

① 应靠近地下车库的出入口，方便清运车及时托运；

② 垃圾运输车采取中型车标准时，相应通道的净高应≥3.2m；

③ 收集站垃圾处理区域的净高建议为4m左右；

④ 需要设计完善的排污、排水处理系统，垃圾处理设备和消毒设备；

⑤ 需要独立的空调设备和通风系统，以加强通风效果。

相对于地上，地下垃圾收集站比较隐蔽，不用考虑对地面四周功能用房的影响。但垃圾清运费用高，需要合适的运输车辆，增加了通风设备成本，需要设置专用的排水设施。地下垃圾收集站应采用垃圾压缩设备，以利于地下垃圾收集站的卫生防疫和杀菌消毒要求。

3）生活垃圾收集点设置要点

① 收集点位置应固定，应方便居民投放垃圾，并应便于垃圾清运；人行道内侧或外侧可设置港湾式收集点；

② 垃圾收集点的服务半径不宜超过70m；

③ 收集点应根据垃圾投放量设置收集箱或垃圾桶，每个收集点宜设2~10个垃圾桶；

④ 分类垃圾收集点应根据分类收集要求设置垃圾桶。

港湾式收集点既能减少环境影响，也不影响车辆及行人行走，是一种比较好的形式。人行道内侧港湾式收集点要设置坡道，以便于垃圾桶的移动。

公共厕所

公共厕所是在道路两旁或公共场所等处设置的供公众使用的厕所。

（1）选址

城市公厕按建筑形式可分为独立式、附建式、活动式三种类型；按建设基准面分类，又可分为地上和地下两类。不同类型的公共厕所，其选址要求也不同。

1）独立式公厕

独立式公厕是指不依附于其他建筑物的固定式公共厕所。公厕建筑结构与其他建筑物结构分离，独立设置在城市主干道、旅游景点、广场、绿地、文体设施、车站、码头、住宅小区等附近，为在附近生活、工作、活动的公众提供如厕服务。

独立式公厕所应按周边环境和建筑设计要求分为一类、二类和三类：

一类公厕：设置于商业区、重要公共设施、重要交通客运设施、公共绿地及其他环境要求高的区域；每厕位建筑面积5~7m^2；

二类公厕：设置于城市主、次干道及行人交通量较大的道路沿线；每厕位建筑面积3~4.9m^2；

三类公厕：设置于其他街道；每厕位建筑面积2~2.9m^2。

2）附建式公厕

附建式公厕是指依附于其他建筑物的固定式公共厕所，公厕建筑是附属于主体建筑的一部分。对外性质强烈的公厕的出入口往往单独设置，既避免对主要建筑人员的出入造成影响，也可防止主要建筑对出入口的控制造成外部人员如厕的不便。也可以与主体建筑共用出入口（如附建于商场、酒店建筑内），可通过主体建筑的门厅、通道等，组织人流进入公厕，为公众提供方便服务。

附建式公厕往往建设于繁华商业街等用地比较紧张、人流量较大的地点，以及大型商场、酒店、餐饮、娱乐场所等公建内。

附属式公厕应按场所和建筑设计要求分为一类和二类：

一类公厕：设置于大型商场、宾馆、饭店、展览馆、机场、车站、影剧院、大型体育场馆、综合性商业大楼和二、三级医院等公共建筑；

二类公厕：设置于一般商场（超市）、专业性服务机关单位、体育场馆和一级医院等公共建筑。

3）移动式公厕

移动式公厕，是能移动使用的公共厕所，具有占地面积小、机动性较强、可以重复使用和避免因拆迁而造成浪费的优点。在不宜建设固定式厕所的公共场所，应设置移动式厕所。此外，一些大型室外文娱活动、体育赛事等短时间内人流大量集中，过后又恢复如常的情况，通过使用移动式公厕就能解决这种时段性需求。

根据体形大小和移动频率，移动式公厕又可分为整体吊装型、整体搬运型、自带动力行走型和无动力拖挂行走型等几类。

4）地下公厕

在地上因历史原因或条件所限不能设置公厕时，地下公厕也能很好地解决公众的如厕需求。随着城市地下空间开发日益受到重视，地下公共设施，如地铁、地下商场等地下公厕也是常见的厕所设置方式。地下公厕应合理解决排污管道与城市污水管道的高差以及通风排气等问题。

（2）要点

1）公厕的男女厕位比例

在人流集中的场所，女厕位与男厕位（含小便站位，下同）的比例应≥2。在其他场所，男女厕位比例为女性如厕测算人数和男性如厕测算人数比值的1.5倍。

2）公厕每天每个厕位的服务人数

车站、码头、体育场外：男性150人、女性100人；

广场、街道：男性500人、女性350人；

公园：男性200人、女性130人；

海滨活动场所：男性60人、女性40人。

3）商场、超市和商业街公厕的厕位数

500m² 以下，男厕位1个、女厕位2个；

501～1000m² 以下，男厕位2个、女厕位4个；

1001～2000m² 以下，男厕位3个、女厕位6个；

2001～4000m² 以下，男厕位5个、女厕位10个；

≥4000m²，每增加2000m²，男厕位增加2个，女厕位增加4个。

4）饭馆、咖啡店等餐饮场所公厕的厕位数

50座以下，男厕位1个、女厕位2个；

100座以下，男厕位2个、女厕位3个；

超过100座，每增加100座，增设男厕位1个；每增加65座，增设女厕位1个。

5）体育场馆、展览馆等公共文体娱乐场所公厕的厕位数

250座以下，男厕位1个；每增加1～500座，增设男厕位1个；

40座及以下，女厕位1个；41～70座，女厕位3个；71～100座，女厕位4个；每增1～40座，增设女厕位1个。

6）机场、火车站、综合性服务楼和服务性单位公厕的厕位数

100人以下，男厕位2个；每增加60人，增设男厕位1个；

100人以下，女厕位4个；每增加30人，增设女厕位1个。

7）公共厕所第三卫生间的设置

第三卫生间（用于协助老、幼及行动不便者使用的厕所间）应设置于：一类固定式公厕，二级及以上医院的公厕，商业区、重要公共设施及重要交通客运设施区域的活动式公厕。

8）其他

独立式公厕用地应包括公厕建筑用地及附属化粪池、道路等用地。独立式公厕的纵轴宜垂直于夏季主导风向。

化粪池和贮粪池距离地下取水构筑物不得小于30m。化粪池和贮粪池应设置在人们不经常停留、活动之处，并应靠近道路，以方便抽粪车抽吸；池壁距建筑物外墙宜≥5m，并不得影响建筑物基础。

附属式公厕的厕所间应设置单独出入口，出入口位置应避开人流集中处和楼梯间。

5.2 建筑总平面布置

建筑选址，是根据建筑性质，结合区域内的条件，选择比较合理的基地位置。确定建筑基地位置后，建筑总平面布置应加强选址的合理性，避免与选址的合理因素产生矛盾。

建筑总平面布置，是结合特定性质的建筑物进行的一项综合性的场地设计任务。根据基地建设项目的性质、规模、组成内容和使用要求，因地制宜地结合当地的自然条件、环境关系，根据城市规划要求、有关规范和规定合理安排建筑位置，以及建筑之间的关系和建筑与基地周围的关系，组织合理交通线路，进行竖向、绿化、工程管线和环境保护等综合设计，使其满足使用功能或生产工艺要求，这个任务称为建筑总平面布置。

对建筑布局、通路、总平面布置应有必要的说明和设计图纸。说明的内容主要应阐述总平面布置的依据、原则、功能分区、交通组织、街景空间组织、环境美化设计、建筑小品和绿化布置等。

（1）建筑总平面涉及的内容

1）地形和地物测量坐标网、坐标值；场地施工坐标网、坐标值；场地四周测量坐标和施工坐标。

2）建筑物、构筑物（人防工程、地下车库、油库、贮水池等隐蔽工程以虚线表示）的位置，其中主要建筑物、构筑物的坐标（或相互关系尺寸）、名称（或编号）、层数、室内设计标高。

3）拆废旧建筑的范围边界，相邻建筑物的名称和层数。

4）道路、铁路和排水沟的主要坐标（或相互关系尺寸）。

5）绿化及景观设施布置。

6）风玫瑰及指北针。

7）主要技术经济指标和工程量表。同时要说明尺寸单位、比例、测绘单位、日期、高程系统名称、场地施工坐标网与测量坐标网的关系、补充图例及其他必要的说明等。

（2）合理的建筑总平面布置应注意的问题

1）建筑物的位置安排，非特殊情况下，应避免造成基地面积零碎，以致无法从容安排其他设施。当然建筑物性质不同，会有不同的场地特殊要求（图5.2.1）。

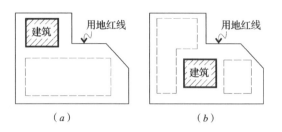

图5.2.1 建筑物的位置安排
（a）形成完整场地；（b）建筑居中

2）建筑物与基地周围应形成良好的互动关系，不应对基地周围环境产生不良效果。建筑物应结合四周环境，根据建筑物的性质，结合具体设计，形成良好的景观。应避免破坏原有的景观效果（图5.2.2）。

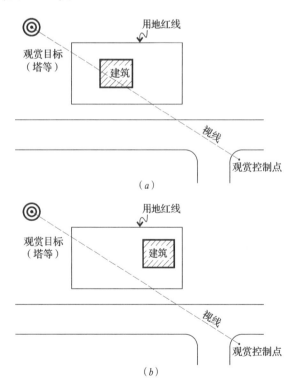

图5.2.2 建筑物与基地周围的关系
（a）建筑的位置选择破坏了原有的景观效果；
（b）建筑位置安排应避免破坏原有的景观效果

3）建筑物之间的关系应合理、有序。建筑物之间的间距，应满足防火规范、日照标准（对居住建筑），以及天然采光要求等。

4）建筑物形成的建筑环境，应组织好建筑与环境的自然通风；防止和减少环境噪声干扰；与污染源之间应有卫生隔离，并应符合有关卫生标准的保护间距。避免破坏环境，应符合环境保护法的有关规定。同时，在道路、竖向设计、绿化、管线综合等方面，应合理且符合法规规定。

本部分各种建筑的总平面布置分析，主要以基本的建筑形态来表达布置原理。实际工程中，根据项目的特殊要求以及设计师的独特设计意向等，具体建筑平面是灵活变化、没有固定模式的，但是基本的布置原理是相同的。在各种建筑总平面功能关系的分析中，有些功能区可以组合或合并，这种情况应根据具体情况决定。

在下述各种类型的总平面布置分析中，不包括体育建筑、居住区规划以及一些较少接触的建筑类型（如监狱等）。由于体育建筑、居住区规划包含的类型繁多，总平面布置要求各自不同，应作为专题阐述为好。

5.3 中 小 学 校

5.3.1 选址要点

（1）中小学校的选址，应该根据当地规划要求，考虑学校的服务半径及学校分布情况，并根据当地人口密度及人口发展趋势，以及学生人数比例，合理地进行。

初级中学服务半径宜≤1000m；完全小学服务半径宜≤500m（图5.3.1）。

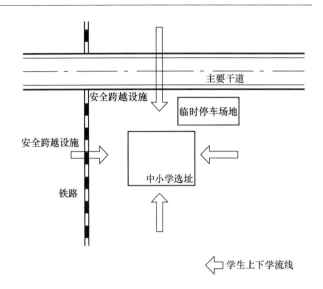

图5.3.2 学校周边应有良好的交通条件

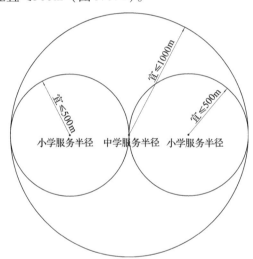

图5.3.1 中小学服务半径

学校周边应有良好的交通条件，有条件时宜设置临时停车场地。学校的规划布局应与生源分布及周边交通相协调。与学校毗邻的城市主干道应设置适当的安全设施，以保障学生安全跨越（图5.3.2）。

（2）学校应有安静及卫生和安全的环境（图5.3.3）。

1）中小学校严禁建设在地震、地质塌裂、暗河、洪涝等自然灾害及人为风险高的地段和污染超标的地段。校园及校内建筑与污染源的距离应符合对各类污染源实施控制的国家现行有关标准的规定。

2）中小学校建设应远离殡仪馆、医院的太平

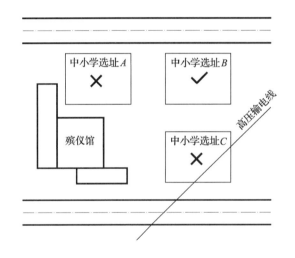

图5.3.3 中小学选址与周围环境的关系

间、传染病院等建筑。与易燃易爆场所间的距离应符合现行国家标准《建筑设计防火规范》GB 50016的有关规定。

3）校内应有布置运动场地和提供设置基础市政设施的条件。

4）学校周界外25m范围内已有邻里建筑处的噪声级不应超过现行国家标准《民用建筑隔声设计规范》GB 50118有关规定的限值。

5）高压电线、长输天然气管道、输油管道严禁穿越或跨越学校校园；当在学校周边敷设时，安全防护距离及防护措施应符合相关规定。

（3）校址应选择在阳光充足、空气流通、场地干燥、排水通畅、地势较高的地段（图5.3.4）。

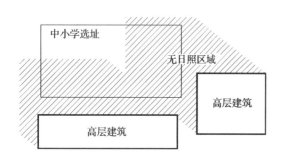

图 5.3.4 不适宜中小学选址示意

校内应有布置运动场地和提供设置基础市政设施的条件。

5.3.2 总平面功能关系

中小学校用地应包括建筑用地、体育用地、绿化用地、道路、广场、停车场用地。有条件时宜预留发展用地。

中小学校建筑用地应包括教学及教学辅助用房、行政办公和生活服务用房等全部建筑的用地；有住宿生学校的建筑用地应包括宿舍的用地（建筑用地应计算至台阶、坡道及散水外缘）、自行车库及机动车停车库用地和设备与设施用房的用地。

各部分内容布置应满足使用要求，功能分区明确，既要联系方便，又要避免相互干扰和影响。

每个中小学校根据当地经济条件、入学率、学制特点、生活习惯、办校原则等，会出现具体的不同要求；因此，对于每个具体的学校，在总平面布置上会出现不同的功能关系。但是最主要的三个功能区的关系是不变的，即教学实验区、体育活动区、生活服务区。三者基本呈三角形布局（图 5.3.5）。

另外行政办公区可以与教学实验区合二为一，或者两区邻近，成为教学中心区；后勤活动区可以独立为区，也可以根据后勤服务的具体情况，分散布置服务用房。

学校考虑作为升旗、集合聚会等作用的中心广场，宜设置在教学实验区附近。

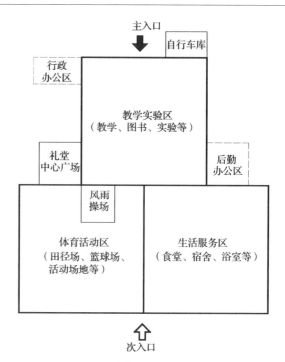

图 5.3.5 中小学总平面功能关系

5.3.3 总平面布置要点

（1）学校建筑的间距应符合的规定（图 5.3.6）

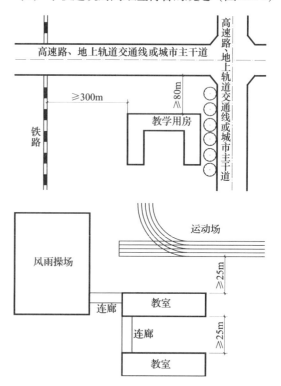

图 5.3.6 学校建筑的间距规定

1）学校主要教学用房设置窗户的外墙与铁路路轨的距离不应小于300m，与高速路、地上轨道交通线或城市主干道的距离不应小于80m。当距离不足时，应采取有效的隔声措施。

2）普通教室冬至日满窗日照不应少于2h。

3）各类教室的外窗与相对的教学用房或室外运动场地边缘间的距离不应小于25m。

4）中小学校的总平面设计应根据学校所在地的冬夏主导风向合理布置建筑物及构筑物，有效组织校园气流，实现低能耗通风换气。

5）教学用房之间、教学用房与风雨操场等可以根据需要设置连廊。

（2）学校建筑物相互之间的要求

学校建筑物相互之间由于性质的不同而有不同要求。

1）中小学校的普通教室与专用教室、公共教学用房间应联系方便。

2）年级组教师办公室宜设置在该年级普通教室附近。课程有专用教室时，该课程教研组办公室宜与专用教室成组设置。其他课程教研组可集中设置于行政办公室或图书室附近。

3）体育建筑设施包括风雨操场、游泳池或游泳馆。体育建筑设施的位置应邻近室外体育场，并宜便于向社会开放。

4）中小学校内，当体育场地中心与最近的卫生间的距离超过90m时，可设室外厕所。

5）体质测试室宜设在风雨操场或医务室附近，并宜设为相通的两间。

6）图书室应位于学生出入方便、环境安静的区域。

7）德育展览室的位置宜设在校门附近或主要教学楼入口处；也可设在会议室、合班教室附近，或在学生经常经过的走道处附设展览廊。

8）食堂不应与教学用房合并设置，宜设在校园的下风向。厨房的噪声及排放的油烟、气味不得影响教学环境。

9）食堂与室外公厕、垃圾站等污染源间的距离应大于25m。

10）学生宿舍不得设在地下室或半地下室。

11）中小学校应设置集中绿地。集中绿地的宽度不应小于8m。

12）主要行政办公用房的位置应符合下列规定：

① 校务办公室宜设置在与全校师生易于联系的位置，并宜靠近校门；

② 教务办公室宜设置在任课教师办公室附近；

③ 总务办公室宜设置在学校的次要出入口或食堂、维修工作间附近；

④ 会议室宜设在便于教师、学生、来客使用的适中位置；

⑤ 广播室的窗应面向全校学生做课间操的操场；

⑥ 值班室宜设置在靠近校门、主要建筑物出入口或行政办公室附近；

⑦ 总务仓库及维修工作间宜设在校园的次要出入口附近，其运输及噪声不得影响教学环境的质量和安全。

13）中小学校应在校园的显要位置设置国旗升旗场地。

（3）学校入口的设置

1）中小学校的校园应设置2个出入口。出入口的位置应符合教学、安全、管理的需要，出入口的布置应避免人流、车流交叉。有条件的学校宜设置机动车专用出入口。

2）中小学校校园出入口应与市政交通衔接，但不应直接与城市主干道连接。校园主要出入口应设置缓冲场地（图5.3.7）。

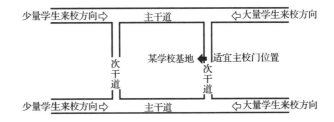

图5.3.7 学校主要出入口设置

确定学校出入口时也应考虑学校内总平面布局，应有利于学校的功能分区和道路组织。学生入校后应能直接到达教学楼，不应横跨运动区、生活区等。食堂、维修工作间、总务办公室、总务仓库宜设在校园的次要入口附近。

（4）学校道路系统

1）校园内道路应与各建筑的出入口及走道衔

接，构成安全、方便、明确、通畅的路网。

2）中小学校校园应设消防车道，消防车道的设置应符合现行国家标准《建筑设计防火规范》GB 50016 的有关规定。

3）校园道路每通行100人道路净宽为0.70m，每一路段的宽度应按该段道路通达的建筑物容纳人数之和计算，每一路段的宽度不宜小于3.00m。

4）校园道路及广场设计应符合国家现行标准的有关规定。

5）校园内人流集中的道路不宜设置台阶。设置台阶时，不得少于3级。

6）校园道路设计应符合现行国家标准《建筑设计防火规范》GB 50016 的有关规定。

（5）田径运动场用地位置的确定

在进行总平面布置时，田径运动场用地的位置确定是首要问题，是校园规划布局关键因素之一（图5.3.8）。

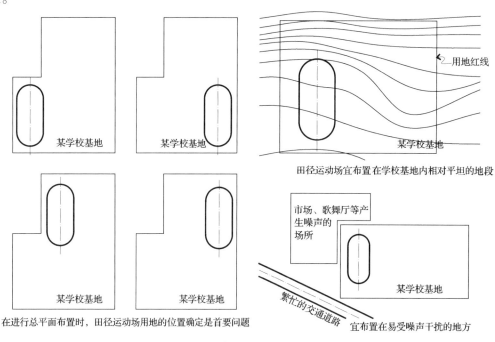

图5.3.8　校园规划布局中田径运动场的用地布置

田径运动场的特点是占地大，有噪声，必须呈南北朝向布置以利于体育活动。

根据其特点，宜将田径运动场布置在学校基地内相对平坦的地段（以减少土方量），宜布置在景观要求相对不高的位置，宜布置在易受噪声干扰的地方。

田径运动场根据条件设置环形跑道，设400m环形跑道时，宜设8条直跑道。室外田径场及足球、篮球、排球等各种球类场地的长轴宜南北向布置。长轴南偏东宜小于20°，南偏西宜小于10°。运动场地应为弹性地面，不宜采用非弹性材料地面。

室外田径场、足球场应进行排水设计。室外体育场地应排水通畅。

（6）易产生噪声、污染、气味的校内建筑

对易产生噪声的校内建筑，应尽可能布置在校园的边缘地段，如校办工厂、车库。对易产生污染的校医院、锅炉房等，应尽可能布置在校园的边缘地段和常年下风向方位。食堂不应与教学用房合并设置，宜布置在校园的下风向，厨房的噪声及排放的油烟、气味不得影响教学环境（图5.3.9）。

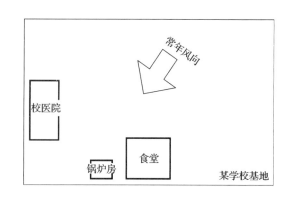

图5.3.9　产生噪声、污染、气味的校内建筑布置要求

5.3.4 分析

对于校园总平面布局，没有统一的固定模式。

在 20 世纪初期的中国，校园布局受欧美影响，强调轴线对称和以庭园广场为中心的布局模式。

在新中国成立初期，校园布局又较多地模仿苏联的模式，即正对学校大门口的是教学主楼，作为对景，并以教学主楼或图书馆为中轴线位置，两侧布置教学辅楼，在总体上形成规整对称的格局。

在 20 世纪 80 年代以后的中国，校园布局上的设计手法灵活多样化，打破了以往强调平面空间对称、工整的布置格局。充分利用已有的地形、地物条件，形成不拘一格的布局特色，使校园达到错落有致或幽静高雅等不同的布局效果。特别是对于高等学校，采用自由布局的方式，可以适应多学科多专业等复杂功能要求，可以充分表达其特有的文化艺术氛围，造就更优美的校园环境。

在学校总平面设计中，应在以下的基本原则下进行布置工作：

（1）抓住学校总平面布置要点，进行整体分析、布局。

（2）总平面布置应能够做到有利于学生的学习和生活，员工应具有良好的工作环境。要合理安排用地，以尽量减少占地面积，在不影响正常使用要求的前提下，其建筑间距应尽量缩短，建筑物层数要合理选定。对来往频繁、联系密切的区及建筑物，尽可能紧凑布置，以缩短往来路程、节约用地和减少道路与管线工程的投资。

（3）要充分利用已有的地形、地物和原有建筑，减少改造、扩建的投资。

对老学校的改建与扩建，应处理好新旧的关系，对于优秀的旧建筑、旧布局风格，尽量不破坏，可以加以适度改建。

（4）充分考虑学校未来的发展变化，总平面布置应能够预留发展余地或可合理改造余地。

在学校内部人流交通组织中，也要动态的考虑学校的发展变化，为未来学校新运行机制留有余地。

另外，在很多学校总平面设计中，采取在主要校门口处设置入口广场（有时也作为中心广场），适合作为校门口对景的建筑物以能反映学校主要性质的为

适宜，例如教学楼、图书馆、礼堂（多功能厅）等，而行政楼、体育馆、后勤楼、学生宿舍等，属于学校的次要建筑，不能充分地表达学校的特点、性质，不适宜作为主入口的对景建筑（图 5.3.10）。

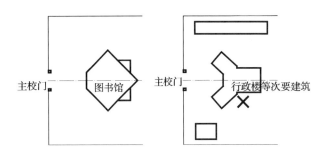

图 5.3.10 校门口对景建筑物示意

【例 5-3-1】

在某城市的一个呈南北狭长状基地内布置中学校园。基地北邻城市主干道，东邻次干道，南面为社区公园，西面为某居住区和经考察会产生大量噪声的农贸市场。学生的主要来校人流在北侧的城市主干道方向，常年风向为西南风。

要求根据已知的学校建筑物单体参考平面形状，对学校的总平面进行合理的布置，考虑连廊以方便联系（不要求道路布置）。

其中 1600m² 的室外活动场地作为每周一次升旗、节日聚会、表演剧场等功能使用，形状可以变化（图 5.3.11a、图 5.3.11b）。

分析：

① 首先选择合适的主校门位置

学校出入口的设置位置，考虑其所服务的居住区的方向或大量学生来校的方向，应利于大部分学生方便、短捷地出入学校。

学生的主要来校人流在北侧的城市主干道方向，那么选择基地北面某处为主校门位置为宜。由于北面为城市主干道，不宜把主校门设置在主干道上，则考虑在东面次干道上，位置靠近北面主干道。

② 对学校功能区在基地上进行大致划分

根据已知的学校建筑物单体，可以大致分为三个功能区：教学实验区，包括三座教学楼（包括一座实验楼）、图书馆及室外活动场地；体育活动区，包括田径运动场、篮球场、风雨操场；生活服务区，包括三座宿舍楼、食堂；另外还有一座行政楼。

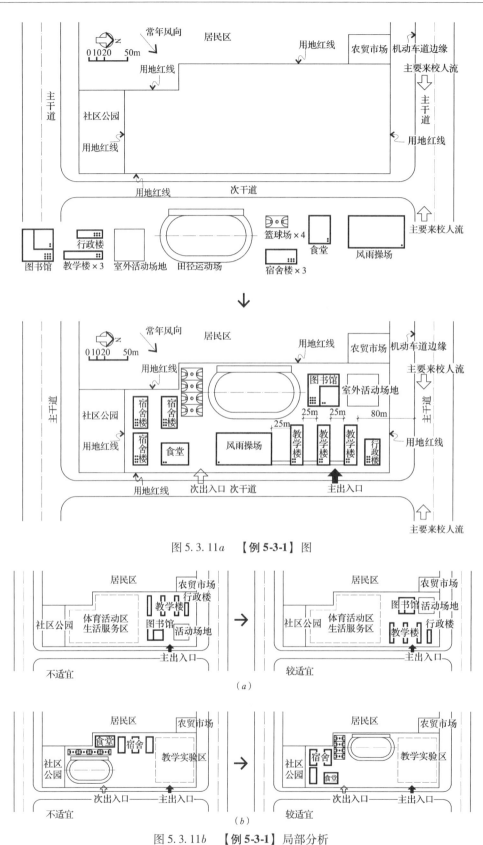

图5.3.11a 【例5-3-1】图

图5.3.11b 【例5-3-1】局部分析

(a) 教学区分析；(b) 生活服务区和体育活动区分析

其中，行政楼宜靠近教学实验区，风雨操场也要和教学实验区联系方便，食堂应在基地的下风向位置。

③ 根据功能分区的位置划分，在总平面内布置各个建筑，进行合理调整、相互协调，综合多种影响因素，以使各个建筑基本定位。

正对主校门的区域宜规划为教学实验区，即基地北面为教学实验区。

对于教学实验区，教学楼应该有最好的日照。这里教学楼群采取南北向的排列，其外墙间距保持25m。由于学校主要教学用房设置窗户的外墙与城市主干道的距离不应小于80m，那么把行政楼安排在主干道和教学楼之间，减少面积的浪费，位置也比较适宜。

教学楼群设置在西面时，室外活动场地和图书馆则布置在东面。这样教学区和农贸市场相邻，容易受到噪声干扰。而室外活动场地是作为每周一次升旗、节日聚会、表演剧场等功能使用的，此时出入学校的人流会干扰影响活动场地上的行为，使其功能偏向入口广场，失去原来的功能要求；图书馆也会因为在其前经过的人流因其流量过大而受到干扰。

因此选择教学楼群设置在东侧。

由于图书馆需要比较安静的环境，如果把图书馆放置在教学区西北侧，那么图书馆北侧将受到主干道交通噪声干扰，其西面相邻的农贸市场噪声卫生问题，也会严重干扰图书馆，则考虑图书馆放置在教学区西南侧（除非增加投资在建筑物上进行特别隔声处理），在教学区西北侧设置室外活动场地，建筑对活动场地形成比较完整的围合。

对于生活服务区和体育活动区，有两种方案，第一种是基地南侧布置体育活动区，中部西侧布置生活服务区；第二种是基地南侧布置生活服务区，中部西侧布置体育活动区。

第一种方案：运动场相邻基地东侧道路，对道路景观没有产生作用。宿舍楼、食堂远离基地东侧道路的次入口，后勤服务不方便，而食堂的送菜、出垃圾的流线横穿基地，易影响卫生环境。同时食堂位于上风向，不适宜。

第二种方案：宿舍楼的建筑造型有助于对基地东侧道路的景观塑造，可以和教学楼、风雨操场共同作用形成基地东侧道路的良好景观。

运动场和居民区相邻，应了解居民区内相邻之处的建筑性质，以确定其接受噪声的能力，比如如果为居住区的绿地或社区，则运动场的噪声不会影响其正常使用要求；如果为住宅楼，则应具体考察住宅楼的方向和学校运动场使用方式，或者通过屏蔽噪声处理，避免建成后产生纠纷。

宿舍楼、食堂相邻基地东侧道路的次入口，后勤服务流线方便。

综合分析，选择第二种作为定案。风雨操场设置在教学楼群和运动区之间。

把各个建筑布置到基地平面图上，在教学楼群和风雨操场之间以连廊连接，给所有建筑物标注名称和层数以及必要的尺寸，完成总平面布置。

【例 5-3-2】

选址要求同【例 5-3-1】，但是学生的主要来校人流在南侧的城市主干道方向。

要求根据已知的学校建筑物单体参考平面形状，对学校的总平面进行合理的布置，考虑连廊以方便联系，不要求道路布置（图 5.3.12）。

分析：

① 首先选择合适的主校门位置

学生的主要来校人流在南侧的城市主干道方向，那么选择基地南面在东面次干道上，位置靠近南面社区花园。

② 对学校功能区在基地上进行大致划分

根据已知的学校建筑物单体，可以大致分为三个功能区：教学实验区，包括两座教学楼、一座实验楼、图书馆及室外活动场地；体育活动区，包括田径运动场、篮球场、排球场、风雨操场；生活服务区，包括三座宿舍楼、食堂。

正对主校门的区域宜规划为教学实验区，即基地南面为教学实验区。

教学楼群采取南北向的排列，其外墙间距保持25m，沿街布置。同时行政楼布置在教学区南侧，图书馆布置在教学区西侧，这些建筑群形成一个半封闭空间，即为室外活动场地所在处。

对于生活服务区和体育活动区，基地东北布置生活服务区，西北布置体育活动区。这样，不但宿舍楼、食堂相邻基地东侧道路的次入口，后勤服务流线方便，而且沿街宿舍楼的建筑造型和教学楼、风雨操场共同作用能够形成基地东侧道路的良好景观。

运动场和居民区相邻，应了解居民区内相邻之

处的建筑性质，以确定其接受噪声的能力，或者通过屏蔽噪声处理，避免建成后产生纠纷。

把各个建筑布置到基地平面图上，在教学楼群和风雨操场之间以连廊连接，给所有建筑物标注名称和层数以及必要的尺寸，完成总平面布置。

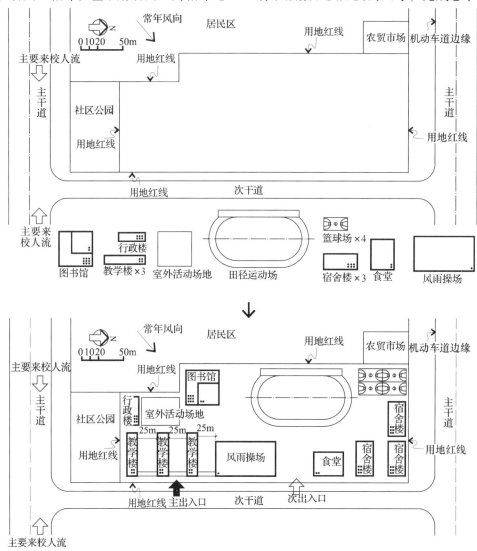

图 5.3.12　【例 5-3-2】图

5.3.5　其他类型

（1）高等学校建筑

高等学校有大学、学院和专科学校三类。

高等学校的总平面布置主要应考虑功能分区合理，联系方便，环境优美，且要考虑发展用地。高等学校分为教学中心区、科学研究区、体育活动

区、实习工厂区、后勤服务区、学生生活区六大部分。

教学中心区是高等学校最重要的组成部分，位于校区核心。校区主体建筑可以是教学主楼，也可以是图书馆、科研中心等部分。高等学校教学建筑主要包括一般性教学建筑和专业性教学建筑。一般性教学建筑主要指普通教室及公共教室。专业性教学建筑，主要指各种实验室和专用教室、科研性建

筑、实习工厂四部分。

图书馆建筑是高等学校建筑的重要组成部分，图书馆设计要突出使用功能，宜采取开放型布局，以开架阅览为主，同时应考虑图书馆工作自动化、图书借阅、阅览现代化设备的发展趋势，为教师、学生提供良好的学习环境。

（2）特殊教育学校

特殊教育学校是指由政府、企事业组织、社会团体、其他社会组织及公民个人依法开办的专门对残障学生实施特殊教育的机构。包含为视力障碍学生建设的盲校，为听力及语言障碍学生建设的聋校以及为智力障碍学生建设的培智学校等。

1）校址要求应选择在城市公交直达、市政基础设施完备的地段。不应建设在自然灾害风险高及有污染源的地段，校址应远离无防护设施的河流、池沼、断崖及陡坡等不良地质地带，宜选择地形规整、地貌平坦之处。

严禁热力管道、高压电线（缆）、油气管道等危险性管线及其通廊穿过或跨越特殊教育学校校园。

校址宜邻近文教设施、医疗机构、福利机构及公园绿地等。

特殊教育学校校界处的噪声，昼间不应超过55dB（A），夜间不应超过45dB（A）。

2）特殊教育学校用地应包括建筑用地、体育用地、室外教学用地、绿化用地、道路及广场、停车场用地，并宜预留发展用地。

室外教学用地宜包括游戏场地和康复训练场地。

康复训练场地宜包括体能训练场地、职业训练场地，盲校与培智学校应设置定向行走训练场地，培智学校应增设日常行为训练场地。康复训练场地面积应≥4m²/人，且应≥400m²。

3）特殊教育学校总平面设计宜按教学、体育与康复训练、生活服务、集中绿地等功能合理分区。盲校、培智学校的布局应流线简捷、标识明确。当特殊教育学校为综合类学校时，应按学

生残障类型划分相对独立的教学及生活区域（图5.3.13）。

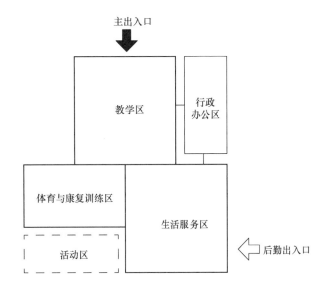

图5.3.13　特殊教育学校总平面功能关系

教学用房与学生宿舍应安排在校内安静区域，并应有良好的日照与自然通风。普通教室和半数以上的学生宿舍应保证冬至日满窗日照不少于2h。

室外运动场地与室外教学场地应兼作学校应急避难疏散场地。室外运动场地与室外教学场地之间、高低年级学生活动区域之间宜适当分隔，避免相互干扰。

4）学校对外出入口不宜少于两个，主出入口不宜开向城市主干道，出入口外应设有缓冲区域，车辆出入口与人行出入口应分开设置。

学校停车场应满足自用车辆停放要求，有条件的学校宜设置外来车辆停放区域，停车数量应符合当地相关规定。

校园内人行、车行通道应合理分流，道路系统应简捷通畅，车行范围应控制在一定区域内，人行道、车行道之间应采用平道牙连接。校园内人行路面应采用防滑、透水铺装。

校园周界应设置围护设施，且不应使用带有尖突物的围墙、围栏、绿篱等围护设施。

5.4 档 案 馆

5.4.1 选址要点

（1）馆址应选择工程地质条件和水文地质条件较好的地段，并远离洪水、山体滑坡等自然灾害易发生的地段。

（2）馆址应远离易燃、易爆场所；出入馆址的交通应顺畅方便；不应设在有污染腐蚀性气体源的下风向。如果馆址常年处于有毒有刺激气味中，易造成有害气体侵蚀档案文卷，对馆内工作人员的身心健康也不利（图5.4.1）。

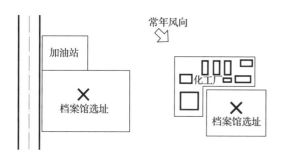

图5.4.1 不利于馆址的位置

（3）馆址应选择地势较高、场地干燥、排水通畅、空气流通和环境安静的地段。

（4）馆址应建在交通方便、便于利用，且城市公用设施比较完备的地区。选址在地处偏僻、交通不便的地方，不仅给档案的安全保管、利用和管理工作带来诸多不便，而且水电、保卫、办公等经费也会大大增加。

5.4.2 总平面功能关系

档案馆是收集、保管、提供利用档案资料的基地和信息中心。其与图书馆建筑有相同之处，属于文化建筑的范畴。但档案是以孤本形式保存，不能丢失，并有保密级别和保密年限的限制，其防盗、保存等要求更加严格。

每个档案馆的设计，需要档案管理人员和建筑师一起确定档案馆组成关系、功能划分、交通流线的布置，以达到每个档案馆的基本和特殊要求。建筑师要从档案管理的角度解决好各类用房的分隔和联系。

档案馆主要为档案库房、对外服务用房、业务及技术用房、办公及辅助用房（图5.4.2）。

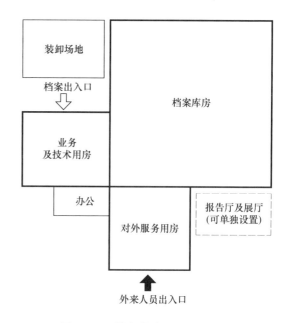

图5.4.2 档案馆总平面功能关系

档案库房是档案馆建筑的重要组成部分，要做好保持库房区温湿度的稳定和安全防盗设计。

对外服务用房是档案馆开展档案工作、对外服务、提供利用的场所，要求光线充足、通风良好，但是在具体设计上避免阳光直射和眩光，对外服务用房中的阅览室与库房不能距离太远，特别要注意交通便捷，不能有露天通道。

以前有些档案馆，只重点着眼于建设库房，供来访者查找、阅读档案和对外服务的接待用房较少，这是不适应档案管理要求的。

业务及技术用房主要和档案库房的联系紧密。档案先在业务及技术用房接收，接着档案在技术用房里经过处理、修复、整理等，然后才能入库。技术用房前应有足够的装卸场地。

办公用房和附属用房，其中附属用房也可以根据需要与办公处分开设置。

规模比较大的档案馆，可以单独设置报告厅及展厅。

5.4.3 总平面布置要点

（1）档案馆建筑宜独立建造、自成体系。当与其他建筑合建时，应确保档案馆设计符合其规范规定。

（2）档案馆的建筑布局力求达到功能合理，流程便捷，解决内外相互间的联系与分隔，避免交叉，有温湿度要求的房间应集中或分区集中布置。

1）各部分之间档案传送不应通过露天通道。

2）馆区内道路布置应便于档案的运送、装卸，并应符合消防和疏散要求，同时应设停车场等公共设施（图5.4.3）。

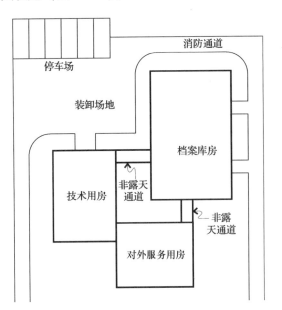

图 5.4.3　传送档案的一些要求

3）馆区内建筑及道路应符合无障碍设计要求。

4）馆区应留有绿化用地。

（3）档案库应集中布置，自成一区。

1）档案库房及为其服务的交通通道占用的区域，称为库区。库区的平面布局应简单紧凑。库区内不应设置其他用房，其他用房之间的交通也不得穿越库区。

2）为了安全抢救档案和人员的撤出，每个档案库应设两个独立的出入口，且不宜采用串通或套间布置方式。

（4）为很好地防潮和防水，整个档案馆的室内地面应至少高出室外地面0.5m。库区内比库区外楼地面应高出1.5cm。

5.4.4 分析

在中国古代，档案馆是保存书籍和国家重要文献的场所，为了防火防盗，都是"金匮石室"式的典型建筑。如明清帝王的档案库皇史宬，全部用砖石砌成，墙壁厚而坚实。

近代档案馆在中国经历了四个阶段。

第一阶段是20世纪50～60年代中期，称为"库房时期"。档案馆的主要任务是收集重要的档案资料，培训紧需的专业技术人员，是新中国档案馆建筑的起步阶段。

第二阶段是20世纪60年代末～70年代中期，称为"战备时期"。根据当时的战备需要，档案安全工作作为首要问题，将重要的档案资料从地上库房转移到战备的档案洞库存放。地上档案馆的建设几乎中断。

第三阶段是20世纪70年代后期～90年代中期，可称为"功能时期"。全国各地档案馆建设数量剧增。经过设计人员和档案馆人员的探索，基本上解决了档案馆三大功能区和建筑内部空间的结合问题，总结出一些平面模式，并逐步完善了相应的建筑规范制定。

第四阶段是20世纪90年代后期至今，可称为"理念时期"。随着信息时代的到来，档案的载体形式和人们对档案的认识发生了很大的变化。档案馆开始从封闭走向开放。随着档案工作理念的转变，也就必然引起了建筑设计理念的相应转变，这将引起建筑布局、外部形象、内部功能、空间组织等一系列变化。

在新建档案馆规划设计中，根据近远期建设计划，一次规划留有余地，以免在今后的扩建中产生库房与库房、库房与业务用房联系不畅或人流交叉干扰，以适应将来对档案馆的新要求。

为避免因库内外温差而引起出入库的物件的结露现象，库区或库房入口处应设面积≥6m²的密闭缓冲间。物件出入库房先在缓冲间内贮放一段时间，待物件自身温度与库内外相应的温度适应后再出入库房。

当设专用封闭外廊时，可不再设缓冲间，即在档案库外建的用墙和窗与外界隔开的走廊，以减少外界气候对档案库的直接影响。库房布置类型可视具体情况设为单面廊、双面廊、三面廊、四面环廊（图5.4.4）。

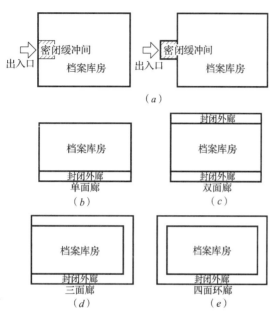

图 5.4.4　关于物件出入档案库房的设置

（a）密闭缓冲间的设置；（b）单面廊；

（c）双面廊；（d）三面廊；（e）四面环廊

【例 5-4-1】

某基地呈矩形，位于城市支路南侧，基地内地势较平坦。基地北面和东面为公园，西面为办公基地。要求根据已知的档案馆建筑物单体参考平面形状，在基地内合理地布置档案馆总平面（图5.4.5）。

分析：

基地设置两个入口，分别是外来人员出入口和内部人员及档案出入口。对应外来人员出入口的建筑为对外服务用房，方便外来人员的查询；对应内部人员及档案出入口的建筑为业务及技术用房和办公及附属用房。

档案库房的位置选择，以能与对外服务用房和业务及技术用房产生紧密联系为原则。这里布置在基地北侧一角。

办公及附属用房布置在对外服务用房和业务及技术用房之间，以方便对两者的管理等。

这些建筑间以连廊连接，保证档案的正常传递。

在业务及技术用房前设置装卸场所，并布置停车位，同时布置环行消防车道。

在前面广场处布置停车位及绿化。

完成总平面布置。

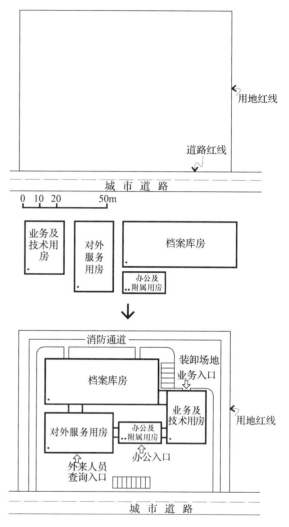

图 5.4.5　**【例 5-4-1】** 图

【例 5-4-2】

选址要求同 **【例 5-4-1】**，但基地内地势由东南向西北倾斜，基地西北角附近为汇水线。要求根据已知的档案馆建筑物单体参考平面形状，在基地内合理地布置档案馆总平面（图5.4.6a）。

分析：

在基地西北角易形成积水，而且是汇水处，不宜布置档案馆库房。如果考虑抬高西北角的高度，观察地形图，需要大量的填土方，在经济上投入很大，非必要不宜采用。则先考虑把档案馆库房布置在基地的东南角。

档案馆库房西侧设置外来人员出入口，其对应外来人员出入口的建筑为对外服务用房，方便外来人员的查询。

档案馆库房东侧设置内部人员及档案出入口，经过档案馆库房东侧的通路，进入业务及技术用房和办公及附属用房的区域。

对于业务及技术用房和办公及附属用房的区域布置：

装卸场地布置在基地东侧中间，通路短，办公及附属用房采光好。但是办公场所和对外服务用房要注意加强直接联系，例如以连廊相接。

也可以这样布置（图 5.4.6b）：

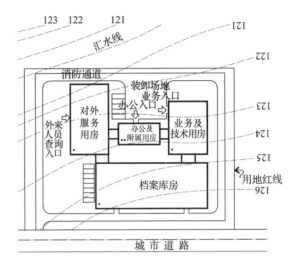

缺点：运送档案通路过长，且办公及附属用房采光不好

图 5.4.6b 【例 5-4-2】中办公及附属用房
的布置分析比较

装卸场地布置在基地北侧中间，办公及附属用房布置在对外服务用房和业务及技术用房之间，以方便对两者的管理等。但是运送档案的通路过长，且办公及附属用房采光不好。

这里最终采用前一种进行布置。

建筑间适当地以连廊连接，保证档案的正常传递。

在业务及技术用房前设置装卸场所，并布置停车位，同时布置环行消防车道。

在对外服务用房的前场处布置停车位。

完成总平面布置。

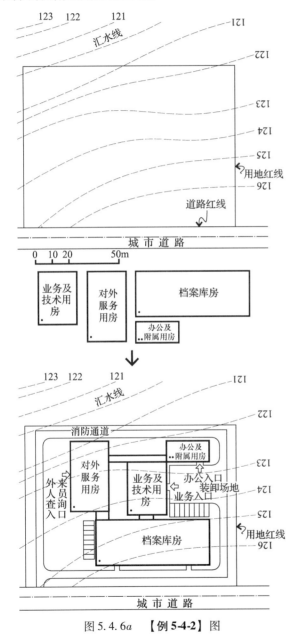

图 5.4.6a 【例 5-4-2】图

5.5 电 影 院

电影院的规模分为四种, 见表5.5.1。

电影院的规模分类 (按观众厅的容量)

表5.5.1

类型	小型电影院	中型电影院	大型电影院	特大型电影院
座位数 (座)	≤700	701 ~ 1200	1201 ~ 1800	>1800

对于观众厅的数量, 特大型电影院不宜小于11个; 大型电影院宜为 8 ~ 10 个; 中型电影院宜为 5 ~ 7 个; 小型电影院不宜少于 4 个。

5.5.1 选址要点

(1) 应根据当地区域的具体情况, 进行科学分析选址, 制定合理的服务半径。

在中国城市中, 大多数电影院都集中于城中心区域, 许多新建住宅区和市区边缘地带布点很少, 到市中心看电影很不方便, 现有电影院的实际服务半径正在减少, 其过剩容量却正在增加, 在选址时应注意这些因素。

(2) 基地应至少一面直接邻接城市道(图5.5.1)。

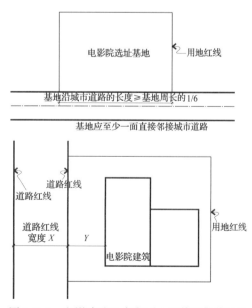

图 5.5.1 电影院选址中主要入口前的集散空地

(1) 基地沿城市道路方向的长度应按建筑规模和疏散人数确定, 并应≥基地周长的1/6。

(2) 与基地邻接的城市道路的宽度不宜小于电影院安全出口宽度总和。与不同类型电影院邻接的道路红线宽度 X 要求不同, 小型电影院不宜小于8m, 中型电影院不宜小于12m, 大型电影院不宜小于20m, 特大型电影院不宜小于25m。

(3) 电影院主要出入口前应设有供人员集散用的空地或广场, 其面积指标应≥$0.2m^2$/座, 且大型及特大型电影院的集散空地的深度 Y 应≥10m; 特大型电影院的集散空地宜分散设置。

(4) 基地应有两个或两个以上不同方向通向城市道路的出口。

(5) 基地和电影院的主要出入口不应和快速道路直接连接, 也不应直对城镇主要干道的交叉口。

5.5.2 总平面功能关系

(1) 电影院宜由观众厅、公共区域、放映机房和其他用房等组成, 根据电影院规模、等级以及经营和使用要求, 各类用房可增减或合并。

(2) 电影院和与其对应的集散空地紧密联系 (图5.5.2)。

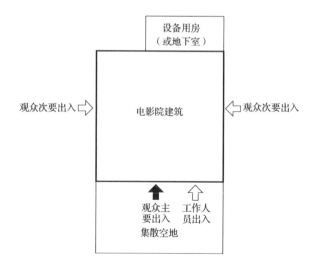

图 5.5.2 电影院总平面功能关系

(3) 观众厅人流组织应合理, 保证观众的有序入场及疏散, 观众入场和疏散人流不得有交叉; 应合理安排放映、经营之间的运行路线, 观众、管理人员和营业运送路线应便捷畅通, 互不干扰; 员工用房的位置及出入口应避免员工人流路线与观众人流路线相互交叉。

5.5.3　总平面布置要点

（1）宜为将来的改建和发展留有余地；建筑布局应使基地内人流、车流合理分流，并应有利于消防、停车和人员集散。

（2）基地内应为消防提供良好道路和工作场地，并应设置照明。内部道路可兼作消防车道，其净宽不应小于4m，当穿越建筑物时，净高不应小于4m。

（3）甲级及特级电影院宜设置贵宾接待室，贵宾接待室应与观众用房分开，并宜有单独的出入口。

（4）停车场（库）设计应符合下列规定：

新建、扩建电影院的基地内宜设置停车场，停车场的出入口应与道路连接方便。

贵宾和工作人员的专用停车场宜设置在基地内。

贴邻观众厅的停车场（库）产生的噪声应采取适当的措施进行处理，防止对观众厅产生影响。停车场布置不应影响集散空地或广场的使用，并不宜设置围墙、大门等障碍物。

5.5.4　分析

【例5-5-1】

在某区域将建设一个1000座的中型电影院。有3个基地可选择。在3个基地附近已经建有公共停车场。

要求根据已知的中型电影院（1000座）建筑物单体参考平面（25m×40m），选择合适的选址，并布置电影院总平面。根据规划要求该区域建筑退道路红线5m，退用地红线3m（图5.5.3）。

分析：

① 首先观察3个基地的情况。

基地C没有临街的基地边缘，不利于疏散，不适合建设电影院。

基地A、基地B的一边临街，其临街长度大于基地周长的1/6。

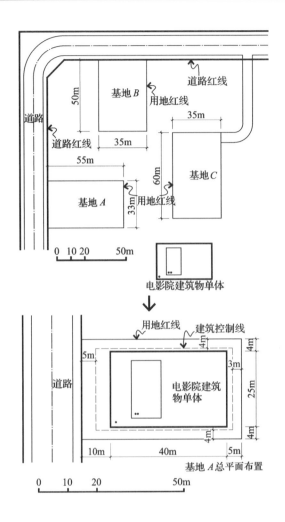

图5.5.3　【例5-5-1】图

可在基地A和基地B中选择。

两者都近似呈长方形状态，电影院建筑前应留出疏散场地。

② 规定要求：电影院前的集散空地的面积应最小按每座0.2m²计，而且还应满足空地深度≥10m的要求。

对于基地A，距道路红线10m安排电影院建筑，电影院建筑长40m，因基地长为55m，则还空余5m，符合退用地红线3m的要求。

计算进深10m的广场面积10m×33m＝330m²，而1000座大型电影院的集散广场所需面积＝1000×0.2m²＝200m²，则此广场面积符合要求。

分析基地A宽度是否符合要求，基地宽33m－电影院建筑宽度25m＝8m，可以达到在左右两侧各退用地红线3m的规划要求。

对于基地 B，距道路红线 10m 安排电影院建筑，电影院建筑长 40m，因基地长为 50m，则剩余的基地长向 40m，刚好安排影院建筑，无法再退用地红线 3m，故基地 B 不适合建设电影院。

因此选择基地 A 建设电影院。

在基地 A 中布置总平面。

电影院南北两侧的通道宽度取值 4m；电影院东侧距离用地红线 5m，道路宽度取值 4m。

5.5.5 其他类型

以上分析一般适用于独建电影院或独立的多厅式电影院。

有些电影院建于综合性建筑内，如大型商场内、娱乐场所内等，这是现代生活的一种趋势，把多方面的生活要求集中在一处解决，相比旧的电影院，大众更愿意到既能餐饮又能购物的地方看电影。

综合建筑内设置的电影院，应符合下列规定：

1）楼层的选择应符合现行国家标准防火规范的相关规定，应形成独立的防火分区。

2）不宜建在住宅楼、仓库、古建筑等建筑内。

3）应设置在独立的竖向交通附近，并应有人员集散空间。

4）应有单独出入口通向室外，并应设置明显标示。

5.6 剧 场

剧场建筑的规模应按观众座席数量划分为四种，见表5.6.1。

剧场的规模划分　表5.6.1

规模	观众座席数量（座）
特大型	>1500
大型	1201~1500
中型	801~1200
小型	≤800

剧场建筑根据使用性质及观演条件可用于歌舞剧、话剧、戏曲三类戏剧演出。

话剧、戏曲剧场宜≤1200座，歌舞剧场宜≤1800座。

5.6.1 选址要点

（1）剧场建筑基地选择应符合当地城市规划的要求，且布点应合理。

（2）剧场建筑基地宜选择交通便利的区域，并应远离工业污染源和噪声源。基地应至少有一面邻接城市道路，或直接通向城市道路的空地；邻接的城市道路的可通行宽度不应小于剧场安全出口宽度的总和。基地沿城市道路的长度应按建筑规模或疏散人数确定，并不应小于基地周长的1/6。基地应至少有两个不同方向的通向城市道路的出口。基地的主要出入口不应与快速道路直接连接，也不应直接面对城市主要干道的交叉口（图5.6.1）。

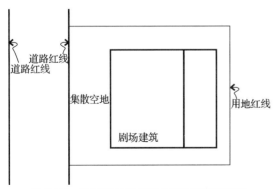

图5.6.1 剧场选址中主要入口前的集散空地

（3）剧场建筑从红线的退后距离应符合当地规划的要求，并应按不小于0.20m²/座留出集散空地。绿化和停车场布置不应影响集散空地的使用，并不宜设置障碍物。

（4）当剧场建筑基地邻接两条道路或位于交叉路口时，除主要邻接道路应符合上述第（2）条的规定、基地前集散空地应符合上述第（3）条的规定外，尚应满足车行视距要求，且主要入口及疏散口的位置应符合当地交通规划的要求。

5.6.2 总平面功能关系

剧场的总平面要求和电影院的大体相似，不同之处是两者的娱乐表达方式不同，电影院是以胶片或数码转换，使图像放映在大屏幕上，而剧院以真人等在舞台上现场表演。

电影院人流路线分为观众人流和内部人员人流，两者可以合并；剧场人流路线除了分为观众人流和内部人员人流外，还有演员及布景流线，演员及布景流线应单独设置，靠近后台部位，并且应考虑设置布景物件的装卸场地（图5.6.2）。

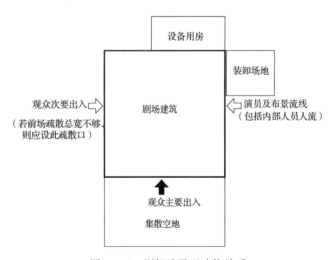

图5.6.2 剧场总平面功能关系

5.6.3 总平面布置要点

（1）总平面设计应功能分区明确，交通流线合理，避免人流与车流、货流交叉，并应有利于消防、停车和人流集散。布景运输车辆应能直接到达景物搬运出入口。宜为将来的改建和发展留有余地。

（2）新建、扩建剧场基地内应设置停车场（库），且停车场（库）的出入口应与道路连接方便，停车位的数量应满足当地规划的要求。

（3）剧场总平面道路设计应满足消防车及货运车的通行要求，其净宽不应小于4m，穿越建筑物时净高不应小于4m。

（4）剧场建筑基地内的设备用房不应对观众厅、舞台及其周围环境产生噪声、振动干扰。

（5）对于综合建筑内设置的剧场，宜设置通往室外的单独出入口，应设置人员集散空间，并应设置相应的标识。

5.6.4 分析

最早的剧场建筑出现于公元前5世纪古希腊，如雅典酒神剧场、埃庇道鲁斯剧场。欧洲从16世纪起，剧场建筑有很大的进步。现代剧场在20世纪得以发展，如悉尼歌剧院、英国伦敦国家剧院等著名剧场。

中国古代演戏的场所泛称为戏场，在历史上有过各种不同的名称和形态。20世纪初在上海出现了现代式剧院，到20世纪末形成了一次兴建剧场等观演建筑的热潮，对于中国的这种建设热潮，往往忽略了经济上的巨大投入和微小回收。如果考虑到日后城市规模扩大、财力增强及一般剧场30年以上的使用寿命，可以一次规划，分期建设，先满足当前的实际要求。

在中国各大城市中，剧院正门常常受限制，不能全开，造成实际的外出口小于内出口，一旦出现灾情，会出现瓶颈现象。改善这种状况的办法是在剧场建筑的旁边或后面，再辟疏散门或疏散通道，由疏散通道（≥3.5m）通到外面的大道上。

【例5-6-1】

某基地将建设一个1200座的中型剧院。要求在基地内布置剧院建筑、停车场、自行车库，并注明名称、出入口、必要尺寸。

已知中型剧院（1200座）建筑物单体参考平面

（35m×53.5m）；剧场考虑设置25个左右车位的停车场，包括4个残疾人车位（剧场机动车主要由附近的公共停车场分担）；自行车库的面积400m²。

建筑退道路红线5m，退用地红线3m（图5.6.3）。

分析：

① 首先进行小比例的样图分析

当剧场长轴垂直于道路时，在保证后退距离后，无法把整个剧场建筑体完整地安排在基地中，放弃这种布置。

当剧场长轴平行于道路，剧场建筑体靠近基地北侧时，则剧场主要出入的人流和自行车流、机动车流混杂，不适宜。那么选择剧场建筑体靠近基地南侧，可以使各个流线较清晰。以下根据这种布置进行总平面设计。

剧场边缘距离道路红线5m。

基地南侧设7m宽的停车场通道，其与基地红线和建筑的距离这里取1.5m。

基地西侧用于停车场地，参考3.1.18一节中"停车带参考规则"，可以设置三条停车带（不考虑车位间绿化），这样也形成环行状态。安排23辆车的车位，包括靠近剧场建筑主入口的4个残疾人车位。

在停车场北侧的场地布置自行车库。这里布置成40m×10m＝400m²。

② 计算剧院的集散广场的面积

根据规定要求剧院前的集散空地的面积（即从红线至墙基之间的面积）应按每座0.2m²计。则1200座的剧院的集散广场所需面积为1200座×0.2m²/座＝240m²。

布置中型剧院集散广场的最大面积为40m×19.5m＝780m²＞240m²，符合要求。

利用基地西南角作为后台布景装卸场地和演员出入口，设置必要的车位。

在停车场、建筑物边缘布置绿化（斜线表示）。

注明名称、出入口、必要尺寸，完成总平面布置。

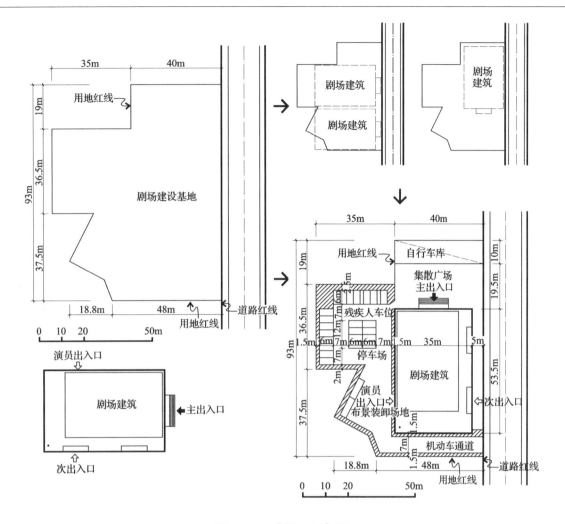

图 5.6.3 　【例 5-6-1】图

5.7 综合医院

综合医院建筑，即设置包括大内科、大外科等三科以上（其他妇产科、儿科、五官科等），并设置门诊部及24h服务的急诊部和住院部的医院。

5.7.1 选址要点

（1）选址位置应交通方便，便于病人到达。

（2）宜面临两条城市道路，使主要出入口和后勤出入口、污物出入口更好的分离（图5.7.1）。

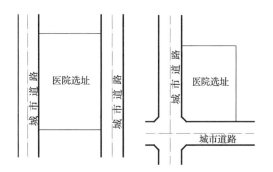

图5.7.1 医院选址与城市道路的关系

（3）应有充分的城市上下水管网配合。

（4）环境安静，远离污染源。远离易燃、易爆物品的生产和贮存区、高压线路及其设施。

（5）不应邻近少年儿童活动密集场所（图5.7.2）。

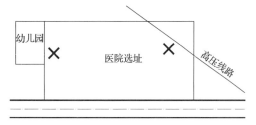

图5.7.2 医院选址要求

5.7.2 总平面功能关系

综合医院主要功能分区分为（图5.7.3）：

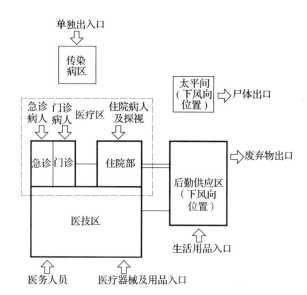

图5.7.3 综合医院总平面功能关系

（1）医疗区 包括门诊部、急诊部、住院部。

（2）医技区 包括检验科、手术部、理疗科、放射科、中西药房等。

（3）后勤供应区 包括营养食堂、职工食堂、洗衣房、锅炉房、浴室、汽车库、设备用房等。

另外还有行政管理区，根据情况可以设置教学区、生活区等。

医疗区和医技区联系紧密，医疗区中的住院部和后勤供应区联系紧密。

注意人流与车流、内部职工与病人及探视者的分流，以及清洁供应入口与污物出口分开等，不同流线表现在基地出入口和建筑出入口上的情况，见表5.7.1。

医院主要出入口　　　　表5.7.1

	基地出入口	建筑出入口
人员	医院大门	门诊病人出入口
		急诊病人出入口
		住院病人及探视者出入口
		医务人员出入口
		传染科病人出入口
供应	供应入口	医疗器械和用品入口
		生活用品入口
污物	污物出口	尸体出口
		废弃物出口

注：针对传染科或传染病楼的建筑出入口应单独设立。

5.7.3 总平面布置要点

（1）功能分区合理，建筑布局紧凑，交通便捷，管理方便。各种出入口设置合理，互不交叉，洁污线路清楚，避免或减少交叉感染；

应保证住院部、医技区等处的环境安静。

（2）基地出入口不应少于两处，一为人员出入口，二为供应入口兼污物出口（供应入口和污物出口最好分开设置）。人员出入口不应兼作尸体和废弃物出口（图5.7.4）。设有传染病科者，必须设置专用出入口。

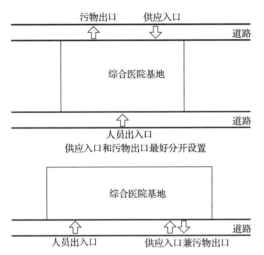

图5.7.4 综合医院基地出入口不应少于两处

（3）医疗、医技区应置于基地的中心位置，其中门诊部、急诊部应面对主要干道，在基地大门入口附近（图5.7.5）。门诊、急诊、住院应分别

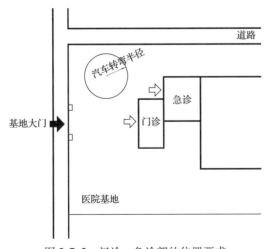

图5.7.5 门诊、急诊部的位置要求

设置建筑出入口。在门诊部、急诊部、住院部建筑出入口附近应设车辆停放场地。在急诊入口前场地应满足汽车回转距离。

（4）病房楼应获得最佳朝向。医院半数以上的病房，在冬至日这天获得满窗日照≥2h。考虑卫生因素，病房的长边和其他建筑的间距宜≥12m（图5.7.6）。

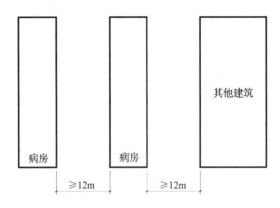

图5.7.6 病房长边和其他建筑的间距要求

如采用室外厕所，宜用连廊与门诊、病房楼相接。

（5）后勤供应区用房应位于医院的下风向，与医疗区保持一定距离或路线互不交叉干扰，同时又方便为医疗、医技区服务。

1）营养厨房应靠近住院部，最好有连廊以便于送饭。

2）锅炉房应距采暖用房近，以减少管道能耗。

3）晒衣场与晒中药场地应避免烟尘污染。

4）太平间、病理解剖室、焚毁炉应设置在基地的下风向的隐蔽处，并应与主体建筑有适当隔离，避免干扰病人。

5）尸体运送路线应避免与出入院路线交叉，避免经过门诊诊查室附近和病房楼前面。

（6）应留有发展或改、扩建余地。职工住宅不得建在医院基地内，如用地毗连时，必须分隔，另设出入口。

5.7.4 分析

（1）综合医院总平面布置类型（图5.7.7）

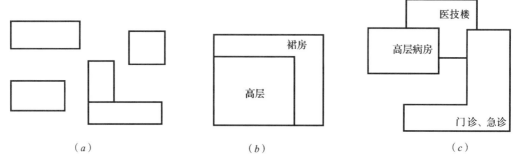

图 5.7.7 综合医院总平面布置几种类型
(a) 分散式；(b) 集中式；(c) 半集中式

1) 分散式

由若干幢分散建筑组成。

优点是有良好的采光条件和通风条件；缺点是各部分联系不够方便，诊疗路线过长，占地面积较大。

2) 集中式

高层与裙房组成，病房设置在高层主体中，门诊及医技在裙房部分。

优点是各部分联系方便，节省用地；缺点是各部门分隔不易处理，易发生干扰、路线交叉现象。将各种不同功能的部门组织高度集中在一幢建筑中，无疑给人流、物流、管道带来难以解决的矛盾，尤其是各类垂直运输设施难以避免交叉感染。

3) 半集中式

门诊、住院、医技分建并用连廊或连接建筑组成有分有合的建筑整体。

各部分联系方便，又能根据不同的功能要求，有相对的独立性。

以前医院采取分散式布局，而集中式或半集中式的布局在近年来医院建设中已成为发展趋势。

传统医院缺乏总体规划，多采用分散式布局，造成占地过多，结构松散，使病人行走路线长而复杂，就医困难。随着现代医院发展的需要，将采用越来越多的设备管道使医疗各部分联系更加密切，分散式布局使管道过长并通过室外，造成很大的能量损耗。

国际上新建医院大多采用集中式或半集中式，以明显的交通网络为骨架，并以此将整个医院的各个功能部分有机地组合成相互关联的群体。中国许多医院的总平面布置仍然停留在分散式的基础之上，主要是资金短缺等历史原因造成的。而仍然采用分散式布局的新修建医院，往往是没有客观地分析现代医院的要求而沿袭旧模式，或者没有制定科

学合理、实事求是的医院总体发展规划，以及虽然有了总体规划但没有科学执行。

每一个医院都不可能避免医疗科学技术的进步与原有医院建筑不相适应的矛盾。那么几乎所有的医院建成之后，都会进入不间断的改扩建过程。必须以发展的眼光，预留一定的土地用来改扩建。否则，像目前的中国各大医院，在原有的地盘上都难以实施高质量的改扩建，而不得不提高建筑高度，这与医院建筑的实质要求是相违背的。

(2) 医院建筑的流线设计

医院作为人流量、车流量高度集中的场所，需要具有充足的空间解决人流、车流问题。随着大型医院综合职能的不断扩大，解决医院交通问题更为重要。不能解决好这个问题，势必造成病人就医不便、场面混乱状态。

考虑到医院在特殊时期所肩负的特殊使命，医院还必须考虑小型飞机等紧急交通问题。

1) 医院中流线的划分（图 5.7.8）

① 门诊或急诊病人流线。

② 住院病人、陪护、探视人员流线。

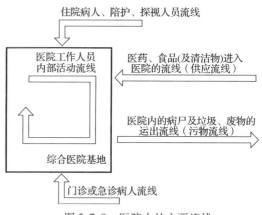

图 5.7.8 医院中的主要流线

③ 医院工作人员及培训人员在院内的活动流线。

④ 医药、食品（及清洁物）进入医院的流线（供应流线）。

⑤ 医院内的病尸及垃圾、废物的运出流线（污物流线）。

2）各种流线的特殊要求

各种流线都有各自特殊的要求，有一些应严格分开、禁止交叉。

① 医护人员需设专用路线及出入口，避免与患者交叉互相干扰。

② 住院病人应设专门出入口及路线，不要和门诊及急诊病人相混或共用一个出入口。

③ 在传染病院或传染病楼中，出院和入院的出入口应分开设置，以避免出院与入院病人产生交叉感染。

④ 来访人员不应与门诊患者接触。

⑤ 病人路线、患者与隔离者需设专线，不允许交叉、否则易产生飞沫或接触感染。

⑥ 成人及儿童的流线应分开，因为儿童体弱易于感染，儿童传染病也会感染成年人。

⑦ 食品、药品、机械类的供应路线应设专用入口，使车辆能直接到达库存处。应避免经由大厅进入，与门诊患者交叉相混。

⑧ 尸体路线要隐蔽，不应与患者及无关人员相遇，更不应与食品供应路线交叉。尸体出口最好由太平间直接出大门至街道。

【例5-7-1】

某医院基地位于两条道路之间，其中东侧道路为城市主干道，西侧道路为城市次干道。根据提供的建筑物单体参考平面布置医院总平面，需划分出停车场位置，面积2000m²。并标明各个建筑的出入口（除说明需要外，不要求布置绿化、道路）（图5.7.9）。

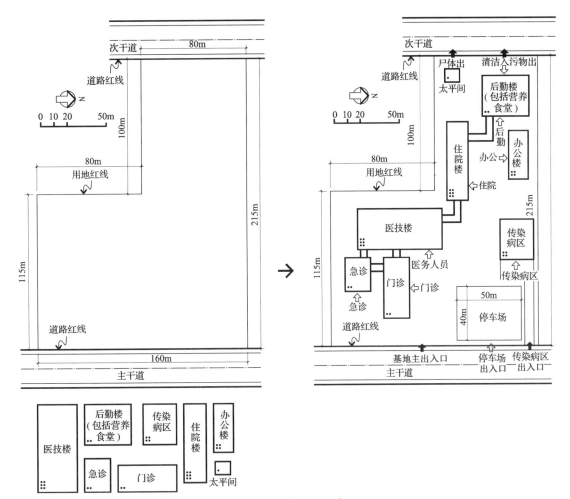

图5.7.9 【例5-7-1】图

分析：

由于东侧道路为城市主干道，则门诊、急诊楼和医技区应在基地东侧，后勤楼和太平间应在基地西侧。

门诊、急诊楼在基地主出入口附近，利于病人求医、急救工作；

医技区布置在门诊、急诊楼西面，和门诊、急诊楼相接；

根据基地形状，在医技区西面布置住院楼，和医技区用连廊相接。

传染病区单独设置，出入口也单独设置（特别注明道路）。

在门诊、急诊楼和传染病区之间的入口空地上布置 2000m² 停车场，参考 3.1.18 一节中"停车带参考规则"，这里取 20m 为两面停车带设计宽度，根据空地情况，设和道路平行的停车带宽度（东西方向）为 20m×2＝40m，则按照 40m×50m（2000m²）的形式布置停车场。

后勤区布置在西北角，对应在次干道上开设供应出口。后勤区和住院楼以连廊连接，方便营养饮食供应。

太平间布置在西南角，既和住院楼有联系，有远离住院楼，对应在次干道上开设尸体出口。

标明各个建筑的出入口，完成总平面布置。

5.8 博 物 馆

按博物馆的藏品和基本陈列内容分类，可分为历史类博物馆、艺术类博物馆、科学与技术类博物馆、综合类博物馆四种类型。

按建筑规模可划分为五类：

特大型馆 >50000m²；

大型馆 20001～50000m²；

大中型馆 10001～20000m²；

中型馆 5001～10000m²；

小型馆 ≤5000m²。

5.8.1 选址要点

（1）博物馆建筑基地的选择应符合城市规划和文化设施布局的要求。基地的自然条件、街区环境、人文环境应与博物馆的类型及其收藏、教育、研究的功能特征相适应。基地面积应满足博物馆的功能要求，并宜有适当发展余地。基地应交通便利，公用配套设施比较完备。场地应干燥、排水通畅、通风良好；与易燃易爆场所、噪声源、污染源的距离，应符合国家现行有关安全、卫生、环境保护标准的规定。

（2）博物馆建筑宜独立建造。当与其他类型建筑合建时，博物馆建筑应自成一区。

（3）在历史建筑、保护建筑、历史遗址上，或其近旁新建、扩建、改建的博物馆建筑，应遵守文物管理和城市规划管理的有关法律和规定。

（4）博物馆建筑基地不应选择在下列地段：

易因自然或人为原因引起沉降、地震、滑坡或洪涝的地段；

空气或土地已被或可能被严重污染的地段；

有吸引啮齿动物、昆虫或其他有害动物的场所或建筑附近。

5.8.2 总平面功能关系

博物馆是陈列展示、研究、保藏记载人类文明的实物及自然标本的公共建筑。博物馆是为了服务于社会及其发展，以有关人类及其环境的物证的研究、教育和欣赏为目的，加以收集、保管、研究、传达和展览的非营利的永久性机关，具有资料收集、整理保存、科学研究、展出、教育活动的社会职能。

（1）博物馆建筑的功能空间应划分为公众区域（陈列展览区、教育区、服务设施）、业务区域（藏品库区、藏品技术区和业务与研究用房）和行政区域（行政管理区和附属用房），且各区域的功能区和主要用房的组成应满足工艺设计要求（图5.8.1）。

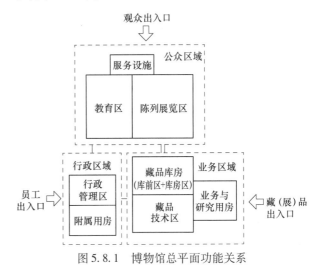

图 5.8.1 博物馆总平面功能关系

（2）博物馆建筑的藏（展）品出入口、观众出入口、员工出入口应分开设置。公众区域与行政区域、业务区域之间的通道应能关闭。

博物馆建筑内的观众流线与藏（展）品流线应各自独立，不应交叉；食品、垃圾运送路线不应与藏（展）品流线交叉。

（3）公众区域应符合下列规定：

1）除工艺设计要求外，展厅与教育用房不宜穿插布置。

2）贵宾接待室应与陈列展览区联系方便，且其布置宜避免贵宾与观众相互干扰。

3）当综合大厅、报告厅、影视厅或临时展厅等兼具庆典、礼仪活动、新闻发布会或社会化商业活动等功能时，其空间尺寸、设施和设备容量、疏散安全等应满足使用要求，并宜有独立对外的出入口。为学龄前儿童专设的活动区、展厅等，应设置在首层、二层或三层，并应为独立区域，且宜设置独立的安全出口；设于高层建筑内，应设置独立的安全出口和疏散楼梯。

（4）对温湿度敏感的藏品、展品的运送过程应保持其在库房或展厅中的温、湿度环境，因而其运送通道不应为露天（图5.8.2）。

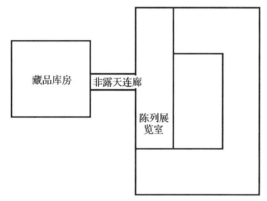

藏品库房　　非露天连廊　　陈列展览室

图5.8.2　藏品不宜通过露天运送

5.8.3　总平面布置要点

（1）博物馆建筑应便利观众使用、确保藏品安全、利于运营管理；室外场地与建筑布局应统筹安排，并应分区合理、明确、互不干扰、联系方便；应全面规划，近期建设与长远发展相结合。

（2）博物馆建筑的总平面设计应符合下列规定：

1）新建博物馆建筑的建筑密度不应超过40%。

2）基地出入口的数量应根据建筑规模和使用需要确定，且观众出入口应与藏品、展品进出口分开设置。

3）人流、车流、物流组织应合理；藏品、展品的运输线路和装卸场地应安全、隐蔽，且不应受观众活动的干扰。

4）观众出入口广场应设有供观众集散的空地，空地面积应按高峰时段建筑内向该出入口疏散的观众量的1.2倍计算确定，且不应少于0.4m²/人。

5）特大型馆、大型馆建筑的观众主入口到城市道路出入口的距离不宜小于20m，主入口广场宜设置供观众避雨遮阴的设施。

6）建筑与相邻基地之间应按防火、安全要求，留出空地和道路，藏品保存场所的建筑物宜设环形消防车道。

7）对噪声不敏感的建筑、建筑部位或附属用房等宜布置在靠近噪声源的一侧。

（3）博物馆建筑的露天展场应与室内公共空间和流线组织统筹安排；应满足展品运输、安装、展览、维修、更换等要求；大型展场宜设置问讯、厕所、休息廊等服务设施。

（4）博物馆建筑基地内设置的停车位数量，应按其总建筑面积的规模计算确定。每1000m²建筑面积设置的停车位个数，大型客车不少于0.3个；小型汽车：小型馆、中型馆不少于5个，大中型馆、大型馆、特大型馆不少于6个；非机动车不少于15个（计算停车位时，总建筑面积不包含车库建筑面积，停车位数量不足1时，应按1个停车位设置）。

5.8.4　分析

从世界博物馆的发展趋势来看，博物馆已成为社会文明程度的重要指标，而博物馆建筑也成为城市经济文化发展的重要标志。

在博物馆的三大功能（收藏、研究、展示）中，展示作为博物馆为公众服务的主要方式，在博物馆的演变过程中扮演着重要的角色。现代意义的博物馆有别于传统博物馆的衡量标准是：博物馆的存在是否主要为公众服务。

随着时间的推移，博物馆的宗旨与方针有可能发生变化，与之相适应的博物馆的建筑和功能配置也会有相应的变化。基于这样的认识，博物馆的建筑样式在建设过程中还应该留有充分的余地，以备将来的改建和改造之需，不但要有足够的收藏库房，还要留有发展余地。

博物馆的外部环境与博物馆的功能实施有着重大的关系，在多数情况下，博物馆的活动与服务的范围还要扩大到博物馆的庭院、停车场、室外展示场地等博物馆主体建筑周围的环境中。在考虑博物馆藏品的收藏和展示场地的必备条件时，不仅要考虑水、电以及各种设备等，还要考虑藏品的安全，将藏品置于无任何危险的环境中。

在一些博物馆建筑设计中，会在按参观流线组织的空间序列中设置一个或多个高潮点，使观众印象强烈深刻。高潮点在平面布局上常放在中心位置，或者参观流线的收尾部分。如某些纪念性博物馆，其在中轴线上的中部或尾部布置中心建筑或纪念物，并以台阶来强调它。之前可通过较低小的过渡空间处理，形成对比，强调高潮点（图5.8.3）。

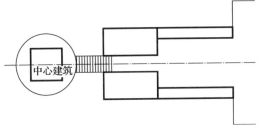

图5.8.3 高潮点设置位置

【例5-8-1】

某基地要建设博物馆，基地南侧为城市道路。

要求根据提供的建筑物单体参考平面布置博物馆总平面（包括1000m²的室外展场）。另外还要求布置集中停车场（停车数为16辆），在适当位置布置内部停车位，布置道路，标明各个出入口（不要求布置绿化）（图5.8.4）。

分析：

由于基地呈南北狭长状，则初步分析有两种布置方式：

第一种是基地南部为展示区，北部为库房区、技术区；第二种与第一种相反，基地南部为库房区、技术区，北部为展示区。

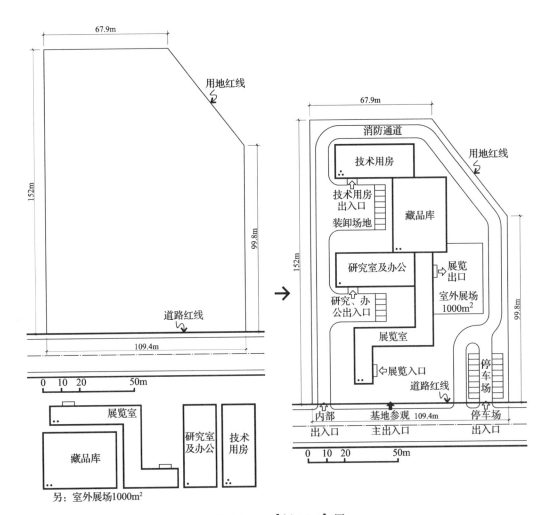

图5.8.4 **【例5-8-1】**图

第二种布置相对第一种布置，展示区的参观人流路线不是很方便，而且主要的部分过于隐秘。这里采用第一种布置方式。

在基地南边中央设置展览室，对应基地参观出入口。对于进出库房区、技术区部分的藏品及内部人流路线，在参观出入口的西侧设置出入口，和参观人流分开。

折线形的展览室和藏品库房连接（或用连廊）。

研究室和技术用房南北向布置，避免西晒。研究室和藏品库及展览室连接紧密，便于进行实物研究。技术用房和藏品库连接（或用连廊），便于登记、处理后的藏品出入库房。

在技术用房前设置装卸场地，方便藏品的运输。在研究室和技术用房前布置内部停车位。

室外展场布置在展览室和藏品库房的东侧，使参观线路顺畅，且方便藏品出入库。

集中停车场布置在基地的东南角，注意停车场贯通设计或在尽端设计出回转场地。

布置道路，在博物馆四周设置消防车道。

注明各个出入口，完成总平面布置。

5.8.5　其他类型

对于历史遗址、自然科学遗址，为博物馆的一种，称为遗址博物馆。

其总平面功能关系是首先进入博物馆建筑，经过对文字、图片、实物等的参观了解，然后进入遗址范围参观（图5.8.5）。

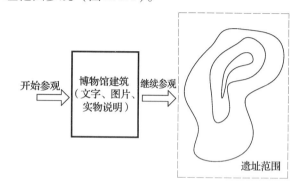

图5.8.5　遗址博物馆流线

对遗址附近的博物馆，在体量、造型风格、色彩和平面关系上应作充分考虑，且应避免对遗址的破坏。

5.9　展览建筑

展览建筑规模分类（表5.9.1）：

展览建筑规模分类（按总展览面积）表5.9.1

	小型	中型	大型	特大型
总展览面积 S（m^2）	$S \leqslant 10000$	$10000 < S$ $\leqslant 30000$	$30000 < S$ $\leqslant 100000$	$S > 100000$

5.9.1　选址要点

（1）交通应便捷，且应与航空港、港口、火车站、汽车站等交通设施联系方便；特大型展览建筑不应设在城市中心，其附近宜有配套的轨道交通设施。

（2）特大型、大型展览建筑应充分利用附近的公共服务和基础设施。

（3）不应选在有害气体和烟尘影响的区域内，且与噪声源及储存易燃、易爆物场所的距离应符合国家现行有关安全、卫生和环境保护等标准的规定。

（4）宜选择地势平缓、场地干燥、排水通畅、空气流通、工程地质及水文地质条件较好的地段。

5.9.2　总平面功能关系

展览建筑是展出临时性陈列品的公共建筑，如商品展销、展示等。

展览建筑的主要功能区（图5.9.1）：

（1）展览空间：包括展厅和展场。

（2）公共服务空间：宜包括前厅、过厅、观众休息处（室）、贵宾休息室、新闻中心、会议空间、餐饮空间、厕所等。

（3）仓储空间：可分为室内库房及室外堆场两部分。

（4）辅助空间：宜包括行政办公用房、临时办公用房、设备用房等。

建筑布局应与规模和展厅的等级相适应。

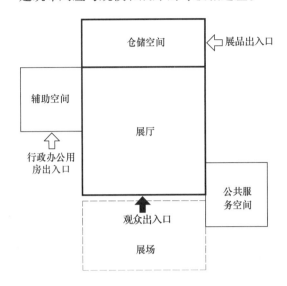

图5.9.1　展览建筑总平面功能关系

5.9.3　总平面布置要点

（1）特大型展览建筑基地应至少有3面直接邻接城市道路；大型、中型展览建筑基地应至少有2面直接邻接城市道路；小型展览建筑基地应至少有1面直接邻接城市道路。基地应至少有1面直接邻接城市主要干道，且城市主要干道的宽度应满足布展、撤展或人员疏散的要求。

（2）特大型、大型、中型展览建筑基地应至少有两个不同方向通向城市道路的出口。

（3）总平面布置应根据近远期建设计划的要求进行整体规划，并宜留有改建和扩建的余地。展厅不应设置在建筑的地下二层及以下的楼层。

总平面布置应功能分区明确、总体布局合理，各部分联系方便、互不干扰。交通应组织合理、流线清晰，道路布置应便于人员进出、展品的运送和装卸，并应满足消防和人员疏散要求。

（4）展览建筑应按不小于 $0.2m^2$/人配置集散用地。

（5）室外场地的面积不宜少于展厅占地面积的50%。

（6）除当地有统筹建设的停车场或停车库外，基地内应设置机动车和自行车的停放场地。

（7）展厅和展场的空间组织应保证展览的系

统性、灵活性和参观的可选择性，公众参观流线应便捷，并应避免迂回、交叉。

（8）当展览建筑有多个展厅时，展厅与前厅之间应设置过厅。过厅可与前厅的内区结合，每 1000m² 展览面积宜设置 50~150m² 过厅。

（9）行政办公用房可设置在展览建筑内，也可单独设置；行政办公用房的位置及出入口不应造成内部员工流线与观众流线的交叉。

（10）仓储空间应与展厅分开布置，公共服务空间和辅助空间宜与展厅分开布置。

5.9.4 分析

【例 5-9-1】

某基地和市政府广场相隔一条城市干道，道路在基地南面形成一个三岔路口。将在该基地建造展览馆。

要求根据提供的建筑物单体参考平面布置展览馆总平面。还包括集中停车场（面积约 7000m²）和观众服务设施。标明各个出入口，不要求布置道路和绿化（图 5.9.2）。

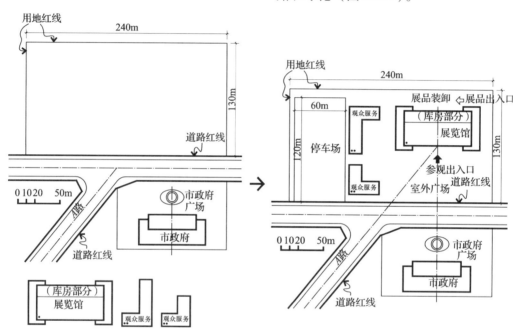

图 5.9.2　【例 5-9-1】图

分析：

首先根据四周环境确定展览馆主体的位置。

可以分析出，在这个区域有两个不可忽视的轴线，市政府广场轴线和 A 路轴线。为与两者产生关系，展览馆的立面中央应布置在两条轴线的交点处。这样，既和市政府广场产生直接呼应，又对 A 路有对景作用。

展品路线可以在展览馆东侧布置，避免和参观人流路线交叉。

在展览馆西侧布置观众服务设施，和展览馆及室外广场产生联系。

在基地西侧端部，布置停车场。参考 3.1.18

一节中"停车带参考规则"，这里取 20m 为两面停车带设计宽度，东西宽取为 20m × 3 = 60m，即为 6 条停车带。则按照 60m × 120m（7200m²）的形式布置停车场。

注明名称及出入口，完成总平面布置。

5.9.5 其他类型

博览会是展览会的一种，往往规模很大，占地面积大，其位置应远离城市中心区以减轻城市交通压力。博览会和市区之间应建造直达的大客流量交通设施。

5.10 图 书 馆

5.10.1 选址要点

（1）馆址的选择应符合当地的总体规划及文化建筑的网点布局。

馆址应选择位置适中、交通方便、环境安静、工程地质及水文地质条件较有利的地段。有些图书馆过于追求"环境安静"，以致所处位置偏远，交通不便。

（2）馆址应与易燃易爆、噪声和散发有害气体、强电磁波干扰等污染源保持安全的距离。

（3）图书馆宜独立建造。当与其他建筑合建时，必须满足图书馆的使用功能和环境要求，并自成一区，单独设置出入口（图 5.10.1）。

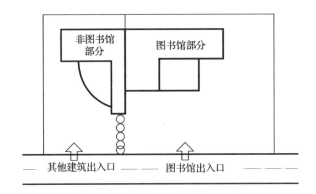

图 5.10.1 图书馆与其他建筑合建的情况

除值班宿舍外，职工宿舍及家属住宅不宜设在馆区内；用地毗邻时，要用围墙将馆区和生活区分开。

5.10.2 总平面功能关系

建筑布局应紧凑有条理，科学地安排编、藏、借、阅之间的运行路线。

图书馆的主要功能分区有（图 5.10.2）：

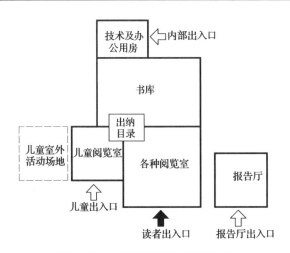

图 5.10.2 图书馆总平面功能关系

（1）阅览区 由各种阅览室组成。

（2）书库 根据情况可以设置为开架书库。

（3）技术及办公区 技术用房、办公管理等。

（4）儿童阅览室、报告厅等。

由各种阅览室组成的阅览区与书库之间，通过出纳目录区连接紧密。

儿童阅览室通过出纳目录区和书库连接，应有单独的出入口，对应室外有专门活动场地。

技术用房与书库紧密连接，通过采编加工等处理后，把图书存放在书库。

办公管理可以和技术用房合并。

根据情况可以设置报告厅，应单独设置，不宜和读者人流合并。

5.10.3 总平面布置要点

（1）总平面布置应功能分区明确、总体布局合理、各区联系方便、互不干扰。

应留有图书馆自身发展的扩建可能。

（2）图书馆的建筑布局应与管理方式和服务手段相适应，合理安排采编、收藏、外借、阅览之间的运行路线，使读者、管理人员和书刊运送路线便捷畅通，互不干扰，并应进行无障碍设计（图 5.10.3）。交通组织应做到人、车分流。

（3）设有少年儿童阅览区的图书馆，该区应有单独的出入口，室外应开辟一个专门的活动场地。

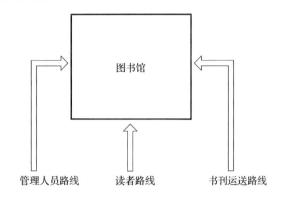

图 5.10.3　图书馆的各种路线

（4）除附近有公共停车场（库）外，基地内应设置供内部和外部使用的机动车停车场地和自行车停放设施。最好将内部使用和外部使用的停车场分开设置。供外部使用的停车场，应接近出入口。

（5）1300 座位以上规模的报告厅应与阅览区隔离，独立设置出入口。

（6）锅炉房、除尘室、洗印暗室等用房应设置在对图书馆污染影响较少的部位，并应设置通风设施（图 5.10.4）。

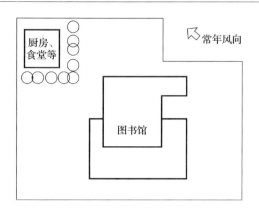

图 5.10.4　锅炉房等应设置在对
图书馆污染影响较少的部位

5.10.4　分析

【例 5-10-1】

某基地位于城市干道的一侧，此基地上已有一座建造年代久远的图书馆，基地北角有三棵古树。要求根据建筑单体参考平面，扩建书库和阅览室，考虑 35 个车位的停车场和适当的内部停车位，布置道路并标注出入口。不要求布置绿化（图 5.10.5）。

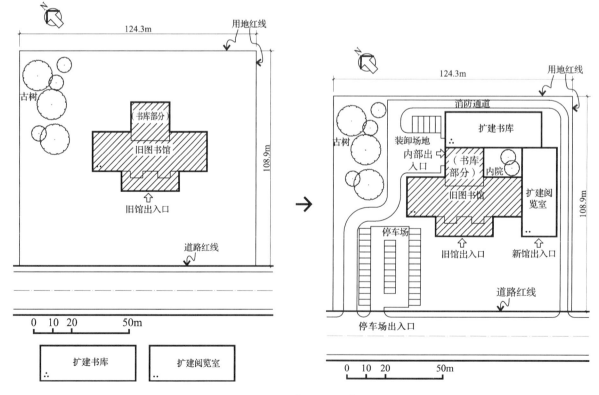

图 5.10.5　**【例 5-10-1】**图

分析:

基地及旧图书馆基本上呈左右对称状态,由于基地北角的古树应予以保护,考虑到扩建书库和阅览室的大小,宜在基地东面进行扩建。

扩建部分应在使用性质上和原来的尽量保持联系,以免功能混乱。则新书库和旧书库连接;新阅览室应和旧阅览室连接;新书库和新阅览室连接,形成一个内院,空间、内外形成变化。

在基地西面临街处布置停车场。以和道路垂直方向布置三条停车带。这里布置了 35 个停车位。

在新书库的西面,形成一个装卸场地,并布置适当的停车位。

沿建筑周边,布置环行消防车道,西侧的消防车道兼作内部车辆的通道。

标注上旧馆出入口、新馆出入口、内部出入口及停车场出入口。完成图书馆扩建的总平面布置。

5.11 疗 养 院

疗养院包括综合性疗养院和专科疗养院。综合性疗养院是针对患有一般慢性病、亚健康或健康的疗养员开展预防、保健、康复疗养和健康管理活动的疗养院。专科疗养院是针对因从事接触粉尘类、化学、物理、生物、放射因素及特殊作业等各类危害人体健康的作业而患有职业病的疗养员，开展相关诊疗和康复活动的疗养院。

新建疗养院的建设规模按其配置的床位数量进行划分：

小型疗养院 20～100 张床位；

中型疗养院 101～300 张床位；

大型疗养院 301～500 张床位；

特大型疗养院 >500 张床位。

5.11.1 选址要点

（1）疗养院选址应遵守国家有关风景名胜区、旅游度假区或森林公园等地区管理的法律法规，符合当地城乡总体规划及疗养区综合规划的要求，应注重生态保护。

（2）选址应充分考虑环境和生态保护、水土保持要求，场地内应无空气、土壤和水质污染隐患，并应在建筑全寿命期内对自然环境无不良影响。

（3）基地应选择在交通方便、环境幽静、日光充足、通风良好、便于种植造园之处，并应具有所需能源的供给条件和市政配套设施。

（4）基地应有利于总平面布置中的功能分区、主要出入口和供应入口的设置，以及庭院绿化、室外活动场地的合理安排。

（5）天然气管道、高压线路、输油管道不得穿越或跨越疗养院区。

5.11.2 总平面功能关系

疗养院建筑应由疗养用房、理疗用房、医技门诊用房、公共活动用房、管理及后勤保障用房等构成，其建筑面积指标平均每床建筑面积不宜少于 $45m^2$（图 5.11.1）。

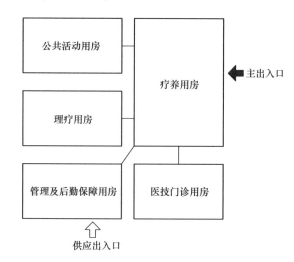

图 5.11.1 疗养院总平面功能关系

（1）疗养用房宜由疗养室、疗养员活动室、医护用房、清洁间、库房、饮水设施、公共卫生间和服务员工作间等组成，并宜按病种或疗养员床位数分成若干个互不干扰的疗养单元。

（2）理疗用房由具有自然疗养因子的用房、物理因子理疗用房、传统医学理疗用房和体疗室等构成。同时发扬中国传统中医文化，增加如穴位注射等功能。

（3）医技门诊用房除包括检验、X 光室、心电图室等基础检查科室的医技用房外，也可设置门诊及更多的医技科室。

（4）公共活动用房除包括阅览室、棋牌室、多功能厅外，也可以增加书画室、咖啡厅等休闲功能空间。

（5）管理及后勤保障用房，包括门卫室、接待室、食堂、行政办公用房、物业管理用房等。

5.11.3 总平面布置要点

（1）疗养院用地除建筑用地外，还包括绿化用地、道路广场用地、室外活动场地及预留的发展用地。用地分类应符合下列规定：

1）绿化用地可包括集中绿地、零星绿地及水面；各种绿地内的步行甬路应计入绿化用地面积内；未铺栽植被或铺栽植被不达标的室外活动场地不应计入绿化用地。

2）道路广场用地可包括道路、广场及停车场用地；用地面积计量范围应界定至路面或广场、停车场的外缘，且停车场用地面积不应低于当地有关主管部门的规定。

3）室外活动用地可包括供疗养员体疗健身和休闲娱乐的室外活动场地。

（2）疗养院总平面设计应根据自然疗养因子，合理进行功能分区，人车流线组织清晰，洁污分流，避免院内感染风险。

应处理好各功能建筑的关系，疗养、理疗、餐饮及公共活动用房宜集中设置，若分开设置时，宜采用通廊连接，避免产生噪声或废气的设备用房对疗养室等主要用房的干扰（图5.11.2）。

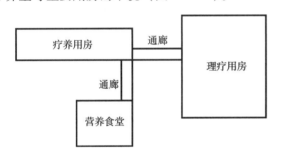

图 5.11.2 疗养用房与理疗用房、营养食堂
分开布置时的联系方式

疗养室应能获得良好的朝向、日照，建筑间距宜≥12m（图5.11.3）。

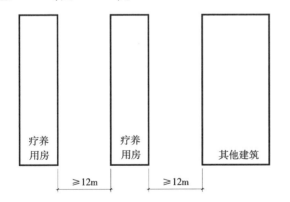

图 5.11.3 疗养用房的长边和其他建筑的间距

疗养、理疗和医技门诊用房建筑的主要出入口应明显、易达，并设有机动车停靠的平台，平台上方应设置雨篷。

疗养院基地的主要出入口不宜少于2个，其设备用房、厨房等后勤保障用房的燃料、货物及垃圾、医疗废弃物等物品的运输应设有单独出入口，对医疗废弃物的处理应符合环境保护法律、法规及医疗垃圾处理的相关规定。

（3）疗养院道路系统设计应满足通行运输、消防疏散的要求，宜实行人车分流，院内车行道应采取减速慢行措施；机动车道路应保证救护车直通所需停靠建筑物的出入口；宜设置完善的人行和非机动车行驶的慢行道，且与室外导向标识、无障碍及绿化景观、活动场地相结合，路面应平整、防滑。

（4）疗养院建筑的外部环境组织及细部处理应做到无障碍化。

疗养院的室外活动用地宜选择在向阳避风处；应与慢行道相连接，保证无障碍设施的连续性；用于体疗健身的活动场地宜设置小型健身运动器材；供休闲娱乐的活动场地应设置一定数量的休息座椅及环境小品；室外活动场地附近宜设置卫生间。

（5）疗养院应设置停车场或停车库，并应在疗养、理疗、医技门诊及办公用房等建筑主要出入口处预留车辆停放空间；宜设置充电桩。

5.11.4 分析

【例5-11-1】

某基地位于城市道路和一块水面之间，将在这个基地内建造一座小型疗养院。

要求根据建筑单体参考平面，在基地内布置两个疗养室、一个理疗及办公用房、一个食堂、20个停车位的停车场及一个网球场，并布置道路、标注出入口。不要求布置绿化（图5.11.4）。

分析：

首先考虑到疗养室宜面临好的景观，那么这两个疗养室以布置在水边为好。同时，理疗及办公用房和两个疗养室应形成比较便捷的联系，疗养室和理疗及办公用房对基地的入口形成良好的呼应关系。注意疗养用房的长边和理疗用房要保持12m以上的间距。

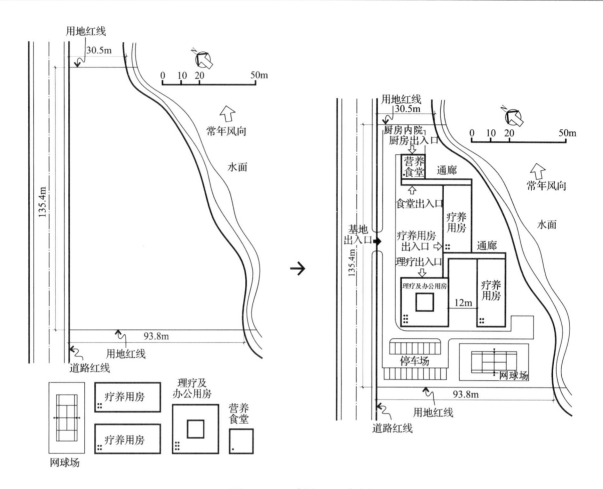

图 5.11.4 【例 5-11-1】图

考虑到风向原因，食堂应布置在基地东角，即基地的常年风向的下风向处。

几个建筑之间宜以连廊连接。

在基地西面空地布置停车场，停车位为 20 个。

同时布置网球场，不但使长轴为南北向，而且靠近水面，获得良好的环境。

标注名称及各个出入口，完成疗养院的总平面布置。

5.12 幼 儿 园

对 3～6 周岁的幼儿进行集中保育、教育的学前使用场所，称为幼儿园。

幼儿园的规模（包括托、幼合建的）见表 5.12.1。

幼儿园的规模	表 5.12.1
类型	班级数（个）
大型	9～12
中型	5～8
小型	1～4

注：接纳 3 周岁以下幼儿的为托儿所，一般附设在幼儿园中。

幼儿园每班人数：小班（3～4 岁）20～25 人，中班（4～5 岁）26～30 人，大班（5～6 岁）31～35 人。

5.12.1 选址要点

（1）幼儿园建设基地的选择应符合当地总体规划和国家现行有关标准的要求。

（2）幼儿园的基地应建设在日照充足、交通方便、场地平整、干燥、排水通畅、环境优美、基础设施完善的地段；不应置于易发生自然地质灾害的地段；与易发生危险的建筑物、仓库、储罐、可燃物品和材料堆场等之间的距离应符合国家现行有关标准的规定；不应与大型公共娱乐场所、商场、批发市场等人流密集的场所相毗邻；应远离各种污染源，并应符合国家现行有关卫生、防护标准的要求；园内不应有高压输电线、燃气、输油管道主干道等穿过。

（3）幼儿园的服务半径宜为 300m。

5.12.2 总平面功能关系

幼儿园建筑应由生活用房、服务管理用房和供应用房等部分组成（图 5.12.1）：

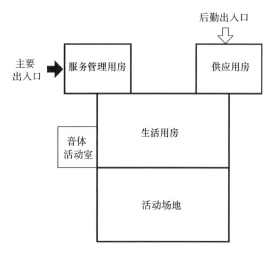

图 5.12.1 幼儿园总平面功能关系

（1）生活用房 应由幼儿生活单元、公共活动空间和多功能活动室组成。幼儿生活单元应设置活动室、寝室、卫生间、衣帽储藏间等基本空间。

（2）服务管理用房 宜包括晨检室（厅）、保健观察室、教师值班室、警卫室、储藏室、园长室、所长室、财务室、教师办公室、会议室、教具制作室等房间。

（3）供应用房 宜包括厨房、消毒室、洗衣间、开水间、车库等房间，厨房应自成一区，并与婴幼儿生活用房应有一定距离。

服务区和供应区应分别和生活区联系紧密。早晨儿童由主入口经服务区的晨检室等，到达生活区。供应区宜另外设置后勤出入口。

5.12.3 总平面布置要点

（1）总平面布置应包括建筑物、室外活动场地、绿化、道路布置等内容，设计应功能分区合理、方便管理、朝向适宜、日照充足，创造符合幼儿生理、心理特点的环境空间。

（2）4 个班及以上的托儿所、幼儿园建筑应独立设置。3 个班及以下时，可与居住、养老、教育、办公建筑合建，但应符合防火疏散、室外活动以及安全防护等相关规定。

（3）幼儿园应设室外活动场地。

1）幼儿园每班应设专用室外活动场地，人均面积应 ≥2m²。各班活动场地之间宜采取分隔措施。

2）幼儿园应设全园共用活动场地，人均面积应≥2m²。

3）共用活动场地应设置游戏器具、沙坑、30m跑道等，宜设戏水池，储水深度不应超过0.30m。游戏器具下地面及周围应设软质铺装。宜设洗手池、洗脚池。

4）室外活动场地应有1/2以上的面积在标准建筑日照阴影线之外。

（4）幼儿园场地内绿地率不应小于30%，宜设置集中绿化用地。绿地内不应种植有毒、带刺、有飞絮、病虫害多、有刺激性的植物。

（5）幼儿园在供应区内宜设杂物院，并应与其他部分相隔离。杂物院应有单独的对外出入口（图5.12.2）。

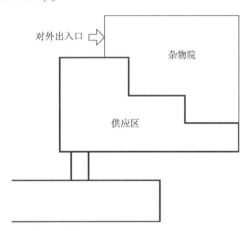

图5.12.2　幼儿园杂物院的设置要求

（6）幼儿园基地周围应设围护设施，围护设施应安全、美观，并应防止幼儿穿过和攀爬。在出入口处应设大门和警卫室，警卫室对外应有良好的视野。

（7）幼儿园出入口不应直接设置在城市干道一侧；其出入口应设置供车辆和人员停留的场地，且不应影响城市道路交通。

（8）幼儿园的活动室、寝室及具有相同功能的区域，应布置在当地最好朝向，冬至日底层满窗日照不应小于3h。夏热冬冷、夏热冬暖地区的幼儿生活用房不宜朝西向；当不可避免时，应采取遮阳措施。

5.12.4　分析

早期幼儿园仅仅作为照管孩子的场所，内容简单，幼儿园建筑无明显区别于其他类建筑的特征。随着幼儿教育和建筑思想的发展，幼儿园建筑中出现了每班独立专用的生活和活动空间。

中国国内的幼儿园类型，按办学渠道及管理机构不同划分为基金会幼儿园，政府办幼儿园，机关、厂矿幼儿园，团体或个人办的私立幼儿园等；按入托方式划分为全日制幼儿园（日托），寄宿制幼儿园（全托）；按建筑方式划分为在单独地段设置幼儿园，附属于其他建筑的幼儿园；按教学特点划分为普通幼儿园，专门化幼儿园（如美术幼儿园、音乐幼儿园、幼儿体校等）。

园内幼儿一天约有1/4~1/3的时间在室外游戏、活动，由此可见，幼儿园室外游戏场地设计的如何，直接影响幼儿园环境的质量和幼儿身心发展。

学前儿童对空间大小、形状的辨别能力较低，复杂的空间关系会令其无从把握；所以，幼儿园空间处理应以完整、易于理解为准则。

学前儿童的颜色知觉能力随年龄增长而提高，最喜欢橙、黄、红、绿色；最不喜欢黑、灰、棕色。所以，在幼儿园建筑环境的色彩运用上，应尽量选用他们喜爱的色彩，多用较纯的色彩，不必有太多的过渡色。

【例5-12-1】

某社区规划在一基地内将建造一个小型幼儿园，有5个班级。建筑退道路红线5m，退用地红线3m。

要求根据建筑单体参考平面，在基地内合理布置。同时，要求布置满足每班30个幼儿的室外专用场地（附属于每个班级）、500m²的室外共用场地、200m²的集中绿化区，并标注出入口。不要求布置道路和绿化（图5.12.3）。

分析：

根据服务区和供应区的性质（供应区还要考虑风向及场地形状因素），应布置在基地北侧，和道路直接产生关系。

观察两区的平面形状以及基地与道路交接处的

大小，将半圆形的服务区布置在右侧，供应区则需设置一个杂物院，布置在左侧。

生活区布置在基地中间，长向和东南边界线平行，既可以使室外场地规整，又基本为南北向。

在生活区南侧场地的东角布置音体活动室，这样剩余的室外场地完全没有建筑物遮挡，适于儿童在阳光下健康成长。

生活区分别和服务区、供应区、音体活动室用连廊相接。注意建筑退道路红线 5m，退用地红线 3m。

由于每班为 30 个幼儿，按人均面积 $2m^2$ 计算每班专用室外活动场地，即 $60m^2$，则专用场地为 $5m \times 12m = 60m^2$。在空地中央布置 $500m^2$ 的室外共用场地，这里取 $20m \times 25m$。在空地西侧划出 $200m^2$ 的集中绿化区，这里取 $10m \times 20m$。

标注主要出入口、供应出入口。完成幼儿园总平面布置。

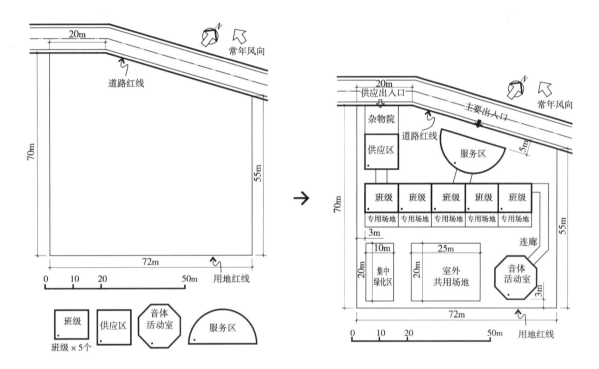

图 5.12.3 【例 5-12-1】图

5.13 文 化 馆

文化馆指具有组织群众文化活动、普及文化艺术知识、辅导基层文化骨干、开展社会教育工作等功能并提供与功能相适应的专业活动设施的公共文化服务场所。

按建筑规模划分为三类：

大型馆≥6000m²；

中型馆 4000 ~ 5999m²；

小型馆 <4000m²。

5.13.1 选址要点

（1）新建文化馆宜有独立的建筑基地，并应符合文化事业和城市规划的布点要求。

当与其他建筑合建时，应自成一区，并应设置独立的出入口。

（2）位置适中、交通便利、便于群众活动的地段。

宜结合城镇广场、公园绿地等公共活动空间综合布置。居住区、小区的文化站，应位于所在地区内公共建筑中心或靠近公共绿地。

（3）尽量远离污染源及易燃易爆场所，同时满足其控制距离规定要求。

（4）应选在工程地质及水文地质较好的地段。

5.13.2 总平面功能关系

文化馆的主要功能分区（图5.13.1）：

（1）群众活动用房 包括门厅、展览陈列用房、报告厅、排演厅、文化教室、计算机与网络教室、多媒体视听教室、舞蹈排练室、琴房、美术书法教室、图书阅览室、游艺用房等。

（2）业务用房 包括录音录像室、文艺创作室、研究整理室、计算机机房等。

（3）管理及辅助用房 管理用房由行政办公室、接待室、会计室、文印打字室及值班室等组

成；辅助用房包括休息室，卫生、洗浴用房，服装、道具、物品仓库，档案室、资料室，车库及设备用房等。

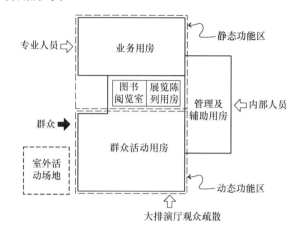

图 5.13.1 文化馆总平面功能关系

文化馆总平面也可划分为动态功能区和静态功能区。

两区应分区明确、互不干扰，应按人流和疏散通道布局功能区。

静态功能区与动态功能区宜分别设置功能区的出入口。

动态功能区主要包括群众活动用房，其中图书阅览室应设于静态功能区，展览陈列用房宜布置在静态功能区。

静态功能区主要包括业务用房，其中录音录像室应布置在静态功能区内最为安静的部位，且不得邻近变电室、空调机房、锅炉房、厕所等易产生噪声的地方，其功能分区宜自成一区。

文化馆各类用房在使用上应有较大的适应性和灵活性，根据不同规模和使用要求可增减或合并，便于分区使用、统一管理。

除群众活动区和专业工作区联系比较弱，几个功能区相互间的联系较密切。应注意动静区分，大流量的流线应避免干扰其他人流。

5.13.3 总平面布置要点

（1）功能分区明确，合理组织人流和车辆交通路线，道路布置应便于道具、展品的运输和装卸。

（2）基地按使用需要，至少应设两个出入口（图5.13.2）。当主要出入口紧邻主要交通干道时，应按规划部门要求留出缓冲距离。

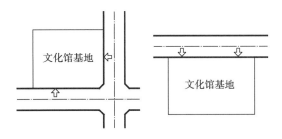

图5.13.2 文化馆基地出入口的设置

（3）群众活动区宜靠近主出入口或布置在便于人流集散的部位；宜在人流集中的路边设置宣传栏、画廊、报刊橱窗等宣传设施。

（4）当文化馆基地距医院、学校、幼儿园、住宅等建筑较近时，室外活动场地及建筑内噪声较大的功能用房应布置在医院、学校、幼儿园、住宅等建筑的远端，并应采取防干扰措施（图5.13.3）。

（5）文化馆设置儿童、老年人的活动用房时，应布置在三层及三层以下，朝向良好且出入安全、方便的位置。

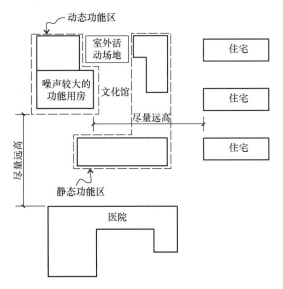

图5.13.3 文化馆内噪声较大部分与周围的关系

（6）在基地内应设置自行车和机动车停放场地，停车场地不得占用室外活动场地。

（7）排演厅的观众厅规模超过300座时，观众厅应符合剧场建筑和电影院建筑的有关规定。

（8）文艺创作室和研究整理室宜邻近图书阅览室集中布置。

（9）管理用房应设于对外联系方便、对内管理便捷的部位，并宜自成一区。

（10）文化馆应在动态功能区交通方便的一侧设置室外活动场地，应预留布置活动舞台的位置。

5.13.4 分析

【例5-13-1】

在某社区内的一个基地内，将建造一个社区文化站。基地中央为古树，需要保护。要求根据提供的建筑单体参考平面，在基地内合理布置。另外根据需要设置门厅，其面积根据总平面的组合情况决定。建筑退道路红线5m，退用地红线3m。标注出入口，不要求布置道路和绿化（图5.13.4）。

分析：

根据文化馆的动静功能分区，把各个建筑分为两组：一组是相对容易产生噪声的建筑，即排演厅、训练厅、书法教室、交谊厅；另一组是需要安静的建筑，即展览厅、阅览室。含办公业务的多功能厅介于两者之间。

基地在小区主干道方向确定为主入口。

由于古树要被保护，则宜以古树为中心形成内院。而排演厅是面积较大的房间，观察基地平面，考虑设置在基地西北角，因排演厅的观众厅超过300座，设置观众出入口，利于快速疏散。

和排演厅同组的建筑依次布置在基地西侧，排演厅要首先和训练厅连接；需要安静的建筑群组相应布置在基地东侧。两组建筑和北面的多功能厅形成围绕古树的内院。

在游艺厅和展览厅之间设置门厅连接。

注意要保证建筑退道路红线5m，退用地红线3m。

标注主要出入口、观众出入口，完成文化站总平面布置。

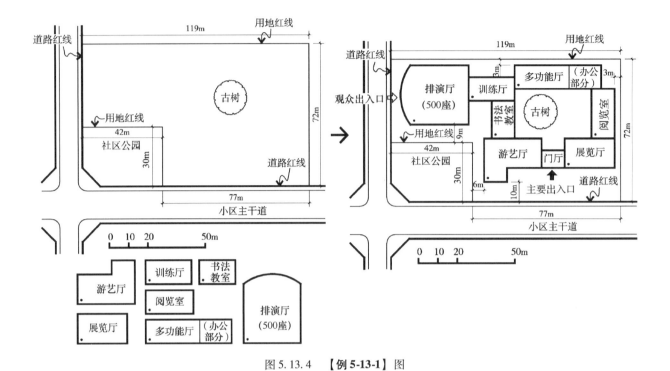

图 5.13.4 【例 5-13-1】图

5.14 学 生 宿 舍

5.14.1 选址要点

（1）宿舍不应建在易发生严重地质灾害的地段。

（2）宿舍基地宜有日照条件，且采光、通风良好。

（3）宿舍基地宜选择较平坦，且不易积水的地段。

（4）应避免噪声和各种污染源的影响，并应符合有关卫生防护标准的规定。

5.14.2 总平面功能关系

学生宿舍区是学生进行社会交往并保证其私密生活的场所，不仅仅具有住宿功能。宿舍区的环境应是尺度宜人、环境优美，便于自由交往、活跃生活、利于学术研讨。

总平面功能关系上，是和主要入住人流产生便捷的关系，要能够方便住宿者与其他主要建筑的联系，争取最好朝向，以获得合理日照（图5.14.1）。

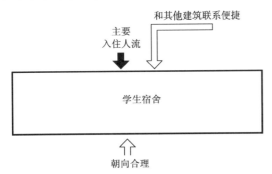

图5.14.1 学生宿舍总平面功能关系

5.14.3 总平面布置要点

（1）宿舍宜有良好的室外环境。其基地应进行场地设计，并应有完善的排渗措施。

（2）宿舍宜接近工作和学习地点；宜靠近公用食堂、商业网点、公共浴室等配套服务设施，其服务半径宜≤250m。

（3）宿舍主要出入口前应设人员集散场地，集散场地人均面积指标不应小于0.20m²。宿舍附近宜有集中绿地。

（4）集散场地、集中绿地宜同时作为应急避难场地，可设置备用的电源、水源、厕浴或排水等必要设施。

（5）对人员、非机动车及机动车的流线设计应合理，避免过境机动车在宿舍区内穿行。

（6）宿舍附近应有室外活动场地、自行车存放处，宿舍区内宜设机动车停车位，并可设置或预留电动汽车停车位和充电设施。

（7）宿舍建筑的房屋间距应满足国家现行标准对防火、采光的要求，且应符合城市规划的相关要求。

（8）宿舍区内公共交通空间、步行道及宿舍出入口，应设置无障碍设施，并符合现行国家标准《无障碍设计规范》GB 50763的相关规定。

5.14.4 分析

宿舍不仅是学生睡眠、休息的场所，也是学生学习知识技术、与人相处、提高独立生活能力的场所。学生宿舍必须提供必要的空间和设施，提供相应的环境和气氛。不但对宿舍建筑内部应进行合理设计，而且对其外部空间、位置选择等也要认真规划设计。

【例5-14-1】

某学校需建造两栋短内廊式学生宿舍楼，在校园内有A、B、C三块空地可供选择。要求分析最佳的选址，并布置于其上（图5.14.2）。

分析：

① 分析选址A

选址A位于教学区和教师住宅楼之间，虽然和教师住宅楼的性质相近，但是宿舍和食堂的距离过远，住宿学生人流需要横穿学校才能抵达食堂，对于学生这样的大流量人流，会使学生感到就餐很不方便且对学校其他人流干扰很大。而教师住宅楼的人流量较小，且很多时候是在住宅内自行解决伙食问题，其与食堂距离远并不会产生太大的问题。

② 分析选址 B

虽然和食堂联系紧密，但是宿舍位于教学区和运动区往来的路线上。不但宿舍楼会受到大量人流的干扰，而且不利于宿舍四周配套设施的布置（如晒衣、自行车停放等）；同时，对学校中轴线

上的景观有不利影响。

③ 分析选址 C

与食堂联系紧密，而且自成一区，利于宿舍环境的设施布置。到教学楼、运动区也都比较便捷。

综上所述，宜采用选址 C 作为宿舍位置。在选址 C 上以南北向布置宿舍楼。

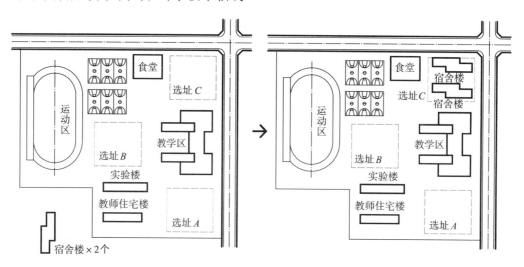

图 5.14.2　【例 5-14-1】图

5.15 办公建筑

办公建筑应依据其使用要求进行分类：

特别重要办公建筑为 A 类，设计使用年限为 100 年或 50 年；重要办公建筑为 B 类，设计使用年限为 50 年；普通办公建筑为 C 类，设计使用年限为 50 年或 25 年。

5.15.1 选址要点

（1）办公建筑基地的选址，应符合当地土地利用总体规划和城乡规划的要求。

（2）办公建筑基地宜选在工程地质和水文地质有利、市政设施完善且交通和通信方便的地段。

（3）办公建筑基地与易燃易爆物品场所和产生噪声、尘烟、散发有害气体等污染源的距离，应符合国家现行有关安全、卫生和环境保护标准的规定（图 5.15.1）。

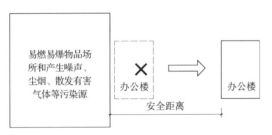

图 5.15.1　办公楼与易燃易爆物品场所和产生噪声、尘烟、散发有害气体等污染源的关系

（4）A 类办公建筑应至少有两面直接邻接城市道路或公路；B 类办公建筑应至少有一面直接邻接城市道路或公路，或与城市道路或公路有相连接的通路；C 类办公建筑宜有一面直接邻接城市道路或公路。主要是考虑消防救援、安全保卫及人员疏散等因素。

（5）大型办公建筑群应在基地中设置人员集散空地，作为紧急避难疏散场地。

5.15.2 总平面功能关系

办公建筑由办公用房、公共用房、服务用房和设备用房等组成（图 5.15.2）。

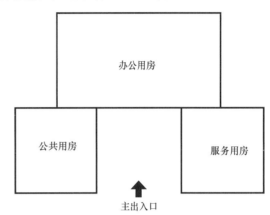

图 5.15.2　办公建筑总平面功能关系

（1）办公用房　宜包括普通办公室和专用办公室，专用办公室可包括研究工作室和手工绘图室等。

（2）公共用房　宜包括会议室、对外办事厅、接待室、陈列室、公用厕所、开水间、健身场所等。

（3）服务用房　宜包括一般性服务用房和技术性服务用房：

1）一般性服务用房　为档案室、资料室、图书阅览室、员工更衣室、汽车库、非机动车库、员工餐厅、厨房、卫生管理设施间、快递储物间等；

2）技术性服务用房　为消防控制室、电信运营商机房、电子信息机房、打印机房、晒图室等。

（4）设备用房　产生噪声或振动的设备机房应采取消声、隔声和减振等措施，并不宜毗邻办公用房和会议室，也不宜布置在办公用房和会议室对应的直接上层。弱电设备用房应远离产生粉尘、油烟、有害气体及储存具有腐蚀性、易燃、易爆物品的场所，并应远离强振源。

公共用房和服务用房是为办公用房服务的，两者分别和办公用房的联系比较紧密，办公用房是办公建筑的主要部分。

而这些功能区往往被包容在一栋楼里，以垂直交通方式进行相互联系。会议室、接待室等也经常分散在办公用房之内。

5.15.3 总平面布置要点

（1）总平面布置应遵循功能组织合理、建筑组合紧凑、服务资源共享的原则，科学合理组织和利用地上、地下空间，并宜留有发展余地。

（2）总平面应合理组织基地内各种交通流线，妥善布置地上和地下建筑的出入口。锅炉房、厨房等后勤用房的燃料、货物及垃圾等物品的运输宜设有单独通道和出入口（图 5.15.3）。

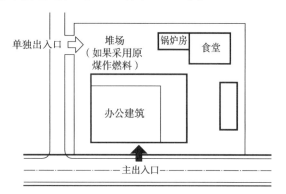

图 5.15.3 后勤用房单独出入口的设置

（3）当办公建筑与其他建筑共建在同一基地内或与其他建筑合建时，应满足办公建筑的使用功能和环境要求，分区明确，并宜设置单独出入口。

（4）总平面应进行环境和绿化设计，合理设置绿化用地，合理选择绿化方式。宜设置屋顶绿化与室内绿化，营造舒适环境。绿化与建筑物、构筑物、道路和管线之间的距离，应符合有关标准的规定。

（5）基地内应合理设置机动车和非机动车停放场地（库）。机动车和非机动车泊位配置应符合国家相关规定；当无相关要求时，机动车配置泊位不得少于 0.60 辆/100m²，非机动车配置泊位不得少于 1.2 辆/100m²。

5.15.4 分析

供机关、团体和企事业单位办理行政事务和从事业务活动的建筑称为办公建筑。随着社会、经济和文化的发展，现代办公建筑逐渐向高层、综合性、灵活性、智能化等方向发展。

（1）办公建筑按使用方式分为专用办公楼，出租办公楼。

（2）办公建筑按使用性质分为行政机关办公楼，商业、贸易公司办公楼，电信办公楼，银行、金融、保险公司办公楼，科学研究、信息服务中心办公楼，各种设计机构或工程事务所办公楼，各种企业单位办公楼等。

另外办公楼按规模可分为大型、中型、小型和特大型；按层数可分为低层、多层、高层和超高层。

根据办公楼的使用要求、规模和技术条件，结合其所处环境，在设计中应解决好办公建筑与环境的关系和交通流线设计。使布局合理、与周围环境协调、各种出入口流线互不交叉等，使办公建筑利于工作人员和访问人员高效、便利地使用。

5.16　旅　馆

5.16.1　选址要点

（1）基地的选择应符合当地城市规划要求，并应选在交通方便、环境良好的地区。

（2）与车站、码头、航空港及各种交通路线联系方便（图5.16.1）。

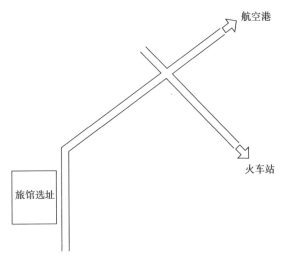

图5.16.1　旅馆与车站、码头及各种交通路线的联系

（3）基地应至少一面直接或以道路连接城市道路或公路，其长度应满足基地内组织各功能区的出入口、客货运输、防火疏散及环境卫生等要求（图5.16.2）。

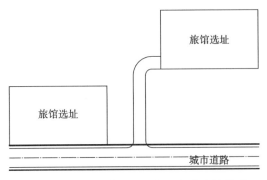

图5.16.2　旅馆建筑基地与城市道路的关系

（4）在历史文化名城、风景名胜地区及重点文物保护单位附近，基地的选择及建筑布局，应符合国家和地方有关管理条例和保护规划的要求。

休养、疗养、观光、运动等旅馆，应与风景区、海滨及周围环境相协调。

（5）城市中心的主要商业区、中心广场，适合建造商务、旅游、城市中心高级旅馆；风景名胜区，适合建造休养、海滨、名胜及游乐场旅馆；交通线附近，适合建造车站、机场、中转及汽车旅馆。

5.16.2　总平面功能关系

旅馆功能区的主要组成（图5.16.3）。

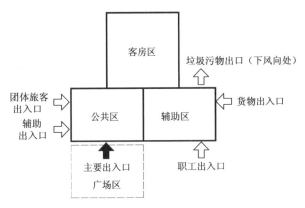

图5.16.3　旅馆总平面功能关系

（1）客房区　客房、客房层服务用房等。

（2）公共区　门厅、餐厅、会议室、美容室、理发室、商店、康乐设施等。

（3）辅助区　厨房、洗衣房、设备用房、备品库、职工用房等。

（4）广场区　根据旅馆的规模，进行相应面积的广场设计，供车辆回转、停放，尽可能使车辆出入便捷、不交叉。

公共区主要为客房区的客人服务，公共区和辅助区应与客房区的联系紧密。城市旅馆大多把这三个功能区安置在一栋楼里，裙房部分为公共区和辅助区，主楼以客房区为主。公共区及辅助区中的用房选择应根据旅馆等级、经营管理要求和旅馆附近可提供使用的公共设施情况确定。

旅馆出入口包括：

① 主要出入口　位置应显著，可供旅客直接

到达。

②辅助出入口 用于出席宴会、会议及商场购物的非住宿旅客出入，适用于规模大、标准高的旅店。

③团体旅客出入口 为减少主入口人流，方便团体旅客集中到达而设置，适用于规模大的旅馆。

④职工出入口 宜设在职工工作及生活区域，用于旅馆职工上下班进出，位置宜隐蔽。

⑤货物出入口 用于旅馆货物出入，位置宜靠近物品仓库或堆放场所；应考虑食品与货物分开卸货。

⑥垃圾污物出口 位置应隐蔽，处于下风向。

5.16.3 总平面布置要点

（1）总平面布置应结合当地气候特征和具体环境，妥善处理与市政设施的关系。除合理布置主要建筑位置外，还应考虑广场、停车场、道路、庭院、杂物堆放场地的布局。根据旅馆标准及基地条件，还可考虑设置网球场、游泳馆及露天茶舍等。

（2）当旅馆客房间≥200间（套）时，其基地的出入口宜≥2个。主要出入口必须明显，并能引导旅客直接到达门厅。主要出入口应设置单车道或多车道，出入口上方宜设雨篷；多雨雪地区的出入口上方应设雨篷（图5.16.4）。

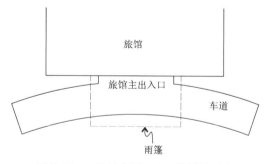

图 5.16.4 旅馆主要出入口处设计要求

（3）在综合性建筑中，旅馆部分应有单独分区，并有独立的出入口。对外营业的商店、餐厅等不应影响旅馆本身的使用功能。

应合理安排各种管道，做好管线综合设计，并便于维护和检修。对各种设备所产生的噪声和废气应采取措施，避免干扰客房区和邻近建筑。

（4）应根据所需停放车辆的车型及数量，在基地内或建筑物内设置停车空间，或按城市规划部门的规定设置社会停车场。

应合理划分旅馆建筑的功能分区，组织各种出入口，使基地内人流、货流、车流互不交叉、不混流。旅客步行道不应穿过停车场，不应与车行道交叉。

5.16.4 分析

旅馆总平面布置方式一般有分散式和集中式两种。

分散式适用于面积宽松的基地。各部分按功能性质进行合理分区，布局需紧凑，道路及管线不宜过长。

集中式适用于用地紧张的基地，应注意停车场的布置、绿地的组织及整体空间效果。

【例5-16-1】

将在某基地上建造一座高层旅馆和一座点式办公楼。

要求根据提供的建筑单体参考平面，在基地内布置这两栋建筑物和室外停车场，并布置道路。建筑退道路红线10m，退用地红线5m。标注出入口，不要求布置绿化（图5.16.5）。

分析：

一般情况下，旅馆建筑前需要比较大的广场，根据基地形状，宜布置在西南角。

办公楼布置在基地东南角，临城市道路，适合办公建筑要求。

在两栋建筑之间形成两个室外场地，西南角为广场，东北角设置室外停车场。

布置道路，标注出入口，完成总平面布置。

5.16.5 其他类型

旅游涉外饭店，是能够接待观光客人、商务客人、度假客人以及各种会议的饭店。其等级按由低到高的顺序可划分为一级、二级、三级、四级和五级。级别越高，表示饭店档次越高。而级别的划分以饭店的建筑、装饰、设施设备及管理、服务水平为依据，具体的评定办法与国家《旅游饭店星级的划分与评定》GB/T 14308 的等级高低顺序相协调。特别要说明的是，旅馆的建筑等级虽与旅馆饭店星级在硬件设施上有部分关联，但它们之间并没有直接对应关系，因为旅馆饭店的星级是通过硬件设施和软件服务分项综合评定的。而旅馆建筑等级仅涉及使用功能、建筑标准、设备设施等硬件要求。

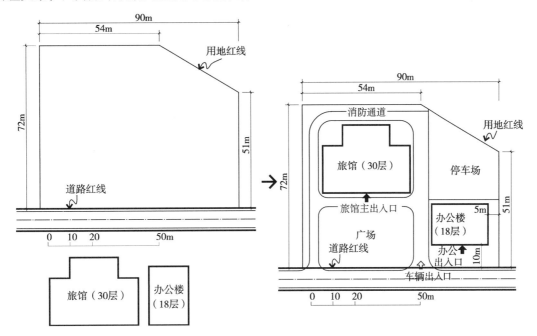

图 5.16.5　【例 5-16-1】图

5.17 商 业 建 筑

5.17.1 选址要点

（1）大型和中型商店建筑基地宜选择在城市商业区或主要道路的适宜位置（图5.17.1）。

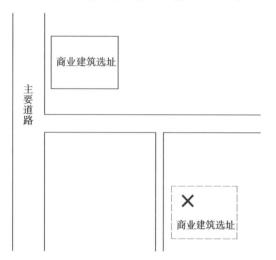

图 5.17.1 大、中型商店建筑基地与主要道路位置关系

（2）大型商店建筑的基地沿城市道路的长度宜≥基地周长的1/6，并宜有不少于两个方向的出入口与城市道路相连接（图5.17.2）。

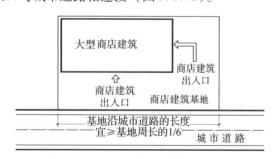

图 5.17.2 大型商店建筑出入口与城市道路的相接关系

（3）大型和中型商店建筑的基地内应设置垃圾收集处、装卸载区和运输车辆临时停放处等服务性场地。当设在地面上时，其位置不应影响主要顾客人流和消防扑救，不应占用城市公共区域，并应

采取适当的视线遮蔽措施。基地内应设置无障碍设施，并应与城市道路无障碍设施相连接。

（4）商店建筑不宜布置在甲、乙类厂（库）房及堆场附近，经营易燃易爆及有毒性类商品的商店建筑不应位于人员密集场所附近，且安全距离应符合现行国家标准的有关规定。对于易产生污染的商店建筑，其基地选址应有利于污染的处理或排放。

5.17.2 总平面功能关系

商店建筑的功能区组成（图5.17.3）：

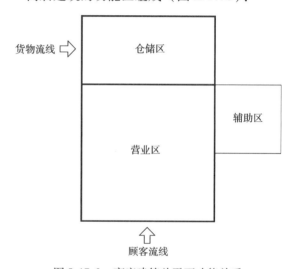

图 5.17.3 商店建筑总平面功能关系

（1）营业区 商店建筑的主要功能区，进行商品交易的区域。大、中型商场内连续排列的饮食店铺的灶台不应面向公共通道，并应设置机械排烟通风设施。

（2）仓储区 包括供商品短期周转的储存库房、卸货区、商品出入库及与销售有关的整理、加工和管理等用房。储存库房可分为总库房、分部库房和散仓。

（3）辅助区 应根据商店规模和经营需要进行设置。大型和中型商店辅助区包括外向橱窗、商品维修用房、办公业务用房，以及建筑设备用房、车库和垃圾收集空间或设施等，同时应设置职工更衣、工间休息、职工专用厕所及就餐等用房。

面向道路或集散场地的建筑部分往往为营业区。营业厅是直接进行销售的场所，是商店建筑的核心。需注意的是货物流线和顾客流线要分开设置，避免混流。

5.17.3 总平面布置要点

（1）大型和中型商店建筑的基地内应设置专用运输通道，且不应影响主要顾客人流，其宽度应≥4m，宜为7m。运输通道设在地面时，可与消防车道结合设置。

（2）大型和中型商店建筑的主要出入口前应留有人员集散场地，且场地的面积和尺度应根据零售业态、人数及规划部门的要求确定（图5.17.4）。

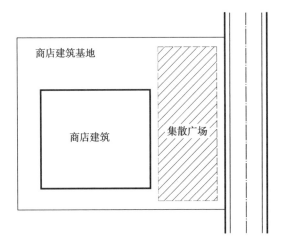

图5.17.4　大、中型商店建筑物主要
出入口前的集散场地

（3）大型商店建筑应按当地城市规划要求设置停车位。在建筑内设置停车库时，应同时设置地面临时停车位。

（4）应组织好顾客、商品、职工三者的流线，做到客流、货流和职工人流必须分隔，互不交叉。

5.17.4 分析

商店建筑是消费市场买卖双方进行商品交易活动的场所。商店按经销商品的品种划分，可分为综合性百货商店和专营某类商品的专业商店。按建筑空间规模可分为大、中、小型商店。

一般单项建筑内的商店总建筑面积＞20000m² 为大型商店建筑；建筑面积为5000～20000m² 为中型商店建筑；面积＜5000m² 为小型商店建筑。

商店建筑在总平面布置时还应考虑留有发展扩建余地。

5.17.5 其他类型

（1）商业街
商业街是沿交通线布置商店的线性通过式商业布局。

当城市中心商业街车流繁忙，车流难以分流改道时，须采用将车行道与步行路线隔离的交通组织设计。常用立体分层处理，如架空步行桥、下沉车道、地下交通线等方式，取代传统的平面分流方式，以节约城市用地。

（2）步行商业街
采用限制车辆交通的措施，开辟保证步行交通优先的商业街。

1）步行商业街类型
①步行商业街按照交通方式分类
• 专用步行街　禁止车辆交通、路面整体铺装。

• 准步行街　设置步行者专用步道和车道，限制车道宽度或对车辆交通进行限制。

• 公交步行道　设置步行者专用步道和公交交通线路。

②步行商业街按照类型特征分类
• 老街改造更新形成的传统商业步行街　以限制车行交通、改造路面、增添设施建成的步行空间，一般为开敞式。

• 购物中心内的步行街　连接核心商店的步行空间，属于专用步行街，一般为遮盖式（有顶棚）。

当有顶棚的步行商业街上空设有悬挂物时，净高应≥4m，顶棚和悬挂物的材料应符合现行国家标准的相关规定，且应采取确保安全的构造措施。

• 新建的步行商业街　按照城市规划交通体系专辟出的步行商业街，属于专用步行街或准步行街。一般为开敞式或半遮式。

• 繁华地段定时限制车辆交通的步行街　原商业街位于市区繁华地区，无法断绝车行路线，采用定时限制车辆交通方式。一般为开敞式。

2）步行商业街布置要求

①利用现有街道改造的步行商业街，其街道最窄处宜≥6m（图5.17.5）。

②新建步行商业街可按街内有无设施和人行流量确定其宽度，并应留有≥4m的消防车道。

③车辆限行的步行商业街长度宜≥500m。

④步行商业街的主要出入口附近应设置停车场（库）（图5.17.6），并应与城市公共交通有便捷的联系。

⑤步行商业街应进行后勤货运的流线设计，并不应与主要顾客人流混合或交叉，同时应配备公用配套设施，并应满足环保及景观要求。

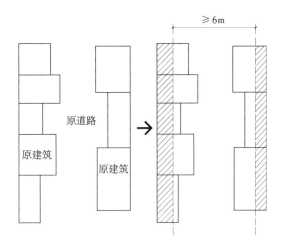

图5.17.5　改、扩建成为步行商业街的
最小适宜宽度

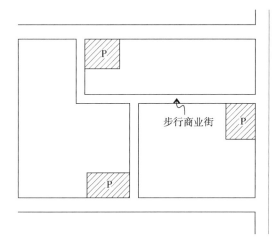

图5.17.6　步行商业街的主要出入口
附近停车场（库）布置

5.18 饮 食 建 筑

为人们在公共场所提供宴请、就餐、零餐、零饮的建筑称作饮食建筑。

饮食建筑按经营方式、饮食制作方式及服务特点划分，可分为餐馆、快餐店、饮品店、食堂四类；按建筑规模可分为特大型、大型、中型和小型。

（1）餐馆、快餐店、饮品店建筑规模分类：

面积＞3000m²或座位数＞1000座为特大型；

500m²＜面积≤3000m²或250座＜座位数≤1000座为大型；

150m²＜面积≤500m²或75座＜座位数≤250座为中型；

面积≤150m²或座位数≤75座为小型。

上述建筑面积指与食品制作供应直接或间接相关区域的建筑面积，包括用餐区域、厨房区域和辅助区域。

（2）食堂建筑规模分类：

人数＞5000人为特大型；

1000人＜人数≤5000人为大型；

100人＜人数≤1000人为中型；

人数≤100人为小型。

食堂服务人数指就餐时段内食堂供餐的全部就餐者人数。

5.18.1 选址要点

饮食建筑的选址应严格执行当地环境保护和食品药品安全管理部门对粉尘、有害气体、有害液体、放射性物质和其他扩散性污染源距离要求的相关规定；与其他有碍公共卫生的开敞式污染源的距离应≥25m。

5.18.2 总平面功能关系

饮食建筑的功能空间可划分为用餐区域、厨房区域、公共区域和辅助区域4个区域（图5.18.1）。

（1）用餐区域 包括宴会厅、各类餐厅、包

间等。

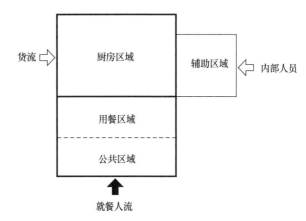

图 5.18.1 饮食建筑总平面功能关系

（2）厨房区域

1）餐馆、快餐店和食堂的厨房区域包括主食加工区（间）、副食加工区（间）、厨房专间、备餐区（间）、餐用具洗涤消毒间与餐用具存放区（间）；

2）饮品店包括加工区（间），冷、热饮料加工区（间），点心、简餐等制作间，餐用具洗涤消毒间。

（3）公共区域 包括门厅、过厅、等候区、大堂、休息厅（室）、歌舞台、收款处（前台）等。

（4）辅助区域 包括食品库房、非食品库房、办公用房、工作人员更衣间、淋浴间、卫生间、值班室及垃圾和清扫工具存放场所等组成。

用餐区域和厨房区域直接连接，关系紧密；辅助区域主要为内部工作人员使用，所以和厨房区域联系紧密；公共区域则以就餐人员为主要服务对象，和用餐区域的关系密切；就餐人流和运送厨房原料及运出垃圾等后勤货流应分开，避免交叉和混流。

5.18.3 总平面布置要点

（1）饮食建筑的设计必须符合当地城市规划以及食品安全、环境保护和消防等管理部门的要求。

（2）饮食建筑基地的人流出入口和货流出入口应分开设置，顾客出入口和内部后勤人员出入口宜分开设置。

（3）饮食建筑应采取有效措施防止油烟、气味、噪声及废弃物对邻近建筑物或环境造成污染，并应符合现行行业标准《饮食业环境保护技术规范》HJ 554 的相关规定。

5.18.4 分析

【例 5-18-1】

某基地上将建造一条商业步行街和一个餐馆。要求商业步行街和基地两侧的道路产生良好的关系。同时设置不小于 2500m² 的停车场，为餐馆和商业步行街服务。

要求根据提供的建筑单体参考平面，在基地内布置餐馆、商业步行街和室外停车场。建筑退道路红线 10m，退用地红线 5m。标注出入口，布置停车场。不要求布置绿化（图 5.18.2）。

分析：

在商业步行街、餐馆、停车场和城市道路 4 者的关系中，停车场分别和商业步行街、餐馆联系紧密，应布置在城市次要道路上。餐馆宜照应两条道路来的人流，则餐馆布置在基地西北角；在餐馆东侧留出一定空地为货物装卸留出后院。商业步行街与两条道路产生关系，故沿基地东侧和南侧布置，开口连接两条道路。在基地西侧中段临次要道路布置停车场，既照顾到商业步行街和餐馆的顾客汽车停放，又能够达到停车场出入口距交叉口不小于 70m 的要求距离。

用尽可能大的面积布置停车场。把步行街和餐馆围合的空地布置成停车场，该空地南北宽 72m，东西宽 59m，去除和其他建筑的防火间距 6m，南北宽净长度为 60m，参考原理 3.1.18 一节"停车带参考规则"，这里取 20m 为两面停车带设计宽度，则南北方向为 6 个停车带。按照 60m×50m（3000m²）的形式布置停车场。

注明各个出入口，完成总平面布置。

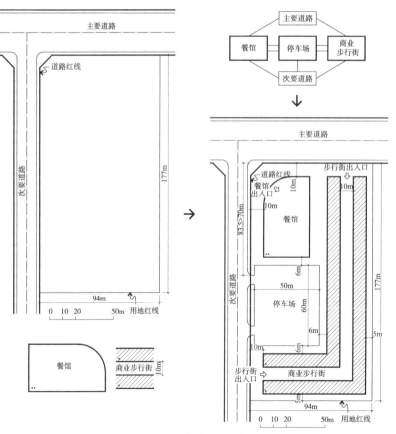

图 5.18.2 【例 5-18-1】图

5.19 银 行

银行建筑是供经营货币信用、货币流通使用的建筑。

5.19.1 选址要点

（1）选址应位于城市中心或交通方便的位置。

（2）规划选址要结合空间设计、建筑构造和设备技术等多方面确保安全使用。

5.19.2 总平面功能关系

银行建筑主要分为内部和外部两大使用功能区（图5.19.1）。

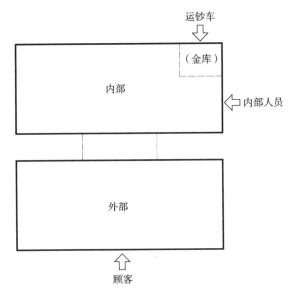

图 5.19.1 银行建筑总平面功能关系

（1）外部 主要为营业厅，是银行建筑的重要组成部分，包括门厅、候办厅、洽谈、储蓄金银收兑、代保管库和信贷、电子计算机房（营业部）、营业与账表库、营业办公、监控用房等。

（2）内部 库房、办公用房、电算中心等。有的银行还设有金库。库房包括发行库、业务库、出租保险库、档案库、账表库等。

内部和外部两者既要有所联系，又要明确区分。外部功能区应方便顾客办理银行业务；内部办公人员能够直接进出内部功能区；应考虑利于运钞车直接、方便运卸钞箱。

5.19.3 总平面布置要点

（1）应明确区分内部和外部，合理组织交通，以提高营业效率，便于管理。

（2）营业厅的出入口位置应有利于吸引顾客和有利安全。营业厅应有良好的通风采光，通道流线明确。

（3）库房应远离出入口，既隐蔽安全又便于使用，尽量采用尽端式布置，避免形成回路和穿行，并合理分流各种人流（图5.19.2）。

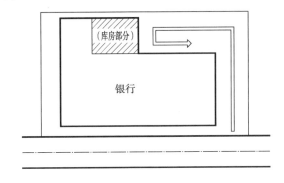

图 5.19.2 库房布置要求

（4）金库通常应设在建筑物中部或地下，以确保安全；金库周围应设监护廊；代保管库应设前室。

（5）在原有银行建筑的改扩建中，应注意协调新设备与原有建筑的使用矛盾，以及新建筑与原有建筑的有机结合问题。

5.20 老年人照料设施

老年人照料设施是指为老年人提供集中照料服务的设施，分为全日照料设施和日间照料设施。老年人照料设施的建筑性质属于公共建筑。

老年人照料设施区别于其他老年人设施的重要特征是能够为老年人提供全日或日间的照料服务，因此老年大学、老年活动中心、老年人住宅不属于老年人照料设施。

（1）老年人全日照料设施　为老年人提供住宿、生活照料服务及其他服务项目的设施，是养老院、老人院、福利院、敬老院、老年养护院等的统称。

老年人全日照料设施的主要特点是为老年人提供住宿和生活照料服务。向老年人提供饮食、起居、清洁、卫生照护的活动。除生活照料服务之外，老年人全日照料设施还可根据实际运营需求，提供老年护理、康复、医疗等其他服务项目。目前常见的设施名称有：养老院、老人院、福利院、敬老院、老年养护院、老年公寓等。需注意，部分老年公寓为供老年人居家养老使用的居住建筑，不属于老年人全日照料设施。

（2）老年人日间照料设施　为老年人提供日间休息、生活照料服务及其他服务项目的设施，是托老所、日托站、老年人日间照料室、老年人日间照料中心等的统称。

老年人日间照料设施区别于老年人全日照料设施的主要特征是只提供日间休息和相关服务。具体的服务项目通常包括膳食供应、个人照顾、保健康复、娱乐和交通接送等日间服务。老年人日间照料设施既可以是独立建设和运营的设施，也可以是老年人全日照料设施的组成部分。

5.20.1　选址要点

（1）老年人照料设施建筑基地应选择在工程地质条件稳定、不受洪涝灾害威胁、日照充足、通风良好的地段。

（2）老年人照料设施建筑基地应选择在交通方便、基础设施完善、公共服务设施使用方便的地段。考虑老年人出行和使用医疗等公共设施方便，以及子女探望的需要；同时，保障老年人照料设施功能的正常运转。

（3）老年人照料设施建筑基地应远离污染源、噪声源及易燃、易爆、危险品生产、储运的区域。主要考虑到老年人对空气质量、环境噪声等周边生活环境敏感度较强，且耐受力较弱，需要保证空气质量和环境安静。建筑基地内不应有高压电线、燃气、输油管道主干管道等穿越，避免发生事故时危及老年人安全。

5.20.2　总平面功能关系

老年人照料设施建筑应设置老年人用房和管理服务用房，其中老年人用房包括生活用房、文娱与健身用房、康复与医疗用房。各类老年人照料设施建筑的基本用房设置应满足照料服务和运营模式的要求（图5.20.1）。

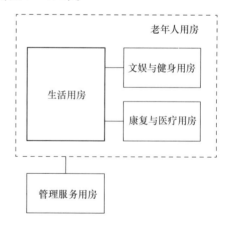

图5.20.1　老年人照料设施建筑总平面功能关系

老年人照料设施的老年人居室和老年人休息室不应设置在地下室、半地下室。

5.20.3　总平面布置要点

（1）老年人照料设施建筑总平面应根据老年人照料设施的不同类型进行合理布局，功能分区、动静分区应明确，方便使用。

（2）老年人照料设施建筑基地及建筑物的主要出入口不宜开向城市主干道。货物、垃圾、殡葬等运输宜设置单独的通道和出入口。

（3）总平面交通组织应便捷流畅，满足消防、疏散、运输要求的同时应避免车辆对人员通行的影响。

（4）道路系统应保证救护车辆能停靠在建筑的主要出入口处，且应与建筑的紧急送医通道相连。考虑救护车通行、停靠和救援，救护车辆通道应满足最小 3.5m×3.5m 的净空要求。当利用道路作为救护车辆停靠场地时，道路应设置两条车道以上。当救护车辆停靠场地位于建筑出入口雨篷、挑檐等遮蔽物之下时，地面至遮蔽物底面净空应不小于 3.5m。

（5）总平面内应设置机动车和非机动车停车场。在机动车停车场距建筑物主要出入口最近的位置上应设置无障碍停车位或无障碍停车下客点，并与无障碍人行道相连。无障碍停车位或无障碍停车下客点应有明显的标志。

（6）老年人全日照料设施应为老年人设室外活动场地；老年人日间照料设施宜为老年人设室外活动场地。老年人使用的室外活动场地应符合下列规定：

1）应满足老年人室外休闲、健身、娱乐等活动的设施和场地条件；

2）位置应避免与车辆交通空间交叉，且应保证能获得日照，宜选择在向阳、避风处；

3）地面应平整防滑、排水畅通；当有坡度时，坡度不应大于 2.5%。

（7）老年人集中的室外活动场地应与满足老年人使用的公用卫生间邻近设置。

（8）老年人照料设施的居室应具有天然采光和自然通风条件。日照标准不应低于冬至日日照时数 2h；当居室日照标准低于冬至日日照时数 2h 时，老年人居住空间日照标准应按下列规定之一确定：

1）同一照料单元内的单元起居厅日照标准不应低于冬至日日照时数 2h；

2）同一生活单元内至少 1 个居住空间日照标准不应低于冬至日日照时数 2h。

（9）老年人照料设施中文娱与健身用房的位置应避免对老年人居室、休息室产生干扰。严寒、寒冷、多风沙、多雾霾地区的老年人照料设施宜设置阳光厅；湿热、多雨地区的老年人照料设施宜设置风雨廊。

（10）老年人照料设施内供老年人使用的场地及用房均应进行无障碍设计。经过无障碍设计的场地和建筑空间均应满足轮椅进入的要求，通行净宽不应小于 0.80m，且应留有轮椅回转空间。

（11）老年人使用的室内外交通空间，当地面有高差时，应设轮椅坡道连接，且坡度不应大于 1/12；当轮椅坡道的高度大于 0.10m 时，应同时设无障碍台阶。

5.21 法 院 建 筑

5.21.1 选址要点

法院建筑选址位置应明显突出，宜选择在交通方便、位置适中的市区，使各方面人员易于到达集散。

5.21.2 总平面功能关系

法院是国家法制的象征，是行使法律、进行审判的地方，也是对公众进行法制教育的场所之一。

法院建筑主要由办公区和法庭区（也称审判区）两大功能区组成（图5.21.1）。办公区和法庭区联系紧密，但相互之间应避免干扰，对于内部办公人流、公众出入法庭人流、羁押犯人警车流线等应避免交叉和混流。

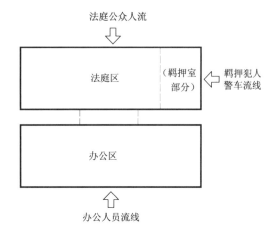

图5.21.1 法院建筑总平面功能关系

中级及以下法院的法庭区为主要部分，高级法院的办公区为主要部分。中级法院由于审判业务重，需要法庭数量多，而高级法院的许多案子是直接利用当地的中级法院来处理，所以高级法院的审判区面积比一般的中级法院要小，法庭数量比一般的中级法院要少。而高级法院的办公区要求比较高。

5.21.3 总平面布置要点

（1）力求做到布局紧凑、分区明确、联系方便而又互不干扰，并且应考虑各部门独立使用的可能性。

在总平面布置上，应使办公与法庭有明确的功能分区，且尽量紧凑地组合在一起，使其有方便的联系，提高使用效率，并可形成较大的体量，以强调法院建筑威严的气势。

（2）内部的交通路线应有严格的隔离。为实现审判的公正性，必须对各种人流，如法官、当事人、检察官、律师及旁听群众等，实现人流分离，以做到审判前的隔离、保密，以使法律程序不受干扰，审判得以顺利进行。国际上把这一问题列为设计或评价法院建筑的重要准则之一。

（3）办公入口应单独设置，因办公入口是法院建筑中车流、人流最集中的地方。

（4）羁押室的设置应相对隐蔽，利用犯人通道使其与各法庭取得联系（图5.21.2）。

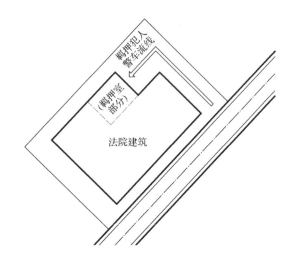

图5.21.2 法院建筑中羁押室的设置

（5）往往使整个建筑基本呈中轴对称布置，以形成庄严的性格，使人感受到法律的严谨与"在法律面前，人人平等"的司法原则。随着生活观点态度的变化，其建筑形象也不应过于严肃刻板，应趋向于人性化风格。

5.21.4 分析

【例5-21-1】

在某城市道路交叉口西北角基地上，欲建设区中级人民法院建筑，包括一个办公楼和一个审判楼，还要求建一个20个车位的内部停车场，为法院建筑服务。

要求根据提供的建筑单体参考平面，在基地内布置办公楼和审判楼，可以以低层建筑联系两者。建筑退主要道路红线14m，退次要道路的道路红线和用地红线5m，退切角线8m。标注出入口（图5.21.3）。

分析：

考虑到基地内的机动车出入口要距主要道路交叉口≥70m，则基地机动车出入口只能在基地东北角处设置。这样内部停车场宜布置在基地北侧。

办公楼最好南北向布置，可以取得良好的日照和采光条件。同时，考虑到办公楼的长度较长，布置在基地南侧为宜，这样办公楼沿街布置在主要道路一侧，也对主要道路的景观起良好效果。

审判楼布置在基地北侧的停车场东面，和办公楼以低层联系建筑连接。审判楼和次要道路之间形成广场，利于人群集散。

羁押犯人的警车沿单独设置的通路到达审判楼，同时以绿化围合，比较隐蔽。

注明各个出入口，完成总平面布置。

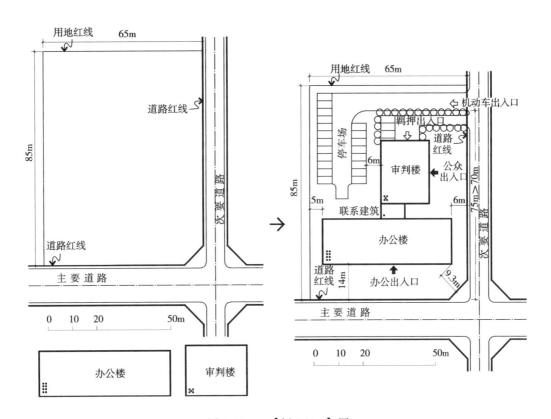

图 5.21.3 **【例5-21-1】** 图

主要包括车站广场区、站房区和站场区三部分（图5.22.1）。

5.22 铁路旅客车站

铁路旅客车站的建筑规模分为四级，根据客货共线铁路旅客车站与客运专线铁路旅客车站的不同特点，可分别按最高聚集人数和高峰小时发送量划分车站建筑规模（表5.22.1）。

铁路旅客车站的建筑规模　　表5.22.1

客货共线铁路旅客车站		客运专线铁路旅客车站	
建筑规模	最高聚集人数 H（人）	建筑规模	高峰小时发送量 pH（人）
特大型	$H \geq 10000$	特大型	$pH \geq 10000$
大型	$3000 \leq H < 10000$	大型	$5000 \leq pH < 10000$
中型	$600 < H < 3000$	中型	$1000 \leq pH < 5000$
小型	$H \leq 600$	小型	$pH < 1000$

旅客最高聚集人数，指旅客车站全年上车旅客最多月份中，一昼夜在候车室内瞬时（8~10min）出现的最大候车（含送客）人数的平均值。

高峰小时发送量，指车站全年上车旅客最多月份中，日均高峰小时旅客发送量。

5.22.1　选址要点

（1）旅客车站应设于方便旅客集散、换乘并符合城镇发展的区域。

（2）有利于铁路和城镇多种交通形式的发展。

（3）少占或不占耕地，减少拆迁及填挖方工程量。

（4）符合国家安全、环境保护、节约能源等有关规定。

（5）不应选择在地形低洼、易淹没以及不良地质地段。

5.22.2　总平面功能关系

铁路旅客车站是以铁路交通形式，为旅客办理客运业务，设有旅客候车和安全乘降设施的建筑。

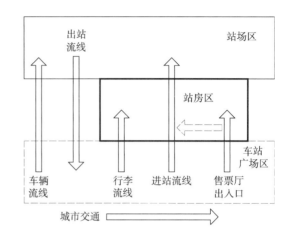

图5.22.1　铁路旅客车站总平面功能关系

（1）车站广场区　宜由站房平台、旅客车站专用场地、公交站点及绿化与景观用地四部分组成。

站房平台由站房外墙向城市方向延伸一定宽度，连接站房各个部位及进出站口的平台。

（2）站房区　按功能划分为公共区、设备区和办公室。

公共区包括集散厅、候车区（室）、售票用房、行李及包裹用房、旅客服务设施等。

进站旅客需要先在候车室等待，准备进入在站场等待的火车，或之前先在售票用房购票。

出站旅客是直接从站场经出站口到达站前广场区。

（3）站场区　包括铁路线路、客运建筑等。客运建筑指站台、雨篷、站场跨线设施、检票口及站台客运设施。

车站广场和站场是通过站房得到联系的，三者为串联关系。车站广场上的车流、人流应合理安排，避免交叉，进站人流和出站人流应明确分流。

5.22.3　总平面布置要点

（1）铁路旅客车站的总平面布置应符合城镇规划要求，合理利用地形，节约用地。车站广场应与站房布置密切结合（图5.22.2）。

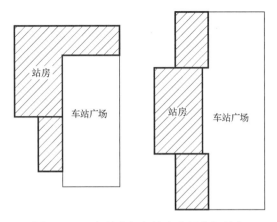

图 5.22.2 车站广场与站房布置密切结合

（2）车站广场设计：

1）车站广场交通组织方案遵循公共交通优先的原则，交通站点布局合理。

2）车站广场内的旅客、车辆、行李和包裹流线应短捷，避免交叉。

3）人行通道、车行通道应与城市道路互相衔接。

4）除绿化用地外，车站广场应采用刚性地面，并符合排水要求。

5）特大型和大型旅客车站宜采用立体车站广场。

6）受季节性或节假日影响客流大的车站，其车站广场应有设置临时候车设施的条件。

7）车站广场应设置厕所，最小使用面积可根据最高聚集人数或高峰小时发送量按每千人不宜小于 25m² 或 4 个厕位确定。当车站广场面积较大时，宜分散布置。

8）客货共线铁路旅客车站专用场地最小面积应按最高聚集人数确定，客运专线铁路旅客车站专用场地最小面积应按高峰小时发送量确定，其最小面积指标均不宜小于 4.8m²／人。

（3）铁路旅客车站总平面布置的流线设计应符合的规定：

1）旅客、车辆、包裹和邮件的流线应短捷，避免交叉。

2）进、出站旅客流线在平面或立体上分开。

3）减少旅客进、出站和换乘的步行距离。

（4）站房平台设计：

1）平台长度不应小于站房主体建筑的总长度

（图 5.22.3）。

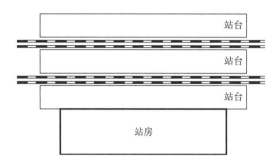

图 5.22.3 站台长度与站房(含室外进、出站口)
总长度的关系

2）平台宽度，特大型站不宜小于 30m，大型站不宜小于 20m，中型站不宜小于 10m，小型站不宜小于 6m。

3）立体车站广场的平台应分层设置，每层平台的宽度不宜小于 8m。

4）旅客站房宜独立设置，当与其他建筑合建时，应保证铁路旅客车站功能的完整和安全。

5）特大型、大型站的站房应设置经广场与城市交通直接相连的环形车道。

6）特大型站的站房宜采用多方向进、出站的布局。

（5）旅客活动地带与人行通道的设计：

1）人行通道应与公交（含城市轨道交通）站点相通。

2）旅客活动地带与人行通道的地面应高出车行道，并且不应小于 0.12m。

3）当站区有地下铁道车站或地下商业设施时，宜设置与旅客车站相连接的通道。

（6）城市交通、轨道交通站点设计：

1）城市公交、轨道交通站点应设于安全部位，并应方便旅客乘降及换乘。

2）公交站点应设停车场地，停车场面积应符合当地公共交通规划的要求；当无规划要求时，公交停车场最小面积宜根据最高聚集人数或高峰小时发送量确定，且不宜小于 1m²／人。

3）当铁路旅客车站站房的进站和出站集散厅与城市轨道交通站厅连接，且不在同一平面时，应设垂直交通设施。

（7）客货共线铁路的特大型、大型和中型旅客车站的行李和包裹托取厅附近应设停放车辆的场地。

客运专线铁路旅客车站可不设行李、包裹用房。

特大型、大型站应设置垃圾收集设施和转运站。站内废水、废气的处理，应符合国家有关标准的规定。

车站广场绿化率不宜小于10%，绿化与景观设计应按功能和环境要求布置。

出境入境的旅客车站应设置升挂国旗的旗杆。

5.22.4 分析

在铁路旅客车站的总平面布置中，车站广场的布局比较复杂，也比较重要。

旅客一般通过各种城市交通工具到达铁路车站广场，其使用的城市交通工具无论是公交车、出租车、私家车、地铁等，都在铁路站场设施中进行换乘。

铁路客运站作为城市交通主要的对外窗口，在衔接内外客流方面起着极其重要的作用。

车站广场的设计以减少人、车冲突，提高换乘效率为目的，通过交通设施的布局，解决人流、车流优化组织。其设计原则为：

（1）公交优先原则

现阶段人流集散换乘的主要交通工具为公交车。社会停车场的设置宜相对远离枢纽进出口的位置，以确保公交优先。

（2）保证步行线路的连续性、便捷性及最短距离；避免人流、车流混流。

（3）保证换乘通道的通畅，同时场站地区开发的商业附属设施不能影响其换乘功能。

【例5-22-1】

某小城市铁路车站广场的交通现状比较拥挤，根据现状布置情况，要求进一步调整交通布置。不要求布置绿化、停车位和道路（图5.22.4）。

分析：

首先分析原广场交通布置情况，公交停靠点和出租车等候点这两个停靠区布置在同一道路侧，首尾相接。同时，出租车等候点在公交停靠点之前，以致两者相互干扰严重。

现状布置中没有以公交优先为原则，随着交通流量和公交车辆的增加，易使公交停靠点的人流拥挤混乱。而且等待出租车的人群将随着出租车排列至公交停靠点，而干扰公交人群。

新布置强调公交优先原则，把公交停靠区引入广场，增长公交停靠区长度，且使大量旅客缩短与站房的步行距离。

对于首、末站的公交线路，可以在广场附近单独设置公交枢纽来停放始发车辆，以避免车站广场因公交候停时间过长造成阻塞。

出租车等待区可引入广场，加大等待区的长度，规范管理，避免混乱。

标注进、出方向，完成分析。

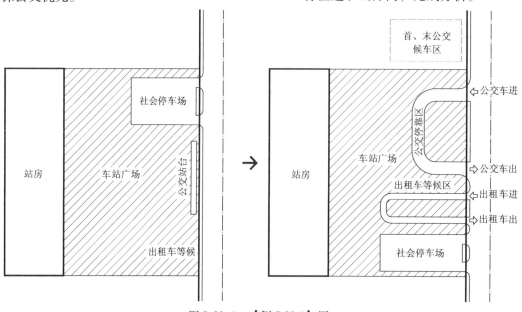

图5.22.4 **【例5-22-1】**图

5.23 汽车客运站

（1）汽车客运站等级划分

1）一级汽车客运站要求 发车位≥20位；年平均日旅客发送量为≥10000人次。

2）二级汽车客运站要求 发车位为13～19位；年平均日旅客发送量为5000～9999人次。

3）三级汽车客运站要求 发车位为7～12位；年平均日旅客发送量为2000～4999人次。

4）四级汽车客运站要求 发车位为≤6位；年平均日旅客发送量300～1999人次。

5）五级汽车客运站要求 年平均日旅客发送量≤299人次。

（2）从汽车客运站调查中得知各种折算面积

1）一级站占地面积为1.67～2hm²以上；二级站占地面积为1～1.67hm²；三级站占地面积为0.67～1hm²；四级站占地面积为0.53hm²。

2）一、二级客运站的站前广场面积宜≥旅客最高聚集人数×1.5m²。

（3）停车场及行车道路面积＝客车投影面积×驻站客车数×4m²。

发车位占地面积＝客车投影面积×发车位数×2m²。

5.23.1 选址要点

（1）符合城市规划的总体交通要求。用地场地应保证达到汽车客运站的规模要求。

（2）应邻近城市主要对外交通干道（图5.23.1）。

（3）地点适中，方便旅客集散和换乘其他交通工具。尽量避免设置在闹市区内。

（4）具有必要的水源、电源、消防、通信、疏散及排污等条件。

图5.23.1 汽车客运站与城市主要
对外交通干道的关系

5.23.2 总平面功能关系

汽车客运站主要包括站前广场、站房、停车场三个功能区（图5.23.2）。

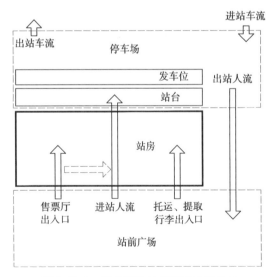

图5.23.2 汽车客运站总平面功能关系

（1）站前广场功能区

站前广场应与城市交通干道相连，在此范围内解决机动车交通、停放等问题，并应设残疾人通道。

（2）站房功能区

1）站房功能区由候车、售票、行包、业务及驻站、办公等用房组成。

2）站房设计应做到功能分区明确，客流、货流安排合理，利于安全营运和方便使用。

3）一、二级站的站房设计应有方便残疾人、老年人使用的设施。

4）在站房与停车场之间应设置站台。

（3）停车场功能区

1）作为客运汽车停车和候客的区域，站前广场和停车场是通过站房得到联系的，三者为串联关系。

2）发车位（即为旅客上车和客车始发位置），设置在站台与停车场之间。

3）进站上车人流从站前广场经站房到达站台；停车场的汽车在站台侧的发车位等待旅客，与上车人流产生相交关系。

4）出站人流在指定的适当位置下客，通过指定路线、出口出站。出站、入站人流应避免交叉。

5）进站候车人流、售票人流、寄存人流、托运提取人流、出站人流应分别设置。

5.23.3 总平面布置要点

（1）站前广场必须明确划分车流、客流路线，应避免旅客、车辆及行包流线的交叉。明确划分停车区域、活动区域及服务区域。

（2）汽车进站口、出站口应符合下列规定（图5.23.3）：

1）汽车进站口、出站口与城市主要道路交叉口的距离应≥70m。

2）一、二级汽车站进站口、出站口应分别独立设置；汽车进、出站口宽度均应≥4m。

3）汽车进站口、出站口与旅客主要出入口应设≥5m的安全距离，并应有隔离措施。

4）汽车进站口、出站口距公园、学校、托幼建筑及人员密集场所的主要出入口距离应≥20m。

5）汽车进站口、出站口应保证驾驶员行车安全视距。

（3）汽车客运站站内道路应按人行道路、车行道路分别设置。双车道宽度应≥7m；单车道宽度应≥4m；主要人行道路宽度应≥3m。

（4）停车场内车辆宜分组停放，每组停车数量不宜超过50辆。组与组之间防火间距应≥6m。车辆停放的横向净距应≥0.8m。如果停车数＞50辆时，其停车场疏散口应≥2个，且疏散口应在不同方向设置，并应直通城市道路。

停车场其他设计参考本书第三部分。

（5）汽车客运站应设置发车位和站台，且发车位宽度应≥3.9m。发车位和停车区前的出车通道净宽应≥12m。单侧站台净宽应≥2.5m；双侧设站台时，净宽应≥4m。

（6）应处理好站区内的排水坡度，防止积水。发车位地面设计应坡向外侧，坡度应≥0.5%。

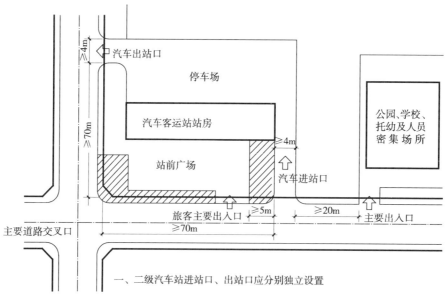

图5.23.3 汽车进站口、出站口的有关规定

5.24 航 空 港

航空运输之优点是运输速度快、线路直接，能够达到地面交通工具难以到达的地方。航空港是由客运、货运、维修、航空管制以及其他辅助建筑、地面等组成。

机场按使用的航班一般可分为国际机场和国内机场；国际机场可供国际航班使用，国内机场仅供国内航班使用。

5.24.1 选址要点

（1）合理选择航空港在城镇中的位置，选址与城镇之间的交通联系必须通畅和便捷。航空港与城市的距离保持在 10 ~ 30km 为宜，即半小时左右的车程（图 5.24.1）。

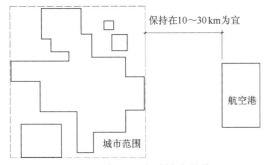

图 5.24.1 航空港在城镇中的位置

（2）机场选址应综合考虑气象、地形、噪声影响等多方面的因素。

（3）机场选址应尽量不占良田或少占良田。应避开滑坡、膨胀土、湿陷量较大的黄土、溶洞等不良地段及洪水淹没区，尽量选择地下水位深、有良好工程地质和水文地质条件的地域。

（4）选址不适宜在烟、雾不易散去的盆地、低洼地等。应避开易吸引鸟类的植被、食物和隐蔽物地区。

（5）机场用地应平坦，排水方便。应保证 0.5% ~ 3% 的坡度，且 ≤5%。

（6）应考虑未来的发展扩展用地。

（7）航空港用地规模参考数据：

大型干线机场或国际机场为 270 ~ 700hm^2；中型地方支线机场为 70 ~ 200hm^2；小型地方支线机场为 50 ~ 100hm^2。

5.24.2 总平面功能关系

航空港主要由飞行区、服务区和生活区三部分组成（图 5.24.2）。

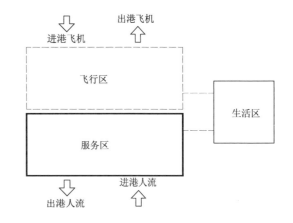

图 5.24.2 航空港总平面功能关系

（1）飞行区 由跑道、滑行道、跑道起讫点场地及降临地带等组成。该功能区主要进行飞机的升降和调动作业。

（2）服务区 为机场工作人员和旅客、货物服务的建筑物，以及进行飞机指挥、通信联络和保养的构筑物及设备。

航站楼为机场出港、到港旅客中心枢纽部位，是机场的重要功能区域，处在机场空侧和陆侧的分界线上，是机场规划布局的重点。

（3）生活区 属于航空港附属的职工生活功能区。

飞行区和服务区应紧密相连。生活区宜与前两者有适当的距离或分隔。

5.24.3 总平面布置要点

（1）航空港建设应整体规划、逐步建设；应合理设计，节约占地。

（2）关于飞行区（图 5.24.3）

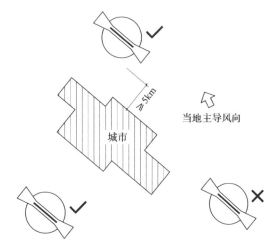

跑道轴线方向不应穿过市区，应在与城市侧面相切的位置；
跑道轴线方向应尽量和当地主导风向的方向相同

图 5.24.3 飞行区跑道轴线方向的设定

1）跑道轴线方向不应穿过市区，应在与城市侧面相切的位置。

2）跑道中心线与城市边缘应保持至少 5km 的距离，以达到净空要求和减少噪声要求。

3）当跑道轴线方向无法避免穿过市区时，跑道靠近城市的一端与市区边缘的距离应在 15km 以上。

4）跑道轴线方向应尽量和当地主导风向的方向相同，以达到飞机的逆风升降要求。

（3）关于服务区

1）很多大城市的机场同时为国内航班和国际航班服务，两种航班旅客办理手续的流程不一样，功能区使用比重也不同。这时宜分别设置两座航站楼来处理，避免不同功能的复杂交织。

2）出港、进港旅客流线应在平面或立体上分开。

3）航空港前广场应合理划分停车场，避免各种不同性质的车辆混杂，尤其航空大巴或公交车、社会车辆、出租车等车流应避免混流、交叉。

（4）宜预留扩建的余地。

5.24.4 分析

航站与飞机停放形式的关系：

（1）线性停放方式（图 5.24.4a）

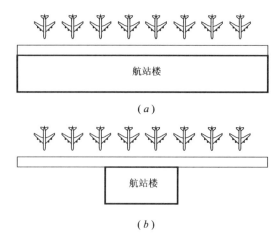

图 5.24.4a 飞机线性停放方式
（a）分散式；（b）集中式

分为分散式和集中式。分散式能够使旅客对应所乘飞机直接办理手续，在中转旅客比例小的情况下采用较合理。集中式采取集中办理手续，再分散登机。其办理手续部分进深大，候机部分可以左右延长，适合左右横向有发展空间的情况。

（2）指廊停放形式（图 5.24.4b）

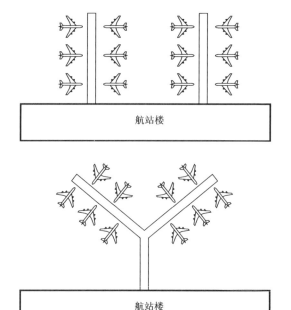

图 5.24.4b 飞机指廊停放形式

指廊形式是从航站主体建筑伸出指状廊道，能使飞机在其两侧停放。旅客在主体建筑中集中办理手续，再在指定的指廊部分（候机厅）等候飞机。指廊过长，较易造成人流交叉过多。

这种方式用地节约，有可能利用进深方向进行扩展，在投资上是最经济的方式。

（3）卫星停放形式（图5.24.4c）

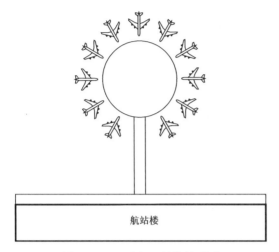

图5.24.4c 飞机卫星停放形式

卫星形式是以岛屿形式的候机厅使飞机围合停放，有连廊使其与航站楼连接。旅客在主体建筑中集中办理手续，经连廊到达候机厅等候飞机。这种

形式利于飞机的停泊和驶出。

（4）转运车形式（图5.24.4d）

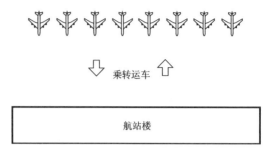

图5.24.4d 飞机转运车形式

转运车形式是通过转运车直接把旅客从候机厅运到飞机处，进行接口对接，旅客直接进入飞机。反之旅客出港同样可以通过转运车直接进行。转运车的造价较高。

另外对于小型机场而言，往往采用旅客直接步行穿越站坪到达等待的飞机的方式。这些方式可以根据航空港的要求组合应用。

5.25 港口客运站

港口客运站建筑规模的分级：

① 一级港口客运站　年平均日旅客发送量≥3000 人；

② 二级港口客运站　年平均日旅客发送量2000～2999 人；

③ 三级港口客运站　年平均日旅客发送量1000～1999 人；

④ 四级港口客运站　年平均日旅客发送量≤999 人。

5.25.1 选址要点

（1）站址选择应符合城市和港口规划的布局要求。

（2）应具有足够的水域、陆域面积，以及适宜的码头岸线和水深（图5.25.1）。

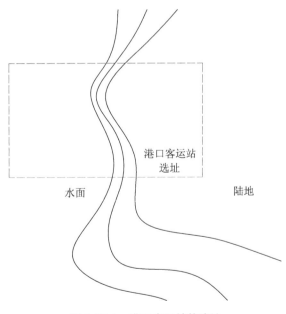

图 5.25.1 港口客运站的选址

（3）应选在靠近城镇及交通便利的地区，并应具有良好的供水、供电和通信等外部条件。

（4）与危险品、有毒品、粉尘等污染物作业场地的防护距离，应符合环境保护、安全和卫生等有关规定。

5.25.2 总平面功能关系

港口客运站主要由站前广场区、站房区、客运码头区组成（图5.25.2）。

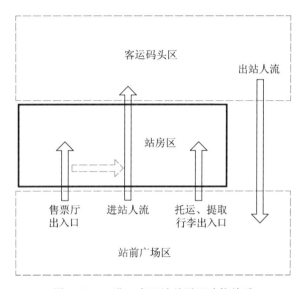

图 5.25.2 港口客运站总平面功能关系

（1）站前广场区　包括机动车与非机动车停车场、道路、旅客活动、绿化等用地。

应合理组织旅客、行包、车辆流线，尽量避免车流与人流交叉干扰。对于车辆的停放、流线，尽量采用将不同类型的车辆各自集中停放、相互明确分开的设计流线。

（2）站房区　应按客运站等级设置各类用房。一般由候船、售票、行包、站务用房和上下船廊道等组成。

（3）客运码头区　宜集中布置，也可根据航线、船型、码头岸线水深等情况分散布置。

站前广场区、站房区、客运码头区三者呈序列关系。

进码头人员由站前广场经站房区到达客运码头区，进入等候的客运船只。出码头人员由客运码头可以直接到达站前广场，然后换乘城市交通工具。站前广场区和站房区出入口应布局紧凑，尽量缩短旅客的步行距离。

5.25.3　总平面布置要点

（1）应合理利用地形条件，布局紧凑，节约用地，远、近期结合，并留有发展余地。

（2）应符合城市规划和港口总体布置的要求。一、二级客运站宜与港口货运作业区分开设置，三、四级客运站可根据港口具体情况确定。

（3）应功能分区明确，客、货流线通顺简捷，并宜使客、货、车流分开，进、出站口分开。国际客运站的平面布置，应符合联检的有关要求，如使联检前后的旅客流线分开等。

（4）站前广场、站房、客运码头，三者宜布置在沿江或沿海城市道路的同一侧。

（5）站房区的三种方式（图5.25.3）

1）单层式站房：各种流线在平面上分开解决。

2）跃层式站房：进站旅客从一层经局部二层登船，出站或短途旅客直接由一层出港，行包、货物由一层引道运送。

3）双层式站房：进站旅客从二层直接登船，出站或短途旅客直接由一层出港，行包、货物由一层引道运送。

（6）站房和客运码头的距离应尽量缩短。有时站房也可建在客运码头上面。

（7）站前广场

1）站前广场应与城市道路合理组织交通衔接，方便旅客安全进出。一、二级港口客运站站前广场的规模，当按旅客最高聚集人数计算时，每人宜≥1.5m^2。

2）站前广场设计应合理组织客流、车流，力求流线短捷、顺畅。

3）站前广场应有良好的排水设施，防止地面积水。

（8）客运码头

1）客运码头应满足客船靠离、停泊等作业要求，并应设置安全、方便的旅客上、下船设施。

2）客、车轮渡码头应设置安全、方便的旅客和车辆上、下船设施。

3）在码头附近，应设置乘船车辆的专用停车场。停车场的停车规模，不应小于同时发船所载车辆数。

4）客运码头的泊位数，可根据客货吞吐量，航线数，船型，船期，到、发船密度等因素合理确定。

5）在客货滚装码头附近应设置乘船车辆待检停车场、安全检测设备和汽车待装停车场。汽车待装停车场的停车数量应≥同时发船所载车辆数量的2倍，同时应为候船驾驶员设置必要的服务设施。

（9）港口客运站附近应设自行车存车库及换乘停车场（库）。

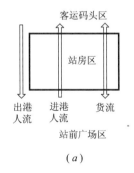
（a）

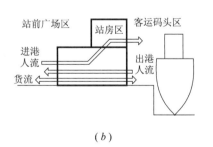
（b）

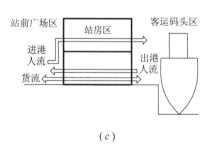
（c）

图5.25.3　港口客运站站房区三种方式
（a）单层式站房；（b）跃层式站房；（c）双层式站房

5.26　广播台（电视台）

广播台（电视台）规模划分为四级：

① 国家级广播台（电视台）；

② 省、自治区、直辖市级广播台（电视台）；

③ 省辖市级广播台（电视台）；

④ 县级广播台（电视台）。

5.26.1　选址要点

（1）宜设置在交通比较方便的城市中心附近，邻近城市干道或次干道。

（2）应尽可能选择环境比较安静、场地四周的地上和地下没有强振动源和强噪声源、空中没有飞机航线通过的选址。

（3）应尽可能远离高压架空输电线和高频发生器。

（4）选址必须考虑与其发射台（塔）进行节目传送（空中和地下）的技术通路。

（5）选址时宜在同一选址基地内设置外景场地。

（6）应考虑留有足够的发展用地。

5.26.2　总平面功能关系

广播台（电视台）主要是由主体建筑和附属建筑组成（图5.26.1）。

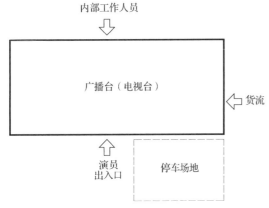

图5.26.1　广播台（电视台）总平面功能关系

主体建筑应分设广播（电视）演员出入口和内部工作人员出入口，人流、货流应分开。主体建筑中功能分区必须明确，要防止外来演员进入内部工作区。

5.26.3　总平面布置要点

（1）应根据城市规划部门的要求，合理布置主体建筑及其技术附属建筑和设施等。

（2）大、中型广播台（电视台）的基地出入口设置不应少于两个（图5.26.2）。

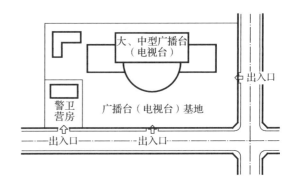

图5.26.2　大、中型广播台（电视台）的基地出入口设置

如设置警卫营房和技术人员值班宿舍，则应有单独的对外出入口。

（3）主体建筑前面，尤其是供演员使用的出入口附近，必须设置足够大的停车场地。

（4）冷冻机房因有较大振动和噪声，宜单独布置，与主体建筑尤其与主要技术用房隔开一定距离（图5.26.3）。

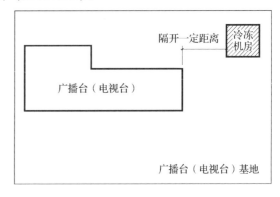

图5.26.3　广播台（电视台）冷冻机房的布置

（5）主体建筑沿道路布置时，外墙距车行道边缘一般应≥30m，以满足隔声隔振要求（图5.26.4）。

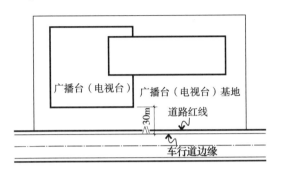

图5.26.4　广播台（电视台）主体建筑外墙
距道路车行道边缘的距离要求

（6）如设置道具车间，则道具车间靠近电视制作区的演播室既要联系方便，又要保持一定距离。

（7）主体建筑周围要有环行的消防车道（图5.26.5）。

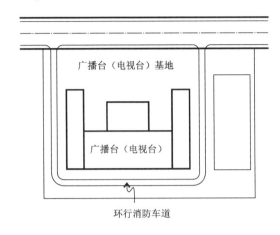

图5.26.5　广播台（电视台）主体建筑
周围环行消防车道的设置

5.27 广播塔（电视塔）

5.27.1 选址要点

（1）应靠近服务区域的中心地带，有利于广播电视节目的良好覆盖。

（2）尽量选在城市制高点或靠近公园绿化及水面等风景优美、视野开阔的地段，以形成城市新的旅游点和景观（图5.27.1）。

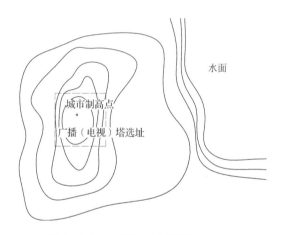

图 5.27.1 广播塔（电视塔）的选址

（3）应位于交通方便、道路通畅、有利于游人前往游览观光的地段，并有足够的游人活动空间和停车场场地。

（4）应避开航空港的航道和微波通信枢纽的通道，且不能距大型变电站、重要军事设施和超高层建筑太近。

（5）应有良好的建塔地质条件。不允许选在地震断裂带及地震时可能发生滑坡、山崩、地陷等不良地段上。

（6）有较好的市政设施，并需解决两路电源供电。

（7）尽量靠近广播（电视）台，为达到节目信号传输的方便。

5.27.2 总平面功能关系

广播（电视）塔区主要由塔和广场组成（图5.27.2）。

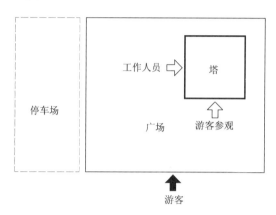

图 5.27.2 广播（电视）塔总平面功能关系

塔内包括广播电视技术用房、游览观光用房、设备用房及其他用途用房等，这些功能集中设计在一个塔楼内。利用广场作为游客露天游览的场所，组织各种活动，同时合理安排游人的停车场位置。

5.27.3 总平面布置要点

（1）塔的位置应充分考虑与城市干道的关系，能成为城市干道的对景（图5.27.3）。

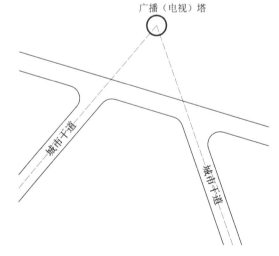

图 5.27.3 广播（电视）塔的位置与
城市干道的关系

（2）塔前应留出较大空间和人流集散场地。塔区应设两个及以上的基地出入口，主出入口面向城市干道。游客和工作人员有各自进出塔的出入口（图5.27.4）。

（3）车流和人流应避免交叉，宜在入口处就分开。如主出入口面向城市主干道时，需考虑采用立体交通方式解决人和车进出场地的问题。

（4）应结合基地的环境和地形特点，布置各项旅游设施，创造良好的观光游览条件。

（5）基地应做充分绿化。技术辅助用房及停车场尽量设在塔下或地下。

（6）基地内应设置环行消防车道。必要时还需考虑消防车通到塔座顶部的车道。

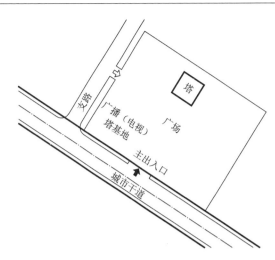

图5.27.4　广播（电视）塔区基地出入口设置

本 章 要 点

■ 一般对于某些基地出入口与交叉口的距离限制，以道路红线交点开始测量。

■ 注意不要把道路红线和路缘石混为一谈。

■ 沿规划实施后的城市道路布置基地范围时，一般在道路一侧的用地红线和道路红线重合；而该规划道路还未实施时，用地红线有可能包含有道路红线。

■ 学校主要教学用房设置窗户的外墙与铁路路轨的距离不应小于300m，与高速路、地上轨道交通线或城市主干道的距离不应小于80m；当距离不足时，应采取有效的隔声措施。

■ 学校各类教室的外窗与相对的教学用房或室外运动场地边缘间的距离不应小于25m。

■ 学校总平面设计中，采取在主要校门口处设置入口广场（有时也作为中心广场），适合作为校门口对景的建筑物以能反映学校主要性质的为适宜，例如教学楼、图书馆、礼堂（多功能厅）等，而行政楼、体育馆、后勤楼、学生宿舍等，属于学校的次要建筑，不能充分表达学校的特点、性质，不适宜作为主入口的对景建筑。

■ 档案馆的建筑布局力求达到功能合理，流程便捷，解决内外相互间的联系与分隔，避免交叉。有温湿度要求的房间应集中或分区集中布置。各部分之间档案传送不应通过露天通道。馆区内道路布置应便于档案的运送、装卸，并应符合消防和疏散要求，同时应设停车场等公共设施。

■ 为了安全抢救档案和人员的撤出，每个档案库应设两个独立的出入口，且不宜采用串通或套间布置方式。

■ 电影院总平面设计中，观众入场和疏散人流不得有交叉；应合理安排放映、经营之间的运行路线，观众、管理人员和营业运送路线应便捷畅通，互不干扰；员工用房的位置及出入口应避免员工人流路线与观众人流路线互相交叉。

■ 剧院总平面设计中，观众人流应与演员及布景流线分开设置，且演员及布景流线应靠近后台部位；此外，还应考虑设置布景物件的装卸场地。

■ 综合医院总平面设计中，医疗区和医技区应联系紧密，医疗区中的住院部和后勤供应区应联系紧密。

■ 综合医院基地出入口不应少于两处，一为人员出入口，一为供应入口兼污物出口（供应入口和污物出口最好分开设置）。人员出入口不应兼作尸体和废弃物出口。设有传染病科者，必须设置专用出入口。

■ 博物馆总平面设计中，场地和道路布置应便于观众参观集散和藏品装卸运送。观众的参观路线方向要明确，观众参观路线与藏品装卸运输路线互不交叉，观众的休息点要合理安排，避免疲劳参观。

■ 展览建筑总平面设计中，特大型展览建筑基地应至少有3面直接邻接城市道路；大型、中型展览建筑基地应至少有2面直接邻接城市道路；小型展览建筑基地应至少有1面直接邻接城市道路。基地应至少有1面直接邻接城市主要干道，且城市主要干道的宽度应满足布展、撤展或人员疏散的要求。

■ 图书馆总平面设计中，应合理安排采编、收藏、外借、阅览之间的运行路线，使读者、管理人员和书刊运送路线便捷畅通，互不干扰，并应进行无障碍设计。

■ 疗养院的疗养室，应能获得良好的朝向、日照，建筑间距宜≥12m。

■ 幼儿园的活动室、寝室及具有相同功能的区域，应布置在当地最好朝向，冬至日底层满窗日照应≥3h。

■ 当文化馆基地距医院、学校、幼儿园、住宅等建筑较近时，室外活动场地及建筑内噪声较大的功能用房应布置在医院、学校、幼儿园、住宅等建筑的远端，并应采取防干扰措施。

■ 宿舍宜接近工作和学习地点；宜靠近公用食堂、商业网点、公共浴室等配套服务设施，其服务半径不宜超过250m。

■ 旅馆主要出入口位置应明显，可供旅客直接到达。主要出入口应设置单车道或多车道。

■ 大、中型商店建筑的主要出入口前应留有人员集散场地，其面积和长宽尺寸应根据零售业态、人数及规划部门的要求确定。

■ 饮食建筑基地的人流出入口和货流出入口应分开设置，顾客出入口和内部后勤人员出入口宜分开设置。

■ 银行总平面设计中，库房应远离出入口，既隐蔽安全又便于使用，尽量采用尽端式布置，避免形成回路和穿行，并合理分流各种人流。

■ 老年人照料设施建筑基地应选择在交通方便、基础设施完善、公共服务设施使用方便的地段。

■ 法院总平面设计中，办公入口应单独设置。羁押室的设置应相对隐蔽，利用犯人通道使其与各法庭取得联系。

■ 铁路旅客车站总平面设计中，旅客、车辆、包裹和邮件的流线应短捷，避免交叉。进、出站旅客流线在平面或立体上分开。减少旅客进、出站和换乘的步行距离。

■ 汽车客运站总平面设计中，站前广场必须明确划分车流、客流路线，应避免旅客、车辆及行包流线的交叉。明确划分停车区域、活动区域及服务区域。

■ 航空港服务区布置中，对于国内航班和国际航班服务，宜分别设置两座航站楼来处理，避免不同功能的复杂交织。出港、进港旅客流线应在平面或立体上分开。

■ 港口客运站总平面设计中，应功能分区明确，客、货流线通顺简捷，并宜使客、货、车流分开，进、出站口分开。国际客运站的平面布置，应符合联检的有关要求，如使联检前后的旅客流线分开等。

■ 广播台（电视台）主体建筑前面，尤其是供演员使用的出入口附近，必须设置足够大的停车场地。

广播台（电视台）主体建筑沿道路布置时，外墙距车行道边缘一般应≥30m，以满足隔声隔振要求。

■ 广播塔（电视塔）的位置应充分考虑与城市干道的关系，能成为城市干道的对景。

广播塔（电视塔）前应留出较大空间和人流集散场地。

道路

有关道路工程设计内容一直以来都被归属为道路与桥梁工程师的工作范畴。但在实际工程中，建筑师从事场地分析及设计工作时，不可避免地会与道路工程方面产生或多或少的联系，尤其会影响到选址时对道路的考虑。

本章针对涉及建筑学专业的道路工程内容进行分析、提炼。

6.1 道 路 网

公路与城市道路是以城市规划区的边线作为分界。而公路网与城市道路网不能简单地以城市规划区边线作为分界，因为在城市中关联公路系统的车站、港口、各种基地等（即运输点），也是公路的组成部分（图6.1.1）。

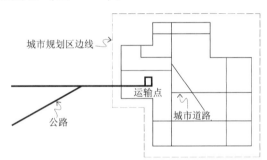

图 6.1.1　公路网与城市道路网分界

6.1.1　公路网

在《中华人民共和国公路管理条例》里对公路的定义是：经公路主管部门验收认定的城间、城乡间、乡间能行驶汽车的公共道路。其含义不但包括城市之间主干公路上汽车运输、支线公路、非机动车道路上的各种货物旅客运输，而且包括发生在城市、乡镇街道的各种运输活动。

一定区域内的城市、集镇以及某些运输集散点（如车站、港口、各种基地等）称为节点（运输点），公路网就是按一定要求或规律连接区域内各个节点间公路连线的集合，形成一个有机整体的公路系统。

公路网系统的特性：

（1）层次性

根据各个节点重要性的不同，公路网形成了不同的路网结构和层次。

中国公路网分为国道网、省道网和地方道路（县、乡公路）网三个层次（图6.1.2）。

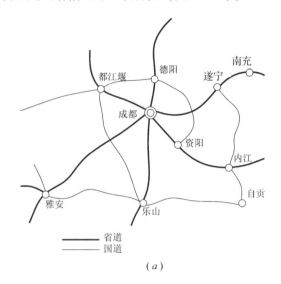

（*a*）

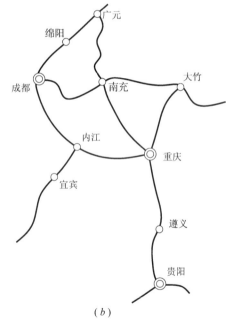

（*b*）

图 6.1.2　公路网的路网结构和层次
（*a*）省道网；（*b*）国道网

国道网是在中国全国区域范围内的点和线的集合，其运输点由各省、市、自治区、各大军区机关所在地、大型工农业基地和重要交通枢纽等构成。

省道网是在省、自治区、直辖市范围内的点和线的集合，其运输点由省、市、自治区所辖各县

（市）及主要工农业基地和较大交通枢纽等构成。

地方道路网是在县和相当于县的地区区域范围内的点和线的集合，其运输点由县属各乡、镇和主要居民密集村及相关的工农业基地和车站、码头、渡口等构成。

（2）关联性

路网中任意一条道路的新建或改建，都要受到全局因素的制约。任意运输点的建立或改动，也影响相关路网部分的调整。区域经济和交通运输需求是随着时间变化和发展的，因此公路网建设是一个动态的发展过程。

（3）目的性

各条公路是按照既定的目的组合而成公路网，其具有特定的功能目的性，以充分发挥公路网的整体效益。

（4）适应性

由于节点的位置不同和制约公路走向因素的影响，其形态千差万别，造成公路网的结构形式也各不相同。

6.1.2 城市道路网

城市道路网是由城市范围内所有道路组成的一个系统。

城市道路网的形式和布局，应根据土地使用、客货交通源和集散点的分布、交通流量流向，并结合地形、地物、河流走向、铁路布局和原有道路系统，因地制宜确定。

城市道路网的结构形式是指一个城市中所有道路组合的几何形状。一般有4种基本形式（图6.1.3）。

（1）棋盘式

棋盘式是大多城市采用的道路结构形式，特点是布局方正、方向明确；有利于建筑基地的规则划分，交通组织简捷便利，尤其从城市一端到轴线对应的另一端比较方便。

棋盘式一般在城市地势平坦的中、小城市或大城市的局部区域采用。

有的城市根据其天然条件，如海岸线、山坡地势等，形成了不是十分规则的棋盘式路网。

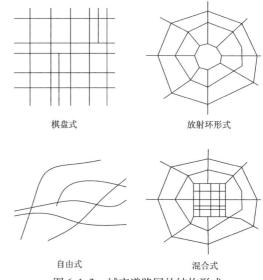

图 6.1.3　城市道路网的结构形式

（2）放射环形式

放射式路网一般和环形式路网结合。放射式路网承担着对外的交通联系功能，环形式路网承担着各个区域的联系功能。

特点是放射中心与外界的交通联系方便，路网可以根据地形做适应性调整。但是放射中心的交通压力比较大，因此放射式干道最好止于内环路，并禁止过境交通进入内环路，以分散交通压力；或者分设两个放射中心。

放射环形式适用于特大城市和大城市的干道系统。

（3）自由式

自由式路网是根据城市自身的地势条件，结合地形形成的无一定规则的道路结构形式。

特点是充分利用地势地形条件得到合理的路线，减少工程造价。但是由于路网不规则，其划分的基地形状不易完整，土地利用不充分。

自由式路网适用于地势起伏变化较大的城市或城市局部区域。

（4）混合式

混合式是利用前三种路网的特点，结合城市自身地势地形，灵活科学地组合道路结构形式。

特点是因地制宜，易于发挥各个路网结构形式的优点，避免缺点，得到较为合理的路网布置。

混合式路网适用于大、中城市的道路系统，尤其适用于旧城改造。

6.2　道路分类和分级

6.2.1　公路分级

公路根据交通量及其使用功能、使用性质分为5个等级：高速公路、一级公路、二级公路、三级公路和四级公路。

（1）高速公路

高速公路为专供汽车分道、分向高速行驶并全部控制出入的公路。

1）四车道高速公路能适应按各种汽车（包括摩托车）折合成小客车的年平均日交通量为25000～55000辆。

2）六车道高速公路能适应按各种汽车（包括摩托车）折合成小客车的年平均日交通量为45000～80000辆。

3）八车道高速公路能适应按各种汽车（包括摩托车）折合成小客车的年平均日交通量为60000～100000辆。

（2）一级公路

一级公路为专供汽车分道行驶并根据需要部分控制出入的公路。

1）四车道一级公路能适应按各种汽车（包括摩托车）折合成小客车的年平均日交通量为15000～30000辆。

2）六车道一级公路能适应按各种汽车（包括摩托车）折合成小客车的年平均日交通量为25000～55000辆。

（3）二级公路

二级公路为供汽车行驶的双车道公路。

二级公路能适应按各种汽车（包括摩托车）折合成小客车的年平均日交通量为5000～15000辆。

（4）三级公路

三级公路为主要供汽车行驶的双车道公路。

三级公路能适应按各种汽车（包括摩托车）折合成小客车的年平均日交通量为2000～6000辆。

（5）四级公路

四级公路为供各种车辆行驶的双车道或单车道公路。

1）双车道四级公路能适应按各种汽车（包括摩托车）折合成小客车的年平均日交通量为2000辆以下。

2）单车道一级公路能适应按各种汽车（包括摩托车）折合成小客车的年平均日交通量为400辆以下。

国道及省道干线公路可选用高速公路、一级公路或二级公路；交通量不大的干线公路或一般县、乡公路可选用三级公路；交通量小的县、乡公路可选用四级公路。

6.2.2　城市道路的功能等级

按照城市道路所承担的城市活动特征，城市道路应分为干线道路、支线道路，以及联系两者的集散道路三个大类；城市快速路、主干路、次干路和支路四个中类和八个小类。不同城市应根据城市规模、空间形态和城市活动特征等因素确定城市道路类别的构成，并应符合下列规定：

（1）干线道路应承担城市中、长距离联系交通，集散道路和支线道路共同承担城市中、长距离联系交通的集散和城市中、短距离交通的组织。

（2）应根据城市功能的连接特征确定城市道路中类。城市道路中类划分与城市功能连接、城市用地服务的关系应符合表6.2.1的规定。

不同连接类型与用地服务特征所对应
的城市道路功能等级　　　表6.2.1

用地服务 连接类型	为沿线用地服务很少	为沿线用地服务较少	为沿线用地服务较多	直接为沿线用地服务
城市主要中心之间连接	快速路	主干路	—	—
城市分区（组团）间连接	快速路/主干路	主干路	主干路	—
分区（组团）内连接	—	主干路/次干路	主干路/次干路	—
社区级渗透性连接	—	—	次干路/支路	次干路/支路
社区到达性连接	—	—	支路	支路

城市道路的功能等级划分如表6.2.2所示。

城市道路功能等级划分与规划要求 表 6.2.2

大类	中类	小类	功能说明	设计速度（km/h）	高峰小时服务交通量推荐（双向 pcu）
干线道路	快速路	Ⅰ级快速路	为城市长距离机动车出行提供快速、高效的交通服务	80~100	3000~12000
		Ⅱ级快速路	为城市长距离机动车出行提供快速交通服务	60~80	2400~9600
干线道路	主干路	Ⅰ级主干路	为城市主要分区（组团）间的中、长距离联系交通服务	60	2400~5600
		Ⅱ级主干路	为城市分区（组团）间中、长距离联系以及分区（组团）内部主要交通联系服务	50~60	1200~3600
		Ⅲ级主干路	为城市分区（组团）间联系以及分区（组团）内部中等距离交通联系提供辅助服务，为沿线用地服务较多	40~50	1000~3000
集散道路	次干路	次干路	为干线道路与支线道路的转换以及城市内中、短距离的地方性活动组织服务	30~50	300~2000
支线道路	支路	Ⅰ级支路	为短距离地方性活动组织服务	20~30	—
		Ⅱ级支路	为短距离地方性活动组织服务的街坊内道路、步行、非机动车专用路等	—	—

　　城市道路四个中类——快速路、主干路、次干路和支路，根据其在城市道路网中的地位、交通功能及其对沿线的服务功能等，应分别符合如下规定：

　　（1）快速路

　　快速路为城市长距离机动车通行提供快速、高效的交通服务。

　　1）快速路应中央分隔、全部控制出入、控制出入口间距及形式，应实现交通连续通行，单向设置不应少于两条车道，并应设有配套的交通安全与管理设施。

　　2）快速路两侧不应设置吸引大量车流、人流的公共建筑物的出入口。

　　（2）主干路

　　主干路应连接城市各主要分区的干路，应以交通功能为主。主干路两侧不宜设置吸引大量车流、人流的公共建筑物的出入口。

　　（3）次干路

　　次干路应与主干路结合组成干路网，应以集散交通的功能为主，兼有服务功能。

　　（4）支路

　　支路宜与次干路和居住区、工业区、交通设施等内部道路相连接，应解决局部地区交通，以服务功能为主。

6.3　道路横断面

6.3.1　公路横断面

此处列出各级公路标准横断面，基本上根据级别不同分为三种，在此基础上，根据实际情况和条件进行调整变化。

（1）高速公路、一级公路的横断面

分为整体式和分离式两类。

1）整体式断面包括行车道、中间带、路肩以及紧急停车带、爬坡车道、变速车道等组成部分（图6.3.1）。

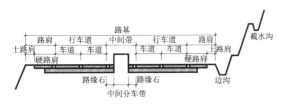

图6.3.1　高速公路、一级公路标准横断面

2）分离式断面包括行车道、路肩以及紧急停车带、爬坡车道、变速车道等组成部分。

3）高速公路、一级公路的互通式立体交叉、服务区、公共汽车停靠站等同主线衔接处，应设置变速车道，其宽度一般为3.5m。

4）高速公路、一级公路，当右侧硬路肩的宽度<2.25m时，应设紧急停车带。紧急停车带的设置间距：平原微丘区为300m左右；山岭重丘区为500m左右。紧急停车带的宽度包括硬路肩在内为3m，有效长度≥30m。紧急停车带原则上是左、右对称设置（图6.3.2）。

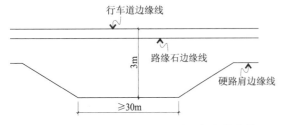

图6.3.2　高速公路、一级公路的紧急停车带

（2）二级、三级、四级公路的横断面

包括行车道、路肩以及错车道等组成部分（图6.3.3）。

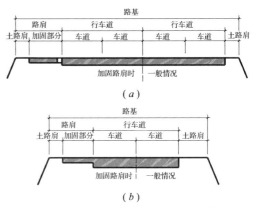

（a）

（b）

图6.3.3　二级、三级、四级公路的横断面

（a）二级、三级公路路基标准横断面；

（b）四级公路路基标准横断面

四级公路路基宽度采用4.5m时，应在不大于300m的距离内选择有利地点设置错车道，使驾驶人员能看到相邻两错车道间驶来的车辆。错车道处的路基宽度≥6.5m，有效长度≥20m（图6.3.4）。

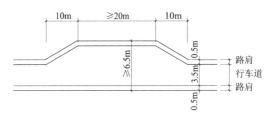

图6.3.4　四级公路的错车道

6.3.2　城市道路横断面

城市道路横断面设计应在城市规划的红线宽度范围内进行。

横断面形式、布置、各组成部分尺寸及比例应按道路类别、级别、计算行车速度、设计年限的机动车道与非机动车道交通量和人流量、交通特性、交通组织、交通设施、地上杆线、地下管线、绿化、地形等因素统一安排，以保障车辆和人行交通的安全通畅。

城市道路上供各种车辆行驶的部分统称为行车道。供机动车行驶的部分称为机动车道；供非机动车行驶的部分称为非机动车道；供行人步行使用的部分称为人行道。

城市道路常见的断面形式（图6.3.5）：

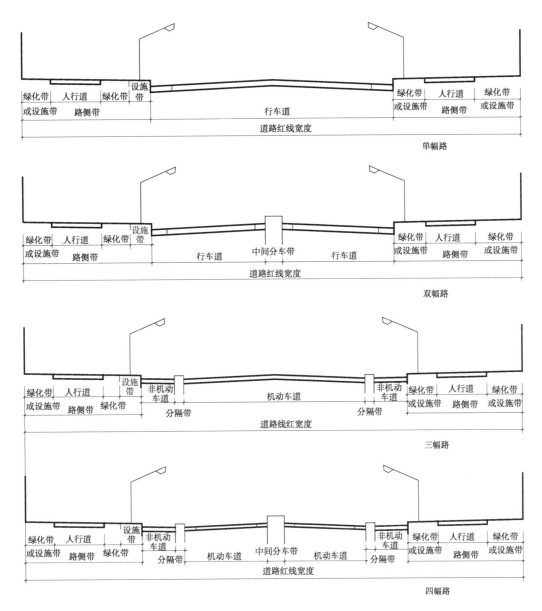

图 6.3.5 城市道路常见的断面形式

（1）单幅路

即"一块板"断面。单幅路适用于机动车交通量不大，非机动车较少的次干路、支路，以及用地不足、拆迁困难的旧城市道路。

（2）双幅路

即"二块板"断面。双幅路适用于单向两条机动车车道以上、非机动车较少的道路。

有平行道路可供非机动车通行的快速路和郊区道路以及横向高差大或地形特殊的路段，也可采用双幅路。在车道中心用分隔带将行车道分为两部分，上、下向车辆分向行驶。

（3）三幅路

即"三块板"断面。三幅路适用于机动车交通量大、非机动车多、红线宽度≥40m 的道路。中间为双向行驶的机动车车道，两侧为非机动车车道。

（4）四幅路

即"四块板"断面。四幅路适用于机动车速度高、单向两条机动车车道以上、非机动车多的快速路与主干路。

在三幅路的基础上，用分隔带将中间机动车道分为两部分，分向行驶。

一条道路宜采用相同形式的横断面。

当道路横断面形式或横断面各组成部分的宽度变化时，应设过渡段，宜以交叉口或结构物为起止点。

6.3.3　路拱横坡和路拱曲线

路拱设计坡度应根据路面宽度、面层类型、计算行车速度、纵坡及气候等条件确定。路拱的主要作用是排水，避免积水。

公路路拱横坡及城市道路路拱横坡的确定，见表6.3.1、表6.3.2。

公路路拱横坡	表 6.3.1
路 面 类 型	路拱坡度（%）
沥青混凝土，水泥混凝土	1～2
其他沥青路面，整齐石块	1.5～2.5
半整齐石块，不整齐石块	2～3
碎、砾石等粒料路面	2.5～3.5
低级路面	3～4

注：1. 路肩横坡一般较路拱坡度大1%～2%；
　　2. 六车道、八车道的高速公路宜采用较大的路面横坡。

城市道路路拱横坡	表 6.3.2
路 面 类 型	路拱坡度（%）
沥青混凝土，水泥混凝土，沥青碎石	1～2
沥青贯入式碎（砾）石，沥青表面处治	1.5～2
碎、砾石等粒料路面	2～3

注：1. 快速路路拱设计坡度宜采用大值；
　　2. 纵坡度大时取小值，纵坡度小时取大值；
　　3. 严寒积雪地区路拱设计坡度宜采用小值。

路拱曲线是根据路面宽度、路面类型、横坡度等要求，选用不同方次的抛物线形、直线接不同方次的抛物线形与折线形等形式（图6.3.6）。

（1）不同方次的抛物线形

不同方次的抛物形路拱的设计坡度 i，为路拱中点与路边连线的坡度。

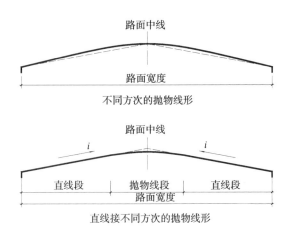

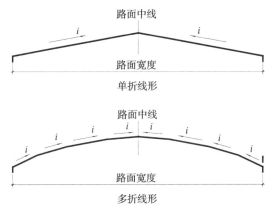

图 6.3.6　路拱曲线形式

（2）直线接不同方次的抛物线形

直线接不同方次的抛物线形路拱设计坡度 i，为直线段横坡度。

（3）单折线形

单折线形路拱设计坡度 i，为折线坡度。

（4）多折线形

多折线形路拱设计坡度 i，为靠近缘石折线的坡度。

6.3.4　路缘石

在城市道路设计中，路缘石是设置在路面与其他构造物之间的标石。在分隔带与路面之间、人行道与路面之间一般都需要设置路缘石。

路缘石宜高出路面边缘10～20cm。缘石宽度宜为10～15cm。

路缘石有立式、斜式、曲线式等几种断面形式（图6.3.7）。道路路缘石宜采用立式，出入口宜采用斜式或曲线式，有路肩时宜采用曲线式。

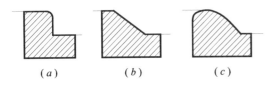

图 6.3.7 路缘石断面形式

(a) 立式；(b) 斜式；(c) 曲线式

人行道及人行横道宽度范围内的缘石宜做成斜式，低矮平缓，便于儿童车、轮椅及残疾人通行。

在分车带端头或交叉口的小半径处，缘石宜做成曲线形。

在公路设计中，高速公路、一级公路中间分车带上的路缘石起导向、连接和排水的作用，高度不宜过高，因为过高（≥20cm）的路缘石，在汽车高速行驶时一旦碰撞，容易导致汽车飞跃甚至翻车。所以高度宜≤12cm，采用斜式或曲线式。

缘石材料可采用坚硬石质或水泥混凝土。

6.4 道路竖向设计

6.4.1 公路纵坡坡限

公路纵坡坡限主要是从最大纵坡、最小纵坡及坡长限制等方面控制的。

（1）最大纵坡

最大纵坡是指各级道路允许采用的最大纵向坡度值。

最大纵坡是道路纵断面设计的重要控制指标。在地形起伏较大地区，直接影响路线的长度、使用质量、运输成本及造价，同时也对驾驶员心理上的影响作了考虑。

各级道路的最大纵坡坡限，是综合各种汽车动力特性、道路等级要求、自然条件制约，以及工程造价和运营成本等因素，通过对汽车在坡道上的行驶情况进行大量调查、试验等，经综合分析，调查研究后确定的（表6.4.1）。

各级公路最大纵坡 表6.4.1

公路等级	高速公路			一级公路			二级公路		三级公路		四级公路
设计速度（km/h）	120	100	80	100	80	60	80	60	40	30	20
最大纵坡（%）	3	4	5	4	5	6	5	6	7	8	9

注：高速公路，受地形条件或其他特殊情况限制时，经技术经济论证，最大纵坡可增加1%。

三级和四级公路，改建工程利用原有公路的路段，经技术经济论证，最大纵坡可增加1%。

在海拔2000m以上或积雪冰冻地区的四级公路，最大纵坡不应大于8%。

（2）最小纵坡

公路最小纵坡的要求是为了保证道路排水，防止积水，长时间的积水会渗入路基，影响路基的稳定性。

公路最小纵坡为0.3%。一般最小纵坡以采用0.5%为宜。

对于干旱少雨地区，在横向排水良好、不产生积水的前提下，也可不受此最小纵坡的限制。

（3）坡长限制

坡长限制主要是对较陡纵坡的最大长度和一般纵坡的最小长度加以限制。

长距离陡坡对汽车行驶不利，汽车上坡时采用低速挡行驶时间过长，使发动机过热，行驶无力。过短的坡长，道路纵向起伏变化频繁，使车辆行驶颠簸，且车速越高越明显。所以，对公路的最大和最小坡长有所限制（表6.4.2、表6.4.3）。

各级公路最小坡长 表6.4.2

公路等级	高速公路			一级公路			二级公路		三级公路		四级公路
设计速度（km/h）	120	100	80	100	80	60	80	60	40	30	20
最小坡长（m）	300	250	200	250	200	150	200	150	120	100	60

各级公路最大坡长（坡度限制坡长）（m） 表6.4.3

公路等级		高速公路			一级公路			二级公路		三级公路		四级公路
设计速度（km/h）		120	100	80	100	80	60	80	60	40	30	20
纵坡坡度（%）	3	900	1000	1100	1000	1100	1200	1100	1200	—	—	—
	4	700	800	900	800	900	1000	900	1000	1100	1100	1200
	5		600	700	600	700	800	700	800	900	900	1000
	6			500		500	600	500	600	700	700	800
	7									500	500	600
	8									300	300	400
	9										200	300
	10											200

6.4.2 城市道路纵坡坡限

城市道路纵坡坡限和公路纵坡坡限原理相同，主要是从最大纵坡、最小纵坡及坡长限制等方面控制的。

在同样设计速度要求下，一般城市道路最大纵坡坡度比公路最大纵坡坡度小1%。

（1）最大纵坡（表6.4.4）

城市道路机动车道最大纵坡　表6.4.4

设计速度（km/h）	100	80	60	50	40	30	20
最大纵坡（%） 一般值	3	4	5	5.5	6	7	8
极限值	4	5	6	7		8	

注：1. 新建道路纵坡应≤一般值；改建道路、受地形条件或其他特殊情况限制时，可采用最大纵坡极限值。
　　2. 除快速路外的其他等级道路，受地形条件或其他特殊情况限制时，经技术经济论证后，极限值可增加1%。
　　3. 积雪或冰冻地区的快速路应≤3.5%，其他等级道路应≤6%。

（2）最小纵坡

同公路最小纵坡的要求相同，城市道路最小纵坡为0.3%。一般最小纵坡以采用0.5%为宜。

对于干旱少雨地区，在横向排水良好、不产生积水的前提下，也可不受此最小纵坡的限制。

（3）坡长限制（表6.4.5、表6.4.6）

城市道路机动车道最小坡长　表6.4.5

设计速度（km/h）	100	80	60	50	40	30	20
最小坡长（m）	250	200	150	130	110	85	60

城市道路机动车道最大坡长　　　　　　　　　　　　　表6.4.6

设计速度（km/h）	100	80	60			50			40		
纵坡（%）	4	5	6	6.5	7	6	6.5	7	6.5	7	8
最大坡长（m）	700	600	400	350	300	350	300	250	300	250	200

注：道路连续上坡或下坡，应在不大于本表规定的纵坡长度之间设置纵坡缓和段。缓和段的纵坡不应大于3%，其长度应符合最小坡长的要求。

6.4.3 城市道路排水系统和雨水口

公路道路排水设计包括边沟、排水沟与涵洞等。设计流量可按当地的水文公式计算。在公路道路排水设计中应处理好与农田排灌的关系。

城市道路排水一般采用管渠形式。设计时应根据当地材料和道路类别选择。

城市道路排水设计包括偏沟、雨水口和连接管的布置，不包括排水干管设计。城市道路中郊区道路的排水设计与公路道路排水设计相同。

以下针对城市道路排水进行分析。

（1）城市道路排水系统

城市道路排水系统根据道路所处地区和构造特点，分为三种，即明式、暗式和混合式（图6.4.1）。

1）明式系统是利用地面上的渠道及相应设施，汇集和排除道路的地表水，包括排水沟、边沟、截水沟等，一般在这些设施上设置盖板等。

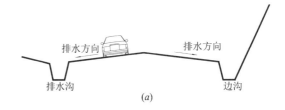

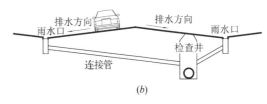

图6.4.1　城市道路排水系统

（a）明式系统；（b）暗式系统

2）暗式系统是地表水经地下的管道汇集和排除，包括雨水口、连接管、检查井等。

3）混合式系统是明式系统和暗式系统的混合体，根据城市各个区域的不同条件选择明式系统或暗式系统，方便生活生产，利于合理排水，同时降低造价。

（2）雨水口的形式

雨水口是在雨水管道或合流管道上汇集地表水的构筑物，由进口算、井深及连接管组成。雨水口是显现在城市道路表面的排水设施，和道路地表水排水设计密切相关。

雨水口的形式有平算式、立式和联合式等。

1）平算式雨水口，分为缘石平算式和地面平算式两种。缘石平算式雨水口适用于有路缘石的道路，地面平算式适用于无路缘石的道路、广场、地面低洼聚水处等。平算式雨水口的算面应低于附近路面3~5cm，并使周围路面坡向雨水口。

2）立式雨水口，分为立孔式和立算式两种，适用于有缘石的道路。其中立孔式适用于算隙容易被杂物堵塞的地方。立式雨水口进水孔底面应比附近路面略低（低5mm）。

3）联合式雨水口，是平算与立式的综合形式，适用于路面较宽、有路缘石、径流量较集中且有杂物处。

雨水口井的深度宜≤1m。冰冻地区应对雨水井及其基础采取防冻措施。在泥沙量较大的地区，可根据需要设沉泥槽。

（3）雨水口的位置（图6.4.2）。

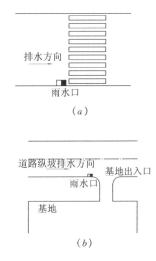

图6.4.2　雨水口的位置
（a）人行横道上游设置雨水口；
（b）沿道路基地出入口上游设置雨水口

道路汇水点、人行横道上游、沿道路基地出入口上游、靠地面径流的基地或庭院的出水口等处均应设置雨水口。道路低洼和易积水地段应根据需要适当增加雨水口。

（4）雨水口的布置形式

根据不同的道路横断面形式，雨水口的布置形式也有所不同，一般有单幅式、双幅式、三幅式（图6.4.3）。

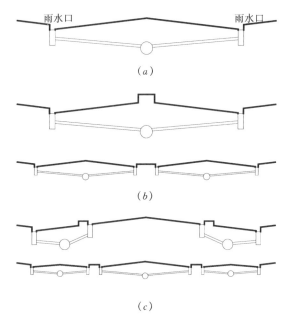

图6.4.3　雨水口的布置形式
（a）单幅式雨水口布置形式；（b）双幅式雨水口布置形式；（c）三幅式雨水口布置形式

1）单幅式布置即在单幅式道路上一般布置两排雨水口。

2）双幅式布置即在双幅式道路上一般布置两排或四排雨水口。

3）三幅式布置即在三幅式道路上一般布置两排、四排或六排雨水口。

必要时雨水口可以串联。串联的雨水口不宜超过3个，并应加大出口连接管管径。

雨水口的形式、数量和布置，应按汇水面积所产生的流量、雨水口的泄水能力以及道路形式确定。雨水口间距宜为25~50m；连接管串联雨水口不宜超过3个，连接管长度不宜超过25m。当道路纵坡大于2%时，雨水口的间距可大于50m，其形式、数量和布置应根据具体情况和计算确定。坡段较短时，可在最低点处集中收水，其雨水口的数量或面积应适当增加。

6.4.4 道路等高线

运用本书第1章中关于等高线的知识，可以对道路坡面利用等高线进行表达。

道路形成倾斜面主要是由道路横坡坡度和纵坡坡度两个数值确定的。应注意避免混淆倾斜面本身的坡度（即等高线坡降）和这两个坡度之间的区别。

【例6-4-1】

某城市道路中一段行车道部分AB，纵向水平长20m，路宽16m，路面横坡为2%，纵坡为4%，脊上A点标高为166.5m。路拱为直线形。要求绘出道路等高线，并注明B点标高、等高线间距和等高线坡降大小。等高距为0.1m（图6.4.4）。

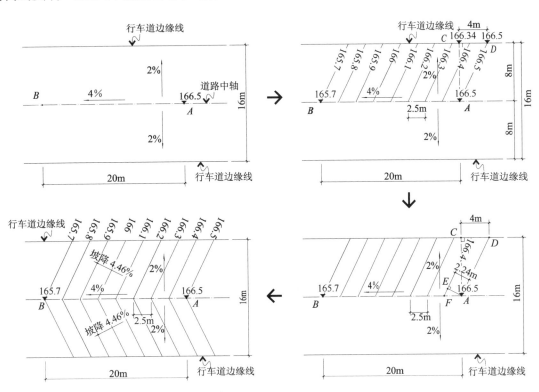

图6.4.4　【例6-4-1】图

分析：

① 首先得到通过A点（标高166.5m）的等高线。

过A点作行车道北边缘的垂线，交于C点。可知AC水平长为行车道宽度的一半，即8m，且横坡为2%，则根据坡度公式（1.2.1）$i = \Delta h / \Delta L$，得到C点和A点的高差$\Delta h = i\Delta L = 8\text{m} \times 2\% = 0.16\text{m}$。那么$C$点标高为$166.5 - 0.16 = 166.34\text{m}$。

在行车道北边缘上，其坡度方向和路脊坡度方向一致，那么在行车道北边缘上同A点标高166.5m相同的标高点在C点东侧，其与C点的距离$\Delta L = \Delta h / i = 0.16 / 4\% = 4\text{m}$。在行车道北边缘线

上标出标高为166.5m的D点。

连接A点和D点，为行车道北半幅的166.5m等高线。

行车道面是倾斜的平面，其等高线是相互平行的直线。那么在AB路脊之间，从A点开始依次向B点方向标注点，这些标注点相邻高差为等高距值0.1m，则相互的间距$\Delta L = \Delta h / i = 0.1 / 4\% = 2.5\text{m}$，再分别从这些标注点引出与$AD$平行的线，得到行车道北半幅的等高线。

由于B点被等高线165.7m贯穿，即B点标高为165.7m。或者根据坡度公式（1.2.1），得到B点和A点的高差$\Delta h = i\Delta L = 20\text{m} \times 4\% = 0.8\text{m}$，计算得到$B$点标高$= 166.5 - 0.8 = 165.7\text{m}$。

② 计算等高线间距

由 A 点作行车道北半幅等高线 166.4m 的垂线，交于 E 点。AE 的水平长度即等高线间距值。同时设等高线 166.4m 与路脊 AB 相交于 F 点。

根据平面几何知识，在 $\triangle ACD$ 与 $\triangle AEF$ 中，因为 $\angle ACD = \angle AEF = 90°$，$\angle EFA = \alpha = \angle CDA$，得到 $\triangle ACD$ 与 $\triangle AEF$ 为相似三角形。

由于 $\triangle ACD$ 与 $\triangle AEF$ 为相似三角形，则 $AE/AF = AC/AD$，而 $AD^2 = AC^2 + CD^2$，且已知 $AF = 2.5m$；$AC = 8m$；$CD = 4m$，得：

$$AE = AC \times AF \times \frac{1}{\sqrt{AC^2 + CD^2}}$$
$$= 8 \times 2.5 \times \frac{1}{\sqrt{8^2 + 4^2}} = 20 \times 0.112 = 2.24m$$

得到等高线间距 2.24m 后，由于等高距为 0.1m，根据坡度公式（1.2.1），得到道路等高线坡降 $i = \Delta h / \Delta L = 0.1/2.24 = 4.46\%$。

因行车道北半幅和行车道南半幅以道路中轴为对称轴，则镜像得到行车道南半幅的等高线。

把各个等高线数值、等高线间距值、坡降值、B 点标高值标注在行车道路等高线图上，完成作图。

【例 6-4-2】

以【例 6-4-1】为例，要求行车道路形成柔和路冠时，试作行车道路等高线；要求在道路中轴线左右 3m 范围内形成柔和路冠时，试作行车道路等高线（图 6.4.5）。

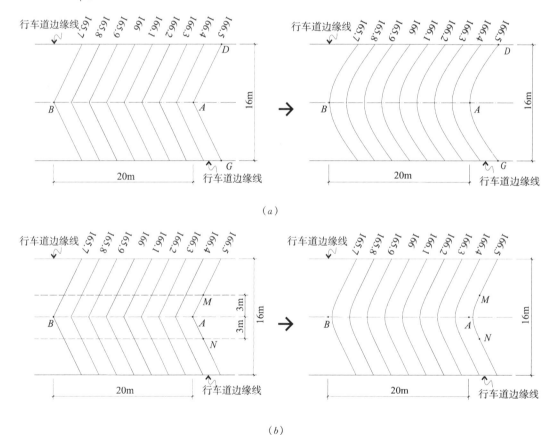

（a）

（b）

图 6.4.5 【例 6-4-2】图

（a）要求行车道路形成柔和路冠时的行车道路等高线；（b）要求在道路中轴线左右 3m 范围内形成柔和路冠时的行车道路等高线

分析：

① 该段道路形成柔和路冠，即 6.3 节中描述的"不同方次的抛物线形"路拱曲线。

在【例 6-4-1】中直线形路拱条件下得出的道路等高线基础上，通过道路中轴线上、行车道路两个边缘线上 3 个同标高的点，描绘出柔和曲线，示意出路冠。即通过点 A、点 D、点 G 描绘出柔和的等高线 166.5m，依次对其他直线行车道路等高线进行描绘。

② 在道路中轴线左右 3m 范围内形成柔和路冠时，即 6.3 节中描述的"直线接不同方次的抛物线形"路拱曲线。

在【例 6-4-1】中直线形路拱条件下得出的道路等高线基础上，先作出道路中轴线左右 3m 的范围线，通过点 M、点 N 描绘出柔和的等高线 166.5m，依次对其他直线行车道路等高线部分进行描绘。

此时路脊实际标高比相应直线形路拱条件下的要低一些。

应注意的是，以上只是示意出路冠等高线；在实际工程中准确的曲线形状应是抛物线，需要通过计算得出。

6.5 公路选线

公路受地形、地势、地况等自然因素影响比较大，公路选线是在规划道路的起终点之间选定一条技术上可行、经济上合理、符合使用要求的道路中心线的工作。

作为建筑师，对公路选线有所了解，有利于对山地建筑设计、规划布置等工作的顺利开展。

6.5.1 公路道路选线原则

路线起、终点和指定必须相连接的城镇等为路线基本走向的控制点。指定的特大桥、特长隧道的位置，亦为路线基本走向的控制点。大桥、隧道、互通式立体交叉、铁路交叉等的位置，一般作为路线走向的控制点。其选线原则主要有以下几点。

（1）在路线设计的各个阶段，应运用各种先进手段对路线方案做深入、细致的研究，在多方案论证、比选的基础上，选定最优路线方案。

（2）路线设计应在保证行车安全、舒适、迅速的前提下，使工程量小，造价低，营运费用省，效益好，并有利于施工和养护。在工程量增加不大时，应尽量采用较高的技术指标，不应轻易采用最小指标或低限指标，也不应片面追求高指标。

（3）选线应同农田基本建设相配合，做到少占田地，并应尽量不占高产田、经济作物田或经济林园（如橡胶林、茶林、果园）等。

（4）通过名胜、风景、古迹地区的公路，应与周围环境、景观相协调，并适当照顾美观。注意保护原有自然状态和重要历史文物遗址。

（5）选线时应对工程地质和水文地质进行深入勘测，查清其对公路工程的影响。

对于滑坡、崩塌、岩堆、泥石流、岩溶、软土、泥沼等严重不良地质地段和沙漠、多年冻土等特殊地区，应慎重对待。一般情况下路线应设法绕避。当必须穿过时，应选择合适的位置，缩小穿越范围，并采取必要的工程措施。

（6）选线应重视环境保护，注意由于公路修筑以及汽车运行所产生的影响与污染等问题，具体应注意以下几个方面：

1）路线对自然景观与资源可能产生的影响。

2）占地、拆迁房屋所带来的影响。

3）路线对城镇布局、行政区划、农业耕作区、水利排灌体系等现有设施造成分割而产生的影响。

4）噪声对居民的影响。

5）汽车尾气对大气、水源、农田造成的污染及影响。

6）对自然环境、资源的影响，对污染的防治措施及其实施的可能性。

6.5.2 平原区选线

平原区包括一般平原、山间盆地、高原等地。

（1）平原区的自然特征

1）地形特征

地形平坦，无明显起伏，地面自然坡度一般在3°以内。

2）地物特征

多为农业区，农田灌溉渠网交错，河流湖泊密布，交通网络分布较密，居民点较多。建筑及管线对选线干扰较大。

3）地质、水文特征

一般不良地质现象较少，主要不良地质主要有泥沼、盐渍地、软土、戈壁、沙漠等。地形平坦，排水困难，地面低洼处积水较多，地下水位一般较高。

（2）平原区选线要点

1）以平面为主安排路线

一般以直线为主体线形，或采用接近直线的线位，使路线尽可能短捷顺直。

虽然两个控制点之间的理想选线是直线连线，但由于在线路中间有些地方需要避开（如灌溉农田等），有些地方需要接近（如村落、风景区等），所以往往路线是曲折的。

为避免驾驶疲劳，应尽量避免采用长直线或小偏角，也不应为避免长直线而随意转弯。在避让局部障碍物时，要注意线形的连续、舒顺。

布线时宜多采用大半径的长缓平曲线线形。

2）路线与农业的关系

正确处理好占地与线位布置的关系。

路线布置应与农田灌溉、水利设施等相配合；线路应尽量与干渠平行，力求做到农路结合、堤路结合、桥闸结合；与造田、护田、护村相结合。

路线应尽可能靠近居民点，注意与农村公路和机耕道的连接，考虑地方交通工具的行驶要求，力求做到方便群众。

3）路线与城镇的关系

国防与高等干线公路，应避免直穿城镇、工矿区和居民密集点，以减少拆迁和相互干扰，但路线也不宜过远，还要考虑采用支线联系。

一般公路及地方公路，经论证可考虑穿越城镇；路线穿越时，要与城镇规划相结合。

路线布置应尽量避让重要的电力线、电信及其他重要管线设施。并注意保证有足够的安全净空和安全距离。尽量少拆迁或不拆迁各种管线设施。

路线布置要注意与铁路、航道、机场、港口码头等原有交通设施以及与集散点的配合，以发挥综合效应。

4）路线与桥位的关系

大、中桥位是路线的控制点，应在服从路线走向的原则下，路、桥综合考虑，使桥位有利，路线合理。

小桥涵的位置原则上服从路线走向。

大、中桥位路线一般应尽可能与洪水主流垂直，桥梁尽可能位于直线上。桥位尽可能选在水文、地质及跨河条件较好的河段。

（3）平原区选线示例

【例6-5-1】（图6.5.1）

原拟线虽然短捷顺直，但是穿越农田。为少占良田，将路线向东移动，到山地坡脚处。虽然路线加长，但是解决了道路占用良田的问题，也解决了借土方问题。

【例6-5-2】（图6.5.2）

路线选线应尽量少破坏原灌溉系统，路线应设置在非灌溉区一侧。

路线1为优先考虑方案；路线2次之；路线3破坏系统，应避免。

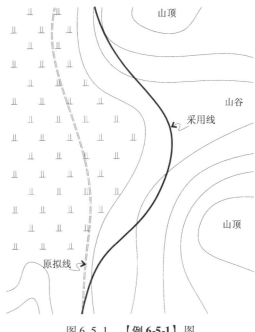

图6.5.1　【例6-5-1】图

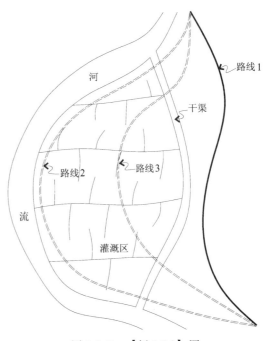

图6.5.2　【例6-5-2】图

【例6-5-3】（图6.5.3）

路线穿越湖泊时应充分利用大堤，且应选择湖面较窄、河床较浅的位置。

路线1为避让路线，路线最长；路线2为最短路线；路线3为穿湖路线，选择了湖泊最窄的地方。其中，路线3为最佳选择。

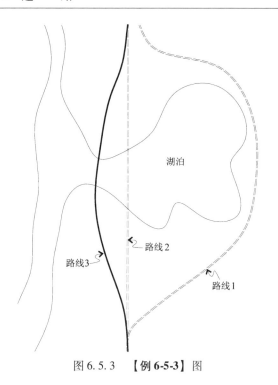

图 6.5.3　【例 6-5-3】图

6.5.3　丘陵区选线

丘陵区包括微丘区和重丘区。

（1）丘陵区的自然特征

1）地形特征

丘陵地形山势平缓，山形迂回，山丘连绵，地形多变。

2）微丘地形

地面起伏不大，自然坡度在 20° 以下，相对高差在 100m 以下，地形对路线一般无约束。

3）重丘地形

地面起伏，沟谷与水岭较深，地面自然坡度在 20° 以上，地形对部分路线平、纵线有约束。

4）地物特征

地物随地形变化而变化，微丘区农业较发达，土地种植种类繁多，旱地及经济林为主，居民点及建筑群时有出现。

（2）丘陵区选线要点

1）路线与农业的关系

① 通过农业区时要尽量避免高产田；适当提高线位，使其沿坡脚通过；尽量减少通过农田区的宽度。

② 布线应注意减少对水利灌溉设施的干扰，

并应利于为沿线居民点服务。

③ 路线布设应注意与造田、开塘、农田水利等支农措施相结合。

2）布线一般规律

① 应根据地形变化，划分不同路段分段处理。

② 平坦地带一般以直连线为主体，当有地物障碍时，则在障碍处加设控制点。

③ 斜坡地带一般在"均坡线"和直连线间结合地形及障碍因素确定线位。

均坡线是两点之间顺自然地形，以均匀坡度确定的地面点的连线。这种坡线常需多次试放才能取得（图 6.5.4）。

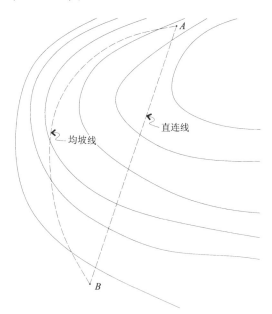

图 6.5.4　丘陵区中的斜坡地带一般在"均坡线"和直连线间确定线位

3）微丘区的选线

平面线形应充分利用地形，处理好平、纵线形的组合。不应迁就微小地形，造成线形曲折；也不宜采用长直线，造成纵面线形起伏。

4）重丘区的选线

重丘区选线活动余地较大，应综合考虑平、纵、横三者的关系，恰当地掌握标准，提高线形质量。

路线应随地形的变化布置，在确定路线平、纵面线位的同时，应注意横向填挖的平衡。横坡较缓的地段，可采用半填半挖或填多于挖的路基；横坡较陡的地段，可采用全挖或挖多于填的路基。同时，还应注意纵向土石方平衡，以减少出方和借方。

冲沟比较发育的地段，汽车专用公路和二级公路可考虑采用高路堤或高架桥的直穿方案；三、四级公路则宜采用绕越方案。

【例 6-5-4】（图 6.5.5）

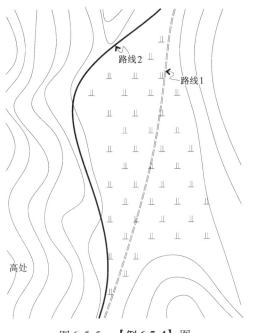

图 6.5.5 **【例 6-5-4】**图

当路线与狭长地形的农田方向基本一致时，宜靠近坡脚边缘布线，以少占农田，同时路基也稳定，所以采用路线 2 较好。

【例 6-5-5】（图 6.5.6）

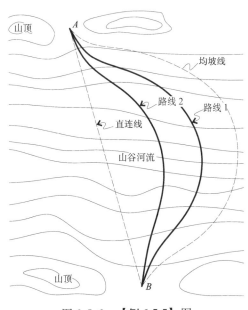

图 6.5.6 **【例 6-5-5】**图

路线 1 和路线 2 位于直连线和均坡线之间，其路线长度比均坡线短，纵向起伏比直连线小，是比较合理的选择路线。

6.5.4 山岭区选线

山岭地区，山高谷深，坡陡流急，地形复杂。

本节针对山岭地区中的沿河（溪）线、越岭路线、山脊线选线 3 种路线进行分析。

（1）山岭区的自然特征

1）山高谷深，地面起伏大，高差大，山脉水系分明，地面自然坡度一般大于 20°以上。

2）石多、土薄、地质复杂，不良地质现象（如滑坡、崩塌、泥石流等）较多。

3）水文条件复杂。山区河流曲折迂回，河岸坡陡，水流比降大，洪水短暂，水位涨落变化大，流速快，流量集中，冲刷及破坏力大。

（2）沿河（溪）线

沿河（溪）线应处理好河岸选择、线位高低和跨河换岸地点三者间的关系。

1）河岸选择

路线应选择在地形宽阔平坦，有阶地可利用，支沟较少、沟长较短，水文及地质条件良好的一岸。积雪和冰冻地区，应选在阳坡和迎风的一岸。除汽车专用公路外，一般公路可选在村镇较多、人口较密集的一岸，以方便群众。

2）跨河换岸地点

应慎重选择跨河桥位，并应处理好桥位与桥头路线的关系。

3）线位高低

路线一般以低线位为主，但必须做好洪水位的调查，以保证路基的稳定和安全。

4）应注意的局部地段

① 临河陡崖地段，抬高路线线位时，应注意纵面高低过渡的均匀；当采用低线位时，应注意废方堵河、改变水流方向和抬高水位的影响。

② 迂回河湾的突出山嘴，可考虑采用深路堑或短隧道方案；对迂回河湾地段，可考虑改河方案，以提高路线技术指标。

③ 通过水库地区时，应考虑水库崩岸、基底沉陷的影响，以确保路基稳定。

【例 6-5-6】（图 6.5.7）

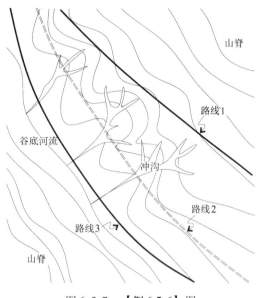

图 6.5.7 **【例 6-5-6】**图

一般以采用从冲沟上部或下部通过较好，即路线 1 和路线 3。路线 2 从冲沟中部通过，路线线形差、工程量较大，一般应避免。

（3）越岭路线

越岭路线选线时，应结合水文地质情况处理好垭口选择、过岭标高和垭口两侧路线展线方案三者间的关系。

1）垭口选择

垭口是越岭路线方案的重要控制点。在符合路线基本走向的情况下，应综合地质、气候、地形等条件，从可能通过的垭口中，选择标高较低和两侧利于展线的垭口。

对于垭口高、山体薄窄的分水岭，采用过岭隧道方案可能更为合适。

2）过岭标高

过岭标高是越岭线布局的重要控制因素，不同的标高会出现不同的展线方案。除工程地质不良和宽而厚的垭口外，一般可用深挖方式过岭。当挖深在 25～30m 以上时，则应与隧道方案进行比较。

3）垭口两侧展线方案

首先应考虑自然展线，不得已时方可采用回头展线。回头展线应尽量利用山谷（主沟、侧沟）、支脉（山嘴、山脊）和平缓山坡等有利地形，并

应尽量避免在一个山坡上布设较多相距较近的回头曲线。

4）越岭路线的纵坡应力求均匀，平均纵坡及纵坡长度应严格遵守公路相关规范的规定。一般不应设置反坡；在特殊情况下需设置反坡时，应予以比较论证。

【例 6-5-7】（图 6.5.8）

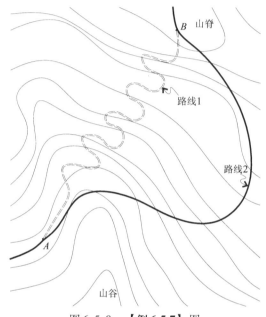

图 6.5.8 **【例 6-5-7】**图

在 A 点和 B 点之间布线，路线 1 为多道回头曲线展线升坡，线形差，行车危险。路线 2 采用单回头自然展线，线形明显改善，行车顺畅。

（4）山脊线选线

当路线走向与分水岭方向一致，且分水岭平面不迂回曲折，各垭口间的高差也不悬殊时，可采用山脊线。选线时应处理好控制垭口、侧坡以及控制垭口间的平均坡度三者的关系。

1）控制垭口的选择

分水岭方向顺直、起伏不大时，每个垭口均可暂定为控制点；地形复杂，起伏较大且较频繁，各垭口高低悬殊时，宜以低垭口作为控制点，突出的高垭口可以舍去；在有支脉横隔时，对相距不远、并排的几个垭口，应选择其中一个与前后联系条件较好的垭口作为控制垭口。

2）侧坡的选择

当分水岭宽阔、起伏不大时，路线以设在分水岭顶部为宜。如需将路线设在两侧山坡时，应选择

坡面较整齐，横坡较缓，地质、水文情况良好，积雪、冰冻和支脉分布较少的一侧。

3）控制垭口间的平均坡度

两控制垭口间应力求距离短捷，坡度平缓。当控制垭口间的平均坡度超过规定时，应视具体地形、地质条件，采用深挖、旱桥、隧道等工程措施；也可利用侧坡、山脊有利地形展线。

【例6-5-8】（图6.5.9）

在 A 点和 F 点之间布线，在 A 点和 F 点之间支脉上有 B、C、D、E 四个垭口。C 垭口太高，不采用路线2；E 垭口绕线太长，不采用路线4。B、D 可选为控制点，在路线1和路线3之间进行优化选取。

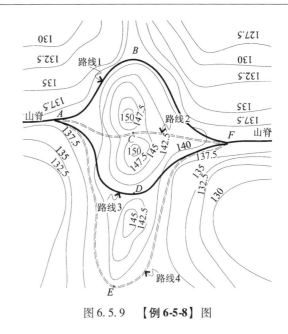

图6.5.9 **【例6-5-8】**图

6.6 城市道路布置

城市道路布置，主要是在本地区城市总体规划下，由专门的规划设计部门进行设计布置。

这一节主要对于城市区域内的河网地区、山区、城市环路等进行简单分析。

6.6.1 河网地区

河网地区的城市道路网布置要求：

（1）道路宜平行或垂直于河道布置（图6.6.1）。

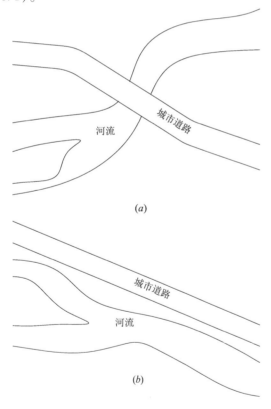

图 6.6.1　道路宜平行或垂直于河道布置
（a）道路垂直于河道布置；（b）道路平行于河道布置

（2）对跨越通航河道的桥梁，应满足桥下通航净空要求，并应与滨河路的交叉口相协调（图6.6.2）。

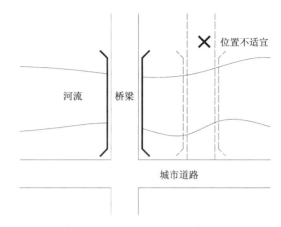

图 6.6.2　跨越河道的桥梁应与滨河路的交叉口相协调

（3）城市桥梁的车行道和人行道宽度应与道路的车行道和人行道等宽。在有条件的地方，城市桥梁可建双层桥，将非机动车道、人行道和管线设置在桥的下层通过。

（4）客货流集散码头和渡口应与城市道路统一规划。码头附近的民船停泊和岸上农贸市场的人流集散及公共停车场车辆出入，均不得干扰城市主干路的交通。

6.6.2 山区

山区城市道路网布置要求：

（1）道路网应平行等高线设置，并应考虑防洪要求。主干路宜设在谷地或坡面上。双向交通的道路宜分别设置在不同的标高上（图6.6.3）。

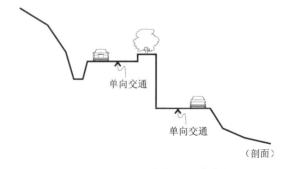

图 6.6.3　山区双向交通的道路宜
分别设置在不同的标高上

（2）地形高差特别大的地区，宜设置人、车分开的两套道路系统。

（3）山区城市道路网的密度宜大于平原城市。

6.6.3　城市环路

城市环路布置要求：

（1）内环路应设置在老城区或市中心区的外围（图6.6.4）。

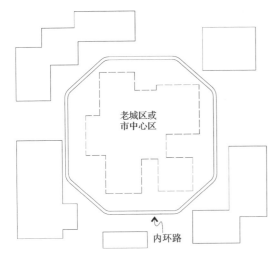

图6.6.4　内环路应设置在老城区或市中心区的外围

（2）外环路宜设置在城市用地边界内1~2km处，当城市放射的干路与外环路相交时，应规划好交叉口上的左转交通（图6.6.5）。

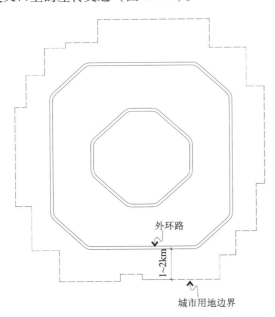

图6.6.5　外环路宜设置在城市用地边界内1~2km处

（3）大城市的外环路应是汽车专用道路，其他车辆应在环路外的道路上行驶。

（4）环路设置，应根据城市地形、交通的流量流向确定，可采用半环或全环。

（5）环路的等级不宜低于主干路。

6.6.4　地震设防的城市道路要求

地震设防的城市，应保证震后城市道路和对外公路的交通畅通，布置要求如下：

（1）干路两侧的高层建筑后退道路红线距离应保证有10~15m（图6.6.6）。

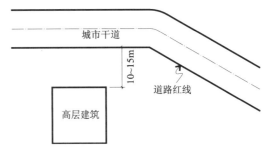

图6.6.6　地震设防城市干路两侧
高层建筑后退道路红线距离

（2）新规划的压力主干管不宜设在快速路和主干路的车行道下面。

（3）路面宜采用柔性路面。

（4）道路立体交叉口宜采用下穿式（图6.6.7）。

（5）道路网中宜设置小广场和空地，并应结合道路两侧的绿地，划定疏散避难用地。

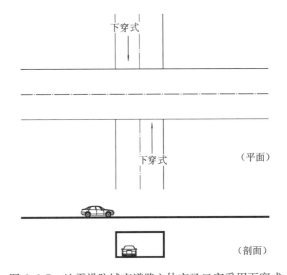

图6.6.7　地震设防城市道路立体交叉口宜采用下穿式

形及环形交叉等，应根据城市道路的布置，相交道路的等级、性质和交通组织等确定（图6.7.1）。

6.7　城市道路平面交叉口

交叉口的设计是道路设计中比较重要的部分。

道路之间有所联系，必然出现道路交叉。不同交通方向流线的交会，需要科学合理地解决交会带来的交通问题。

道路交叉口分为公路交叉口和城市道路交叉口，又分为平面交叉口和立体交叉口。

道路平面交叉口既是城市道路交通事故的多发点、易发点，也是制约城市道路通行能力的瓶颈部分，科学、合理地规划、设计平面交叉口是城市道路交通畅通与安全的决定因素之一。不合理的交叉口设计会引起地区路网的交通堵塞。

本节只针对城市道路平面交叉口进行分析介绍。

6.7.1　道路交叉口的类型和形式

平面交叉口的形式有十字形、T形、Y形、X

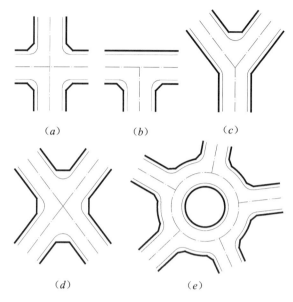

图6.7.1　平面交叉口的形式
（a）十字形；（b）T形；（c）Y形；（d）X形；（e）环形

城市道路交叉口的形式选择根据城市规模、道路等级的不同而有所不同（表6.7.1、表6.7.2）。

大、中城市道路交叉口的形式　　表6.7.1

道路等级	快速路	主干路	次干路	支路
快速路	立体交叉口	立体交叉口	立体交叉口； 展宽式信号灯管理平面交叉口	
主干路		立体交叉口； 展宽式信号灯管理平面交叉口	展宽式信号灯管理平面交叉口； 平面环形交叉口	展宽式信号灯管理平面交叉口； 信号灯管理平面交叉口
次干路			平面环形交叉口； 信号灯管理平面交叉口	平面环形交叉口； 信号灯管理平面交叉口
支路				信号灯管理平面交叉口； 不设信号灯的平面交叉口

小城市的道路交叉口的形式　　表6.7.2

规划人口	道路等级	干　路	支　路
>5万人	干路	展宽式信号灯管理平面交叉口； 平面环形交叉口； 信号灯管理平面交叉口	信号灯管理平面交叉口； 不设信号灯的平面交叉口
	支路		不设信号灯的平面交叉口

规划人口	道路等级	干　　路	支　　路
1万～5万人	干路	平面环形交叉口； 信号灯管理平面交叉口； 不设信号灯的平面交叉口	不设信号灯的平面交叉口
	支路		不设信号灯的平面交叉口
<1万人	干路	信号灯管理平面交叉口； 不设信号灯的平面交叉口	不设信号灯的平面交叉口
	支路		不设信号灯的平面交叉口

6.7.2　道路交叉口设计原则

城市道路交叉口应按城市规划道路网设置。

城市道路交叉口的设计原则主要有以下几个方面。

（1）交叉口设计应根据相交道路的功能、性质、等级、计算行车速度、设计小时交通量、流向及自然条件等进行。

（2）道路相交时宜采用正交，必须斜交时交叉角度应≥45°，不宜采用错位交叉、多路交叉和畸形交叉。否则将会严重影响交通的畅通和安全（图6.7.2）。

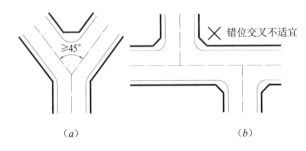

图6.7.2　道路相交

（a）斜交时交叉角度应≥45°；（b）不宜采用错位交叉

（3）为提高通行能力，平面交叉可在进口道范围内采取适当的措施以拓宽车道。

交叉口转角处的人行道铺装宜适当加宽，并恰当地组织行人过街。

（4）快速路的重要交叉口应修建人行天桥或人行地道；主干路上的重要交叉口宜修建人行天桥或人行地道。

（5）交叉口的竖向设计应符合行车舒适、排水迅速和美观的要求。

（6）在交叉口设计中应做好交通组织设计，正确组织车流、人流，合理布设各种车道、交通岛、交通标志与标线。

（7）前期工程应为后期扩建预留用地。

6.7.3　道路交叉口的交通组织

车辆通过交叉口时，需要时间等待其他方向的交通通行，以至于交叉口进口道上的通行能力不到路段通行能力的一半，这是平面交叉口成为城市道路交通网中瓶颈的主要原因。因此，道路交叉口的交通组织主要通过渠化设计、展宽段设计以及环形交叉口设计等手段，解决道路通行能力问题。

（1）交叉口渠化设计原则

1）应根据交通量、流向，增设交叉口进口道的车道数。

2）交叉口交通岛的设置应有效地引导车流顺畅行驶，避免误行。

3）进、出口道分隔带或交通标线应根据渠化要求布置，并应与路段上的分隔设施衔接。

（2）交叉口的展宽段设计

平面交叉口规划须使进口道通行能力与其上游路段通行能力相匹配，应拓宽交叉口红线，以弥补通行时间的损失。现实中绝大多数交叉口规划红线宽度与路段同宽，无法完成交叉口的渠化拓宽；有时为了增加一个车道，只能采取缩小人行道的办法，不但难以缓解交叉口的交通堵塞，而且影响了行人的通行。

1）进出口展宽段设置

平面交叉口的进出口应设展宽段，增加车道数。应根据规划的交通量和车辆在交叉口进口停车排队的长度确定。

无统计数据时，预留展宽段的用地规划：

① 当路段为单向三车道时，进口道至少四车道。

② 当路段为单向两车道或双向三车道时，进口道至少三车道。

③ 当路段为单向一车道时，进口道至少两车道。

2）进口道展宽段尺寸

进口道展宽段的宽度，每条车道宽度宜为 3.5m。

展宽段的长度，在交叉口进口道外侧自缘石半径的端点向后展宽 50~80m（图6.7.3）。

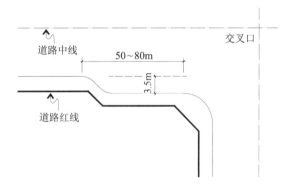

图 6.7.3　进口道展宽段的宽度和长度

3）出口道展宽段尺寸

出口道展宽段的宽度，根据交通量和公共交通设站的需要确定，或与进口道展宽段的宽度相同。

交叉口进口道展宽段如果长度不足，容易使展宽段内车流排队长度超出展宽段长度，以至将其他方向的车流堵塞，影响交叉口的通行能力。

（3）环形交叉口设计

环形交叉口适用于多条道路交会或转弯交通量较大的交叉口。

1）环形交叉口设计规划

① 多条道路交会时相邻道路中心线间夹角宜大致相等（图6.7.4）。

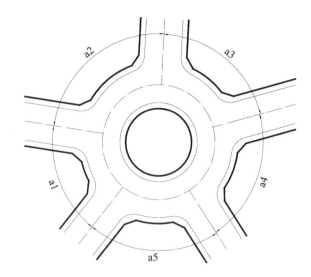

图 6.7.4　多条道路环形交叉口相邻道路中心线间夹角宜大致相等

② 快速路或交通量大的主干路均不应采用环形平面交叉（图6.7.5）。

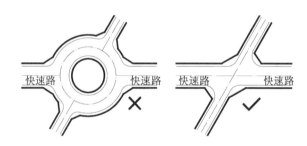

图 6.7.5　快速路或交通量大的主干路不应采用环形平面交叉

③ 坡向交叉口的道路纵坡度 ≥3% 时，不宜采用环形平面交叉。

④ 当城市道路网中整条道路实行联动的信号灯管理时，其间不应设环形交叉口。

2）中心岛的形状和尺寸

① 中心岛的形状应根据交通流特性，采用圆形、椭圆形或卵形等，其尺寸应满足最小交织长度和环道计算行车速度的要求。

② 在交通繁忙的环形交叉口的中心岛，不宜建成小公园。

③ 中心岛的绿化不得遮挡交通视线，中心岛上不应布置人行道。

④ 环形交叉口进口出口道路中间应设置交通导向岛，并延伸到道路中央分隔带（图6.7.6）。

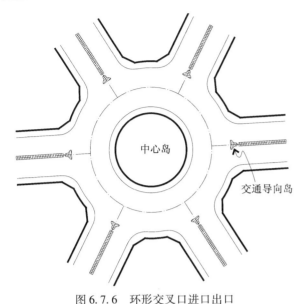

图6.7.6 环形交叉口进口出口
道路中间应设置交通导向岛

3）环道的布置和宽度

① 环道的车行道可根据交通流的情况，采用机动车与非机动车混行或分行布置。分行时可用分隔带、分隔物或标线分隔。分隔带宽度应≥1m。

② 环道的机动车道一般采用3条。

③ 车道宽度应包括弯道加宽。

④ 非机动车车行道宽度不应小于交会道路中的最大非机动车车行道宽度，也不宜超过8m。

⑤ 环道外侧人行道宽度，不宜小于各交会道路中的最大人行道宽度。

⑥ 环道纵坡度不宜大于2%，横坡宜采用两面坡。

⑦ 平面交叉口转角处的缘石宜做成圆曲线或复曲线。其转弯半径应满足非机动车的行驶要求（表6.7.3）。当平面交叉口为非机动车专用路交叉口时，路缘石转弯半径可取5~10m。

路缘石转弯半径 表6.7.3

右转弯设计速度（km/h）	30	25	20	15
非机动车道路缘石推荐半径（m）	25	20	15	10

6.7.4 道路交叉口视距三角形

为了保证行车安全，应在道路交叉口设置"视

距三角形"，即根据两条相交道路的两个最短视距（即停车视距），在交叉口平面图上绘出一个三角形，该三角形被称为视距三角形。

视距三角形在5.1节里有所涉及，这里再仔细分析一下。

产生交叉口交通事故多发的主要原因是交叉口的视距不足。

平面交叉口视距三角形范围内妨碍驾驶员视线的障碍物应清除，包括临时设施、岗亭、书报亭等。

（1）停车视距的概念

停车视距 S_T，即机动车行驶时，自驾驶员看到前方障碍物起，至到达障碍物前安全停止，所需的最短距离。

根据道路设计车速的不同，停车视距有所不同（表6.7.4）。

城市道路停车视距 S_T 表6.7.4

设计速度（km/h）	80	60	50	45	40	35	30	25	20	15	10
停车视距（m）	110	70	60	45	40	35	30	25	20	15	10

（2）交叉口视距三角形设计（图6.7.7）

首先，找到行车最危险冲突点。

对十字形交叉口的行车最危险冲突点：最靠右第一条直行机动车道的轴线 a 与相交道路最靠中心线的第一条直行车道的轴线 b 所相交的交叉点 A，即行车最危险冲突点。

对 T 字形（或 Y 字形）交叉口的行车最危险冲突点：直行道路最靠右侧第一条直行机动车道的轴线 a 与相交道路最靠中心线的左转车道的轴线 b 所相交的交叉点 A，即行车最危险冲突点。

其次，从最危险的冲突点 A，向后沿行车轨迹各自按照表6.7.4的要求量取停车视距 S_T，分别到点 B 和点 C。

最后，连接 A 点、B 点、C 点构成三角形，即交叉口视距三角形。

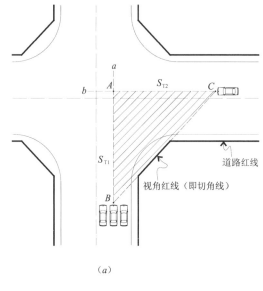

(a)

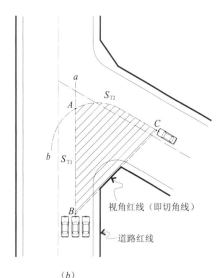

(b)

图 6.7.7　交叉口视距三角形设计

（a）十字形交叉口视距三角形；

（b）T 字形（或 Y 字形）交叉口视距三角形

6.7.5　道路交叉口竖向设计

交叉口竖向设计应综合考虑行车舒适、排水通畅、工程量适宜和美观等因素，合理确定交叉口设计标高。

（1）道路交叉口竖向设计原则

1）两条道路相交，主要道路的纵坡度宜保持不变，次要道路纵坡度服从主要道路（图 6.7.8）。

2）平面交叉口进口道的纵坡度宜≤2.5%，困难情况下宜≤3%；山区城市等特殊情况，在保

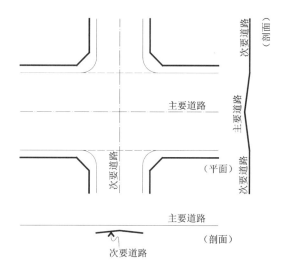

图 6.7.8　两条道路相交，主要道路的纵坡度宜保持不变，次要道路纵坡度服从主要道路

证行车安全的条件下，可适当增加。

3）交叉口竖向设计标高应与四周建筑物的地坪标高协调。

4）合理确定变坡点和布置雨水进水口。应采取措施防止路段的雨水流入交叉口。

（2）道路交叉口的排水方式

以十字交叉口为例，按照 4 条道路排水方向，道路交叉口有以下几种排水方式（图 6.7.9）：

1）所有道路排水全部远离道路中心线交叉点。

2）一条道路排水向道路中心线交叉点，其他道路排水远离道路中心线交叉点。

3）两条相对道路排水向道路中心线交叉点，另两条相对道路远离道路中心线交叉点。

4）两条相邻道路排水向道路中心线交叉点，另两条相邻道路远离道路中心线交叉点。

在排水向道路中心线交叉点的两条相邻道路转弯处 a，容易积水，可在 a 处设置雨水口或把 a 处抬高，使水及时排出。

5）一条道路排水远离道路中心线交叉点，其他道路排水向道路中心线交叉点。

在排水向道路中心线交叉点的 3 条相邻道路转弯处 a 和 b，容易积水，可在 a 处和 b 处设置雨水口或抬高，使水及时排出。

6）所有道路全部排水向道路中心线交叉点。

需要设置 4 个雨水口 a、b、c、d，增加了雨水口数目。

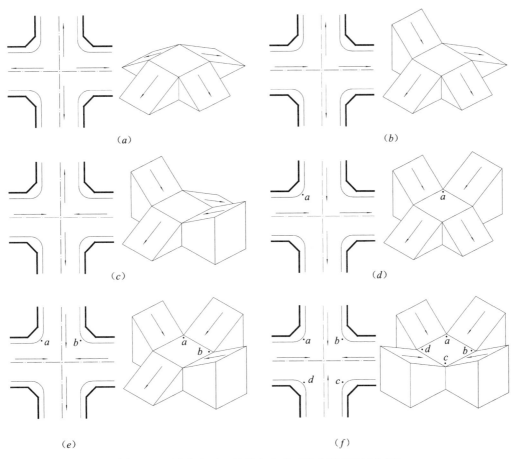

图 6.7.9 道路交叉口的排水方式（以十字交叉口为例）

（a）所有道路排水全部远离道路中心线交叉点；（b）一条道路排水向道路中心线交叉点，其他道路排水远离道路中心线交叉点；

（c）两条相对道路排水向道路中心线交叉点，另两条相对道路远离道路中心线交叉点；（d）两条相邻道路

排水向道路中心线交叉点，另两条相邻道路远离道路中心线交叉点；（e）一条道路排水远离道路中心线

交叉点，其他道路排水向道路中心线交叉点；（f）所有道路全部排水向道路中心线交叉点

6.8　道路照明设计

6.8.1　道路照明设施

（1）断面和宽度不同的道路可采取如下布灯方式：单侧布置、双侧交错布置、双侧对称布置、横向悬索布置与中心布置等（图6.8.1）。

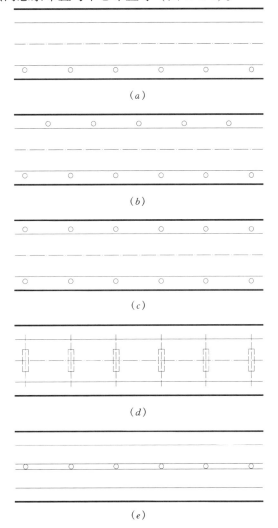

图6.8.1　断面和宽度不同的道路布灯方式
（*a*）单侧布置；（*b*）双侧交错布置；（*c*）双侧对称布置；
（*d*）横向悬索布置；（*e*）中心布置

设计时应对多种布灯方式进行比较，采取经济合理的方案。

（2）为保证路面亮度（照度）均匀度和将眩光限制在允许范围内，灯具的纵向间距、安装高度和路面有效宽度之间的关系，应符合规范设计要求。

（3）灯具悬挑长度与种植在路侧带或分隔带上树木的树形、道路横断面布置有关，悬挑长度宜≤灯具安装高度的1/4。灯具的仰角宜≤15°（图6.8.2）。

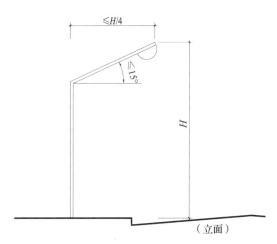

（立面）

图6.8.2　灯具悬挑长度限制及仰角限制

（4）对机动车与非机动车车行道应采用功能性灯具。

当道路两侧的建（构）筑物、行道树、绿化带、人行天桥、桥梁、立体交叉等处设置装饰照明时，不应与道路上的功能照明相冲突，不得降低功能照明效果；宜将装饰照明和功能照明结合进行设计。

（5）在曲线路段、平面交叉、立体交叉、铁路道口、广场、停车场、桥梁、坡道等特殊地点的照明，应比平直路段连续照明的亮度（照度）高、眩光限制严、诱导性好。

6.8.2　曲线路段照明

（1）半径≥1000m的曲线路段，其照明可按直线路段处理。

（2）半径＜1000m的曲线路段，灯具应沿曲线外侧布置，灯具间距宜为直线路段灯具间距的50%～70%。悬挑的长度也应相应缩短。在反向曲线路段上，宜固定在一侧设置灯具；产生视线障碍时，可在曲线外侧增设附加灯具（图6.8.3、图6.8.4）。

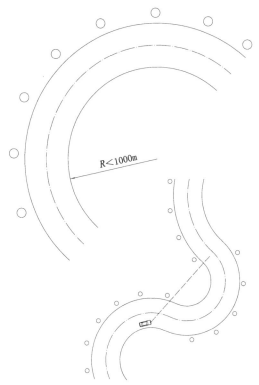

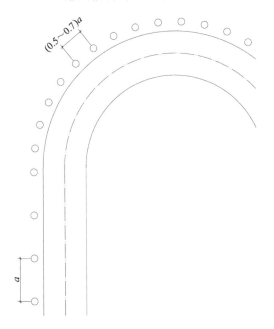

在反向曲线路段上，宜固定在一侧设置灯具，产生视线障碍时，可在曲线外侧增设附加灯具

图 6.8.3　半径在 1000m 以下的曲线
路段路面较窄时的布灯方式

图 6.8.4　曲线路段上灯具的间距应适当减小

（3）当曲线路段的路面较宽需采取双侧布置灯具时，宜采用对称布置。

（4）转弯处的灯具不得安装在直线路段灯具的延长线上（图6.8.5），以免驾驶员误认为是道路向前延伸而导致事故。

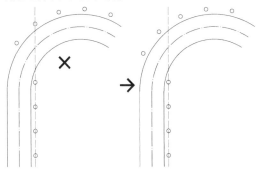

图 6.8.5　道路转弯处的布灯方式

（5）在道路的急转弯处，由于视距短，一旦出现紧急情况，需要驾驶员快速反应，因此需提高对照明的要求。故急转弯处安装的灯具应为车辆、路缘石、护栏以及邻近区域提供充足的照明。

6.8.3　平面交叉口照明

（1）必须设置照明的平面交叉口

1）相交道路中至少一条道路已有照明。

2）复杂的平面交叉。

3）经常有雾的地区。

（2）为使驾驶员看清交叉口，应由设置在交叉口对面的灯具加以照明。

（3）交叉口典型布灯方式（图6.8.6）

1）有照明道路和无照明道路十字交叉口布灯，要考虑有照明道路上驾驶员对交叉口的清楚观察。

2）两条有照明道路十字交叉口布灯，要考虑4个方向道路上驾驶员对交叉口的清楚观察。

3）环形交叉口设灯时，应将灯具设在环道外侧。

4）两条有照明道路T字交叉口布灯，要考虑相垂直两个方向道路上驾驶员对交叉口的清楚观察。

（4）平面交叉口的照度

1）应高于每一条通向该交叉口道路的照度。

2）应使驾驶员在停车视距处看清交叉口。

3）还可采用与通向该交叉口的道路光色不同

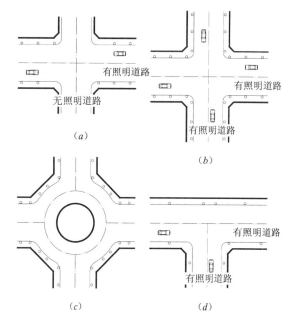

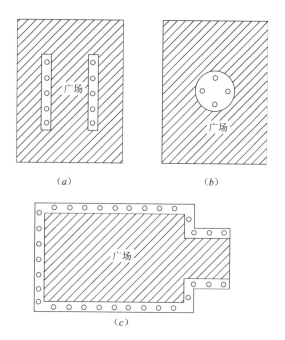

图 6.8.6 交叉口典型布灯方式

（a）有照明道路和无照明道路十字交叉口布灯；

（b）两条有照明道路十字交叉口布灯；

（c）环形交叉口设灯时，应将灯具设在环道外侧；

（d）两条有照明道路 T 字交叉口布灯

图 6.8.7 广场布灯方式

（a）双侧对称布灯；（b）高杆照明；

（c）周边式布灯

的光源，主、次干路采用不同形式的灯具或采用不同的布灯方式等。

4）必要时可另行安装偏离规则排列的附加灯具。

6.8.4 广场及停车场照明设计

（1）应根据广场性质、夜间人流、车辆集散活动规模、路面铺装材料以及绿化布置等情况，分别采用双侧对称布灯、周边式布灯等常规照明或高杆照明（图 6.8.7）。

（2）广场通道、出入口与人群集中活动区的照度应略高于与其衔接的道路。

（3）在坡道上设置照明时，应使灯具的开口平面平行坡道。在凸形竖曲线坡道范围内应缩小灯具的间距并采用截光型灯具。

（4）在机场、车站、航道和港口等有指挥灯光的场所附近，道路照明的灯光不得妨碍指挥灯光的使用。

应根据停车场的使用要求、夜间车辆进出的频繁程度，合理设置照明。照明要求及布灯方式与广场相同。

6.9 道 路 绿 化

道路绿化指路侧带、中间分隔带、两侧分隔带、立体交叉口、平面交叉口、广场、停车场以及道路用地范围内的边角空地等处的绿化。

道路绿化是城市道路的重要组成部分,应根据城市性质、道路功能、自然条件、城市环境等,合理地进行设计。

道路绿化设计应结合交通安全、环境保护、城市美化等要求,选择种植位置、种植形式、种植规模,采用适当树种、草皮、花卉。选择能适应当地自然条件和城市复杂环境的乡土树种。选择树种时,要选择树干挺直、树形美观、夏日遮阳、耐修剪、能抵抗病虫害、风灾及有害气体等的树种。

同时道路绿化设计应处理好与道路照明、交通设施、地上杆线、地下管线等关系。

6.9.1 道路绿化规划设计原则

(1) 道路绿化应以乔木为主,乔木、灌木、地被植物相结合,不得裸露土壤。

(2) 道路绿化应符合行车视线和行车净空要求。

(3) 绿化树木与市政公用设施的相互位置应统筹安排,并应保证树木有需要的立地条件与生长空间。

(4) 植物种植应适地适树,并符合植物间伴生的生态习性;不适宜绿化的土质,应改善土壤进行绿化;道路绿化设计应综合考虑沿街建筑性质、环境、日照、通风等因素,分段种植。在同一路段内的树种、形态、高矮与色彩不宜变化过多,并做到整齐规则和谐一致。

绿化布置应乔木与灌木、落叶与常绿、树木与花卉、草皮相结合,达到色彩和谐、层次鲜明、四季景色不同的效果。

(5) 修建道路时,宜保留有价值的原有树木,

以改善沿路环境,对古树名木应予以保护,并应将沿线风景点组织到视野范围内。

(6) 道路绿地应根据需要配备灌溉设施;道路绿地的坡向、坡度应符合排水要求并与城市排水系统结合,防止绿地内积水和水土流失。

(7) 道路绿化应远近期结合。

6.9.2 道路绿化布置

(1) 主、次干路中间分车绿带和交通岛绿地不应布置成开放式绿地。

(2) 路侧绿带宜与相邻的道路红线外侧其他绿地相结合(图6.9.1)。道路两侧环境条件差异较大时,宜将路侧绿带集中布置在条件较好的一侧。

图6.9.1 路侧绿带宜与相邻的
道路红线外侧其他绿地相结合

(3) 人行道毗邻商业建筑的路段,路侧绿带可与行道树绿带合并。

(4) 干线道路交叉口红线展宽段内、轨道交通站点出入口、公共交通港湾站、人行过街设施设置区段,道路绿化应符合交通设施布局和交通组织的要求。

(5) 道路绿化布置应便于养护。

(6) 两侧分车绿带宽度≥1.5m的,应以种植乔木为主,并宜乔木、灌木、地被植物相结合,其两侧乔木树冠不宜在机动车道上方搭接。对宽度<1.5m的分车带,不宜种植乔木;快速路的中间分车带上,不宜种植乔木。

(7) 绿化和景观设施不得进入道路建筑限界,不得进入交叉口视距三角形,不得干扰标志标线、遮挡信号灯以及道路照明,不得有碍于交通安全和畅通。

6.9.3 道路绿带设计

（1）分车绿带设计

1）分车绿带的植物配置应形式简洁，树形整齐，排列一致。乔木树干中心至机动车道路缘石外侧距离宜≥0.75m（图6.9.2）。

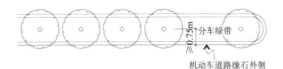

图6.9.2 分车绿带上乔木中心至
机动车道路缘石外侧距离

2）中间分车绿带应阻挡相向行驶车辆的眩光，在距相邻机动车道路面高度0.6～1.5m范围内，配置植物的树冠应常年枝叶茂密，其株距不得大于冠幅的5倍。

3）被人行横道或道路出入口断开的分车绿带，其端部应采取通透式配置。

（2）行道树绿带设计

1）行道树绿带种植应以行道树为主，并宜乔木、灌木、地被植物相结合，形成连续的绿带。

在行人多的路段，行道树绿带不能连续种植时，行道树之间宜采用透气性路面铺装。树池上宜覆盖池箅子。

2）行道树定植株距，应以其树种壮年期冠幅为准，最小种植株距应为4m。行道树树干中心至路缘石外侧最小距离宜为0.75m。

树池宜采用方形，每边净宽≥1.5m；采用矩形时，净宽与净长宜≥1.2×1.8m（图6.9.3）。

3）绿化不应遮挡路灯照明，当树木枝叶遮挡路灯照明时，应合理修剪。

在距交通信号灯及交通标志牌等交通安全设施的停车视距范围内，不应有树木枝叶遮挡。

在道路交叉口视距三角形范围内，行道树绿带应采用通透式配置。

（3）路侧绿带设计

1）路侧绿带应根据相邻用地性质、防护和景观要求进行设计，并应保持在路段内的连续与完整的景观效果。

2）路侧绿带宽度＞8m时，可设计成开放式

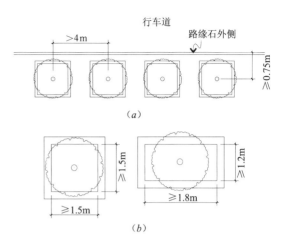

图6.9.3 行道树的定位及树池净尺寸
（a）行道树最小种植株距；（b）树池宜采用方形绿地。

开放式绿地中，绿化用地面积不得小于该段绿带总面积的70%。

路侧绿带与毗邻的其他绿地一起辟为街旁游园时，其设计应符合现行国家标准《公园设计规范》GB 51192的规定。

3）濒临江、河、湖、海等水体的路侧绿地，应结合水面与岸线地形设计成滨水绿带。滨水绿带的绿化应在道路和水面之间留出透景线。

道路护坡绿化应结合工程措施栽植地被植物或攀缘植物。

4）路侧绿化宽度宜为红线宽度的15%～30%（图6.9.4）。

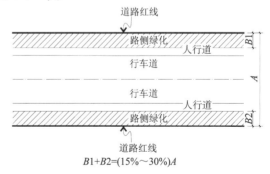

$B1+B2=(15\%～30\%)A$

图6.9.4 路侧绿化宽度宜为红线宽度的15%～30%

对游览性道路、滨河路及有美化要求的道路可提高绿化比例。

5）分隔带与路侧带上的行道树的枝叶不得侵入道路限界（图6.9.5）。

6）弯道内侧及交叉口视距三角形范围内，不得

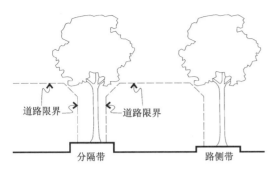

图 6.9.5　分隔带与路侧带上的
行道树枝叶不得侵入道路限界

种植高于最外侧机动车车道中线处路面标高 1m 的树木。弯道外侧应加密种植以诱导视线（图 6.9.6）。

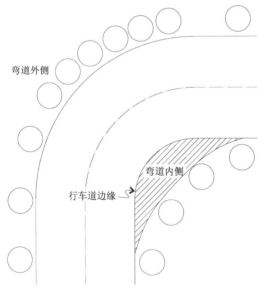

图 6.9.6　弯道内、外侧的绿化要求

7）沿变速车道及匝道应种植诱导视线的树木，并保证视距。此外，应充分利用匝道范围内的平缓坡面布置草坪，点缀有观赏价值的常绿树、灌木、花卉等。

6.9.4　交通中心岛绿地设计

（1）环形交叉口中心岛的绿化应在保证视距的前提下进行诱导视线的种植，在行车视距范围内应采用通透式配置，并与城市景观结合，体现城市特点。

（2）立体交叉绿岛应种植草坪等地被植物。在草坪上可点缀树丛、孤植树和花灌木，以形成疏朗开阔的绿化效果；桥下宜种植耐阴地被植物；墙面宜进行垂直绿化。

6.9.5　树种和地被植物选择

（1）道路绿化应选择适应道路环境条件、生长稳定、观赏价值高和环境效益好的植物种类。

（2）行道树应选择深根性、分枝点高、冠大荫浓、生长健壮、适应城市道路环境条件，且落果对行人不会造成危害的树种。

寒冷积雪地区的城市，分车绿带、行道树绿带种植的乔木，应选择落叶树种。

（3）花灌木应选择枝繁叶茂、花期长、生长健壮和便于管理的树种。

（4）绿篱植物和观叶灌木应选用萌芽力强、枝繁叶密、耐修剪的树种。

地被植物应选择茎叶茂密、生长势强、病虫害少和易管理的木本或草本观叶、观花植物。其中草坪地被植物尚应选择覆盖率高、耐修剪和绿色期长的种类。

6.9.6　道路绿化与其他设施

（1）道路绿化与架空线

1）在分车绿带和行道树绿带上方不宜设置架空线。必须设置时，应保证架空线下有≥9m 的树木生长空间（图 6.9.7）。

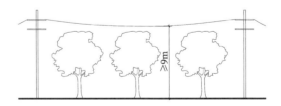

图 6.9.7　分车绿带、行道树绿带上方架空线设置要求

2）架空线下配置的乔木应选择开放形树冠或耐修剪的树种。

3）树木与架空电力线路导线的最小垂直距离应符合现行行业标准《城市道路绿化规划与设计规范》CJJ 75 的相关规定。

（2）道路绿化与地下管线

新建道路或经改建后达到规划红线宽度的道路，

其绿化树木与地下管线外缘的最小水平距离宜符合相关规范规定。行道树绿带下方不得敷设管线。

（3）道路绿化与其他设施

树木与其他设施的最小水平距离应符合相关规范规定。

6.9.7　广场绿化

（1）广场绿化应根据广场的性质、规模及功能进行设计；结合交通导流设施，可采用封闭式种植；对于休憩绿地可采用开敞式种植，并可相应布置建筑小品、座椅、水池和林荫小路。

（2）公共活动广场的集中成片绿地宜≥广场总面积的25%。

（3）集散广场可用绿化分隔广场空间以及人流与车流。广场集中成片绿地宜为广场总面积的10%～25%；车站、码头、机场的集散广场，其集中成片绿地应为广场总面积的10%～15%。

（4）纪念性广场应利用绿化衬托主体、组织前景、创造良好环境（图6.9.8）。

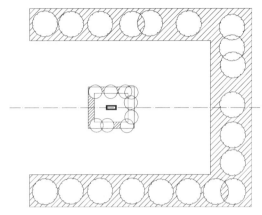

图6.9.8　纪念性广场的绿化布置

6.10　城市道路无障碍设计

城市道路无障碍设计是在城市道路规划、设计中，为残疾人及老年人等行动不便者提供能够达到正常生活和参与社会活动的便利条件。

针对不同类别的残疾人的动作特点和环境中的障碍情况，在设计中应采取相应的对策。对视力残疾者在设计中应简化行动线，布局平直；人行空间内无意外变动和突出物；强化听觉、嗅觉和触觉信息环境，便利引导（如扶手、盲文标志、音响信号等）；坡道的宽度及坡度应考虑轮椅正常通行等。

在本书"2.3 坡度的限制"的"无障碍设计坡度的限制"中，已经对无障碍设计中的坡度进行了具体分析。

城市道路无障碍设计的范围包括人行道、人行横道、人行天桥、人行地道、公交车站等。

6.10.1　缘石坡道

缘石坡道位于人行道口或人行横道两端，使乘轮椅者和行动不便者避免了人行道路缘石带来的通行障碍，是方便残疾人或乘轮椅者进入人行道的一种坡道。

（1）缘石坡道设计应符合的规定

1）人行道的各种路口、各种出入口位置必须设置缘石坡道。

2）缘石坡道应设在人行道的范围内。人行横道两端必须设置缘石坡道（图 6.10.1）。

3）缘石坡道的坡面应平整，且应防滑。

4）缘石坡道的坡口与车行道之间宜没有高差；当有高差时，高出车行道的地面应≤1cm（图6.10.2）。

（2）缘石坡道的分类

缘石坡道可分为全宽式单面坡缘石坡道、三面坡缘石坡道和其他形式的缘石坡道。

1）全宽式单面坡缘石坡道（图6.10.3）

① 全宽式单面坡缘石坡道是优先选用的方案。

② 全宽式单面坡缘石坡道的坡度应≤1:20。

③ 全宽式单面坡缘石坡道的宽度应与人行道宽度相同。

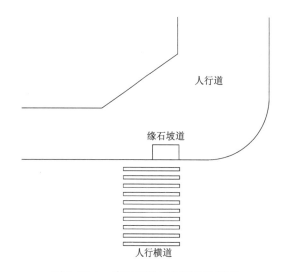

图 6.10.1　缘石坡道与人行道的关系

图 6.10.2　缘石坡道下口高出车行道的地面尺寸要求

2）三面坡缘石坡道（图6.10.4）

① 三面坡缘石坡道正面及侧面的坡度应≤1:12。

② 三面坡缘石坡道的正面坡道宽度应≥1.2m。

3）其他形式的缘石坡道（图6.10.5）

① 其他形式的缘石坡道有扇形缘石坡道和道路转角处缘石坡道等。

② 其他形式的缘石坡道的坡度均≤1:12。

③ 其他形式的缘石坡道的坡口宽度均应≥1.5m。

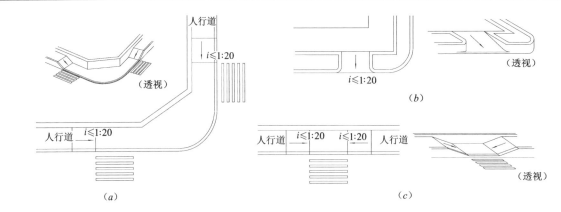

图 6.10.3 全宽式单面坡缘石坡道
(a) 交叉路口处；(b) 街坊路口处；(c) 人行横道处

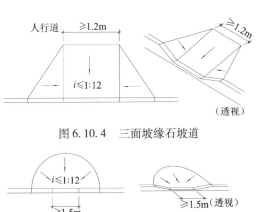

图 6.10.4 三面坡缘石坡道

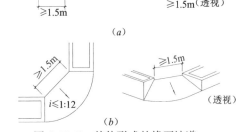

图 6.10.5 其他形式的缘石坡道
(a) 扇形缘石坡道；(b) 道路转角处缘石坡道

6.10.2 盲道设计

视觉残疾者在行进与活动时，最需要的是对环境的感知和方向上的判定，通常是依靠触觉、听觉、嗅觉等来帮助其行动，对空间特性的认识，首先是表现在具有准确的定位能力上。

盲道是在人行道上铺设一种固定形态的地面砖，以使视觉障碍者产生盲杖触觉及脚感，引导视觉障碍者向前行走和辨别方向以到达目的地的通道。

（1）盲道类型

盲道包括行进盲道（导向砖）和提示盲道

（位置砖）（图 6.10.6）。

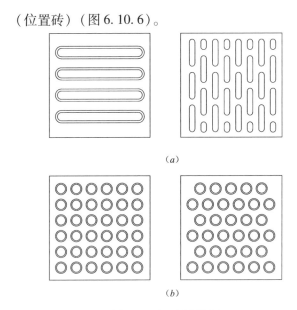

图 6.10.6 盲道类型
(a) 行进盲道（导向砖）；(b) 提示盲道（位置砖）

1）行进盲道

行进盲道是指引视觉障碍者可直接向正前方继续行走的盲道。

行进盲道表面上呈条状形，条状凸起高出砖面0.4cm，走在上面会使盲杖和脚底产生感觉，主要指引视觉残疾者安全地向前直线行走。

2）提示盲道

提示盲道是设置在盲道的起点、转弯、终点处及其他需要提醒处的盲道。

提示盲道表面呈圆点形状，每个圆点高出地面0.4cm，其圆点凸起和行进盲道的条状凸起会使盲杖和脚底产生不同感觉，可告知视觉障碍者前方路线的空间环境将出现变化，提前做好心理准备，并继续向前行进。还可告知视觉残疾者已到达目的地，即可进入或使用等。

（2）盲道设计原则

1）人行道设置的盲道位置和走向，应方便视觉障碍者安全行走和顺利到达无障碍设施位置。

2）指示残疾者向前行走的盲道应为条形的行进盲道；在行进盲道的起点、终点、转弯处及其他有需要处应设圆点形的提示盲道（图6.10.7）。

图6.10.7　行进盲道与提示盲道

3）盲道表面触感部分以下的厚度应与人行道砖一致。盲道型材表面应防滑。

4）盲道应连续，中途不得有电线杆、拉线、树木等障碍物，其他设施不得占用盲道。盲道应避开非机动车停放的位置。

5）盲道宜避开井盖铺设（图6.10.8）。

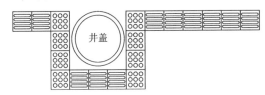

图6.10.8　盲道宜避开井盖铺设

6）盲道的颜色宜与相邻的人行道铺面的颜色形成对比，并与周围景观相协调，宜采用中黄色。

（3）行进盲道的铺设（图6.10.9）

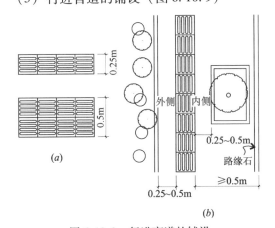

图6.10.9　行进盲道的铺设
（a）行进盲道的宽度0.25～0.5m；
（b）行进盲道与周围设施的尺寸关系

1）行进盲道的宽度随人行道的宽度而定。行进盲道的宽度宜为0.25～0.5m。

2）人行道外侧有围墙、花台、绿地带，行进盲道宜设在距围墙、花台、绿地带0.25～0.5m处。

3）人行道内侧有树池，行进盲道宜设置在距树池0.25～0.5m处；如无树池，行进盲道与路缘石上沿在同一水平面时，距路缘石应≥0.5m，行进盲道比路缘石上沿低时，距路缘石应≥0.25m。

4）人行道成弧线形路线时，行进盲道应与人行道走向一致。

（4）提示盲道的铺设

1）在行进盲道的转弯位置处要铺设不小于行进盲道宽度的提示盲道，告知视觉残疾者盲道转弯的路线位置（图6.10.10）。

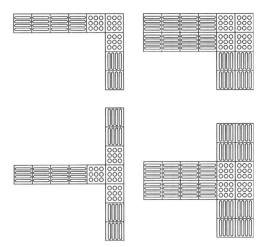

图6.10.10　盲道转弯处铺设要求

2）当行进盲道有十字交叉的路线时，在交叉位置要铺设不小于行进盲道宽度的提示盲道，告知视觉残疾者出现了不同方向的盲道（图6.10.11）。

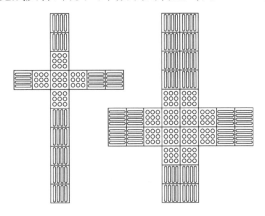

图6.10.11　盲道交叉处铺设要求

3）当盲道的宽度≤0.3m时，提示盲道的宽度应大于行进盲道的宽度，提醒视觉障碍者此段盲道的开端和结束位置（图6.10.12）。

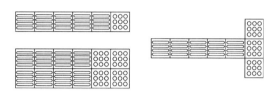

图6.10.12　盲道的起点与终点

4）城市主要商业街、步行街的人行道应设置盲道；视觉障碍者集中区域周边道路应设置盲道；坡道的上下坡边缘处应设置提示盲道；道路周边场所、建筑等出入口设置的盲道应与道路盲道相衔接。

5）人行道中有台阶、坡道和障碍物等，在相距0.25~0.5m处，应设提示盲道（图6.10.13）。

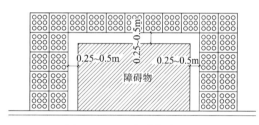

图6.10.13　盲道与障碍物

6）距人行横道入口、广场入口、地下铁道入口等0.25~0.5m处应设提示盲道，提示盲道长度与各入口的宽度应相对应（图6.10.14）。

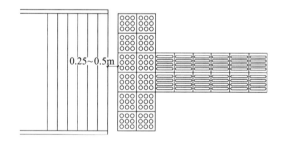

图6.10.14　提示盲道长度与入口宽度

6.10.3　公交车站无障碍设计

（1）公交车站的站台设计

1）站台有效通行宽度不应小于1.50m。

2）在车道之间的分隔带设公交车站时应方便乘轮椅者使用。

（2）盲道与盲文信息布置

1）站台距路缘石0.25~0.5mm处应设置提示盲道，其长度应与公交车站的长度相对应（图6.10.15）。

2）当人行道中设有盲道系统时，应与公交车站的盲道相连接。

3）宜设置盲文站牌或语音提示服务设施，盲文站牌的位置、高度、形式与内容应方便视觉障碍者的使用。

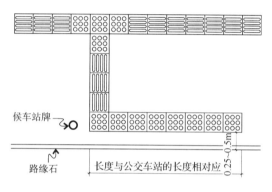

图6.10.15　公交车站盲道设置

6.10.4　人行天桥及地道无障碍设计

（1）盲道的设置规定

1）设置于人行道中的行进盲道应与人行天桥及地道出入口处的提示盲道相连接（图6.10.16）。

2）人行天桥及地道出入口处应设置提示盲道。

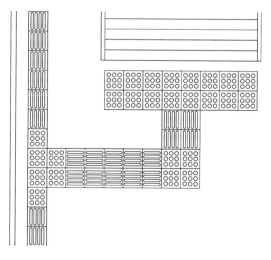

图6.10.16　行进盲道与提示盲道的连接

3）距每段台阶与坡道的起点与终点 0.25 ~ 0.5mm 处应设提示盲道，其长度应与坡道、梯道相对应（图 6.10.17）。

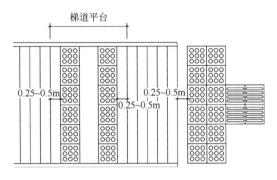

图 6.10.17　提示盲道的布置

（2）人行天桥及地道处坡道与无障碍电梯的相关规定

1）要求满足轮椅通行需求的人行天桥及地道处宜设置坡道；当设置坡道有困难时，应设置无障碍电梯。

2）坡道的净宽度不应小于 2m。

3）坡道的坡度不应大于 1:12。

4）弧线形坡道的坡度，应以弧线内缘的坡度进行计算。

5）坡道的高度每升高 1.5m 时，应设深度不小于 2m 的中间平台。

6）坡道的坡面应平整、防滑。

（3）扶手设置规定

1）人行天桥及地道在坡道的两侧应设扶手，扶手宜设上、下两层。

2）在栏杆下方宜设置安全阻挡措施。

3）扶手起点水平段宜安装盲文铭牌。

（4）当人行天桥及地道无法满足轮椅通行需求时，宜考虑地面安全通行。

（5）人行天桥下的三角区净空高度小于 2m 时，应安装防护设施，并应在防护设施外设置提示盲道（图 6.10.18）。

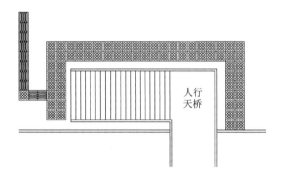

图 6.10.18　人行天桥下三角空间处盲道设计

本 章 要 点

■ 在同样设计速度要求下，一般城市道路最大纵坡坡度比公路最大纵坡坡度小1%。

■ 道路形成倾斜面主要是由道路横坡坡度和纵坡坡度两个数值确定的。应注意避免混淆倾斜面其本身的坡度（即称之为等高线坡降）和这两个坡度的区别。

■ 平原区的公路选线，以平面为主安排的路线，一般以直线为主体线形，或采用接近直线的线位，使路线尽可能短捷顺直。为避免驾驶疲劳，应尽量避免采用长直线或小偏角，也不应为避免长直线而随意转弯。

■ 均坡线是两点之间顺自然地形，以均匀坡度定的地面点的连线。这种坡线常需多次试放才能取得。

■ 根据两相交道路的两个最短视距（即停车视距），在交叉口平面图上绘出一个三角形，该三角形被称为视距三角形。

■ 城市道路无障碍设计中，单面坡缘石坡道的坡度应≤1∶20。三面坡缘石坡道的正面及侧面的坡度应≤1∶12。

■ 指引视觉障碍者向前行走的盲道应为条形的行进盲道；在行进盲道的起点、终点、转弯处及其他有需要处应设圆点形的提示盲道。

管线与绿化

本部分是在场地设计中关于管线综合及绿化布置的有关内容。

7.1 管线综合

7.1.1 管线综合内容

在场地分析设计中，建筑师对于管线综合的掌握，应能够协调、安排各种工程管线在场地上的合理分布，需要适当地深入了解给水、排水、热力、电力、电讯、燃气等各种管线方面的知识。

管线综合的工作，就是根据有关规范规定，综合解决各专业工程技术管线布置及其相互间的矛盾，从全面出发，使各种管线布置合理、经济，最后将各种管线统一布置在管线综合平面图上。

城市工程管线综合规划的主要内容包括：确定城市工程管线在地下敷设时的排列顺序和工程管线间的最小水平净距、最小垂直净距；确定城市工程管线在地下敷设时的最小覆土深度；确定城市工程管线在架空敷设时管线及杆线的平面位置及周围建（构）筑物、道路、相邻工程管线间的最小水平净距和最小垂直净距。

7.1.2 管线分类

（1）给水管

给水管系由水厂将水经加压后送至用户的管路。管材多采用钢管、铸铁管及石棉水泥管等，多为埋地敷设。生活用水和消防用水可合用一条管线。当生产用水与生活用水水质不同时，应分设管道。

生活饮用水管网上的最小服务水压，一般按建筑层数确定：首层为 10m，二层为 12m，二层以上每增高一层增加 4m。

（2）排水管

排水管系由用户将使用后的污、废水经管道排入污水净化设施。多为埋地敷设的自流管道。排水

管管材一般采用混凝土、陶土管、砖石砌筑管沟等，承压大时采用钢筋混凝土管。

（3）热力管

热力管包括蒸汽管、热水管。

热力管是将锅炉生产的蒸汽及热水输送给用户的管道，为有压力管道。一般为钢管，均需设保温层。可以架空、直埋和管沟敷设。

（4）电力线

电力线路系指将电能从发电厂或变电所输送到用户的线路。

在生活区之外和工厂区之外的输电电压为220kV、110kV 和 35kV；在工厂区内一般为 35kV、10kV 和 0.4kV。

为了保证电力线的绝缘性能和人身安全，电力线四周必须有足够的安全距离。

电力线有架空线和埋地电缆两种敷设方式。

（5）电信线路

电信线路一般指电话、广播、有线电视等线路。可用裸线、绝缘线或电缆。为了避免干扰，应尽可能远离电力线。

（6）燃气管

燃气管包括天然气管和煤气管。

燃气管是由城市分配站或调压站调整压力后，输送给用户的管道。

敷设方式在生活区内一般是埋地，在厂区内也有考虑架空的。

其他管线还有氧气、乙炔管线、压缩空气管线、输油管线、运送酸碱管线等。

7.1.3 地下敷设一般原则

工程管线敷设方式包括地下敷设方式（直埋敷设和管沟敷设等）、地上敷设方式（架空敷设、地面敷设等）。管线宜采用地下敷设的方式。

（1）地下管线的走向，宜沿道路或与主体建筑平行布置（图 7.1.1）。

适当集中，尽量减少转弯，应使管线之间及管线与道路之间尽量减少交叉。

（2）管线敷设应充分利用地形。

平原城市应避开土质松软地区、地震断裂带、沉陷区以及地下水位较高的不利地带。

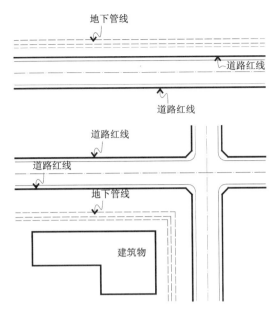

图 7.1.1 地下管线的走向

起伏较大的山区城市，应结合城市地形的特点，合理布置工程管线位置，并应避免山洪、滑坡、泥石流及其他不良地质的危害。

（3）工程管线竖向位置发生矛盾时应遵循的基本原则：

1）压力管线宜避让重力自流管线；

2）易弯曲管线宜避让不易弯曲管线；

3）分支管线宜避让主干管线；

4）小管径管线宜避让大管径管线；

5）临时性管线让永久性管线；

6）新设计的让原有的；

7）施工量小的让施工量大的；

8）检修次数少的、方便的，让检修次数多的、不方便的。

（4）电力电缆与电信管缆宜远离，并按照电力管线在道路东侧或南侧、电信管线在道路西侧或北侧的原则布置。这样可以简化管线综合方案，减少管线交叉的相互冲突（图 7.1.2）。

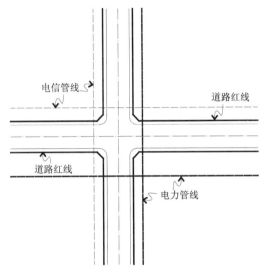

图 7.1.2 电力管线布置原则

（5）尽可能将性质类似、埋深接近的管线排列在一起。

7.2 地下直埋敷设

7.2.1 规划位置的确定

（1）工程管线应根据道路的规划横断面布置在人行道或非机动车道下面（图7.2.1）。位置受限制时，可布置在机动车道或绿化带下面。

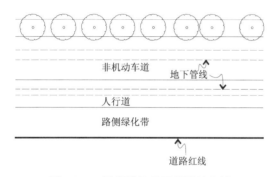

图 7.2.1 沿道路的地下管线的布置

（2）沿城市道路规划的工程管线应与道路中心线平行，其主干线应靠近分支管线多的一侧（图7.2.2）。工程管线不宜从道路一侧转到另一侧。

道路红线宽度超过40m的城市干道宜两侧布置配水、配气、通信、电力和排水管线。

（3）沿铁路、公路敷设的工程管线应与铁路、公路线路平行。工程管线与铁路、公路交叉时宜采用垂直交叉方式布置；受条件限制时，其交叉角宜大于60°。

7.2.2 平行布置次序

（1）工程管线在道路下面的规划位置宜相对

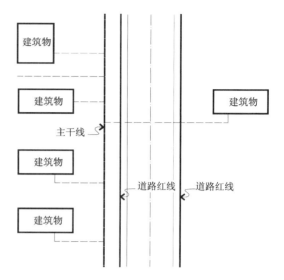

图 7.2.2 沿道路工程管线的主干线布置

固定，分支线少、埋深大、检修周期短和损坏时对建筑物基础安全有影响的工程管线应远离建筑物。工程管线从道路红线向道路中心线方向平行布置的次序宜为：电力、通信、给水（配水）、燃气（配气）、热力、燃气（输气）、给水（输水）、再生水、污水、雨水。

（2）工程管线在庭院内由建筑线向外方向平行布置的顺序，应根据工程管线的性质和埋设深度确定，其布置次序宜为：电力、通信、污水、雨水、给水、燃气、热力、再生水。

7.2.3 管线平行布置

（1）工程管线之间及其与建（构）筑物之间的最小水平净距应符合表7.2.1的规定。当受道路宽度、断面以及现状工程管线位置等因素限制难以满足要求时，应根据实际情况采取安全措施后减少其最小水平净距。大于1.6MPa的燃气管线与其他管线的水平净距应按现行国家标准《城镇燃气设计规范》GB 50028执行。

（2）工程管线与综合管廊最小水平净距应按现行国家标准《城市综合管廊工程技术规范》GB 50838执行。

工程管线之间及其与建（构）筑物之间的最小水平净距（m）　　表 7.2.1

序号	管线及建（构）筑物名称	建（构）筑物	给水管线 d≤200mm	给水管线 d>200mm	污水、雨水管线	再生水管线	燃气低压 P<0.01MPa	中压 B	中压 A	次高压 B	次高压 A	直埋热力管线	电力直埋	电力保护管	通信直埋	通信管道、通道	管沟	乔木	灌木	通信照明及<10kV	高压铁塔基础边 ≤35kV	高压铁塔基础边 >35kV	道路侧石边缘	有轨电车钢轨	铁路钢轨（或坡脚）
1	建（构）筑物	—	1.0	3.0	2.5	1.0	0.7	1.0	1.5	5.0	13.5	3.0	0.6	0.6	1.0	1.5	0.5	—	—	—	—	—	—	—	—
2	给水管线 d≤200mm	1.0	—	—	1.0	0.5	0.5	0.5	0.5	1.0	1.5	1.5	0.5	0.5	1.0	1.0	1.5	1.5	1.0	0.5	3.0	3.0	1.5	2.0	5.0
	给水管线 d>200mm	3.0	—	—	1.5	0.5	0.5	0.5	0.5	1.0	1.5	1.5	0.5	0.5	1.0	1.0	1.5	1.5	1.0	0.5	3.0	3.0	1.5	2.0	5.0
3	污水、雨水管线	2.5	1.0	1.5	—	0.5	1.0	1.2	1.2	1.5	2.0	1.5	0.5	0.5	1.0	1.0	1.5	1.5	1.0	0.5	3.0	3.0	1.5	2.0	5.0
4	再生水管线	1.0	0.5	0.5	0.5	—	0.5	0.5	0.5	1.0	1.5	1.0	0.5	0.5	1.0	1.0	1.5	1.0	1.0	0.5	3.0	3.0	1.5	2.0	5.0
5	燃气管线 低压 P<0.01MPa	0.7	0.5	0.5	1.0	0.5						1.0	0.5	1.0	0.5	1.0	1.0	0.75	0.75	1.0	2.0	1.5	—	2.0	5.0
	中压 B 0.01MPa≤P≤0.2MPa	1.0	0.5	0.5	1.2	0.5			DN≤300mm 0.4；DN>300mm 0.5			1.0	0.5	1.0	0.5	1.0	1.5	0.75	0.75	1.0	2.0	1.5	—	2.0	5.0
	中压 A 0.2MPa<P≤0.4MPa	1.5	0.5	0.5	1.2	0.5						1.0	0.5	1.0	0.5	1.0	1.5	0.75	0.75	1.0	2.0	1.5	—	2.0	5.0
	次高压 B 0.4MPa<P≤0.8MPa	5.0	1.0	1.0	1.5	1.0						1.5	1.0	1.0	1.0	1.0	2.0	1.2	1.2	1.0	5.0	2.5	—	2.0	5.0
	次高压 A 0.8MPa<P≤1.6MPa	13.5	1.5	1.5	2.0	1.5						2.0	1.5	1.0	1.5	1.0	4.0	1.2	1.2	1.0	5.0	2.5	—	2.0	5.0
6	直埋热力管线	3.0	1.5	1.5	1.5	1.0	1.0	1.0	1.0	1.5	2.0	—	2.0	2.0	1.0	1.0	1.5	1.5	1.5	1.0	(3.0 >330kV 5.0)	(3.0 >330kV 5.0)	1.5	2.0	5.0
7	电力管线 直埋	0.6	0.5	0.5	0.5	0.5	0.5	0.5	0.5	1.0	1.5	2.0	0.25	0.1	<35kV 0.5；≥35kV 2.0		1.0	1.0	0.7	1.0	2.0	2.0	1.5		10.0（非电气化 3.0）
	电力管线 保护管	0.6	0.5	0.5	0.5	1.0	1.0	1.0	1.0	1.0	1.0	2.0	0.1	0.1			1.0	1.0	0.7	1.0	2.0	2.0	1.5		10.0（非电气化 3.0）
8	通信管线 直埋	1.0	1.0	1.0	1.0	1.0	0.5	0.5	0.5	1.0	1.5	1.0	<35kV 0.5；≥35kV 2.0		0.5		1.0	1.5	1.0	0.5	0.5	2.5	1.5	2.0	2.0
	通信管线 管道、通道	1.5	1.0	1.0	1.0	1.0	1.0	1.0	1.0	1.0	1.0	1.0				1.0	1.0	1.5	1.0	0.5	0.5	2.5	1.5	2.0	2.0
9	管沟	0.5	1.5	1.5	1.5	1.5	1.0	1.5	1.5	2.0	4.0	1.5	1.0	1.0	1.0	1.0	—	1.5	1.0	1.0	3.0	3.0	1.5		5.0
10	乔木	—	1.5	1.5	1.5	1.0	0.75	0.75	0.75	1.2	1.2	1.5	1.0	1.0	1.5	1.5	1.5	—	—	—	—	—	0.5	—	—
11	灌木	—	1.0	1.0	1.0	1.0	0.75	0.75	0.75	1.2	1.2	1.5	0.7	0.7	1.0	1.0	1.0	—	—	—	—	—	0.5	—	—
12	地上杆柱 通信照明及<10kV	—	0.5	0.5	0.5	0.5	1.0	1.0	1.0	1.0	1.0	1.0	1.0	1.0	0.5	0.5	1.0	—	—	—	—	—	0.5	—	—
	地上杆柱 高压铁塔基础边 ≤35kV	—	3.0	3.0	1.5	3.0	1.0	1.0	1.0	5.0	5.0	3.0（>330kV 5.0）	2.0	2.0	0.5	0.5	3.0	—	—	—	—	—	0.5	—	—
	地上杆柱 高压铁塔基础边 >35kV	—	3.0	3.0	1.5	3.0	2.0	2.0	2.0	5.0	5.0	2.0	2.5	2.5	2.5	2.5	3.0	—	—	—	—	—	0.5	—	—

续表

序号	管线及建(构)筑物名称	1 建(构)筑物	2 给水管线 d≤200mm	2 给水管线 d>200mm	3 污水、雨水管线	4 再生水管线	5 燃气管线 低压	5 中压B	5 中压A	5 次高压B	5 次高压A	6 直埋热力管线	7 电力管线 直埋	7 保护管	8 通信管线 直埋	8 管道、通道	9 管沟	10 乔木	11 灌木	12 地上杆柱 通信照明及<10kV	12 高压铁塔基础边 ≤35kV	12 >35kV	13 道路侧石边缘	14 有轨电车钢轨	15 铁路钢轨(或坡脚)
13	道路侧石边缘	—	1.5	1.5	1.5	1.5	1.5	1.5	1.5	2.5	2.5	1.5	1.5	1.5	1.5	1.5	1.5	0.5	0.5	0.5	0.5	0.5	—	—	—
14	有轨电车钢轨	—	2.0	2.0	2.0	2.0	2.0	2.0	2.0	2.0	2.0	2.0	2.0	2.0	2.0	2.0	2.0	—	—	—	—	—	—	—	—
15	铁路钢轨(或坡脚)	—	5.0	5.0	5.0	5.0	5.0	5.0	5.0	5.0	5.0	5.0	10.0(非电气化3.0)	10.0(非电气化3.0)	2.0	2.0	3.0	—	—	—	—	—	—	—	—

7.2.4　土壤内摩擦角

在外部荷载作用下，土体中的应力将发生变化。当土体中的剪应力超过土体本身的抗剪强度时，土体将产生沿着其中某一滑裂面的滑动，产生剪切破坏，而使土体丧失整体稳定性。

埋深大于建(构)筑物基础的工程管线，如果与基础很近，处于基础引起的土体滑动范围内，则对工程管线宜造成破坏，同时对建(构)筑物基础受力也产生影响，所以应避免使工程管线处于地基剪切范围内。

内摩擦力与土粒大小、土粒间的咬合程度以及法向正应力大小有关，是土体抗剪强度的两个力学指标之一。

内摩擦角，在土体学上定义为土体摩尔包络线的切线与正应力坐标轴间的夹角，当摩尔包络线为直线时，即为该直线与正应力坐标轴间的夹角。对于建筑师而言，可以简明地理解为摩擦滑动面边线与水平面的夹角。

土壤的内摩擦角应以地质勘测数据为准，正常密实度情况下的土壤内摩擦角可参考以下数值：黏性土30°，砂类土30°~35°，粗砂、卵砾石35°~40°，碎石类土40°~45°，碎石45°~50°。

埋深大于建(构)筑物基础的工程管线，其与建(构)筑物之间的最小水平距离，除了满足表7.2.1的数值要求外，还要计算出考虑土壤内摩擦角因素的水平净距，并同时要求满足该计算数值。

对于埋深大于建(构)筑物基础的工程管线，其与建(构)筑物之间的最小水平距离，应考虑土壤内摩擦角因素的水平净距（图7.2.3）：

$$L = (H - h)/\tan\phi + a/2 \qquad (7.2.1)$$

式中　L——管线中心至建(构)筑物基础边的水平距离（m）；

　　　H——管线敷设深度（m）；

　　　h——建(构)筑物基础底砌置深度（m）；

　　　a——沟槽开挖宽度（m）；

　　　ϕ——土壤内摩擦角（°）。

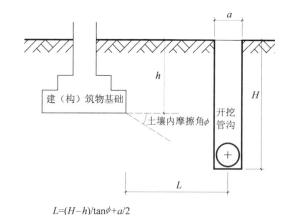

$L=(H-h)/\tan\phi+a/2$

图7.2.3　土壤内摩擦角与水平净距

7.2.5　管线交叉敷设

（1）各种工程管线不应在垂直方向上重叠敷设。

（2）当工程管线交叉敷设时，管线自地表面向下的排列顺序宜为：通信、电力、燃气、热力、给水、再生水、雨水、污水。给水、再生水和排水管线应按自上而下的顺序敷设。

（3）工程管线交叉点高程应根据排水等重力流管线的高程确定。

（4）工程管线交叉时的最小垂直净距，应符合表 7.2.2 的规定。当受现状工程管线等因素限制难以满足要求时，应根据实际情况采取安全措施后减少其最小垂直净距。

工程管线交叉时的最小垂直净距（m） 表 7.2.2

序号	管线名称		给水管线	污水、雨水管线	热力管线	燃气管线	通信管线		电力管线		再生水管线
							直埋	保护管及通道	直埋	保护管	
1	给水管线		0.15								
2	污水、雨水管线		0.40	0.15							
3	热力管线		0.15	0.15	0.15						
4	燃气管线		0.15	0.15	0.15	0.15					
5	通信管线	直埋	0.50	0.50	0.25	0.50	0.25	0.25			
		保护管、通道	0.15	0.15	0.25	0.15	0.25	0.25			
6	电力管线	直埋	0.50*	0.50*	0.50*	0.50*	0.50*	0.50*	0.50*	0.25	
		保护管	0.25	0.25	0.25	0.15	0.25	0.25	0.25	0.25	
7	再生水管线		0.50	0.40	0.15	0.15	0.15	0.15	0.50*	0.25	0.15
8	管沟		0.15	0.15	0.15	0.15	0.25	0.25	0.50*	0.25	0.15
9	涵洞（基底）		0.15	0.15	0.15	0.15	0.25	0.25	0.50*	0.25	0.15
10	电车（轨底）		1.00	1.00	1.00	1.00	1.00	1.00	1.00	1.00	1.00
11	铁路（轨底）		1.00	1.20	1.20	1.20	1.50	1.50	1.00	1.00	1.00

注：*用隔板分隔时不得小于 0.25m。

7.2.6 覆土深度

严寒或寒冷地区给水、排水、再生水、直埋电力及湿燃气等工程管线应根据土壤冰冻深度确定管线覆土深度；非直埋电力、通信、热力及干燃气等工程管线以及严寒或寒冷地区以外地区的工程管线应根据土壤性质和地面承受荷载的大小确定管线的覆土深度。

工程管线的最小覆土深度应符合表 7.2.3 的规定。当受条件限制不能满足要求时，可采取安全措施减少其最小覆土深度。

工程管线的最小覆土深度（m） 表 7.2.3

	管线名称	给水管线	排水管线	再生水管线	电力管线		通信管线		直埋热力管线	燃气管线	管沟
					直埋	保护管	直埋及塑料、混凝土保护管	钢保护管			
最小覆土深度	非机动车道（含人行道）	0.60	0.60	0.60	0.70	0.50	0.60	0.50	0.70	0.60	—
	机动车道	0.70	0.70	0.70	1.00	0.50	0.90	0.60	1.00	0.90	0.50

7.3 综合管廊敷设

7.3.1 综合管廊平面布局及位置

（1）综合管廊的平面布局

1）综合管廊应与地下交通、地下商业开发、地下人防设施及其他相关建设项目协调。

2）综合管廊宜分为干线综合管廊、支线综合管廊及缆线管廊。

3）当遇到下列情况之一时，宜采用综合管廊：

①交通运输繁忙或地下管线较多的城市主干道以及配合轨道交通、地下道路、城市地下综合体等建设工程地段；

②城市核心区、中央商务区、地下空间高强度成片集中开发区、重要广场、主要道路的交叉口、道路与铁路或河流的交叉处、过江隧道等；

③道路宽度难以满足直埋敷设多种管线的路段；

④重要的公共空间；

⑤不宜开挖路面的路段。

（2）综合管廊的位置

1）综合管廊位置应根据道路横断面、地下管线和地下空间利用情况等确定。

2）干线综合管廊宜设置在机动车道、道路绿化带下。

3）支线综合管廊宜设置在道路绿化带、人行道或非机动车道下。

4）缆线管廊宜设置在人行道下。

5）综合管廊的覆土深度应根据地下设施竖向规划、行车荷载、绿化种植及设计冻深等因素综合确定。

7.3.2 综合管廊断面布置

（1）综合管廊内可敷设电力、通信、给水、热力、再生水、天然气、污水、雨水管线等城市工程管线。

（2）综合管廊覆土深度应根据道路施工、行车荷载、其他地下管线、绿化种植以及设计冰冻深度等因素综合确定。

（3）综合管廊断面形式应根据纳入管线的种类及规模、建设方式、预留空间等确定，应满足管线安装、检修、维护作业所需要的空间要求。

（4）天然气管道应在独立舱室内敷设。

（5）热力管道采用蒸汽介质时应在独立舱室内敷设。

（6）热力管道不应与电力电缆同舱敷设。

（7）110kV及以上电力电缆，不应与通信电缆同侧布置。

（8）给水管道与热力管道同侧布置时，给水管道宜布置在热力管道下方。

（9）进入综合管廊的排水管道应采用分流制，雨水纳入综合管廊可利用结构本体或采用管道方式。

（10）污水纳入综合管廊应采用管道排水方式，污水管道宜设置在综合管廊的底部。

7.4 地上敷设方式

地上敷设方式包括架空敷设、地面敷设等。

7.4.1 架空敷设布置原则

（1）沿城市道路架空敷设的工程管线，其线位应根据规划道路的横断面确定，并不应影响道路交通、居民安全以及工程管线的正常运行。

（2）架空敷设的工程管线应与相关规划结合，节约用地并减小对城市景观的影响。

（3）架空线线杆宜设置在人行道上距路缘石≤1m的位置，有分车带的道路，架空线线杆可布置在分车带内，并应满足道路建筑限界要求（图7.4.1）。

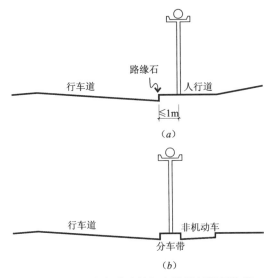

图 7.4.1 沿城市道路的架空线线杆设置位置

（a）架空线线杆宜设置在人行道上距路缘石≤1m 的位置；

（b）有分车带的道路，架空线线杆可布置在分车带内

（4）架空电力线与架空通信线宜分别架设在道路两侧（图7.4.2）。

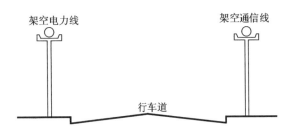

图 7.4.2 架空电力线与架空通信线的架设方法

（5）架空电力线及通信线同杆架设应符合下列规定：

1）高压电力线可采用多回线同杆架设；

2）中、低压配电线可同杆架设；

3）高压与中、低压配电线同杆架设时，应进行绝缘配合的论证；

4）中、低压电力线与通信线同杆架设应采取绝缘、屏蔽等安全措施。

（6）架空金属管线与架空输电线、电气化铁路的馈电线交叉时，应采取接地保护措施。

（7）工程管线跨越河流时，宜采用管道桥或利用交通桥梁进行架设，并应符合下列规定：

1）利用交通桥梁跨越河流的燃气管线压力不应大于 0.4MPa；

2）工程管线利用桥梁跨越河流时，其规划设计应与桥梁设计相结合。

7.4.2 架空敷设线路最小净距

（1）架空管线之间及其与建（构）筑物之间的最小水平净距应符合表7.4.1的规定。

（2）架空管线之间及其与建（构）筑物之间的最小垂直净距应符合表7.4.2的规定。

架空管线之间及其与建（构）筑物之间的最小水平净距（m） 表 7.4.1

名　　称		建(构)筑物（凸出部分）	通信线	电力线	燃气管道	其他管道
电力线	3kV 以下边导线	1.0	1.0	2.5	1.5	1.5
	3～10kV 边导线	1.5	2.0	2.5	2.0	2.0
	35～66kV 边导线	3.0	4.0	5.0	4.0	4.0

名　称		建(构)筑物(凸出部分)	通信线	电力线	燃气管道	其他管道
电力线	110kV 边导线	4.0	4.0	5.0	4.0	4.0
	220kV 边导线	5.0	5.0	7.0	5.0	5.0
	330kV 边导线	6.0	6.0	9.0	6.0	6.0
	500kV 边导线	8.5	8.0	13.0	7.5	6.5
	750kV 边导线	11.0	10.0	16.0	9.5	9.5
	通信线	2.0	—	—	—	—

架空管线之间及其与建（构）筑物之间的最小垂直净距（m）　　　　表 7.4.2

名　称		建(构)筑物	地面	公路	电车道(路面)	铁路(轨顶)		通信线	燃气管道 P≤1.6MPa	其他管道
						标准轨	电气轨			
电力线	3kV 以下	3.0	6.0	6.0	9.0	7.5	11.5	1.0	1.5	1.5
	3~10kV	3.0	6.5	7.0	9.0	7.5	11.5	2.0	3.0	2.0
	35kV	4.0	7.0	7.0	10.0	7.5	11.5	3.0	4.0	3.0
	66kV	5.0	7.0	7.0	10.0	7.5	11.5	3.0	4.0	3.0
	110kV	5.0	7.0	7.0	10.0	7.5	11.5	3.0	4.0	3.0
	220kV	6.0	7.5	8.0	11.0	8.5	12.5	4.0	5.0	4.0
	330kV	7.0	8.5	9.0	12.0	9.5	13.5	5.0	6.0	5.0
	500kV	9.0	14.0	14.0	16.0	14.0	16.0	8.5	7.5	6.5
	750kV	11.5	19.5	19.5	21.5	19.5	21.5	12.0	9.5	8.5
通信线		1.5	(4.5)5.5	(3.0)5.5	9.0	7.5	11.5	0.6	1.5	1.0
燃气管道 P≤1.6MPa		0.6	5.5	5.5	9.0	6.0	10.5	1.5	0.3	0.3
其他管道		0.6	4.5	4.5	9.0	6.0	10.5	1.0	0.3	0.25

7.4.3　地面敷设

当人流货运少时，根据地形可以采用地面敷设方式。地面敷设投资省、检修方便、施工快，在临时及简易工程中经常采用。但是煤气管不宜采用地面敷设方式，应为地下敷设方式。不同地段的地面敷设可采用不同的方法（图 7.4.3）：

（1）在填方地段可以采用管堤方式；

（2）在挖方地段可以采用管堑方式；

（3）在岩石地段可以采用培土敷设；

（4）在山坡可以采用沿坡架设。

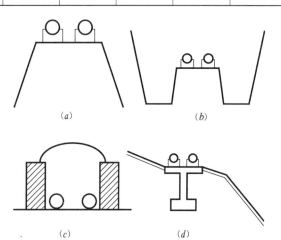

图 7.4.3　不同地段管线地面敷设采用的不同方法
（a）在填方地段可以采用管堤方式；（b）在挖方地段可以采用管堑方式；（c）在岩石地段可以采用培土敷设；（d）在山坡可以采用沿坡架设

7.4.4 高压走廊

高压走廊，是指在计算导线最大风偏和安全距离情况下，35kV 及以上高压架空电力线路两边导线向外侧延伸一定距离所形成的两条平行线之间的专用通道。

高压走廊内不得兴建建筑物、构筑物。

不得堆放垃圾、矿渣、易燃易爆物等。

不得种植竹子。经当地电力主管部门同意，可以保留或种植自然生长最终高度与导线之间符合安全距离的树木。

因线路电压的不同，高压走廊宽度也不同（表7.4.3）。

高压架空电力线路规划走廊宽度　表7.4.3

线路电压等级（kV）	走廊宽度（m）
1000（750）	90～110
500	60～75
330	35～45
220	30～40
66，110	15～25
35	15～20

7.5 绿化类别

7.5.1 绿化概念

（1）绿地率

绿地率，即城市一定地区内各类绿化用地总面积占该地区总面积的比例。

对于居住区来说，绿地应包括：公共绿地、宅旁绿地、公共服务设施所属绿地和道路绿地（即道路红线内的绿地），其中包括满足当地植树绿化覆土要求、方便居民出入的地下或半地下建筑的屋顶绿地，不应包括屋顶、晒台的人工绿地。

（2）绿带

绿带，即在城市组团之间、城市周围或相邻城市之间设置的用以控制城市扩展的绿色开敞空间。

设有一定宽度的绿带，具有防止城市蔓延，保留城市未来发展用地，提供城市居民游憩环境，以及保护城市生态平衡等多种功能。

（3）公共绿地

公共绿地，即城市中向公众开放的绿化用地，包括其范围内的水域。

对于居住区来说，满足规定的日照要求、适合于安排游憩活动设施的、供居民共享的集中绿地，应包括居住区公园、小游园和组团绿地及其他块状带状绿地等。

（4）专用绿地

专用绿地，即城市中行政、经济、文化、教育、卫生、体育、科研、设计等机构或设施，以及工厂和部队驻地范围内的绿化用地。

专用绿地不列入城市用地分类中的绿地类，而从属于各类用地之中。如工厂内的绿地从属于工业用地，大学校园内的绿地从属于高等院校用地，等等。

（5）防护绿地

防护绿地，即城市中用于具有卫生、隔离和安全防护功能的林带及绿化用地。

7.5.2 绿地分类

绿地按主要功能进行分类，并与城市用地分类相对应。

绿地分类应采用大类、中类、小类三个层次。绿地类别应采用英文字母组合表示，或采用英文字母与阿拉伯数字组合表示（表7.5.1）。

城市建设用地内的绿地分类和代码　　　　　　　　表 7.5.1

类别代码			类别名称	内容	备注
大类	中类	小类			
G1			公园绿地	向公众开放，以游憩为主要功能，兼具生态、景观、文教和应急避险等功能，有一定游憩和服务设施的绿地	—
	G11		综合公园	内容丰富，适合开展各类户外活动，具有完善的游憩和配套管理服务设施的绿地	规模宜大于10hm²
	G12		社区公园	用地独立，具有基本的游憩和服务设施，主要为一定社区范围内居民就近开展日常休闲活动服务的绿地	规模宜大于1hm²
	G13		专类公园	具有特定内容或形式，有相应的游憩和服务设施的绿地	—
		G131	动物园	在人工饲养条件下，移地保护野生动物，进行动物饲养、繁殖等科学研究，并供科普、观赏、游憩等活动，具有良好设施和解说标识系统的绿地	—

类别代码			类别名称	内容	备注
大类	中类	小类			
G1	G13	G132	植物园	进行植物科学研究、引种驯化、植物保护,并供观赏、游憩及科普等活动,具有良好设施和解说标识系统的绿地	—
		G133	历史名园	体现一定历史时期代表性的造园艺术,需要特别保护的园林	—
		G134	遗址公园	以重要遗址及其背景环境为主形成的,在遗址保护和展示等方面具有示范意义,并具有文化、游憩等功能的绿地	—
		G135	游乐公园	单独设置,具有大型游乐设施,生态环境较好的绿地	绿化占地比例应大于或等于65%
		G139	其他专类公园	除以上各种专类公园外,具有特定主题内容的绿地;主要包括儿童公园、体育健身公园、滨水公园、纪念性公园、雕塑公园以及位于城市建设用地内的风景名胜公园、城市湿地公园和森林公园等	绿化占地比例宜大于或等于65%
	G14		游园	除以上各种公园绿地外,用地独立,规模较小或形状多样,方便居民就近进入,具有一定游憩功能的绿地	带状游园的宽度宜大于12m;绿化占地比例应大于或等于65%
G2			防护绿地	用地独立,具有卫生、隔离、安全、生态防护功能,游人不宜进入的绿地;主要包括卫生隔离防护绿地、道路及铁路防护绿地、高压走廊防护绿地、公用设施防护绿地等	—
G3			广场用地	以游憩、纪念、集会和避险等功能为主的城市公共活动场地	绿化占地比例宜大于或等于35%;绿化占地比例大于或等于65%的广场用地计入公园绿地
XG			附属绿地	附属于各类城市建设用地(除"绿地与广场用地")的绿化用地;包括居住用地、公共管理与公共服务设施用地、商业服务业设施用地、工业用地、物流仓储用地、道路与交通设施用地、公用设施用地等用地中的绿地	不再重复参与城市建设用地平衡
	RG		居住用地附属绿地	居住用地内的配建绿地	—
	AG		公共管理与公共服务设施用地附属绿地	公共管理与公共服务设施用地内的绿地	—
	BG		商业服务业设施用地附属绿地	商业服务业设施用地内的绿地	—
	MG		工业用地附属绿地	工业用地内的绿地	—
	WG		物流仓储用地附属绿地	物流仓储用地内的绿地	—
	SG		道路与交通设施用地附属绿地	道路与交通设施用地内的绿地	—
	UG		公用设施用地附属绿地	公用设施用地内的绿地	—

7.5.3 植物种类

绿化所用的植物一般为树木、花卉、草坪以及地被植物。

树木可分为乔木、灌木、藤本三类。

（1）乔木（图7.5.1）

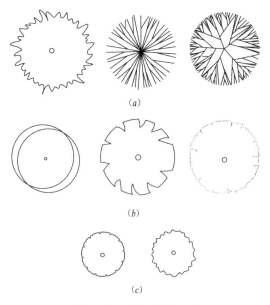

图7.5.1 乔木平面图示
（a）常绿大乔木；（b）落叶大乔木；（c）落叶小乔木

乔木分为常绿乔木和落叶乔木。

依照树形高矮分为大乔木（20m以上）、中乔木（8～20m）、小乔木（8m以下）。

乔木是主干明显而直立、分枝繁茂的木本植物。一般较高大，在距地面较高处分枝形成树冠，如松、杉、杨、柳等。可作为植物空间的划分、围合、屏障、装饰、引导以及美化作用。

大乔木多应用在特殊环境之下，如点缀、衬托高大建筑物或创造明暗空间变化等；中乔木具有包容建筑或建筑群的围合功能，把城市空间环境有机统一地协调为一个整体；小乔木最接近人体适合的仰视角度，成为城市生活空间中的主要构成树种。乔木中如木棉、凤凰木、林兰等，是多花者，其成林景观或单体点景的效果，为其他种类所无法企及的。

（2）灌木（图7.5.2）

灌木分为常绿灌木和落叶灌木。

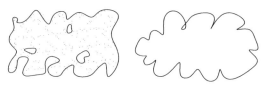

图7.5.2 灌木平面图示

高2m以上为大灌木，1～2m为中灌木，不足1m为小灌木。

灌木是没有明显主干的木本植物，一般矮小，分枝差不多从地面开始，如月季、木槿、迎春、连翘等。

大、中灌木因其高度超越人的视线，可用于景观分隔与空间围合，屏蔽视线与限定不同功能空间。

小灌木在空间尺度上比较具有亲人性，其高度在人的视线之下，具有形成矮墙、篱笆以及护栏的功能，对使用者在空间中的行为活动与景观欣赏有着明显的影响，易形成半开放式空间，因而小灌木被大量应用。

（3）藤本植物

藤本植物大多依靠墙体、护栏等支撑物，形成竖直悬挂或倾斜的立面构图，使其能够较自然地形成封闭与围合效果，起到柔化其附着支撑物的作用。

（4）花卉

花卉分为一年生花卉，二年生花卉，又分球根花卉、宿根花卉、岩生花卉、水生花卉、草坪地被植物等。

花卉给人普遍的印象是草本花卉类。花卉的广义要领是指有观赏价值的草本植物、草本或木本的地被植物、花灌木、开花乔木及盆景等。

草本花卉与地被植物结合，增强地表的覆盖效果，形成独特的平面构图。

草本花卉在应用上重点突出体量上的优势，表达其色彩的多样性。

在城市景观中经常采用的方法是花坛、花台、垂吊等，以突出其应用价值和特色。

（5）草坪及地被植物

针对场地绿化设计，草坪特指以其叶色或叶质为统一的现代草坪，地被植物指专用于补充、点缀的低矮草本植物等，具有很强的适应性。

草坪和地被植物对人们的视线及运动方向不会造成屏蔽与阻碍，可起到环境的背景色作用，形成空间与自然的连续、过渡。

7.6 绿化设计及原则

7.6.1 绿化平面布局

（1）按照绿化位置的不同，绿化平面布置的形式也不同（图7.6.1）

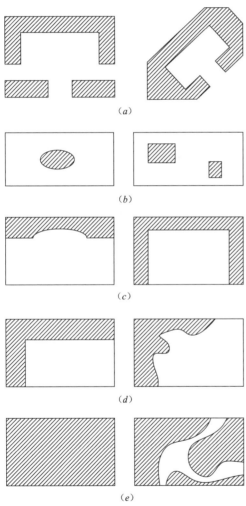

图 7.6.1 绿化平面布置（按照绿化位置的不同）
（a）周边围合式；（b）中心式；（c）对景式；
（d）边侧式；（e）全面式

1）周边围合式

周边围合式种植形成封闭安静的环境，内敛性很强。

2）中心式

中心式种植可以充分发挥绿化的主导作用，绿化成为视觉中心。

3）对景式

对景式种植可以形成怡人的对景画面，过去纪念性场地常采用此种布局。

4）边侧式

边侧式种植比较灵动、活泼。

5）全面式

全面式种植可以成为独立花园，具有强烈的绿色氛围。

（2）按照人流分配的不同，绿化平面布置的形式也不同（图7.6.2）

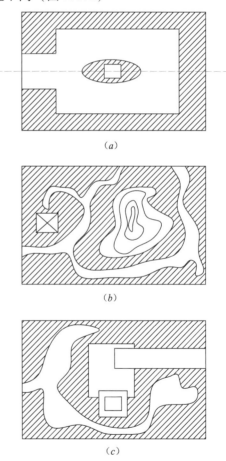

图 7.6.2 绿化平面布置（按照人流分配的不同）
（a）规则式；（b）自然式；（c）混合式

1）规则式

规则式的布置形式比较规则严整，多适用于平地。往往采用对称布局。道路多用直线和几何规律形式，轴线明确。西方园林为典型的规则式、几何式布局。现代场地布置中也经常采用该形式。

2）自然式

根据地势地形，顺应自然，不求对称形式。强调创造自然形态，适用于山丘处。东方园林就是典型的自然式。

3）混合式

既不完全采用几何对称布局，也不过分强调自然。自然与人工两者很好地结合，成为能适应不同要求的形式。

7.6.2 种植设计立面构成

不种类型的植物组合构成了不同的空间、立面构成，这种立面构成形式或是单体的，或是群体的（图7.6.3）。

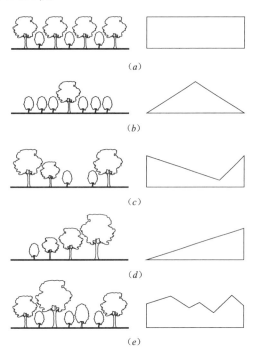

图7.6.3 种植设计立面的几种组合构成
（a）连续式种植；（b）中心突出遮挡式种植；
（c）夹景、深远明亮式种植；（d）三角侧重式种植；
（e）组合式种植

（1）连续式种植

连续式种植具有整齐、形成强烈节奏的作用，可以形成整齐的带面状。

（2）中心突出遮挡式种植

中心突出遮挡式种植主景突出，有遮挡作用。

（3）夹景、深远明亮式种植

夹景、深远明亮式种植使主要视线通透，有深远感。

（4）三角侧重式种植

具有静物构图美。

（5）组合式种植

组合式种植具有明显富于变化的节奏，可以形成丰富的立面。

7.6.3 绿化一般原则

（1）划分空间（图7.6.4）

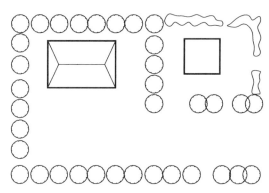

图7.6.4 绿化的划分空间作用

绿化可以作为划分空间、限定空间、围合空间的要素，但并不把空间截然分开，分而不断。在划分空间的同时，保持了视觉上、空间上的连续性。

灌木与乔木之间的不同配置组合，可以产生不同的限定空间及其视觉感受。

（2）行道树（图7.6.5）

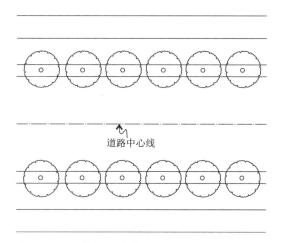

图7.6.5 行道树对道路的美化、遮阴和防护作用

行道树具备阻隔车行道的尾气污染和噪声等优点，主要位于道路两旁或分隔带中央，以起到美化、遮阴和防护作用。

行道树树干分枝点要高，不剐划车辆，不碰行人头，不遮挡司机视线。

城区道路多以树冠广茂、绿荫如盖、形态优美的落叶阔叶乔木为主。纪念场所的行道树则多以常绿针叶类为主，如圆柏、龙柏、柏木等。

（3）限制行人（图7.6.6）

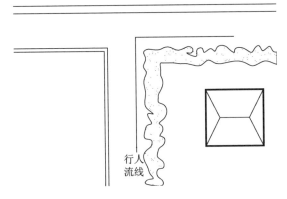

图 7.6.6　绿化的限制行人作用

通常为指示和限制人流行走的方向：有时是保护绿地、避免绿地被践踏；有时是避免行人穿越某些场地，如停车场等。

（4）遮挡视线（图7.6.7）

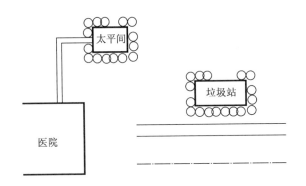

图 7.6.7　绿化的遮挡视线作用

利用绿化遮挡一些不愿让人看到的、影响景观的部分，如单调的长围墙、医院太平间、垃圾站及其他一些服务辅助性设施等。

（5）阻隔噪声、风沙及冷空气（图7.6.8）

在场地内面向噪声源、风沙及冷空气来源的一侧设置绿化带，可有效地降低噪声、风沙对场地的侵扰，减弱它们对场地的不良影响。

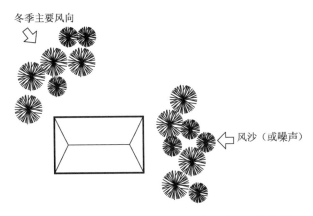

图 7.6.8　常绿乔木阻隔噪声、风沙及冷空气的作用

一般多以常绿乔木作为主要植物，应密集设置，否则达不到应有的防护作用。阻隔冷空气时，应在本地冬季主要风向方向种植绿化带。

（6）遮挡烈日（图7.6.9）

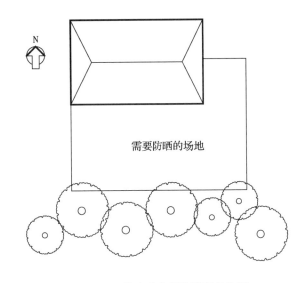

图 7.6.9　落叶乔木的遮挡烈日作用

某些场地在夏季时需要避免烈日暴晒，一般在需要避免日晒场地的南侧或西南侧种植落叶乔木（对北半球来说）。

（7）室内外空间过渡（图7.6.10）

在建筑物与人行道之间设置绿化带，作为过渡空间，不使室内与室外紧紧相邻，在二者间制造一个缓冲带，可较好地避免道路上的行人对建筑物内部的视线和噪声干扰。

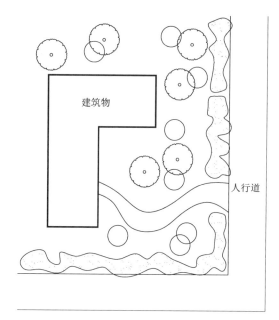

图7.6.10　绿化的室内外空间过渡作用

（8）美化和观赏（图7.6.11）

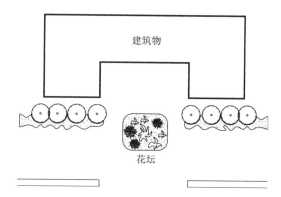

图7.6.11　绿化的美化和观赏作用

有的建筑物为增加自然气氛，柔化建筑物边界，往往在其前种植落叶乔木和常绿灌木，在场地中设置花坛，种植花卉等，起到观赏作用。

（9）抗污染

应选择树冠较密，雨后能够自然洗刷，适应能力强的植物，如梧桐、合欢等。

类型	人均公共绿地面积（m²/人）	居住区公园		备注
		最小规模（hm²）	最小宽度（m）	
十分钟生活圈居住区	1.0	1.0	50	不含五分钟生活圈及以下级居住区的公共绿地指标
五分钟生活圈居住区	1.0	0.4	30	不含居住街坊的绿地指标

7.7 部分功能区绿化

7.7.1 居住区绿化

城市居住区绿地包括居住区用地内的公共绿地和居住街坊内绿地；居住街坊内的绿地应结合住宅建筑布局，设置集中绿地和宅旁绿地。绿地率是居住街坊内绿地面积之和与该居住街坊用地面积的比率（%）。

（1）居住街坊内绿地面积的计算方法应符合下列规定：

1）满足当地植树绿化覆土要求的屋顶绿地可计入绿地。绿地面积计算方法应符合所在城市绿地管理的有关规定。

2）当绿地边界与城市道路邻接时，应算至道路红线；当与居住街坊附属道路邻接时，应算至路面边缘；当与建筑物邻接时，应算至距房屋墙脚1m处；当与围墙、院墙邻接时，应算至墙脚。

3）当集中绿地与城市道路邻接时，应算至道路红线；当与居住街坊附属道路邻接时，应算至距路面边缘1m处；当与建筑物邻接时，应算至距房屋墙脚1.5m处。

（2）新建各级生活圈居住区应配套规划建设公共绿地，并应集中设置具有一定规模，且能开展休闲、体育活动的居住区公园；公共绿地控制指标应符合表7.7.1的规定。当旧区改建确实无法满足此表的规定时，可采取多点分布以及立体绿化等方式改善居住环境，但人均公共绿地面积不应低于相应控制指标的70%。

公共绿地控制指标　　表7.7.1

类型	人均公共绿地面积（m²/人）	居住区公园		备注
		最小规模（hm²）	最小宽度（m）	
十五分钟生活圈居住区	2.0	5.0	80	不含十分钟生活圈及以下级居住区的公共绿地指标

（3）居住街坊内集中绿地的规划建设，应符合下列规定：

1）新区建设不应低于0.5m²/人，旧区改建不应低于0.35m²/人；

2）宽度不应小于8m；

3）在标准的建筑日照阴影线范围之外的绿地面积不应少于1/3，其中应设置老年人、儿童活动场地。

7.7.2 医院绿化

绿化不仅能起防尘、消声、过滤细菌、净化空气、改善微气候的作用，而且对病人的心理平衡、身心健康等均能起到良药所无法替代的功效。

应把绿化作为一个功能区落实在总体布局上，充分发挥绿化在医院中所特有的环境效益和理疗作用，达到最大限度地为病人所享受。

医院建筑与绿化环境是一个有机的整体，一所现代化的医院必然是一所花园式的医院。

在医院的绿化设计中，入口广场绿化区、中心花园、草地、沿基地周边布置绿化带、屋顶绿化系统和内部庭院绿化等布置同时，以水池、喷泉，假山、小桥、亭阁、连廊等点缀其间，巧妙布局，成为医院的不同功能区域的自然隔离带。

采用这些绿化、小品、山石，水景、色彩和光影等手法，创造出优雅公共空间和轻松氛围，使病人得到心理安慰，从而消除恐惧和紧张，缓解沉闷与不安，在较短的时间内恢复安定、平静的心理，增强病人对医院的信任感和战胜疾病的信心，为治病做好心理准备。

绿化能够大大改善医院的生态环境，使病人如置身于园林之中，心态平和利于身体恢复。

7.7.3 广场绿化

广场绿化应根据各类广场的功能、规模和周边环境进行设计。

广场绿化应利于人流、车流集散。

公共活动广场周边宜种植高大乔木。集中成片绿地不应小于公共活动广场总面积的 25%，并宜设计成开放式绿地，植物配置宜疏朗通透。

车站、码头、机场的集散广场绿化应选择具有地方特色的树种。集中成片绿地不应小于集散广场总面积的 10%。

纪念性广场应用绿化衬托主体纪念物，创造与纪念主题相应的环境气氛。

7.7.4 风景区绿化

在风景区的绿化中，应维护原生种群和区系，保护古树名木和现有大树，培育地带性树种和特有植物群落。

因地制宜恢复、提高植被覆盖率，以适地适树的原则扩大林地，发挥植物的多种功能优势，改善风景区的生态和环境。

利用和创造多种类型的植物景观或景点，重视植物的科学意义，组织专题游览环境和活动。

对各类植物景观的植被覆盖率、林木郁闭度、植物结构、季相变化、主要树种、地被与攀缘植物、特有植物群落、特殊意义植物等，应有明确的分区分级的控制性指标及要求。

植物景观分布应同其他内容的规划分区相互协调。在旅游设施和居民社会用地范围内，应保持一定比例的高绿地率或高覆盖率控制区。

7.7.5 公园绿化

公园的绿化用地应全部用绿色植物覆盖。建筑物的墙体、构筑物可布置垂直绿化。种植设计应以公园总体设计对植物组群类型及分布的要求为根据。

（1）植物种类的选择

1）适应栽植地段立地条件的当地适生种类。

2）林下植物应具有耐阴性，其根系发展不得影响乔木根系的生长。

3）垂直绿化的攀缘植物依照墙体附着情况确定。

4）具有相应抗性的种类。

5）适应栽植地养护管理条件。

6）改善栽植地条件后可以正常生长的、具有特殊意义的种类。

（2）树木的景观控制

1）郁闭度

合适的郁闭度值。郁闭度是计算森林覆盖率的依据。林内光照强度减弱程度取决于郁闭度，郁闭度越小，林内光照越强；郁闭度越大，林内光照越弱。

2）观赏特征

对于孤植树、树丛，应选择观赏特征突出的树种，并确定其规格、分枝点高度、姿态等要求；与周围环境或树木之间应留有明显的空间；应有相应的养护管理方法。

对于树群内的各层次应能显露出其特征部分。

3）视距

孤植树、树丛和树群至少有一处欣赏点，视距为观赏面宽度的 1.5 倍和高度的 2 倍。成片树林的观赏林缘线视距为林高的 2 倍以上。

（3）游人集中场所的植物选择

1）在游人活动范围内宜选用大规格苗木。

2）严禁选用危及游人生命安全的有毒植物。

3）不应选用在游人正常活动范围内枝叶有硬刺或枝叶形状呈尖硬剑、刺状以及有浆果或分泌物坠地的种类。

4）不宜选用挥发物或花粉能引起明显过敏反应的植物种类。

（4）儿童游戏场的植物选择

1）乔木宜选用高大荫浓的种类，夏季庇荫面积应大于游戏活动范围的 50%。

2）活动范围内灌木宜选用萌发力强、直立生长的中高型种类，树木枝下净空应 >1.8m。

3）不应选用有毒植物、有硬刺等易伤害儿童的植物种类。

（5）动物展览区的植物选择

1）有利于创造动物的良好生活环境。

2）动物运动范围内应种植对动物无毒、无刺、萌发力强、病虫害少的中慢长种类。

3）不致造成动物逃逸。

4）创造有特色的植物景观和游人参观休憩的良好环境，有利于模拟动物原产区的自然景观。

5）有利于卫生防护隔离。

（6）其他

1）铺装场地内的树木其成年期的根系伸展范围，应采用透气性铺装。

2）集散场地种植设计的布置方式，应考虑交通安全视距和人流通行，场地内的树木枝下净空应 >2.2m。

3）露天演出场所观众席范围内不应布置阻碍视线的植物，所铺栽草坪应选用耐践踏的种类。

7.7.6　工业企业绿化

工业企业的绿化布置，应符合工业企业总体规划要求，与总平面布置统一进行，并应合理安排绿化用地。绿化布置应根据企业性质、环境保护及厂容、景观的要求，结合当地自然条件、植物生态习性、抗污染性能和苗木来源，因地制宜进行布置。

（1）绿化布置要求

1）充分利用厂区非建筑地段及零星空地进行绿化。

2）利用管架、栈桥、架空线路等设施的下面及地下管线带上面场地布置绿化。

3）满足生产、检修、运输、安全、卫生及防火要求，避免与建筑物、构筑物、地下设施的布置相互影响。

工业企业的绿化布置，应根据不同类型的企业及其生产特点、污染性质和程度，以及所要达到的绿化效果，合理地确定各类植物的比例与配置方式。

（2）绿化布置的重点地段

1）进厂主干道及主要出入口。

2）生产管理区。

3）洁净度要求高的生产车间、装置及建筑物。

4）散发有害气体、粉尘及产生高噪声的生产车间、装置及堆场。

5）受西晒的生产车间及建筑物。

6）受雨水冲刷的地段。

7）厂区生活服务设施周围。

8）居住区。

受风沙侵袭的工业企业，应在厂区受风沙侵袭季节盛行风向的上风侧，设置半透通结构的防风林带。对环境构成污染的工厂、灰渣场、尾矿坝、排土场和大型原、燃料堆场，应视全年盛行风向和对环境的污染情况，设置紧密结构的防护林带。

易燃、易爆的生产、贮存及装卸设施附近，宜布置能减弱爆炸气浪和阻挡火势向外蔓延、枝叶茂密、含水分大、防爆及防火效果好的大乔木及灌木。但不得种植含油脂较多的树种。

散发液化石油气及比重 >0.7 的可燃气体和可燃蒸汽的生产、贮存及装卸设施附近，绿化布置应注意通风，不宜布置不利于重气体扩散的绿篱及茂密的灌木。

热加工车间附近的绿化，宜具有遮阳效果。

对空气洁净度要求高的生产车间、装置及建筑物附近的绿化，不应种植散发花絮、纤维质及带绒毛果实的树种。

地上管架、地下管线带、输电线路、屋外高压配电装置附近的绿化布置，应满足安全生产及检修要求。

在有条件的生产车间或建筑物墙面、挡土墙顶及护坡等地段，宜布置垂直绿化。

本 章 要 点

■ 工程管线竖向位置发生矛盾时应遵循的基本原则：

① 压力管线让重力自流管线；

② 易弯曲管线让不易弯曲管线；

③ 分支管线让主干管线；

④ 小管径管线让大管径管线；

⑤ 临时性管线让永久性管线；

⑥ 新设计的让原有的；

⑦ 施工量小的让施工量大的；

⑧ 检修次数少的、方便的，让检修次数多的、不方便的。

■ 电力电缆与电信管缆宜远离，并按照电力管线在道路东侧或南侧、电信管线在道路西侧或北侧的原则布置。这样可以简化管线综合方案，减少管线交叉的相互冲突。

■ 沿城市道路规划的工程管线应与道路中心线平行，其主干线应靠近分支管线多的一侧。工程管线不宜从道路一侧转到另一侧。道路红线宽度超过 40m 的城市干道宜两侧布置配水、配气、通信、电力和排水管线。

■ 工程管线在道路下面的规划位置宜相对固定，分支线少、埋深大、检修周期短和损坏时对建筑物基础安全有影响的工程管线应远离建筑物。工程管线从道路红线向道路中心线方向平行布置的次序宜为：电力、通信、给水（配水）、燃气（配气）、热力、燃气（输气）、给水（输水）、再生水、污水、雨水。

■ 工程管线在庭院内由建筑线向外方向平行布置的顺序，应根据工程管线的性质和埋设深度确定，其布置次序宜为：电力、通信、污水、雨水、给水、燃气、热力、再生水。

■ 对于埋深大于建（构）筑物基础的工程管线，其与建（构）筑物之间的最小水平距离，应考虑土壤内摩擦角因素的水平净距：

$$L = (H - h)/\tan\phi + a/2 \qquad (7.2.1)$$

■ 各种工程管线不应在垂直方向上重叠敷设。当工程管线交叉敷设时，管线自地表面向下的排列顺序宜为：通信、电力、燃气、热力、给水、再生水、雨水、污水。给水、再生水和排水管线应按自上而下的顺序敷设。

■ 当遇到下列情况之一时，宜采用综合管廊：

① 交通运输繁忙或地下管线较多的城市主干道以及配合轨道交通、地下道路、城市地下综合体等建设工程地段；

② 城市核心区、中央商务区、地下空间高强度成片集中开发区、重要广场、主要道路的交叉口、道路与铁路或河流的交叉处、过江隧道等；

③ 道路宽度难以满足直埋敷设多种管线的路段；

④ 重要的公共空间；

⑤ 不宜开挖路面的路段。

■ 综合管廊的位置：

① 综合管廊的位置应根据道路横断面、地下管线和地下空间利用情况等确定；

② 干线综合管廊宜设置在机动车道、道路绿化带下；

③ 支线综合管廊宜设置在道路绿化带、人行道或非机动车道下；

④ 缆线管廊宜设置在人行道下；

⑤ 综合管廊的覆土深度应根据地下设施竖向规划、行车荷载、绿化种植及设计冻深等因素综合确定。

■ 架空线线杆宜设置在人行道上距路缘石 ≤ 1m 的位置，有分车带的道路，架空线线杆可布置在分车带内，并应满足道路建筑限界要求。

■ 城市居住区绿地包括居住区用地内的公共绿地和居住街坊内绿地；居住街坊内的绿地应结合住宅建筑布局，设置集中绿地和宅旁绿地。绿地率是居住街坊内绿地面积之和与该居住街坊用地面积的比率（%）。

参 考 文 献

A

（以）阿达·卡尔米·梅拉梅德，拉姆·卡尔米. 光的殿堂——以色列最高法院. 袁征译. 世界建筑，1997，6.

安琳媛. 挡土墙设计之景观效应. 内蒙古煤炭经济，2000，6.

安琳媛. 复杂地形条件下的总图布置. 内蒙古煤炭经济，2001，3.

B

毕凌岚. 博物馆设计与城市区域的关系——三星堆博物馆设计构思浅析. 四川建筑，1999，19（1）.

C

蔡果. 汽车转向特性与交通安全分析. 内蒙古公路与运输，1999，2.

曹纯贫. 数字地貌晕渲中若干参数的设置. 测绘通报，2003，5.

曹金荣. 黄金矿山总图设计中有效利用地形自然坡度浅析. 黄金，1996，1.

曹晓昕. 形式·空间·文化——山西省博物馆设计随笔. 建筑学报，1999，11.

曹新华. 小中见巧平中出新枝江县江口汽车客运站设计. 华中建筑，1994，12（4）.

常怀生，李健红.《老年人建筑设计规范》评介. 建筑学报，2000，3.

常淑智，王建英. 图书馆建筑设计的经济学思考. 石家庄经济学院学报，2001，24（5）.

陈海啸，王耀辉. 医院建筑发展浅析. 医院管理论坛，2003，9.

陈晖，王家承. 渠道滑坡的整治. 吉林水利，1999，9.

陈集生. 新建长途电信枢纽楼的选址问题. 电信工程技术与标准化，1997，4.

陈坚，黄惠菁. 江门移动通信综合楼工程设计随感. 建筑知识，2001，5.

陈峻，王炜. 城市路外停车场出入口交通组织分析. 东南大学学报（自然科学版），2004，34（1）.

陈峻，王炜，胡克定. 都市社会停车场选址规划方法研究. 系统工程理论与实践，2000，（11）.

陈力华，李妍. 上海城市地铁与航空港的换乘研究. 上海工程科技大学学报，2002，16（2）.

陈励先. 医院设计中若干问题之我见. 建筑学报，1997，12.

陈萧，廖彬. 校园宿舍小区闲置空地的利用设计. 湖北师范学院学报（自然科学版），2002，22（2）.

陈鹏飞，陈铭. 浅论交叉口竖向设计. 中国市政工程，2001，1.

陈若光. 充分利用地段 创造宜人空间——北京外国语大学附属外国语学校设计. 建筑学报，2003，12.

陈旭娟. 城市道路竖向标高设计的经验体会. 湖南交通科技，2001，27（3）.

陈扬. 汽车客运站的设计理念及发展趋势. 广东土木与建筑，2003，4.

陈耀，杨玉庆. 银行建筑的功能与流线分析. 华北水利水电学院学报，2001，22（4）.

陈易. 对黄石高等专科学校校园规划设计的点评. 华中建筑，2004，1.

陈艺，刘艺. 西南财经大学温江校区图书馆方案设计. 四川建筑，2004，24（3）.

成城，王坤贵. 从剧场火灾谈防火疏散. 建筑学报，1995，11.

程毓华. 竖向设计与土方计算. 山西省建筑设计院，1997，11.

迟玉华. 对学校图书馆建筑设计中若干问题的思考. 云南师范大学学报，2001，2（3）.

崔恺. 黑、白、灰——中国城市规划设计研究院办公楼设计随笔. 时代建筑，2003，3.

D

戴君义. 总图设计中节约用地的途径. 工厂建设与设计, 1998, (1).

Department of the Army, TM5-803-6, Site Planning and Design, 1994, 14.

丁珑. 高等学校校园改建规划研究. 宁夏农学院学报, 2000, 21 (4).

丁威. 不规则场地设计标高确定的计算方法. 西安建筑科技大学学报, 2001, 33 (2).

戴勍. 制药企业改扩建规划难题探讨. 医药工程设计杂志, 2000, 21 (5).

东梅. 北京大学餐饮中心. 建筑创作, 2002, 4.

董关明. 土（石）方工程量计算的几点意见. 北京测绘, 1996, (1).

董彤. 民用建筑日照间距的探讨. 照明工程学报, 1995, 6 (3).

董迎合, 郭琳琳. 大众田径运动场的规划与设计. 河南大学学报（自然科学版）, 1996, 26 (3).

杜国义. 山地大面积场平防洪问题之我见. 长江建设, 1996, (1).

杜全璧. 成都双流国际机场现代化改扩建工程. 新建筑, 2003, (3).

F

樊建军, 黄仕元, 刘金香. 开发区给排水工程建设的几点体会. 给水排水, 2001, 27 (6).

范炜, 鲍家声. 从环境中来, 到环境中去——中国烟草职工黄山疗养院综合楼设计. 新建筑, 1999, (6).

方英伟, 池楚生. 浅谈停车场的规划与设计. 广东公安科技, 2002, (4).

方文俊. 长庆银川燕鸽湖综合基地总平面设计. 天然气与石油, 1994, (4).

费芸. 开启钱塘时代的窗口杭州广播电视中心方案设计回顾. 建筑创作, 2004, (4).

冯怀通. 慕尼黑新飞机场. 世界建筑, 1994, (2).

冯金龙. 从现代步行商业街看城市与建筑的一体化. 规划师, 1998, 14 (3).

傅筱, 沙晓东. 从封闭到开放——档案馆建筑设计理念转变探讨. 建筑学报, 2003, (12).

傅英杰. 当代英国剧场的安全设计. 华中建筑, 1995, 13 (4).

G

高冀生. 关于高校校园规划的几点认识. 高等工程教育研究, 2003, (2).

高磊明, 吴经护. 广西柳州市文化艺术中心. 建筑学报, 1997, (6).

高蓉. 挡土墙设计探析. 工程建设与设计, 2003, (2).

高荣久. 采动区规划设计中设计标高的计算方法. 矿山测量, 1998, (1).

弓秦生. 城市道路基本断面的确定. 城市道桥与防洪, 2000, (3).

关宏志, 刘兰辉, 廖明军. 停车诱导系统的规划设计方法初探. 公路交通科技, 2003, 20 (1).

管式勤. 面向二十一世纪的国际枢纽航空港——上海浦东国际机场建筑设计. 时代建筑, 1998, (1).

郭晓君, 成丽, 刘颖. 幼儿教育模式发展与托幼建筑设计观念的变迁. 河北建筑工程学院学报, 2003, (4).

郭晓君, 李学军. 社区老年人特征与环境. 河北建筑工程学院学报, 2000, (2).

郭新梅. 工程建设中的挡土墙应用浅析. 有色金属设计, 2000, (2).

国信. 美国的汽车加油站与停车场. 汽车运用, 1999, (4).

H

韩炳越, 李宝昌, 李永宁, 潘彦生, 魏阔. 老年人公共绿地规划设计. 广东园林, 1999, (4).

韩博. 淇园宾馆创作构思. 华中建筑, 1996, 14 (1).

韩风. 老龄人群居住环境问题初探. 中国住宅设施, 2003, (7).

韩凤春. 停车场不停车自动管理系统. 公安大学学报（自然科学版）, 1999, (2).

韩雅鸣. 停车场收费系统的设计. 山西财经大学学报, 1999, 21 (增刊).

杭州市建筑设计院. 萧山绣衣坊商业街. 建筑学报，1994，（4）.

何大海，张淳. 道路立交场地设计. 中南公路工程，2002，27（2）.

何俊文，孙文西. 路文化旅游步行街改造的探索. 广东园林，1998，（4）.

何凯旋. 工厂总图设计的多维性及其评价. 有色金属设计，1997，（4）.

何夕平. 不规则地形场地平整设计的面积加权法. 四川建筑科学研究，2001，（1）.

何占能，张凯，李颂峰. 结庐在人境——浙江省总工会工人疗养院改建方案创作. 新建筑，2000，（3）.

洪金石，曹珠朵，胡一德. 关于城市用地竖向规划技术标准指标的探讨. 四川建筑，2002，22（3）.

胡宁. 半挂汽车列车转向运动学分析. 汽车研究与开发，1998，（2）.

华川. 营口港汽车码头工程的总体设计. 水运工程，1995，（11）.

黄河，贾涛. 庄重　畅达　型神相宜——锦州市中级人民法院审判大楼设计. 工程建设与设计，1999，（6）.

黄农，瞿伟，郭炜. 住宅建筑日照设计若干问题的探讨. 安徽建筑工业学院学报（自然科学版），2001，9（3）.

黄农，郭炜，瞿伟. 住宅日照间距系数的计算方法. 合肥工业大学学报（自然科学版），2001，24（4）.

黄农，姚金宝，瞿伟. 确定住宅建筑日照间距的棒影图综合分析法. 合肥工业大学学报（自然科学版），2001，24（2）.

黄培之. 提取山脊线和山谷线的一种新方法. 武汉大学学报（信息科学版），2001，26（3）.

黄锡璆. 变化中的医院总体布局. 工程建设与设计，2001，（3）.

黄锡璆. 现代医院建筑的发展与变化. 世界建筑，1997，（6）.

黄新天. 浅谈小区综合管沟的设计与应用. 给水排水，2001，27（4）.

J

金蓉玲，陈桂亚. 水布垭枢纽设计洪水研究. 人民长江，1998，29（8）.

金忠民. 空港城研究. 规划师，2004，（2）.

贾辞，朱志刚. 都江堰市人民医院的设计. 四川建筑，2004，24（1）.

建设部执业资格注册中心、山东省建设委员会执业资格注册中心编. 注册建筑师考试手册. 第一版. 山东：山东科学技术出版社，2000.

《建筑设计资料集》编委会. 建筑设计资料集（1）. 第一版. 北京：中国建筑工业出版社，1994.

《建筑设计资料集》编委会. 建筑设计资料集（4）. 第二版. 北京：中国建筑工业出版社，1994.

姜汉生，朱捷. 浅谈城市轨道交通车辆段、停车场资源共享. 铁道标准设计，2003，（9）.

江滔. 试论城市机动车停车场的规划与布局. 中国市政工程，1997，（2）.

蒋涤非. 走向情感化的广播电视建筑. 建筑学报，2000，（7）.

蒋兰生. 珠海九洲港加油站设计. 港工技术，1997，（1）.

蒋英仙. 浙江工业大学校园绿化总体规划的初步构思. 浙江林学院学报，1999，16（3）.

蒋育红，蒋浩. 马鞍山市停车场规划的思考. 安徽建筑，2000，（3）.

蒋媛. 个性的建筑——房山区人民法院审判办公楼设计. 建筑创作，2002，（4）.

靳春平. 坡地化工厂总图设计的优化. 化工设计，1999，（9）.

居毅，程刚. 高教园区学校建设的新课题. 高等工程教育研究，2003，（3）.

K

（美）凯文·林奇（Kevin Lynch），加里·海克（Gary Hack）著. 总体设计. 黄富厢，朱琪，吴小亚译. 第一版. 北京：中国建筑工业出版社，1999.

（英）坎尼斯·鲍威尔（Kenneth Powell）. 铁路建筑的发展方向. 王明贤译. 世界建筑，1995，（3）.

可人. 罗马达·芬奇机场扩建，意大利. 世界建筑，1998，（4）.

寇继海. 关于高速公路服务区停车场路面设计与施工的探讨. 东北公路，2000，（1）.

L

赖琼华. 边坡挡土墙的设计方法探讨. 广东水利水电, 2001, (4).

兰兵. 机场旅客航站楼的概念设计. 武汉大学学报（工学版）, 2004, 37 (2).

雷体洪, 张承权, 邱为民. 二级公路汽车客运站建筑设计. 武汉水利电力大学（宜昌）学报, 1999, 21 (1).

黎志涛. 南京市第三幼儿园. 建筑学报, 1994, (6).

黎志向. 高层医院建筑设计探讨——厦门第一医院病房楼. 福建建筑, 1996, (4).

李晨, 梁有瞻. 高等职业技术学校校区规划——以深圳职业技术学院新校区规划为例. 规划师, 2002, (7).

李春舫. 穿越时空面向未来——武汉展览馆方案设计构思. 华中建筑, 2000, 18 (1).

李德. 老年群体生活居住环境新议. 彭城职业大学学报, 2003, 18 (5).

李东, 蒋秀华, 王玉明, 李红良. 黄河流域天然径流量计算解析. 人民黄河, 2001, 23 (2).

李端杰, 张大玉. 场地设计中的平面布局与视觉. 山东建筑工程学院学报, 1996, (1).

李根怀. 地方特色与时代精神的追求——平凉宾馆设计实践. 甘肃工业大学学报, 1996, 22 (2).

李昊, 冯伟, 蔡晓方. 新理念　新大学　新空间——对新时代我国大学校园规划的思考. 安徽建筑, 2004, (2).

李和平. 现代步行商业街的本质特征与规划设计. 规划师, 1998, 14 (3).

李界家, 原宝龙, 朱栋华, 刘建顺. 智能停车场技术及发展趋势. 房材与应用, 2002, 30 (4).

李立. 马圈选厂改扩建总图设计及施工体会. 湖南有色金属, 1999, (3).

李闽编译. 上海的一座博物馆——上海浦东新区文献中心设计方案. 时代建筑, 2004, (3).

李乃胜, 张昆先. 城市环境设计的成功尝试. 建筑学报, 1999, (7).

李全信. 道路红线交点坐标的解算及应用. 测绘通报, 2001, (8).

李茹冰. 传统山地建筑视觉造型分析. 重庆建筑, 2003, (2).

李诗云. 冈比亚共和国高等法院. 建筑学报, 1994, (5).

李天荣, 袁丹, 张斌. 建筑小区工程管线综合工作探讨. 重庆大学学报, 1999, 21 (6).

李孝聪. 北京城市建设中的几个误区. 北京联合大学学报, 2001, 15 (1).

李秀敏. 德、法两国交通停车系统面面观. 北京规划建设, 2002, (5).

李秀珍, 王永吉, 师菁. 关于智能车辆转向问题的研究. 机械设计, 1998, (9).

李亚, 黄锡璆. 现代医院建筑设计. 工程建设与设计, 2001, (3).

李毅. 校园规划与环境建设初探. 宁夏大学学报（自然科学版）, 2001, 22 (4).

李玉海, 林炳淦. 林区公路挡土墙设计施工的探讨. 福建林业技术, 1999, (26) 增刊.

李玉华. 论城市干道设计中线形设计的协调性. 福建建筑, 1998, (3).

李志民. 适应素质教育的新型中小学建筑形态探讨（上）——中小学建筑的发展及其动向. 西安建筑科技大学学报, 2000, 32 (3).

李志民. 适应素质教育的新型中小学建筑形态探讨（下）——新型中小学建筑空间及环境特征. 西安建筑科技大学学报, 2000, 32 (3).

连荔, 孟庆华. 在民用建筑设计中总平面布置的设计要点. 工程建设与设计, 2004, (6).

梁江, 沈娜. 方格网城市的重新解读. 国外城市规划, 2003, 18 (4).

梁少刚, 单凤珍. 山丘地居住小区规划及总图设计. 住宅科技, 1995, (1).

梁应添. 全国政协办公楼的环境设计. 建筑学报, 1996, (6).

廖足良. 雨水口设置诸问题浅析. 重庆建筑工程学院学报, 1994, 16 (4).

梁泽强. 法院建筑设计探讨——从中山市中级人民法院建筑设计所想到的. 新建筑, 1998, (3).

林琦. 软土地基上挡土墙设计. 福建建筑, 2002, (1).

林野. 要点·难点·特点——深圳市中级人民法院大厦方案设计. 华中建筑, 1998, 16 (2).

林勇强, 史逸. 城市老年人室外休闲行为初探——以老年人室外活动场地设计为例. 规划师, 2002, (7).

刘宝光. 坡地上建设项目排水系统破损缺陷的整治及思考. 福建建筑高等专科学校学报, 2001, 3 (3/4).

刘宝光，黄增福. 挡土墙改为护坡的条件及其效益. 福建建筑高等专科学校学报，2002，（3）.

刘滨谊. 从美国景观建筑师看我国城市规划师注册. 规划师，1998，（3）.

刘滨谊著. 现代景观规划设计. 南京：东南大学出版社，1999.

刘冰. 上海城市停车问题的对策研究. 城市规划汇刊，2002，（2）.

刘川. 重庆市高级人民法院审判办公大楼设计浅谈. 重庆建筑，2003，（6）.

刘丹. 校园规划与学校建筑设计的思考. 福建建筑高等专科学校学报，2002，4（2）.

刘丹，周芳. 旧城中心区的商业步行街设计. 四川建筑，2004，24（2）.

刘洪斌，王卫国. 论规划中的道路红线与临街建筑线的关系. 黑河科技，2001，（2）.

刘磊著. 场地设计. 北京：中国建材工业出版社，2002.

刘建学. 仰斜式挡土墙的优越性. 河北水利水电技术，2002，（3）.

刘念雄. 商业建筑的公共开放空间. 新建筑，1998，（4）.

刘巧筠，仲德崑. 建筑设计中的制约性与创造性——佛山广播电视中心创作回顾. 新建筑，2003，（2）.

刘世英，王炎松，黄庆. 文化建筑的定位——湖北剧场设计（方案之一）. 华中建筑，2000，18（1）.

刘晓东. 天津市第一中级人民法院综合办公楼设计方案思考. 天津城市建设学院学报，2000，6（4）.

刘晓平. "酒"与"瓶"关系的辩证思维——厦门海事法院设计随感. 新建筑，2001，（3）.

刘秀华，赵亚兰. 关于图书馆建筑设计的新思考. 农业图书情报学刊，2003，（5）.

刘文国. 住宅建筑两种朝向的日照分析比较. 住宅科技，1996，（7）.

刘焱，郑玉伦. 八达岭特区办公楼设计. 建筑学报，2000，（3）.

刘一玮. 地标·街景·空间——中国建设银行小浪底分行设计构思. 新建筑，1999，（1）.

刘原. 停车场建设不能"停车". 北京汽车，1998，（4）.

刘玉龙. 徐州博物馆建筑创作. 建筑学报，2000，（3）.

刘增华，彭淮光. 潘谢矿区矿井工业场地竖向布置探讨. 煤矿设计，1999，（10）.

刘振林，刘莉. 北方中小学校园绿地规划设计探讨. 河北农业技术师范学院学报，1998，12（1）.

刘振兴，丘永东. 都市传统商业街的再创造——武汉市江汉路步行街规划设计. 新建筑，2001，（3）.

刘志强. 场地竖向设计中的排渗处理. 有色冶金设计与研究，2001，21（1）.

龙英. 汉城新机场. ID＋C，2001，（9）.

卢济威，顾加珍. 从新疆石油职工太湖疗养院设计谈山地建筑与风景环境（摘要）. 建筑学报，1998，（3）.

卢培猛. 对小城镇汽车客运站设计的探讨. 工程建设与设计，2004，（5）.

陆松研. 谈某法院办公、审判大楼的设计. 广西土木建筑，2002，27（4）.

陆伟，林文洁. 我国城市老年人居住环境现状与问题初探. 大连理工大学学报（社会科学版），1999，20（4）.

吕翠华. 浅谈高校园区规划. 昆明冶金高等专科学校学报，2000，16（2）.

吕海平，王鹤. 谈火车站设计教学内容的更新. 沈阳建筑工程学院学报（社会科学版），2001，3（2）.

罗林. 小城镇建设中的酒店设计——富业酒店设计. 小城镇建设，2004，（6）.

罗四维. 求解的过程——徐州市博物馆设计手记. 新建筑，1999，（3）.

罗四维，黄韶发. 疑惑、问询与转换——两座幼儿园的设计体验. 建筑学报，2000，（5）.

罗占彪. 高校学生宿舍建设模式探析. 黔南民族师范学院学报，2002，（3）.

M

马国馨. 枢纽机场的建设和竞争. 建筑创作，2004，（1）.

马咏真. 棒影日照图在建筑设计中应用. 福建建设科技，1998，（1）.

孟庆刚. 建筑雨水设计中应注意的几个问题. 给水排水，1998，（8）.

N

宁越敏. 上海市区生产服务业及办公楼区位研究. 城市规划，2000，24（8）.

P

潘庆林，潘琦. 建筑场地平整土方量的优化计算. 南京建筑工程学院学报，2002，（2）.

潘绍焕. 对邮电建筑防火设计中几个问题的探讨. 邮电设计技术，1997，（3）.

潘忠诚，莫深明，车晓明. 美国国家档案馆建筑印象. 建筑学报，2002，（2）.

潘忠诚，魏刚，史小予，潘蓉. 档案馆建筑设计新探索. 华中建筑，2002，（3）.

彭利人，任福田. 关于路边停车规划的几个问题. 城市交通，2002，26（10）.

彭怒. 审美抑或社会性问题——刘家琨艺术学校系列剖析. 时代建筑，2002，（2）.

Q

钱本德. 矩形点式住宅的紧凑长宽比. 住宅科技，1994，（3）.

钱本德. 等时日影线的简捷绘制方法. 住宅科技，1995，（4）.

钱国超. 高速公路边沟排水与美化设计. 公路，2003，（4）.

钱圣豹. 澳大利亚现代城市景观设计. 安徽建筑，2000，（6）.

钱怡. 苏州的园林博物馆. 中国园林，1994，10（4）.

钱勇. 山区中小学校简易场地设计三例. 中国学校体育，2000，（1）.

邱跃，徐咏梅. 北京市区加油站规划建设问题研究. 城市规划，2000，24（6）.

屈德印，唐红. 中国近代教会高等学校建筑初探. 河南城建高等专科学校学报，2001，10（1）.

瞿辉. 探求建筑的地区特色——峨山文化中心设计. 华中建筑，1998，16（3）.

权衡，张岳军，景新刚. 医院改造扩建与总体规划. 中国医院管理，2003，23（12）.

R

饶太富. 内江市政府办公楼设计. 四川建筑，1996，16（3）.

饶维纯. 彝州建筑文化的探求——楚雄州民族博物馆创作谈. 新建筑，1996，（4）.

任宪磊，谢飞. 高速公路服务区停车场的规划设计. 山东交通科技，2002，（3）.

S

桑东升. 残病儿童学校建筑环境研究. 建筑学报，2002，（4）.

单国玲. 北京市海淀档案馆. 建筑学报，2001，（3）.

单贻川. 如何评价水泥厂总平面布置（下）. 水泥技术，2000，（5）.

邵红. 步行商业街的构成型态. 安徽建筑工业学院学报（自然科学版），1996，4（1）.

邵学康，归墨. 上海港罗泾煤码头工程简介. 水运工程，1995，（5）.

申晓景，景伟东，李德万. 档案馆建筑设计与防火. 湖北档案，1998，（4）.

沈鸿，高冰松. 试论城市静态交通——停车场建设. 当代建设，1998，（5）.

沈康敏. 理解环境　注重功能　立足创新——绍兴市广播电视中心创作体会. 浙江建筑，1999，（4）.

沈学平. 综合性医院门诊楼设计浅议. 江苏建筑，1999，（2）.

沈永芳. 冶金工厂幼儿园的设计浅谈. 江苏冶金，1994，（4）.

盛晖. 铁路旅客车站现代化的设计探讨——浅谈两个建筑实例的创作构思. 建筑学报，2002，（4）.

（美）史蒂文·斯特罗姆，库尔特·内森著. 风景建筑学场地工程. 任慧韬，胡安妮，仲秋伟译. 大连：大连理工大学出版社，2002.

石美玉，周玉发，李承中. 汽车四轮转向系统的结构与原理分析. 交通科技与经济，2001，（3）.

史昱，张力. 青岛流亭国际机场设计构思. 建筑学报，2003，（4）.

舒石陵. 总图设计纵横谈. 石油规划设计，1994，（4）.

宋承新，王凤英. 天然径流量分析计算新探索. 山东农业大学学报（自然科学版），2002，（3）.

宋林，范旭东，黄志坤. 尊重与追求——三所中专学校总体规划设计探讨. 安徽建筑工业学院学报（自然科学版），2000，8（2）.

宋燕玲. 高等级公路排水设计. 山西交通科技，2003，（2）.

宋源. 城市的舞台——南海文化中心设计. 世界建筑，2002，（8）.

苏黎明. 淮南市康复中心设计回顾. 安徽建筑，2001，（5）.

孙晖，梁江. 控制性详细规划应当控制什么——美国地方规划法规的启示. 城市规划，2000，24（5）.

孙家驷主编. 道路设计资料集. 北京：人民交通出版社，2001.

孙景侠，刘中学，王金栋. 住宅区管线工程的综合设计. 住宅科技，1999，（6）.

孙军，夏杰. 关于超高的探讨. 东北公路，1999，22（1）.

孙仁云，郑军. 汽车自动化停车场管理系统设计. 四川工业学院学报，2003，22（4）.

孙荣. 城市中心广场的文化内涵——兼论中国城市中心广场的现状与缺陷. 新建筑，1998，（3）.

T

唐飙，陆细军，黄春华. 我国高校学生宿舍模式探讨. 青岛建筑工程学院学报，2003，24（3）.

唐晓东. 成都市道路十字形平面交叉口规划切角取值之管见. 城市道桥与防洪，2000，（3）.

腾洪泽. 几起重力式挡土墙事故浅析与防治. 建筑安全，2001，（9）.

W

汪辉牛. 标准田径场地渗排水问题的分析与研究. 安徽建筑，1998，（2）.

汪建军. 时代脉搏　文化空间——某交通学校校园规划设计创作. 工程建设与设计，1998，（5）.

汪孝安，郑刚，郑凌鸿. 铁路上海站今昔. 建筑创作，2004，（4）.

汪翼生. 浅议黄山区建筑物间的日照间距. 当代建设，1998，（5）.

汪永平. 一座新架的学校　一种革新的模式　一个成功的典范——美国南加州建筑学院办学启示录. 安徽建筑，1998，（5）.

汪原. 营造一个文化综合体——新湖北剧场方案设计手记. 新建筑，1998，（1）.

万邦伟. 老年人行为活动特征之研究. 新建筑，1994，（4）.

王波，李成. 透水性铺装与城市生态及物理环境. 工业建筑，2002，32（12）.

王波，周晓秋. 医院建筑设计的回顾与前瞻. 煤炭工程，2002，（6）.

王成钢. 公路两侧建筑红线控制区的界定. 长沙交通学院学报，2003，19（4）.

王芙蓉. 盲童学校总体空间构成. 长安大学学报（建筑与环境科学版），2003，21（1）.

王光辉. 美国的旅馆和旅馆建筑. 村镇建设，1996，（2）.

王诂，张笑. 建筑日照计算的新概念. 建筑学报，2001，（2）.

王国光，朱雪梅. 广东省高级人民法院设计. 建筑学报，1998，（4）.

王国光，朱雪梅. 协调·突破——浅谈文化娱乐中心与城市的关系. 时代建筑，1998，（4）.

王华余，田利. 旅馆建筑布局的地区性研究. 安徽建筑工业学院学报（自然科学版），2000，8（3）.

王怀德. 总图设计与城市规划探析. 有色金属设计，2003，（2）.

王纪武. 山地城市步行系统建设的集约观. 规划师，2003，19（8）.

王俊贤. 坐标·标高·环境——常见总平面设计问题与改进建议. 工程建设与档案，2004，（1）.

王磊，周雪梅，杨晓光. 城市铁路客运站站前广场设计研究. 上海市公路学会第六届年会学术论文集.

王宁. 城市加油站建设引发的思考. 工程建设与设计，1998，（4）.

王青. 与环境契合来自本质的表达——绵阳电信大厦设计随感. 四川建筑，2000，20（2）.

王庆安，任勇，钱骏，张秋劲. 成都市活水公园人工湿地塘床系统的生物群落. 重庆环境科学，2001，23（2）.

王瑞. 关于挡土墙设计的探讨. 同煤科技，2002，（3）.

王绍森. 广义理性的建筑创作——兼谈歙县博物馆等设计. 新建筑，1996，（2）.

王守伟. 居住区与工业场地竖向设计中的土方平衡优化. 铁道建筑, 1999, (11).

王滔, 杨立文. 山地校园设计的一次探索——中山市第一中学高中部规划设计. 新建筑, 2001, (4).

王文卿编著. 城市汽车停车场 (库) 设计手册. 北京: 中国建筑工业出版社, 2002.

王文友. 关于普通高等学校图书馆建筑的思考. 建筑学报, 1997, (8).

王文友. 空间·文化 个性·情趣——关于高等学校校园环境的思考. 规划师, 2000, 16 (2).

王文友. 对"可持续发展"校园的认识. 新建筑, 2002, (4).

王晓川. 国际航空港近邻区域发展分析与借鉴. 城市规划汇刊, 2003, (3).

王耀斌, 李世武, 胡明. 城市停车场的规划与设计. 吉林工业大学自然科学学报, 2001, 31 (3).

王玉成. 浅论电信建筑的特点. 山西建筑, 2003, 29 (12).

王玉娟, 陈丽娟. 方格网法场地工程土方量计算程序. 黑龙江水专学报, 1995, (1).

王云祥. 山区通航河流码头选址初探. 云南交通科技, 1994, 10 (1).

王仲何, 曹志宇, 曾祥虎. 水布垭水电站工程土石方平衡与规划. 水力发电, 2002, (10).

卫之羽. 苏州寒山寺弄商业街整修改建. 建筑学报, 1994, (5).

魏大中. 剧场的布局与形式——"鼓楼文艺商城"方案设计探讨. 建筑创作, 1996, (2).

巫琼. 21 世纪我国老年人建筑的探索. 广州大学学报 (综合版), 2001, 15 (11).

吴存华, 李寰. 北戴河一中校园总体规划与单体方案设计. 燕山大学学报, 2003, 27 (3).

吴迪慎, 陈德翔, 赵长庚编. 建筑总平面设计. 北京: 中国建筑工业出版社, 1980.

吴硕贤. 国外重要音乐厅、歌剧院及多功能厅. 艺术科技, 2000, (4).

吴越. 深圳机场航站楼扩建方案设计. 建筑学报, 1996, (6).

吴展光. 总图运输设计与节约用地. 有色金属设计, 1999, (2).

伍国俊, 潘华. 城市道路上停车场的设计与美学要点. 湖北汽车工业学院学报, 2000, (4).

X

奚勇. 山区高速公路路线设计有关问题的探讨. 华东公路, 2003, (3).

肖大威, 谭玉菩, 许吉航. 场地环境设计法初探. 新建筑, 1999, (2).

肖艳阳. 建筑用地外部关系研究——谈我国现状下建筑用地与道路交通关系的处理. 中外建筑, 2003, (3).

谢洪新, 王斌, 陈智. 高速路沥青混凝土路面表面排水设计. 重庆交通学院学报, 2003, 22 (1).

谢立辉. 工厂总平面设计对环境要素的配置及评价. 建筑科学, 2003, (1).

谢敏. 教育建筑设计探索——福建省外贸学校创作体会. 福建建筑, 1998, (3).

徐国强. 对高等学校校园改建与扩建的思考. 浙江师范大学学报 (自然科学版), 2002, 25 (2).

徐汉斌. 成都黏土路堑边坡防护研究. 地质灾害与环境保护, 2003, (1).

徐湖平. 新世纪的博物馆建筑. 长江建设, 2000, (4).

徐家云, 唐楚丁, 徐杰, 杜遂. 小区排水管网及地形优化规划. 武汉工业大学学报, 1999, 21 (5).

徐洁. 上海广播电视大厦建筑师汪孝安访谈. 时代建筑, 1995, (3).

徐立民, 刘冰. 盐场医院病房楼总体设计构思. 苏盐科技, 1995, (2).

徐萌. 面对现实 超越传统——建阳农业工程学校总体规划与单体设计. 福建建筑, 1999, (4).

徐苏宁. 大学的理念与大学校园的设计. 新建筑, 2004, (2).

徐涛, 邱建, 王望. 理性与浪漫的融合——新时代大学校园规划模式创作探索. 四川建筑, 2003, 23 (3).

徐志宏, 朱蕾. 洁净厂房消防设计探讨. 消防科学与技术, 2000, (3).

徐梓析, 张文戈. 挡土墙的库仑土压力. 力学与实践, 1997, (5).

许蓓绮, 程开春. 中小城市星级宾馆功能的扩展——以山东东营河口宾馆方案为例. 小城镇建设, 2004, (2).

许方. 整体医疗环境的重建——北京朝阳医院改扩建规划设计. 建筑创作, 2002, (9).

许丰功. 行走的快乐与街道的活力——我国步行商业街设计目标理念的建构. 规划师, 2002, 18 (8).

许乐平. 道路绿地率指标强制执行之体会. 有色冶金设计与研究, 2001, 22 (2).

许剑峰, 黄珂. 绿色工业·绿色思想·绿色技术——论可持续发展的电信建筑设计. 工业建筑, 2002, 32 (8).

许介三. 现代机场设计的若干问题（上）. 建筑学报，1994，（6）.

许介三. 现代机场设计的若干问题（下）. 建筑学报，1994，（7）.

许幸频. 谈我国医院建筑的发展趋向. 医学与社会，1999，12（4）.

许燕禄. 重力式挡土墙的设计与计算. 广东土木与建筑，2002，（10）.

许轸. 美国安德森学院给我们的启示. 时代建筑，1998，（2）.

宣卫红. 扶壁式挡土墙的计算原理与设计实例. 江苏建筑，1997，（2）.

宣兆社，刘岩. 浅谈护坡护岸的设计与施工. 吉林水利，1997，（12）.

薛明，修龙. 都市空间新概念——北京中银总部大厦. 建筑知识，2000，（1）.

薛志成. 现代化城市与停车场. 城市公用事业，2002，（2）.

Y

闫玲，袁敏. 城市机动车加油站对周围环境的影响. 城市环境与城市生态，1998，11（增刊）.

阎瑾. 现代大学学生宿舍规划设计. 华中建筑，2002，20（5）.

严龙华. 闽南文化与校园环境的合一——福州阳光国际学校规划设计. 时代建筑，1997，（2）.

杨钢，荆华. 用计算机求解建筑日照问题. 哈尔滨建筑大学学报，2000，33（1）.

杨华. 东润枫景学校设计. 建筑创作，2002，（4）.

杨华，董素荣. 两种现代四轮转向系统. 汽车运用，2000，（8）.

杨建华. 谈谈医院的绿化规划. 绿化与生活，1995，（4）.

杨立峰，田嘉农. 形达意 神载道——昆明市中级人民法院审判大楼设计. 建筑学报，1997，（7）.

杨莉萍，杨洪. 医院建筑的心理设计点滴. 新建筑，1999，（3）.

杨路林. 山坡建厂与高台段的划分. 设计与研究，2002，（2）.

杨儒道，蒋维章. 云南高原住宅建筑适宜日照时数、朝向及卫生间距的研究. 环境与健康，1994，11（3）.

杨少伟主编. 道路勘测设计. 第二版. 北京：人民交通出版社，2004.

杨锡安，刘德全. 大源渡枢纽的总平面设计. 水运工程，2000，（10）.

杨筱平，李献军. 钦港宾馆设计. 华中建筑，1997，15（1）.

杨焱. 山地城市街道设计及景观探析. 四川建筑，2001，21（1）.

杨艳娜，许模. 边坡失稳段路基的排水系统设计. 长安大学学报，2003，23（3）.

杨毅. 深圳南头长途汽车客运站设计探索. 华中建筑，1995，13（4）.

杨章诚. 论大学城校园规划的前瞻性——以福建师范大学新校区规划为例. 福建地理，2004，19（1）.

姚锦宝，蔡敏. Autolisp 参数化确定建筑日照间距. 安徽建筑工业学院学报（自然科学版），2001，9（1）.

姚秀华. 浅谈总图竖向设计中边坡的防护. 中国矿业，2000，（9）.

叶玲玲. 总平面布置设计应注意的问题. 电力建设，1995，（4）.

叶于镭. 当前我国高校图书馆建筑设计中面临的几个问题. 北京工业大学学报，1994，20（4）.

殷碧文. 有色冶炼厂竖向设计浅析. 有色金属设计，2000，27（2）.

喻肇川，夏志峰. 传统与现代的契合. 时代建筑，1999，（1）.

于丽琦. 山岭重丘区路基纵向排水. 辽宁交通科技，1999，22（4）.

于永才. 占道停车与停车难原因剖析. 中国市政工程，1998，（2）.

于子明，庞树江. 对黏土挡土墙稳定性的探讨. 河北水利水电技术，2000，（4）.

袁镔，朱全成. 寻求适合国情的生态建筑发展途径——济南高等交通专科学校图书馆设计与探索. 建筑学报，2001，（5）.

袁家方. 商业文化与商业街规划. 北京规划建设，1999，（6）.

袁凯. 四轮独立转向汽车高速时操纵稳定性的研究. 有色设备，2003，（1）.

袁奇峰，林木子. 广州市第十甫、下九路传统骑楼商业街步行化初探. 建筑学报，1998，（3）.

袁幸. 新型购物环境的创造和商业建筑文化的追求——现代化大中型商场设计初探. 华中建筑，1994，12（2）.

袁莹. 环境生成建筑、建筑点缀环境——石家庄联盟小区十班幼儿园设计. 建筑学报，1994，（9）.

（美）约翰·O·西蒙兹著. 景观设计学——场地规划与设计手册. 俞孔坚，王志芳，孙鹏译. 北京：中国建筑工业出版社，2000.

岳德山. 介绍几种类型的学生宿舍建筑. 煤矿设计，1997，（12）.

Z

曾虹. 新旧建筑的包容与对话——谈厦门宾馆八号楼场地设计. 建筑知识，2002，（3）.

曾丽珍. 环境　空间　形象——南安大酒店建筑创作谈. 福建建筑，1998，（4）.

曾敏. 西藏林芝机场总体规划特点. 四川建筑，2003，23（5）.

曾益海. 移动通信建筑设计初探. 中外建筑，2003，（1）.

詹集明. 现代电信建筑应有自己的特色——对电信建筑设计的几点思考. 福建建筑，1997，（1）.

张宝钢. 道路定线时红线与路宽方向的说明问题. 测绘通报，2003，（1）.

张本福. 场地平整施工设计. 安徽建筑工业学院学报，1999，7（2）.

张播. 多栋建筑的综合日影影响. 城市规划，2003，27（2）.

张长征. 小区中心的尝试——春申万科城的商业街设计. 时代建筑，2001，（1）.

张驰. 挡土墙事故分析与设计. 建筑安全，1998，（10）.

张春阳，肖毅强. 医院建筑总平面规划设计（英文）. 华南理工大学学报（自然科学版），2001，29（10）.

张光科，方铎. 坡面径流侵蚀量随坡度变化规律初探. 水文，1996，（6）.

张海波，李龙海，郑丽娜. 工业企业场地排雨水. 林业科技情报，2002，34（2）.

张宏，齐康. 环境的感悟——南京钟山干部疗养院新疗养楼设计. 新建筑，2000，（3）.

张惠芳，陈学军. 海丰国际酒店建筑设计总结. 广东土木与建筑，2003，（10）.

张季如，李明海，尹光辉. 209国道许家湾滑坡的成因及治理对策. 山地学报，2003，（2）.

张健. 厦门卫生学校设计方略. 建筑学报，2002，（11）.

张科立，秋吉康弘，张兴奇. 坡面径流冲刷及泥沙输移特征的试验研究. 地理研究，1998，（2）.

张雷. 学生宿舍的类型与形式初探. 世界建筑，2003，（10）.

张黎建. 关系·图示·形象——从某银行建筑设计析建筑创作过程. 宁波大学学报（理工版），1999，12（1）.

张丽红. 建筑学原理在石油化工厂总图设计中的运用. 石油规划设计，2002，（11）.

张伶伶、孟浩著. 场地设计. 北京：中国建筑工业出版社，1999.

张建军，傅真真. 总图运输设计中地形图的生成及土石方计算. 天然气与石油，1995，（1）.

张建瑞. 对挡土墙设计中几个问题的探讨. 铁道建筑，2004，（2）.

张娜，于贵瑞，于振良，赵士洞. 基于景观尺度过程模型的长白山地表径流量时空变化特征的模拟. 应用生态学报，2003，14（5）.

张善庆，宋文涛，李实如. 锚杆挡土建筑. 福建建筑，1997，增刊（总地56期）.

张深基. 停车场智能管理系统. 湖南工程学院学报，2003，13（2）.

张顺宏. 泰州商业步行街的设置. 小城镇建设，2002，（7）.

张晓天，张晨. 场地平整土方工程量计算中场地设计标高的调整. 宁夏大学学报（自然科学版），1997，18（4）.

张豫苏. 建筑日照计算的一种方法. 墙材革新与建筑节能，2000，（6）.

张振民. 白云生处有人家——白云宾馆创作随笔. 安徽建筑，1996，（3、4）.

张祖柱. 控规中竖向规划若干问题思考. 闽江学院学报，2002，23（2）.

章光. 重力式挡土墙截面设计的一种简易方法. 岩土力学，1997，（4）.

赵保平. 浅谈山区公路水毁防治. 山西建筑，2003，29（6）.

赵凤礼，谢更放. 高校学生食堂设计随笔. 西北建筑工程学院学报，1995，（2）.

赵和生. 小型图书馆空间组织方式的探索——以江苏高邮师范学校图书馆为例. 华中建筑，2003，21（2）.

张红红. 建构整体，营造气氛——滦县第一中学规划设计构思. 建筑知识，2002，（3）.

赵洪伟. 步行商业街结构性问题刍议. 山西建筑，2004，30（11）.

赵景川. 汽车内外转向轮转角的关系. 汽车研究与开发, 1995, (3).

赵文凯. 日照标准. 城市规划, 2002, 26 (12).

赵文凯. 日照间距的计算方法. 城市规划, 2002, 26 (11).

赵晓光. 民用建筑场地设计. 中国建筑工业出版社, 2004 (1).

赵秀恒. 金鼎照壁　文物长存——记孔府文物档案馆设计. 时代建筑, 1995, (1).

赵玉凤. 从琥珀山庄南村谈小区的竖向设计. 安徽建筑, 1999, (2).

赵玉珍. 牡丹小区幼儿园建筑设计简介. 煤矿设计, 1995, (8).

郑东菁. 坡地建筑中挡土墙的设计. 福建建设科技, 2002, (4).

郑多棕. 飞安酒店的设计与体会. 有色金属设计, 2000, 27 (2).

郑粉莉. 坡面降雨侵蚀和径流侵蚀研究. 水土保持通报, 1998, (6).

郑国英, 钱方. 推敲功能——上海三座医院设计思想回顾. 建筑学报, 1996, (2).

郑开莹. 运用城市设计原理进行工厂总体设计. 四川建筑, 1999, (1).

郑利军, 周然, 徐宗武. 步行商业街的空间序列及界面的研究. 沈阳建筑工程学院学报（自然科学版）, 2003, 19 (2).

郑明仁. 大学校园规划整合论. 建筑学报, 2001, (2).

郑小能. 海南医学院新校园绿化规划设计. 海南大学学报自然科学版, 2000, 18 (2).

郑毅主编. 城市规划设计手册. 北京：中国建筑工业出版社, 2000.

郑勇. 融合共生——四川大学博物馆设计初探. 四川建筑, 2000, 20 (1).

郑钟琨. 图书馆员论高校图书馆建筑设计的几个问题. 福建建筑, 1995, (1).

郑钟琨, 郑松. 高等学校图书馆建筑设计要点. 南京建筑工程学院学报, 1997, (3).

郑钟琨, 郑松. 逸夫图书馆——大学图书馆建筑的范例. 重庆建筑大学学报, 1996, 18 (1).

《中国城市停车场建设和停车管理问题研究》课题组. 中国城市停车场建设和停车管理. 综合运输, 2002, (4).

中国建筑西南设计研究院. 成都双流机场航站区总体及航站楼方案设计. 四川建筑, 1997, 17 (1).

周长晋. 谈太阳高度角在处理建筑纠纷中的应用. 山西气象, 2002, (4).

周凤南. 海南钢铁厂总图布局浅析. 海南矿冶, 1995, (3).

周健. 银行建筑空间设计探微. 福建建筑, 2001, (1).

周建峰. 地域文化和现代理念的结合——中国电信和中国移动通信指挥中心设计. 建筑学报, 2003, (12).

周均清, 乔欣, 张志远. 绿色理念　山水情怀——达县师范高等专科学校新校区规划设计浅析. 规划师, 2003, (2).

周丽萍, 程铁. 从长阳新村东区谈竖向设计. 当代建筑, 2000, (3).

周露, 戴志中. 现代学生宿舍设计新探——重庆市第一中学女生宿舍设计构思. 华中建筑, 1998, 16 (4).

周尚意, 梁红梅, 李亮. 城市老年人户外公共活动场所空间特征分析——以北京西城区各类老年人户外公共活动场所抽样调查为例. 北京规划建设, 2003, (6).

周澍临, 严伟, 刘艳, 孟海明. 上海市南京路步行街设计. 新建筑, 2001, (3).

周微先. 关于建筑物后退道路红线的规划与管理. 城市研究, 2000, (4).

周未隼. 关于公共图书馆布局的思考. 浙江水利水电高等专科学校学报, 1998, (1).

周勇. 城市停车场问题思考. 城市发展研究, 1998, (4).

朱声传. 论中医医院建筑设计. 建筑学报, 1997, (12).

朱嘉禄, 刘晓征, 吴剑利. 现代大型汽车客运枢纽设计研究. 建筑创作, 2000, (3).

朱立东, 龙慷. 场地平整填挖面积和体积计算方法的探讨. 武汉城市建设学院学报, 2001, 18 (3、4).

朱明. 传统校园建筑文化的思索——武汉大学教工活动中心设计随感. 华中建筑, 1999, 17 (4).

朱念德. 电信建筑中防火设计的思考. 甘肃科技, 1998, (5).

卓非. 略谈厦门华侨博物馆扩建工程建筑设计的思路. 福建建设科技, 1997, (1).

邹敏思, 李浩峰. 鹤山市某中学科学楼挡土墙滑坡坍塌事故分析处理. 广东土木与建筑, 2002, (5).

邹志云. 社会公共停车场选址方法研究. 武汉城市建设学院学报, 1996, (4).

左现广, 储坤. 日照阴影辅助建筑环境设计. 重庆建筑, 2003, (1).

引 用 标 准 名 录

1. 办公建筑设计标准　JGJ 67—2019
2. 博物馆建筑设计规范　JGJ 66—2015
3. 车库建筑设计规范　JGJ 100—2015
4. 城市道路绿化规划设计规范　CJJ 75—97
5. 城市综合交通体系规划标准　GB/T 51328—2018
6. 城市道路工程设计规范　CJJ 37—2012（2016 年版）
7. 城市电力规划规范　GB/T 50293—2014
8. 城市对外交通规划规范　GB 50925—2013
9. 城市防洪工程设计规范　GB/T 50805—2012
10. 城市工程管线综合规划规范　GB 50289—2016
11. 城市综合管廊工程技术规范　GB 50838—2015
12. 城市抗震防灾规划标准　GB 50413—2007
13. 城市绿地设计规范　GB 50420—2007（2016 年版）
14. 城市给水工程规划规范　GB 50282—2016
15. 城市道路公共交通站、场、厂工程设计规范　CJJ/T 15—2011
16. 城市居住区规划设计标准　GB 50180—2018
17. 城市绿地分类标准　CJJ/T 85—2017
18. 城市绿线划定技术规范　GB/T 51163—2016
19. 城市热力网设计规范　CJJ 34—2002
20. 城市排水工程规划规范　GB 50318—2017
21. 城市用地分类与规划建设用地标准　GB 50137—2011
22. 城乡建设用地竖向规划规范　CJJ 83—2016
23. 传染病医院建设标准　建标 173—2016
24. 传染病医院建筑设计规范　GB 50849—2014
25. 档案馆建筑设计规范　JGJ 25—2010
26. 堤防工程设计规范　GB 50286—2013
27. 电影院建筑设计规范　JGJ 58—2008
28. 防洪标准　GB 50201—2014
29. 飞机库设计防火规范　GB 50284—2008
30. 风景名胜区总体规划标准　GB/T 50298—2018
31. 锅炉房设计标准　GB 50041—2020
32. 工业企业总平面设计规范　GB 50187—2012
33. 公路路线设计规范　JTG D20—2017
34. 公园设计规范　GB 51192—2016
35. 建筑边坡工程技术规范　GB 50330—2013
36. 建筑设计防火规范　GB 50016—2014（2018 年版）

37. 交通客运站建筑设计规范　JGJ/T 60—2012

38. 剧场建筑设计规范　JGJ 57—2016

39. 老年人照料设施建筑设计标准　JGJ 450—2018

40. 疗养院建筑设计标准　JGJ/T 40—2019

41. 旅馆建筑设计规范　JGJ 62—2014

42. 民用建筑电气设计标准　GB 51348—2019

43. 民用建筑设计统一标准　GB 50352—2019

44. 汽车加油加气站设计与施工规范　GB 50156—2012

45. 汽车库、修车库、停车场设计防火规范　GB 50067—2014

46. 人民防空工程设计防火规范　GB 50098—2009

47. 商店建筑设计规范　JGJ 48—2014

48. 宿舍建筑设计规范　JGJ 36—2016

49. 特殊教育学校建筑设计标准　JGJ 76—2019

50. 铁路旅客车站建筑设计规范　GB 50226—2007（2011 年版）

51. 图书馆建筑设计规范　JGJ 38—2015

52. 托儿所、幼儿园建筑设计规范　JGJ 39—2016（2019 年版）

53. 文化馆建筑设计规范　JGJ/T 41—2014

54. 无障碍设计规范　GB 50763—2012

55. 饮食建筑设计标准　JGJ 64—2017

56. 中小学校设计规范　GB 50099—2011

57. 住宅建筑规范　GB 50368—2005

58. 综合医院建筑设计规范　GB 51039—2014

59. 展览建筑设计规范　JGJ 218—2010

60. 35kV～110kV 变电站设计规范　GB 50059—2011

61. 20kV 及以下变电所设计规范　GB 50053—2013

62. 生活垃圾收集站技术规程　CJJ 179—2012

63. 生活垃圾转运站技术规范　CJJ/T 47—2016

64. 城市公共厕所设计标准　CJJ 14—2016

65. 停车场规划设计规则（试行）公安部、建设部［88］公（交管）字 90 号

66. 总图制图标准　GB/T 50103—2010

67. 开发建设项目水土保持技术规范　GB 50433—2019

后　记

《建筑学场地设计》经过补充整理终于正式出版。

当初以为这只是一个结冰的小水潭；当破冰而入时，却发现是无底而又丰富的海峡。

随着写作的深入开展，越来越感到场地设计内容的广博，也不停地调整和增加内容。即使完成了这本书稿，个人认为也仍然有很多方面没有深入下去。或许修订版时我会增补上，又或许我不再修订，而让在这尘嚣世界中能够更专心的人来继续进行下去。

要想全面透彻地构筑场地设计体系，靠个人的力量几乎是不可能的，这是写作之前所没有料到的。

专门针对建筑学范围内的场地设计的参考文献很少，所以必须从大量的相关参考文献中获取所需知识点或辨析，这不啻是一个枯燥的过程。

写书开始时就定下这样原则：摒弃不实用的原理，不怕麻烦地深入分析。

审读稿件时，感觉有些段落的分析叙述显得很繁杂，却无法简化，我想，要不要删除这一段呢？这样或许读者会像读畅销小说一样轻松一些，这本专业书籍反问道：你说呢？！

专业书籍里面没有带有感情色彩的文字。但是，这本书背后的情感故事，我和我的爱人最清楚。没有我的爱人蓁蓁，就不会有我的未来，更不会有这本书。

这本书得到我的哥哥闫石，以及我的父母和姐姐们的辛苦付出和鼎力支持。

本书还得到了何传明、周玉琴、干胜道、宗晓敏、付琢琪、李仕翰、谭静等人的参与和支持。

在本书后期整理阶段得到了李涛、赵小梅、刘利嘉、李海宾的帮助和支持。

闫寒

2021 年 3 月于成都